水辺から都市を読む

舟運で栄えた港町

陣内秀信・岡本哲志 編著

法政大学出版局

舟運の時代に活躍したはね橋が今も水辺を彩る（アムステルダム）

エイセル湖から寄港すると、ホーフト・タワーと桟橋の賑わいが迎えてくれる（ホールン）

ボートが浮ぶ運河沿いに生活感溢れる古い町並みが続く（アムステルダム）

都市の中心を貫くヴェーナ運河（キオッジア）

運河沿いに繰り広げられる極彩色の町並み（ブラーノ）

筏に組んだ木材を力強く引くタグボート（江南）

物流基地の象徴である河岸の長い雁木（同里）

橋のたもとの立体的な水辺空間（周庄）

寺院を核にした町に往来する水上バス（バンコク）

乗客で賑わう船着場（バンコク）

開放的な川辺に彩られた洗濯物の華（バンコク）

舟の飲食店が訪れる昼時の風景（バンコク）

近代に受け継がれた魅力的な河岸空間（酒田）

今に伝える貴重な近世の港の景観構造（鞆）

目次

水辺から都市を読む

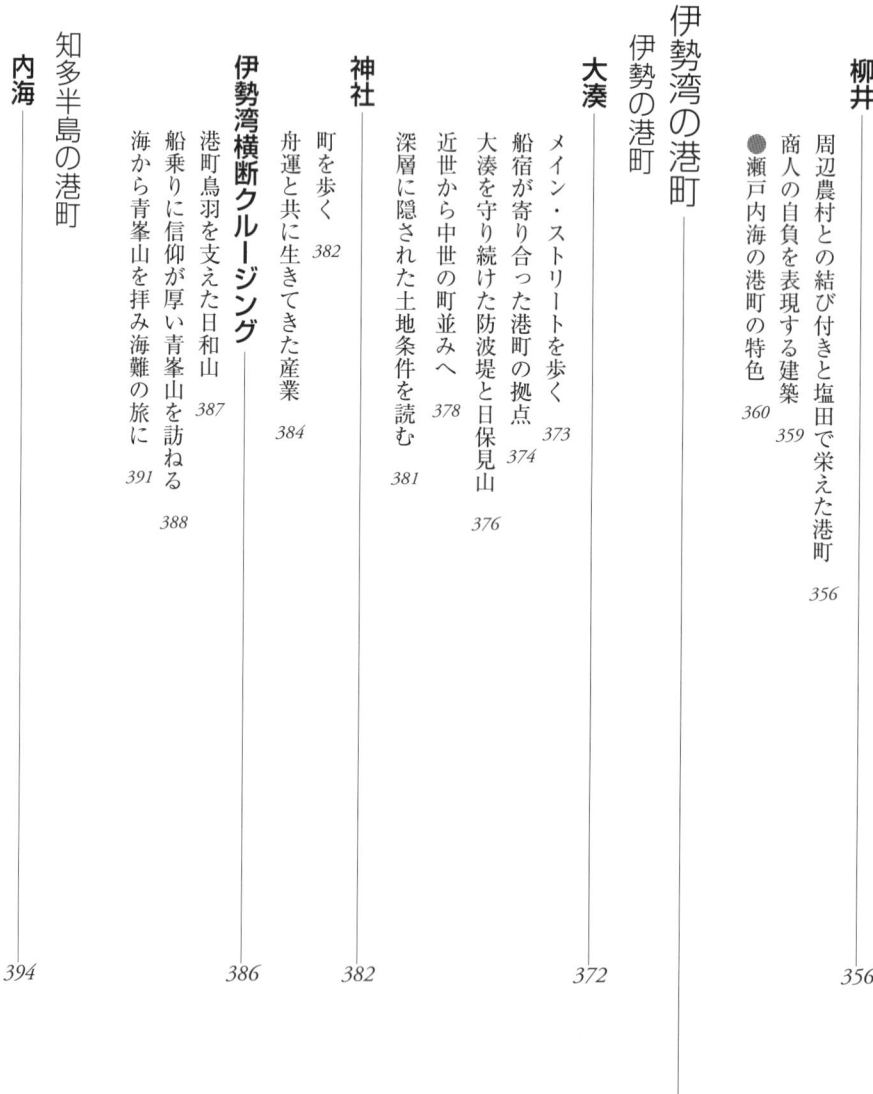

序論

海から都市を見る

都市を訪ねるのに、船で海からアプローチすることほど、心が踊ることはない。鉄道や飛行機が発達する前は、多くの旅人がそんな感動的な体験をしながら、海から都市へと入ったのだ。だが、現代人はそれをすっかり忘れてきた。

そもそもヴェネツィアの都市史から自分の研究をスタートさせた私にとって、海からの視点で都市を考えることは、ごく自然なことだ。とはいえ、二〇年以上前に東京の研究を開始した当初は、そんな発想はもてなかった。幸い、瀬戸内海の小さな島の出身の学生と水上バスに乗った際に、彼の口から出た「町は海からアプローチするものですね」というさりげない一言が、私の目を開かせた。なるほど、そうすれば東京のような都市も面白く見えてくる。以来、「海から都市を見る」ということが、私の一つの重要なテーマになった。

日本でも八〇年代に、ウォーターフロントの再生が都市づくりの大きな話題になり、函館、門司、東京の芝浦など、各地で水辺のスポットが若者を惹きつけた。物流システムの変化で空になり荒廃していた古い港の倉庫や施設の保存・再生で成功したアメリカのボストンやサンフランシスコ等の経験に学び、その手法が日本にも応用されたのだ。だがそれも、まだ陸の発想に立つものだったと言えよう。不要になった港湾ゾーンの用途が現代的に変化したに過ぎない。もっと大きな発想に立ち、海からの視点で都市を見る必要がある。

そして、日本や世界の各地に蓄積された水辺の都市づくりの豊かな歴史的経験を紐解くことができれば、我々の発想はより大きく広がり、かつ深まるに違いない。

日本は港町文化の宝庫

そもそも四周を海に囲われた日本には、確かに海辺に立地する都市が多い。古代や中世からすでに入り江や浜の地形を利用し、交易や運輸の拠点として、あるいは潮待ちのための港町が数多くつくられてきた。特に西国と畿内を結ぶ海の道として船の往来が活発だった瀬戸内海には、鞆や下津井といった古い起源をもつ港町がいくつも見出せる。

世界のどこでも、港の構造は時代とともに変化し、古代や中世のオリジナルのものは残りにくい。日本でも、中世の小さな港町のなかには、歴史の中で姿を消し、あるいは場所を変えたものが多い。発掘で現われた中世港町草戸千軒町（広島県）の姿は、人々を驚かせ、歴史のロマンを大いにアピールした。この遺跡が出た中洲は、三〇年に及ぶ発掘調査の後、河川改修のため水没する宿命にあったが、広島県立歴史博物館の展示として、中世庶民の暮らしの全体像が再現されている。

一方、一六世紀末からつくられ始めた近世の計画的な都市の中には、現代につながる港町がいくつもある。幕末から明治初年に開港した横浜や神戸を除けば、日本のほとんどの海辺の大都市は、中世に最初の骨格をもったとしても、近世に大きく発達したものだといえる。

東京の場合を見てみよう。その前身、江戸の下町では、大規模な土木工事により、掘割が巡る「水の都」が形成された。江戸の港の仕組みは興味深い。土砂が常に流れ込むデルタには、海に開いた良港はつくれないため、河川や掘割をネットワーク化し、それに沿って港湾機能を配するシステムが発達した。佃島の沖合いに停泊する大型船から艀に積み替えられた荷が、掘割沿いの河岸へ次々と運び込まれたのである。このような日本の近世都市に共通する水網都市の構造は、実はヴェネツィアやアムステルダムともよく似ており、アメリカやオーストリアのような、湾に桟橋（ピア）が突出される単純なウォーターフロントの在り方とは大きく異なる。

活気に溢れた江戸の水辺風景はしばしば絵に描かれた。都市の重要な施設や場所は、舟運と結びついて、ことごとく水辺に立地した。物揚げ場や市場の賑わい、橋のたもとの盛り場や水辺の名所の楽しげな光景が繰り返し活写された。中でも目を奪うのは、一七世紀中頃の江戸の都市風景を描いたとされる出光美術館所蔵の『江戸図屏風』である。できたての埋立地に登場した水辺の遊興空間の情景は、圧巻である。芝居小屋や風呂屋が並び、水際には開放的な色茶屋が連なる。水上には芝居に向かう船、遊女を載せて戯れる船がひしめき合っている。日本の都市の遊興空間がもつ〈水〉との根源的な結びつきを、この絵は象徴的に示している。船の交通が、物資を運ぶ産業・経済のみか、文化や遊びの範疇にも広く活用されていたことが注目される。

大坂(阪)も、江戸東京と同様、舟運で栄えた掘割の巡る「水の都」だった。ここで興味を引くのは、天保山の存在だ。淀川の河口にできた大坂では、諸国から集まる廻船がスムーズに航行できるように、川筋の浚渫を繰り返す必要があった。その重労働を一種の祝祭に転じさせ、華やかに飾り立てた各町の船の水上パレードが賑やかに催された。浚渫された大量の土砂は、海辺の先端の地に積み上げられ、天保山が築かれたのである。しかも、このウォーターフロントに登場した人工の山は、市民にとっての行楽地になった。さらに、海からアプローチする船にとって格好の目印となる天保山は、「水の都」大坂の都市風景に欠かせない象徴となった。この浚渫事業には、まさに一石四鳥の効果があった。このように近世の人々は、水辺に立地する都市の条件を最大限に生かし、あるいは克服しながら、都市を巧みに経営し、水と結びついた華やかな市民文化を開花させたのである。

古くからの河川舟運の発達

地域を見直す発想の転換にとって、「海から都市を見る」だけでは、実は不十分だ。ここで忘れてならないのは、歴史の上で果たした河川交通の重要性である。ヨーロッパでは、ウィーン・ブダペスト・ベオグラードを結び黒海に注ぐドナウ川や、アルプスに源を発しストラスブール・マインツ・ボン・ケルン・ロッテルダムを結び北海に注ぐライン川をはじめ、ブロア・シノン・ナントを通り大西洋に至るロアール川、そしてピアチェンツァ・クレモナを通りアドリア海に至るポー川などで、それぞれ河川交通が発達していた。また中国でも、洛陽・鄭州・開封を結ぶ黄河や重慶・武漢・南京を結ぶ長江、あるいは杭州と北京の間を人工的に結んだ大運河が舟運の重要な軸となった。

日本でも、河川交通の歴史は古く、古代や中世に遡る。越前(福井県)を流れる九頭竜川の支流を上った谷間に誕生した中世都市、一乗谷も、舟運を活用して内陸部に発展した町だった。

ここは一九六七年から始まった発掘で、四〇〇年の眠りから醒め、中世城下町の全容を現わして注目を集めた。土塁と濠で囲われた城下町の構成は興味深いが、同時に、注目したいのは、その外部の川沿いに中世から発達した阿波賀という名の湊の町である。街道ばかりか、ここには、日本海航路の拠点として九頭竜川の河口に古くから発達した三国から、北の庄を経て一乗谷へと結ぶ重要な川のルートが存在したのだ。一五世紀末には、この阿波賀の川湊は商業の集積する賑やかな町に発展していたという。

東北でも、最上川の舟運が古くから発達した。河口には、三国と並ぶ重要な港町、酒田がある。急流で難所もあるこの最上川をだいぶ遡った中流域にあたる場所に、大石田という美しい町がある。舟運の中継港として栄えた河川港の都市だ。近世に内部を川に平行走る主要道路に沿って立派な町並みを形成したが、古い港のまわりの町の心臓部分と、そこから内陸に延びる旧道に沿ったあたりには、中世の都市の雰囲気がよく受け継がれている。

こうしてヨーロッパや中国、そして日本でも、海と川の水系が有機的に結びつき、舟運のネットワークが早くから成立して、経済と文化の交流を実現していたことを思い起こしたい。

舟運を通して都市の水の文化を探る

我々は、この数年、「ミツカン水の文化センター」の研究プロジェクトとして、「舟運を通して都市の水の文化を探る」というテーマを掲げ、国内ばかりか海外をも対象に、港町のフィールド調査に取り組んできた。

国内ではまず、江戸を核とした舟運ネットワークにとって重要だった商都、佐原とその周辺の調査、「水の都」であった大阪(坂)と京都―大坂の舟運の中継地点として栄えた伏見を調査し、これらの近世の大都市が水系で背後の地域と結びついてその繁栄を実現していたことを、身体で感じることができた。次いで、すでに述べた福井の九頭竜川・足羽川の舟運で結ばれた一乗谷・福井・三国の港町、山形の最上川の舟運で発達した酒田・大石田の港町を調査し、日本の歴史の中での河川交通の重要性を改めて認識することができた。その後、海の舟運にテーマを広げ、瀬戸内海、さらに伊勢湾・知多半島の各地に存在する魅力ある港町の空間構造を調べ上げた。

だが、日本の港町だけだと、かつてのように生き生きと使われている水辺の空間に出会うのは難しく、また現代的なセンスで積極的に再生された事例というのもまだ少ない。港町をフィールド調査する方法を確立するにも、また、これから我が国の港町を再生する上でのヒントを得るにも、海外の活気ある水の都市、あるいは港町のフィールド調査から大いに学ぼうと考え、中国の蘇州とその周辺の水郷都市、タイのバンコク、オランダのアムステルダムとホールン、イタリアのヴェネツィアとそのラグーナに浮かぶ漁師町の島々を調査した。どれも、世界に誇る水の都であるが、船を仕立て、水の側から徹底して観察した我々のような調査は、これまであまり前例がないと思われる。

ここで、あえて〈舟運〉をキーワードに据えたのにはわけがある。八〇年代に日本でも経験したウォーターフロント・ブームが、やはり陸側の論理で水辺を見て、快適な空間を整備することで終わってしまったことへの反省がまずある。水辺だけに目を向けていたのでは限界がある。港町の全体の歴史的な形成の論理を知り、その空間を現代的な視点で評価したい。しかも、海からの視点で。そう考えた時に、〈舟運〉が浮上する。かつての都市の繁栄を支え、その都市の構造や形態を生むベースとしての役割を演じていたのが、舟運だ。船を出し、「海から都市を見る」ことを通じて、それを追体験してみたいという思いを我々はもっていた。

現代の我々にとって、舟運というと、何か特別な遠い存在のように聞こえるかもしれない。だが、ここで扱う舟運とともに発達した都市というのは、特殊な存在では決してない。むしろ、日本も含めた世界のかなり多くの都市が、実は舟運を軸に都市を成立させていたことに注目したい。東京、大阪、名古屋にも、広島にも福岡にも、そしてあらゆる身の回りの都市に適応できる調査であり、研究といえるのだ。陸の論理から水の論理に発想を転換させて、日頃付きあっている都市を新鮮な目で読み直そうという試みなのである。

我々の瀬戸内海の調査では、尾道から船を出し、御手洗、鮴崎、鞆（鞆の浦）、下津井、笠島、庵治、牛窓といった魅力的な港町を海から訪ねた。古代・中世から風待ち、潮待ちの港町を生み、江戸時代には西廻り航路の発達で活気ある港町のネットワークを形成し、また朝鮮通信使の歓迎に沸いた歴史をもつ瀬戸内海は、雰囲気のある港町の佇まいを今も各地に残している。港の周りには、雁木と呼ばれる階段状の船着場、常夜灯、波止（防波堤）などの施設があり、廻船問屋の船荷を入れた蔵が水辺に並ぶ。町の中に入ると、海岸線に平行なメインストリートには、立派な町家が軒を連ね、背後の山裾の高台には、寺や神社が聖なるゾーンを生んでいる。遊廓建築も港町には欠かせない要素だ。

港町には歴史のロマンがあり、歩いて楽しい空間が潜んでいる。海や自然との共生の重要性も教えてくれる。それを身体で感じるために、我々はフィールドワークをベースとして都市調査を行ってきた。現地に実際に行って、できるだけ船をチャーターし、海や川の水の側から都市を観察し、港にアプローチするというのが、我々の研究の特徴だ。そして、水辺ばかりか港町の全体にまで目を配りながら、古地図をおおいに活用し、地形を生かして歴史的にでき上がった都市構造を把握する。古い住民からのインタビューは都市の形成に関する多くの情報、ヒントを与えてくれる。こうして町のイメージをつかんだところで、場所の雰囲気、意味を感じ取りながら、船着き場、町家、蔵、庭、道路、さらには宗教施設などを実測する。日本では、山や丘陵をバックに成立している港町が多いから、坂や階段、斜面も実測の対象にし、都市の断面図を描けるように、データを集めることも忘れてはならない。

国内でのこうした経験は、もちろん、そのまま海外調査でも大いに生かせる。同じように船をチャーターして湾の沖合いから港町の構造を観察し、また河川の舟運の在り方を自分たちも体験するのである。バンコクの水上生活の様子も、観光ルートから離れた運河に船で入り込んで観察し、また水の側からアプローチして、住宅や店舗の実測調査を幾つも行った。

港町のもつ現代的な価値

こうして水の側から港町の魅力的な都市空間を調べていて、つくづく思うことがある。

そもそも港というのは、かつては文字通り水からアプローチする船の港だったが、今では空港が普及し、さらにはテレポートまでが出現している。モノと人と情報が集まる機能の在り方が、時代による交通・交流手段の進歩によって変化するのは確かだ。歴史を振り返ると、古代から中世、近世、さらには近代初期までメジャーだったのが、船であった。近代には鉄道の役割も大きくなったが、国際関係のネットワークができてくると、空港が重要になった。その中で、空港やテレポートがこれからの時代の都市づくりにとって重要な課題だとしばしば論じられる。

だが、空港やテレポートだけで、魅力ある都市がつくるだろうか。そもそも、船の港というのは元々、町の真ん中に入り込んでいた。都市は、港のまわりに発達し、色々な要素を集積させていく。市場、倉庫、公共空間、館、劇場、宗教施設など。そういう多様な施設が適切に配置され、空間のネットワークが生まれて、一つの都市形態ができ上がる。しかも、地形を巧みに利用して、象徴性をも持ったまとまりのよい都市をつくり、ドラマティックな演出までする。「水の側からアプローチした時に、どのように格好よく見せるか」が追求される。

こうして総合的な都市づくりと結びついた港の在り方が、どこにも見られた。港町は、モノばかりか、人と情報の流れや人間の心理もよく考えてつくられており、都市のもつ魅力も自ずと高くなる。今そこを訪ねる人が、空間の居心地のよさを感ずるのも当然だろう。そういう空間のコンテクストや風景の面白さが港町にはある。

ところが、空港の場合は、こういった要素がまったくない。まず、空港は都市の外部に立地する。どこも、都市へのアプローチがあまり快適ではない。空港と都市の他の諸施設のつながりがない。いくら人が物理的にたくさん運ばれ、頻繁に訪れるようになっても、都市との出会いとか、ドラマティックな体験は生まれない。空港が出来上がることによって、町づくりがある方向に形づくられるというメカニズムがない。その意味では、空港はかつての港と同じ役割を都市形成の上で果たすことは、とうていできないだろう。テレポートもしかりである。

駅は、まだそういう役割を果たしていた。それでもヨーロッパを見てわかる通り、駅は町の外に出来ていて、旧市街との関係は必ずしも強くない。その意味でも、港町はやはり重要な存在なのである。だが、近代も後期になると、陸からの発想が著しく強まり、港はすっかり忘れられてしまった。近代の画一化、均質化した都市空間の反省に立って、人間の感覚にマッチした個性のある楽しい都市空間づくりが求められる今日、こうした歴史的な港町の再評価がもっともっと進んでもよいと思われる。

水との根源的な結びつき

港町や「水の都」の研究は、その機能や経済活動などのプラグマティックな次元を越えて、さらに広がりを見せる。日本人にとって水とのつながりは、より根源的な次元にも見出せる。人間は水に聖なるものを感じ、霊的なるものを見てとる。特に日本では、灯籠流しに象徴されるように、水は死者の世界、すなわち他界に通じていると考えられてきたし、川や海の水で身を清める、つまり禊を行うという考え方もある。同時にまた、海から神仏が流れついたという信仰もしばしば見られる。神社の祭礼の中には、豊漁や安全を祈願して、神輿が海の中に入ったり、海上を渡御するものが今も各地に受け継がれている。

上田篤氏は、海辺を主たる生活空間にしてきた日本人は、海から見たランドマークともなる聖地を数多くつくってきたとし、それらが日本人の原空間となったことを強調する。水辺は本来、プラグマティックに機能を配置する近代の発想とは根本的に異なる、地霊の宿る場であり、人々の深層の記憶と結びついた場でもある。

広島の厳島神社は、現在のウォーターフロントの問題を考えるうえでも実に示唆的である。潮の干満で、この聖なる空間は大きく表情を変化させる。潮が満ちると、拝殿や本殿は水上に浮かぶ幻想的な空間となり、潮が引くと今度は、拝殿の舞台の前から鳥居にかけて、干潟の広場が姿を現す。船を連ねる祭礼も、潮の干満を利用して行われる。この水上の宗教空間の建設にあたり、実は床下の見えない所で、上に載る荷重に応じて石や木を使い分けるなど、様々な技術的工夫が凝らされているのである。まさに、水と共生するアジアや日本ならではの建築だ。

文明開化・モダニズムの水辺都市

日本の文明開化も、水辺空間から始まったといえる。神戸と並ぶ日本最初の近代都市、横浜は、ちょうど上海のバンドと同様に、水辺に開放的な建築が連なる象徴的な風景を実現した。その様子は錦絵に数多く描かれている。今も残るニューグランド・ホテルの旧館は、正面を堂々と海に向けた興味深い建築だ。長江から黄浦江に入り、船で上海にやって来る人々を美しいバンドの風景が迎えてくれたのと同様、横浜の海からのアプローチは感動的であったに違いない。

明治から昭和初期のモダニズムの時代にかけて、港町は活況を呈し、各地に個性ある水辺の都市空間を形成した。小樽、函館、門司などはその代表である。運河や埠頭に面した威風堂々たる倉庫群、そして銀行や貿易会社の美しい様式建築が並ぶ金融街が、当時の繁栄ぶりを物語っている。近世から続いた港町の多くも、近代に入ってもその魅力を大いに高めたのである。

近代の東京は、陸の時代への変化を見せたとはいえ、いまだ水の重要性は失われていなかった。江戸のような情緒溢れる遊びの空間は水辺から次第に姿を消したが、舟運はいまだ活発で、艀を動かす水上生活者の数も多かった。関東大震災の少し前に、東京市が主要な河川や掘割のいつくもの地点で、船の通行量調査を行っている。それを見ると、様々なタイプの船が、活発に行き交っていた様子がよくわかる。

震災復興事業でも、舟運は重要視され、掘割の補強が東京の水辺はアーバンデザインの檜舞台となった。鉄やコンクリートを使った美しいデザインの近代橋梁が数多く登場し、特に隅田川は「橋の博覧会」のような様相を見せた。その隅田川に面して実現した隅田公園は、「臨川公園」あるいはちょっと気取って「リバーサイド・パーク」と呼ばれ、同様に横浜の山下公園は「臨海公園」「シーサイド・パーク」といわれていた。また、昭和初期のこの時代にすでに「ヴオーターフロント」という言葉も使われていた。

新たな学問領域としての港町研究

これほど素晴らしい「水の文化」を誇った日本だが、特に戦後、人々の意識の中で、都市における水の存在はすっかり忘れられた。東京の掘割には、戦災の瓦礫が捨てられたし、高度成長期が始まるころ、オリンピックを迎えるために、掘割や河川を埋め、あるいはその上に高速道路が縦横無尽に建設された。高潮から守るため、無粋なコンクリートの高い護岸がつくられ、人々の暮らしと川や海との繋がりが完全に断たれた。掘割や運河を活用した舟運も廃れた。また、戦後の急速な工業開発や都市膨張は東京の川や海の水を一気に汚染した。悪臭ただよう隅田川を、ハンカチで鼻を押さえながら水上バスで下っている人々の姿が、昭和三八年撮影の写真に残されている。まさに、水の受難の時期が続いた。

ほぼ東京と同じ時期に、水の都であった大阪や新潟の掘割の多くも、いとも簡単に埋められてしまった。日本の都市を豊かに彩っていた水辺空間は、アメニティーやエコロジーの観点を欠いた機能と効率のみを求める高度成長期の価値観の犠牲となったのである。人々の水離れも加速された。

こうした背景もあって、日本の研究者の意識からも「水」が遠ざかっていった。建築の分野でも、水の側から都市を見るということは、極めて少なかった。比較的近年になって、海や川に面した港をもつ都市の町並み保存も話題に登るようになったが、近代の倉庫や洋風建築が並ぶ小樽や門司などを除くと、まだ水辺にではなく、一本内側にある街道、あるいは主要道路に沿った伝統的な建物群にむしろ関心が集中している。本来は、水辺とセットにして、こうした内側の町並みをとらえると、都市の営み、構造がよりダイナミックに捉えられ、その再生への発想も広がるはずなのだが。

そもそも都市史という学問分野そのものが新しい。ヨーロッパでもそれを専門とする人々の多くは、一九七〇年代に研究を開始した世代である。日本の状況もよく似ており、そう見ると、我が国の都市史研究は決して遅れてはいない。それでも『図集日本都市史』（東京大学出版会）等を見ても、中世・近世の港町の項目があるが、港そのものの説明は少ない。現状の港の空間のサーベイはほとんど日本の町では行われておらず、港はまだ研究上の空白地帯に近いと言ってよい（その中で、近年、伊東孝氏が土木遺産の観点から鞆をはじめ、幾つかの港湾施設を実測調査しているのが注目される）。

そこに、歴史家の網野善彦氏の農村や荘園ではなく、海辺などに集まる非農業の民の側から歴史を見るという発想の転換がもたらした意味は大きい。日本の都市の源流に浦や浜、港、市場や河原があるとする指摘、また百姓の中には漁撈民、廻船人、商人なども含まれていたとする、農本主義ではない海の民を見る視点は我々にとっても重要である。

だがこうした歴史家の描くイメージは、もちろん具体的な空間の像を結んでくれない。建築の側から文献史学、考古学の発掘などの成果を参照し、絵画史料も活用しながら、実際の場所、空間を詳細にサーベイして研究することが求められていよう。

一方、舟運と結びついて、海運史、水上の交通史、船の歴史に関する研究は従来からあったが、港町の歴史とはほとんど接点をもたないできた。ようやく最近、日本福祉大学の知多半島総合研究所をはじめとする、廻船関連の史料を用いた研究が進み、舟運と結びついて成立していた港町の社会・経済構造、流通の仕組みのディテールがわかってきた。

江戸の歴史の見直しも提唱されている。江戸という都市は、中世の一寒村に徳川家康がやって来て、大規模に都市を開発したというイメージが強い。しかし、舟運の研究が進み、中世における品川をはじめとする東京湾に立地していた各湊は想像以上に大きく、しかも関西、伊勢・知多などの地域とのネットワークをしっかり形成していたことが明らかになりつつある。それを裏づけるように、常滑の中世の陶磁器が品川で出土しているという。物理的にも立派な港の機能があり、そういう中世からのモノ、人、情報の交流が存在したからこそ、家康が江戸を選び、またあれだけの都市の発展ができたと考えられる（岡野友彦『家康はなぜ江戸を選んだか』）。

瀬戸内の港町に関しても近年、展覧会や書物の刊行を通じて、研究の魅力的な成果が発表されている。鞆や尾道では、考古学の発掘調査で、中国から輸入された中世の陶磁器も発見されている。

そうした新たな学問的成果が背後にあって、建築の立場から港町のフィールドサーベイを展開していける状況が生まれつつあるのは、嬉しい。

港町研究の国際比較

魅力的な都市がたくさんあり、以前から都市史の研究が活発なイタリアでも、港町の研究に光が当たるのは、比較的最近のことである。「水の都」ヴェネツィアに関しても、港町や交易都市として捉え直し、その社会・文化の特徴を探る研究が展開するのは、八〇年代に入る頃からである。

私自身も、港町としてのヴェネツィアに魅せられた後、ナポリの南にある中世海洋都市としての栄光の歴史をもつアマルフィをこの三年間、調査している。背後に険しい崖が迫る狭い土地にぎっしり高密な都市を築いたアマルフィ。船で海からアプローチすると、眼前に迫る美しい風景に魅了される。地元の歴史家と共同してフィールド調査を進め、町の成り立ちがよくわかってきた。海洋都市だけに、港と結びつく施設の跡が多く、複雑に発達した空間構造をもつため、どこを歩いても魅力がある。イスラーム、アラブ文化からの影響も随所に見られ、異文化との混淆の面白さを肌で感じられる。近年、水中考古学の調査が進められ、水の下に没した中世初期の港の遺構も発見されている。

こうした港町の本格的な研究が地中海各地で進んでいる。ジェノヴァでは、一九九二年のエクスポ開催をきっかけに、古い港の周辺で再生事業が展開したが、中世の港の建築群の評価が高まると同時に、発掘が大規模に行われ、中世・ルネサンスの桟橋や堤防が次々に姿を現し、港の構造が明らかになった。マルセイユでは、古代ギリシア・ローマ時代の港の遺構が発掘されている。

人とモノと情報が集まった港町を知ることは、世界各地とネットワークで結ばれる二一世紀の開かれた都市を発想する上でも、大きなヒントを与えてくれる。アマルフィで、今年の六月、「中世地中海の海洋都市」と題する大きな国際学会が開かれ、ピサ、ジェノヴァ、ヴェネツィアをはじめ、中世地中海の重要な港町とその交流を結んだオリエント世界の港を研究する専門家達が一同に会して、刺激的な議論を繰り広げた。

このように海を媒介とした経済・文化の交流や港町形成に関する研究への熱い関心が、ヨーロッパにも日本にも共通して生まれつつあるのは、実に興味深い。

二一世紀における港町の可能性

港町には歴史のロマンがあり、歩いて楽しい空間が潜んでいる。海や自然との共生の重要性も教えてくれる。そして何よりも、港相互を結ぶ地域でのネットワークが成立し、文化的な交流を形成していたことが重要だ。それは瀬戸内ばかりか、北陸や伊勢湾・知多半島など、全国各地に見られた。二一世紀には、こうした地域間のネットワークが一層重要になるはずだ。飛行機で点から点に簡単に移動できてしまう今日、いかに地域が有機的に連携し、文化的アイデンティティを再興できるか、港町から学ぶことは多い。

ところが、日本の港町を現地で調べていると、戦後の手荒な道路建設で、いかに港の周辺が破壊され、その魅力を失ったかを各地で痛感させられる。我が国では、バブル期の自然破壊を伴う海辺の大型リゾート開発こそ経験したが、古い港町の魅力を生かした地域づくりはまだあまり見られない。二一世紀初頭の最も重要な課題の一つであることは間違いない。その点、漁師町や港町のよさを存分に生かして、質の高いリゾート地として成功しているイタリアのポルトフィーノやアマルフィなどの生き方は日本にも大いに参考になろう。

その課題に積極的に取り組むためにも、ここで、港町あるいは水の町の再評価の視点をもう一度まとめておこう。

まず港町には、中世や古代に遡るものも多く、歴史が様々に重なっている。都市の風景のなかに、過去の記憶を刻み、また物語が潜んでいる。港町や水の町にはノスタルジーや楽しさが感じられ、我々の想像力もかき立てる場所の力が存在する。自然条件を生かして高密に組み立てられた港町は、ヒューマンスケールの空間からなり、路地や坂を数多くもつ迷宮都市の様相を見せる。水辺ばかりか、眺望の開ける高台で解放感を味わえるのも港町の大きな特徴である。

また、港町にはその性格上、機能と結びついた多様な施設や建物がある。灯台、波止場、船着き場、町家・蔵、宗教施設、そして遊廓などである。こうして港町はどこも、個性的な風景を見せるのだ。

港町には、モノと人と情報が集まる経済と文化の拠点としての役割があった。その豊かな歴史的経験は、現在の町の随所に受け継がれているはずなのである。これらのすべての要素を、港町のフィールド調査で探り出し、再評価することが必要なのだ。

では、こうした港町、水の町は二一世紀において、いかなる意味をもちうるだろうか。

まず、エコロジーの視点がある。水・自然との共生の一つのモデルとして港町を捉え直すことができるであろう。特に、掘割・運河が内部まで編み目のように入り込み、潮の干満を利用していた都市には、その意味合いが強い。そして何よりも、水に囲まれた都市では、季節や時間による表情の変化を楽しめる。日没の光景が美しい場所も多い。

二一世紀には、舟運がまた見直されるだろう。緊急時を含め、日常的にも船を活用する可能性が日本でも広がるに違いない。交通渋滞を呈しているバンコクでは、水上バスが救世主となっているし、ニューヨークやイスタンブールでは、船が通勤に活発に使われている。ゆとりあるライフスタイルが広がれば、実用に加え、文化的な用途や遊びに船をより広く使う時代がくるであろう。アムステルダムでは数多くの人々が、運河の岸辺沿いに浮かぶ水上住宅に優雅に暮している。また、ヨーロッパではどの国でも、プレジャーボートが港の周辺にたくさん見られるし、運河を巡る遠距離のレジャーを人々が楽しんでいる。

そして、港町の水辺には、再生・活用の可能性を秘めた歴史的な倉庫、工場、オフィスなどの建築ストックがたくさん存在する。近年盛んになりつつあるリノベーションのセンスと技術によって、そこを多様な経済・文化の活動の場として蘇らせ、活気を与えることが日本でもできるはずだ。再開発ではなく、ストックを活かす再生の発想が重要になる。

今日、日本の都市においても、美しい風景づくりが大きなテーマになっている。その点、地形が変化に富み多様な要素が存在する港町には、美しく個性的な風景を形成する上での有利な条件が揃っている。このような港町が本来持っている大いなる可能性を引き出すためにも、そのフィールド調査がますます重要となるに違いない。

本書の構成

ここで、本書の構成について簡単に説明しておこう。全体として、ヨーロッパ、アジア、そして日本の三つの部に分かれている。

第一部のヨーロッパでは、「水の都」の代表として常に語られるオランダのアムステルダムとイタリアのヴェネツィアを中心に論ずる。いずれも都市の内部に運河網を張り巡らせ、至る所に港の機能を分散して配置した点で共通するものの、中世の早い段階で形成され、ラグーナの自然地形に応じながら有機的で変化に富んだ水の都となったヴェネツィアに対し、十六〜十七世紀に計画的に都市を拡大発展させたアムステルダムは、求心的で幾何学的な形態を見せるのである。こうした対比を意識しながら、それぞれの都市の典型的な水辺空間を実測し、舟運と結びついて成り立っていたその形態、機能について考察する。

いずれの都市も、歴史の中で堂々たる「水の都」として完成されていったが、ここでは、その形成の秘密を探るべく、より古い構造をとどめていると思える周辺の小さな街にも、比較の視点から目を向ける。アムステルダムでは、同じように東インド会社の活動と結びついて発達したホールンの街を取り上げ、低湿地にいかに運河の巡る都市を築いたかを考えてみたい。一方、ヴェネツィアでは、ブラーノとキオッジャというラグーナの古い漁師町のシンプルな空間構造と比較することで、この大都市の形成過程の秘密を解いてみたい。同時にまた、本土側のトレヴィーゾの街、そしてそこからラグーナまで流れるシーレ川の流域を調べながら、ヴェネツィアが後背地と舟運でいかに結ばれていたかについても述べていこう。

そして、舟運の今にも目を向ける。アムステルダムではかつてのような舟運機能が薄れたものの、近代的なセンスで運河を見事に活用し、豊かな水辺環境を生んでいる現状をも報告する。それに対し、ヴェネツィアでは、観光一色の都市というイメージが強い中で、実際には市民の日常生活を支える舟運機能が今なお健在なことに触れてみたい。

第二部のアジアでは、やはり「水の都」の代表として名高い中国の蘇州とタイのバンコクを中心に取り上げる。どちらも、やはり運河・水路を編み目のように巡らす正真正銘の水の都市である。

蘇州及びその周辺では、いかにも水の多い江南地方らしく、舟運で広域が結ばれ、そのネットワークの中に町々が形成されたことを、船でサーベイした経験から報告する。そして、中国らしい計画的な空間構造を示す蘇州と、その周辺のより自然体で水上に形成された小さな街＝鎮の構造とを比較する。水際の岸辺、店、住宅などの構成、そして橋のたもとの空間がもつ象徴的な意味などについても触れてみたい。江南のこうした水の町の魅力が近年、再評価され、観光化が急速に進んでいる実情や、一度埋められた運河が再び掘り起こされた事例なども紹介する。

同じアジアの水の都でも、その表情はいささか異なる。江南の水郷の町は、石や中国式の煉瓦で水際の空間を構成するのに対し、バンコクは高床式の水上住宅に代表されるように、木造のより軽快で開放的な空間をつくり上げてきた。水の中に飛び込んで身体を洗う人々が今もいるほど、親水性が強い。そのバンコクでは、チャオプラヤー川の西側のより古いトンブリー地区に生き続ける、水と密接に結びついた人々の暮らしの場について報告する。一方、川の東側の王宮、寺院を中心とする地区では、運河が何重にも巡っていたかつての姿を想像しつつ、今も残る運河沿いを歩き、舟運と結びついて成立してきた市場や商業機能を観察していく。「水の都」の形成とその空間構造を読むのである。

陸の町に変貌するにつれ、交通渋滞に悩まされるバンコクでは、近年、通勤に水上バスを活用するなど、舟運が見直されている。その実情も報告する。

そして第三部の日本。ここでは先ず、すでに述べたような河川交通で発達した地域を二つ取り上げる。ひとつは、足羽川と九頭竜川に沿って登場した一乗谷、福井、三国の結びつきであり、もう一つは、最上川の舟運で発達した上流の大石田と河口近くの酒田の関係である。特に福井県の三国、山形県の大石田については、舟運で繁栄した当時の様子が今も町並みに残っており、そのフィールド調査に基づき、町家、蔵、寺社など、高度な建築文化を築いてきたことを述べる。背後に高い丘をもつ地形を生かしてどのような都市構造が生まれたか、また、港の機能が川沿いに伸びる町全体の中にどう分布したのかを考えてみたい。

続いて、海沿いの港町を結ぶ舟運ネットワークに目を向ける。特に、古代・中世から活発に船が行き交い、モノ・人・情報の交流が行われた先進地域である瀬戸内海、さらに伊勢湾・知多半島を取り上げる。この両地域には、実は地中海世界のアマルフィやジェノヴァといった中世に発達した古い港町ともよく似た空間構造をもつ興味深い港町がいくつも見出せる。背後に山や丘が迫り、限られた土地に斜面を生かしながら、高密な港町らしい都市空間を形成したのである。

とはいえ、こうした日本の港町は、中世から近世にかけて、その構造を変化させた。瀬戸内海については尾道、鞆、下津井、牛窓、庵治など、伊勢湾については大湊、神社、知多半島については内海、大井、亀崎など幾つの事例をあげながら、中世から近世にかけての港町の形成と変容の過程について考えてみる。日本の都市史研究はどちらかと言えば、城下町中心に偏っていた。舟運で繁栄し、町衆が経済力と文化的な創造性をもった港町の系譜をより高く評価することが求められている。そういった観点からも、港町の建築様式や空間構造の特質について論じてみたい。

ここでは、文献史料を活用しつつも、フィールド調査で発見し、価値づけた内容を中心に論じている。従って、現在の町にどの位の歴史的なストックが存在するか、何が今の町にとっての文化的なアイデンティティなのかにも、同時に目を配っている。港町の今後の再生を考えるための素材をたくさんここで提示できればと考えている。

なお、本書で取り上げる海外の「水の都」は、どれも平坦な土地に運河網を巡らし、舟運と結びつきながら発達した都市である。日本にも、すでに述べた東京や大阪をはじめ、河口のデルタの平坦地に掘割を巡らして形成された似た性格をもつ都市は数多く存在し、我々も研究対象としてきた。こうした同じような条件をもつ「水の都」の国際比較を行うことは興味深いテーマであるが（陣内秀信「水の都の空間構造―アムステルダム、ヴェネツィア、蘇州、東京の比較都市」『アジア都市の諸相―比較都市論に向けて』友杉孝編、同文館参照）、本書では古い建物や町並みを残す港町を対象に実測も含むフィールド調査を行うことに主眼を置いたため、近代の開発で大きく変貌した日本の大都市については扱っていない。

本書の記述のスタイルとしては、フィールド調査での臨場感を大切にしつつ、しかも都市の構造を読み解く作業をわかりやすく説明できる文体となるよう、工夫してみた。それでは皆さんと一緒に、舟運で栄えた水の都市への旅に出発しよう。

第一部　ヨーロッパ編

水が彩る交易都市

ヨーロッパの「水の都」を巡る

現代において最大の港湾施設といえば、ポート・ニューアーク計画で誕生したニューヨークのコンテナー埠頭があげられよう。この埠頭は、全米をネットワーク化する鉄道網・高速道路網と直接結び付いており、さらに背後にはすぐニューアーク国際空港が控えている。ここにはすべての物流のネットワーク構造が集約されている。これが現代の港湾であり、そこには都市や町が介在する余地はない。人や物を単に運ぶ機能が最優先され、港と町が分離している。この巨大な港湾施設は、すでに「港町」の意味を失ってしまっている。

文化も含め、本来人や物の流れは、都市が起点となって成り立っており、物流の効率性以上に都市文化を花開かせてきた長い歴史がある。私たちは、この現代の港湾の到達点にいささかの疑問を胸に抱きながら、ヨーロッパの中世・近世に栄えた港町を旅することになった。

かつて舟運で栄えた都市が港湾機能によってのみ栄えたのだろうか。そうではない。ヨーロッパの中世・近世の港町は、港と町が一体になって形成されてきたことに特徴がある。町は港の繁栄の附属ではない。このことは、港と町が分離してしまっている戦後の日本の港町を考える上で重要なテーマだと考えている。とはいえ、ヨーロッパでも近代港湾への移行は、都市の機能を大きく変えてきたし、変えざるを得なかった。

そのなかで、水と深く結びつくことで低湿地の上に築かれた都市は、本来の舟運機能が衰退したり、大きく形態が変化してしまっても、都市空間のなかに舟運と深く結びついた水辺空間が脈々と息づいている。ただ、その具体的な都市空間の形態や機能を残す所はヨーロッパでも少なく、私たちは今も運河が巡るアムステルダムとヴェネツィアを選んだ。

それは単にこの二つの都市が現在も「水の都」と呼ばれる都市だからだけではない。現在すでに「水」との関係を断ち切ってしまった都市を考える上での多くのヒントが隠されていると思われるからだ。掘割や運河を埋めてしまい、水辺との関係を切り離してしまった都市や町は現在健全な姿を見せているのか。その問題提起を明確にするために、私たちはこの二つの「水の都」を訪れたのである。

後に、私たちはヨーロッパから、アジアを経て、日本の舟運で栄えた都市を巡ることになる。ヨーロッパの都市の紹介に止まるのではなく、「水」をキーワードにして日本の都市が再生していく手立てを探る試みがこの調査の背景にある。今回の事例は限られているが、これら二つの都市が舟運で栄えたヨーロッパの都市の系譜のなかでどのような位置付けにあるのか、そして、日本の都市とどのような類似性をもつのかを簡単に触れておきたい。

港町の類型学

舟運と港町の関係で欧米の都市の歴史を概観すると、形成された時代背景、立地する地理的条件の違いで、四つのタイプに分けることができる。

第一は、地中海世界に古代、あるいは中世から発達した港町である。山や丘陵を背景にし、海に開かれた入江を持つ場所につくられている。イタリアの地中海都市であるアマルフィやジェノヴァ、そしてフランスのマルセイユなどがその典型例である。成立年代は大きく異なるが、日本でいえば瀬戸内海の鞆《とも》や笠島が同じようなタイプといえる。

一方、ヨーロッパ大陸では、海運と同時に古くから河川整備や運河開削が行われ、内陸舟運も発達していた。海や内陸からの物資の集散基地として、河川沿いに成立した都市も多く、これが第二のタイプである。イタリアでいえば、ローマやピサ、フィレンツェ、ヴェローナがある。ヨーロッパを北へ上がれば、どの国も内陸河川沿いの港町が形成されている。フランドル都市の代表ブリュージュも河川や運河の交通によって、交易の都として繁栄した。日本では、大きな河川がある東日本に内陸舟運が発達した。最上川の大石田、利根川の佐原は、江戸時代の活発な河川舟運によって、川沿いに蔵造りの町並みをつくりだした。

ヨーロッパでは、浅瀬のある内海や、満潮時に海面下になる場所にも都市が築かれ、特徴のある「水の都」として発展した所もある。これが第三のタイプで、水との戦いを克服できれば不利な自然条件を有利な条件に転換することができる。つまり、直接船で外海と結びつくことができるため、舟運による交易には極めて有利な条件に反転した。ラグーナに浮かぶヴェネツィアや低湿地に築かれたアムステルダムは、運河網を整備することで建設用の土地を確保していった。その結果、都市内部にはきめ細かく運河が巡り、それに沿って港の機能を備える「内港システム」といえるものをつくりだした。運河に沿った水辺は倉庫ばかりか、華麗な様式美の建築が水辺を彩っていった。後には、都市の外部にも立派な港湾機能をつくるが、内部の運河・掘割を用いた舟運は衰退することなく活発に機能し、この水辺に顔を向けた建築群が都市の主役であり続けた。こうして「水の都」の輝きが持続した。かつての江戸や大坂、新潟も、こうした「内港システム」が発達した都市であった。だが、舟運が廃れるとともに都市内部の掘割の多くは埋め立てられ、水辺の活気が失われた。

十九世紀以降につくられた港湾都市は、「内港システム」をもつ第三のタイプであるヴェネツィアやアムステルダムとは全く異なる港の形態をとった。ニューヨークやサンフランシスコが示すように、外港に桟橋を発達させ、そこに大型船が接岸した。これが第四のタイプとなる。明治維新を迎えた日本でも、横浜や神戸に桟橋のある港をもつ都市がつくられていくが、都市内部には運河が巡ることはなかった。

なぜ「内港システム」の都市か

アムステルダムとヴェネツィアの両都市は、どちらも水と戦いながら形成されてきた歴史をもっている。しかし、それだけではない。私たちの興味をかき立てるのは、今も都市内部の運河に船が行き交い、また水辺の環境が現代の人々のニーズに応えながら見事に活用されていることである。この点は、舟運が廃れると同時に水の空間が見向きもされなくなった日本の都市と大きく異なる。この二つの「水の都」の生き方から、日本の都市が学ぶことは多いのではないか。

今回の調査で、私たちは両都市の周縁部にも目を広げてみた。ヴェネツィアでは、ラグーナの島に形成された古い居住地の構造を残すブラーノ島と直線的な都市軸を持つキオッジアを調査対象に加えた。さらに、内陸との結びつきを理解するために、ラグーナに注ぎ込む幾つかの川の一つ、シーレ川をトレヴィーゾからブラーノ島まで船で下っている。

アムステルダムでは、連合オランダ東インド会社（VOC、以下東インド会社と略す）の拠点が置かれた他の五つの都市が重要であると考えた。アムステルダムと北海を短距離で結ぶ北海運河が一八七六年に完成するまで、アムステルダムから北海へはザイデル海（現エイセル湖）を通っていた。行きはテッセル島で航海の水を補給して、偏西風を利用して一挙に南下する。帰りは、東方から荷を満載した船がアムステルダムに向かう途中、エンクハイゼンとホールンに立ち寄った。これらの港町は、東方から運ばれる物資の買付けの場として繁栄した。この二つの港町に立ち寄った理由の一は、ザイデル海が浅いため、物資を満載した大型船では船底が海底に接触してしまい、アムステルダムの港までたどり着けなかったことがあげられる。私たちはかつての東インド会社の拠点都市の一つ、ホールンを選び、アムステルダムとの関係を読み解くことをも意図し、調査に臨んだ。十七世紀の黄金期を迎える以前と以後では、アムステルダムの都市形成が大きく異なる。十七世紀以降、アムステルダムは幾何学的な都市へと発展していく。一方、ホールンは今でも十七世紀の港と広場の素朴な関係を示す都市形態を保っている。この対比も目にとどめておきたかった。

私たちは二〇〇〇年夏に「内港システム」をもつアムステルダムとヴェネツィアでフィールドワークを開始した。

オランダの港町

オランダに旅立つ前に

私たちがヨーロッパ調査に向かった二〇〇〇年七月二三日は、日蘭友好四〇〇年の年にあたっていた。アムステルダムを出航した船団が嵐に遭いながらリーフデン号だけが豊後に漂着したのは、一六〇〇年だった。東インド会社が設立される二年前、日本では関ヶ原の戦いが行われた年のことである。徳川家康は、リーフデン号の乗組員であるオランダ人のヤン・ヨーステンとイギリス人のウイリアム・アダムスを手厚く保護した。それは江戸の八代洲河岸と安針町が彼らに与えられた土地であることでも察しがつく。アダムスこと、三浦安針は西洋帆船を日本で造ったといわれており(注1)、彼らが江戸の港の整備・発展や海外事情に対して、家康の良きアドバイザーであったことは想像に難くない。

その後日本は、鎖国するにあたって長崎に出島をつくり、清国とオランダだけを外国との交流の窓口にした。キリシタンに悩む徳川幕府にとっては、スペインやポルトガルと違い、布教による幕藩体制に対する影響が少ないと考えたようだ。オランダの社会は、宗教を中心には据えていない。オランダの町を訪れればそれがよくわかる。町の中心にある広場には計量所と市庁舎が置かれ、教会が核にはなっていない。悪くいえば金にしか目がないということになるのだろう。チューリップの球根に対する投機熱の話はあまりにもそのことを代弁している。

司馬遼太郎さんの「街道を行く」シリーズに『オランダ紀行』がある。彼は、こうしたマイナス・イメージとして受けとめられがちな出来事を、むしろオランダの市民意識の早い時期からの高さだと評価している。同時に、オランダ人の水に対する意識の高さにも強い興味を示した。司馬遼太郎さんはこの本において、オランダにおける人と都市と水の関係を見事に読み解いているのである。この洞察の深さは彼自身の感受性の深さによるのだろうが、その背後に一人のキーパーソンがいることも忘れてはならない。『オランダ紀行』にはたびたび後藤猛さんとオランダ人の奥さんの名前が登場する。日本人としてオランダに深く根を降ろす後藤さんを通して、司馬さんは深い所からオランダのもつ厚味を感じ取れたように思う。

オランダでの調査で、誰にコーディネーター役をお願いするかは調査の成否を左右するように思われた。その時、にわかに浮上したのが後藤猛さんである。すがる思いで後藤さんにコンタクトをとったのがこの調査の旅の始まりだったのかも知れない。

ただ、私たちのフィールド調査は、司馬遼太郎の世界とは違う。都市の歴史的な成立背景を踏まえて、現在に受け継がれた都市の空間を観察（実測も含む）し、そこから見えてきた様々な具体的事実から、都市の形成やその変容を読み解いていく試みなのである。そこには、文献史料だけからでは味わえない、歴史と現在が重なり合う豊かな世界を描きだすことができるはずである。実測調査をする私たちも、その中に身を置く醍醐味がたまらなく、ついフィールド調査の旅にでてしまう。

こうした調査も、行き当たりばったりでは効果的な成果は上がらない。そのために、調査が大掛かりになればなるほど、小回りがきく先発隊を組む。先発隊は本体が来る前の事前調査によって実測対象の絞り込みと全体像の把握をする。ホールンでは後藤さんがセットしてくれたホールン市文化財歴史保護管理部のアリ・ブザードさんをはじめ四人の方からのヒアリングができた。アムステルダムでは、市の都市建設の最高責任者ヤン・レイエンさんに、現在この都市で行われている再開発の動きをうかがうことができた。彼の発言には、常に旧市街の存在の重要性が基本にあったように思う。経済合理性がオランダのイメージだが、それは自然と人間のための合理性の追求であって、現代日本に見られる経済社会の合理性とはどうも大きく異なっているようだ。さらに後藤さんとの出会いで、司馬遼太郎さんが感じた人と都市と水の関係性を今回のフィールド調査の旅で感じ取れる思いがした。

東インド会社の拠点、北海に開かれた港町

かつての東インド会社のオランダ国内にあるオフィスは六ヶ所である。アムステルダム、エンクハイゼン、デルフト、ホールン、ロッテルダム、ゼーランド（今のミデルブルフ）に置かれた。そのうちの三つの都市、アムステルダム、エンクハイゼン、ホールンがザイデル海に面している。後藤さんはこれらの三つの都市と東インド

会社の拠点が置かれていないデン・ヘルデルとテッセル島を加えた五つの都市や基地の関係性が重要だと指摘する(1)。

ザイデル海は水深が浅い。アジアからの荷物を満載した大型船は、喫水が下がり過ぎて船底をすってしまい、アムステルダムに到達できなかったのだという。このことはアムステルダムの人たちが北海運河を開削した情熱にも現れているのかも知れない(2)。ただ、海で結ばれた都市のネットワークとしては大変興味深い。積荷を満載してアジアから帰ってくる大型船はまずデン・ヘルデルに寄港し、次いでエンクハイゼン、ホールンと積荷を降ろしていく。積荷を買い付ける商人たちは儲けの大きな商品を取引するためにアムステルダム以外の三つの都市に買付けに走る。なかでもホールンは東インド会社の拠点が置かれ、重要な位置を占めていた。

一般の物資の流れからすればどうしても大きな、しかも資本力のある都市が一人勝ちしてしまう。だが、自然条件とうまく融通をきかせながら都市間をネットワークで結び、資本を分散するシステムをつくりだしていくあたりは、列強に囲まれたオランダの事情ばかりではなく、オランダ人の自然と共存するしたたかさが見えてくる。どうも、日本人はこのしたたかさを近世に置き忘れてきたようだ。江戸時代の日本は、現代から見れば不合理に映る舟運のネットワーク構造を巧みに活用していた。それはオランダとどこかに共通点があるようにも思えてならない。

江戸と利根川舟運を考えると、東北からの物資を房総周りの外海ではなく内陸河川舟運に振り分けようとしているあたり、単に外海が航海上問題があるからだけでなく、選択肢の幅をどのようにバランスシートできるのかという知恵が当時の人たちの考えのなかにあったのではないか。日本の舟運に関しては後に詳しく述べるとして、自然条件の制約のなかで、都市間でネットワークを組んでいくことがいかに相互にメリットを生みだすことができるかを知っておきたい。

次にアムステルダムからの出航について考えると、持ち船の量からすれば圧倒的にアムステルダムが有利であったのだろう。だが、アムステルダムもホールンも水にそれほど恵まれた都市ではなかった。自然環境としてのザイデル海の水深の浅さは、軽い状態の船を質のよい地下水がでるテッセル島に運び、ここで給水して、北海から吹く北風に乗って一挙に大西洋を南下する流れをつくりだした。海外や日本の港町を調査していくと、単独で港町が成立していないことに気が付く。当然独自性が無ければ生き残れないのであるが、独自性と同時に都市間の微妙なネットワークの上に、どうも舟運で栄えた都市は成り立っているように思われる。

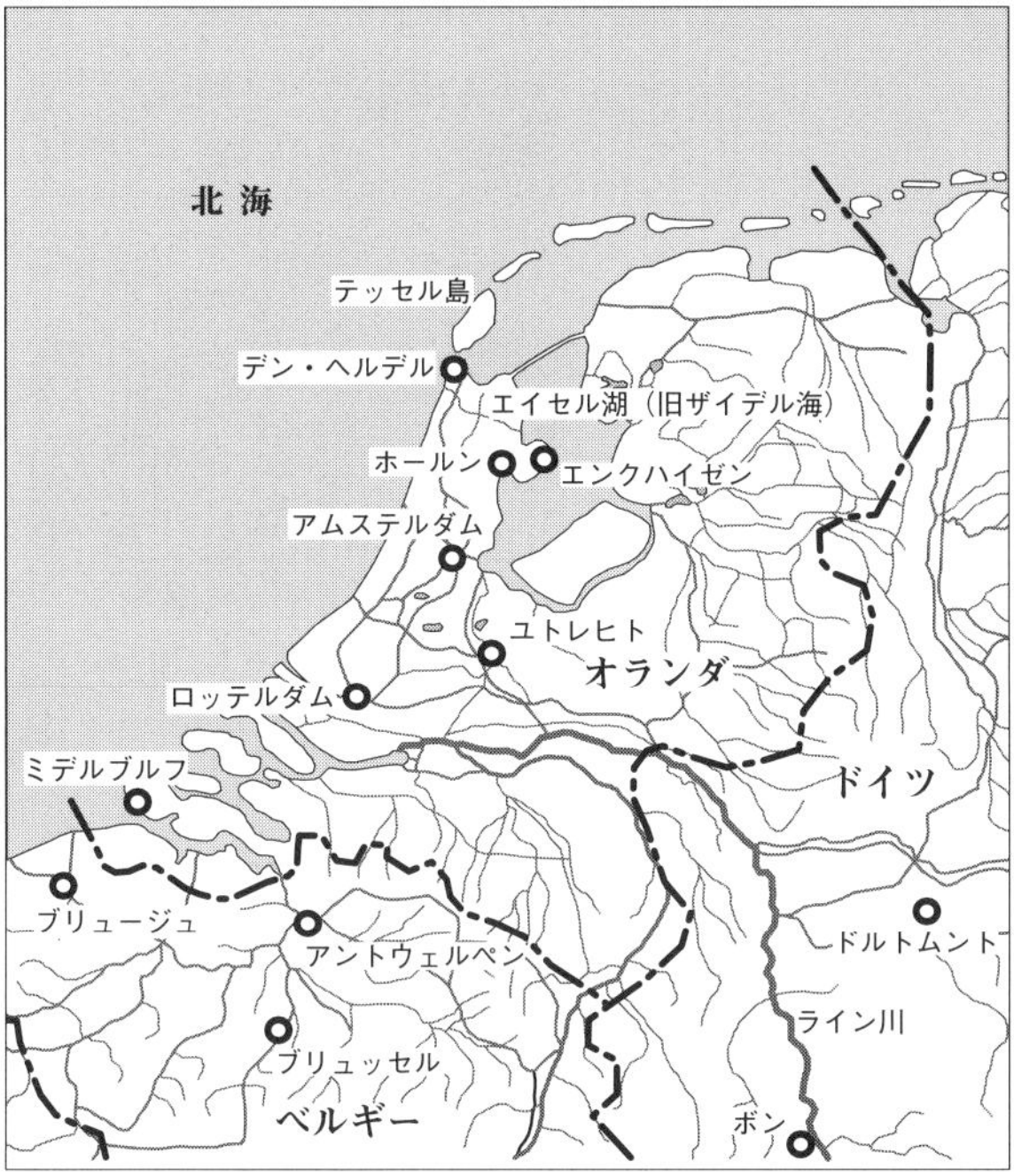

1　オランダの都市位置図

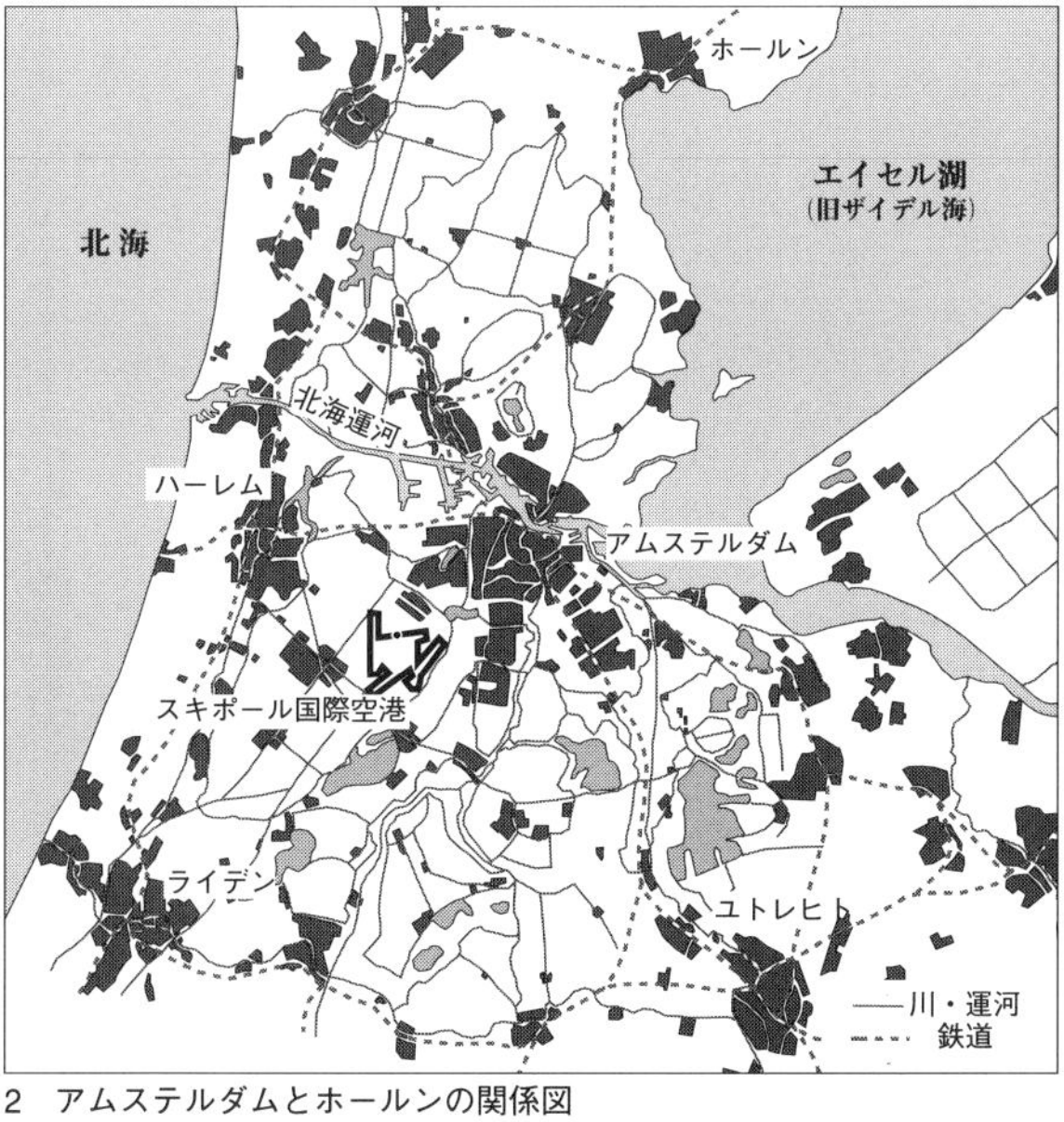

2　アムステルダムとホールンの関係図

オランダの港町

ホールン

交易都市の面影

私たちがオランダ調査の根城としたのはアムステルダムのアンバサーデ・ホテルである。ここではじめて後藤さんとお会いすることになった。アムステルダムのあらゆることに精通している彼は、この調査の間、私たちの知りたいことに何でも的確に答えてくれ、滞在中強い味方となっていただけた。日本を出発する前に現在の精巧な地図など色々とお願いしてあったのだが、実に効果的に対応をしてもらえた。その日も後藤さんは入手した地図を手にホテルに現れた。このアムステルダム（二〇〇〇分の一）とホールン（二〇〇〇分の一）の地図がすぐに役立ったことはいうまでもない。

翌日、先発隊はアムステルダム駅から列車でホールンに向かった。ホールンでは事前調査のためにホールン市文化財歴史保護管理部のアリ・ブザードさんをはじめ四人の方が快く迎えてくれた。彼らの仕事場はかつての豪商の邸宅内にあった。もちろん十七世紀に建てられたものである。ホールンでは日蘭友好四〇〇年を記念して、ホールンの歴史がわかる十二枚に綴った古地図のカレンダーを作成していた。こんな小さい町がと思うほど立派なカレンダーの各々の月に、歴史の重みが刷り込まれている。アリさんはホールン市長からのプレゼントだといって、私たちに手渡し、このカレンダーをベースにホールンの都市形成について話を進めてくれた。

一月は、一四二六年の地図であった(3)。この時期すでにホールンの都市の骨格ができあがっている。運河が都市の中に巡らされ、最初にできた港も現在とほぼ同じ形をしている。ホールンの主要な道も現在と変らない状況であることがこの古地図を見てよくわかる。ただ、地図に描かれている運河は現在はすでに埋め立てられて、道路になっていた。

ホールンがこのような都市の形態をつくる以前はどうだったのか。十一〜十二世紀のホールンは、一般的な低湿地オランダの集落形成に見られるように、「デイク」と呼ばれる細長い人工の土手をつくるところからはじま

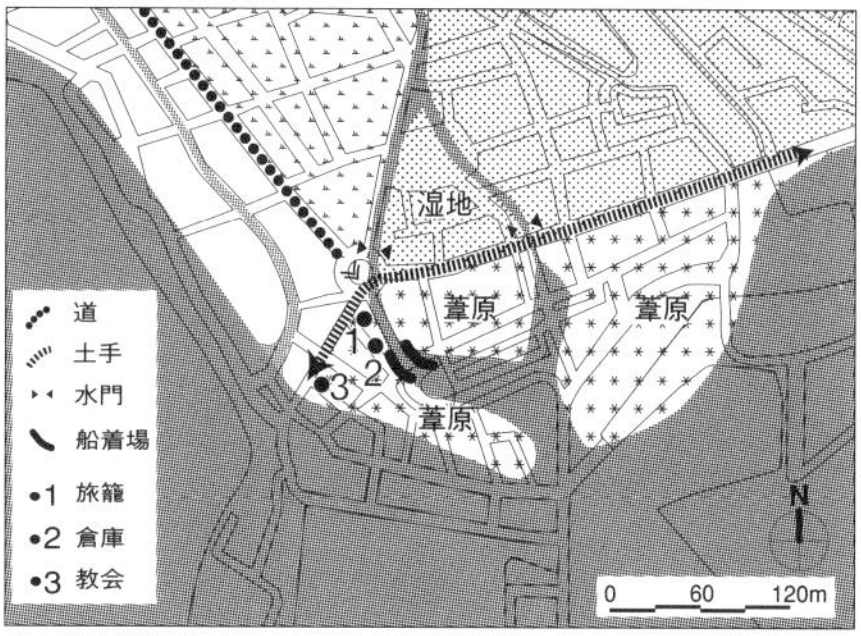

4　村が形成されていく初期段階のホールンの概念図

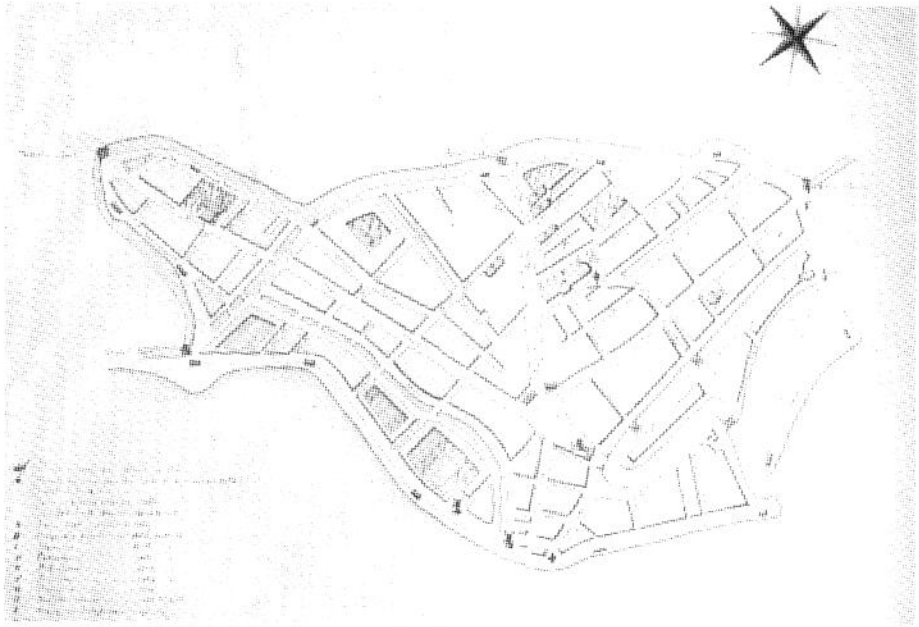
3　1426年のホールンの古地図

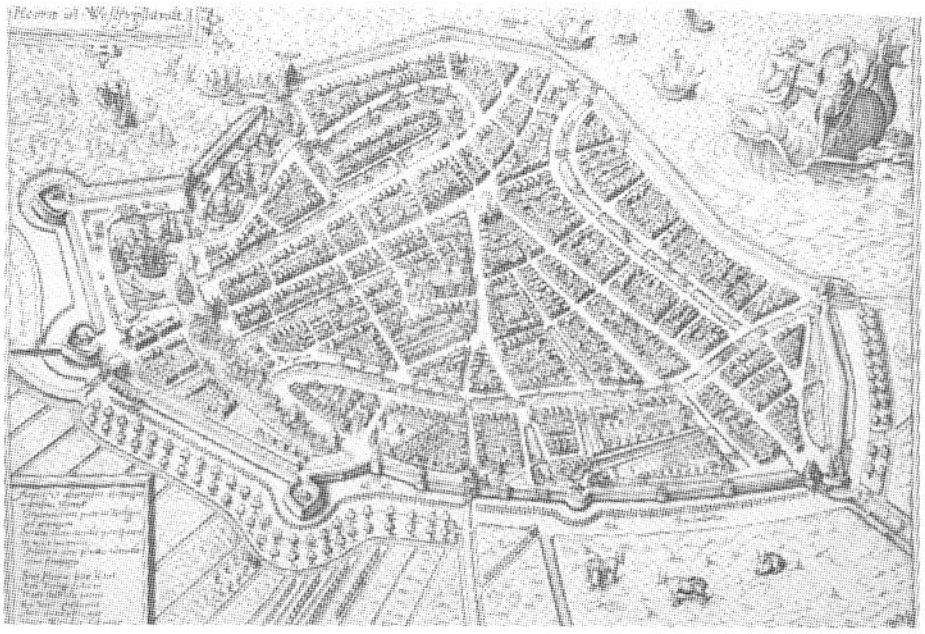
5　1596年のホールンの古地図（注：この地図は南が上になっている）

○ 城門
① 市庁舎
② 教会
③ 旧東インド会社建物
④ 新東インド会社建物
⑤ 東インド会社倉庫群
⑥ 東インド会社倉庫
⑦ 議会をする場所
⑧ ホーフトタワー
⑨ 海軍本部
⑩ 計量所

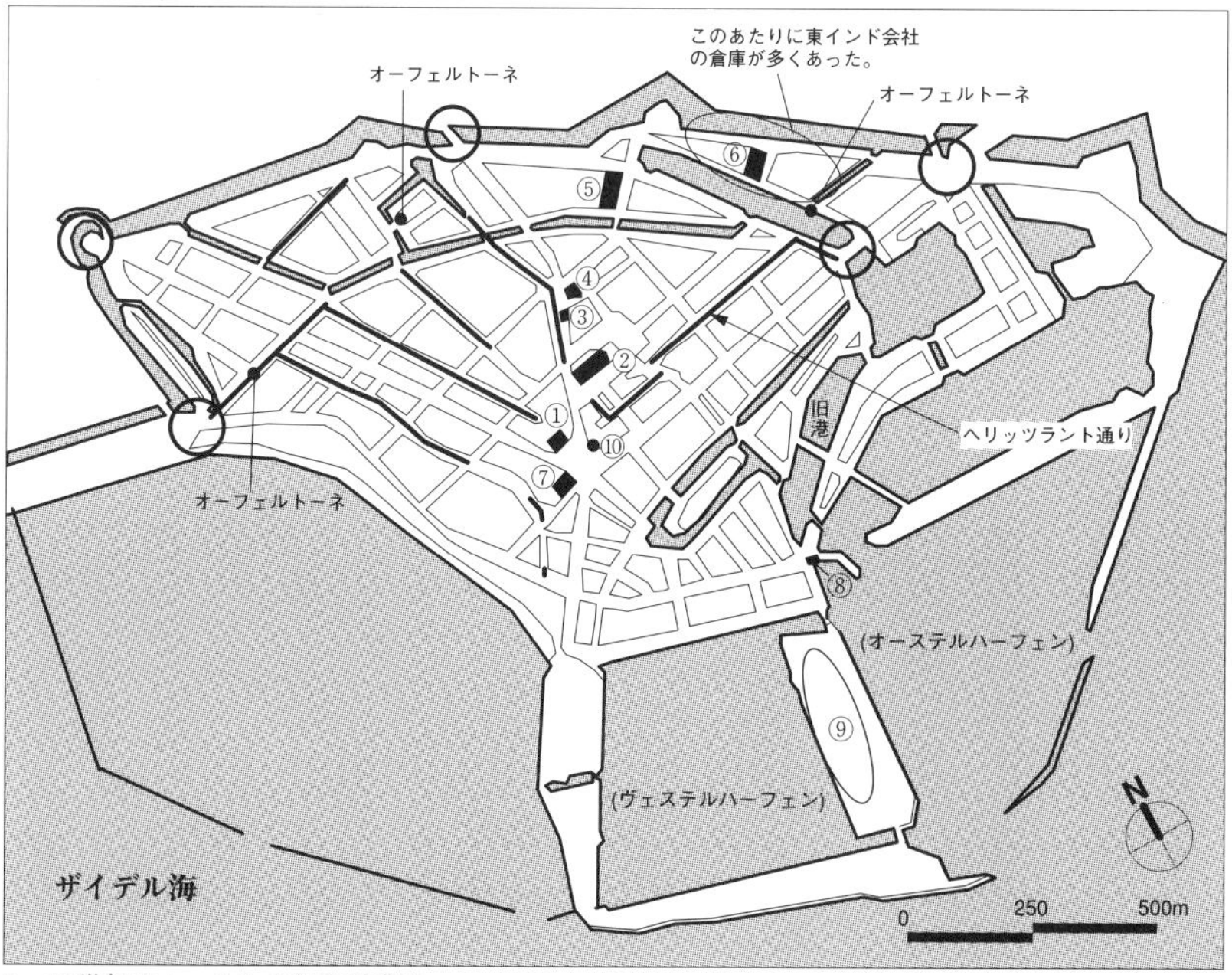

6　17世紀のホールンの都市構成図

る。低湿地オランダは、こうした土手を延々と築きながら、土地を生み出し、集落を形成していった。それはアムステルダムも例外ではない。

ホールンの場合、海から土地を生み出すように「へ」の字型にデイクが築かれ、もう一本海に流入する川に沿ってデイクが築かれた。その土手の上につくられた道は「へ」の字の尖った部分にぶつかる。ここに広場と教会がつくられ、その周辺には漁業を営む集落が形成された。初期オランダの集落の中心には、ヨーロッパの多くの都市に見られるように、教会が置かれていたのである。一方、川を少し遡ったデイク沿いに農業を営む集落も形成された。これがホールンの原風景である(4)。

海と内陸を区切るようにつくられたデイクにできた漁村集落は、北海のニシンを目当てに漁をしていた。その漁とニシンの塩漬けの保存技術の考案で、オランダの港町は都市を形成するまでになる。それが一四二六年に描かれたホールンの都市の原型として描かれる。

アリ・ブザードさんは、ホールンの町が急激に発展したのは一五一〇～一五年の五年間だという。その要因として、先述の保存可能になったニシンとともに、ハンザ同盟への参加、コロンブスのアメリカ大陸の発見などの大航海時代幕開けをあげた。なぜこの三つなのかという詳しい答えは返ってこなかったが、十六世紀初頭にホールンだけでなくアムステルダムなどのオランダの港町は、同様な時期に初期段階の都市骨格を形成し発展している。また、外敵を防御するための外堀が掘られ、その内側に城壁が築かれるのもこの頃からである。

スペインのフィリップ二世がつくらせたといわれる三月に刷り込まれた一五九六年の古地図には、外に拡大したホールンの様子が描かれている(5)。この地図が制作される以前に、オランダはスペインと戦争状態に入る。いわゆる八〇年戦争(一五六八～一六四八)である。この古地図には、現在ヨットハーバーとして利用されている入江が港や造船所、貯木場として整備される。それに、家の一棟一棟まで描かれているこの地図を見ると、二階建ての建物が道路に面してびっしりと並んでいる様子が手に取るようにわかり、ホールンは東インド会社が設立される以前にほぼ現在の都市をつくりあげていたことになる。

このホールンは東インド会社によって都市が発展したというよりも、すでに成熟していた都市に貿易や商業、舟運に関連する優れた人材が流れ込んできたと見た方がよさそうである。そして、黄金の十七世紀には今日の私たちを魅了する華麗な建造物を次々に建てていったのである(6)。だがホールンでも、都市が稠密化した時、飲料水と下水処理の問題が発生する。川の水を飲料水にしていたホールンの市民は、汚染した川の水が使えなくなり、雨水を地下のカメに溜めて使う都市基盤の大転換を十六世紀初頭に行わなければならなかった(7)。

この三月の地図の説明の最中、アリ・ブザードさんは突然立ち上がり、実際に外に出て説明した方がいいと、町に飛び出した。私たちも予想外の行動にあたふたとアリさんの後を追って外に出た。彼はこの町ではかなりの知名人のようで、道行く人と常に軽い挨拶を交わしている。そして、とても足が早い。数少なくなった井戸の説明が終わる間もなく、足早に十七世紀の町並みを駆け抜けていく。ホールンで比較的広い道路はかつて運河が流れていたことも、実際に町に出て説明を受けると納得する。それにしても、後藤さんは彼の喋りまくる重要な情報を涼しい顔で、楽し気に通訳してくれる。驚くばかりである。駆け足の路上観察を終え、部屋に戻った私たちはその後十二月までの古地図の説明を受けた。

7　井戸の蛇口が今でも町中に残る

8　ホーフト・タワー内部からエイセル湖を眺める

9　ヨットハーバーとなったかつての港

多忙なアリさんは、昼はホールン市長と会議があるとのことで、同席していたヘルディン女史らと現在レストランになっているホーフト・タワーで昼食を取ることになった。ホーフト・タワーの窓からはエイセル湖がよく見える(8)。本体が合流した時には、ヨットで湖側からホールンの町をじっくり観察することになっている。

船上から眺めるホールン

ホールンの目の前に広がるエイセル湖は、かつてザイデル海と呼ばれた北海に通じる海であった。その海を通って、東方貿易で得た物資がホールンの港に運ばれていた。今は港がヨットハーバーとなり、湖にはレジャー用のヨットが数えきれないほど浮かんでいる。ホールンはまさにレジャーと観光の都市となっている。一世紀以上前に造られたというヨットに乗り込み、私たちはエイセル湖から町の全容を見ることにした(9)。

湖面から町を眺めると、まっ先に目に飛び込んでくるのがホーフト・タワーだった。荒海を渡ってきたかつての船乗りたちは、砂岩でできたこのタワーを目指して港に入って来たといわれる。現実に船で沖に乗り出してみると、砂岩に太陽の光があたると灯台の明かりのように建物が光を放ち、その輝きに導かれて船が港に入って来たという話が、私たちにも実体験として感じ取ることができる(10)。

沖に出て船のエンジンを止めると、一気に静けさが私たちを包み込む。ゆっくりと時間が流れ始め、贅沢な気分を味わうことができる。日本でこのようなことをすれば極めて贅沢に思えるだろうが、ここでは皆がごく普通に楽しんでいる。水のもたらす脅威と共に生きなければならない彼らは、同時に水をエンジョイすることで、水との付合い方を豊かなものにしている。

いよいよホールンの本格的な調査を始めるために、帆先を港の方向に向けた。静かにヨットが港に近づいていく。ホーフト・タワーのまわりには、大勢の人たちが繰り出しているのが船上からよく見える。桟橋付近で釣りを楽しむおじさんの姿もある。賑わいのなかに、どことなく安らぎとゆとりとを感じさせる光景が目の前を通り過ぎる。観光地でありながら、観光ズレしていないゆとりが船上から感じ取れ、ここがなんとも日本人には羨ましい。歴史の重みのなかにどっぷりつかっても微動だにしない都市の奥深さがあるのだろうか。

ホールンの初期の発展段階は、アムステルダムと同じく入江を港として利用していた。港近くは水深が浅かったので、大型船は沖に停泊し、小船に積み換えた。積み

10　エイセル湖から見たホーフト・タワー

11　人力で動かしていたオーフェルトーネ

12　川を利用してつくられた古い運河

13　市長邸の庭から見た旧東インド会社の倉庫

換え作業ができる堤防（ディク）もつくられていた。小さな船に積まれた荷は港や運河深くにある倉庫に運び込まれた。貿易による莫大な資産がホールンに流れ込んだのである。

要塞に沿うように掘られた外堀や都市内部の運河の水は淡水である。ホールンの人たちは、川や運河の水を舟運と同時に、先述したようにはじめ上水や雑用水として使っていた。そのため三ヶ所に「オーフェルトーネ」（オランダ語で「引っ張る」という意味）と呼ばれる海水の逆流を防ぐ施設をつくった（11）。これは海水と淡水が混ざらないように仕切ると同時に、運河に船を通す大掛かりな装置である。海から来た小船はオーフェルトーネによって淡水の運河に引き上げられ、運河沿いの倉庫に物資を運ぶことができた(12)。その動力は風車や馬、そして人間が車輪のなかに入って動かす時もあったようだ。

都市内部の運河に沿って、インドネシアや長崎まで運ぶ輸出用の荷や貿易で運ばれてきた商品が納められていた東インド会社時代の倉庫が二棟残っている。その一つは、全長が五〇メートルもあり、後ろ半分(二五メートル)が住宅と庭のある居住環境に変えられ、現在ホールン市長の自邸として使われている。倉庫の内部は現在住宅用に改装され、滑車も外されて倉庫としての機能は失っているが、倉庫の構造をそのまま利用している(13)。余談だが、市長は日本びいきなのか、部屋の中は和をテーマにしたインテリアで彩られていた。自国の伝統と日本という異国の伝統が生活空間のなかで活かされている。保存という問題に対して、私たち日本人はどうもかたくなに破壊か復元かという両極を選択しがちである。生きた伝統でなければ、伝統は生き続けてはいけないし、それを当然のように受け入れているオランダの人たちの「たくましさ」と「しなやかさ」に敬服する。

東インド会社が栄えた頃、穀類は世界中から輸入し、オランダをキーステーションにしてヨーロッパ全域に供給していた。石はスウェーデンやドイツ、スイスから輸入し、オランダの町は石が敷き詰められていく。木材はノルウェーから輸入され、主にホールンに集められた。ホールンの港には、巨大な貯木場があり、船のメンテナンスの設備も完備していた。オランダは水以外、ほとんどすべての物を輸入し、貿易というかたちで輸出していたのである。

舟運で栄えたホールンには、かつて船乗りのための宿泊施設が数多くつくられた。町の中に入る城門(14)や港の周辺、町外れ(現在のホールン駅辺り)など、計五ヶ所に宿泊施設が集中して設けられていた。一ヶ所につき七〜八軒の宿があり、それらの宿は一階が飲み屋で、その上が宿泊施設となっていた。この形態は、アムステルダムも同じである。後藤さんが面白おかしく話してくれたのだが、東インド会社は雇った船乗りたちに前金を渡し、飽きさせないように下の酒場で遊ばせ、船乗りたちが逃げられないように上の宿屋に泊まらせた。それは、船が出るまで閉じ込めるために宿が使われたというのである。宿の建物は倉庫や一般の住宅に比べて開口部が広く取られていた。今でもかつての港周辺には建物が残っていて、その多くがカフェやレストランとして使われている(15)。

これらの町並みを左手に見て、多くのヨットが停泊する入江を奥に進むと、水門が見えてくる。この水門は手動式で、私たちの乗る船を見るなり、番をしているおじさんがハンドルを回して開けてくれた。オランダにある多くの水車もそうであるが、古い機能に誇りをもって使い続けているのが頼もしい。このような光景を見ると、日本が戦後歩んできた機能性や合理性一辺倒で築きあげてきた生活環境の薄っぺらさを感じてしまう。

旧港から町を歩く

ホールンの都市がつくられた構造を知るために、船を降りた私たちは、初期の港であったとされる運河から、町の中心である広場へと向かうことにした。東インド会社が設立される以前から使われていた港の骨格が今も運河として残っているのは感激である(16)。かつての港からは細い道を抜けて広場に出られる。この道を港から荷

14　外堀につくられた城門

15　かつての港に面する宿泊施設

16　最初につくられた港、現在も元の形態を残している。

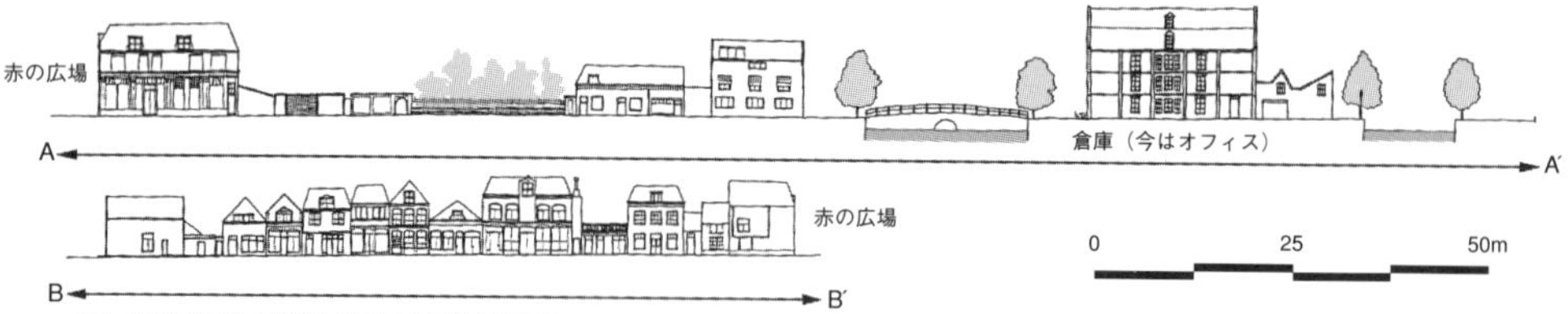

17　港と広場の関係を示す連続立面図

20　オープンカフェ越しに見た赤の広場

18　ホールンの港と広場の関係図（太線は立面図の位置）

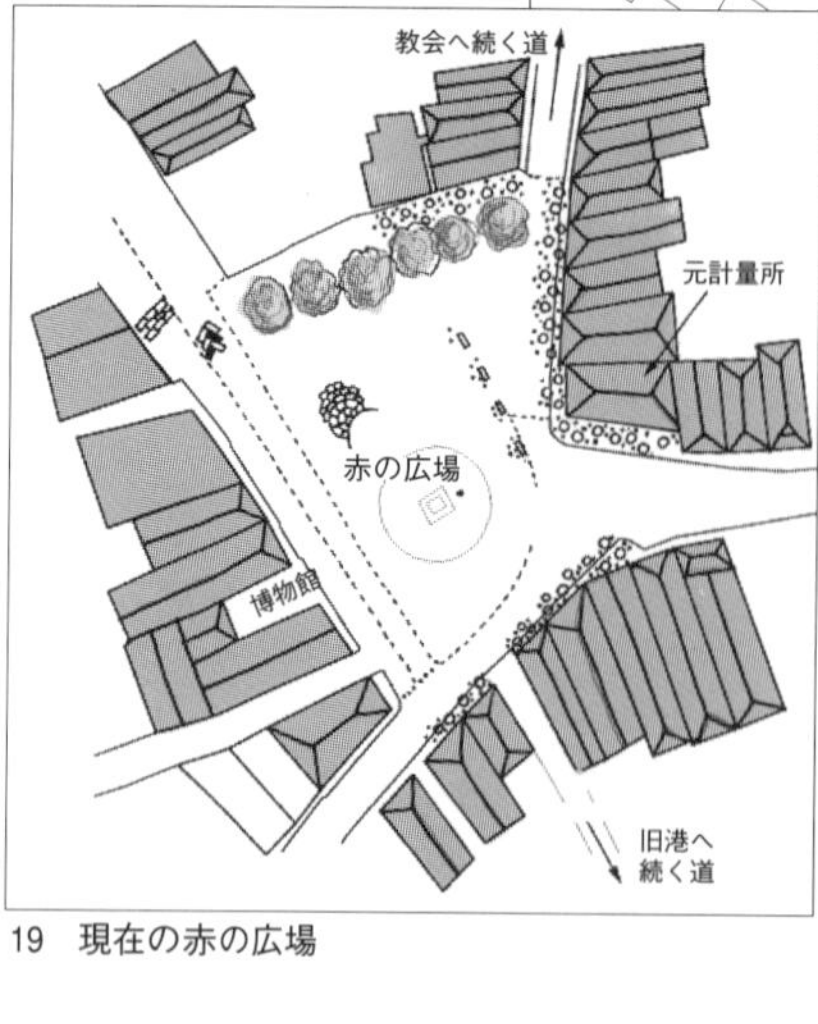

19　現在の赤の広場

21　レストランが入った元の計量所

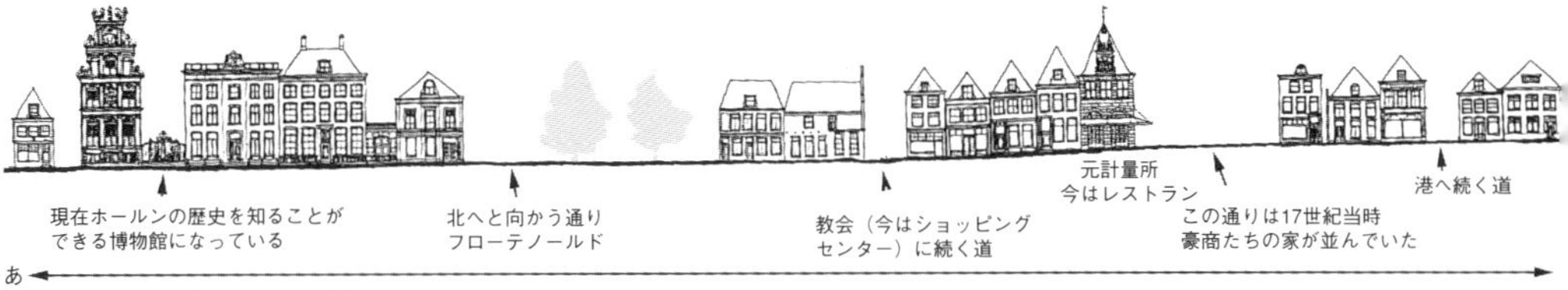

22　赤の広場360度連続立面

23　赤の広場の風景

揚げされたチーズ、魚、りんごなどの物資が、中心の広場に持ち込まれて取引されていた。現在の人通りはまばらであるが、かつては町にとって重要な道だったのである。私たちは、道の狭さや広さに翻弄され、現代感覚で歴史の空間を見がちである。だが、実はこうした細い道こそ時代の中で重要な役割を担ってきているのだ。忘れ去られた道を明らかにすることは今回の調査における重要なテーマの一つである。こうした視点から、後述する日本の調査で発見した中世の道の軸とホールンで読み取れた空間の成り立ちを重ね合わせ、比較して考えることができるからである。

ホールンでも、現在一見重要に見える道は広場を中心に放射状に発展してきたように思える。あたかも、港と広場が独立した核であるかに見えた。実測を重ねて、この細い道が交易を結びつける重要な都市軸であると気づくと、バラバラに見えた空間の一つ一つが結びつき、町並みとして一体化するのは現地調査の醍醐味である。そのことを現在の連続立面で表現できるかどうかは難しい。それでも、私たちはどうしてもこの空間を再現しておきたい衝動にかられ、手分けして野帳を取り、必死になってこの道の連続立面を図に描いていった(17、18)。

調査現場となった細い道を広場に向かって進むにつれ、

建物と建物の奥に現在博物館となっている市庁舎が見えてくる。さらに進むと視界が開け、広場の右手にはかつての計量所が目に飛び込む。このように、昔と変らない空間体験ができるのも、古い町並みが残るホールンだからこそである。

レンガを敷き詰めたこの広場は、「赤の広場」(「赤い石」という意味を持つ広場)と呼ばれ、中央にある赤レンガは死刑がここで行われていたことを今も伝えている。市庁舎や計量所などの行政機関が集中していたこの広場は、まさしく町の中心であった(19、22)。

市庁舎であった建物は当時のままの姿で広場に顔を向けている。広場では現在も定期的に市が開かれ、活気に満ちあふれている。私たちが訪れた時には、ちょうど自動車の市があり、多くの人が広場に集まっていた。広場の賑わいはイヴェントの時だけではない。広場にはいつでも、オープンカフェでくつろぐ人たち、立ち話をする婦人たちや遊ぶ子供たちの姿が見られ、楽し気な雰囲気が漂っている(20)。ベルギー産の砂岩でつくられた計量所の建物は、かつての面影を残しながら、カフェに姿を変えている(23)。室内には当時使っていた秤がインテリアとして飾られ、計量所であったことをさりげなく来訪者に伝えている。この建物は、交易によって得た収益で、一六〇八～九年に建築家ヘンドリック・デ・ケイゼルによって新しく建て替えられたものである(21)。

広場からは放射状にいくつもの道が走っている。その通りの一つが教会通りである。その名の通り教会があるのだが、その内部は驚いたことにベビー用品や家具を売るショッピング・センターとアパートになっていた(24、25)。しかも信者が増えればまたもとに戻せるように、内装は変えていない。なんと柔軟な発想なのだろうか。

この通りには、茶、タバコ、香料、コーヒーなどを売る店が今も軒を並べている。交易で栄えた時代を幾世紀も過ぎているのに、ここでは東インド会社時代からの結びつきの強さを今も伝えている。

ホールンの町並みは、交易で活躍した商人たちの店や住宅が十七世紀そのままの姿で残されている。建物のファサードには、商人たちが働く姿を描いたレリーフがはめ込まれていて、当時どのような職業の人がそこに暮らしていたのかがわかる。パン屋や鍛冶屋であったことを示すレリーフなどが見られ、一つ一つがエピソードを持っている。一方で、一六〇三年に建てられた東インド会社の建物には、女神が船を抱えているレリーフがある(26)。この建物がいかに交易で財を成したかを物語るレリーフである。オランダが最も栄えた十七世紀、ホール

24　ショッピング・センターとなった教会

25　商品が陳列されている教会の内部

26　レリーフがはめ込まれた建物の壁面

ンには約二万の人々が暮らしていた。その後、北海運河が開削されたこともあり、その後繁栄は続かなかった。一九〇〇年頃には、およそ一万人に減少する。

交易都市としての繁栄を終えたホールンは、十七世紀の町並みを残したまま、漁師町として歴史の表舞台から姿を消す。だが、ホールンを訪れて感じたのは、二世紀以上も前につくられた都市の遺跡ではないということである。ここでは人々が水と深く関わりながら、脈々と古い町並みを使いこなしており、生活の匂いが感じられる。ホールンでの体験で得たことは、水や都市空間を豊かに使いこなしていくことの大切さである。

オランダの港町

アムステルダム

なぜ「水の都」になり得たのか

先行条件としての中世都市と農村との二つの構造

黄金の十七世紀を迎える以前のアムステルダムは、北ドイツの商人とフランドル地方、イギリスで活動していたドイツ商人たちのグループによって結成されたハンザ同盟のもとで、十三世紀から十五世紀頃に北ヨーロッパの中堅都市として舟運で栄えていた。まさに、ヴェネツィアが東方貿易で黄金時代を築いていた時期である。この頃のアムステルダムは、幾何学的な形態の都市発展をしていない。むしろ、ヴェネツィアなどの低湿地に発展した中世都市同様、自然地形に強い影響を受けながら都市の骨格をつくりだしている。同時に周辺には、オランダ低湿地に開発された農村の特色として、運河で囲まれた細長い泥炭干拓地のユニットであるポルデル（排水新開地）が延々と続く風景がつくられていた。

私たちは調査に出発する以前、近世都市・アムステルダムが幾何学的都市空間を形成する際に、この二つの原風景をどのように新たな計画都市に内在させていったかということに大いに興味があった。それは東京の近代以降から高度成長期に至るまでの急速な都市拡大が、近世江戸の都市骨格と周縁に展開する農村構造の二つの原風景を内在させて、近現代東京を築きあげてきた経緯があるからだ。

私たちは第一の問題意識として、アムステルダムの都市の歴史的構造を水辺の視点から解析していくとともに、この幾何学的な都市空間に潜む中世都市と農村の痕跡を探ることも重要なテーマとした。

都市拡大と環境形成の狭間で

十五、十六世紀のヨーロッパは急激な変容を遂げていた。そして、繁栄するヨーロッパの都市地図は大きく塗り替えられようとしていた。

北ヨーロッパの交易拠点として十七世紀に栄華を誇ったアムステルダムは、ライン川の支流であるアムステル川の河口に位置する。ここは、大国の仏・独・英の三カ国に囲まれ、スカンジナビア半島、バルト海沿岸地方にも近い。舟運が主要な物流手段であった時代、アムステルダムは、アントウェルペン、ロッテルダムなどのネーデルラントの諸都市とともに、イベリア半島などを加えた西部ヨーロッパの中心となり得る地理的な好条件にあった。さらに、内陸にネットワークされた河川や運河は外海からの物資と内陸からの物資を交流させる船の道となっていた。

アントウェルペンは、十五世紀半ばから約一世紀、世界最大の港町であり続けた。しかし、ネーデルラントとスペインとの八十年戦争（一五六八～一六四八）が始まると、アントウェルペンはスペインの完全な支配下に置かれ、自由な港としての機能を失うことになる。

一五七九年にホラント州を含む北部七州は、ユトレヒト同盟を結び、八一年にスペインに対し独立を宣言する。一六〇九年にはスペインと十二年間の休戦協定が結ばれ、オランダ共和国が誕生し、実質的な独立を勝ち取る。この過程で、アントウェルペンの約二万人の市民は、港町での自由な活動を求めて、経営、貿易といった様々なノウハウを伴ってホラント州の有力都市であるアムステルダムに移っていった（注2）。

この頃のアムステルダムは、北ヨーロッパのなかの重要な都市機能を一極集中させ、巨大都市化していく条件を充分に備えていた。しかし、アムステルダムは都市の巨大化と環境形成のせめぎ合いのなかで、実にユニークな幾何学的都市空間をつくりだす。黄金の十七世紀、アムステルダムがどのように試行錯誤しながら都市構造と生活環境を整えたのか。歴史の変化が、十七世紀のアムステルダムをいかに「水の都」に相応しい都市景観につくりあげていったのか。このことが今回の調査における私たちの第二の問題意識である。アムステルダムの現在を巡ることで、確かめていきたい。

船で運河を巡る

アムステルダムは歩く以上に、水の上から楽しませてくれる町である。そこで、私たちは船を一隻チャーターし、アムステルダムの運河を巡ることにした。この船は十九世紀につくられた由緒ある船である。そういえば、ホールンで乗ったヨットも時代ものの帆船であった。単に性能の問題ではなく、厚味のある水の文化をどのように満喫するか、そのことをオランダの人は大切にしているように思える。

ヨルダン地区から黄金のカーブへ

船による運河探索は、アムステルダムの西部、「ヨルダン地区」と呼ばれている場所からスタートした(27)。十七世紀の初めに開発されたこの地区は、オランダの西部に位置する三日月型をした地域で、ちょうど人口が急増しはじめたころに開発されている。隣接する東側の比較的高級な住宅街が形成された地区と比べると、道や運河の通し方が異なる。ヨルダン地区の街区の割り方は、農業開発で区画割りされた形状のまま斜めに運河と道路が通っている(28)。

オランダはポルデルの名が付けられているように地盤が低い。人口の急増で都市計画による開発が追いつかず、ヨルダン地区の北側は地盤が低いまま開発されてしまったのである。そのために、この地区には、アムステルダムでよく見かける半地下を持つ建物がない。同時に、中庭が取られることもなかった。道路に面した建物と建物の間の路地を通って内部に入ると、本来中庭であるはずの空間が路地からアプローチする建物で埋まっていた(29)。ただ同じヨルダン地区でも、開発時期が遅かった南側では地盤を高くし、半地下をもつ建物が建てられている。ゆったりと落ち着いた雰囲気の町並みが見られる。私たちはこのヨルダン地区の南部から船をスタートさせた。

船からアムステルダムの町を見ると、緑色の木々の合間から茶色の煉瓦の建物が顔をのぞかせる(30)。意外な緑の多さに驚かされる。いくつもの橋のトンネルを抜け、船は左に少しずつカーブしながら十七世紀に建てられた町並みの間を進む。橋の上では楽器を弾いている人や、オルゴールを鳴らしながら通り過ぎる車があって、道行く人の注目を集めている。水辺にはカフェのテーブルが並び、人々がおしゃべりをしたり、本を読みふけったりと、思い思いに過ごしている。船の上の私たちに手を振ってくれる人もいる。運河では、船上で結婚披露のパーティーを楽しむグループに出合ったり、ピアノを弾く女性を乗せた面白い船とすれ違ったりもした(31)。

船は次にプリンセン運河を通り、アムステル川へ向かう。このプリンセン運河は十七世紀初めに整備された運河である。オランダでは、かつて間口で土地や建物の税金を徴集していたことから、運河沿いにはほぼ五～八メートルの間口で建てられた建築が連続して並んでいる。水面には、独特の切妻屋根が波打つように映しだされ、船の航行とともにかき消される。しかし、船が東に進むにつれ、両岸に建つ建物の間口が次第に広くなっていく。十七世紀に開発されたといっても、建物の建設年代は少

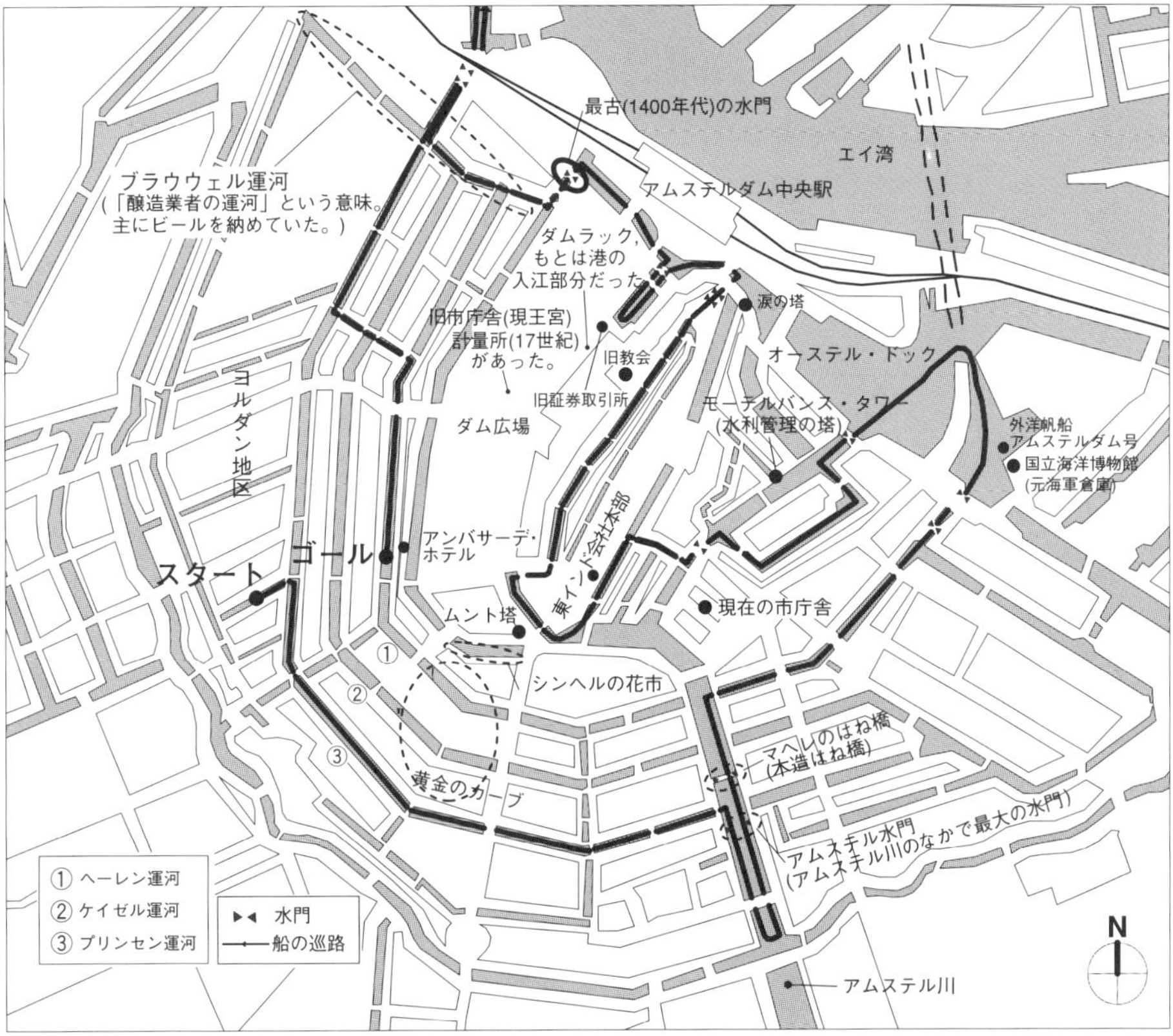

27　アムステルダムの運河巡りルート図

29　ヨルダン地区の路地裏の生活空間

28　ヨルダン地区の運河と町並み

しずつ新しくなる(32)。さらに運河を進むと、「黄金のカーブ」と呼ばれる曲線を描く場所を通過した。運河の両岸には、都市の繁栄を誇るように、立派な建物が並んでいる。西側のプリンセン運河沿いに比べ、ここの建物の間口は倍以上あり、敷地の奥行も長い。この辺が旧市街で最も高級な住宅街である。

アムステル川から十七世紀の港湾地区へ

アムステル川に出ると、はね橋と水門が見えてくる。「マヘレのはね橋」は、一六七一年に建造され、アムステルダムに残る唯一の木造のはね橋である(33)。この橋は毎晩ライトアップされ、昼とはまた違った趣きを見せる。一方の「アムステル水門」は、アムステル川につくられた最大の水門で、一九二九年から電動で開閉するようになっている(34)。アムステルダムには、海と接する川や運河には必ず閘門(船が航行できる水門)が設けられていた。低地につくられた都市のために、満潮時には海より低くなる。そのために、水位をコントロールし、船の航行を常に可能な閘門である必要があった。これらの閘門は同時に水位差を使って水の流れをつくり、運河の水質を保つ役割も担っていた。

アムステル川を下り、へーレン運河を通って十七世紀につくられた港の方へ進む。港付近に停泊していた大きな船は、アムステル川を遡り、大陸の内部にまで航行する。この川は今でも河川交通の役割を担っていることがわかる。また、港の辺りは今でもオーステル・ドックと呼ばれ、舟運に関連する東インド会社の施設が集中していた所である。造船所、ザイルやロープの工場、倉庫などの建物が繁栄の威容を示す、アムステルダム最初の工業地域でもある。現在の国立海洋博物館は、海軍倉庫を改装して再利用された建物である。近くには東インド会社が所有していた外洋帆船・アムステルダム号が停泊している。

アムステルダムの都市拡大に伴って、都市の中心にあった港湾機能は十七世紀までに都市の外側に移動する。はじめはダム広場に面した入江(今のダムラック)を中心に立地していた。次に東インド会社成立後、この都市西部の臨海部に港湾機能が移ってくるのである。そして、アジアでの貿易が軌道に乗ると、西部から東部の臨海部へと拡大し、港湾機能の中心が移っていく。船上から見る古い港湾関連の建物一つ一つが繁栄した東インド会社の証となっている。北海運河が十一年の歳月をかけて一八七六年に完成すると、港湾機能はアムステルダムの東に移動し、この港は衰退する。再び西部の臨海部が脚光

30　間口の揃った建物が連続する運河沿いの町並み

31　船上でピアノを弾く人

32　広い間口の建物が運河沿いに並ぶ黄金のカーブ付近

33　マヘレのはね橋

を浴びることになる。現在では、北海運河に沿って、大規模な近代港湾施設がつくられている。

中世に起源をもつ都市内部の運河へ

船はオーステル・ドックから再び町中の運河に入っていく。運河に面して水位管理の施設（水位調節の指令室）であるモンテルバーンス・タワーが見えてくる。オランダの基準水位は、現在市庁舎の中にあるシリンダーで確認することができる㉟。基準水位を超えれば、アムステルダムの町は水に浸かってしまう。アムステルダムにとって、水位管理は今も昔も都市の生死を左右するのである。

町を巡る幾つかの運河をしばらく進み、東インド会社の本部だった建物の脇を通り、近くにはムント塔も見えてくる㊱。この塔は十五世紀後半に建てられた城壁の一部で、見張り塔の役目をしていた。「ムント」とは「硬貨」という意味である。フランス軍がアムステルダムを占領した際、一六七二～一六七三年の間にここで貨幣が鋳造されたことからこの名が付いた。塔の奥には運河沿いに設けられた花のマーケット、「シンヘルの花市」が見える。市場を歩くと色とりどりの花々が並び、華やかな雰囲気に包まれる。このような市場が根強く中心市街地にあることを知ると、今も花が重要な産業なのだと実感する。

船はいよいよ町の最も古い場所へと入る。旧教会が左手に見えてくる。漁業の町としてスタートした頃からあった運河を通ると、建物が直接運河から建ち上がっている(37)。アムステルダムといえば、運河沿いに必ず道が付けられていると思われがちである。だが、古い時代の建物は、ヴェネツィアのカナル・グランデ沿いのパラッツォのように、船が直接横付けできたのである。運河沿いには船着き場も所々設けられていて、現在はテーブルが置かれカフェのオープン・テラスに変わっているものもある(38)。船上の私たちも、すでに彼らが眺める風景の一部となっている。

古い運河を抜けると、左斜め前方にアムステルダム中央駅が見えてくる。右手には「涙の塔」が姿を現す。船乗りの妻たちが無事を祈り涙を流して船を見送ったことから、この名が付いたという。かつてこの塔は、ホールンのホーフト・タワーのように、船乗りたちが海から最初に確認できるランドマークであったに違いない。この辺りが船の出航と入航の中心的な場所であり、中央駅の辺りはもともと防波堤(柵)がつくられていた。大きな船はここで停泊して荷を積み替え、荷は小さな船で運河を巡ることになる。海に近いこの辺りには、宿屋の数も多かった。現在ではその面影は全く残っていない。

中央駅を右に見て、船は旧証券取引所の方に舵をとり、行き止まりの運河に入っていった。ダムラックと呼ばれる運河は、かつてダム広場まで延びており、一番最初に港として使われた入江である。ダム広場と駅をつなぐ一帯は、現在でも最も賑わいのある場所となっている。十七世紀の頃、ダム広場には計量所があり、取引が行われていた。それは税関のようなもので、ここで通行税も取っていた。市場も開かれていた広場には、市庁舎(現王宮)も面していた。このダム広場でも、教会が中心ではなく、市庁舎や計量所が広場の中心であるオランダの広場の一般的な特徴が見られる。残念ながら計量所はナポレオンの支配時(一八〇六~一八四八)に取り壊されてしまった。

ブラウウェル運河からシンヘル運河へ

中央駅から西の方へ進む。アムステルダムで最も古い水門(一四〇〇年代)を抜けると、船は運河に沿って建ち並ぶ倉庫街へと入っていく。このブラウウェル(「醸造業者」という意味)と呼ばれる運河一帯の倉庫群には、主にビールが納められていた(39)。昔はビールが船乗りにと

34　アムステル水門

37　直接運河に面して建つ建築群

35
市庁舎内に設置されている水位管理施設。現在の水位の状況がわかる。手前は海抜0mの表示

38　人々が楽しげに語り合う運河沿いのカフェ・テラス

36　運河の先に見えるムント塔

って保存できる重要な飲料水であったために、舟運で栄えたアムステルダムではビールの倉庫街が町並みをつくりだすほど数多くあった。現在はギャラリーや住宅に転用されているが、倉庫という遺産をオリジナルの状態で残すために外観は保存されている(41)。

アムステルダムの町の発展を物語るのに欠かせない古い倉庫は、現在およそ六〜七百棟が残されていて、そのほとんどが運河沿いにある。倉庫は、一般的に間口が五〜八メートルで、住宅とほぼ同じである。だが、奥行きは約三十メートルもあり、一般の住宅に比べ非常に長い。大きな倉庫になると、二つ分を合わせて約十五メートル以上の間口もある。建物の上部は、ほとんどが三角の尖った形をしており、船で運ばれた荷物は建物の中央部にある大きな開口部から、建物の上部に設置されている滑車を使って出し入れされていた。

アムステルダムの運河を巡っていると、観光船だけでなく様々な船が運河を活用していることに驚かされる。運河には、ハウス・ボートと呼ばれる船で優雅に生活している家族も多い(40)。水上に住む権利を持ち、水道やガスを引いている。水上生活といってもかつての日本の水上生活者を想像してはよくない。彼らは船のデッキに椅子を出して本を読んだり、日光浴をしたりと楽しげに過ごしている。私たちが乗る船のキャプテンと水上で生活している人たちは友達らしく、通り過ぎるたびに挨拶をかわしていく。ハウス・ボートで生活する人たちは、運河の新たな活用法を見つけだして日常をエンジョイしているのだ。

ブラウウェル運河から再びプリンセン運河に出る。さらに運河を横断してヘーレン運河にさしかかると、船の旅も終わりに近づく。私たちが降り立ったヘーレン運河沿いの町並みは、十七世紀に開発されている。ヘーレン運河と平行するケイゼル、プリンセンという二つの運河も同時代に掘られているので、運河の幅はほぼ同じである。だが微妙に運河の幅が違う。ヘーレンは二五メートル、ケイゼルは二七メートル、プリンセンは二五メートルの幅である。これらの運河沿い一帯には、比較的高級な住宅街が生まれていくが、すべての街区に住宅がつくられた訳ではない。ヘーレンは住宅中心、ケイゼル、プリンセンと外に行くに従って倉庫の割合が多くなっていた。ヨルダン地区がもとの農業開発の区割りが残されているのに対し、この三つの運河沿いは都市計画がしっかりなされたために、街区もゆとりがある。一区画が大きいので、建物の裏には庭が設けられている。運河沿いは主に住宅がつくられ、並木が植えられた水辺空間は落ち

40　運河に浮かぶハウス・ボート

39　運河沿いの倉庫群

41　ブラウウェル運河（醸造業者の運河）沿いに建つ倉庫の町並み

着いた雰囲気をつくりだしている。一方、運河と直角に通された道沿いには建物の一階に商業施設が入り、にぎやかな場となっており、二つの異なった環境を共存させる工夫が見られる。船は、ヘーレン運河沿いにあるアンバサーデ・ホテルの前に横付けされた。船で巡る小さな旅も終わり、これからは陸上から町を観察し、いくつかの街区や建物の実測調査に入る。

都市の発展経緯を検証する

私たちは幸いにも、この調査で幾つかの建物を実際に実測調査することができた。その調査の成果を示す前に、船で巡ったイメージを整理しながら、アムステルダムの都市空間がどのように発展し、建築空間を変容させてきたのか解析しておきたい(42)。

アムステルダムはアムステル川河口付近に集落を形成したことからはじまる。ダム広場からアムステルダム駅に向かう道沿いにわずかに残された運河がかつてのアムステル川のもともとの流れの跡であり、旧教会がある東側の一帯と西側一帯は、アムステルダム初期集落の上に成り立っているのである(43)。一三四二年につくられた古地図を見ると、東側と西側のどちらの町並みも運河沿いよりも道路に面して建物が密集して建っていた。ダム

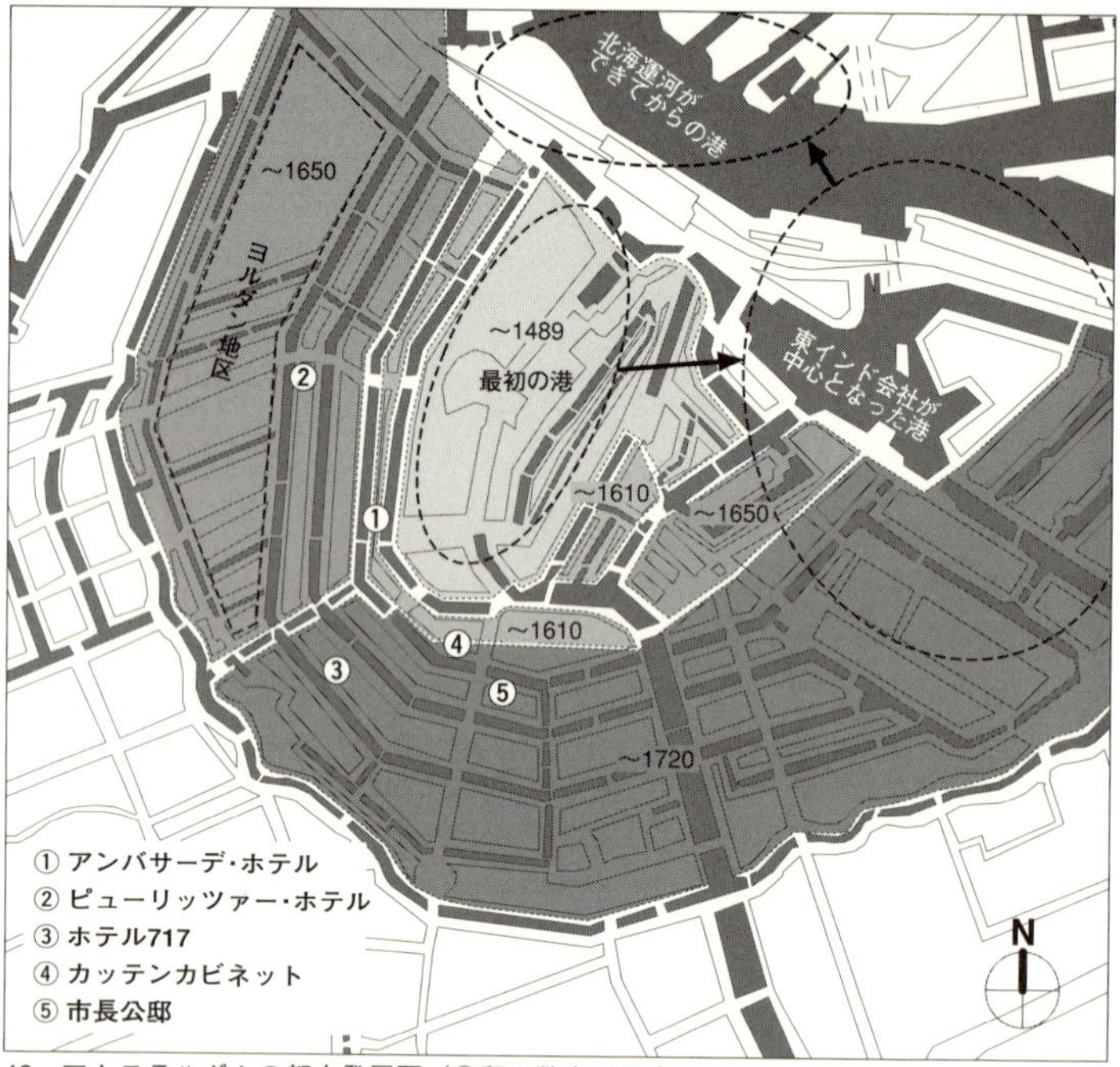

42　アムステルダムの都市発展図（○印の数字は調査ポイントを示す）

を築いて入江状にしたダムラックの東側の河岸沿いは、まだ広い空地となっていて建物がほとんどない(44)。この頃のアムステルダムは、ハンザ同盟に加盟して、寒村から港町としての体裁を整えようとした時期であった。

ホールンと同じように、アムステルダムも一五〇〇年代前半には、東インド会社の設立時の状況にまで至っている。旧教会沿いのワルモス通りや西側の通りは自然の川の流れをそのまま反映している。これらの道を歩くと緩やかな曲線を描いていて、人の手が最小限に加えられただけの運河や道であったことがよくわかる。一五四四年にアントニー・ファン・デン・ヴェインハールデが描いた鳥瞰図には、ダムラークに三本の橋が架けられ、運河の河岸に沿って小船が張り付くように停泊している様子が描き込まれている(45)。

旧教会がある東側の地区は、十六世紀中期の租税台帳にもとづく研究によってあきらかにされている。納税市民二〇八名のうち職業が判明しているのは一五六名で、一〇七名が商人、三五名が職人である。商人は貿易に携わる者が多い。約六五%の商人が舟運と結びついた運河に沿った建物に住んでいる。二世紀を経過して、ダムラック沿いの河岸は舟運に携わる人たちで占められていったのである。しかも、西側よりも東側がより舟運関連の商人たちが集まっていった。この、港町として都市環境を整えていく時期には、その後のアムステルダムには見られない直接運河に面して建物が並ぶ町並みをつくりだす。それは、ダムラックの東側だけではなく、涙の塔から旧教会に向かう運河沿いにも直接水に面した建物が多く見られる。

西側の旧市街を歩いていて気付いたことがもう一つある。東側の地区に比べ、西側の地区では大半の道が北東から南西に延びている。しかもその街区の建物は運河に平行する道に面して直角に並ぶのではなく、むしろ北東から南西に延びる道に平行して建てられている。そのため、菱形に歪んだ形態の建物となる。だが、アムステルダムの建物がこうした菱形の建物で埋め尽くされているわけではない。十七世紀までにつくられたアムステルダムの市域を歩き回っても、このような変則的な街区と建物があるのは、駅前から新教会を経てムント広場に至る

43　アムステル川の旧河道と古い町並み

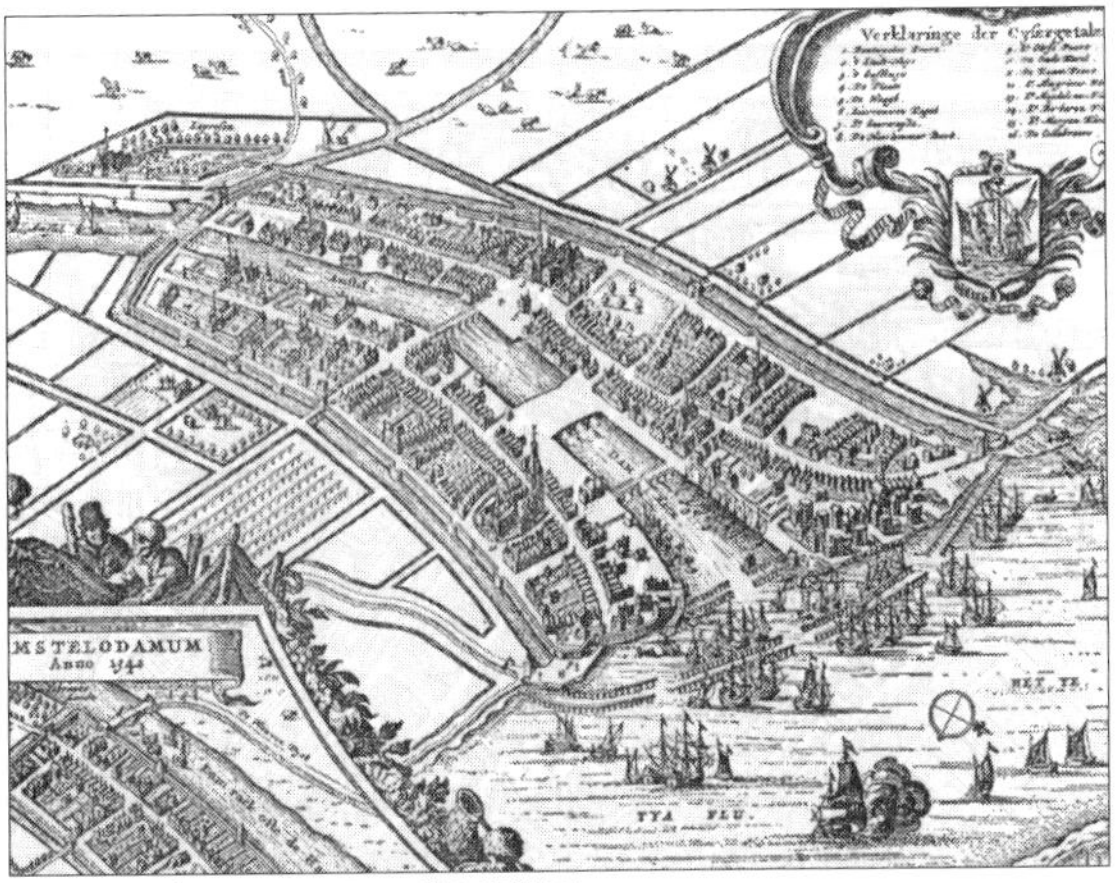
44　1342年のアムステルダム鳥瞰図

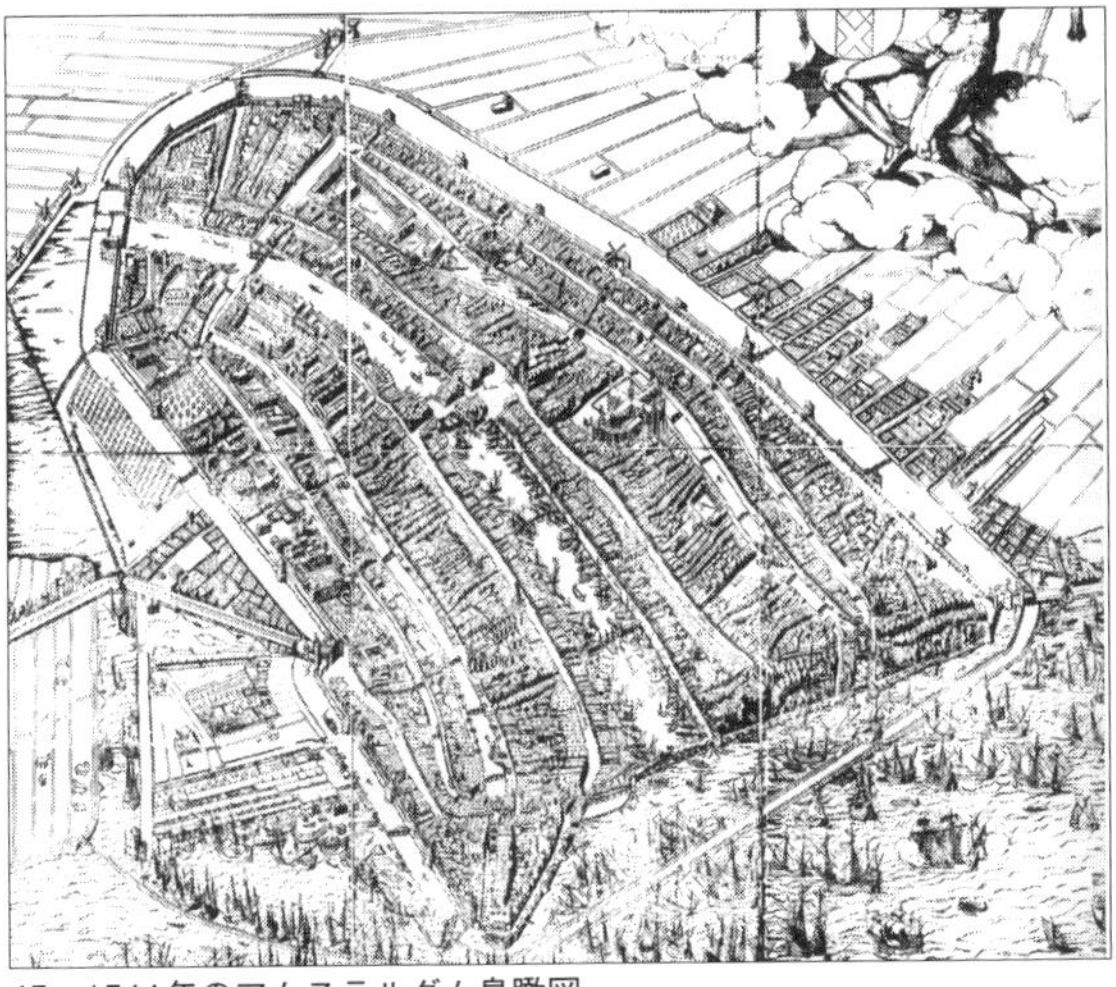
45　1544年のアムステルダム鳥瞰図

旧市街の西側に限るのである。私たちはこのことが不思議で、古地図と現代の一千分の一の地図を何度も見比べた。その結果、この西側地区だけ泥炭干拓の痕跡の上に都市が成立したのではないかという推論に到達した。さらに推測を加えれば、西側地区は人口拡大の受け皿として十四世紀半ばにまだ農地の形状を維持していた外側の土地が一挙に市街化されていった可能性がある。

アムステルダムの都市発展を考える時、私たちはあまりにも東インド会社とアムステルダムの都市の繁栄をだぶらせてしまっていたように思う。ホールンの町の大きな発展は、一五一〇〜一五年の五年間だというアリ・ブザードさんの言葉が思い返される。同じザイデル海に面し、漁業と交易で発展してきたホールンとアムステルダムが都市発展の時期を大きく異にするとは考えにくい。すなわち、十六世紀初期段階のアムステルダムもホールン同様、すでに都市を大きく発展されていたと考えられる。

そして興味深いことは、急激に都市発展した時のアムステルダムがとった都市開発の方法である。このことを考えるために、十七世紀中頃にアムステルダムが爆発的に人口増加をしていた時代に目を向けたい。当時のアムステルダムは計画的な都市開発が間に合わず、その外側にヨルダン地区を開発している。それはまさに泥炭干拓でできたユニットの区画をそのまま利用した開発であった。この一世紀以上も後に行われた開発手法が中世的な都市発展をとげていたアムステルダムでも行われていたのではないか。その十六世紀初頭の急速な都市発展の痕跡が現在の旧市街西側の都市と建築の形態から読み取れるとしても不思議ではない。

東インド会社の設立以前のアムステルダムは、もともとこのような大都市に発展することを予測して計画された訳ではない。オランダの低湿地では、川沿いのデイクに集落を形成し、川から直角方向に間口寸法が一〇〇〜一二〇メートル、奥行が一・二五キロ、あるいはその倍の二・五キロの基本ユニットで中世後期の泥炭干拓地がつくられていくのが一般的である（注3）。このアムステルダムも、ヨルダン地区の運河から約一〇〇メートル前後の間隔で北東から南西に規則正しく水路を開削していき、その内側にできた土地を干拓していった経緯がある。旧市街の西側が泥炭干拓地の痕跡を残しているということは、旧市街の東側が先に都市開発されていき、十六世紀初頭の急激な人口増加で急遽西側の都市開発が進められたことを意味する。

このように見ていくと、ダム広場がアムステルダムの中心と思われがちな都市構造も、実は都市を発展させる初期段階では、旧市街の東側一帯が商業・交易の中心であったことがわかってくる。東インド会社の本社が旧市街の東側にできたのも、商業・交易の中心の一画であったからであろう。

東インド会社設立後の都市発展は、二つの方向性をもって進められた。一つは巨大化する貿易の規模に見合った港湾施設の建設である。これは主に東インド会社の抱える問題である。東インド会社は東に広がる海を埋め立てて造船所、倉庫、工場をつくっていく。それも当時とすれば巨大な産業施設であったといえよう(46)。

46　数少なくなった古くからの造船所

今一つは、人口の増加に伴う健全な都市発展を計画性をもって進めようとする意図である。私たちはこのような考えが生まれていった背景には、旧市街の西側につくられた開発に対する反省が強くあったのではないかと考えている。十七世紀の都市開発は、運河と道と街区、その街区を構成する建物の関係を慎重に配慮した計画がされていった。そして、時代が遡るにつれ都市や居住環境を改善していった形跡が鮮明に見られるのである。

水辺空間の実測調査

東の巨大な港湾施設群に対して、アムステルダムは西南一帯に商いと生活の場をつくりだしていった。それが都市計画によって幾つかの段階を経て形成されたことはすでに示した。ここでは、実際に調査した住宅街の建物を幾つか紹介しながら、より詳細な都市空間の構造原理を探っていきたい。街区の形成と一口にいっても、アムステルダムは一気に開発されたわけではなく、時代が進むごとに段階的に建設されていった。開発の時代によって、各々の地区では運河、道、区画、建物などの形態が少しずつ異なり、空間構成の違いや特色を読み取ることができる。それでは古い時代につくられた街区から順に見ていくことにしよう。

アンバサーデ・ホテルのある街区
―一五八五年から一六一〇年までの開発―

アンバサーデ・ホテルのある街区は、幾何学的な都市計画によって旧市街の外側に開発された初期のものである。この街区は、一五八五年以降十七世紀初頭にかけて町並みが整えられていく。ヘーレン運河はかつて城壁が築かれた場所に位置し、内側にはすぐシンヘル運河がある(47)。市域を拡大する際に城壁を壊し、弧を描くようにヘーレン運河とシンヘル運河の間に街区がつくられたのである(49)。この段階の街区の奥行は均一ではなく、二五～三〇メートルの幅をもつ。その後に開発された地区に比べ街区の幅が極端に狭い。運河沿いの道の両側から建物を建てていくと、裏側には庭が取れない奥行である。それは、既存の都市骨格に影響された結果であろう。

運河の幅はシンヘル運河が二七メートル、ヘーレンが二五メートルである(48)。江戸の運河網を考えると船の往来が激しい日本橋川は幅員が三五メートルと広いが、江戸の一般的な掘割は二五メートル前後だった。そのことを考えると、〈内港システム〉が活発な運河の幅は洋の東西を問わず似ているように思える。外洋を航行する船は別として、小回りが効いて、動きやすい運河や掘割を行き来する船は日本も西欧も大きさや幅はそれほど違ってはいなかった。舟運に活用する掘割や運河は広すぎても、狭すぎても使いにくいのである。

大坂の地先を町人たちが掘割を開削して土地を生みだした頃の掘割の幅と、後に舟運が活発に利用された頃の掘割の幅は、後者の方が明らかに狭くなっている。舟運に掘割が活用されるようになって、運河の広さというものが適切な規模に決まっていったのである。

アンバサーデ・ホテルは、ヘーレン運河に沿った側に、十七世紀に建てられた八軒のカナルハウス（運河沿いの建物）を改修したホテルである(50)。アムステルダムとホールンの調査の期間、私たちはこのアンバサーデ・ホテルに滞在していた。そのために、このホテルを思う存分調査できる時間があったのだが、他の調査もあって早朝と夜中となってしまった。ホテルは、建設年代が異なるいくつもの建物を一つの建物に改装していて、個々の建築の床のレベルの違いが、とても複雑な空間をつくりだしている(51)。他の部屋へ移動するのに、何回も階段を昇り降りしなければならない。時にはいったん外に出て移動することもあって、瞬時にホテルの全体をつかむことは難しかった。同じ間取りは存在しないし、窓の規格、

47　運河から見たアンバサーデ・ホテル

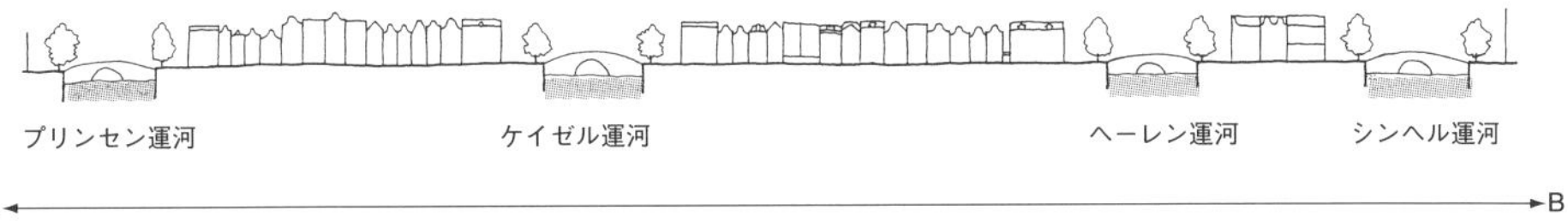

48　運河と町並みの連続立面図（下図A-B）

49　アンバサーデ・ホテルのある街区と外周へ拡大した街区構成

天井高や収納の数や大きさも各部屋によってまちまちである。私たちはここで、この居住環境について想像をたくましくする必要があった(52)。かつてこれらの建物は、快適な旅を過ごしてもらうホテルではなかったからだ。

アンバサーデ・ホテルを構成する八棟の建物の間口は、運河から眺めて一番左端の建物の間口一〇メートルを除けばほぼ一定しており、どれも五メートルである。この間口一〇メートルと間口五メートルの建物の間にはプランやファサードのつくりに大きな違いがある。

間口五メートルが当時のアムステルダムに建つ建物の一般的な大きさであった。窓は三連で、玄関は左右のどちらかに寄せて設けられる。プランも片側通路で、居室は片側に一つだけしか取れない。建物の奥行があれば奥にもう一部屋増やせるのだが、アンバサーデ・ホテルのある街区では、建物の奥行があまり取れないために、建物の各フロアに一室をつくるのがせいぜいである(53、54)。階段は現在のホテルの状況とさして変らないと思われるから、上の階の人は急で狭い階段を上がらなければならなかったに違いない。

一方間口が一〇メートルの建物になると、玄関を真ん中に設け、中央に廊下がつくれる。そして、廊下の両側に振り分けて二室、奥行があれば四室が設けられる。ヴェネツィアの商館と比べると、最初から中央通路の廊下があったのかどうかは疑問である。この建物を初期的な段階に一世帯で利用していた場合、廊下よりもむしろヴェネツィアのようにホールとして使われていた可能性が高いのではないか。アムステルダムでは、後に人口が急増し、半地下、三階以上を分割利用するようになって、廊下がプラン構成の重要な要素になったとも考えられる。

十七世紀のアムステルダムでどうして間口が五メートル前後の建物が多いかという問題については、色々な意見があるようだ。ナポレオンがオランダを統治するまでは、土地・建物の税金が間口を基準としていた。その結果、均質な間口になったともいわれている。一方で石田壽一さんは『低地オランダ』で、バルト諸国から輸入された材木の標準的な有効材長によって決定された規則的な間口寸法によって均等な間口の建物群ができあがっていったと述べている(注4)。多分一つの限定された要因で、私たちが目にする規則的なアムステルダム特有の建築のフォルムができたわけではないように思う。そのいくつかの決定要因の一つとして加えるならば、先にあげた泥炭干拓地のユニット(一〇〇~一二〇メートル)が各戸の土地を分割し振り分ける何らかの基準になった可能性も考えられる。中世の都市が農漁村集落から形成された

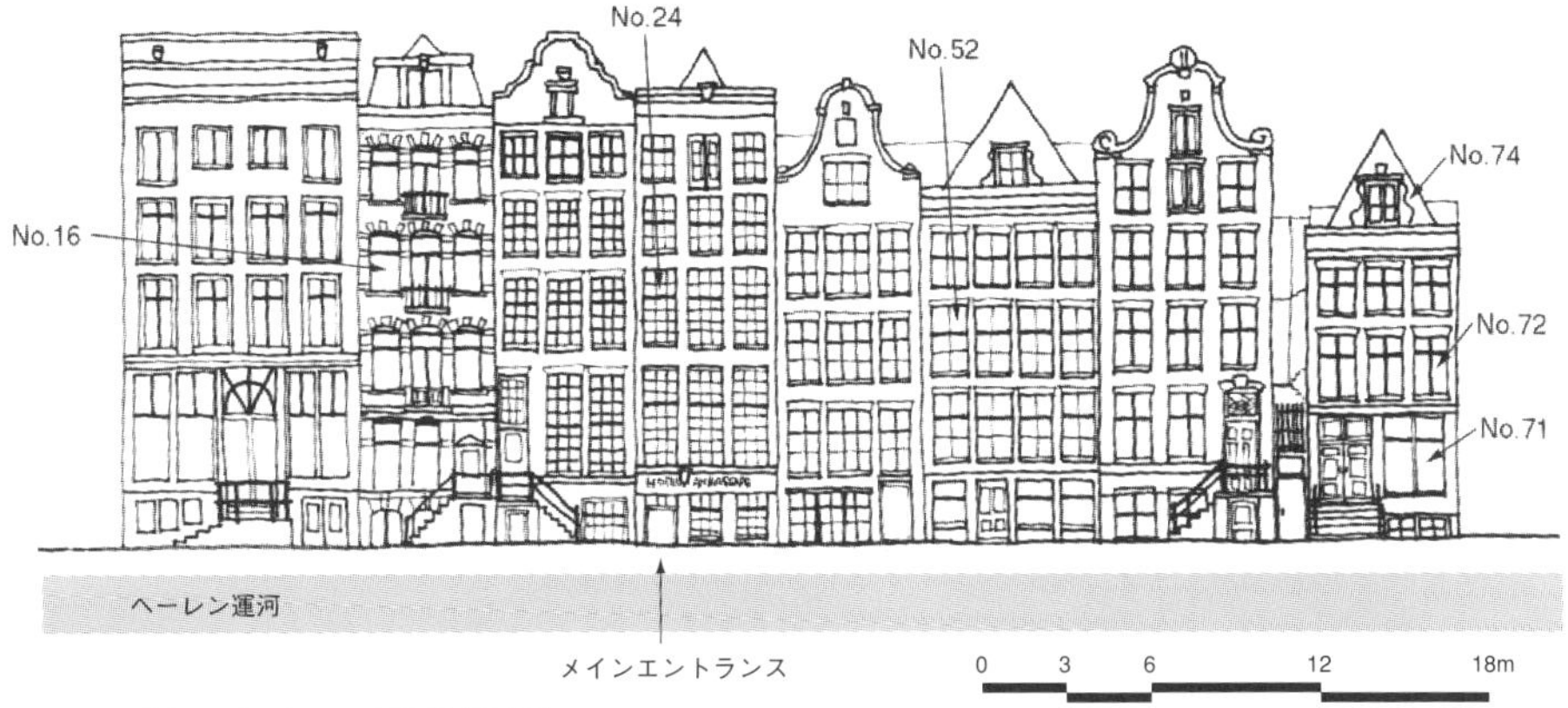

50　アンバサーデ・ホテルの連続立面図

53　中庭が取れない初期の内側空間

51　アンバサーデ・ホテルの複雑な内部空間

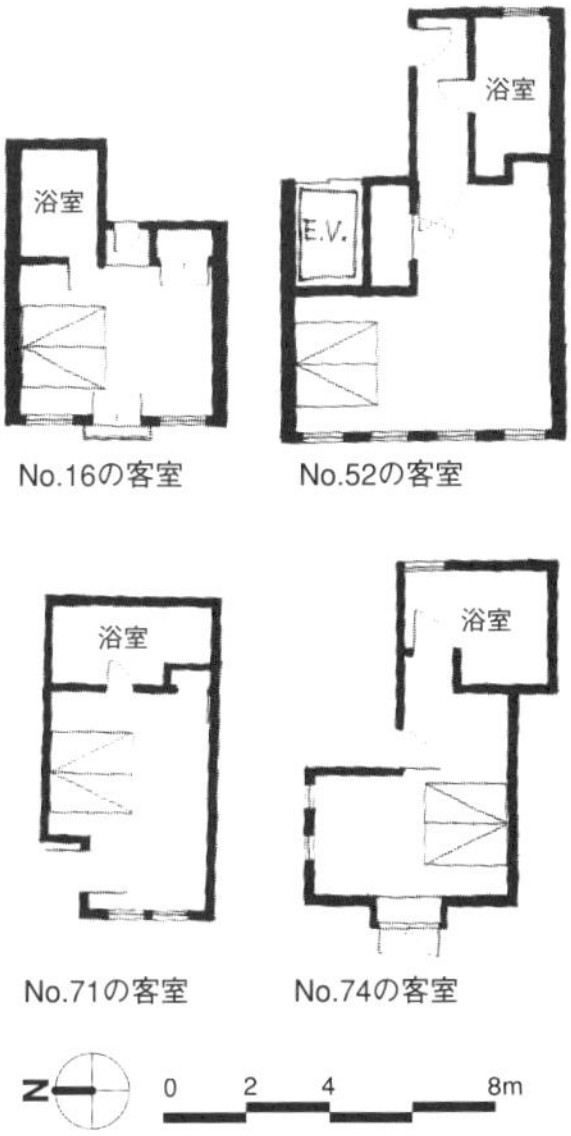

54　アンバサーデ・ホテルの部屋の平面図

52　アンバサーデ・ホテルのリビング

とき、周辺の土地の区画規模は少なからず農地ユニットの影響を受けたに違いない。特に急速なスプロールの時期であれば、その後の都市発展への影響も大きかったと思われる。

またホテルとなっている建築群には、三連窓の住宅が連続するファサードのなかにポツンと一つ四連窓の住宅がある。連続する立面をよく見ると、規則正しい三連窓の住宅が後に統合されて広い間口になったとも考えにくい。これはどう解釈したらよいのだろう。ここで、ヨルダン地区で頻繁に見られた路地とその奥に展開する居住環境が一つのヒントを与えてくれる。基本的には三連窓の住宅が連続するのだが、街区の所々には内部に通じる路地がつくられ、日本でいう表の町家と裏の長屋的な存在があったのではないかと考えられる。これはもちろん木造住宅が建っていた頃のことである。

このことは、次に分析するピューリッツァー・ホテルのある街区との比較から違いが見えてくる。このアンバサーデ・ホテルのある街区は、その後にできた街区とは明らかに都市計画の統一性と完成度の高さにおいては見劣りする。ただし、ここはアムステルダムが、中世から近世の都市へと発展する過渡期の状況を示す興味深い場所でもある。

ピューリッツァー・ホテルのある街区

―一六五〇年までの開発―

ピューリッツァー・ホテルは、ケイゼル運河とプリンセン運河に挟まれた街区にある。ここの奥行はアンバサーデ・ホテルのある街区より大きく、八六メートルと三倍近くに広がる。街区の奥行が広がったことによって、ここでは街区内部の空間に余裕が生まれている。それによって、中庭をつくりだすことも可能になった(55)。

運河と建物の間にある道は、カイゼルの運河幅二七メートルの側が十一メートル(注5)、プリンセン運河の二五メートルの側が一〇メートルである。運河の広さの違いで道の幅も変えている。これはどうも規則性があるようだ。旧市街に接するシンケル運河が二七メートルに対して道幅が十一メートル、その外側のヘーレン運河が二五メートルに対して道幅が一〇メートルとなっている(56)。街区の開発の年代が異なっていても、運河の幅と道路の幅が変っていないことは、初期の都市計画が一世紀以上の間踏襲されてきたことを意味する。

ピューリッツァー・ホテルは、アンバサーデ・ホテル同様、連続するカナルハウスをホテルとして改修してできている。アンバサーデ・ホテルとほぼ同じ時代(十七

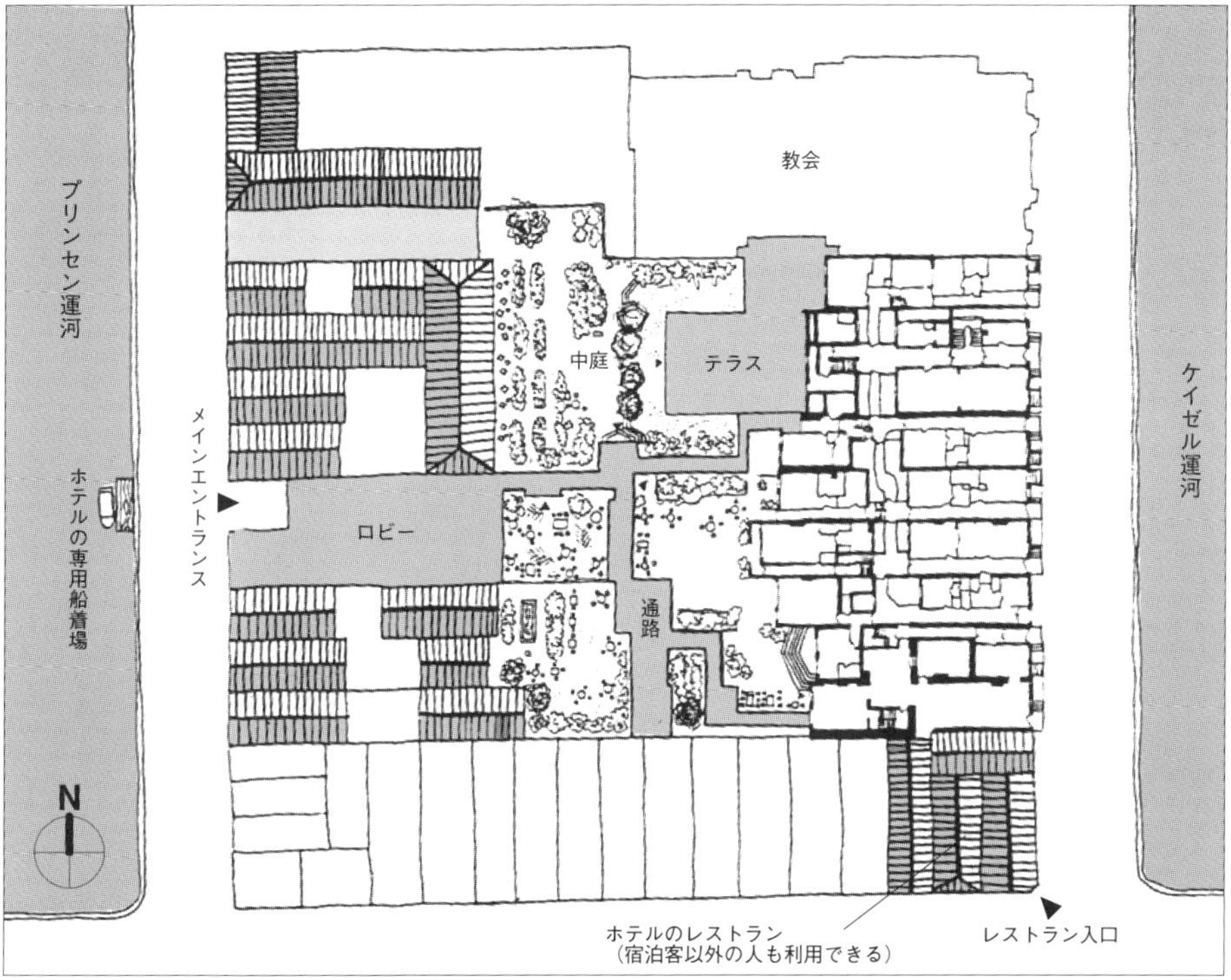

55　ピューリッツァー・ホテルの配置・1階平面図（A′—A）

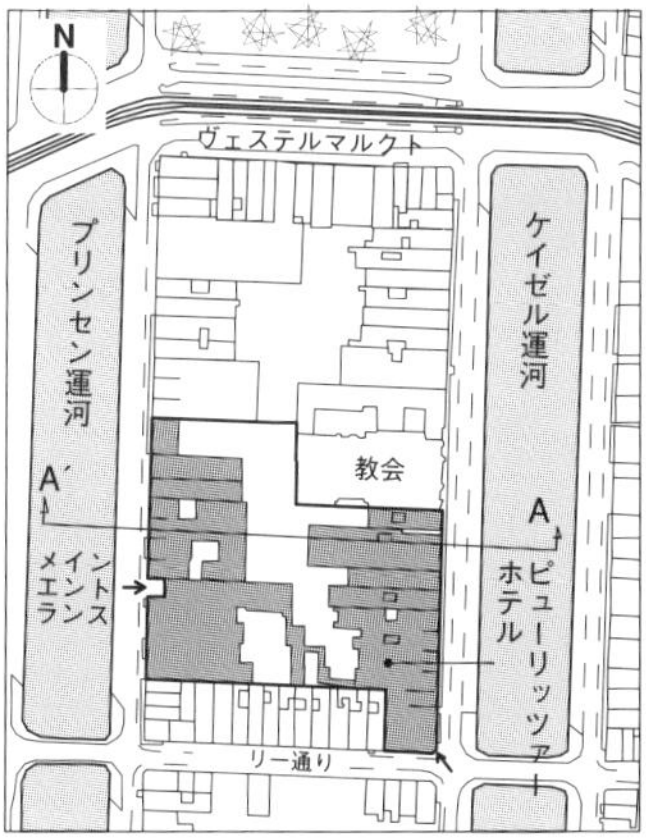

56　ピューリッツァー・ホテルのある街区

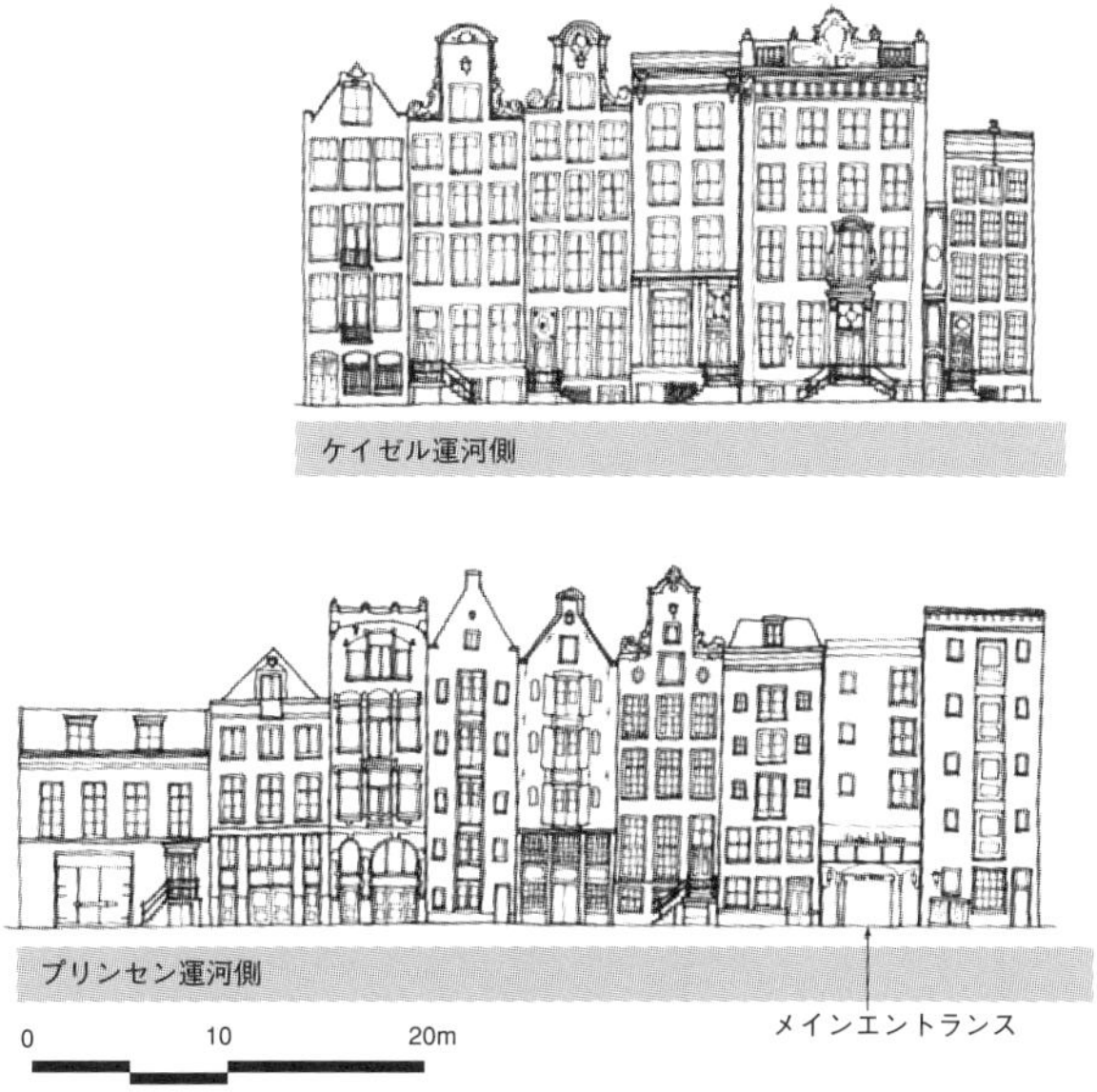

57　ピューリッツァー・ホテルの立面図

世紀）に建てられたこのホテルは、一軒一軒の間口や軒高にあまり差がないように見える。だが、建物の間口は大体が五・五メートルとなっており、微妙に広くなる(57)。アンバサーデ・ホテルのある街区は十七世紀初めに開発され、ピューリッツァー・ホテルの街区は十七世紀中期に開発されている。この間、技術的にも梁のスパンを若干長くすることができたようだ。開発の時期の違いによって、アンバサーデ・ホテルのある街区は三連窓の住宅がより厳密に規則正しく連続するようになる。しかも、三連窓の住宅が崩れ、大きな建物が建っている場合でも、教会を除けば、その住宅の間口は三連窓の住宅の倍の幅である。これは、アンバサーデ・ホテルのある街区と同じである。だが、明らかに異なるのは内部空間を路地裏を通して居住スペースを生みだす場にしていない。表通りに面した住宅のためだけに初期の段階から庭や菜園が計画的に設けられていた(60)。

このような都市環境の改善には、ピューリッツァー・ホテルのある街区とセットになって開発されたヨルダン地区の形成の影響があったと考えられる。それは、ある程度の理想的な街区を形成すると同時に、日本的にいえば旧来の裏長屋的な要素を備えたヨルダン地区をアムステルダムは同時に成立させていった。ヨルダン地区の開発はピューリッツァー・ホテルのある街区の成立以降も続けられるから、開発指向の二重性が当時のアムステルダムにはあったのではないか。ただし、ヨルダン地区でも時代が新しくなるにつれ、都市や居住の環境は少しずつ改善されていく。これは、船で巡った時に、私たちが実際に確認できたことである。

ホテルの内部の空地は中庭と呼ぶに相応しいオアシスのような雰囲気をつくりだしている(58)。庭の中には両サイドの建物をつなぐための廊下が走っている。その両側の建物に挟まれた空間が古地図には、菜園のようにも、庭園のようにも描かれている。この時期、居住環境の悪化に対する危機意識がアムステルダムにはかなりあったと想像され、資力のある商人は中庭のある街区環境を選択することができるようになったと考えられる。

ピューリッツァー・ホテルの内部空間は、アンバサーデ・ホテル同様、同じ間取りが見当たらない。ケイゼル運河側の建物のいくつかは、中央部に大きな窓があり、もともと倉庫であったと考えられる。ホテルに機能が代わっても、その前には船着き場があり、船で来た人たちはここで降りてホテルに直接入れるようになっている(59)。街区や建物が船の利便性を考えてつくられてきたことを上手く受け継いでいるようだ。

59　ホテルの専用船着場

58　ピューリッツァー・ホテルの中庭と通路

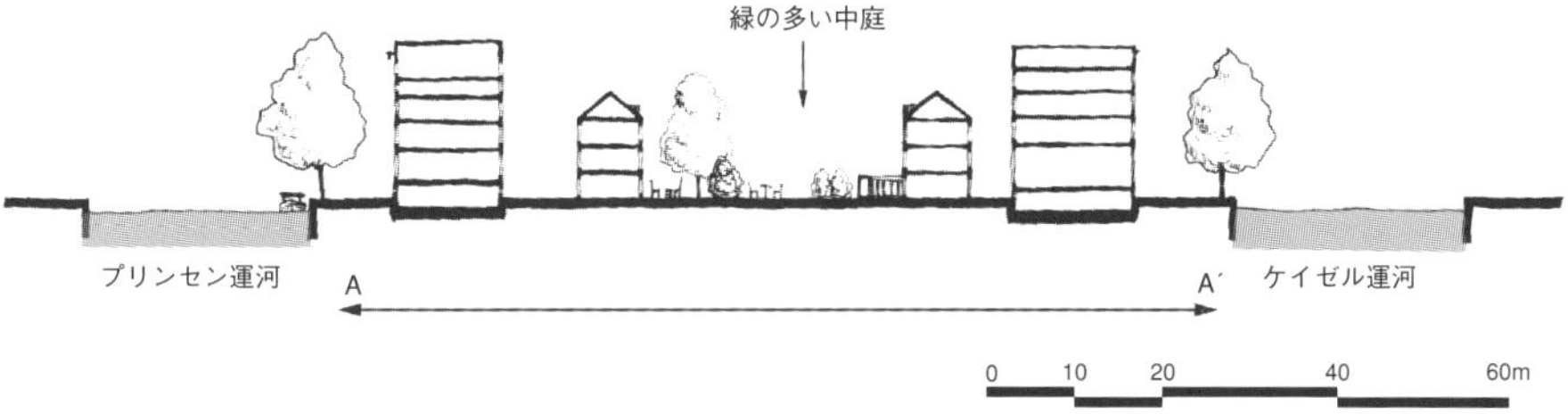

60　ピューリッツァー・ホテルのある街区の断面図

このホテルとして使われている建物は、内部の空地に十七世紀以降増築した形跡がある。比較的高級な街区であるから、ここに居住していた商人たちは使用人を抱える身分であったろう。増加した彼らの居住スペースは、中庭空間にとられた。また、増築ではなく、比較的新しい建物が中庭に離れとして建てられているケースも確認できた。中庭としての内部環境の余裕がこういうところにも現れている。

ホテル717のある街区

—一七二五年までの開発—

ピューリッツァー・ホテルからプリンセン運河沿いに町を南下すると、町並みを構成する一つ一つの建物に大きな変化が見られるようになる。私たちは十七世紀後半から開発された地区に入ったのである。一七二四年にアムステルダムの人口が二二万人にまで膨れ上がる。人口の急増で居住環境が一層悪化する一方、資産家も増え、新しい街区には大きな建物もつくられるようになる。

私たちは、十七世紀後半から十八世紀前半にかけて開発された地区に建つ、裕福な商人の館であった一つを調査することができた。この建物はプリンセン運河沿いに建つ、ホテル717である。建物の前にある運河の幅は二五メートルで、ピューリッツァー・ホテルの前にある運河幅と違いはない。道幅も一〇メートルで、すでに実測を終えている二つのホテルの前を通る運河幅と道幅との関係と変ってはいない(62)。街区の奥行は、ピューリッツァー・ホテルの街区幅より広く一二五メートルである。だが、現在中央には幅員十一メートルの道が通されており、街区自体はピューリッツァー・ホテルの街区よりも狭くなっている。

街区の基本的な構成は十七世紀中期以降に開発されたものと大きく変化していないが、より道路面に接する建物を多く生みだすために、運河と運河の間に一本道を通したことが新しい変化である。これは以前の開発では見られなかった現象である。その後の開発でも、街区幅の広い場所は運河と運河に挟まれた街区の中央に道を通している。これによって、運河に面することのない建物がつくられるようになる。それらの建物には庭のないケースが多い。運河側では居住環境を大切にし、道側に面する建物は居住というよりは商業・業務の場となっていたと考えられる。

この街区に建つ建物の一つ一つの規模は、ピューリッツァー・ホテルの街区の標準的な間口よりも少し広く、六メートルになっている。より梁のスパンの幅を長くすることができたことがわかる。これらの標準的な建物も街区には建っているのだが、早い時期に開発された街と比べその割合いは少ない。むしろ大きな館が町並みの風景をつくりだしている。「717」と名付けられたこの立派なホテルは、前の二つのホテルと比べると間口が大きい。中央に廊下をとっても、両側にたっぷり居室がとれる五連の窓を持つ館である(61)。間口は十二メートルあり、この街区の標準的な間口の約二倍である。

興味深いのは、各建設段階で、標準的な建物の間口が少しずつ広がっていくが、どの街区にも、最小間口となる標準の単位の建物を二棟合体させ、広い間口の建築となっているものが見出せる。窓のつくりや意匠の多様さの一方で、徹底した建設資材の規格化がなされていたようだ。

「717」のホテルの共同経営者である女性の話では、この建物は文化財保護指定されていて、エレベーターを設けることができないという。床材も削り直すことでオリジナルのものを再利用している。行政指導の面からも、外壁や構造だけでなく、内装材にまでオリジナルの材料を使っていくきめ細かな配慮が感じ取れる。

このホテルは、庭に面する食堂の天井高が他の部屋よりも高いために、同じ階であっても部屋の床レベルがま

61　運河に面した側のホテル717立面図

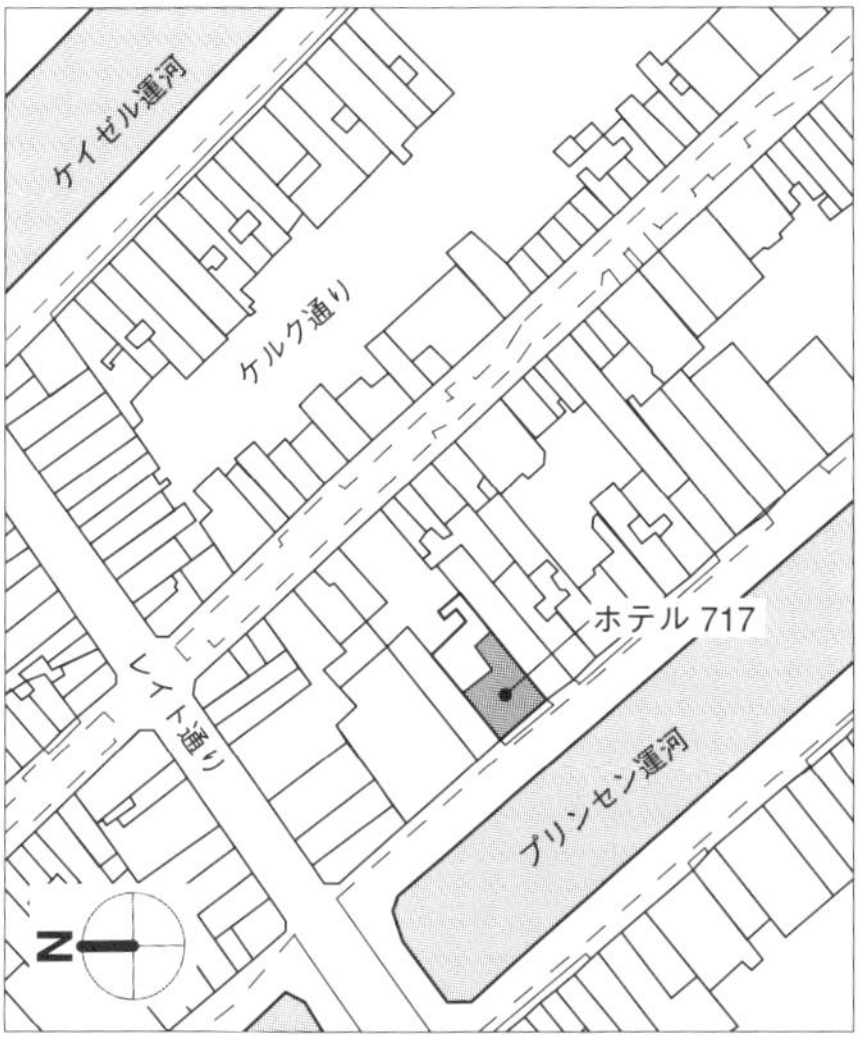

62　ホテル717のある街区の配置図

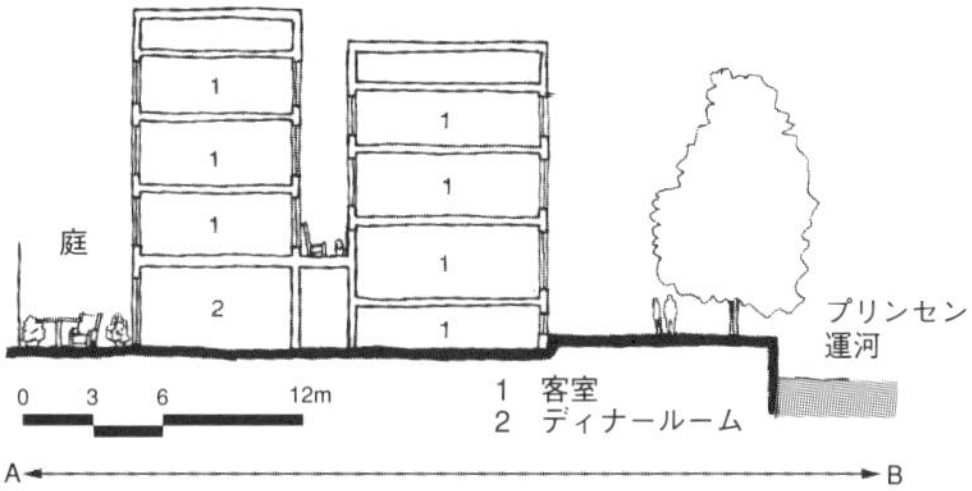

63　ホテル717断面図（A-B）

65　ゆったりとしたホテル717の室内

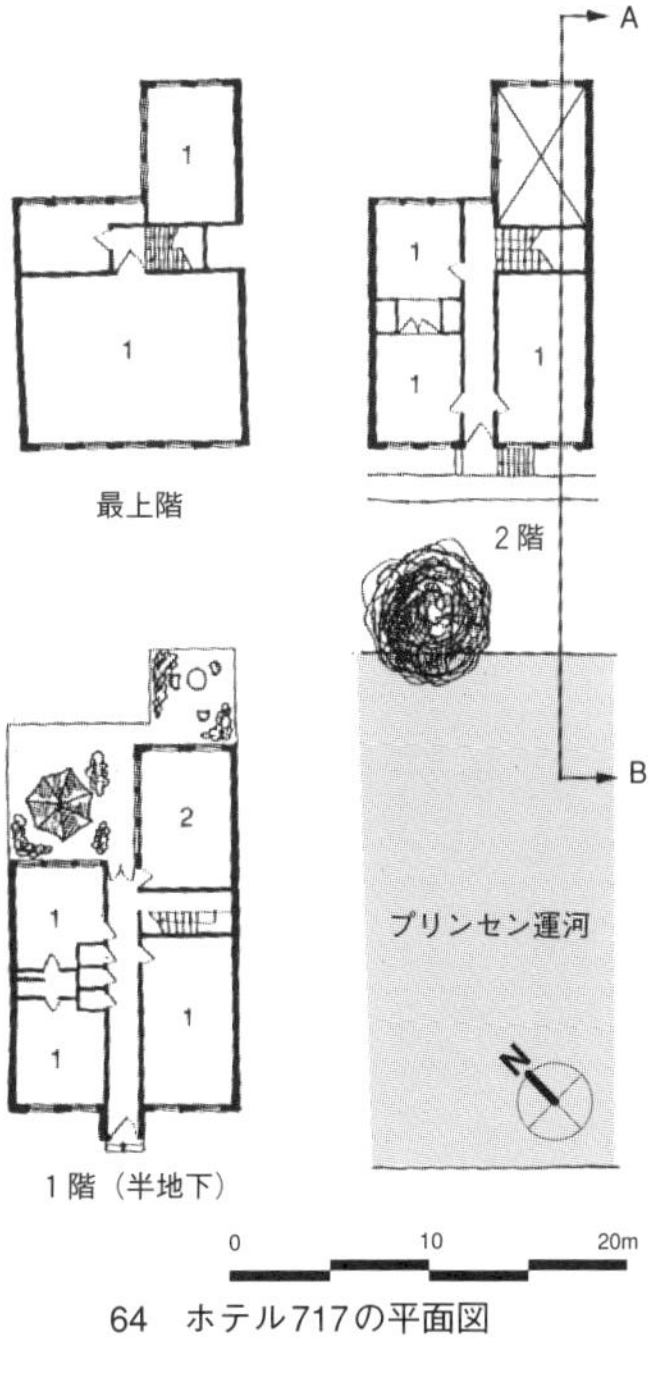

64　ホテル717の平面図

ちまちで複雑な空間が生まれている(63、64)。外から建物を見ただけでは、上下左右に窓が規則正しく並んでいるのでわからない。一つの建物であるにもかかわらず、床のレベルを変える試みは地形が平坦な土地柄ゆえに、意図的に変化を生みだしているようにも思える。

七つある客室のうちの一つを見せてもらった。部屋はセンスの良いインテリアで飾られている(65)。このホテルはとても居心地が良いらしく、長く宿泊する人が多いという。その証拠に、クローゼットなどの収納部分がかなり広く取られていた。

カッテンカビネット(ネコ博物館)のある街区
―一七二五年までの開発―

ホテル「717」から、ヘーレン運河に出て西に向かうと、運河は左に緩やかにカーブを描く(66)。「黄金のカーブ」である。後藤さんの話によると、オランダの黄金の十七世紀にあやかって付けられた名前だそうである。実に優雅に弧を描いており、周囲の町並みはさらに立派になる。十八世紀に入ると、東インド会社の経営はすでに怪しくなっていたのであるが、町並みは十七世紀に蓄積された富でより豪華に形成されたのである(67)。

カッテンカビネットと呼ばれる建物は、現在ネコにまつわる収集物を展示する博物館として、一、二階部分が使われている。間口は十五メートルと、先の「717」ホテルよりもさらに三メートル広くなる(71)。奥行も十七メートルあり、ゆったりとした建築空間をつくりだしている。中に入ると、ネコの絵や置き物、人形が所狭しと並べられている。そのそばを本物のネコが通り過ぎ、「ネコ屋敷」と呼ぶにふさわしい所であった。

この建物は、一六六八年に当時のアムステルダム市長によって建てられた。街区が都市計画的に完成する前ということになる。このことから、運河沿いがいち早く整備され、街区の完成以前に建物がすでに建てられていたようだ。

現在は階段で降りて半地下となる所から建物へ入るようになっている。この博物館への入口は、かつて下男下女が使っていたものであり、本来のメインの入口は外階段を上がった所にあった。一八五〇年頃、音楽好きだったオーナーが外階段と入口を壊し、コンサートホールをつくったという(68)。階段を半階分上がって一階の玄関にアプローチするのは低地に建つアムステルダムの建築の特色の一つだが、時代の要請に合わせて建物の改造が比較的行われていたことをこの建物で知ることができた。

また、五階建てのこの建物は、アンバサーデ・ホテルや

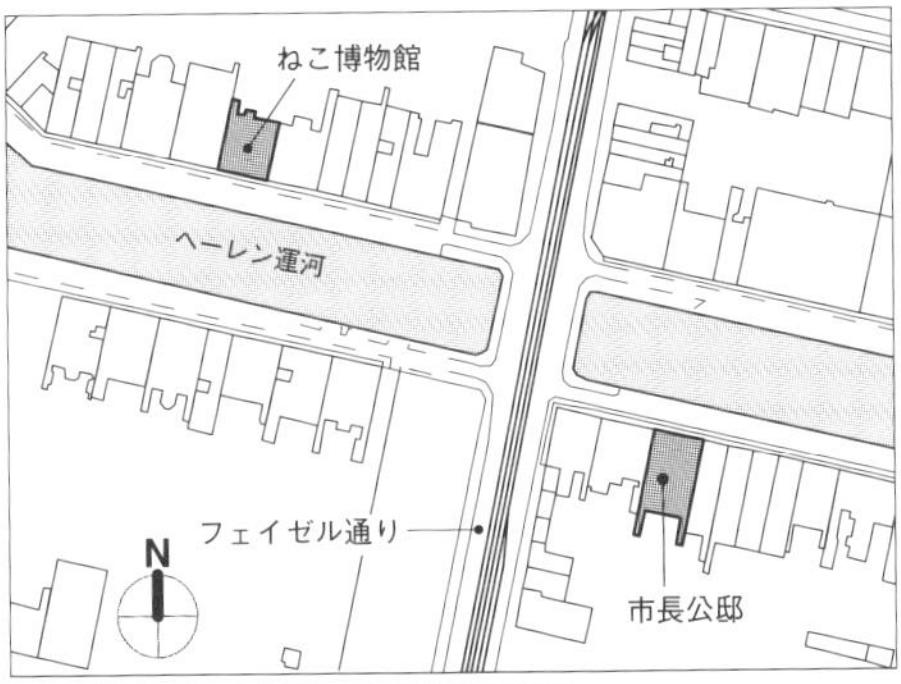

67　カッテンカビネット周辺の街区

66　「黄金のカーブ」と呼ばれる曲線を描く運河

68　カッテンカビネットの内部

69　庭から見たカッテンカビネットの建物

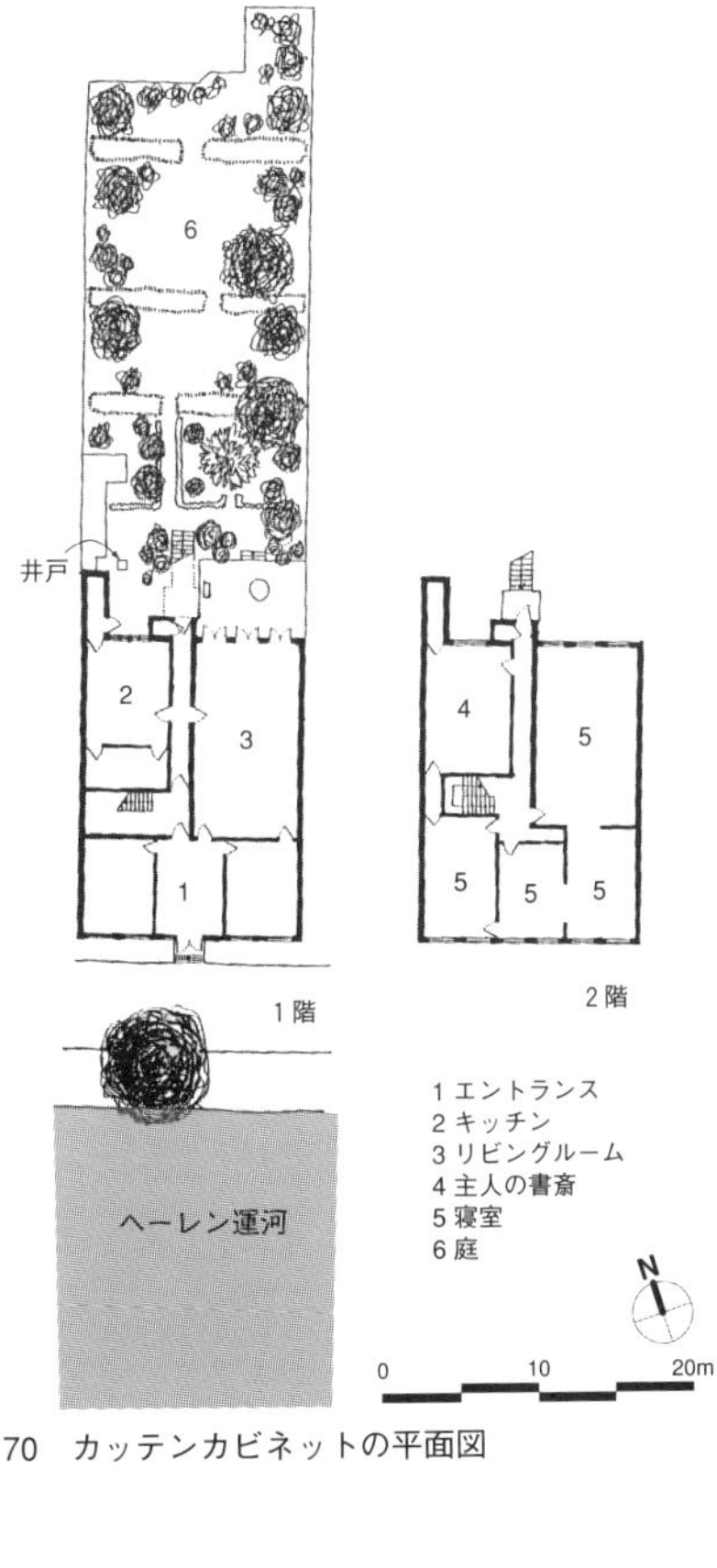

70　カッテンカビネットの平面図

71　運河に面した側のカッテンカビネットの立面図

ピューリッツァー・ホテルに比べ、軒高も高い。合理性を尊ぶオランダ人も、この時期になると室内空間の豊かさをより追い求めた感がある。

半地下から入り、廊下を抜けると木々がうっそうと茂る広い庭に出る。庭は、奥行が四〇メートルもあって庭園をつくるのに充分な広さである(69)。しっかりした実測調査ができなかったのだが、後藤さんの計らいで、アムステルダム市長の公邸も見せてもらえた。市長公邸もこのカッテンカビネットと間口は変らないが、奥行は二三メートルと若干広い。ただ、庭の規模は四〇メートルと同じであった(70)。この時期のアムステルダムの上流階級のなかで、幅十五メートル、奥行四〇メートルという大きさには、何がしかの庭園の空間イメージがあったのかも知れない。十八世紀に入ると、裕福な層の人たちは、より広い庭をつくりだすために、街区の背割りを一方に押しやって、広い庭園をつくりだしている。

一〇〇〇分の一の詳しい地図を見ると、この街区には道路に面する側の建物に庭を取るスペースがなかったり、運河側の敷地が道まで庭にしている建物もでてくる。街区割の構造が規則的でなくなり、敷地割がイレギュラーになってきている。それは「717」でも見られたように、運河に面する落ち着いた居住空間の中に商業活動の場が入り込んできた時代の特色を示している。これは、アンバサーデ・ホテルやピューリッツァー・ホテルのある街区の商店街が、運河と直交する道沿いにできていたのと大きな違いである。

カッテンカビネットの庭に立つと、表の風景とはまた違った雰囲気を感じさせる。庭には雨水を溜めておく大きな穴があった。溜められた水は飲料用や調理に使われていたという。五年前に見つかったというこの穴は非常に深く、同じようなものがどの建物にもあったと建物の持ち主は語ってくれた。どこも水に囲まれたアムステルダムではあるが、都市化によって飲料水を確保する難しさという問題をいつも抱えていた。それは、ホールンも同じであったし、ヴェネツィアもまた同じである。自然と付き合う難しさが常に「水の都」の背景にある。だが、それでも水がつくりだす環境は深く付き合えば付き合うほど、そこに住む人や都市を豊かにし、文化を育むということも実感させられた。

オランダにおけるホールンとアムステルダムの調査の旅はこれで終わることになる。私たちの手元に残ったのは膨大な野帳と写真ばかりではない。忍耐強く水と付き合う都市環境の仕組みや長い間の水の文化形成のたゆまぬ努力が、わずかの間ではあるが実感として私たちの体内にしみ込んできたようにも思える。

水辺環境を現代的に使う知恵

ロングレンジで水と対話する人々

ホールンでは、かつての港がヨット・ハーバーとなり、余暇を楽しむ家族連れや老夫婦、若者たちが思い思いの時間を過ごしていた。町では、赤の広場や広い道を使っての様々なイヴェントがめじろ押しであった。朝市も毎日路上で開かれている。一見観光地化された賑わいを感じるが、彼らが集い、楽しんでいる場所は数世紀も前から変わらぬ姿の町並みや水辺空間なのである。数世紀前の港湾機能や町並みを壊そうとはしない。むしろ、その都市環境に馴染むことに喜びを感じている。歴史の重みこそが気紛れな人間の遊び心を飽きさせないことを彼らはよく知っているのであろう。せわしなくリゾート地を駆け巡る日本人とはいささか違う。

ホールンがリゾート地や観光地となっても、町に暮らす人々がこのような環境に媚びているわけではない。彼らは、自分たちの町に誇りをもちながら、自分たちのペースで生活をエンジョイしている。町中の建物やかつての港湾施設の遺構は文化財であるのだが、かれらは現代の生活にマッチするように、気軽に用途を変えてしまう。教会がショッピング・センターに変身してしまうのは最たるものだが、商店も一般住宅も、かつての酒場や宿屋も当時の雰囲気を残すことを楽しみながら、一方で環境を変化させながら生活を充実させている。

ホールンを調査に訪れて、保存と観光と生活、どれもが活かされてはじめて、訪れる人を飽きさせない都市空間となることを改めて感じたのである。ホールンの町並みや水辺空間が五〇年、一〇〇年のオーダーで維持されていくことは確かだ。だが、こうした歴史の厚味の一方で、ホールンは生活パターンの変化や余暇の過ごし方、楽しみ方の変化を柔軟に受け入れて、現代人の感覚を大いに満足させてくれる町でもある。人々の豊かで活き活きとした生活を実現するために、建物や都市空間の保存があることを教えてくれる。保存か開発かの対立概念は、ホールンにはない。

水とつき合うアムステルダムの意思

都市の歴史的な空間を維持しながら、空間の環境をよりドラスティックに変化させているのがアムステルダムの旧市街であった。アムステルダムは観光都市でもあるから、古い住宅はホテルに変身しているものも多い。どこまで旧来の形態を維持しながら、新しい機能に更新するか。その折り合いをつけるのは難しい。アムステルダムでは、外観ばかりでなく、建物の構造の維持や従来使われていた材料の活用まで義務づけた機能更新を行っているから、ホテルとしての使い勝手は悪い。しかし、その一方で昔の住宅や館に泊まる雰囲気を味わえる。今回の調査で三つのホテルを中心に調査することができたが、どれもが建物の建てられた時代背景や空間特性を失うことなく、ホテルとして各々の個性を発揮している。どれもが、歴史的建物の価値を維持するかたちで再利用されているのだ。

私たちは、今回の調査で運河に沿って係留されているハウス・ボートの多さにも驚かされた。人々の水に親しむ気持ちがハウス・ボートの生活に向わせているのだろう。ハウス・ボートにはテラスが設けられ、楽し気に団欒する夫婦や子供たちの姿を見かけた。ただ、運河を巡っていて、これらのハウス・ボートが、運河沿いにつくられた駐車場と共に、水辺の景観を損ねる要素ともなっていることは確かだ。それも、都市生活者との時代に即した折り合いで生まれたり、消えたりする。むしろ、長い時間をかけてつくられ、維持してきたものを大切に残すことが重要であろう。社会環境が一時的にどう変化しようと、都市の歴史的な資産として残さなければならない基本ラインがあるはずである。その上で、ハウスボートの楽しさは一つの「水」とのつきあいとして受け入れられているようにも思う。

日本、なかんずく東京の高度成長期には、下町の掘割がことごとく埋め立てられ、高速道路や宅地になっていった。私たち日本人は経済性や機能性を優先するあまり、生活の場としての都市の空間や環境に対して、あまりにも関心を持たなかったことの証しである。

アムステルダムも運河を埋めなかったわけではない。ヨルダン地区の運河は自動車交通に対応するために埋め立てられていた。しかし近年、失われたこれらの運河を再び再生させようとする動きがあるようだ。アムステルダムは水と深く結びつく都市であるという強い意志が運河再生に向かわせているのではないか。そのことを私たちが強く感じ取ることができた旅でもあった。

（注）

（注1）『中央区史・中巻』P.467～468

（注2）オランダは、一六〇二年に東方貿易を行う特許会社を設立する。この東インド会社が設立された直接の要因は、塩を買っていたポルトガルと交戦状態になり、塩を買えなくなったことにある。東インド会社がその後最も輸入したものは、塩と

利潤をあげたコショウである。塩はニシンなどの漬け物のために、コショウは物を保存したり薬品用に使われた。当時、東インド会社のオランダ国内のオフィスは六ヶ所。アムステルダム、エンクハイゼン、デルフト、ホールン、ロッテルダム、ゼーランド（今のミデルブルフ）にある。中でも取り引きの規模はアムステルダムが最大であった。

東インド会社による貿易は、アムステルダムにも巨万の富をもたらし、十六世紀末から目覚ましい都市発展をとげる。一五五〇年には、三万人であった人口が、一五九七年から一六二五年のわずかの間に六万人から十二万人と倍になる。逆にアントウェルペンの人口は五万人も減少する。一六六二年にはアムステルダムの人口が二十万人にまで膨れ上がり、都市を拡大していった。都市の発展は、同時に運河網が整備されていく歴史でもあった。旧市街の外側に次々と運河をつくっていき、運河に囲まれた街区を拡大していく。

（注3）『低地オランダ』P.43
（注4）『低地オランダ』P.26
（注5）この道幅は建物の壁面から運河までの幅である。この道幅は建物に付けられた外階段も含まれる。以下も同様である。

イタリアの水辺都市（ヴェネツィアとその周辺）

イタリア・ヴェネトにおける都市の文化

アムステルダムで読み解くことのできた低湿地での都市形成の原理は、地中海世界に位置するラグーナの島々と比べると、はたしてどのような類似性と違いを見せるのか。私たちにとっては興味深い対比である。十七世紀に繁栄の時期を迎えたアムステルダムに対し、ヴェネツィアは中世においてすでに繁栄を実現していた。

アムステルダムとヴェネツィアを比較する時、幾何学的に都市拡大を果たしたアムステルダムの形態的特徴と入り組んだ水路網で形成されるヴェネツィアの迷宮的な都市像という、その際立った違いがまず目に映る。果たしてそれほど異なった基本原理からこの二つの都市が出発していたのだろうか。アムステルダムでも試みたこの問いかけを念頭に置きながら、私たちはラグーナに形成された都市を目指すことにした。

ヴェネツィアの都市形成においても、その形態の意味そのものを語ってくれる文献史料は限られるから、もっぱら現地を歩き観察するフィールド調査が主体となる。同時に、都市内部を徘徊し、現在残されている都市空間の形態から仮説的な読み込みを行うことも必要になってくる。私たちの調査には体力と頭の柔軟さが求められる。

二〇〇〇年七月三一日、私たちはアムステルダムのスキポール空港から飛び立ち、アルプスの山並みを越え、ヴェネツィアに向かった。アルプス山脈を過ぎると山林や田園を縫う川の流れの向きは北から南に変わっていた(1)。眼下の南を目指す川は地中海に注ぐのである。イタリアでの調査は、ヴェネツィアだけでなく、ラグーナに浮ぶ島、ブラーノとキオッジアの調査、内陸にあるトレヴィーゾの調査、そしてラグーナにあるヴェネツィアとトレヴィーゾを舟運で結び付けていたシーレ川を下ることになっている。

ヴェネツィアといえば、ラグーナや地中海をすぐに想像してしまいがちだが、内陸側のヴェネト地方とも歴史

1　上空から見たヴェネト地方の風景

2　広大な湿地帯

的に深いつながりがあった。現在のヴェネト地方は、ヴェネツィア共和国が支配した地域と重なる。そこには、歴史と文化が今でも息づくトレヴィーゾ、パドヴァといった中規模な都市が川沿いに点在している。ヴェネツィアは十五世紀に入ってから、比較的安定した本土における土地経営に大きく方向転換していった。その理由として、オスマン帝国が強大化して地中海から東へ向かう貿易航路の危険性が極めて高くなっていったこと、大航海の時代がはじまりアフリカの喜望峰を経由して直接東南アジアの香料などがヨーロッパの西北側の港町に運ばれるようになったことがあげられる。

夏のヴェネツィアでは、観光客ばかりが目立ち、地元住民の姿が少ない。蒸し暑いヴェネツィアの夏を避け、涼しい山や快適な海へ避暑に出ていってしまうからだ。共和国時代の貴族たちも、当然暑さと湿気に耐えてヴェネツィアに居たわけではない。彼らは館から船で遡れるブレンタ川やシーレ川沿いにヴィッラ（別荘）を建て、四月から十月まで田園生活を満喫していたのである。このようなヴェネツィアと本土との関係を体験的に調査するために、トレヴィーゾとシーレ川も調査に加えることにした。

ラグーナに浮かぶ島々

　飛行機の窓からは田園が湿地帯に変わっていき、その先にはラグーナの水面が広がっている(2)。飛行機は高度を落としマルコ・ポーロ国際空港に着陸する体勢を整えはじめた。この時、右側の席に座っている人はラグーナに浮ぶヴェネツィアの全容を空から眺めることができる(4)。そして、左側に座った人はラグーナと幾つもの島状に分かれた湿地を眺め続けることになる。不幸にも左側に座った人は、人が住む以前のヴェネツィアの原風景である砂洲や湿地を見たことで納得する他ない。

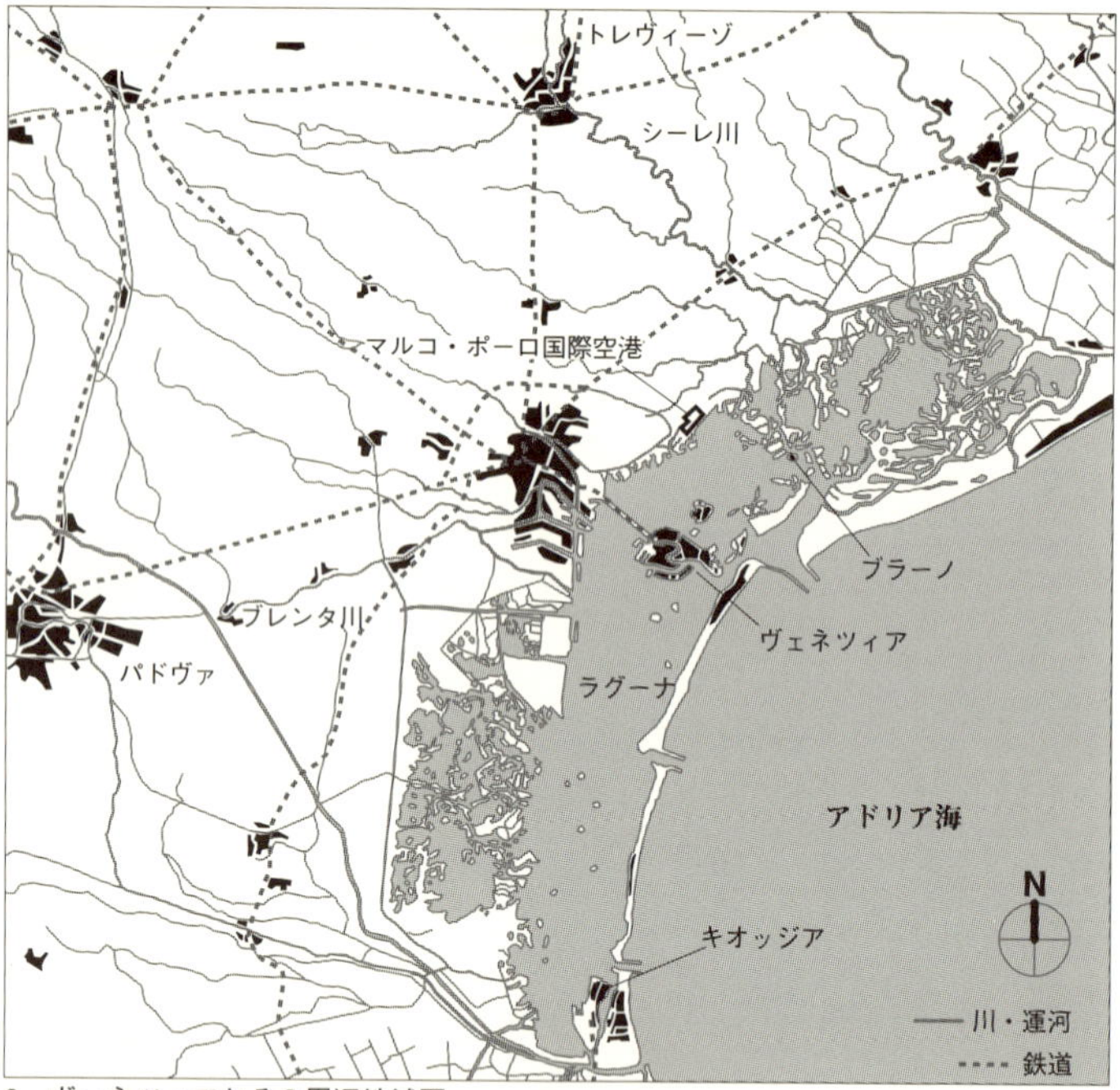

3　ヴェネツィアとその周辺地域図

　ラグーナには、ヴェネツィア以外にも幾つもの島が点在し、古く個性的な町をつくりだしている(3)。近海の漁業が中心のブラーノは一つ一つの建物の壁が競うように赤や緑、黄色などに塗られ、色鮮やかな町並みをつくっている島の町である。この町は、ヴェネツィアのように東方貿易で栄え、華麗な都市空間を築きあげたわけではない。だからこそ、このブラーノにヴェネツィアの都市形成の原型が探れるのではないかという密かな期待があり、調査の対象に選んでいた。

　キオッジアは、ブラーノよりも大規模に漁業で発展した古い港町である。この町は、ブラーノやヴェネツィアのような曲がりくねった運河や道で構成される迷宮都市ではない。湿地帯の上にできた町とは思えないほど直線の運河や道で町並みが構成されている。近代都市では当たり前のことも、中世以前に成立した都市では極めて異例である。このことが気になってキオッジアも調査対象に加えることにしていた。

マルコ・ポーロ国際空港に着いた私たちは、そこからモーターボートで水の都を目指し、イタリア調査の根城となる運河沿いに建つホテルに向かった。現在は列車でも車でもヴェネツィアに行くことができる。だが、大きな荷物を抱える旅人にとっては、運河を巡ってホテルの前に横付けしてくれるモーターボートが快適である。やはり、ヴエネツィアは今も水と深くかかわっていることを最初に感じ取ることができる。

4　ヴェネツィアの全景

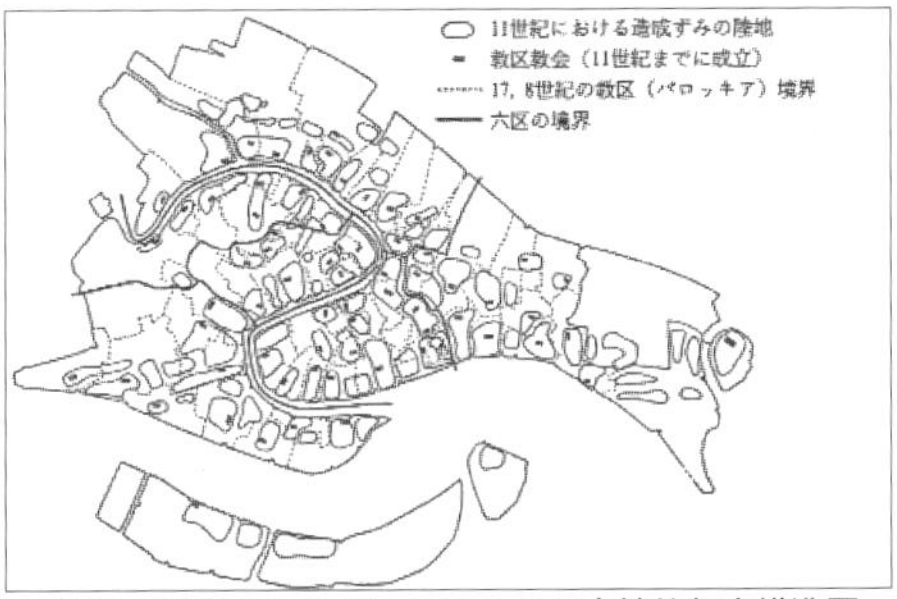

5　教区を単位とするヴェネツィアの多核的都市構造図

イタリアの水辺都市

ヴェネツィア

都市の核と広場

三つの核と二つの軸

ヴェネツィアには島の中央を流れるカナル・グランデを軸に、毛細管のように運河が巡っている。しかし、もとは干潟の上に幾つもの小さな島が顔をだす自然環境にあった。四二一年、ゴート人から逃れるために、この島に本土から渡ってきたヴェネト地方の有力家の人々が教会を建て、小さな居住区をつくったと伝えられている。この居住区が発展して、小さな島と島の間の水面が運河として残された。ヴェネツィアの運河は、このようにしてつくられた。小さな島を基本とする居住区単位は長い歴史の中で残り、広場と教会が居住区の単位となっている（5）。

6　リアルト市場

8　造船所アルセナーレ

7　サン・マルコ広場

9　サン・ジャコモ・ディ・リアルト広場

ヴェネツィアが都市として成熟していく過程では、舟運と結びついて中心的な役割を果たす三つの場所と中心軸ができた。一つは、経済・商業活動の中心・リアルト地区である。そこには早くから市場が置かれた(6)。東方貿易で繁栄する十二、三世紀には、東西世界を結ぶ金融の中心として重要性を増す。二つ目の場所は、海の表玄関サン・マルコ広場である(7)。この広場には政治、宗教、文化の機能が集中する。三つ目は、海洋国家ヴェネツィアを支えた造船所アルセナーレである(8)。そして、ヴェネツィアを貫くカナル・グランデは、サン・マルコとリアルトを結びつけ、運河の両岸に商人貴族の商館が建ち並ぶ「水の都」の象徴的な空間軸をつくりだした。

今回の調査では、観光化したこれらの地域をあえて避けた。むしろ、舟運によって都市を形成してきたヴェネツィアの基本的な空間構造を探りたかったからである。そこで、カナル・グランデに直接面してさりげなく存在する小広場をもつ一画と、舟運が今も活きている運河に面する広場、そして庶民的な生活空間が広がる小運河沿いを選んだ。これらを調査すれば、生活という立場から、運河と町並みがどのような関係で成り立ってきたのかを探れるのではないかと考えたからである。

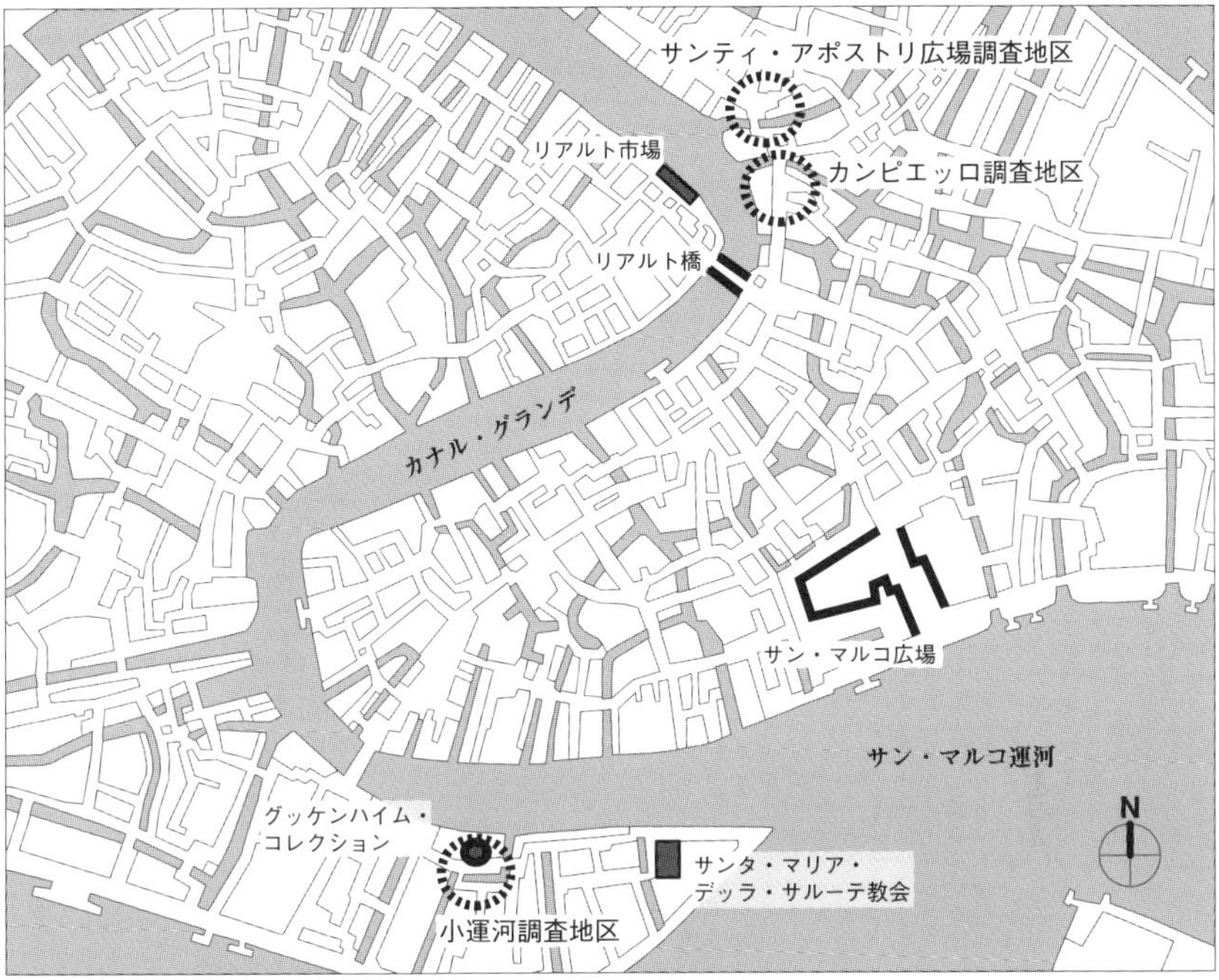

10　ヴェネツィア調査地位置図

広場の特色

ヴェネツィアに来て誰もが訪れるのが海の表玄関であるサン・マルコ広場である。ヴェネツィアには共和国が計画的につくった公共性の強い広場として、サン・マルコ広場と、リアルトマーケットの中のサン・ジャコモ・ディ・リアルト広場がある。いずれも回廊で囲われているところに特徴がある⑨。

時間にゆとりのある旅行者は、メインストリートや路地を歩き廻り、教会を核とした個性豊かなカンポ（広場）に出会うようになる。その数は七〇以上もある。これらのカンポは、旅行者も気軽に通り抜けできる開放的な雰囲気を持つが、住民の生活と密接に結びつきながら長い年月をかけてつくられた場所である。

カンポの他にも、人目につきにくいカンピエッロ（小広場）と呼ばれる小さな広場も点在している。カンピエッロの存在は、ヴェネツィアが観光都市としてだけでなく、現在でも生活の空間として息づいていることの証しである。華やかなサン・マルコ広場やカンポ、そしてカンピエッロといった様々な広場で構成されているのがヴェネツィアの特色の一つである。その中から、今回の調査では舟運と深く結びついたカンポとカンピエッロを調査した⑩。

運河と道が交差するサンティ・アポストリ広場

一九六〇年代まで、サン・マルコ広場はヴェネツィア全体の核としてだけではなく、地元住民が日常的に集まる場所であった。だが一九七〇年頃からは観光客数が激増し、この広場は地元住民のサロンとして機能しなくなる。地元住民にとっては、観光客でいつもあふれかえる居心地の悪い場所となってしまったのである。そのために彼らは、リアルト橋に近いサン・バルトロメオ広場やサン・ルーカ広場などに集まるようになっていく。比較的広いカンポであるサンティ・アポストリ広場にも地元の人々の姿が多く見られるようになる。

運河と周辺の空間特性

サンティ・アポストリ運河は、重要な都市施設が集中するリアルト橋から近い距離に位置していることもあり、幹線運河として古くから舟運が活発であった。その運河と結びついて、十三世紀に広場としての形態を整えはじめたのがサンティ・アポストリ広場である。運河と広場が結びつくことで空間が実に多様化することをここでは体験できる。観光客のように素通りしてしまうにはもったいない場所なのである。

運河の幅が七〇メートル近くもあるカナル・グランデから支線の運河に入ると幅は一挙に狭くなる。ヴェネツィアの支線運河はほとんどが一〇メートルに満たない。小回りが効く小型の船が行き来するには適当な幅なのであろう。サンティ・アポストリ運河の幅も約九メートルである(11)。

この運河に直接面した建物の一階には、大部分が船から直接入れる出入口が設けられている。かつては住民が日常的に船を使っていたことがわかる。また、サンティ・アポストリ運河に面して十三世紀に建てられたカ・ファリエールがある。ビザンチン様式のこの建物は、ヴェネツィアの典型的な三列構成の外観を持つことでも注目される(12)。そのファサードは運河と広場の側に正面を向けているので、船の上からも広場からもその優美な姿を楽しませてくれる。この建物の一階部分は「ポルティコ」といわれる柱廊(注1)をつくり、歩行者が自由に通行できる空間として開放している(13)。民間の建物の一部に公共空間をつくる考えが十三世紀頃のヴェネツィアにすでにあったことになる。都市空間は、まさに住民の共有財産であるという意識がヴェネツィアの人たちの間に古くから根付いていたのであろう(14)。

13　サンティ・アポストリ運河沿いのポルティコ

11　サンティ・アポストリ運河

12　カ・ファリエール

14　運河沿いのビザンチン様式の立面図

0　10　20m

リアルト橋からポルティコのある空間に出るには、幅が三メートルあるかないかの狭い道を通り抜けて来なければならない。この道を進むと運河沿いに建つ建物の一部が見えてくる。ポルティコのある通路まで出ると、運河の水面が見えはじめて視界が少し開ける。ここからさらに先にはヴェネツィアの歴史がつくりだした魅力的な空間演出が待っている。運河に沿って設けられたポルティコの連続するアーチは歩行者の視界を絶妙に限定し、運河に繋留されたゴンドラ、広場で賑わう人々の様子を額縁のように切り取っていく。ポルティコの暗がりの中から眺める光溢れる広場の風景は、さながら動く絵画を鑑賞しているようだ。ポルティコを抜けて橋を渡るまで、連続する柱や周辺の建物に見え隠れしていた鐘楼が物語のように徐々にその全体像を現す(15〜17)。このような景観変化の面白さは、建物や狭い道、トンネルなどが立体的に折り重なる迷宮都市、ヴェネツィアだからこそ味わえる醍醐味といえる(18)。

ポルティコと広場を結びつけるように、サンティ・アポストリ運河に橋が架けられ、この運河の護岸には現在も使われる三つの階段状の船着場が設けられている。船着場のある付近は、運河の幅は微妙に脹らみ、一〇メートルを少し越える。実測では一〇・三メートルあった。荷揚げするために横付けする船を配慮した結果であろう。

ポルティコ側には小さな船着場が二つ、広場側には幅が五メートルもある大きな船着場が一つある。朝から夕方までの調査の間、ポルティコ側の船着場は船で運ばれてきた物資の荷揚げ場となり、観光客が出歩く時間帯になるとゴンドラの発着場になったりと活躍していた。だが、広場側の立派な船着場は一度も使われることはなかった。広場が生活の中心に据えられていた頃は、広場側につくられた船着場は活気に満ちた場所であったはずである。現在、広場と運河の関係が薄れてしまったことを知る。

広場の立体構成

サンティ・アポストリ広場は、ヴェネツィアのカンポのなかでも広い方の部類に入る。空間的にもゆったりした感じを与えるが、日本でいえば児童公園(〇・二五ha)程の広さでしかない。

広場の周りには、建物がイレギュラーに配置されており、広場に立つ位置や角度によって様々に表情を変える。単に面積の広さだけが、空間の広がりや大きさを表現するのではないことをこの広場は私たちに体験的に教えてくれる(19)。

17　シークエンスの変化-3（サンティ・アポストリ教会の鐘楼）

15　シークエンスの変化-1（サンティ・アポストリ運河沿いのポルティコ）

16　シークエンスの変化-2（連続するポルティコのアーチ）

18　サンティ・アポストリ広場の空間構成図

広場の西側には、ヴェネツィアには珍しく、幅の広い道路が駅の方に延びている。ストラーダ・ヌオーヴァと呼ばれる直線的な道路は、十九世紀に入ってサンティ・アポストリ広場から駅までの建物をクリアランスしてつくられた。この道が完成してからは、多くの人々がサンティ・アポストリ広場を往来するようになり、観光客と地元住民の双方にとって重要な道筋となっている。

広場を取り巻く建物の一階には、観光客を対象とした土産物屋があるが、それらが連続して商店街の風景をつくりだしているわけではない。ヴェネツィアの日常を感じ取れる生活必需品を売る店も多い。ポルティコに沿った建物の一階には、洋服屋や居酒屋、ゲームセンターなどが入っており、単なる観光ルートではなく、住民がこの広場をよく使っていることがわかる。また、この広場は商業空間に特化しているわけでもない。倉庫や住宅の入口も広場に面した場所にあり、多様な生活サイクルが広場を取り巻いている。これらの店舗や住宅、倉庫が入った三・四階の建物は広場側に正面を向けて建てられているので、連続的な立体空間をつくりだしている。しかも広場に向けられた異なるファサードは、広場に彩りを与え、訪れる人々を包み込む。

この広場に面する建物のイレギュラーな空間配置は、公私の質の違った生活環境をうまくコントロールしている。公共性の強い広場に面した建物は、一階部分を店舗や倉庫にし、二階部分から上を住宅にすることで、公園の利用度を高めている。一方広場から一歩プライベート性の高い路地に入ると、住居専用の建物に代わる。

広場を構成する建物としては、商業や業務、住宅の他に、ポルティコを通った時に姿を現したサンティ・アポストリ教会の鐘楼がある。この鐘楼と教会は、地域住民の精神的な柱として長い歴史のなかで重要な役割を果たしてきた。そればかりでなく、広場の空間構成上ランドマークとしての重要な役割も持っている。

広場空間の構造と鐘楼の空間配置が頭に入っていれば、ヴェネツィアの迷宮都市の楽しみ方が一つ増える。調査隊から離れても迷宮都市で途方に暮れることはない。広場に建つ一つ一つの鐘楼が自分の居場所を教えてくれる格好の目標となってくれるからだ。ただし、それには地道なフィールド体験が必要になってくる。迷宮都市では、この差が大きくものをいう。

広場の使われ方

サンティ・アポストリ広場の中央には、雨水を溜める貯水槽がある(21)。海水を含む運河の水は飲み水として

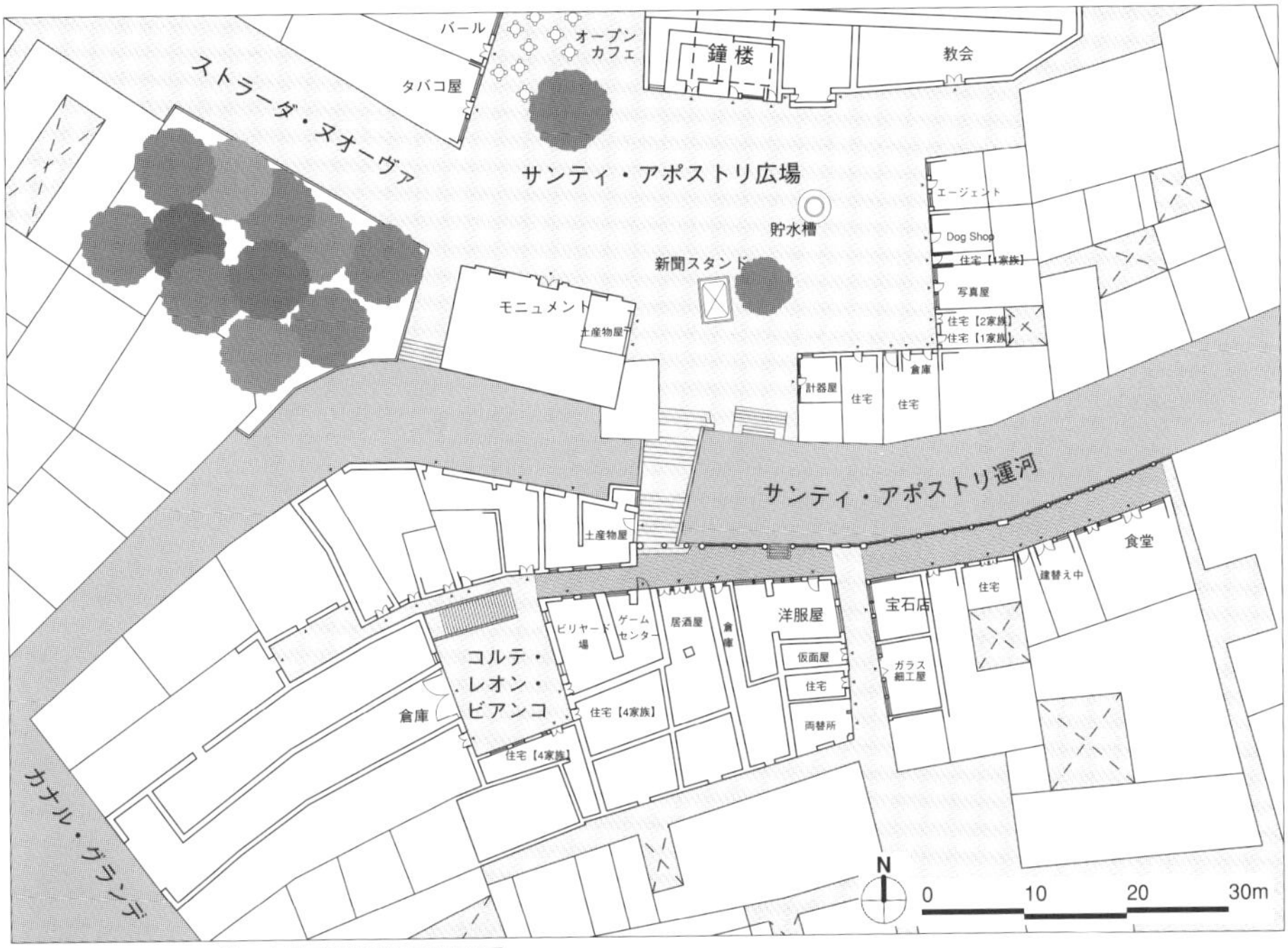

19　サンティ・アポストリ広場周辺の平面図

21　貯水槽

20　広場で遊ぶ子供たち

22　老人たちの団らん

23　木陰で立ち話をする人々

利用できない。ヴェネツィアでは、大陸側から水道が引かれるまで、貯水槽に溜まった雨水が周辺住民の生活を支える重要な飲料水となっていた。ヴェネツィアの広場には、必ずこのような貯水槽が設けられ、かつてはそこに婦人たちの井戸端会議が見られた。

ヴェネツィアの広場にはもともと樹木が植えられていなかった。そのために広場の空間を構成する要素は、人工的につくられたもので占められていた。その後、ヴェネツィアの広場がより憩いのある空間になったのは、広場に樹木が植えられてからである。私たちが調査に訪れた時期は強烈な日射しが照り付ける真夏である。そのためもあるのだろうが、木々がつくりだす涼し気な陰の下ではベンチでくつろぐ老人たちの何とも和やかな姿が印象的であった(22)。広場の別の場所では小さな子供たちが母親の見守るなかで遊んでいた(20)。ヴェネツィアの広場で驚かされるのは、同じ時間帯に様々な年齢層の人たちが集まっていることだ。

この広場に集まる住民の様子をもう少し詳しく見ることにしよう。地元の若者たちが気さくに立ち話をしている(23)。彼らが集まる場所は、影のできる涼しい木陰やストラーダ・ヌオーヴァが広場にぶつかる角の居酒屋の辺り、橋のたもとのキオスク周辺である。カフェのオープンテラスの椅子に座った人たちは、広場での賑わいや運河を行き交う船の様子を、コーヒーを啜《すす》りながら演劇を鑑賞するかのように眺めている。広場文化が発達したイタリア、中でも特に車が走らないヴェネツィアならではのゆったりとした時間がここには流れている。

サンティ・アポストリ広場の昼間は、様々な目的で集まる人々で実に賑やかであるが、早朝や夜になると広場やその周辺の使われ方は大きく変化する(24)。私たちは、広場や道が観光客でごった返す前の早朝を狙って調査を開始した。そこで、賑わう前の広場の様子を確かめることができた。朝の涼しい時間帯には、地元の人たちが散歩しているだけで、観光客の姿はない。店舗も全て閉まったままである(25)。

このような広場の静かな空気をかき消すように、サンティ・アポストリ運河には物資を運ぶ小型の船が盛んに行き来し始める。船着場では、船から物資を運び上げ、近くの倉庫に搬入している(26)。荷物を船からおろすのに、二人組の青年の片方が船から荷物を力強く投げ、もう片方の若者が陸側でそれをキャッチする大胆な受け渡しが見られる。ヴェネツィアでは日常的に見る光景も、はじめてのヴェネツィア調査を体験する学生たちにとっては眠気が吹き飛ぶ体験であった(27、28)。

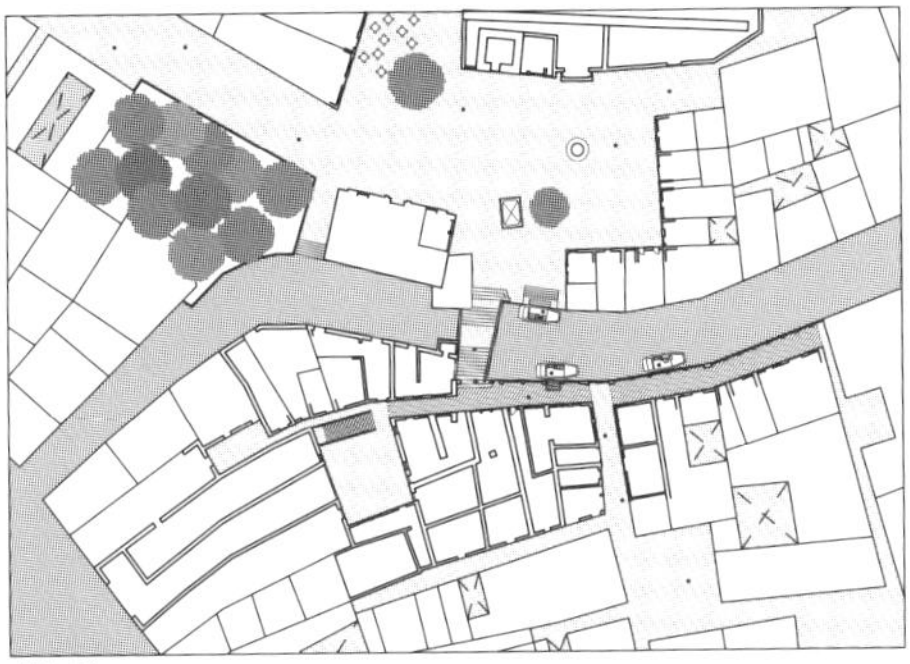

朝7時

夜21時

昼13時

24　サンティ・アポストリ広場の時間帯別アクティビティ（・は人の位置）

26　ポルティコ側の船着場

25　人影もまばらな早朝のポルティコ

27・28　ポルティコ側の船着場で荷物を投げる人、受ける人

夜になると、広場はまた違った表情を見せる。船着場では翌朝に備えて空の小型船が岸に留められている。運河は静かに水面を揺らしているだけだ。多くの店が閉まる中、レストランが運河沿いのポルティコにテーブルを出して店開きをする。昼間は主に周辺住民が行き来し、荷揚げに使われていた通路がレストラン客で賑わいはじめる。朝・昼・夜と時間の移り変わりで、空間を使い分ける巧みさが感じられる。冬のカーニバルの時期に大胆に運河や広場を使って祝祭空間をつくりだすように、都市全体を日常的にも自由に活かしきるセンスはヴェネツィアの底力であるように思う。

居酒屋やタバコ屋はまだ店を開いている。注意深く観察してみると、夜遅くまで営業している店舗は広場の角地や橋のたもとなど、人の流れの軸線上にバランス良く配置されていて面白い。涼しくなった夜は、このような店舗周辺だけでなく、広場全体に人々が分散して話に興じている。彼らは昼間よりも広く自由に観光客のいない広場を使っている印象を受ける。一方で広場に面した建物の住民がバルコニー越しに広場の変化を眺めている。この広場に集う全ての人がこの演劇空間の観客であり、また演者となっているようだ。それでは謎の計測器具をもち、調査でほぼ一日がかりで広場周辺を調べ尽くした私たちの姿は、彼らの眼にどのように映ったのであろうか。

このように見てくると、サンティ・アポストリ広場では、船着場や広場を囲む店舗や住宅群、運河沿いのポルティコ、運河に架かる橋など、多様な要素が交錯し、厚みのある立体空間をつくりだしていることがわかる。舟運機能だけでなく、都市の多機能が広場空間に重層的に凝縮されている。ここでは、ヴェネツィアの住民が水と深く結びつきながらつくりあげてきた空間の一つの形を見ることができる。

レオン・ビアンコのコルテ

サンティ・アポストリ広場の華やかな空間を調査した後で、隣接する小さな広場を調査することにした。リアルト橋から来て、ポルティコに出た道をまっすぐに奥へ進むと、レオン・ビアンコの「コルテ」(共有の庭)がある。もともとカナル・グランデに面するビザンチン様式の有名な商館、カ・ダ・モストの裏側にとられた専用の庭であった。

商館の裏側にこうして庭をつくるのはヴェネツィアの古い形式であり、十三世紀頃に建てられた建物には多くみられた。だがルネッサンス期に建築技術が発達してく

29　レオン・ビアンコのコルテ

30　町中にひっそりとあるカンポ

ると、建物の内部にコルテを設けるようになり、裏庭は次第につくられなくなる。

この商館の裏庭は、その後建物が周囲に建つようになり、専用の庭から共有の空間に質を変えていった。現在では、商館の裏庭という性質は薄れ、小さな広場となっている㉙。

ポルティコから入るコルテの入口部分には、ゲートのようなアーチが架けられ、外部からの侵入者を緩やかに排する意匠的な工夫がされている。ここは、通り抜けできない袋小路になっていることから、コルテに面する住宅の住民以外は利用する人もない。そのためここは、プライベート性の強い空間となっていて、サンティ・アポストリ広場の賑わいとは対照的に、人影もなくひっそりとしてる。このコルテの立地は申し分なく潜在力を秘めた場所だけに、広場としての魅力を引きだしていないのがもったいない。

カナル・グランデ沿いのカンピエッロ

私たちはもう一つ興味深い広場を調査している。サンティ・アポストリ広場からリアルト橋に向かう間の、小さなカンポがある。その広場と道の間には花や絵葉書を売る仮設の店が置かれていて、くつろぐ住民の姿もない。

時々、広場に面している店のショーウィンドーをのぞく客が入ってくるくらいで、急いで歩いていたりするとカンポの存在に気がつかずに通り過ぎてしまいそうだ。この広場にも教会があり、井戸があるれっきとしたカンポである(30)。広場の一面は教会のファサードで占められ、他の二面も高い建物のファサードがびっしりと取り囲んでいて、サンティ・アポストリ広場と比べ圧迫感がある。しかも通り抜けできる道がないことで、通行人に広場へ入ることをためらわせる雰囲気がある。

ここまでの話では、実につまらない場所を調査したのかと思われるだろう。実はヴェネツィアの広場空間が多様で奥深いことをこの地区の調査を通じて知ってもらいたいのである。ここでは、先に見た、教区教会堂の脇にとられたカンポから、カナル・グランデの水辺に設けられた小広場であるカンピエッロ・デル・レメールまでの空間を実測調査している。この調査のメインは、むしろカンポではなく、カンピエッロ(小広場)なのである。

水辺のカンピエッロに至る路地

カナル・グランデに面する小広場は、水上からは船を横付けすればすぐに行けるが、陸上からとなると、入口を探すのも難しい。通りからの入口部分が極端に狭く、一見行き止まりのような路地であるからだ。メインストリートを歩いていてもその存在に気づくことはない(31A)。狭い道を右に左に折れ曲がらないと小広場に出ない(32)。私たちのように調査の目的でもなければ、一般の人は一・五メートル幅の路地に入り込もうとはしないだろう。この道幅だと人とすれ違うのにも意識してしまう。朝の調査で、建物のスケッチ、道路の幅や奥行を調べていた時に、勢いよく荷物を運び出す人と何度もすれ違った。風のようにすり抜けていく彼らには、私たちなどは眼中にないのだろうが、いささか迷惑をかけている申し訳なさが私たちに残る。

この路地を右に折れ曲がると約四メートルの道幅になり広がりを感じる。だが、依然として周りは四、五階の建物が迫っている(31B)。さらに進むと道は左に折れ建物内のトンネルに入り込む(31C)。多少の開放感を味わった私たちは再び狭く暗い空間に導かれ、戸惑いを感じる。ただその先に明るい日射しが見えているのがせめてもの救いである。

空間の劇的な体験は、圧迫された空間を通ってこそ味わえるもので、私たちもトンネルを潜り抜けることで、カナル・グランデとリアルト市場の建物が眼前に広がる驚くほどの開放感を味わうことができた(31D)。運河側

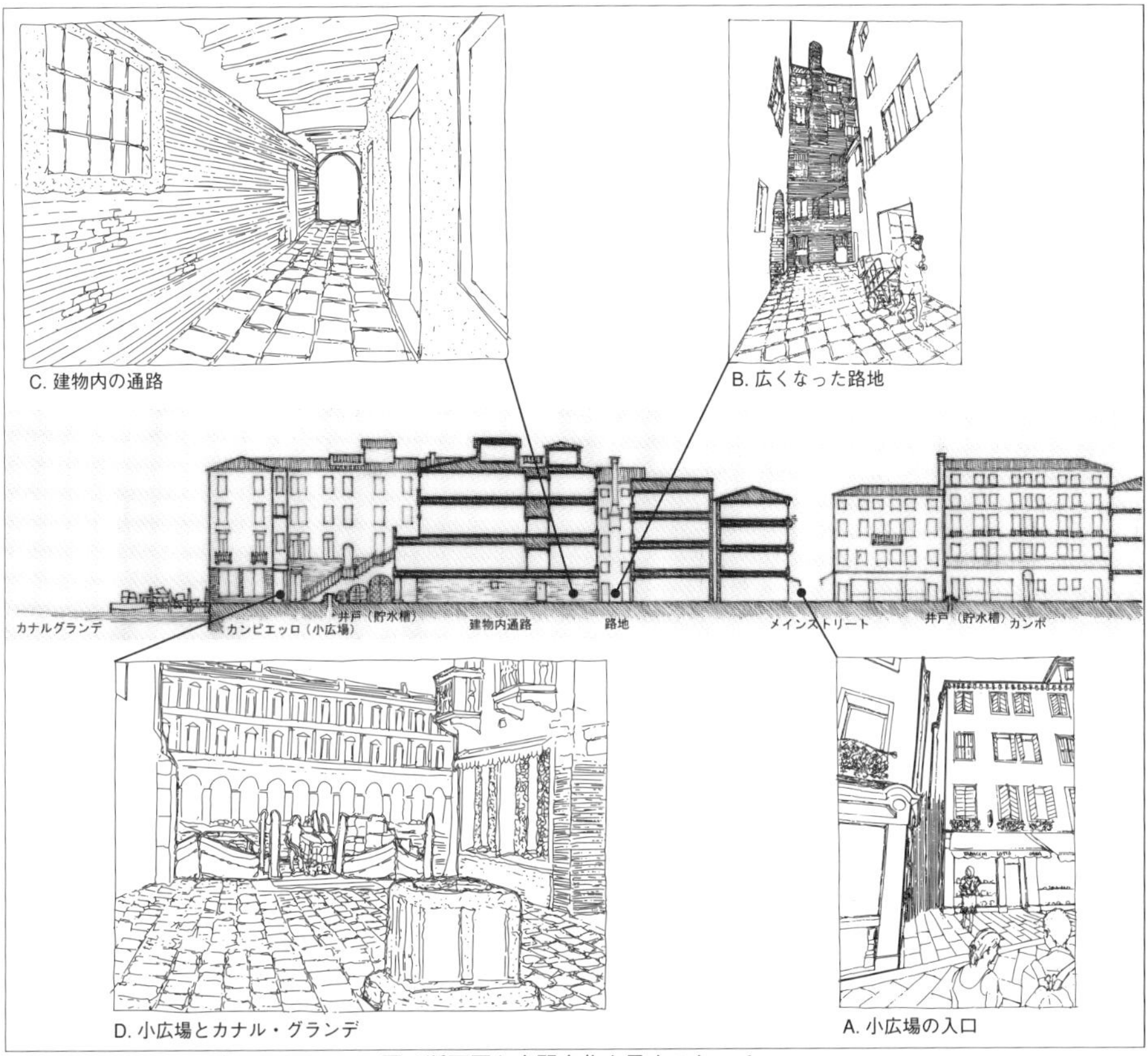

31　カンピエッロ・デル・レメールに至る断面図と空間変化を示すスケッチ

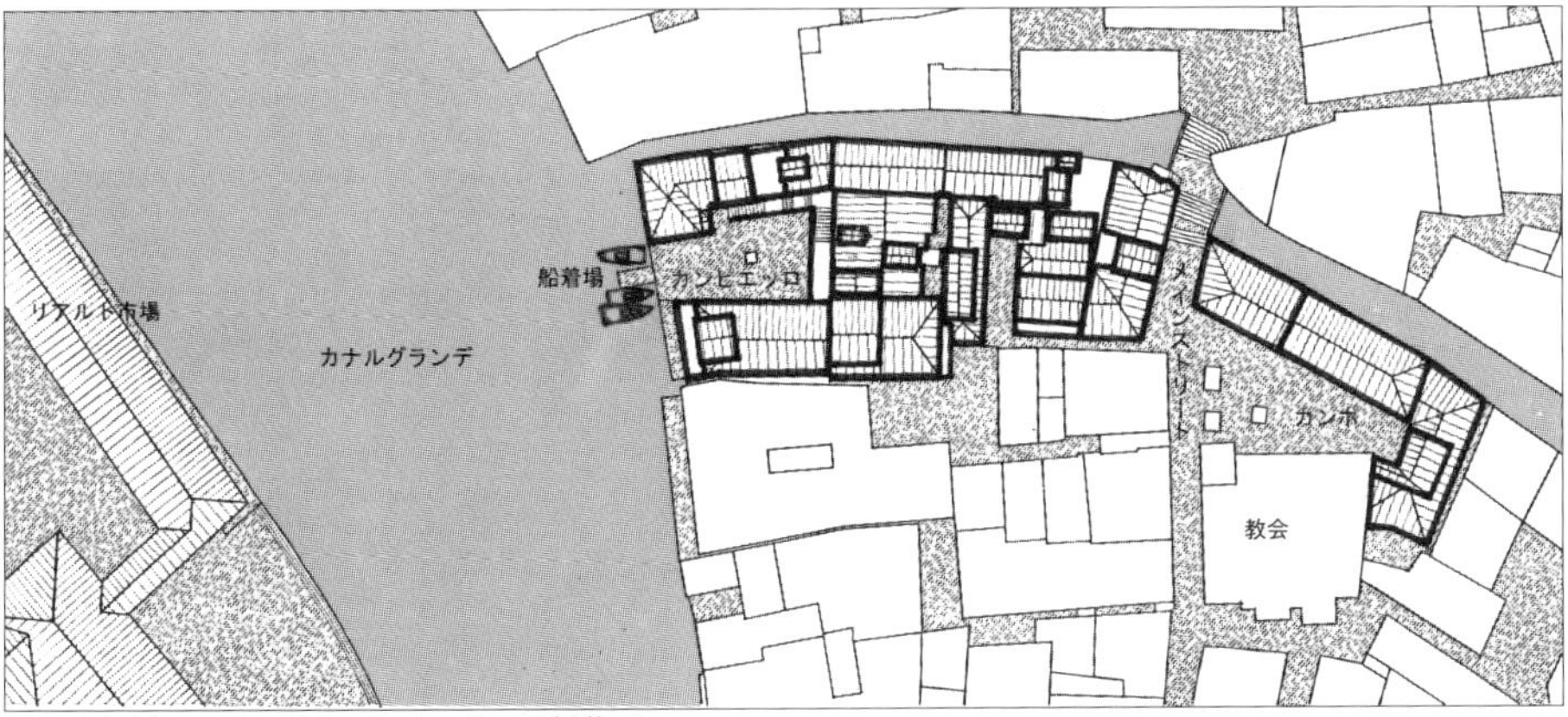

32　カンピエッロ・デル・レメールの屋根伏図

から眺めた最初のイメージとは全く違った体験であった。

カンピエッロの空間構成

カンピエッロ・デル・レメールと呼ばれるこの小広場は、日本的にいえば六〇坪（約二〇〇㎡）にも満たない広さである。多少広めの一戸建て住宅がやっと一つ建つ程度の面積である。

この広場は、「コ」の字型に三つの建物が囲んでいる。運河側から見て奥の建物だけが直接広場に正面を向けて建てられている。両側の建物は正面を直接カナル・グランデに向けており、広場側には居住用のアプローチは取られていない。このことから、カンピエッロ・デル・レメールは奥に建つ建物の専用の前庭であったことがわかる(33)。

カナル・グランデに面して前庭をとるのは、古い形式の一つである。その後水際に直接商館が並ぶ形式が登場し、主流となる。その結果、この形式の建物はカナル・グランデ沿いでは唯一ここに残るだけとなった。船から見ると水際に建ち並ぶカナル・グランデ沿いの建物に圧倒されるが、前庭空間の奥にファサードがあるこの場所は、連続するファサードのアクセントとなっていて、かえって新鮮な印象を持つ。

前庭のある四階建の建物は、十三世紀のビザンチン様式のアーチを持っており、当時の主屋であることがすぐわかる(34)。住居は二階部分にあり、玄関は階段を上ってアプローチする。階段を使った空間演出は、華やいだ雰囲気をつくりだしている。当時ここはカナル・グランデ沿いの一等地として、商人貴族の館が建てられたことを物語っている。

このカンピエッロは、もともと個人の館へ入る表玄関の役割を持つ私的空間である。主人や来訪者が船で出入りする場であった。奥の建物の一階部分は、現在でも倉庫や作業場として利用されている。当時からそこは、食料等を保管する倉庫が併設されていたと考えられ、前庭が物資の荷揚げにも使われていたことがわかる。

現在、この小広場は陸からのアプローチが複雑なこともあってか、物資の搬出入に使われているだけで、定期船等様々な用途の船が出入りするわけではない。調査をしている間、この船着場には業務用の船が何度も着けられ、現在地区のサービス空間として機能していることがわかる。ここは時間帯により異なる使われ方をしていた。早朝から九時頃までは、周辺地域のゴミがこの船着場に集められ、船に積み込まれていた。人通りのない広場の船着場からゴミを運び出すのは、観光都市ならではの光

33　2階の主玄関から見たカンピエッロ・デル・レメールの小広場とカナル・グランデ

35　ビザンチン様式の古い貯水槽

36　船着場での荷物の積み下ろし風景

34　運河から見た建物と小広場の関係

景である。ゴミの積出しが一段落した九時以降になると、今度は水や商品などを満載した船がやって来る(36)。荷揚げする時間帯が決まっているらしく、何艘もの船が船着場に来ていたがかち合うことはなかった。荷揚げされた荷物は次々に荷車に積まれ、細い路地を抜けて、町中に運び込まれていく。船着場に船が出入りするのも午前中までで、午後には何もなかったようにひっそりと静まりかえる。広場の中央に残るビザンチン様式の井戸(貯水槽)は当時の趣を今に伝え、存在感を充分に示していて、この広場の使われ方の変化を見守り続けているかのようだ(35)。

生活感あふれる小運河の空間構成

ヴェネツィアには、商業や物流の拠点となる運河の他に、住宅地に入り込む小さな運河が無数にある。私たちはそんな運河にも注目し、調査を行った。その小運河は、サン・マルコ広場の対岸に象徴的に建つサンタ・マリア・デッラ・サルーテ教会の西側、カナル・グランデ沿いに建つグッゲンハイム・コレクションの裏手にある(39)。運河の幅は約七メートル強、両側に設けられた道は三・五メートル程である。道自体は非常に狭いが、運河の存在がその狭さを解消してくれている(37)。日本ではこのような道幅の路地にも無謀に自動車が進入して来るのだが、自動車が行き来しないこの程度の空間は歩く者にとっては心地良い。運河には何艘かの小舟が横付けされている。護岸には、所々に水辺に降りる階段が設けられ、この地区にも船を利用した生活があったことを思わせる。以前ほど活発ではないとしても、現在も運河を住民が使っているようだ。

運河の両サイドの道からは直角に路地が通され、そこに庶民の集合住宅がある(38)。小運河周辺の町並みは、華やかなパラッツォ(邸宅)の建ち並ぶカナル・グランデ沿いとは異なり、地味ではあるが落ち着いた居住空間の雰囲気をつくりだしている。これまでのヴェネツィアの調査では、曲線の運河と町並みが織り成す景観に魅せられてきたが、この小運河にある町並みは直線で構成されている。

路地の入口はトンネルとなっており、そこを抜けた所に集合住宅が建ち並んでいる。ヴェネツィアの集合住宅は、一階を店舗または工房として利用し、住居部分は二階より上に設けるのが一般的である。ところがこの路地沿いに連続する建物は、一階に住宅がとられているめずらしいケースである。路地の両側の建物は、建てられた年代が比較的新しいこともあって、三～五階建ての集合

37　小運河とそれに沿う町並み

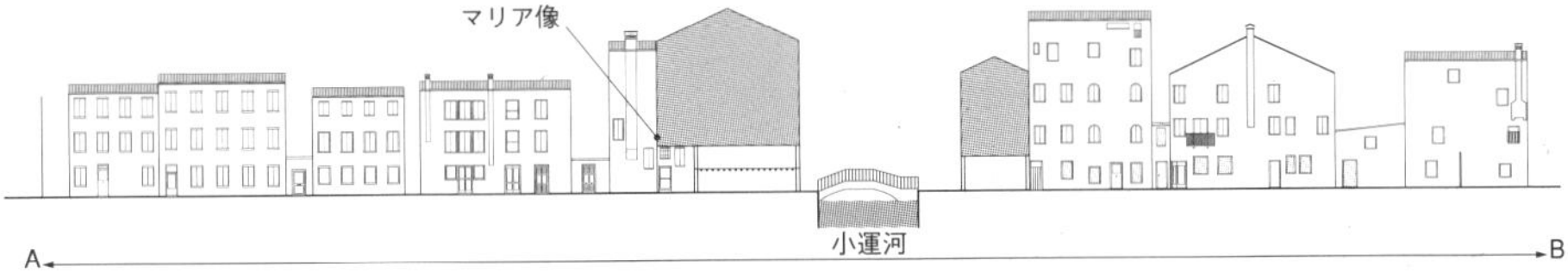

38　小運河の両側に延びる路地沿いに建つ集合住宅の連続平面図

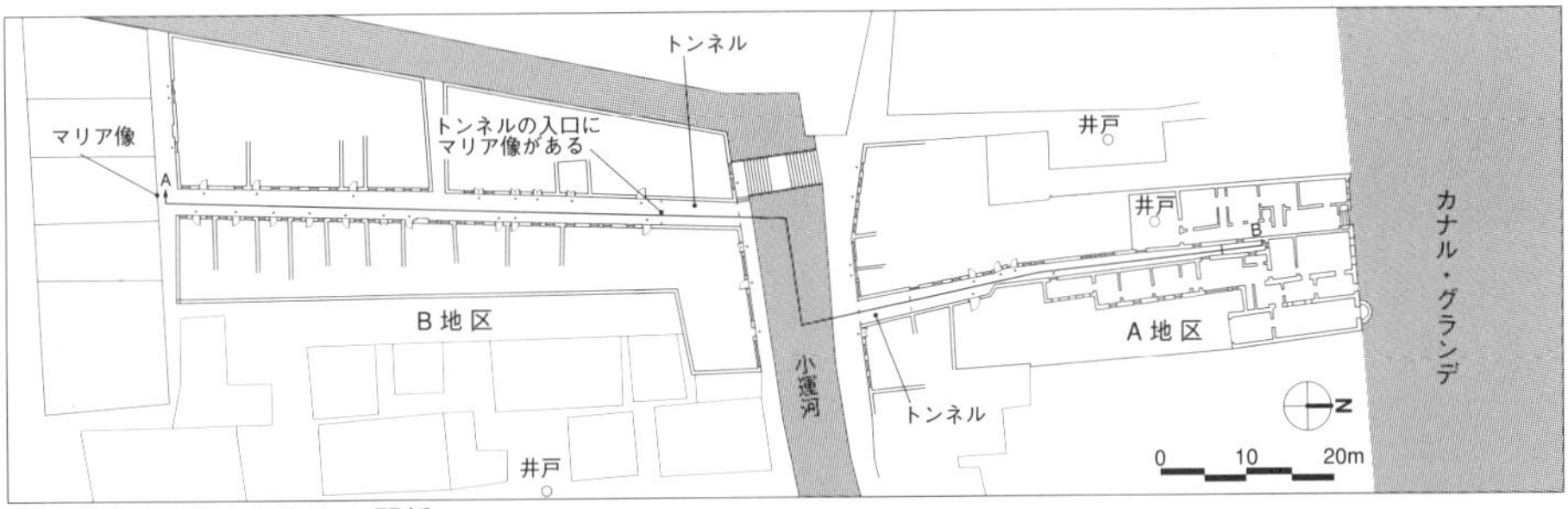

39　建物と路地・運河との関係

42　A地区の路地風景

41　路地の両側に建ち並ぶ集合住宅

40　マリア像とトンネル

住宅が多い(41)。

ここでは、運河を挟んでA、Bの二つの地区に分けて調べた。北側に位置するA地区の路地は、カナル・グランデのすぐ裏手にあたる。小運河側から入ってすぐの路地は道幅が三メートルを越えるが、奥に行くに従って道幅が二メートルを切り、極端に狭くなる。道幅が狭くなる所の壁には石像があり、侵入者を監視しているかのように思える。その姿が、同じ一連の路地でありながら全く別の用途に使われていた路地であることを特徴づけている。

この奥の路地は、パラッツォのサービスヤード専用に使われていたようだ、食料などの生活物資が、カナル・グランデからではなく、小運河から搬入されていたと考えられる(42)。それは、貯水槽が路地にあるのではなく、パラッツォの敷地内に設けられていることで、奥の路地がかつて私的空間であったことがわかる。

南側のB地区は両側に集合住宅が建ち並んでいる。道幅は三メートル以上ありA地区と比べると広い。A地区では小運河から入ってすぐの左側の一部だけが住宅で、後ろはカナル・グランデ沿いの建物の敷地で占められていた。だが、B地区は路地の両側が集合住宅で全部埋め尽くされ、計画的に街区ユニットが構成されている。路地の両端にはマリア像が置かれ、この路地が一つのまとまりをもつ街区であることを示している(40)。

建物の窓際には花が飾られている。路地の一画に祠《ほこら》を置き、各々の家の前を植木鉢できれいに飾っている。この発想は、まさに日本の下町とそっくりである。この路地にも井戸は見られなかった。だが、もう一本西側に路地があり、そこは井戸が設けられていた。何本かの路地の住人たちが共同でこの井戸を共有していたと考えられる。ここでは、路地という空間単位の他に、小運河を軸とした地区単位があるようだ。今回の調査では、そこまで踏み込めなかったのは残念であった。

ブラーノ島

ブラーノ島は、ヴェネツィアから約六・五キロメートル、船でラグーナを小一時間揺られた場所にある。ブラーノは、小規模ながらもレース編みの島として昔からヨーロッパ各地にその名前を広めてきた。レース編みは昔から女性の仕事で、島の男性は主に漁師としてラグーナに出ていく。この島にはもう一つの特徴がある。家ごとに異なる鮮やかな色で塗られた壁である。この島に降り立つと、赤や緑などに塗られた家はイタリア特有の突き抜けんばかりの青空に映え、まるでおもちゃ箱をひっくり返したように楽しげな風景をつくりだしている(45)。

私たちは、つい鮮やかな色の家々に眼を奪われてしまう。そのためか、観光客も多い。私たちがこの島を調査の対象に選んだ理由は別にある。運河の両側に沿って建物が並び、ほぼ等間隔に奥へ路地が入り込む形態は、その構造がヴェネツィアの都市発展の初期段階を暗示していると考えたからである。ブラーノは、ヴェネツィアをはじめとするラグーナの島々の中でもっともプリミティブな町の形態を現在に残す、小粒ながらも重要な島なのである。

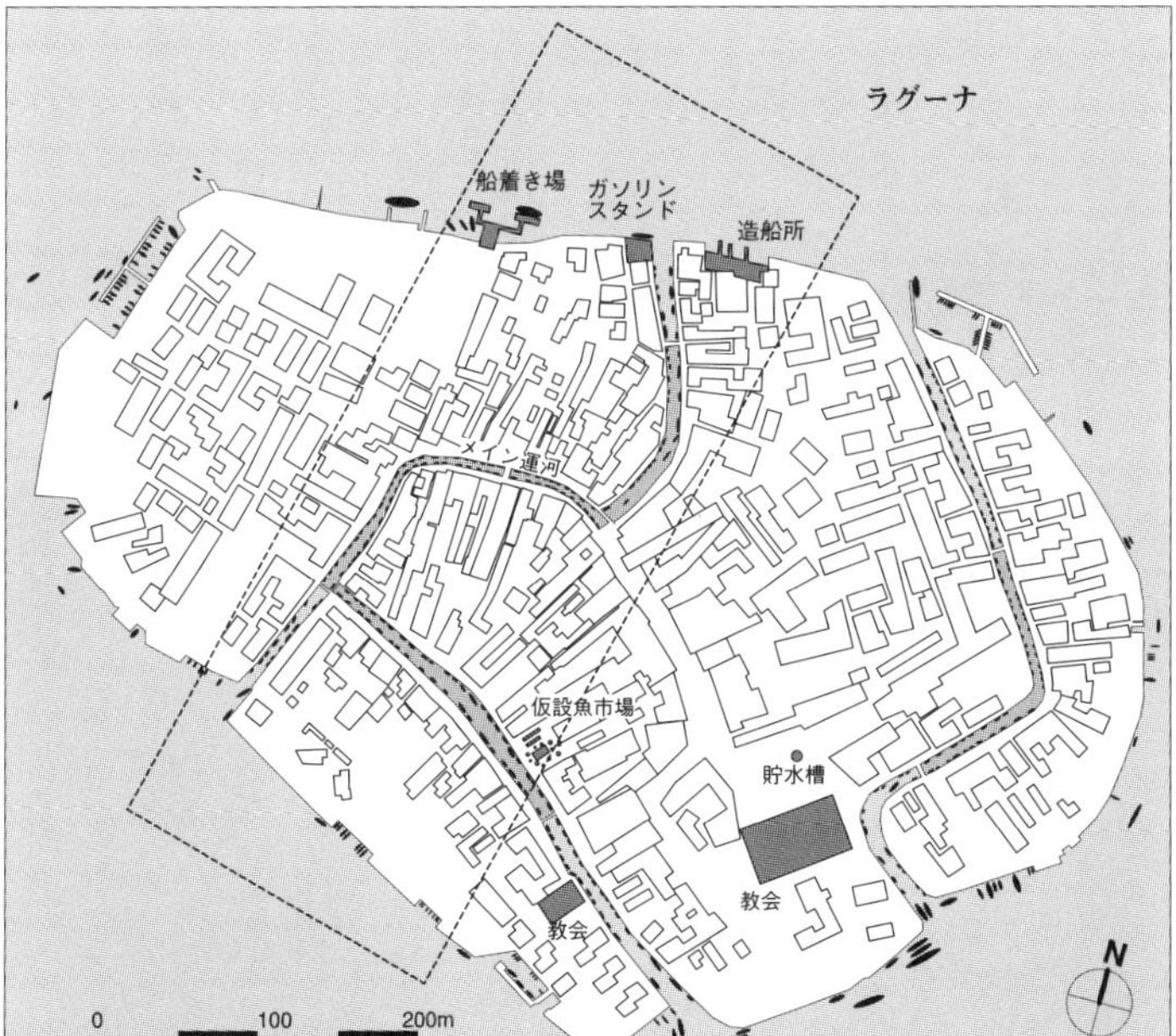

43　ブラーノ島の全体図（点線は調査地、図44参照）

島内には現在三本の運河が通っている(43)。それは、島の中央を蛇行する様に南北に流れる運河、この運河の南寄りの辺りからT字型を描くように東南に延びる運河、そして島の東寄りに離れて南北に流れる運河である。どの運河も幅は七~九メートルにおさまる範囲で、ヴェネツィアの毛細管のような支線運河とほぼ同じ位である。この中で、島の中央を流れる運河沿いの建物密度が一番高く、島の重要な軸をなしていると考えたので、この運河を「メイン運河」と私たちは名づけた。

華やいだ表の空間

メイン運河の両側には、三~四メートル幅の道が付けられている。ヴェネツィアと違って、建物は二階がほとんどであるから、道は思いのほか広く感じる。船着場からメインの運河に出て、この運河を島の中心に向って南東に進むと、途中から広い道になり、運河は北西に向かって直角に不自然なクランクをする。運河はまっすぐ先に通されていない。

広い道は、島の核である教会まで延びている。現在この通りには、レストランやカフェ、土産物屋が集中し、島の目抜き通りとして住民や観光客でいつも賑わっている。メインの運河と広い道がブラーノ島の骨格となる軸をなしているようだ。ブラーノには古地図が描かれていないので、過去の運河網がどのようになっていたのかはわからない。しかし、教会に続く広い道はどう考えてもブラーノのスケールとは異質の広さである。ブラーノの全体図をあらためて見ると、むしろこの道に運河があった方が自然に思える。しかも、ブラーノはどこへ行くにも船が住民の足となる。町の中心である教会が都市発展の初期段階から運河と無縁であったとも考えにくい。かつてのメイン運河は、教会の前を通って東側の運河とつながっていた可能性が高そうである。

建物が連続するメイン運河沿いには、レース編みの店や土産物屋などの店舗が現在軒を連ねている。極彩色のファサードは、水面にも映しだされてその効果をより発揮し、人々で賑わう空間を楽しく演出しているように見える(46)。このような場所では、建物のファサードの連続性を損なわない景観の配慮がされていた。その一つが、裏手の広場に通じる路地の入口部分である。建物の入口と同じ大きさのアーチがそこにつくられている(47)。しかもそのことが、公共性の強い表の通りとプライベート性の強い奥にある空間との住み分けを巧みに演出している。調査のために、私たちは表の通りからアーチを潜り、トンネルの暗がりを進むと、私的な領域に迷い込んだ肩

45　運河に沿って建つ色鮮やかな建築群

46　観光客で賑わうメイン運河と岸辺の道

48　プライベート空間とトンネル

47　表通りから路地に入るトンネル

44　調査対象地区の屋根伏図

身の狭さを一瞬感じてしまうのである(48)。このトンネルには、マリア像が暗がりにひっそりと置かれていた。このような場所にマリア像のような祠を設ける手法は、先に見たヴェネツィアの小運河の地区と同じである。ヴェネツィアでは、地区や空間の領域が異なる所に、このマリア像が置かれていることが多い。ここブラーノでも、マリア像は同じような意味を持って置かれている。

住民の息遣いが伝わる裏の空間

このブラーノ島をフィールド調査するにあたって、私たちは質の異なる三つの地区に分けて調査することにした(44)。この島の中心と考えられる建物密度が高いB地区、この地区から北と南に、建物密度が低くなるA地区とC地区である。島の中心に位置する地区(B地区)は、他の地区と比べると、家の区割りが細分化している。メイン運河に近い方では、三層の住宅が隙間なく建てられ、高密化している。ヴェネツィアに比べて人口密度が低いブラーノでは、基本的にひとつの建物に一世帯が住む。だがこの地区のメイン運河側だけは、珍しく集合住宅が存在する(49)。

表の通りからトンネルを抜けた奥にある路地と広場で構成されている空間には、外の賑わいとは対照的に、静かな空気が流れていた。地区の玄関的な意味を持つアーチとトンネル、その先に延びる路地、奥に広がる広場は、一つ一つがばらばらではなく、それらがセットとなって周辺住民の共有空間をつくりだしている。それぞれの家の玄関は実に開放的である。それは、表通りから入るトンネルとなった通路がもう一つの共有の玄関の役割を分担していて、個々の住宅のプライベート性を高めているからだ。調査中も、家の前の広場で魚を焼いていたり、掃除に余念のない主婦や椅子を路地において休んでいる老人の姿を見かけた(52)。玄関と広場との床面にはほとんど段差がない。建物が広場と一体化するようにつくられている。

主婦が家の前の路地や広場を家と同じモップで清掃している姿を目にする。広場には各々の家の洗濯物がひるがえっている(50)。私的空間と公的空間の境界の曖昧さが住民の多様な使い方の可能性を生みだし、広場をより魅力的な環境にしている。ブラーノにある広場は、どれも生活と密接に結びついた家のリビングやキッチンの拡張空間のように見える(53)。住宅に囲まれた広場の中央には水飲み場があって、暑さでカラカラに乾いた石畳に清涼感を与えている(51)。

住民の広場に対する共有意識は、住宅の使い方にも現

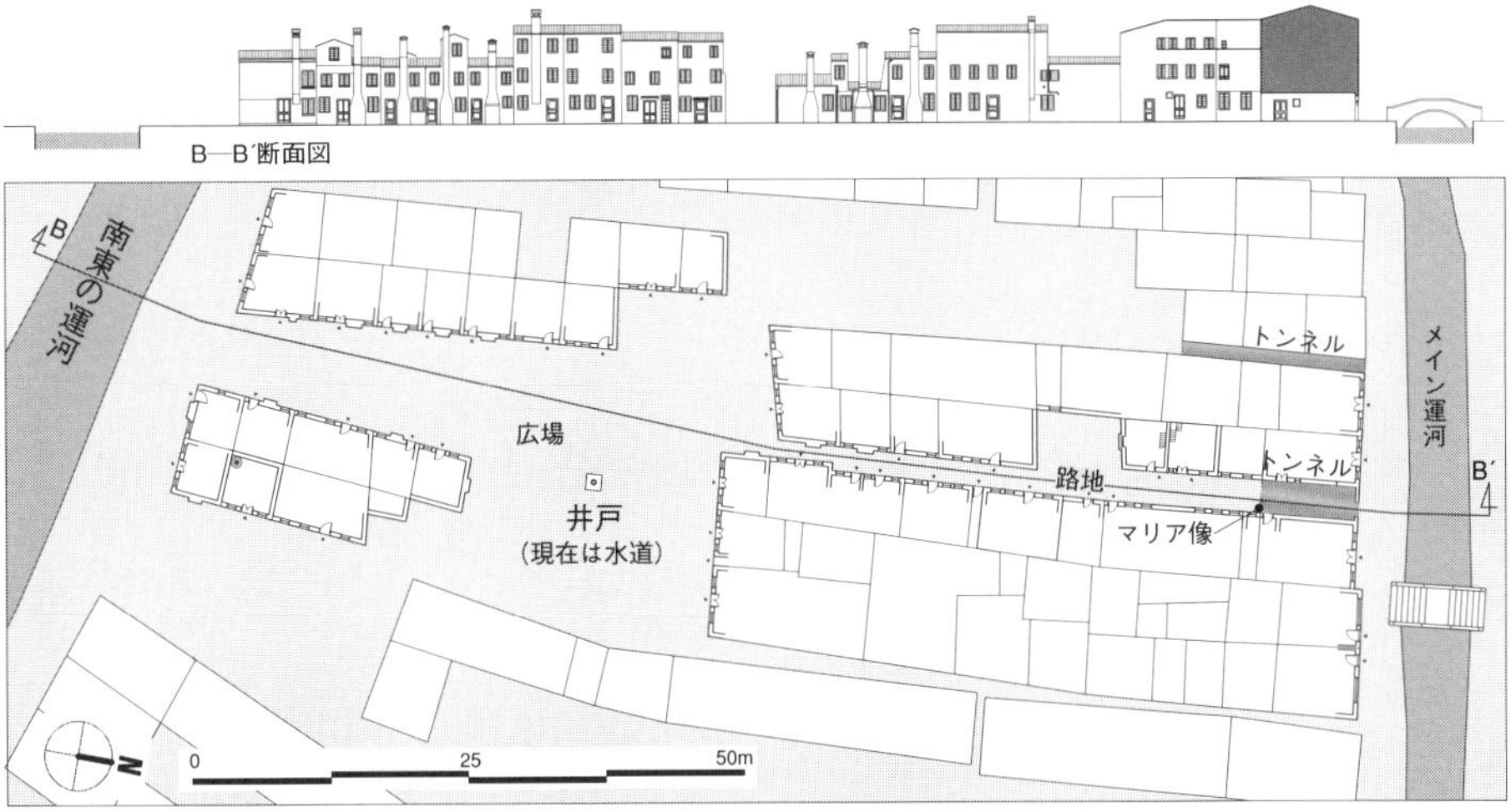

49　ブラーノ島B地区平面図

51　井戸のある広場

50　洗濯物が干してある広場

53　広場と建物

52　広場と住人

れている。ヴェネツィアの住宅では一階部分を倉庫や店舗にし、メインのフロアが二階以上にあるのが一般的である。だが、ブラーノの場合は、一階部分をメインのフロアとして使用している特徴がある。住宅の外壁には、台所にある炉の出っ張りがある。建物の中をのぞかなくても、炉が一階部分から突き出していることから、一階部分がメインのフロアであることがすぐわかる(54)。ブラーノの住宅は、壁の色の違いによる変化とともに、この煙突が住宅のデザイン要素として、広場空間のさり気ないアクセントにもなっている。

メイン運河からすると裏側にあたる東西運河の北面は、建物がまばらに建ち、運河に開かれた空間をつくりだしている。方位を確認するとなるほどと思うのだが、運河に沿った北側に建物を集中させ、南側は広場や空地とすることで、充分な採光を住民たちは共有しているのである。

この空間は、地元住民たちの裏庭的な役割と同時に住民の公共の場でもある。その空地を利用して、魚や野菜の仮設の青空市場も開かれる(55)。商品が売れてしまうと、何も無かったようにもとの空地にもどってしまう簡易な市場だが、時間帯によって空地を色々使い分けている巧みさはヴェネツィアの広場に引けを取らない。

中心から外への発展経緯

ブラーノ島の中心にある運河から北の方へ歩いて行くと、ラグーナに近づくほど住宅の密度が低くなる(57)。このように、中心から外に向かって広がるように発展していく都市の形成プロセスは、ヴェネツィアの初期段階とよく似ている。その後、ラグーナに面する側にも連続したファサードを形成したヴェネツィアに対し、ブラーノは小さな漁師の町であり続けた。それは、この島が海側に町並みを形成することはなく、プリミティブな都市形態を保ち続けて今日に至っていることを示している。

島の北側に位置する地区(A地区)では、メイン運河沿いに建物が連続して建っている。しかも、この運河は両側とも連続したファサードをつくりだしている。このように両側の町並みを連続させているのは、ブラーノではこの運河と広い通り沿いだけである(56)。このことからも、このメイン運河を軸に町が発展していったと考えられる。

メイン運河沿いの道につながる路地の奥には、住宅の壁面が連続する。その途中にアーチ状のトンネルがある。路地から奥へ通路を引き込み、居住の場を広げている。さらに複雑化した高密度な空間がつくりだされている。

56　B地区とC地区の境界にある運河

55　広場につくられた仮設の市場

54　炉と煙突のある住宅

57　ブラーノ島A地区平面図

59　ラグーナに面して建つ造船所

58　A地区にある一戸建ての住宅

ここにもブラーノの人たちの空間づくりの知恵を見る思いがする。

路地を抜けてラグーナの方へ向かうと、建物が徐々にまばらに分布しはじめ、集合住宅から戸建て住宅に代わる。A地区の海側の住宅の規模は他の地区と比べて若干大きく、比較的ゆったりとした居住空間をつくりだしている。特に海に近いフェンスに囲まれた住宅は、規模が大きい(58)。庭には木が植えられ、緑豊かな印象を与える。ブラーノ島のなかでも高級住宅地に属すと思われる。住宅密度の密から粗への変化を体験的に感じとることにより、メイン運河から外へと発展してきた過程が実感できる。それもまたブラーノの魅力の一つだ。

ブラーノ全体を見渡すと、海辺は運河沿いと比べ、静かでのんびりとした雰囲気である。そのなかで、A地区を通るメイン運河が、ラグーナにでるあたりだけが賑わいを見せる。外からの観光客を乗せた大型船の船着場や船のガソリンスタンド、造船所が隣接し、船の往来も多く、船に関連する施設が並ぶ重要な場所になっているのである(59)。車が存在しないブラーノ島では、島の内外の移動・運搬、そしてもちろん漁のための足として、船は生活に欠かせない。それと併せて、このA地区の空地が広くとられているのは北側に位置しており、住民がくつろぐ場にするには条件が悪い。そのようなことが重なって、この街を支える重要な施設が集中的に立地していったように思われる。

島内の運河には小型船が入り込み、隙間なく繋留されている。運河沿いに繋留した方が確かに家と船との移動距離はより短くなる。だが、海辺に沿っても小型船を停留する場所が随所に設けられており、一人何艘の船を持っているのかと思われる位多い。ブラーノでは、船が島民の足であることがよくわかる。

最後に、島の南側に位置する地区(C地区)を見ることにしよう。この地区では、南東に延びる運河沿いにのみ連続して建物が並ぶだけで、住宅密度はA地区よりさらに低い(60)。この運河幅はメインの運河より一メートル程広く、運河に沿う道も五メートルを越えている。住宅密度とともに、C地区は全体の空間がゆったり取られている。南東の運河沿いの道は、観光客が通らず、町並みも静かな佇まいを見せている。運河沿いのレストランも、ゆったりと落ち着いた雰囲気を漂わせる。このレストランは、運河沿いの歩道いっぱいにテーブルを並べ、オープンテラスとなっている(61)。人通りの少ないこの地区だからこそ出来ることであろう。夏の日差しのなか運河とそこに揺れる小さな漁船を見ながらの食事も、き

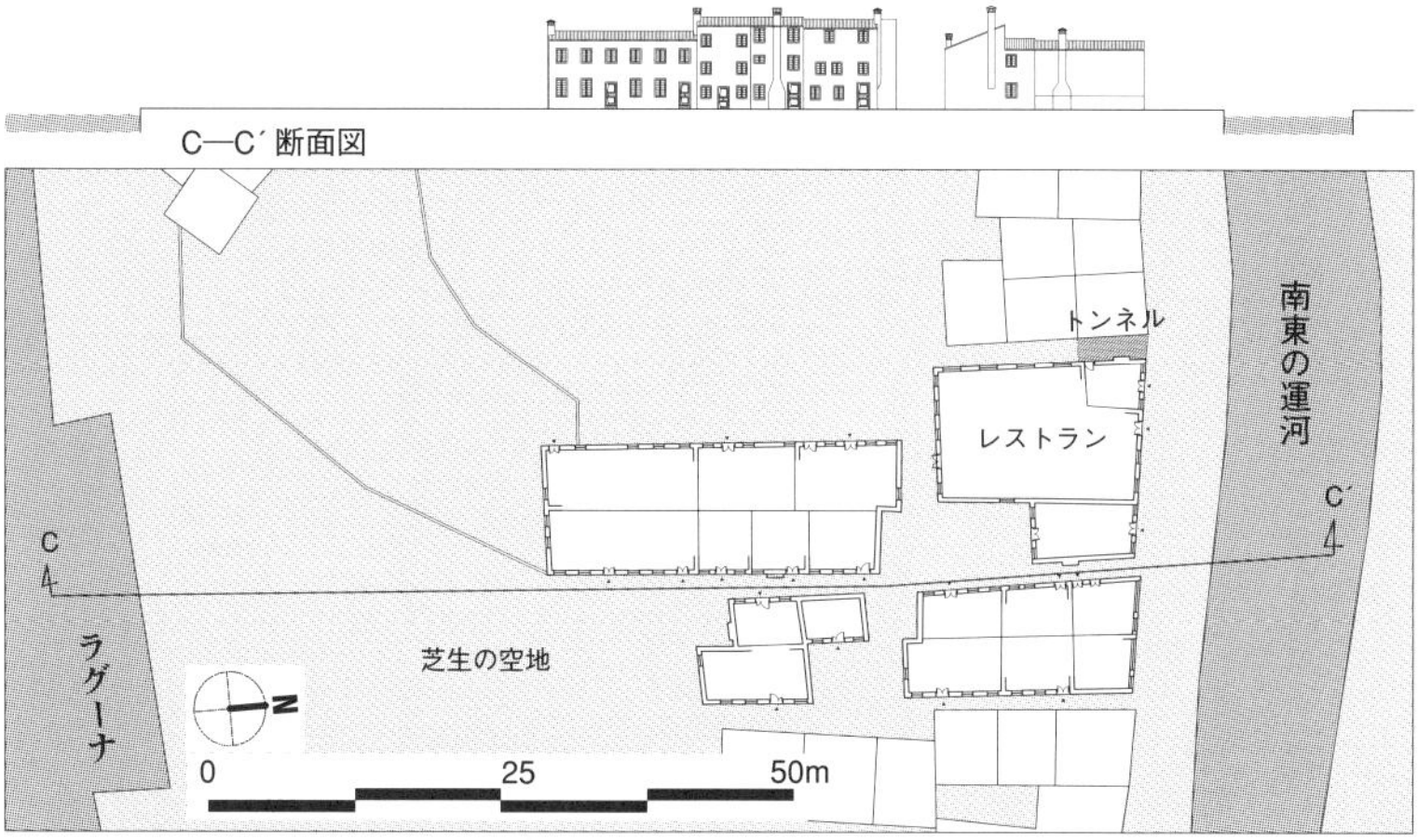

60　ブラーノ島C地区平面図

61　C地区にあるレストラン前の運河と町並み

62　ラグーナに面して広がる芝生の空地

っと気持ち良いに違いない。

C地区にも、運河沿いの建物と建物の間には路地はあるのだが、路地の奥にまで建物を連続的に延ばすことはしていない。建物の裏側には、海に面してたっぷりと取られた芝生の空地が広がる(62)。日向ぼっこをする住民や漁のための網を干す漁師の姿が見られ、島内の裏庭的性格を持っていることがわかる。これは先ほどB地区で見た空地の考え方と同じで、南側に島の住民がくつろげる広い空間をつくりだしているのである。

イタリアの水辺都市

キオッジア

夏の日射しを浴びたブラーノ調査の後、私たちは雨が降りしきるキオッジアを訪れた。ブラーノとは対照的な天候での調査となってしまった。キオッジアは、ヴェネツィアから海上を南西に約三〇キロの距離にあり、陸地からラグーナに突き出すように町並みが形成されている。この町は、ヴェネツィアと同じくラグーナに浮ぶ「水の都」である。だが、日本からの観光客がこの町を訪れることはあまりない。

キオッジアは今でも漁業の町として活気がある。この町を取り巻く広い運河沿いには数多くの中規模漁船が漁を待って停泊している。この光景を目の当たりにすると、キオッジアが今もイタリア国内における漁業の中心基地の一つに位置付けられていることを実感する(64)。

キオッジアの漁業の歴史は古く、五世紀に蛮族の侵攻から逃れてきた人々が住み着いた時に始まる。十四世紀にはヴェネツィアとジェノヴァの戦いの舞台となった。このキオッジアは、ブレンタ川の河口にあり、古くから地中海の重要な位置にあって、常に周囲の国々の支配下に置かれていた都市でもある。キオッジアが本格的に漁業の町となっていくのは、この辺り一帯で伝染病や飢饉が広まり、大きな被害を受けた十五、六世紀頃からである。それ以降キオッジアは、ヴェネツィアをはじめ内陸の都市や町に魚を供給することで、自己の都市再生を図ったといわれる。現在でも七月には魚祝祭（サグラ・デル・ペーシェ）が行われ、海の幸の豊漁を願って船の行列が繰出す。常に漁業とともに歩んできた都市の一端をこの祭が伝えている。

それでは、キオッジアの都市構造と建築タイプを確認した上で、この町がどのように形成されてきたのか、そのメカニズムを探っていきたい。

都市構造と建築タイプ

象徴軸と公共建築

曲線的で迷宮的な都市であるヴェネツィアやブラーノと異なり、キオッジアは街区が規則正しく櫛形に構成されている。南北に延びる広場のようにも思える広い大通りと、それに平行して流れる三本の運河がこの港町の骨格をつくる。それらの軸に対して直角に、東西に細い路地が何本も通り、住民の生活がいとなまれる場を生みだしている。この二つの要素が基本となって、この都市全

63　魚市場周辺とヴェーナ運河

体が構成されているので、一見明快に見える(63)。

南北に流れる三本の運河のうち、町の両端にあるロンバルド運河とサン・ドメニコ運河には、現在中型漁船が停泊している。さらに、ロンバルト運河沿いには漁業に関係する機能や造船所、倉庫が集中する。中央にあるヴェーナ運河は、他の二つの運河と異なり、小型船が停泊しているだけで、昔ながらの漁業の町であることを思わせる。またこの運河沿いは、町の中央を通るポポロ大通りと表裏一体となっていて、今も商業機能が集中している場所である(64)。

キオッジアに入るポポロ大通りの入口には、十一世紀にすでに町の一番重要な教会であった「ドゥオモ」が建設されていた。通りを北の方に進むと、一三九二年に建てられたゴシック様式のサン・マルティーノ教会が見えてくる。東側には、運河と通りに挟まれるようにして、十三世紀頃の建築である市庁舎が姿を現す。古い魚市場も、ヴェーナ運河沿いにある。卸の市場は町の外側のサン・ドメニコ運河沿いに移っているが、現在も古い方の市場は小売の機能を維持している。公共的な建物が並ぶ中心地に魚市場があることは、漁業が都市の中心的な役割を担っていたことを印象づける。その他にも、一三二二年に建てられた柱廊のあるゴシック様式の穀物倉庫、

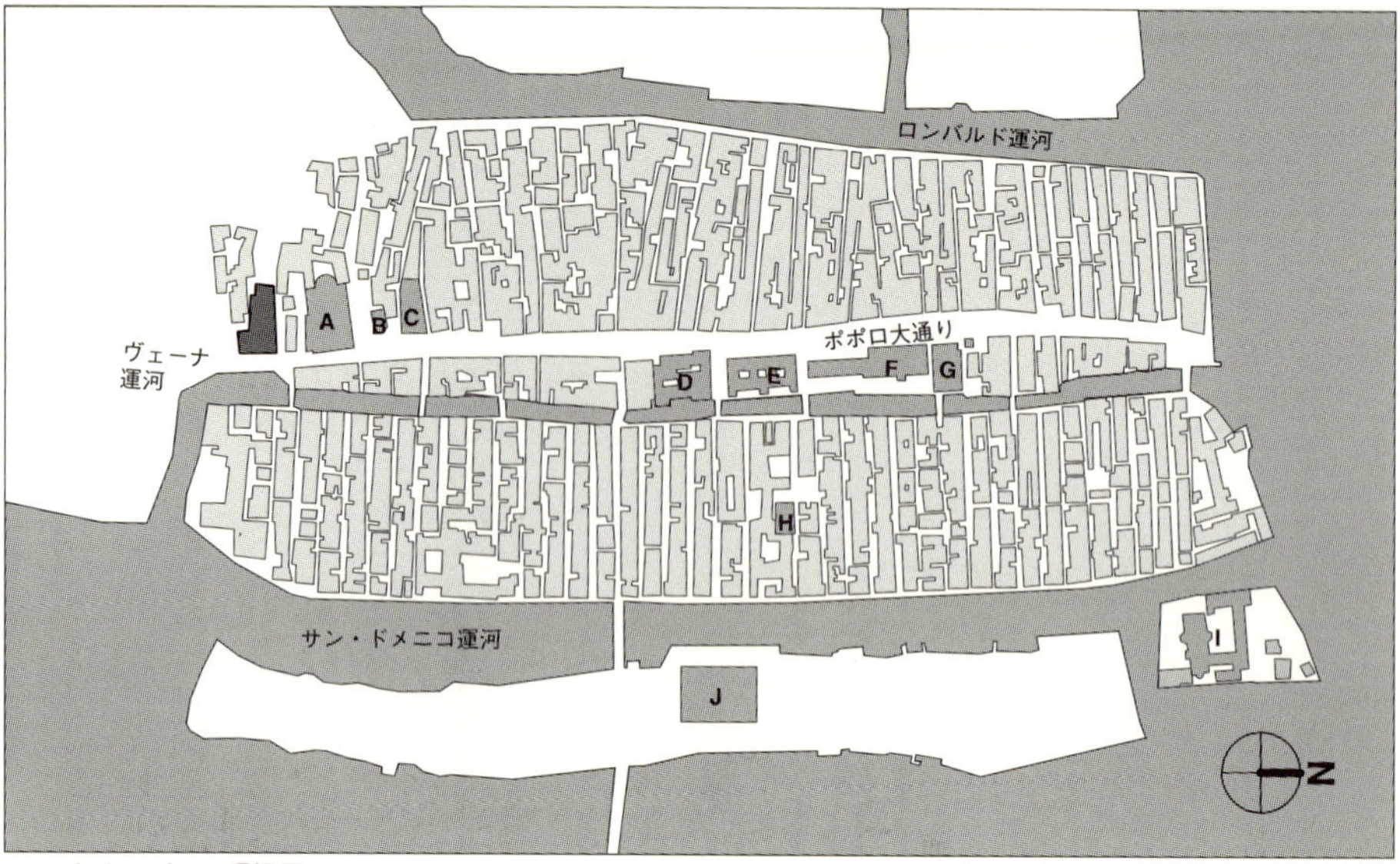

64　キオッジアの現況図

バロック様式のサンタンドレア教会もこの通りの東側沿いに建てられた(65)。

　公共施設が建ち並ぶ対岸には、ヴェーナ運河に沿ってポルティコのある建築が建ち並ぶ(66)。この通路には多くの路上マーケットが立ち、買い物客でごった返している。このヴェーナ運河の賑わいを見ていると、漁を終えた漁船が外海やラグーナからヴェーナ運河に入り、魚市

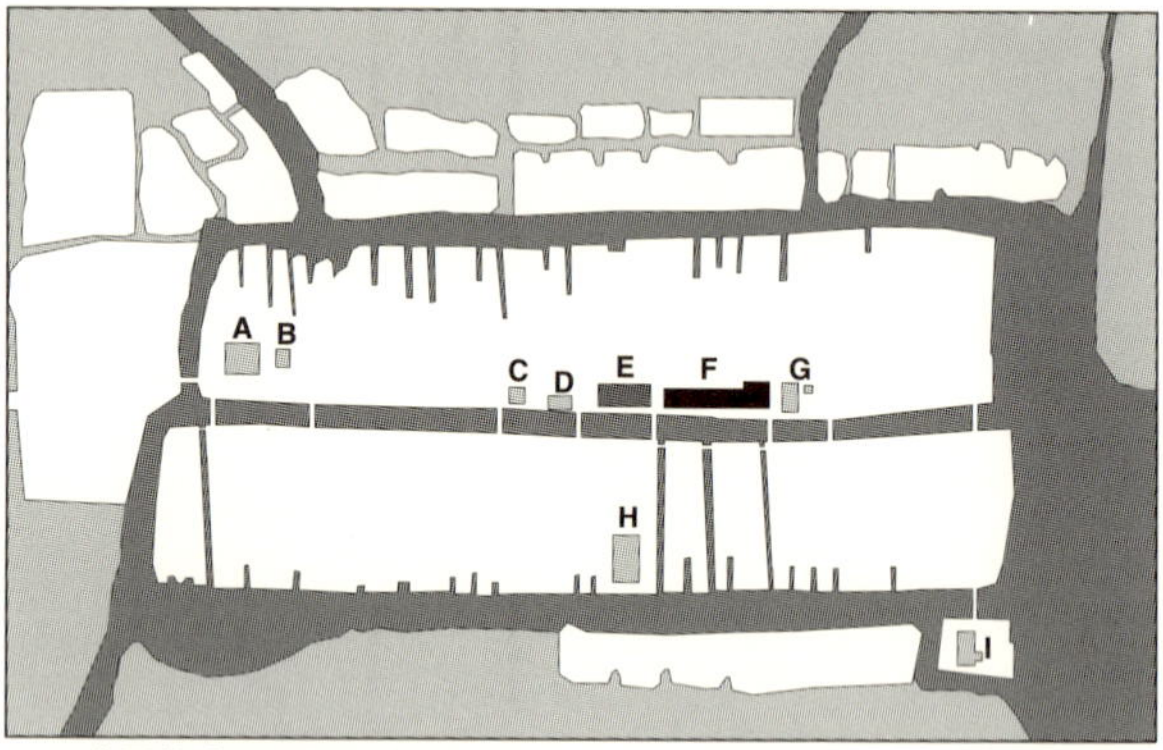

65　主要施設の配置図（1557年）

A：ドゥオモ
B：サン・マルティーノ教会
C：サン・ジャコモ教会
D：サン・トリニータ教会
E：市庁舎
F：古い魚市場
G：サンタンドレア教会
H：サンタ・カテリーナ教会
I ：サン・ドメニコ教会
J：新しくできた魚市場

場周辺に集まっていたかつての光景が蘇りそうだ。
この商業ゾーンには、ポルティコを持つ商業建築が建てられている。その階数はほとんどが三階である。ヴェネツィアのカナル・グランデ沿いに見られる三列構成の住宅とよく似た様式をもつ。住居が中心のゾーンが五、六階建ての高層建築であるのとは対照的である。一五五七年の古地図を見ても、キオッジアの顔としてこの商業ゾーンは古くから連続した町並みを形成していたことが見てとれる。

66　ヴェーナ運河に沿って連続するポルティコ

67　路地沿いのポルティコのある集合住宅

路地と集合住宅

軸となる三本の南北の運河と大通り沿いの主要な施設の立地を見てきたところで、今度は一歩路地の中に足を踏み入れることにしよう。そこは、全く違った雰囲気の空間が広がっていた。ポルティコを持つ建物が所々に張り出し、単純な街区構成とは違う路地と建物がつくりだす空間の複雑さが感じ取れる(67)。建物と建物の間には所々空地があって、子供たちがサッカーボールを蹴って遊んでいる。

この空地の取られ方は一様ではない。幅も位置も異なっている。向かい合う建物の窓と窓の間にロープが張られ、洗濯物が干されている。その窓辺には路地を行く知人と会話する女性達の姿も見られ、生活の匂いがこの空間から伝わる。生活のいとなみも、この路地を中心に繰り広げられているようだ。しかも建物の間隔をよく見比べると、幅の違いがあって、単純な空間構成ではないことがわかってくる。この路地がつくりだす空間は、当初私たちが考えていたような規則性をもってつくられた近代的な街区と違うようだ。

キオッジアで街区と建築の関係を調べる時、注目すべき建築要素はポルティコである。ヴェネツィアではポルティコの付けられた建物が水際につくられるということがわかっている(68)。それがこのキオッジアにも存在する。キオッジアでは、庶民住宅にまでこうしたポルティコを多く用いながら、高密に集住した空間をつくりだしている。この形式は、低層の住宅が建ち並ぶブラーノにはあまり見られなかった。

二階建ての住宅が中心のブラーノ、三、四階の住宅が一般的なヴェネツィアに対し、キオッジアは五、六階建ての住宅が目立つ。東方貿易で繁栄したヴェネツィアよりも高密度の集合住宅をつくりだしているのは興味深い。一階部分は倉庫や仕事場として利用され、生活空間は二階より上である。二階から煙突が出ていることからも、二階部分に台所や生活の場があることがわかる。これはヴェネツィアと同じ風景である。ポルティコの下は、現在自転車やバイク、車の駐車スペースとして使われている。本土に近いため、ラグーナの島としては珍しく車社会が入り込んでいるのである。

都市形成のプロセスを探る

古地図から仮説を立てる

キオッジアは漁業の町として古くから栄えていたことは前に述べた。だが、昔からこのような明快な都市構造で成り立っていたのかという疑問が、ここの町を訪れる前にあった。一五五七年に製作された古い地図を丹念を見ていくと、東西にも何本かの運河が通されていたことに気付く(69)。南北の軸となる運河と完全に結ばれているもの、短いものまで様々な長さの運河がある。

ここで私たちは、一つの仮説を立てた。街区を構成する東西の路地には、一五五七年以前すべてに小運河が通されていた可能性があるという考えである。キオッジアでは、この仮説を実証するためのフィールド調査にたっぷりと時間を使った。ただし、一日という限られた時間では、キオッジアの町全体を同じ方法で調査することは無理であった。しかたなく、一五五七年の古地図のなかで連続して並ぶ四本の道を調査したのである(71)。これらの路地は、南北の運河に抜けているケース、短い運河が通されているケースがあり、比較するには好都合であった。

ここで問題になってくるのは、現状から一五五七年以前に運河が通っていたことを実証する根拠の有無である。私たちは「ポルティコ」を一つの根拠にしたのである。運河と平行して通された道側にはポルティコがつくられるという原則を使うことにした(70)。

四本の道を調査した結果だけで、全体を語ることは危険がある。今回は四本の路地にどのように運河が通され

68　ポルティコが連続するヴェーナ運河沿いの建築群

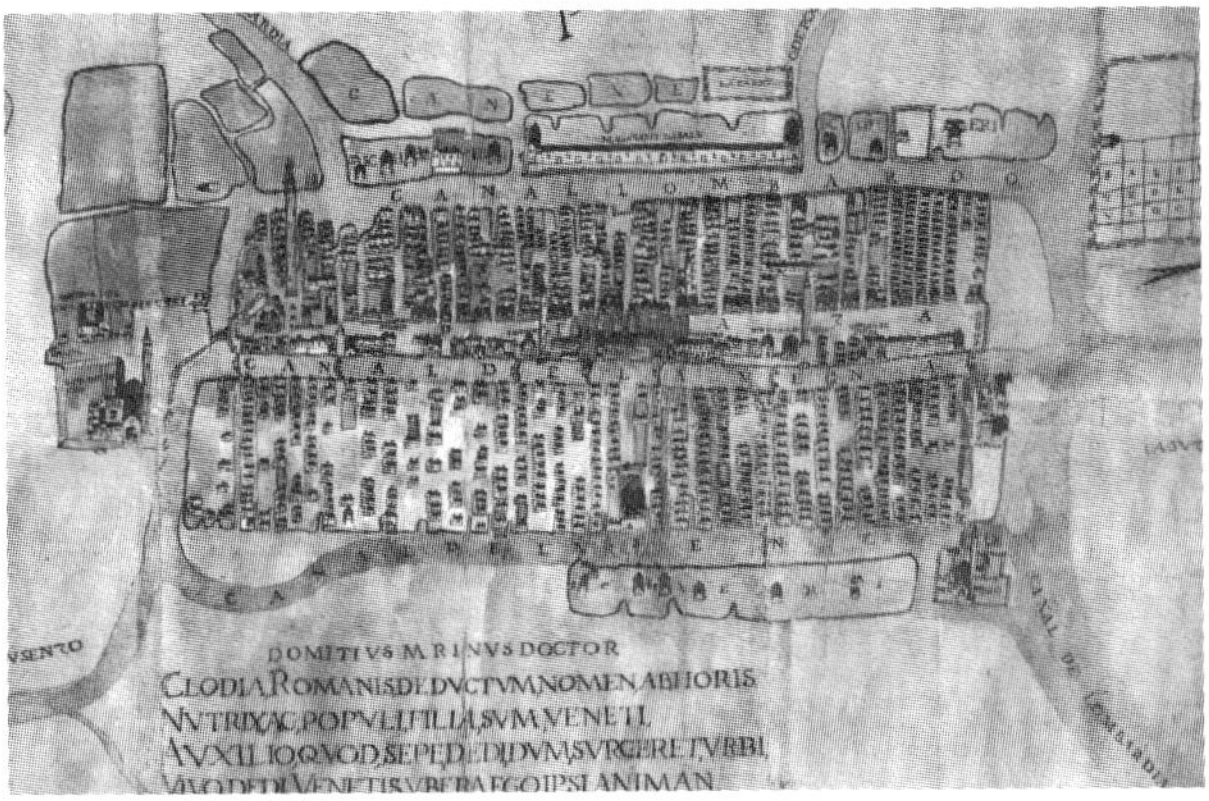

69　1557年の古地図

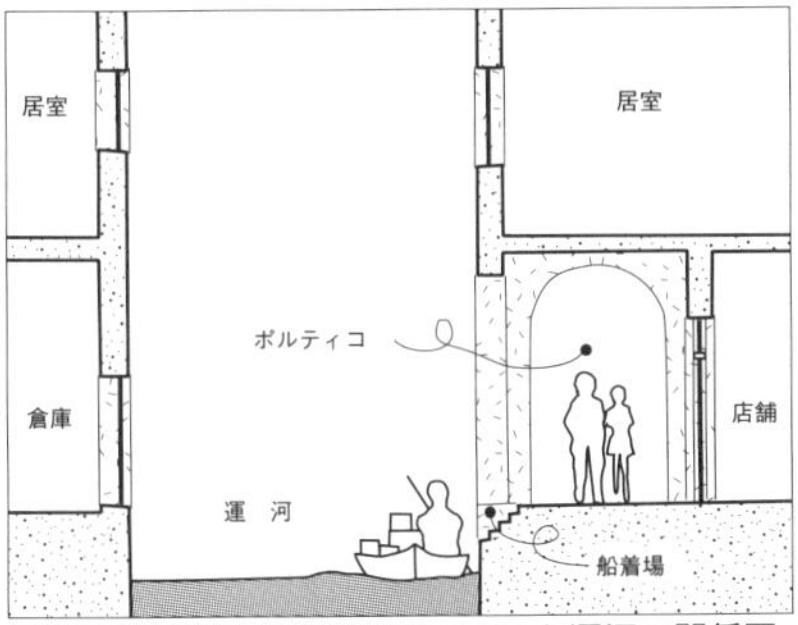

70　運河であった頃のポルティコと運河の関係図

ていたのかを確認し、実証するだけにとどめることにしていた。しかし、いざ調査をし、古地図を手にキオッジアを歩き回っているうちに、この都市が形成されていく過程を推論するまでに至った。

路地運河とポルティコの関係

一五五七年の古地図に描かれた、東西の小運河は現在すべてが埋め立てられ、路地となっている。しかし、路地の両側に建てられている集合住宅を現地で一棟一棟調べていくと、一五五七年時点で小運河がない路地にはポルティコが付いておらず、運河が通されている路地にはポルティコが付いていることがわかった。このことは、私たちが立てた仮説を大いにサポートしてくれたのである（注2）。

再び古地図を見ることにしよう。十六世紀半ばに描かれた古地図は精度を欠くが、描かれている建物はどう見ても現在の五、六階建ての集合住宅ではない。そして先にも触れたように、キオッジアが漁業基地として繁栄していくのは十五、十六世紀頃からである。これらを考えあわせると、集合住宅が現在のように建ち並ぶのは古地図が描かれた以降だと見てよさそうである。この判断が間違っていなければ、集合住宅を建設する際に小運河に沿った建物にだけポルティコを付けたことは確かである。

仮説からの新たな展開

ここまでわかったところで、次に一五五七年以前には総ての路地に小運河が通されていたのではないか、という仮説を検証していくことにしたい。それには、キオッジアが置かれている土地条件を考えなければならない。中洲の上に都市をつくるには、水はけの良い土地にする必要がある。そのために、多くの運河を浚渫して土手をつくり、建物を建てるのに適した土地をつくりだしていくことである。ヴェネツィアもこのような原理で都市をつくってきた。すなわち、これらの運河は漁業としての船入りと同時に、良質な土地にするための排水路としての役割を同時に兼ね備えていたと考えるのが妥当であろう。

その時、ロンバルド運河とサン・ドメニコ運河から中心に向かって延びていた小運河がどこまで達していたのか。総てが中央のヴェーナ運河まで至っていたと考えてよいのか。先ほど二つの条件が同時に組み合わされてこれらの運河が浚渫されていったと書いたが、排水路の役目であれば運河を完全に抜いてしまった方が効果的である。また、舟運として考えても、ヴェーナ運河に重要な施設が立地しているのだから、運河が抜けている場合と抜けていない場合とでは不公平が生まれる。抜けていた方がヴェーナ運河に直接船で魚を運べるし、自分の家に戻る時も便利である。

ここで問題になってくるのは、十三〜十四世紀までにポポロ大通り沿いに市庁舎など主要な施設が建ち並んでしまっていたことである。そして、ヴェーナ運河沿いと現在のポポロ大通り沿いにはポルティコが付いた三階建ての建築がすでに建てられていたと考えられる。従って、排水路としての小運河が総てヴェーナ運河に通っていたと考えるならば、特に西側の小運河は十三世紀以前にすでに小運河が通っていなければならないことになる。ただ、十三世紀という時代にキオッジアは都市として大きく発展する前であるから、大々的に運河を通したとは考えにくい。

土地条件からキオッジアの原風景原像を探る

ここで、港町が成立した場所を再度確認しておきたい。キオッジアはブレンタ川の河口に位置している。この川はキオッジアのある河口付近で南北に幾筋もに分かれて中洲をつくりながら、ラグーナに注いでいたと考えられる。このようなブレンタ川の川筋を考えると、キオッジアの原風景は南北に何本かの分岐した川の流れがあって、これらの川に挟まれて中洲ができていた。そのうちの一本である川がヴェーナ運河となり、運河沿いを土盛りして帯状に町がつくられていったのがキオッジアの最初の姿ではないかと思われる。さらに想像をたくましくするならば、ポポロ大通りも川筋の一部で、それを排水路兼舟運のための運河として整備していったと考えたい。

　ブラーノの余りにも広すぎる道もそうだが、ポポロ大通りは中世の島にできた町にしてはあまりに広すぎる。ヴェネツィアでは、近代に都市開発された道路か、運河を埋め立ててできた道路が比較的広いだけである。しかも、ポポロ大通り沿いの町並みはポルティコが回廊となる三階建ての古い建物が連続している（72、73）。すなわち、これらの建物に沿って運河があった可能性は高い。

　このように考えてくると、都市を発展整備させる時、中央の細長い土地には一番南側の内陸と接点のある場所に十一世紀にドゥオモを置き、後に運河沿いに道を通して中央に公的な施設を立地させていったのではないか。運河を隔てた両側には、運河に沿って庶民の生活の場が

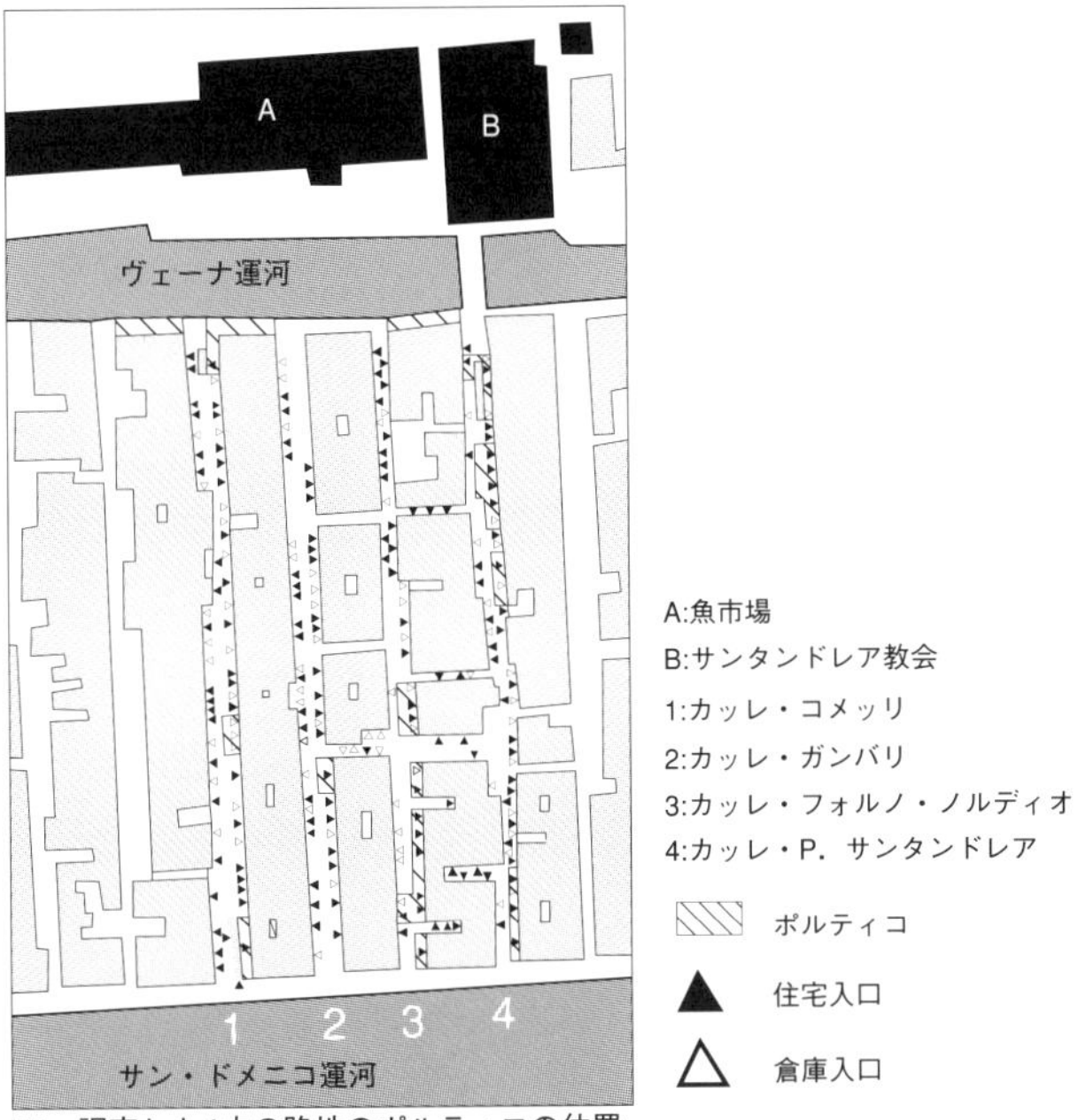

71　調査した4本の路地のポルティコの位置と建物のアプローチ図

帯状につくられていったと考えられる。そして、初期に整備された川が直線であったことは、後々のキオッジアの都市空間を決定付けることになるのである。

それでは、キオッジアの都市の原風景である集落は、どのあたりを中心に成立したのであろうか。都市が充実する以前には、陸続きの大陸から離れた場所に集落が形成されたと考えるのが妥当であろう。キオッジアは、外敵から守るという点で、同じラグーナに浮かぶ都市ヴェネツィアやブラーノと同じ条件を持つ必要があった。初期段階では、大陸から離れた島に集落の中心が置かれた。その中心となった場所が魚市場であったのではないか。現在の魚市場が他の公共施設よりも都市の核となる所に位置しているからである。公共施設が立地した後では都市の成り立ちとして不自然だからだ。その後のキオッジアは魚市場を中心に都市化していったと考えられる(74)。

古地図と現地調査から見える都市形成プロセス

ここまできたところで、東西の小運河に話を戻したい。土盛りされた土地をわざわざ開削するのは、よほどの強力な要因が別に必要となってくる。キオッジアではむしろ、南北に都市発展した町が、次の段階として中心にある市庁舎や魚市場から東西にT字を描くように東に発展していったと考えるのが妥当ではないか。中世の段階で計画的に都市を一挙に開発することはないからである。その時、舟運のための運河を何本か東西に通し、まずそこから市街地が外に張り付き、拡大していった。そのことを裏付けてくれるのが、古地図に見られる貫通した数本の小運河の存在である。

古地図に描かれている建物の密度は、東側よりも西側が非常に高い。キオッジアは、西側に漁業だけではなく港町にとって重要な造船所などの施設が立地していた。その周辺には、造船関連の船大工や鍛冶などの技術者が多く集住していたはずである。現在も、造船所がロンバルド運河の西側沿いに帯状に集中している。十六世紀半ばの地図にも描かれているように、この造船所の歴史は古い。だが、いつ頃からこの地が造船所となったのかは定かではない。発展段階では町の中心に近いロンバルド運河の東側に沿ってあったと考えた方がよい。都市が発展する以前にわざわざ不便な外側につくることはないからだ。都市が発展していくに従って造船所のような産業施設が町の外、運河を隔てた向い側に移転していき、その後造船所の跡地には貿易業といった商人や技術者・労働者が移り住んでいった。

そして、早くから発展した現在のポポロ大通り沿いの商業ゾーンは地元住民だけではなく、造船業、貿易業といった商人や技術者・労働者のためのサービス空間となっていき、運河機能よりも道としての必要性が生まれてくる。その結果、重要性が低下した運河は埋め立てられ、広すぎるほどのポポロ大通りになったと解釈したい。

　東側の周辺も少しずつ開発されていくようになる。その時サン・ドメニコ運河沿いでは排水路の役割も兼ねた船だまりが掘られていき、その周辺が漁業の町として市街化されていった。運河の長さは一様ではないとしても、それほど奥までは至っていなかったと考えられる。次の段階では、中央にある南北運河の商業ゾーンからとサン・ドメニコ運河の漁業ゾーンからの小運河に面さない土地の市街化があり、面的に整備されるのである。一五五七年の古地図に描かれている開発の遅れた東南側の一帯は、キオッジアの都市が発展する途中段階をよく示している。

　このようにして、キオッジアは一五五七年に見る漁業で繁栄する都市となったのではないか。これは、あくまでも限られた調査の成果と主要施設の立地年代、古地図などからの仮説的推論である。キオッジアが都市形成されていくプロセスを実証するには、今後文献や地質調査、考古学上の発掘を待たねばならない。

72　ポポロ大通り

73　ポポロ大通りの連続するポルティコ

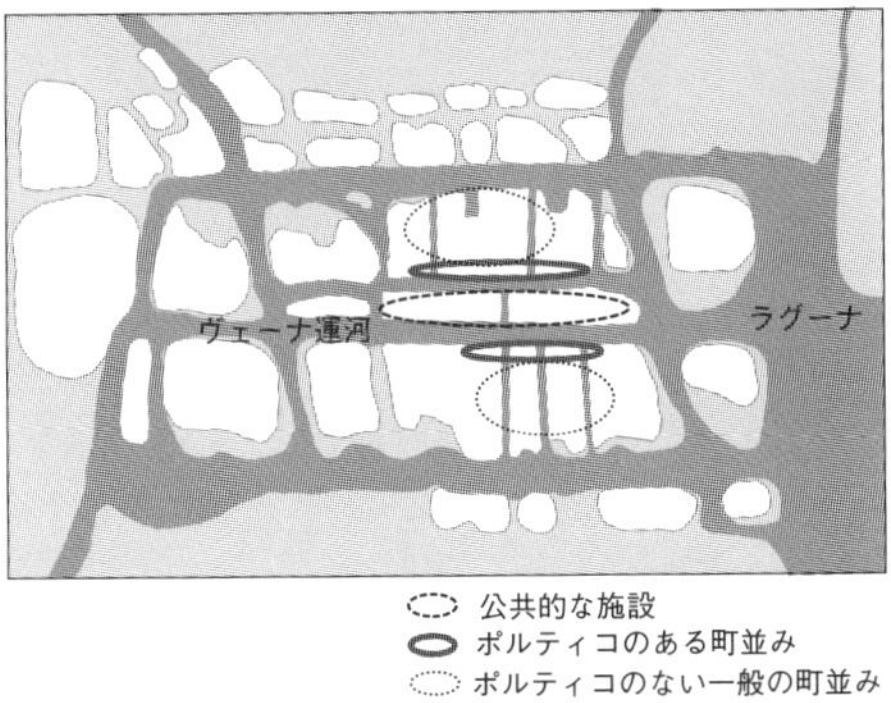

74　キオッジアにおける初期段階の都市形成イメージ図
（注：ポルティコのない町並みも、都市が立体化するにつれて、運河沿いにポルティコがつくられていく。）

トレヴィーゾとシーレ川

掘割が巡る内陸都市

トレヴィーゾの空間構造

トレヴィーゾは、上流の湧水を源とするシーレ川が十五キロほど流れ下って、ボッテニガ川と合流する場所にある。この町の歴史は古く、ローマ人が定住する以前から人々が住み着いていたといわれる。何本もの水路が巡る歴史のイメージに包まれた美しい小都市である。私たちは、ヴェネツィアから車でこの古都・トレヴィーゾに向った。最初の計画ではトレヴィーゾの町から船に乗り、ラグーナまで船下りを予定していた。船でトレヴィーゾまで行けたのは一九七五年までで、現在は四、五キロ下流までしか船が上がれないことがわかり、そこまでの足の確保も兼ねて列車ではなく、車に切り替えてトレヴィーゾに乗り込んだのである。

駅前で車を降りた私たちは、城壁で囲われたトレヴィーゾの町に入った(75)。シーレ川は、城壁の東側までくると二股に流れが分かれ、一本は城壁の外側を巡り、もう一本は城壁の内側を流れる(76)。トレヴィーゾはヴェネツィアのあるラグーナと川を使った舟運でつながり、十三世紀頃から急速な発展を遂げる。海と大陸の「水の都」が一つの川で結ばれて都市文化を花開かせていった。

トレヴィーゾの町中には、水量豊かな川が幾筋も流れている。その一本を遡っていくと、川沿いに長いポルティコの回廊がある(77)。そこには洒落たレストランが店を開いていて、とても雰囲気のある空間をつくりだしている。トレヴィーゾでは、水を利用する施設が町中に多くある。流れの早い豊富な水を使った水車は動力源として活躍していた。今日では実用には使われなくなったが、時々勢い良く回る水車を目にする(78)。小さな石橋のたもとには洗い場の跡が残されていた。ここで主婦たちが語らいながら洗濯をしていたのであろう。川が生活にとって重要であったことがうかがえる。川をさらに遡っていくと、北側の城壁に至る。

ヴェネツィアは、外敵から守る最重要の前線軍事基地として、トレヴィーゾを要塞都市にした。一五〇九年か

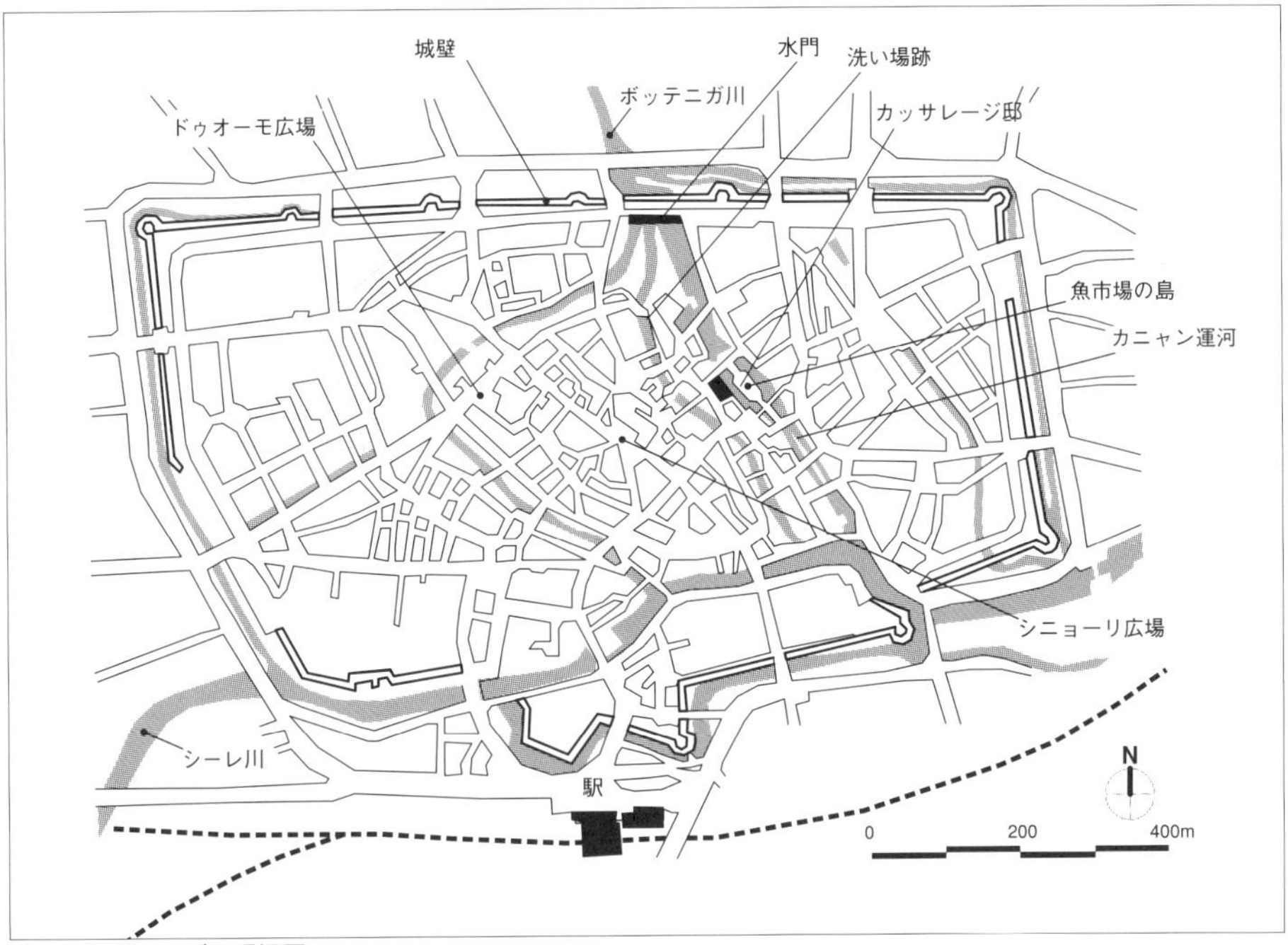

75　トレヴィーゾの現況図

78　今も町の所々に水車が見られる

76　城壁内のシーレ川

77　ポルティコの回廊

ら城壁の建設がはじめられ、都市全体を城壁で包み込んだ。トレヴィーゾに流れ込むもう一つの川、ボッテニガ川も、シーレ川のように城壁の外を巡る川と内部を流れる川に別れる。川が分岐する場所に水門が設けられ、敵が攻めてきた時には水門を調節する事で城壁の外を浸水させる軍事的な配慮がなされていた(80)。城壁に上がってボッテニガ川の上流側を見ると、流れも早く、水量も非常に多い。現在でも、この川の水量は城壁内部に流れ込む方が圧倒的に多いので、流れ込む水を遮断したら城壁の外側が氾濫することは想像できる。城壁内部に入った川の流れは、三つの小さな丘と一つの洲の間を縫うようにしてシーレ川に各々流れ込んでいる。

川の流れに挟まれたこの町は、中心部にある丘が古くから都市形成の拠点となっていた。ここには二つの広場があり、大聖堂があるドゥオーモ広場と市庁舎が建つシニョーリ広場である。トレヴィーゾはこの二つの広場を中心に成立しているのだが、私たちが調査対象に選んだのは中洲の中央につくられた魚市場とその周辺である(81、82)。

舟運と結び付いた水辺空間の実測調査

現在の魚市場がこの場所にできたのは、一八五五年に「T」字型に橋が架けられた頃といわれているが、市場で働く人たちも他の場所から移って来たかどうかはわからないようだ。ヴェネツィア、キオッジアもそうだが、歴史のある都市の魚市場は中心部に位置している場合が多い。現在、上流側で野菜の市場が橋のまわりを埋め尽くしているが(79)、これも同様の経緯を辿ってきていると思われる。

中洲の所で二股に分かれて流れる川は、カニャン運河と呼ばれている(83)。約二六メートルの幅をもつ楕円形をした中洲に魚市場がある(84)。ここには、常設の屋台が二列に向かい合って並んでいる。中洲の護岸は石積みされていて、屋台の裏側には階段状の河岸が設けられている。現在の魚市場になる以前もこの周辺にあった可能性がありそうだ。かつては魚を満載した船がシーレ川を遡って、カニャン運河沿いのこの河岸に着き、荷揚げされていたのであろう。

常設の屋台の中央にはたっぷりとした空地が取られ、中央には水汲み場が設けられている(85)。商いをしている一人に話をうかがうことができた。若き日のソフィア・ローレンにそっくりのこの女性の話では、三つの業者がここで魚の商いをしているが、一番広いスペースを使っているのが彼女たちの店だと話してくれた。売られ

80　城壁内に入れる水を調節する水門

79　野菜市場

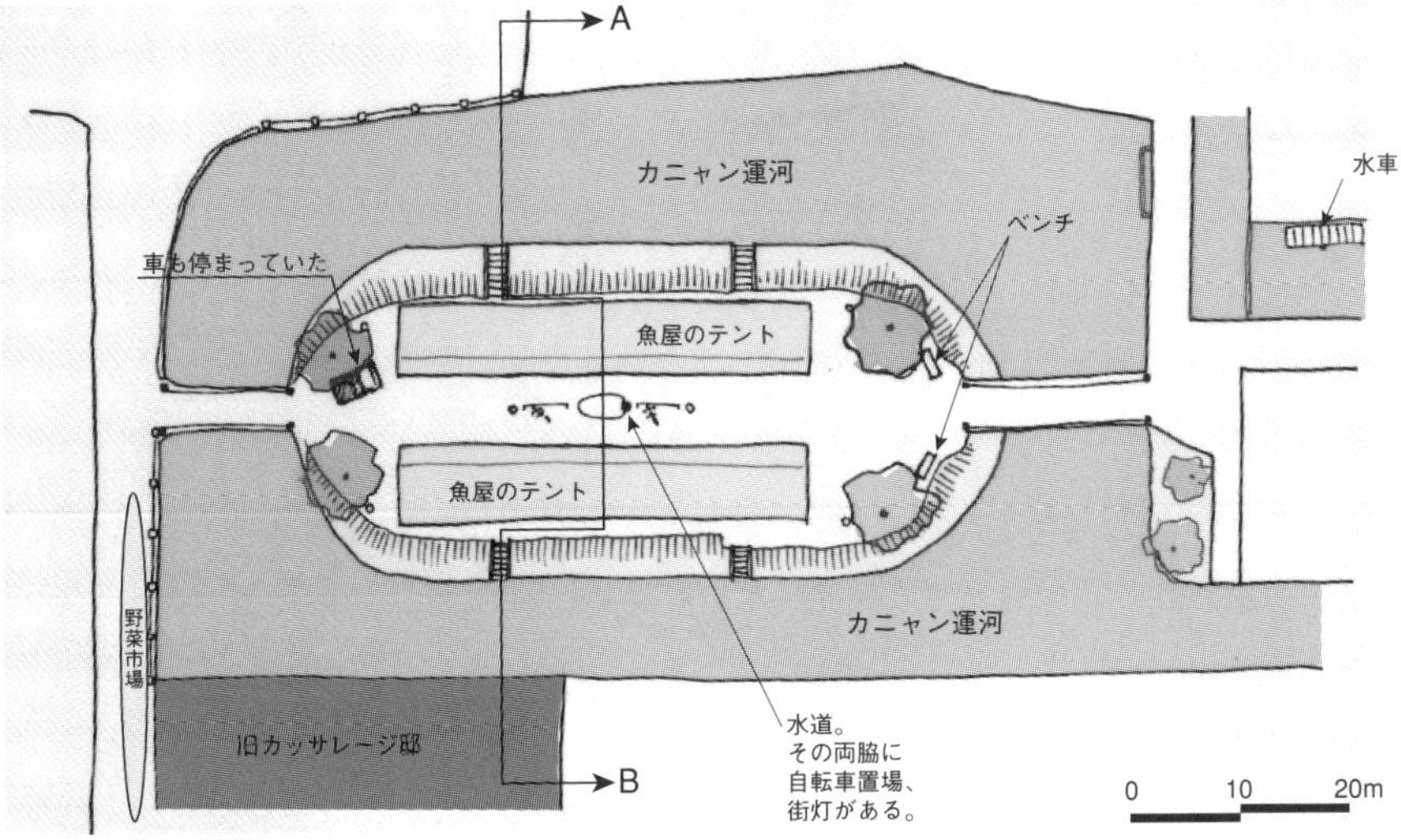

81　魚市場の配置図

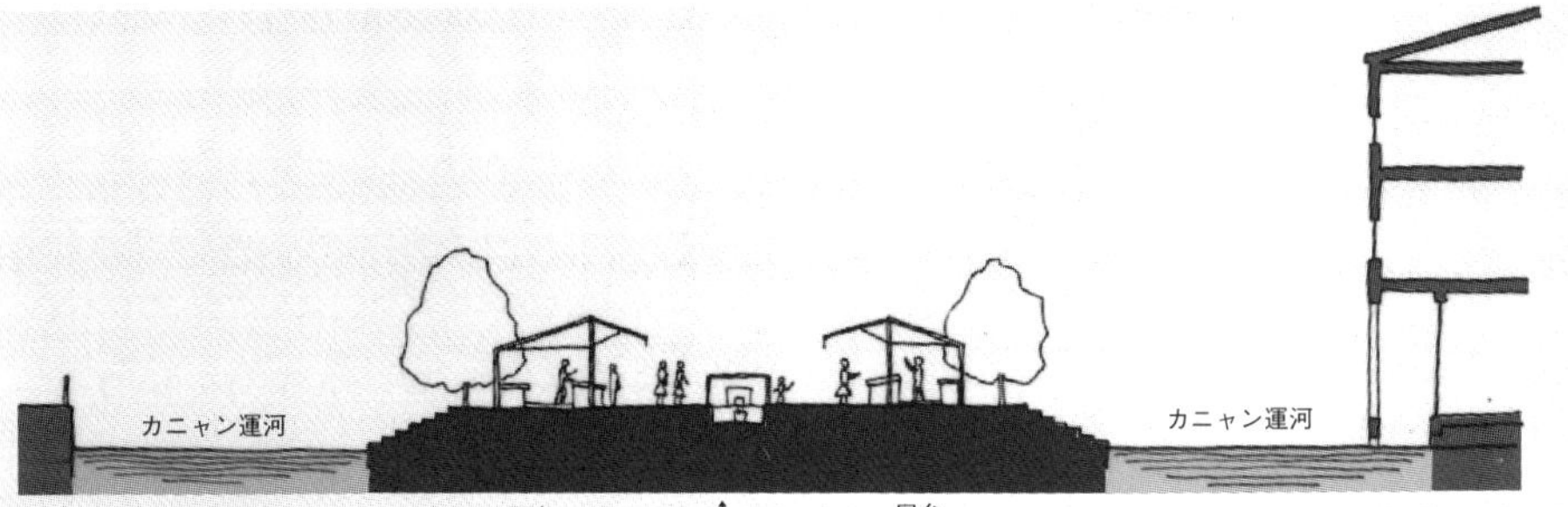

82　魚市場の断面図

ている魚貝類は、ヴェネツィアの中央市場から仕入れている。昔はどのように魚などを運んでいたのかを尋ねてみた。彼女の周りで働いていた男性たちは、馬車で運んでいた時代のことは知っているが、船で運ばれていたかどうかは分からないという。船がトレヴィーゾまで来ていたのは一九七五年までであるから、魚が船で運ばれていたとしてもだいぶ古い時代の話になる。

私たちが変な計測器械を使いながら、スケッチした野帳に数字を記入しているのを不思議がっていた彼らは、何をしているのかと逆に尋ねてきた。魚市場を実測調査しているのだと答えると、近々魚市場周辺を再開発するそうで、現在の常設屋台は取り壊されるのだと話してくれた。二度とこの空間を調査できないことを知り、私たちの実測にもより力が入った。

魚市場の人たちの記憶からは、トレヴィーゾが舟運の活発な内陸都市であったことが消えている。ただ、シーレ川に抜けるカニャン運河が舟運の重要な河岸であったことは、魚市場の対岸にあるカッサレージ家の商人貴族の館が伝えている(86)。この運河幅は約九メートルあり、ヴェネツィアのサンティ・アポストリ運河とほぼ同じである。運河沿いのカッサレージ邸は、十三世紀に建てられ、運河側とパレストロ通りの両方に顔を向けた建物である。カニャン運河側の一階は五つの連続するアーチを持つポルティコが付けられ、ここにシーレ川を遡ってきた船が横付けできた。物資はポルティコ部分の荷揚げ場から、奥にある倉庫に運び入れた。通りに面した部分には商いや商談をするスペースが取られ、二階は居住スペースとなっていた。

この建物は一九八七年に一階がギャラリーとなった複合文化施設に変貌する。私たちが訪れた時は改装工事の真っ最中で、荷揚げ場の記憶としてポルティコ内部まで水を引き込んで運河とのかかわりを表現したといわれるギャラリーを見学することはできなかった。

本来だったら、このギャラリーとなった荷揚げ場跡か、魚市場の裏手から船を出し、カニャン運河からシーレ川に出て、舟下りをしたかったところである。ただ、舟運でヴェネツィアと深く結び付いた運河沿いの実測調査ができたことは大変な収穫であった。

内陸とラグーナを結ぶシーレ川

トレヴィーゾで調査を終えた私たちは、イタリアの強い陽射しを浴び、この都市から少し下った船着場からブラーノ島まで、船でシーレ川を下る旅にでた(88)。この川下りを案内してくれた船長の父親は、一九六〇年代ま

84　魚市場の風景

83　トレヴィーゾの舟運の中心的舞台だった中洲とカニャン運河

85　水汲み場と魚の常設屋台

86　運河側から見たカッサレージ邸

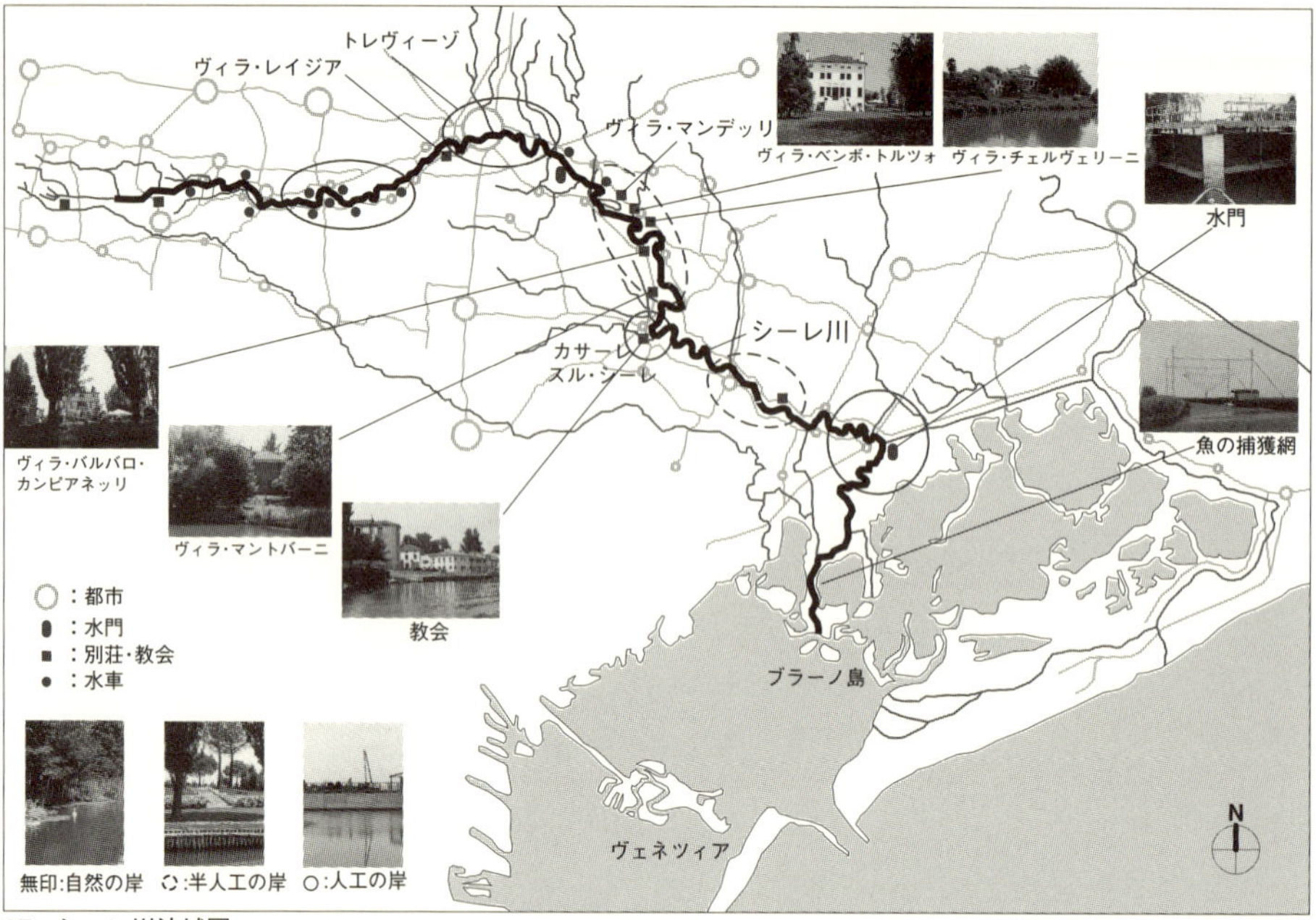

87　シーレ川流域図

で船による運送業を営んでいた。現在舟運はすたれてしまったが、この家族はシーレ川を中心に観光船とパーティー用のクルージングの船を航行させ、舟運文化を受け継ごうとしている。

全長約八四キロのシーレ川は、モルガノという町から、トレヴィーゾを横切りラグーナまで何度も蛇行しながら流れている。トレヴィーゾからは約六〇キロの道程である。川幅はそれ程広すぎることもなく、河岸の風景が身近かに感じられる。流れは穏やかで、急流である日本の川とは一味違う。船が大陸とラグーナを頻繁に行き来していた時代に思いをはせながら、ゆっくりと移り変わる風景を眺めることにした。

本土（テッラフェルマ）とラグーナの島々がどのように関係していたかは、興味深いテーマである。ヴェネツィアにしろ、ブラーノにしろ湿地での都市建設は、資源に乏しく、家を建てるのも大変だった。本土から筏を組んで木材を運んできたことが知られている。木材に限らず食糧や様々な物資の運搬、文化の交流にシーレ川が重要な役割を果たしてきた。

水辺の風景の変化を眺めていると、岸辺の違いにも気がつく。町から町へ船が移動する間には、鬱蒼とした森やトウモロコシ畑も見ることができる。川岸は自然のま

88　私たちが出航した船着場

89　シーレ川と教会の塔

90　シーレ川沿いの工場

91　船の修理工場

ま残されている所、農地が侵食されないように土手が築かれている所、そして町の近くになると見られる石やコンクリートで護岸が整備されている所の三つのタイプがある。船上からは都市や町、農地を確認できないが、地図と照らし合わせて岸辺の変化を見ていくと、背景に広がる風景が思い描ける（87）。

シーレ川を下って最初に目にした町は、カサーレ・スル・シーレである。船からは、教会がまっ先に視界に飛び込んでくる（89）。船長の話によると、この教会の建物はかつて川側に正面を向けていたという。だが、現在は道路側に正面入口がつけ替えられてしまった。教会が川側に顔を持っていたことは、かつていかに舟運が重要な存在であったかを教えてくれる。教会を核として成立した水辺の町には、川を行き来する船乗りたちが休憩するレストランやホテルの機能も備わっていた。それにしても、舟運が活発だった時代の記憶が消されてしまったことは残念でならない。

私たちが下ったルートには水車を見かけなかったが、シーレ川沿いには水車が今も残っている。水車を利用した産業が活発だったころは、その数が相当あったに違いない。かつては、この川と産業が深く結び付いていたのである。しかし現在でも、レンガ工場、木工所などの産業施設が川岸に隣接している。これらの建物は、殺風景な近代的な建物ではなく、レンガや石でつくられている。日本の水辺とは違い、このような建物が川の風景を飾る上で重要なアクセントとなっている(90)。護岸には船着場があり、かつては輸送手段としてシーレ川を利用していたことが想像できる。

シーレ川沿いには、舟運・産業に関連する施設だけでなく、ヴィッラ（別荘）が数多く点在する(92)。船から見ることのできる十五世紀のヴィッラ・バルバロ・ガンビアネッリや十七世紀のヴィッラ・ベンボ・トルツォ、十八世紀のヴィッラ・ファニオ・チェルヴェッリーニなどの別荘は、ヴェネツィアの貴族のためにつくられた。川辺の別荘は、イタリアの都市文化が栄えたルネサンスからバロックの時代のヴェネツィアの建築様式で建てられている。建物の正面はいずれも川に向けられており、航行する人々を意識してデザインされている。このことが川辺を一層華やいだ雰囲気にさせている。庭園を水面から眺めていると、建築様式と同時に、様々なヴェネツィアの都市文化がシーレ川を遡って持ち込まれたことが実感できる。

別荘の近くにも人工的な岸辺と船着場がつくられている。別荘を利用する人たちはかつて船を使ってシーレ川を行き来していたのである。この川を下っている時、私たちは何艘かのクルーザーに出会った。昔のように交通手段としての利用はないとしても、別荘の船着き場は補修されているものもあり、まだ現役で使われているようだ。別荘のある場所は、都市から離れており、周りにはすぐに自然のままの岸辺が広がる。町から離れて別荘がつくられていることがわかる。

川の周辺から森が消え、土手が低くなり、船からの視界が広がりはじめる。風景の変化から私たちはラグーナが近くなったことを感じ取ることができる。広大な湿地の中に、比較的大きな町が見えてくる。その町に設けられた閘門がラグーナとシーレ川を隔てている(93)。閘門は川の水のレベル差を調節する装置であるが、通船をコントロールする役割も担っている。船長は閘門の管理人やその周りに集まっている町の人々と顔なじみらしく、親しげに会話を交わしながら、巧みに船を操る。私たちの乗った船はここをスムーズに通過した。この町にはラグーナ側に船の修理工場がある(91)。船が運行する場所には舟運関連の施設が欠かせない。ここにもまた一つ、舟運の記憶が刻まれていた。

広々とした川とも海ともつかない場所を船がブラーノ島に向かって進んでいると、干潟が入り組んだ海面には

92　シーレ川沿いの別荘

93　シーレ川とラグーナの間に設けられている閘門

94　この地域特有の捕獲網

大きな網が張られていた。湿地帯を仕事場とする漁師は、海面に正方形の柱を立て、四隅の柱から網をたらして魚を獲る(94)。この地域でよく見られる独特の漁である。

本土とラグーナを結ぶシーレ川をゆったりと下ってみて、この川が本土とラグーナの物流、文化の交流の動脈であったことを充分に想像することができた。シーレ川がラグーナの広い海面に溶け込んでいくと、私たちの船の旅も終わりに近づき、船は一路ブラーノ島を目指してスピードをあげた。

運河と結びついた総合的な都市環境の豊かさ

広場と運河の空間単位

今回のヴェネツィア調査では、空間的にも機能的にも運河と深くかかわりをもつ広場とその周辺に展開する建築の空間構成を調べ、分析することができた。ヴェネツィアは、広場を核とし、教会を中心とした地域コミュニティを単位として成り立ってきた。こうした単位を運河と一体的に調べることにより、広場のもつ空間の意味が実によくわかった。ヴェネツィアにある広場と運河は、本来人々の生活を豊かにする一体空間であり、人や物が交叉する賑わいと活気に満ちた場として成り立っていたのである。

ヴェネツィアの都市空間はあまり変化をせず、長い歴史を経て今日に至っているかに思われがちだが、そんなことはない。時代による変化のなかで都市空間と一体になった広場が住民たちの憩いの場になっていることを忘れてはならない。大きな変化の一つは、元々植栽されていなかった人工的な広場に、木々が植えられるようになったことである。歴史のある魅力的な都市は、少しずつ変化することで、むしろ輝きを保っている。

しかも、ヴェネツィアの奥深さは、歴史的につくられてきた魅力的な広場が磨かれずに残され、そこここにひっそりと時代の出番を待っていることにある。新しいものをどんどんつくって、壊していく現代都市にはない空間の厚味を感じるのである。ヴェネツィアはいつ訪れても、あちこちで修復工事をし、歴史の素材を活かした新しい空間づくりも行っている。今回の調査でヴェネツィアが変化し続ける都市であることを再認識した。そして、その変化は住民の生活のなかで息づいているのである。

ヴェネツィアだけでは見えない水辺空間の原理

ラグーナに浮かぶ二つの都市、ブラーノとキオッジアを訪れたのは、ヴェネツィアだけでは見えてこない何かを見つけだすことであった。私たちは、ブラーノをヴェネツィア都市形成の原型と位置付けて調査をした。

ブラーノでは、ヴェネツィアで読み取りにくい、運河を軸にした町並みの発展経緯をつぶさに分析することができた。ヴェネツィアにおける都市形成の基層の部分を解き明かしていく上で貴重な調査でもあった。それは、低湿地という自然条件の上に成立する都市が形成される基本原理の一つを明らかにしたことである。内陸の運河沿いにまず町並みをつくりだし、次の段階で路地を通し、奥に町並みを形成する。路地の奥には、その延長としての裏庭的な広場を設ける。広場をつくるかどうかは土地条件で異なる。広場をつくれない時は路地が広場の代わりとなる。ヴェネツィアで調べた小運河沿いの集合住宅は、広場を持たないパターンである。

この運河沿いから発展する都市形成のパターンは、キオッジアでも見られる。大陸からラグーナに流れでる川、ラグーナからアドリア海に至る川の道筋、侵食と堆積を繰り返してつくりだされた砂州のあり方で、都市は特異な発展をし、固有な都市形態をつくりだしていく。運河を開削し、運河に沿って土手を築く。浚渫した土砂を使って土地をつくりだすには、ラグーナに直接面さない内部の運河沿いが最も合理的なのである。ラグーナに浮かぶ島々はいずれも都市が発展する初期段階はこのような方法がとられたと考えられる。このことは、先に調査したアムステルダムやホールンの低湿地に成立したオランダの都市と共通する。

複雑な都市空間をもつヴェネツィアも、実はこのような都市形成の基本原理で成り立っている。プリミティブな構造からスタートし、その後の発展・成熟によって、都市は各々に固有性を発揮していく。その空間づくりの成熟度が高ければ高いほど、ヴェネツィアのように厚味のある魅力的な場が生みだされるのである。

河川舟運と都市文化のネットワーク

私たちは、ヴェネト地方の内陸にあるトレヴィーゾとラグーナに浮かぶヴェネツィアがシーレ川によって都市文化を共有していたことを、それぞれの都市を訪れ、川下りをすることで肌で感じ取るができた。

トレヴィーゾは現在ラグーナと直接舟運では結びついてはいない。唯一トレヴィーゾの下流約五キロメートルにある船着場から、シーレ川を下る観光船が頑張って往時の記憶を伝えているだけだ。この観光船を操縦する船長はただ船をあやつるだけではない、流域の歴史・文化の伝承者としての自負がある。普段パーティや遊覧のために船をだすのだが、このような船長のおかげで舟運で結ばれた都市と都市の関係性、流域に展開する水の文化について、体験的に調査をすることができたのである。

私たちは、本来このような調査を日本で本格的にできればと長年考え続けてきた。日本においても、瀬戸内海などの内海や湾内では可能であることがわかったが、川の流域では極めて困難であることを痛感させられてきている。その点イタリア調査では、予想以上に水の文化に対する人の厚味を感じたのである。

トレヴィーゾでは、あまり注目を浴びていないカニャン運河沿いの河岸を実測調査できたことは幸いであった。

この運河沿いには、物流で栄えた当時の館が水を意識したギャラリーとして再生されている。対岸には、魚市場がトレヴィーゾを象徴する市庁舎広場以上にこの都市の原点であることを示していた。都市が時代と共に変容していく過程で、市民の食生活を支える市場は中心から周縁へと移る傾向がある。だが、トレヴィーゾでは、舟運が廃れ、都市の陸化の変容プロセスを経ながらも、重要な市場の施設が移動せず、水辺に存在させていた。都市の近代における機能的な変化は必ずしも都市の基本構造を変えていないことが興味深かった。

〈注〉

（注1）地上部分を公共の通路として開放しているアーケード状のもの。

（注2）この古地図は、制作されてから四〇〇年以上の歳月が経過しており、細部を判読しきれない部分も多々ある。さらに、私たちは原図からの分析でないために鮮明度がかなり落ちた状態での分析となっている。私たちが判断に大変迷ったのは、一番北側と隣の路地に運河が通されているかどうかということであった。実際にはどちらともつかない状況で、現地調査をした。その結果、一番北側の路地は中央の運河近くまでポルティコがあり、隣の路地は途中までポルティコがあった。古地図からはどちらとも判読つかない状況であったが、私たちは運河が通っていたという判断を下した。

第二部　アジア編

現代に生きる水の都

ヨーロッパからアジアの水の都へ

オランダと中国・江南は、風土も歴史環境も全く異なる。だが、水と人と都市の関係においては、極めて類似した自然環境から出発している。生活の場となる以前は見渡す限りの湿潤な土地が原風景としてあった。そして、豊かな大地にする大規模な土木事業を営々と築きあげてきた歴史がある。両者は、水との長い戦いと共生によって、「恵みを生む大地」と「水に彩られた都市」をつくりあげることにも成功している。

オランダの中心・アムステルダムは、先に見てきたように、北海から外洋につながる舟運と、ヨーロッパの内陸に発達した河川舟運の接点にあたる重要な都市である。アムステルダムという都市の成り立ちは、船無くしては語れない。このアムステルダムで見るような環境を、より徹底して受け入れてきたのが中国・江南の諸都市であった。蘇州をはじめその周辺の鎮《ちん》と呼ばれる小さな商業都市は、地域を結ぶ交通手段として船以外に考えられない自然環境の中に成立した。

そのために、江南の人たちは徹底して舟運のネットワークをつくりあげた。その一方で、湿潤な大地は巨大な穀倉地帯となった。江南都市の交易は、中国大陸を数千キロメートルにも及ぶ大運河で縦断することを可能にさせ、海にも至るこの大運河によって外洋に開かれていた。その時、江南の水辺都市の文化が花開いたのである。

私たちはこの調査で江南の運河を船で巡っている。川とも湖とも判断がつかない水面を旅している途中、様々な物資を積んだ船が、ときには数えきれないほどの船を連結して、ひっきりなしに行き交う光景を目の当たりにした(1)。活きた舟運の姿である。しかも、このことが千年以上もつづいているのである。私たちが江南に心引かれる理由の一つがここにある。

江南の都市は、大都市に発展した蘇州も、数多く点在する鎮も、内部に運河網を巡らし、舟運による活発な経済活動がなされていた。江南では、都市の内も外も船で溢れかえっていたのである。現在、都市内部では物資を積んで行き来する活き活きとした往時の光景を見ることは難しいが、運河沿いにある施設や建物はその賑わいを充分に思い起こさせてくれる。

都市の内部にも外部にも運河網を張り巡らせて発展してきた都市がアジアにはもう一つある。タイのバンコクである。江南の都市の歴史からすれば、比べものにならないほどその歴史は浅い。タイではアユタヤーが何百年もの間首都であり続けたからである。だが、運河網整備の歴史は、バンコクが都市を形成する以前からあった。アユタヤーとタイランド湾を結ぶ、蛇行しながら流れるチャオプラヤー川を短縮化する整備が四〇〇年以上も前から行われていたのである。その後、バンコクがタイの首都となって以降も、運河整備は進められた。バンコクは、江南の都市同様、広大な湿地帯の上に成立する都市となる。このバンコクも、かつては船が唯一の交通手段であった。船が日常生活を支える足であった。戦後、バンコクでは猛烈な勢いで道路整備が進み、自動車が街に溢れることになる。それでも川や運河を巡ると、観光用のボートに混じって、生活と一体になった船がひっきりなしに行き来している。バンコクは、生活のなかに舟運がまだ生き続けている都市であることがわかる。同時に、他のどこの都市よりも人々の生活が川や運河の水と直接結び付いてもいる。水辺で遊ぶ子供たちや川の水で洗濯する主婦の姿は、当たり前のように私たちの目に飛び込んできた。

アジアでは、舟運が都市活動のなかで躍動しており、人々の暮らしが都市の水と今も深くかかわり続けている。このようなアジアの現状を調査することで、今一度日本における舟運のあり方、人と都市と水とのかかわり方を考えてみたい。それでは、アジアの旅に向うことにしよう。

1　連結した船が行く江南の運河

中国・江南の水郷都市

江南の旅のはじまり

一九八八年夏、陣内研究室最初の中国・江南の水郷都市調査が本格的に行われ、その研究成果が鹿島出版会から一九九三年に『中国の水郷都市・蘇州と周辺の水の文化』（鹿島出版会）として一冊の本にまとめられている。私たちは、舟運という切り口で一九九八年春に中国・江南の水郷都市を再び調査することになった。陣内研究室の最初の調査から一〇年の歳月が経過したことになる。出発は一九九八年三月二六日、中国・江南の水郷都市調査の中心メンバーだった高村雅彦さんを水先案内役に、成田を出発した。『中国の水郷都市・蘇州と周辺の水の文化』を下敷きにして、今回の水郷都市の旅をはじめることにした。江南の春は、そろそろ菜の花が大地を黄色く染めているはずだ。

上海から蘇州へ、車で移動する窓からの眺めは、はじめ濃い霧に包まれていた。上海とその周辺では、至る所で旧市街が取り壊され、現代的な高層建築が林立する風景が登場している。霧のフィルター越しに見るこうした世界は、私たちが三〇年以上も前に日本で目撃した光景を再現しているようで幻想的である。濃い霧に包まれた風景は、いつしか田園風景となっていた。少しずつ薄らいでいく霧の彼方此方には、菜の花の黄色い絨毯を浮かび上がらせていた。その合間を幾筋もの運河が際限なく視界を通り過ぎていく(5)。江南の水郷地帯に、すでに私たちは身を置いていたことに気付くのである(2)。

今回は、水郷都市を代表する蘇州・周庄・同里の三都市に絞って調査することにした。むろん都市間を移動したり、都市の内部を巡る手段は船である。

江南の「城」と「鎮」

中国の封建時代の都市は、官の施設が設置された政治都市である「城（城市）」と宋代から城郭をもたず、商業

2　江南広域図

活動を中心に発達した「鎮」の二つのタイプに分類される。日本とは時代背景、制度的な違いがあるとしても、中国・江南の「城市」と「鎮」は、江戸時代に発展した城下町と港町の関係に似ている。そうした類似性ばかりでなく、農業生産の飛躍的な増大と舟運を中心とした物流経済の充実を背景に、二つのタイプの都市が舟運と強く結びつきながら成立していった共通性が見られる。

「城壁が有効な防御手段であることがわかっていても、一面に水の広がる水郷地帯では容易にそれを築くことができない。したがって、政治・経済上の必要性を満たすために統治者自ら建設し、城壁に囲まれていなければならなかった蘇州は、比較的陸続きのところを選んで都市を建設したのではないだろうか」という『中国の水郷都市』での高村さんの指摘は、城都・蘇州と商都である周庄などの鎮の成立条件の比較という意味で興味深い。

　私たちはまだ朝靄が残るなか、江南における水郷都市の一つ目のタイプ、政治都市・蘇州に到着した。蘇州は、景勝地で名高い太湖の湖岸に位置し、十三世紀初頭（一二二九年）には水の都の姿を伝える都市地図『宋平江図』が完成している（3）。この地図は、七〇〇年の歳月を経た今も、蘇州の都市骨格がほとんど変わらなかったことを示している。だが、細部を見ると、城内を縦横無尽に巡っていた運河の半分近くはすでに埋められていた。

　それでも、蘇州をぐるりと取り巻く外城河（城壁の外側を流れる運河）は健在であり、城内（城壁で囲われていた内部）を巡る運河の総延長は今でも二〇キロ近くにも及ぶ。私たちが訪れた時、あちこちで運河の浚渫工事の真っ最中であり、今回の調査では船で内部の運河を巡ることができなかった。これらの整備が終わって再び内部の運河を船が巡れるようになった時、水郷都市・蘇州がどのような姿で再生するのか期待と不安が入り交じる（6）。

中国・江南の水郷都市

蘇州

外城河を巡る

私たちはまず、蘇州を取り巻く外城河を船で巡ることにした。観光地化されている蘇州では、その定番を巡る観光船は多いが、コースを外れて、勝手にあちこちを巡ることは嫌がられる。それは、なにも今に始まったことでもないようだ。大正の頃に谷崎潤一郎が蘇州を訪れ、紀行文として残した短編からもうかがえる（注1）。外城河沿いにある旅館兼船宿から小舟を出して、船遊びに興じようとした谷崎は、案内役である女将が四角四面の定番の観光コースを設定してしまったことに飽き飽きしている。それでも変更できずに、言葉が通じない悲しさに苛立っている彼の様子は、私たちと二重写しになる。

言葉に不自由な外国での調査は、語学に長けた同伴者の有無が決定的となる。今回同行してくれた中国都市研究のエキスパートである高村さんは、通訳はむろん交渉上手なことでも力強い味方であった。蘇州駅前の外城河沿いに観光用の船着場が幾つかあり、そこで彼は何度も交渉を重ね、自由に航行してくれる観光船に辿り着くことができたのだ。さらに願ってもないことに、私たちが乗り込んだ船長が外城河沿いに立地する施設や土地利用、それらが以前どのような状況であったかについて、かなり精通していていた。そのために、高村さんの通訳を通じて、外城河沿いの土地利用を詳しく調べることができたのである。

駅周辺から閶門の場外市場まで

蘇州駅付近の船着場から出発した船は、反時計回りに進み始めた。出船してすぐは、右も左も広い敷地を使う資材置場や倉庫などの殺風景な水辺空間が続く。しばらくして、少しずつ建物群の密度が高まっていき、寄り集まるように家並みが水辺に顔を向けだす(7)。その先で運河は四つ又に別れ、右へ行くと虎丘へ、真直ぐ行けば寒山寺へ、左にカーブすると外城河の流れとなり、大運河のルートとも重なる。この辺りは、昔から水上交通の重要な交叉点なのである。外城河から城内に入るには、

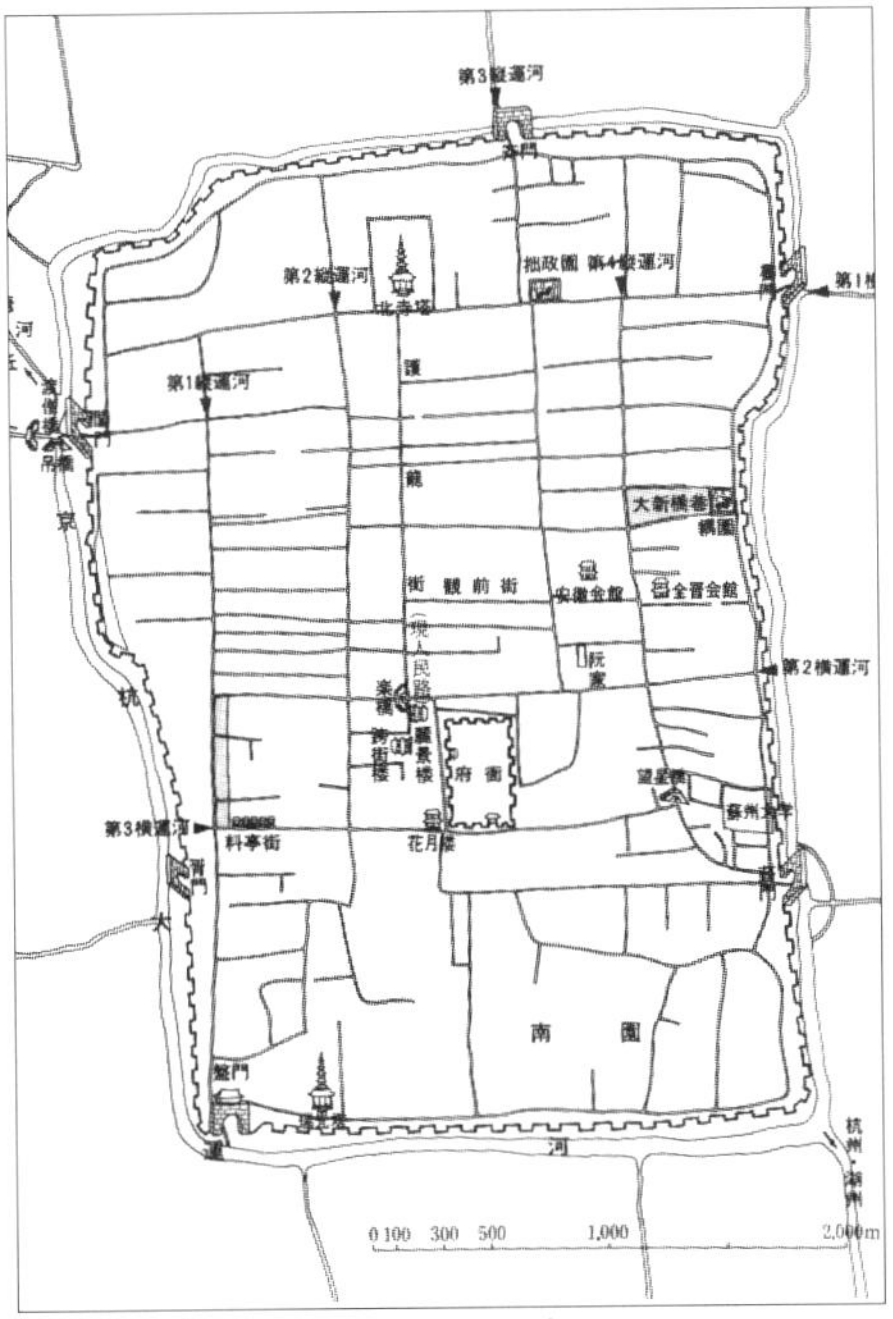

4 1930年代の蘇州の主要施設分布図

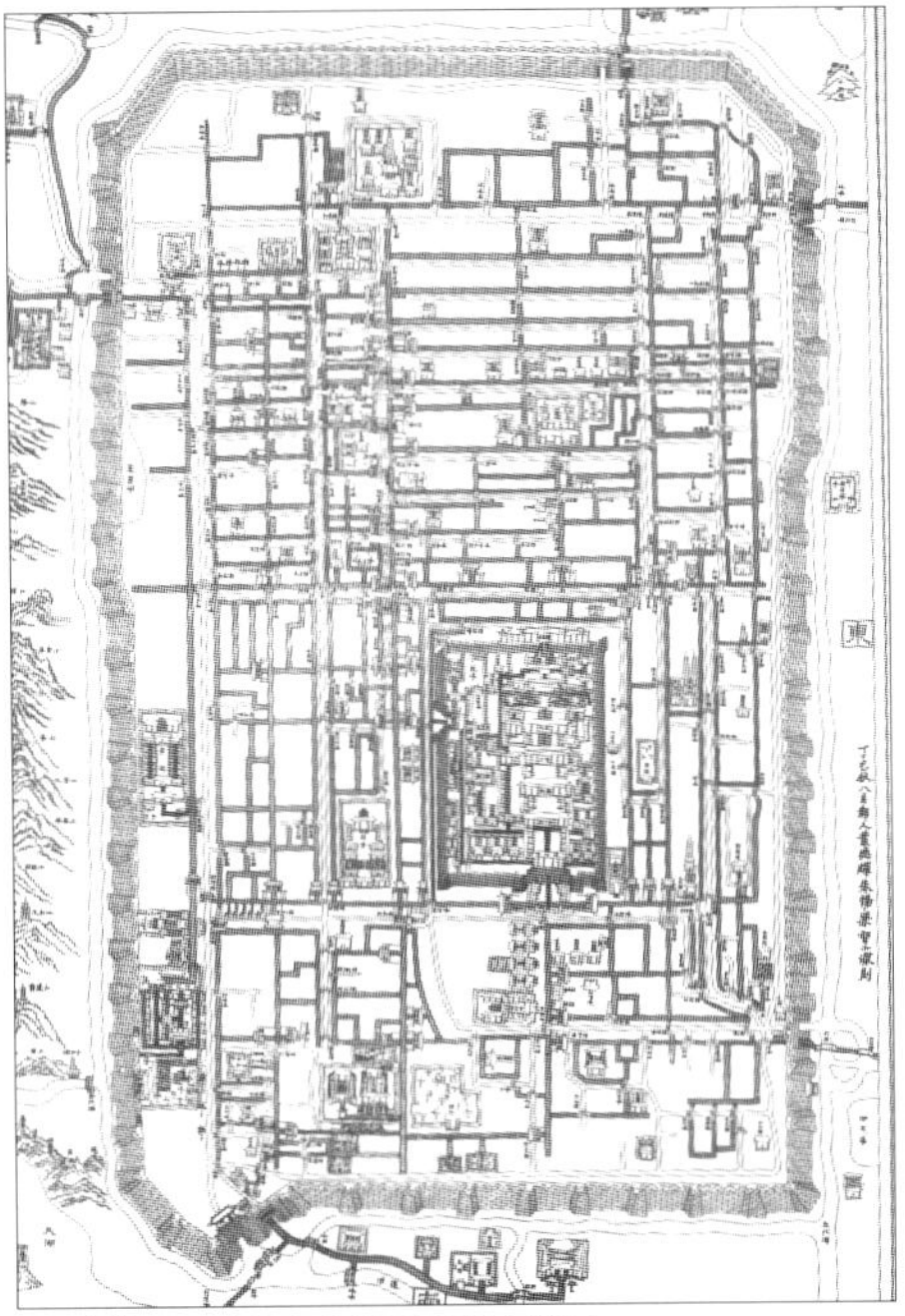

3 宋代につくられた蘇州の都市地図

6 運河の浚渫工事

5 田園地帯の運河

7 閶門付近の外城河

六つある城門のどれかを潜らなければ入れない。その内の一つが、船が近づきつつある閶門《チャンメン》である。この門は、蘇州の正門である盤門に対し、国際貿易都市・蘇州の商業活動の核になる城門として機能してきた(7)。閶門の城外は、明代になると「月城市」と呼ばれ、一つの市に昇格するほどの発展を遂げる(注2)。

中国の都市はもともと城内の商業活動の場所や時間が厳格に定められていたことから、蘇州でも城壁の内部よりもむしろ外部に巨大な商店街が形成されていった。特に人の出入りの激しい城門付近には、数多くの店鋪が軒を連ね、市が開かれていた。このような制度が崩壊した宋代になると、城内に多くの店鋪が散っていくのだが、城外の商業地域はこれまで以上に拡大を続ける。その理由の一つとして、小さな船に荷を積み替え、手間をかけて入城するよりも、水深が深く運河の幅も広い外城河であれば、同時に数多くの大きな船を直接護岸に横付けできたことがあげられる。このことが、城外の商業機能をより充実させていくことになる。

地方の商人たちは、全国的な商品流通の拠点となるこの閶門付近に店を構えた。そこには、出身の同じ商人が共同して、専用の船着場を設けた。中国全土から集まる買付人を呼び込むために、船着場のまわりには、彼らの店鋪だけでなく、茶館や料亭、旅館、倉庫、それに屋形船や旅船、商船などを手配する船宿が軒を連ねて賑わっていた(注3)。

寒山寺に通じる運河を少し入って行くと、閶門外の市場に通じる河岸がある(8)。私たちはその河岸から上陸し、かつて商業地として最も栄え、現在でも活気のある閶門外の市場に入り込んだ(9)。今なお閶門の朝市は、蘇州で最も出店数が多く、その活気は今日でも受け継がれていると言われる。朝市の時間帯ではなかったが、その閶門城外の夕暮れ時、買い物客があふれ返る商業空間を体験することができた。

市場が集中する外城河を行く

閶門外の賑わいを後にし、再び船は外城河に戻り、南下する。蘇州は北京と杭州を結ぶ中国南北交通の大動脈・京杭運河沿いに位置し、大運河が市街の西側を取り巻くように通過している。そのため、蘇州には様々な生産物や商品が集められてきた。この大運河を利用して、揚子江や海路を経て中国各地に物資を運ぶことができた蘇州は、江南地方の物資の集散地であると共に、全国的な商品流通の拠点都市ともなっていたのである。

今なお中国の米の大半が長江下流域で生産されている

8　運河側から閶門商店街

9　閶門外商店街

10　外城河沿いの古い倉庫群

11　外城河沿いにある市場に集まる船

といわれるほど、蘇州のまわりを取り囲む一帯はこの国で最も豊かな穀倉地帯である。様々な産物を船に積んで集まってきたのが閶門を中心とした一帯で、これらの商品を収める倉庫も次々と建てられた。閶門を過ぎたころから、物流の中継基地として繁栄した時代の記憶をとどめるように外城河河岸沿いに古い倉庫街が続く(10)。城内側の護岸に目を向けると、多くの船が集まっている(11)。かつて京杭大運河のルートと重なっていた外城河西南一帯には、様々な業種の市場が数多く立地している。その一つ、水際に大空間をつくりだす大屋根の市場の建物が目に入ってくる。周辺の河岸にも野菜等を積んだ船が群がるように停泊して、人々が積み降ろしに余念がない。

私たちは、彼らの仕事の邪魔にならないようにして、物資が船で運ばれる市場の一つに上陸することにした。場内には、裸電球がいくつも釣り下げられ、肉や魚、野菜などの商品をこうこうと照らしている。そこには、予想以上に物が溢れかえり、買い付けに来る人々でごった返していた。この大空間を抜けて外に出ると、道沿いにはまるで築地の場外市場のような、小さな店が所狭しと道に沿って軒を並べて商売をしている。ただ、道沿いの風景はあまりにも整然としている。大規模な施設に店が集約される以前は、路上まで露店がでて、喧騒が渦巻く中で市が開かれていたに違いない。

にわかに雲行きが怪しくなってきたので、早々に市場を引き揚げて船に乗り込む。突然嵐のような豪雨が降り始める。バケツをぶちまけたようなという表現がぴったりの豪雨に、カメラは風景を写すのにほとんど役にたたない。その間、高村さんが運転手に次々と河沿いの建物や土地の名前を聞いていく。日本語と中国語が錯綜する中で、城外河沿いの土地利用を次々に地図にメモする。粘り強い通訳のおかげで、城外河沿いの詳しい地図をつくることができた(12)。先に上陸した市場は城内側の市場が三つ並ぶ一つ、総合市場であったことがわかる。

城外河をしばらく南に下る間に真っ暗な空も少しずつ明け、左手に城壁が見えてきた。その先に塔が姿を現わす。北寺塔が西の地域から大運河を使って蘇州を訪れる者のランドマークであるとすれば、南から船で訪れる人たちは、盤門近くのこの瑞光塔を目標に航行することになる。宋代の頃の瑞光塔は、人家の少ないうら寂しい場所にぽつんと建っていた。陸側から行くと、気軽に訪れることができなかった。当時は、舟運によって訪れる者だけにその姿を誇示していたかのようにも思える。また、盤門は蘇州の正門として最も重要な門であり、近年の再建で当時の面影を蘇らせたばかりである(13)。

この盤門を見ながら、船は外城河に従ってほぼ直角に左に折れ曲がる。この辺は、主に石材などの建設資材やコイルなどの産業資材の倉庫群や市場の建物が巨大な空間を利用している。左手には、新しくできた船のターミナルも見える。かつては、蘇州駅近くの外城河沿いにあったのだが、ここに移されたという。蘇州駅近くの跡地は現在バスターミナルになっている。駅周辺の変化からは、江南でも舟運から陸運への変化の兆しが見えるようだ。

外城河沿いの土地利用とその背景

この先はT字状に運河が分かれている。右へ行くと、本来の大運河の姿に戻り、蘇州から杭州へと向かって流れて行く。左へ曲がると引き続き外城河として蘇州城内の外側を巡ることになる。私たちは大運河と別れ、さらに外城河の旅を続けた。運河を北上していくと、右手は砂利や砂が野積みしてある風景が延々と続く(14)。左手の蘇州城内は、清代まで市街化されていなかったこともあって、城内でありながら刑務所や大学といった大規模な公共公益施設が敷地を確保している。

なぜ蘇州の南東側がこのような土地利用になったかと

12　蘇州外城河沿いの土地利用（市場、倉庫、工場等）

14　資材置場が続く蘇州西側の外城河沿い

13　外城河から見た盤門

いえば、蘇州の土地条件が背景にあるようだ。蘇州はほぼ平坦な地形をしているが、北西がやや地盤が高く、南東に行くに従って低くなることで、微妙な高低差をつくりだしている。このことは、新たに都市を形づくっていく上で極めて重要な視点である。揚子江から太湖を経て、滔々と蘇州の外城河に流れてきた水は、北西の閶門や

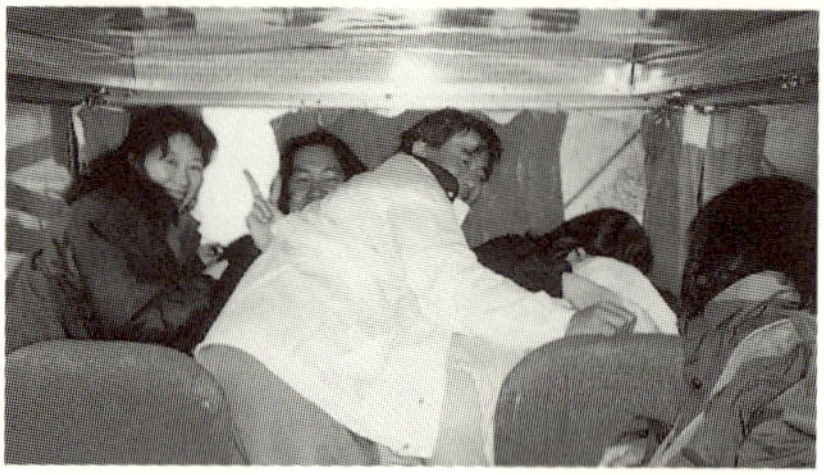

上15　橋の先に見える斉門
左16　船の後尾を皆の体重で沈ませている様子

北の斉門から城内に流れ込み、蘇州城内に張り巡らされた運河を通り、北から南へ、西から東へ流れ、北東の婁門《ロウメン》、南東の葑門《フェンメン》、そして南西の盤門から再び外城河へ流れでるように計画されたのである(15)。だが蘇州の南部、とくに南東部一帯だけは、各時代を通じて常に低湿地帯のままで、流れてきた水が城外河へ流れ出ることはなかった。南東部一帯が市街化できない土地であったことは、一九三八年に作成された地図を見るとよくわかる。南の城壁から北へ約五〇〇メートル近くにわたって、ほとんど建物らしきものが見られない(17)(注4)。

　蘇州城内の土地利用の歴史や現状が外城河の水際空間のあり方に実によく反映されていることが、今回外城河を巡ってみてもよくわかった。蘇州は四周を城壁に囲われていたにもかかわらず、より以上に外城河の舟運と深く結びついてきていたことを物語っている。それは、城壁が意味を失って以降、外城河に面する水際の土地利用が都市内部の要求に応じてさらに鮮明に描きだされてきたといえる。

　北側を巡る外城河も半ばまで来ると、大運河とも離れてしまったせいか、船がめっきり少なくなる。外城河をさらに北上していくと、運河は再びT字形になった三叉路に行きあたる。この辺りには、製造工場が水際に多く

立地している。他には、古い住宅が水際に建物の表情を見せる。三叉路になった運河を左に曲がると、間もなく蘇州駅近くの私たちが出発した場所に戻ることになる。左に折れてすぐ、工事中の橋が目に入る。ここで私たちはハプニングに遭遇する。橋の付け替え工事中のため、川面に近いところに丸太が組んであり、数センチの差で船の屋根がぶつかり、通れない。運転手がこちらに向って何やら話している。高村さんは「皆さん船の先端に集まって下さい」と突然大きな声をだす。はじめは何やらわからなかったが、途中から皆の体重で前方を沈ませ、船を通過させようとしていることがわかり、全員やる気満々。私たちはその声の通りに前へ。しばらくして、「はい、今度は全員後ろに」の声で、今度は勢いよく船の後方を全員の体重で沈ませ、無事難関を突破した(16)。今まで外城河の北側を巡っていて、行き交う船の数が少ない原因も何となくうなずけた一場面でもあった。

17　1938年の蘇州の都市地図

　船から上がり、大急ぎで昼食を済ませ、蘇州城内の市街地の調査に向かった。実は、蘇州城内の調査は二度に分けて行っている。蘇州到着直後の三月二七日と、周庄、同里を船で巡った後の三月三〇日である。三月二七日は、ホテルを出て蘇州城内を歩き回り、第一縦運河沿いのかつて商工業の町であった前金橋巷周辺を調査した。三月三〇日は、先に述べたように外城河を巡った後、第四縦運河に沿う、計画的に整備された住宅地を調査したのである(18)。

城内の商工業地（南北方向）

運河沿いを歩く

ホテル・蘇州飯店を出て、まず蘇州の都市構造を私たちの目で確かめるために、市街を歩くことにした。蘇州飯店から、第三縦運河沿いを辿って北上し、古い住宅地や商業地を通り、楽橋界隈の繁華街にでるコースを歩くことになった。蘇州は再開発ブームが華やかで、行く先々で運河の整備や集合住宅の建設現場に出くわした(6)。雨模様の天気のせいだろうか、運河沿いの道や住宅地は人の姿が思いのほか少ない。だが蘇州の中心にある護龍街に入ると、昼時だったこともあって、歩いてきた運河沿いと対照的に若者や家族連れで賑わっていた。

蘇州は、北西に位置する閶門が蘇州を支える商業の核であったことから、西側が各時代を通じて栄えた。蘇州の中心に位置する府衙が政治の中心ならば、経済の中心は府衙の西北の方向にあるこの楽橋である。蘇州を二つの県に分けていた護龍街はこの橋を中心に発展させ、城内最大の繁華街を生んだ。私たちはこの楽橋界隈の繁華街で昼食を取り、午後の調査に向けて鋭気を養うことにした。

昼食を終えた私たちは、西に向かって古い町並みを縫うように歩き、第一縦運河に出た。外城河に囲まれた蘇州の城内では、もともと中国の都市が持つ基本的な構造である東西・南北が直行するグリッドの上に、水路と陸路が共存する二重の交通システムがつくられている。蘇州内部に数多くある運河の中でも、宋代から清末までの七〇〇年にわたって、縦四本横三本の運河が重要な城門と結び付き、城壁の内と外の物資の運搬や人の流れを円滑にするための重要な動脈となっていた。その一つ、蘇州の正門となる盤門と商業地区の核となる閶門を一直線に結ぶ第一縦運河は、閶門付近から城内に入り、真直ぐ南を指して下り、最短距離で再び城外の大運河に戻る。私たちは、この第一縦運河沿いの手工業で栄えた古い町並みを最初の調査の対象に選ぶことにした。

運河に面した商工業地の空間構成

商人や職工たちは、南に面するという中国建築が本来持つ原理よりも、商品や資材の流通に有利な運河沿いの土地を第一に重視して選ぶ。そのために、商業活動の活発な城外と最短で結んでいる南北軸の第一縦運河に商工業が立地したのである（注5）。第一縦運河の東に沿って南北に細長く市街地が続く。この前金橋巷と呼ばれる市街は、名前が示す通りかつては手工業が発達した職人の町であった。前金橋巷周辺の家々の敷地は、南北に通る運河と道路に対し短冊形に配置されている。商品や資材の流通を重視した職工たちは、南向きに家を建てるより

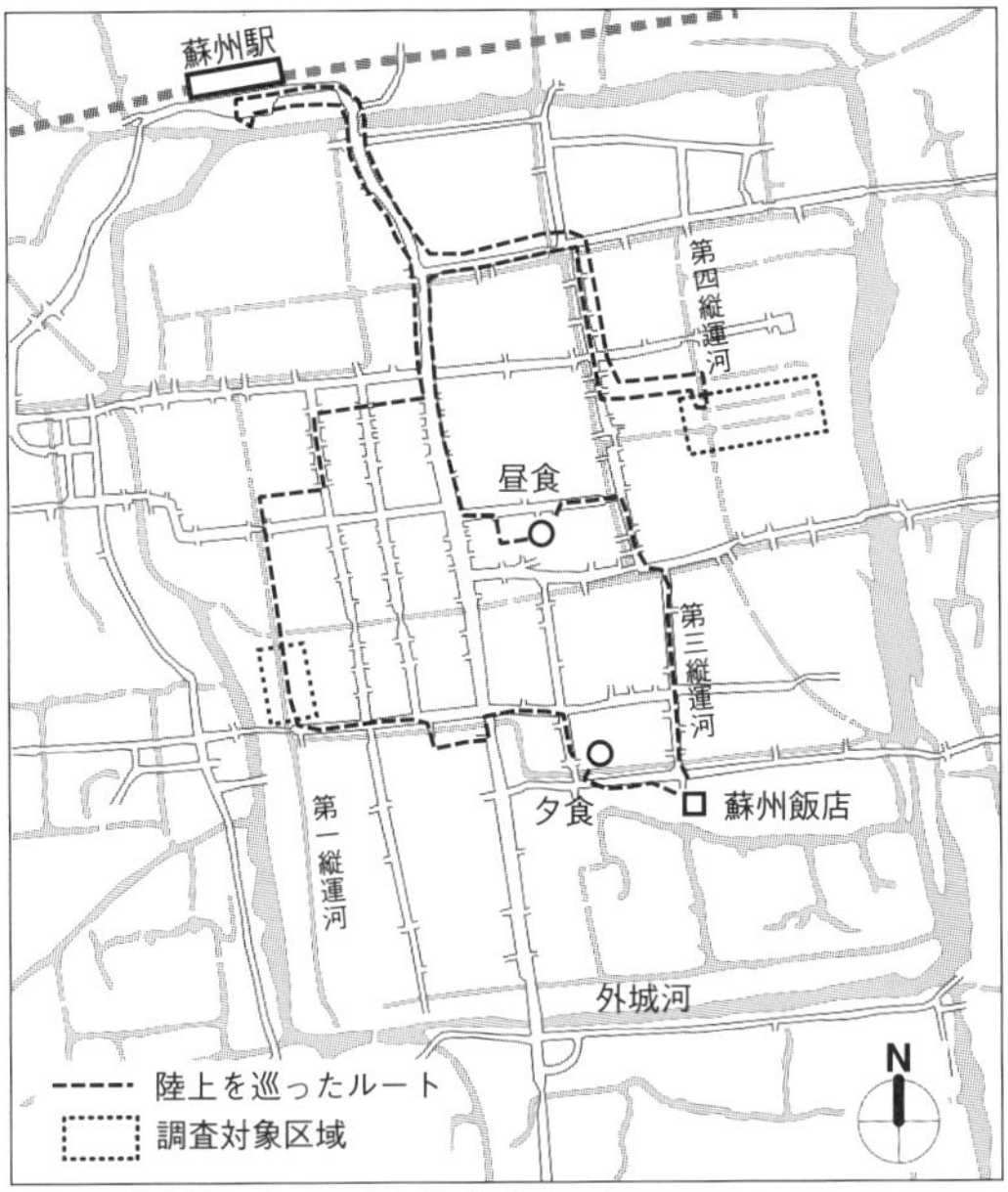

18　蘇州を巡ったルートと調査ポイント

運河の利用を優先し、東または西に向けて建てたからである(22)。

幅五メートル余りの運河の両側には、建物が隙間なく軒を並べ、道を挟んだ反対側にも家が軒を連ねている。現在も道幅は二メートル足らずで、荷車がやっとすれ違えるほどの広さである。運河や道に面した家並みは、黒い瓦と白い壁の単調な色彩なのであるが、個々の建物のファサードは運河や道に対してそろっておらず、相互に凹凸をつくりだしている。屋根の高さも様々に変化があり、リズミカルな景観をつくりだしている。その一方で、屋根の勾配はほぼ一定しているため、安定感も感じられ、落ち着きのある風景である(21)。

南北軸の運河沿いに建つ建物の多くは、現在すでに商工業の機能を失っており、住宅に転用されて人々の生活の場に変っている。だが、建物の構造はあまり変化が見られず、手工業が活発であった頃の状況を想像することができる。橋の上から運河沿いの建物を見ると、全てに運河に降りる階段状の石段が付いているわけではない。ほとんどの家は護岸に簡単な石のステップが張り出しているだけである(19)。今となってはなかなかその使い方がわからないが、おそらくその石のステップを利用して水辺に降りたり、船をつなぎ止めたりして、何らかの意

味で荷揚げに利用していたのだろう。

運河沿いの店舗や作業場を持つ建物には、運河と道路の両側に入口が設けられており、荷揚げされた物資が運河側から建物に運び込まれる。店舗の場合は、荷揚げされた商品を表の店で売ったであろうし、作業場であれば近所の工場や店と部品のやり取りや品物の納品を表の通りを使って行っていたであろう。運河沿いの建物は、運河側と道側の両方で異なった機能を上手に分担できる構造になっていたのである。このような機能の配置は、私たちが調査した日本の港町、例えば中世に起源をもち江戸時代に発達した三国の町家形式に似ている。まさに、舟運を物流の基軸とした商工業空間を構成する原理の類似性が見てとれる。

この前金橋巷周辺の町並みは、初期段階舟運に有利な運河に面した側だけに建物が建てられていたと考えられる。その後、商工業がさらに発展すると、運河沿いの建物の裏手に道路を通し、その奥にさらに建物を建てていく。これらの建物は、運河に面していないので、直接船に物資を積み降しすることはできない。それを考慮して、運河に沿った建物の間には所々に隙き間をつくり、運河に通じる階段が設けられた。そこは、共同の物揚場に使われていたと考えられる(20)。こうして舟運を利用できる建物の軒数を二倍にすることができた。活発な商工業活動の場として、日本の港町にもよく見かける空間構成で、理にかなっている。私たちが歩いて確認できた橋詰には、必ず雑貨屋があった。地域の人々の行き来が多い橋詰に、日用品を売る雑貨屋があることは、そこが人の集まる場であり、店を出すメリットがあることを物語っている。同時に、橋詰には石積みの立派な物揚場がつくられており、舟運が活発であった時代には大量の物資の積み降ろしがここで見られたのだろう。人と物の流れと店との相乗効果で、橋詰広場はより活気ある場所となっていたのである(23)。

商工業地として発達した前金橋巷周辺を調査し終えた時は、日がとっぷり暮れていた。野帳を描く手元も見にくい状況であった。お腹を空かせた私たちは乏しい明かりをたよりに水際に店を構える料理屋に入っていった。

運河に囲まれた蘇州の住宅地（東西方向）

古い町並みを残す生活空間

蘇州の商工業地と比較する意味で訪れた第四縦運河に接する住宅地の調査は、船で鎮を巡った後、江南調査最後の日であった。

歴史的に見ると、蘇州の西側に比べ、東側一帯は都市

20　橋詰にある共同の物揚場の石段

19　南北運河に沿って建てられた前金橋巷周辺の町並み

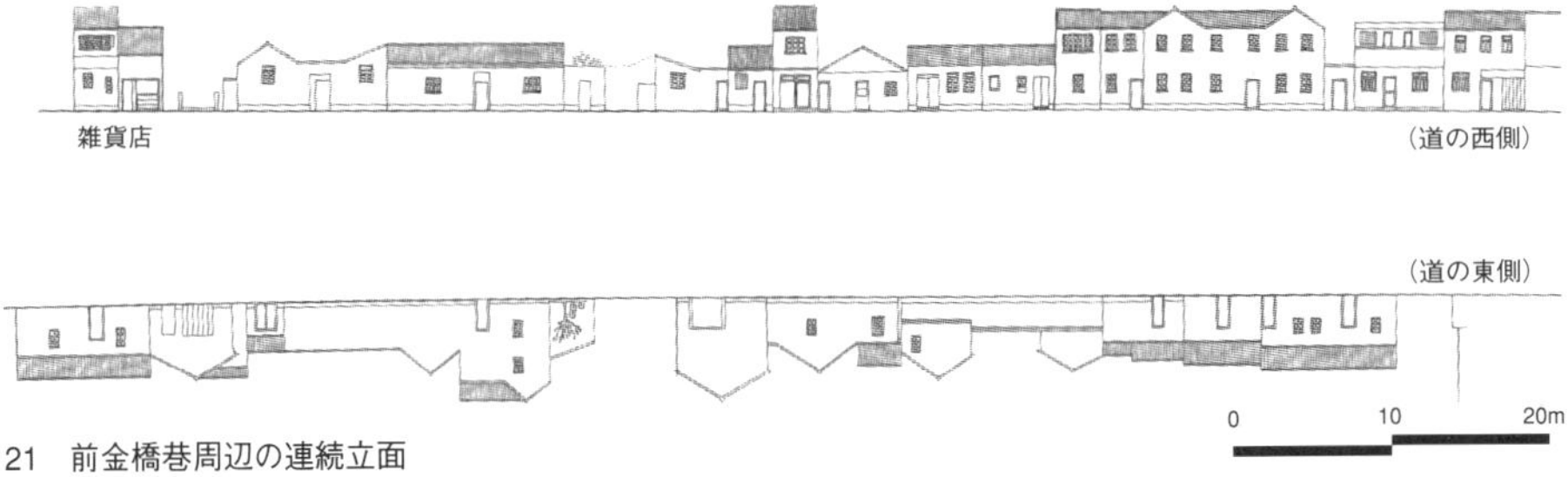

21　前金橋巷周辺の連続立面

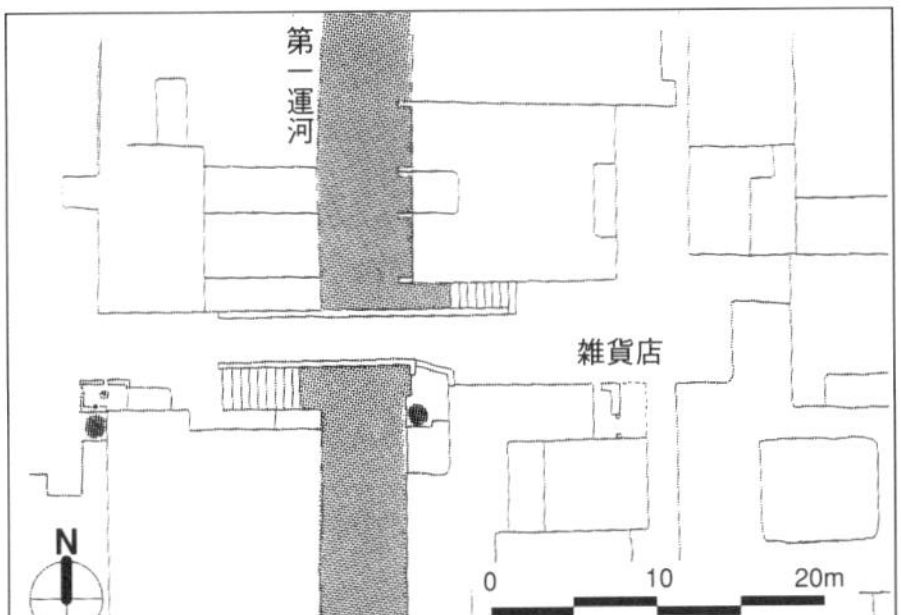

23　南北の第一運河に架けられた橋とその周辺図

22　橋から見た前金橋巷南北に通る第一運河

開発が遅れた。その後、城外の東側一帯で米の生産量が増えてくると、次第に城内東側の未開地にも影響し、人家が少しずつ建ち並んでいくようになる。西側の呉県に役所や邸宅、店鋪が多く分布していたのに対して、東側の長洲県では明代から織物を中心とする手工業の作業場が多く立地し、それと相まって住宅地化が進む。明清の時代になると、地方の商人たちもこの未開の地に移り住むようになる。城内の東側の方が、店鋪や住宅の密集していた西側より広い敷地が簡単に確保しやすかったからである。また、地元の地主や官僚が多く住む西側に比べ、東に広がる新興の開発地は外部からの移住者を受入れやすい地域環境があった（注6）。このことは、隅田川を挟んで、明暦の大火以前から町並みが形成されていた日本橋を中心とした西側と、その後に南関東一帯の農業生産の拡大や利根川を軸にした舟運網の発展に裏打ちされて開発された本所・深川の関係とよく似ている。本所・深川が、蘇州城内東側のように、新興の気軽さが気質にもなり、明治以降も外部の者を受け入れる土地柄であったという類似性は興味深い。

私たちが今回の調査対象とした蘇州城内の最も東の第四縦運河とそこから東西に延びる二本の運河は、今なお宋の時代からの運河の形態がよく残っている。運河・道路・建物の関係やその並び方なども当時からあまり変っていない（24、26）。

この住宅地には、現在も伝統的な古い住宅が建ち並んでおり、重点保存地区に指定されている。その中でも、東北方向の二本の運河沿いは、蘇州の典型的な居住地域である（25）。ここでは、住宅は南を向いて建つという中国の伝統が明確に示されており、居住者の動線上東西方向の運河が重要な役割をもつことになる（注7）。中国の建築は、もちろん地形や気候によってばらつきはあるが、一般に南向きを強く意識して建てられている。また、明快な中心軸を持つ建築の空間構成は、左右対称につくられる特徴をもつ。これは、単に住宅だけでなく、廟のような宗教施設や都市全体の配置にまで及んでいる。水郷都市の住宅にも、こうした特徴が見られるのはいうまでもない。

運河が巡る都市では、建物が水辺に面することで、江南の最も重要な交通手段である船を直接建物に付けることができる。それだけでなく、生活用水としての水も常に確保でき、住む人たちの快適な生活を約束しているのである。ここでは、限られた土地を有効に利用し、すべての建物が運河に面するという条件を満たすために、一軒一軒の間口を極力狭くしている。一方でこの間口の狭

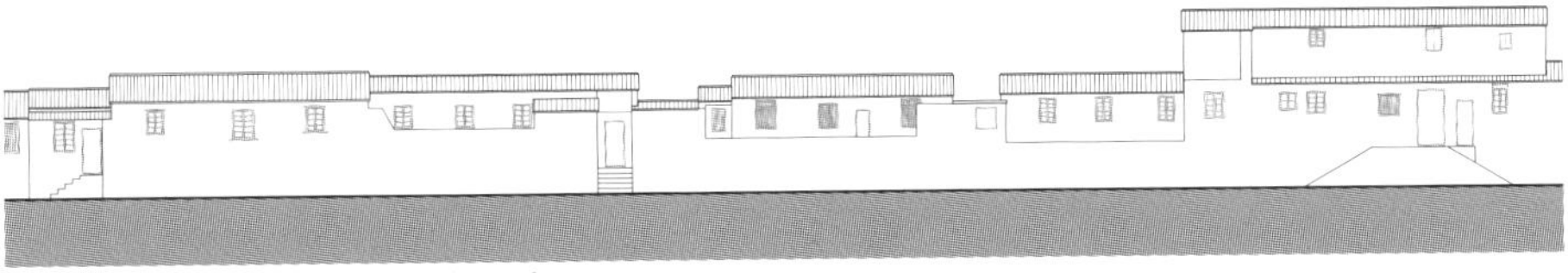

24　運河沿いの住宅連続立面図（B—A）

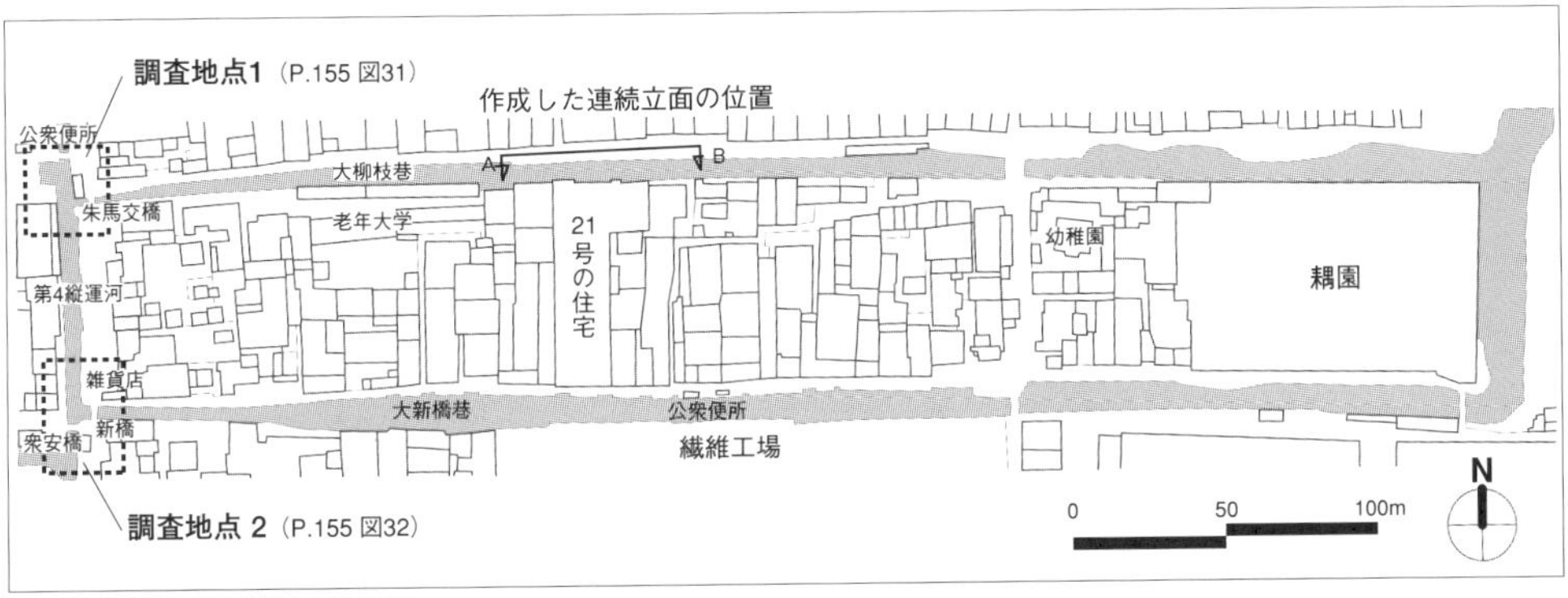

25　運河と住宅配置の関係図

26　大柳枝巷沿いの町並み

さをカバーするために、建物を奥へと延ばすことで、住宅面積が充分取れる解決策を見出している。しかし、間口が狭く奥に長い住宅は、通風や採光に難がある。そこで、中庭を住宅にできるだけ多く配し、取り外しの自由な格子扉を中庭に面していっぱいに設けることで対処している。

一見悪条件と思われるこうした敷地の形状だが、夏が暑い江南の気候には間口の狭い住宅がつくりだす環境が適している。江南では、〈三合院〉が住宅を構成する基本的なユニットとなっている（注8）。このあたりの住宅の中庭は、北方地域に比べるとはるかに小さい。間口が狭いために当然中庭も小さくなり、最大でも六〇平方メートルである。一般的には、北京の四合院の半分にも満たない。そのうえ、土地が手狭な江南では、北方に比べて圧倒的に二階建てが多い。その結果、夏の強い陽射しは中庭のほんの一部を照らすだけで、日陰が多くを占める凌ぎやすい場所を提供してくれるのである（注9）。

古い住宅地の空間構造

ここからは、運河で囲まれた住宅地の基本的な構造を見ることにしたい。大新橋巷では掘割で囲まれた東西に長い三七〇メートルと八〇メートルの土地の中に、南北に細かく割られた細長い間口の敷地が短冊形に連続し、一つのパッケージされた街区をつくりだしている。中国の建築は平入りで、間口方向の柱間を〈間〉といい（注10）、以前は間口三間を越えて住宅を建てることが厳しく制限されていた。

この住宅地では間口二間、もしくは三間の住宅が、運河と平行する道路に軒を連ねている(29)。その奥には、南北の明快な中心軸の上にいくつもの中庭を置きながら左右対称に建物が配置されている。これらの住宅には、南の運河に沿った道路側に設けられた門から入り、中庭と部屋が繰り返し配置されていく。部屋が北に進めば進むほどプライベートな空間になり、建物の裏は再び運河となる。そこには石の階段が設けられており、水辺に降りて洗濯をしたり、資材の搬入や船による移動商店から商品を購入することが容易にできる。そしてなによりも、船に乗って市街にそのまま出かけることができた。北側の私的空間にある石段は全ての家に付いているわけではなく、付けられている石段も様々である。例えば、番地が21号の住宅のように、比較的裕福な人が居住していたこの家は、立派な石段を付けることで建物に象徴性を増し、他の住宅に対する優位性を示している(30)。

もう一度南の住宅の出入口がある玄関側に戻ることにしよう。玄関前の道の先には運河が流れている。この運河は、居住者や訪問客が住宅にアプローチするための役目を果たしていた(28)。運河沿いに設けられた石段に船を付け、そこから上陸して住宅の中に入ることができる（注11）。表側の石段は、裏のプライヴェートな石段と違う。裕福な家にとっては、これが日本の門に相当する。このような限られた層を除けば、一軒に一つではなく、三、四軒に一つの割合で設けられており、共有空間として利用されていた。こちらの方は、南側は公共空間、北側は私的空間として使い分ける余裕がない。むしろ、南側の石段は外部とのかかわりが一点に集中する多様な空

29　南に面した運河沿いの住宅地

27　共有の空間となっている石段と井戸

28　石でつくられた階段

30　運河沿いの石段のある住宅

間となっている。石段の近くには、生活上重要な飲料水を確保する井戸もある(27)。

この辺りの住宅は、十九世紀初頭から二〇世紀初頭にかけて建てられたものが大部分を占める。これらの建物を一九五〇年の土地改革以降からは、住宅の内部を血縁関係のない数家族が分割して住むようになった。その結果、中庭やプライヴェートな北側の石段は、複数の家族が自由に利用できる共有空間としての機能に代わっていくのである。

この住宅地を調査のために歩いていて、比較的緑が多いことにも驚かされる。公共空間になっている南側の街路には柳などの木が植えられ、緑が運河に映えていた。街路や石段は薄黄色で、建物は白壁と黒瓦である。色彩的には、木々の緑がよく映えていて、水と緑がこの住宅地を魅力あるものにしている。

第四縦運河沿いの商店街と橋詰

住宅地西端にある第四縦運河沿いの道には商店が並んでいる。住宅地の静かな雰囲気とは対照的である。蘇州の中心部からの仕事帰りの人たちはこの道を通って家路に着く。夕方になると人通りはピークに達し、昼間とは打って変って賑わいのある空間となる。

第四縦運河沿いには、人々が憩える小さい広場が橋詰に設けられている。広場には様々な種類の木々が植わり、憩いの場をつくりだしている。そこには多くの人たちが集まり、活気に満ちた空間となっていた。この町の中心に位置する広場には、石で組まれた立派な船溜りがある(32、34、35)。かつては農村の野菜や市場から運ばれてきた商品が荷揚げされていたのだろう。夕方には、近隣の農家の人たちがこの橋詰に来て、取れた野菜を売りに来ていたが、船で来た形跡はない。ただ、外城河を船で巡り、城内の運河沿いを歩いた時に、至る所で運河の改修工事が進められていた光景を見ると、彼らは船を使いたくても使えない現状があるのかもしれない。

また、中心から少し外れた場所にも小さな橋詰が設けられている。ここにも、舟運に使われていた石の階段がある。この橋詰の仕上げは、街路が単純な色彩で整然と鋪装されているのに対し、細かいレンガや石で鋪装されている。第四の縦運河沿いの橋詰は、住宅地にはない華やいだ雰囲気が演出されている(33、35)。私たちが想像する以上に、橋詰がここに生活する人たちにとって重要な存在であったことを知らされる。

ここ大新橋巷は、建物が南に面する原則がある住宅地と、運河の利便性を強調する商業空間が、方位によって

33　橋のたもとにある共同の石段

34　住宅地と中心部を結ぶ道路に架かる橋

35　石で舗装された橋詰め広場

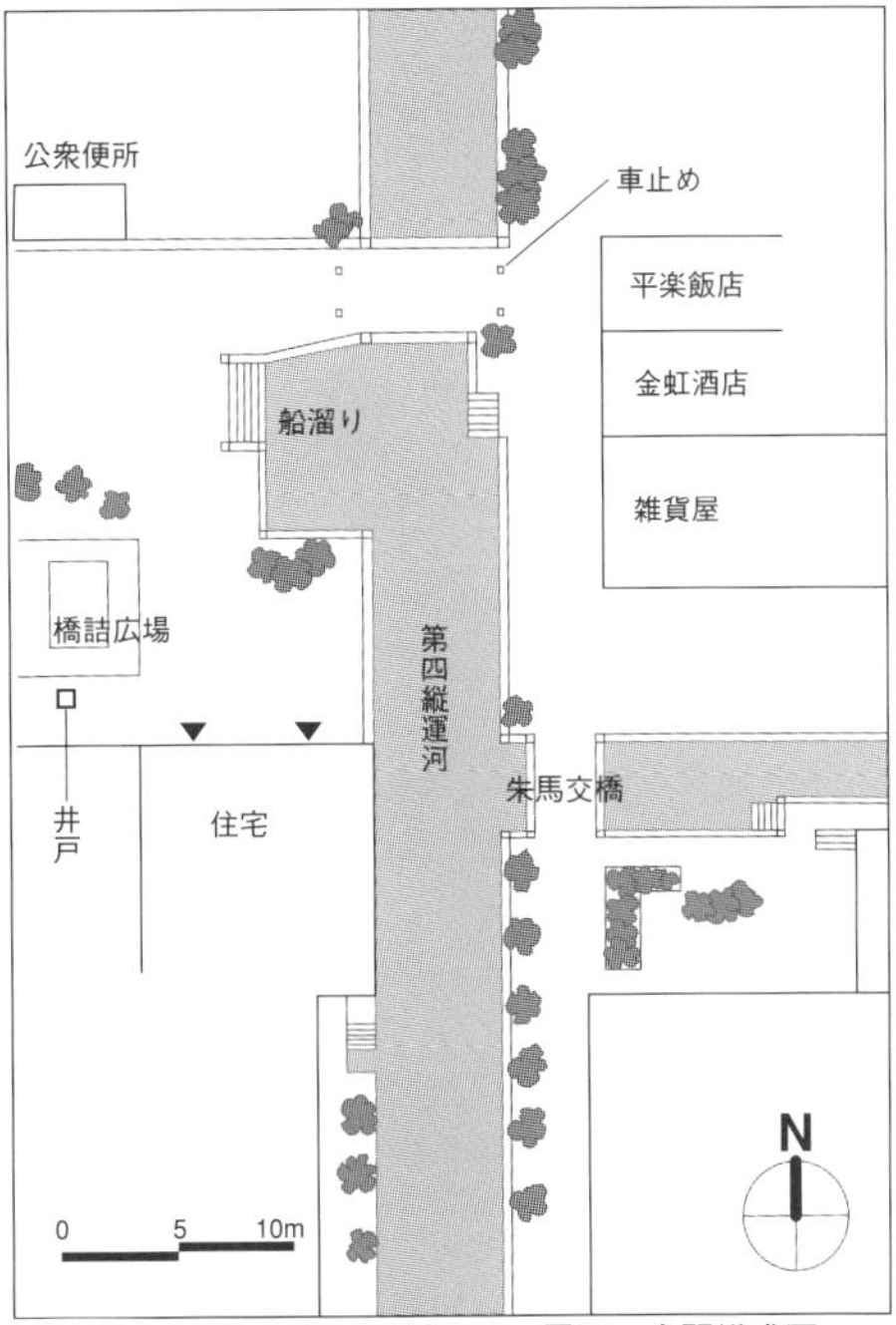

31　第四縦運河に架かる橋とその周辺の空間構成図
（調査地点1）

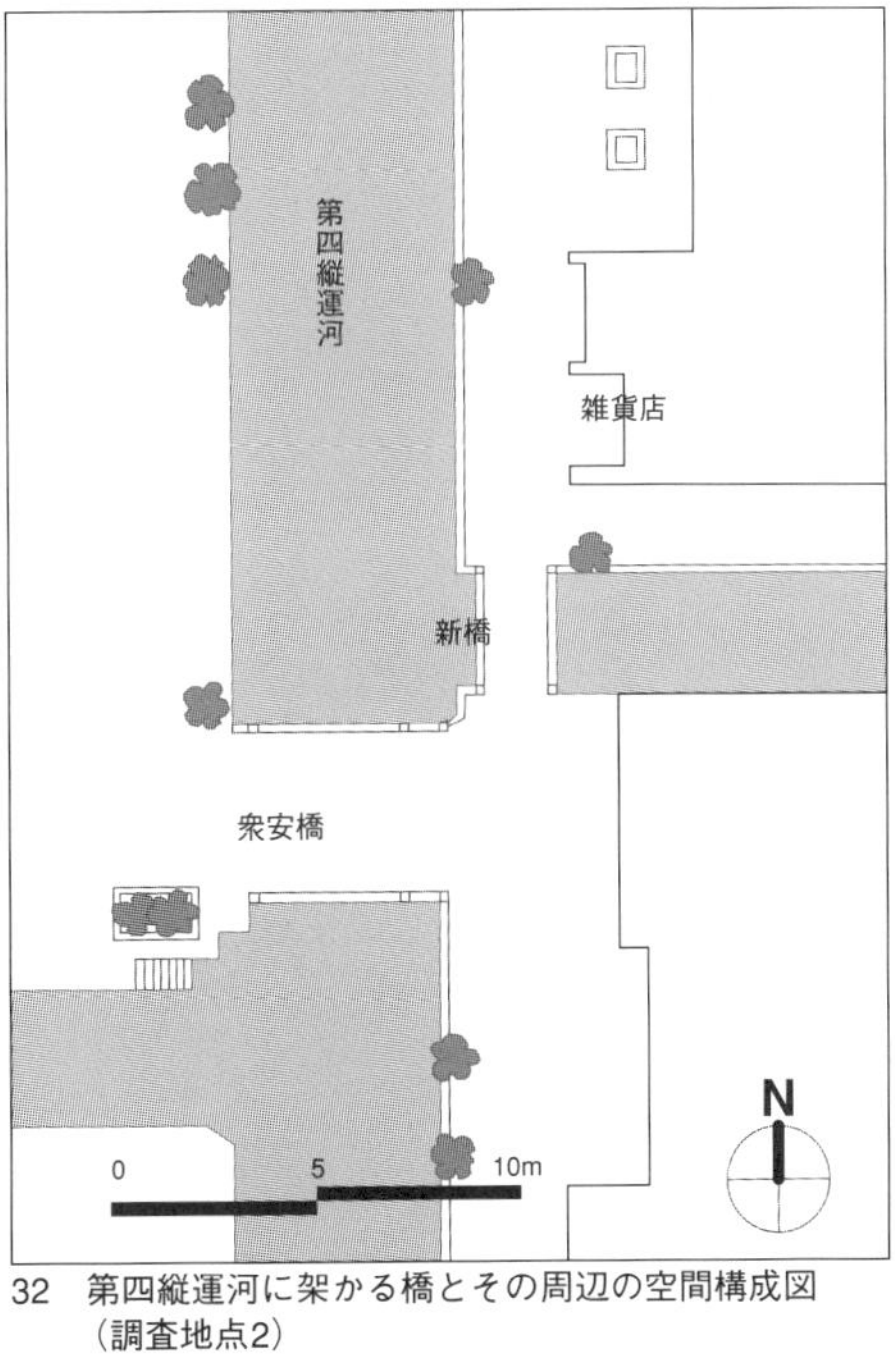

32　第四縦運河に架かる橋とその周辺の空間構成図
（調査地点2）

明確に分離されている興味深い例を示している。このような鮮やかな土地利用のコントラストが脈々と現代にも生き続けている。住宅地では、住宅内部を細かく分割してしまっているとはいえ、外部空間の住環境が今も良好に保たれていた。蘇州の運河整備が一段落した時、この第四縦運河にまで船が行き来する光景が見られることを期待したい。生活の場がいきづくことが水辺の重要な魅力の一つであるからだ。

中国・江南の水郷都市

江南の運河を巡る

江南一帯では、村や町、都市へと、水路が縦横無尽に張りめぐらされ、商品や生産物、資材などを船で容易に運ぶことができる。このような舟運による物流システムの中継地としての役割を果たすようになったのが水郷鎮であり、これらの都市は商業や公益の活動拠点として形成された。蘇州を中心にその周辺に発展した鎮のうち、周庄と同里を船で巡ろうとしている。

私たちは、蘇州の外城河から少し南下した護岸から江南の運河巡りの旅に出ることになる。霧に包まれた中に現れた旅を共にする船は、私たちの想像を遥かに超える豪華な船であった。私たち一行七人だけが乗るにはあまりにも贅沢に感じられるほどである。しかも、客である私たちよりも何と乗組員の方が多いことに、またまたび

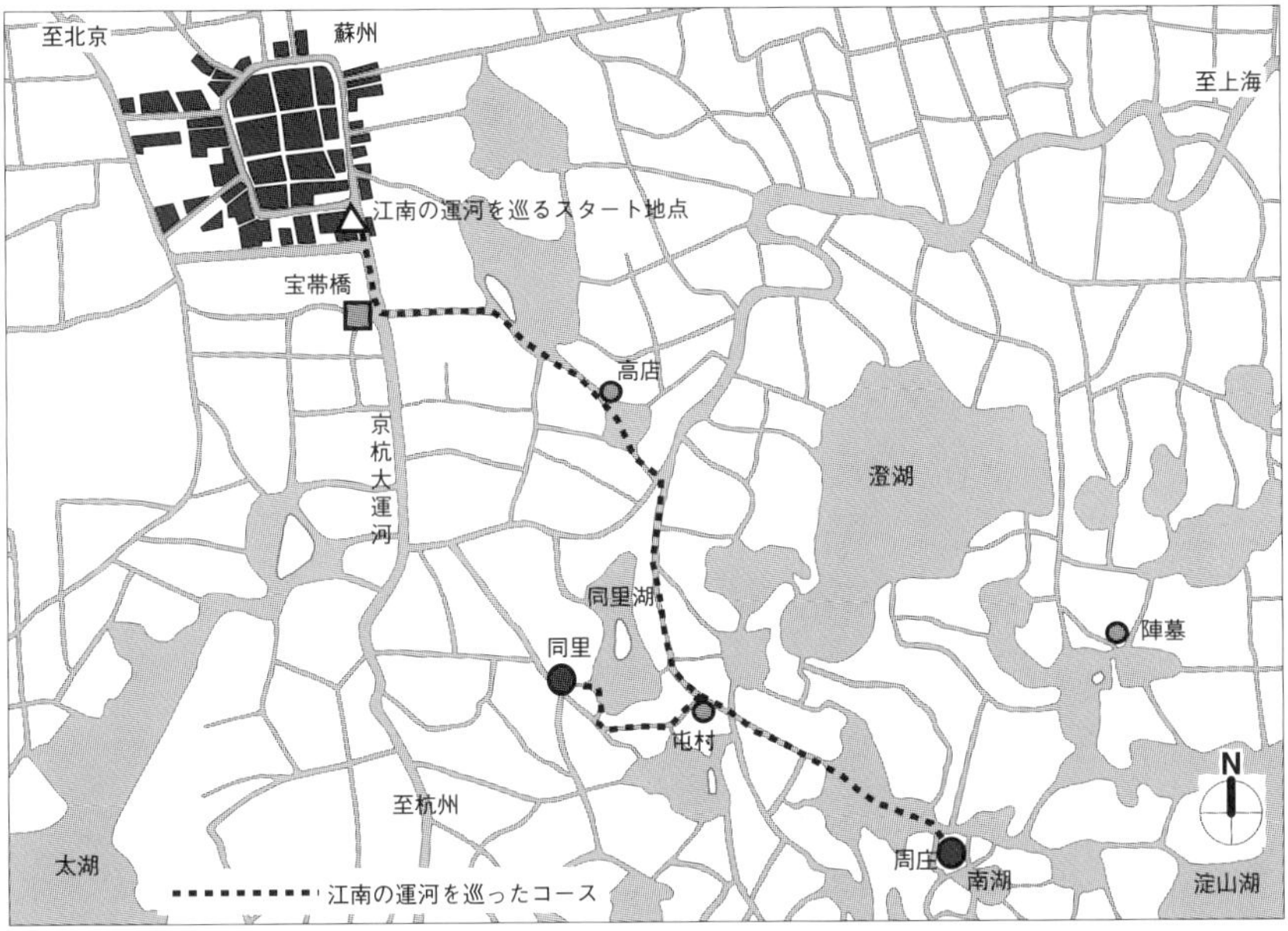

36　蘇州と周庄を結ぶ水路網図

っくりである。

周庄までの道程は、大運河（蘇州～宝帯橋）を南に下って、宝帯橋を右手に見ながら左に折れて幹線運河（宝帯橋～車坊～屯村）に入り、その間多くの湖を抜けて周庄に辿り着く予定になっていた(37)。三月二八日の朝、ホテルの窓の外は一面の霧で何も見えない状態だった。船で周庄・同里と巡っていくのだが、不安がつのる。霧が晴れぬなか、船は周庄めがけて出航する。

高村さんの話によると、大運河は水上のハイウェイのようなもので、日本の高速道路を思い描けばよいらしい。大運河沿いには、集落や舟運に必要な様々な施設もあまり見られない。大きな都市を離れれば、次の大きな都市まで一直線に突っ走るだけなのである。この北京と杭州を結ぶ京杭大運河の歴史は古く、中国における運河と港の歴史は紀元前七〇〇年頃の春秋時代まで遡るといわれている。

大運河は、春秋末期に呉の国が長江から淮水《わいすい》に至る間の運河開削を皮切りに、六世紀末から七世紀の初めにかけて隋の煬帝によって完成した。行程は、浙江省の杭州に始まり、蘇州を通り、多くの湖水と河川を結んで黄河に入る。さらに洛陽に至ってからは北東に向かって、北京にまで達する。この大運河は、隋の都、洛陽をV字形の頂点として大陸内部へと入り込んでいた。

元が大都（北京）に都を定めると、大都からまっすぐ南に向かう大運河の建設がはじめられる。全長二五〇〇キロあった距離を一挙に八〇〇キロも短縮した。この巨大な運河建設の直接的な動機は、南方の米を大都に運ぶことであった。そのことは逆に、この大運河を通じて、北の中原の文化が南方に普及していったことも意味している。それは、唐の詩人・李白や都に上る外国の使臣、僧侶、学者が、大運河を使って旅をしていることからも理解できる。江蘇、浙江の両省が、中国で経済の最も発達した地域となったのも、大運河を基軸とした舟運による物資の大量輸送とコストダウンが大きく影響している。さらに、こうした大量の米生産による経済的な余力が、農業生産をより発達させるとともに、絹織物をはじめ、綿や茶などの商品作物を発達させ、農業から手工業の分離をうながしていった（注12）。

船は、京杭大運河から別れて幹線運河に入る。その頃から霧が晴れてきて、周辺の風景も少しづつ見えはじめる。霧の幕が上がった後の風景は一面の菜の花畑であった(38)。実は霧が濃くて、行きには宝帯橋も確認できず、いつ大運河から幹線運河に入ったかもわからなかった程である。ただ同里からの帰りは快晴となり、宝帯橋もはっきり船上から見えたし、幹線運河から直角に曲がって大運河に入る過程もつぶさに見ることができた。

霧のなかで船の鳴らす汽笛の音だけが耳をつんざいていた状況から、霧が晴れて窓からの視界が開けると、周辺の風景の色どりだけではなく、予想を遥かに超える船の多さに驚かされた。私たちは東京でよく隅田川に船を出す。その時に隅田川で見る船の数と比べると、江南の運河を行き来する船の数は圧倒的である。しかも、水の空間には生活感が満ちあふれ、活気もある。かつては隅田川も船が行き来し活気に満ちていたのだろうが、ここ江南では舟運が機能している現状を目の当たりにすることができる。

運河沿いに展開する田園の水辺風景

幹線運河を行き交う船を少し系統的に見ていくことにしよう。私たちが目にした船は、様々な種類があった。広大な水郷地帯の運河を行く船のなかで、圧巻はタグボートが長々と筏を組んで引く、いつはてるとも知れない木材の列の光景だった(38)。これらは上海方面からきて蘇州を北上していく。他にも何艘ものダルマ船が連結されて自然のくねりにゆったりと蛇行する姿も、日本の川では見られない。

37　運河沿いに広がる菜の花畑

38　筏に組んだ木材を運ぶタグボート

　このようなダイナミックな風景ばかりではない。エンジン付きの大小の船が様々な物資を乗せて私たちの横を通り過ぎる。幹線運河や支線運河沿いにはレンガを焼く窯があちこちに点在している。蘇州をはじめ周辺の都市に焼かれたレンガを運ぶには、やはり船を使って運河を行く。その他には、砂利や竹などの建設材料を満載した船が多く見られた。幹線運河ではエンジン付きの船が大半を占めているが、支線運河や湖に出ると漁業に携わる手漕ぎの舟が目立つようになる。躍動的な光景がのどかな風景に変わる。

　江南を船で旅していると、田園地帯を一定の幅で護岸整備された運河を進むこともあるが、これが舟運の航路かと思わせる大きな湖に突然投げ出されてしまうことが度々あった。私たちが考えていた運河の概念は一変する。しかも、迷路化した水の道に加え、地形が平坦で広大な田園や湖なので、すっかり方角を失ってしまう。ところが、ここ中国では住宅建築は南を向くという原則があり、水郷地帯の江南を船で旅するのに大いに助けとなった。家さえあれば曇りであろうと、日が高々と上がっていようが、どちらの方向が南であるかすぐにわかる(37)。

　運河を巡って見ることができた住宅は、比較的新しい建物が多い。この水郷地帯が道路整備されていくにともなって、急速に宅地化されていることが船上からでもわかる。新しい住宅群ほど、運河から遠く離れて建てられている。運河網の利便性よりも、新しく整備されつつある道路にすり寄っていく過程が読み取れる。

船が絶え間なく行き来する幹線運河沿いには、船の航行に欠かせない施設が点在している。運河を行く船を日常的にサポートするのが、ガソリンスタンドや簡易ドックである(39)。また、ほぼ直線的で分かりやすい大運河とは異なり、幹線運河は複雑に交叉し合いながらネットワークしているので、その時々の船の位置や方角を見分けるための灯台や標識も多い。大運河沿いではあまり見かけなかったこれらの施設は、幹線運河の重要な風景要素となり、私たちの目にとまる。

幹線運河沿いには、帆船時代から運河沿いに成立し、舟運と深くかかわりを持ち続けてきた村々も、船が進むにつれ登場する。塔をもつ村、高店もその一つである。私たちが船上で最初に見かけた運河沿いの古い村である。平板な地形の江南では、こうした塔が、航行する船にとっては村の位置を知る重要なランドマークであり、航行する船の位置を知る手がかりともなる。

水郷の町・周庄までの行程

ここ江南では、日本で味わえない船上からの広大な水郷風景のパノラマの眺めを堪能することができた。これから語ることになる江南の鎮、周庄は、農村の文化、経済、情報の中心であり、主として農業生産に従事しない人々によって構成されてきた。鎮が成立した背景には、宋代の「市」制の崩壊に伴う、都市の城壁の内外における商業活動の自由化と都市・農村間の分業の再編成があったといわれている。これはまさに、近世日本に起きた港町の成立と発展の歴史と共通する。宋代の鎮は、実質的には商業都市であるが、行政の末端機関としての役割も担っていたことから、江戸時代の港町と同じような都市形態だったように思える。中世以前に起源をもつ日本の港町の多くは出城を構え、領主の出先機関でもあった。

再び船は広い湖に入った。そろそろ周庄が見えてくるころだ。前方に陸地が見えはじめる。その陸地目がけて船は突き進む。

周庄に近づいたことを私たちに知らせるかのように、塔のシルエットが前方に浮かび上がる。周庄の塔は、鎮の北を流れる幹線水路から眺められることを考慮して、鎮のはずれ、北西寄りの場所に建てられていた。だが、

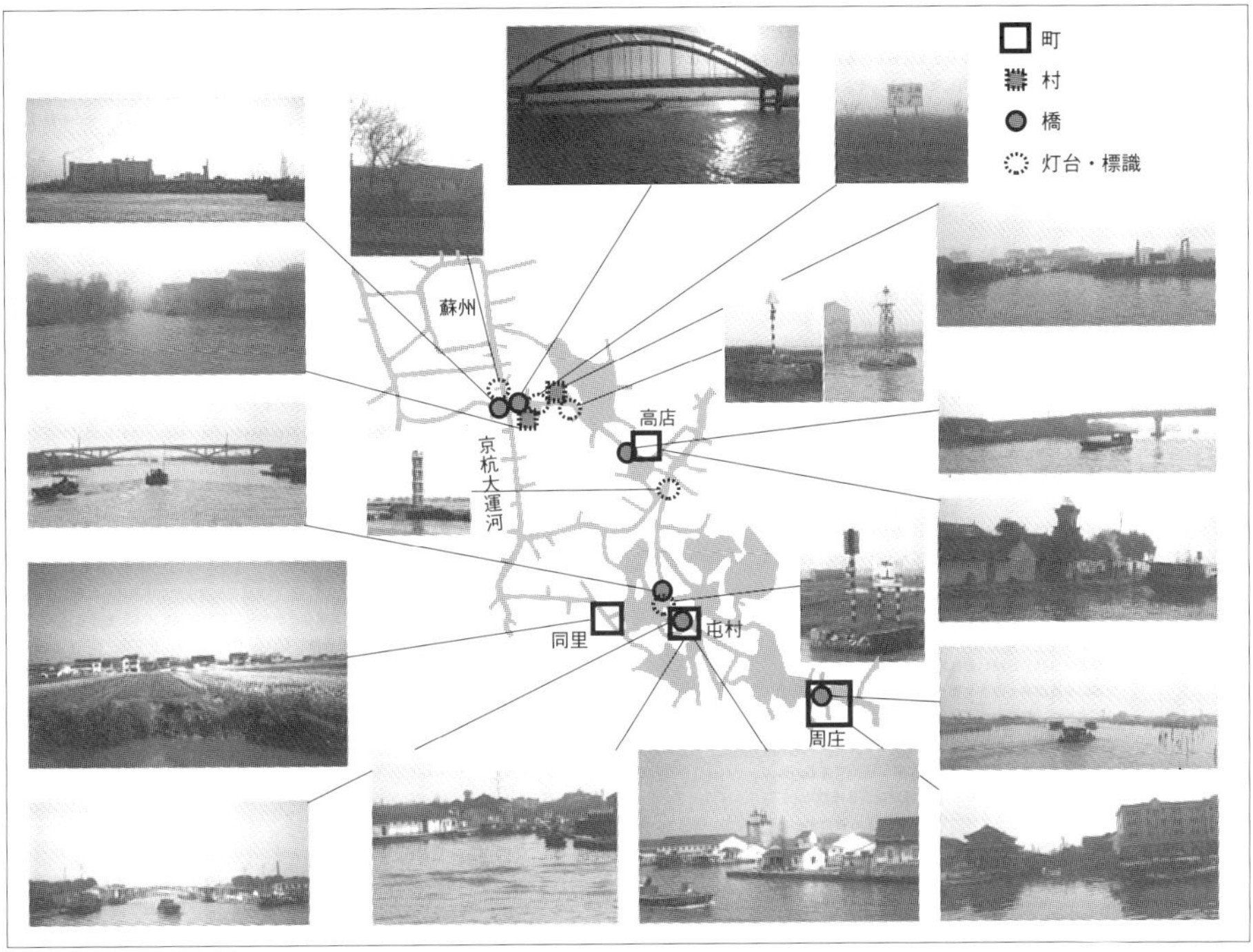

39　運河沿いの様々な施設一覧

最近復元された塔は以前よりやや南に位置している。

　水郷にある鎮は、外部からの来訪者に対して開放的でなければ、商業公益活動の場として繁栄することはできない。一般に、鎮にある住宅や商店、廟などは二層を越えることがなく、一面に水の広がる水郷地帯では風景の変化も少ない。立体的な風景の変化に乏しい江南の運河を行く場合、鎮のありかを見つけるのは非常に困難となる。その手助けをするのがこうした塔の存在である。塔は、鎮の場所を示すランドマークとなり、来訪者を招き入れる。私たちもその塔を目印に周庄に吸い込まれていった。

　船で周庄に入るには、〈急水港〉と呼ばれる周庄の北を流れる運河を通る。この大きな運河は無錫や蘇州など太湖周辺に成立する都市と上海を結ぶ重要なルートとなっている。この運河の水深は一〇メートルもあって大型船の航行が可能なため、現在もひっきりなしに船が行き交う。しかも、周庄のまわりには、同じ江南経済の一端を担ってきた同里などの鎮が数多く点在しており、幹線運河を軸にこれらの鎮を結ぶための支線運河も発達していた。舟運上の立地条件に恵まれた周庄は、大都市間の中継地として、さらには周辺の鎮や農村からもたらされる商品や生産物の集産地として成長することができた。

周庄に近づいていくと、両側から岸が迫り〈急水港〉の幅が狭くなる。新しく架けられた大きな橋がこの運河を跨いでいる。そこをくぐり抜けると、右手に周庄の中心部へ入る運河が延びている。右に折れた船は、造船所などの大規模な産業施設の脇を通り、周庄の内部深く入り込む。水郷地帯にある鎮の中心をなす運河の入口には、倉庫や船の修理場などの港湾施設が設けられている。こうした巨大施設群を通り過ぎて中に入ると、景観は一変するはずであった。

周庄は観光都市化が極めて著しい。道路が整備され、上海から車で気軽に来られるようになっている。そのことを象徴するかのように、周庄の最も重要な運河の入口である太鼓橋の手前には、観光客を運ぶ車のための道路が敷設され、直接周庄の中心まで船で入ることができなくなっていた。かつては、幹線運河を曲がって、突然目の前に美しい太鼓橋が姿を現す感動的なシーンがあり、その橋を潜って運河沿いの古い町並みを堪能できた。現実は小さな太鼓橋が遠くに見えているにすぎない。

中国・江南の水郷都市

周庄

商業都市に特化した水郷鎮

水郷の中にできた僅かな洲を利用して、都市の基盤をつくりあげてきた鎮は、水と共存せざるを得なかった。こうした土地柄であることをむしろ逆に利用して、多くの鎮は水を都市の中に積極的に取り込み、そこに住む人々の生活を豊かにしてきた。周庄は、宋代一〇八六年に周という人物がこの地に庄園（荘園）を拓いたことから、その名が付けられたと伝えられている(40)。そして、元末十四世紀に周庄を鎮の地位にまでしたのが、蘇州近郊の村からここに移り住んだ江南の大富豪沈祐と沈万三の親子である。彼らはここで荘園を営み、倉庫を設け、周庄を商品流通の拠点に成長させた。その後、成長と衰退をくり返しながらも、清代には再び町並みを成熟させた。陸化の難しさが幸いしてか、多くの鎮とともに周庄は近代の都市化の波にのまれることなく、舟運が活発だった往時の都市風景を今日に伝えている。現在でも、旧市街の町並みの三分の二が明清代の建物で占められているという(41)。

陣内研究室が初めて訪れた一九八八年当時は観光客を見かけなかったといわれる周庄である。だが私たちが訪れた一九九八年春には、水郷の町の雰囲気を残す観光地として、大きく生まれ変っていた。古い町並みが残る旧

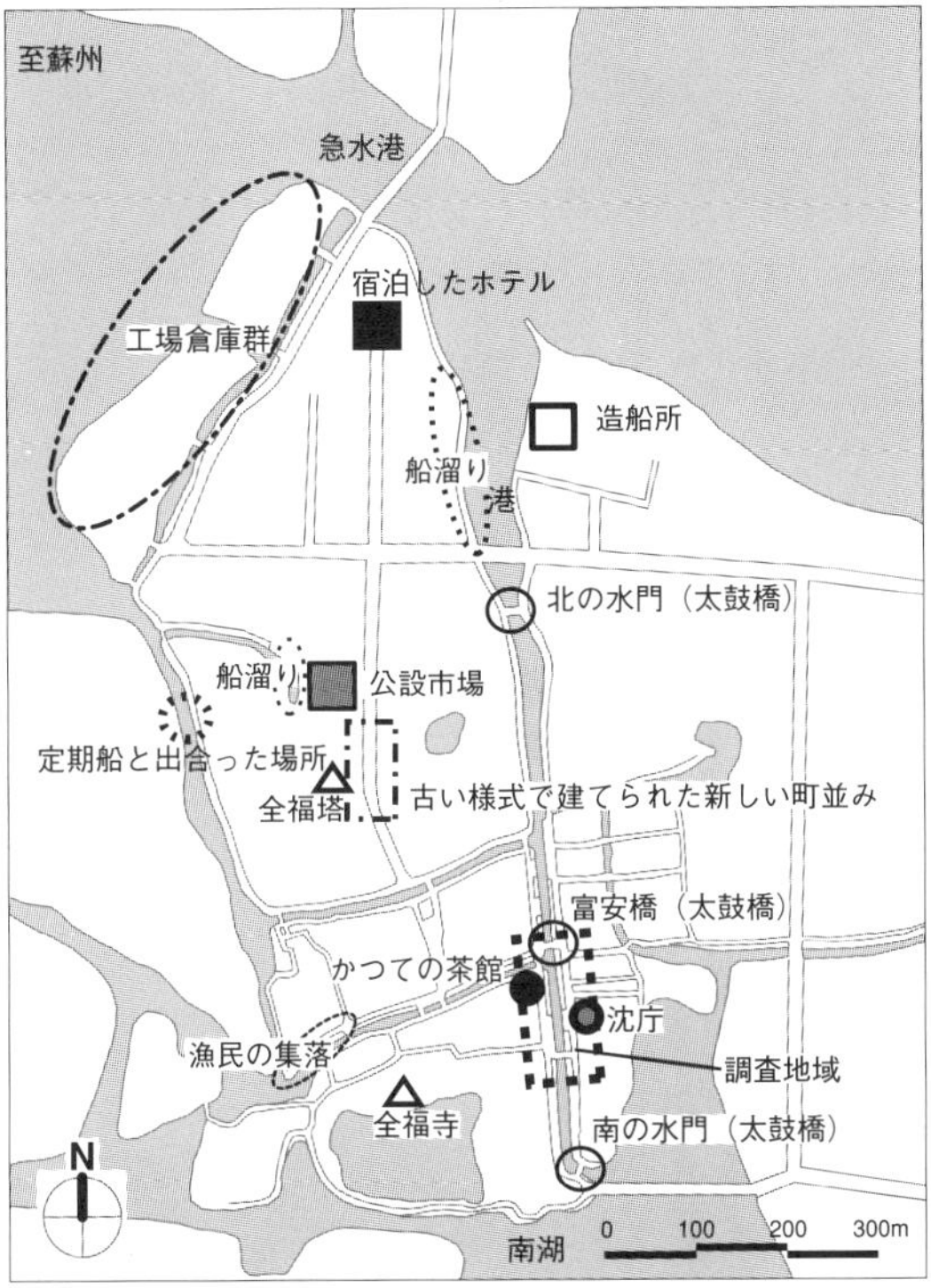

40　周庄案内図

42　レストランになったかつての茶館

41　運河沿いの古い町並み

市街の外側にも、新しい建物が次々と建てられていた。真直ぐな広い道路の両脇の建物を指して高村さんは「騙されないようにして下さい。皆さんが今見ている建物は一見古そうに見えますが、私が調査した頃の一九八〇年代にはなかった建物です」と注意をうながす。水郷鎮には似つかわしくない真直ぐな広い道路の両脇に建てられているという奇妙さはあっても、中国建築に精通していない私たちにとっては一瞬これも古い建物かと思っていた時の言葉であった。周庄の観光都市化は、凄まじい勢いで周辺を市街化している。

私たちは、観光客の間を抜け、周庄の旧市街に入っていく。水路を軸に水辺に張り出した建物、その間を縫うように延びる狭い道。先ほどの真直ぐな広い道路と両脇の建物群の光景とのギャップの激しさに、軽いめまいを感じる。狭い道は溢れんばかりの人でごった返し、掘割には観光用の手漕ぎ船が多くの客を乗せ、何艘も行き来している。人で埋まった道をかき分けるように、掘割が交叉する角のレストランに行き着く。

富安橋のたもとにあるこの店はかつての茶館で、開放的なつくりになっている。狭い階段を上がると、青空に変わった江南の陽光が溢れんばかりに室内に射し込んでいる。ベランダからは周庄の町並みが俯瞰できる(41)。太鼓橋が架かる橋詰めに、水面から突き出すように建つ茶館は橋と一体となり、人の一番集まる鎮の中心となる空間をダイナミックに演出している(42)。私たちはこうした風景を眺めながら、まずはゆったりと食事を取り、午後の調査に備えることにした。

町の外周を巡る

周庄には水と生活とが結びついた様々な都市装置がある。外敵を防ぐ水門、水郷地帯で鎮の位置を知らせるランドマークの塔、町の核であり祝祭空間となる橋と橋詰め、町の外部から来る人々の活動拠点となる茶館、水際に降りるための石段など、それらが巧みに都市の中に配置されている。

水門には、かつて可動式の柵が備え付けられていた。日中は柵が上げられ、自由な商業活動が行われる。夜半になると柵が下ろされ、船の交通は鎮の内部だけに限られていた(注13)。私たちはモーターボートをチャーターし、まずは周庄の外周を巡ることにした。

南の水門から南湖に出る(43)。ヒューマンスケールの運河から大きな湖に出ると方向を失う。左に大きく迂回し、いったん〈急水港〉に出て北の水門の方へ向かう。左手に先ほど見た造船所が見えてくる(45)。陸地に沿い

43　南湖に通じる南の門

44　水辺に正面を向ける全福寺

45　周庄の入口にある造船所

46　定期便の船が通る運河

47　漁師が住む住宅

ながら左にカーブしていくと、工場が建ち並ぶ一帯にでる。一〇年前この辺りには建物などなく、荒れ地が続いていたそうだ。工場群を抜けると、南に延びる運河がある。定期船だろうか、客を乗せた船が私たちとすれ違う(46)。左に折れて先に進むと、運河沿いの建物が密集しはじめる。左手には分岐した運河が入り込んでいる。奥にはたくさんの船が停泊している。地図で確認すると船溜りの先が新しくできた市場のようだ。さらに進むと、〈后港〉、〈中市河〉と呼ばれる周庄の都市骨格をなす運河と合流する。その一つ、〈中市河〉沿いには漁民の住み着いた集落がある。高村さんの話だと、もともとは船の上で生活していた人々が、年月を経て徐々に陸に上って生活するようになったそうだ。よく見ると、船がそのまま入れる構造をした建物もある(47)。陸に上がりきれない漁師の生活空間が垣間見られるようだ。ここを過ぎると、壷を生産する工場などが市街地の外側にあり、再び南湖に出る。左手には、水辺に正面を向けた全福寺がその姿を保持している(44)。モーターボートだと、ものの二、三〇分で周庄の外周を回ってしまうほど、この町はこじんまりとしている。だが、町の中は運河を軸にしながら、実に濃密な空間をつくりだしている。

モーターボートから今度は町の中を巡る観光用の小舟に乗り換え、実測調査のターゲットを探すために、水の側から周庄の町並みを観察した。

古い町並みを残す商業地

変貌する都市風景

周庄の商業地は、南北の都市軸となる運河と、そこから西へ延びる二本の平行した運河によって構成されている。建物はまず、舟運や生活用水の確保に便利な運河に面して建てられ、市街化された。そのことから、町の形態も運河のあり方に大きく左右されている(49)。

周庄では橋が町の中心であり、かつてそこで市が開かれるなど、橋詰広場と一体となって賑わい空間をつくりだしていた(48)。ところが、今回訪れた時は、重要な橋詰広場に立つ市に集まる露店は姿を消し、多くの店は新しくできた市街地に設けられた公設市場の巨大な建物に入ってしまっていた。

農民たちの公衆道徳があまりよくないため、町の中が汚れるという理由で、鎮政府は周庄のはずれに大きな市場を建設し、旧市街の橋詰めで物を売ることを禁じたというのである。薄暗い市場の場内へ足を踏み入れると、予想外に多くの人々が商いに参加し、活気があった。そこでは食料品を中心に取引がされていた。市場の大空間の中を抜け、外に出てみると、何十艘もの船が係留されている。先ほどモーターボートで見た船溜まりがあった。船なくして生活が成り立たない水郷鎮の現代の風景がここにある(50)。

周辺の村々からの生産物を乗せた農民や漁民の船は中心部まで入り込めなくなっていたのである。そのために観光のためだけの生活感のない風景がかつての運河には感じられた。現在は、かえって周庄の裏側に形を変えた水の都市の生活感が漲っている。とはいえ、すべての農民や漁民が新設された市場に集約されたわけではない。小商いしかできない農民は、観光客で溢れる富安橋以外

48　橋詰の建築は船から来る人に目立つように建てられている

50　市場の裏にある船溜まり

51　橋のたもとでの商い

49　周庄の市街地変遷図

の橋のたもとや運河べりでかつてのように客を集めている(51)。

都市軸をなしている南北運河の特色

人の賑わいの光景は大きく変ったが、運河を軸とする中心部は今なお古い建物が主要な景観をなしている。そこで、私たちは一九八〇年代に高村さんを中心に陣内研究室が調査した成果をベースに、周庄の中心軸となる運河沿いの建築群を調査することにした。ベースにした調査結果からすでに一〇年の歳月が過ぎていることから、その変化にも着目した。同時に、水上と陸上の橋渡しをしている水際の空間構成の特徴も調べることにした。

南北の都市軸となる運河は、沈庁などがある東側の護岸沿いに建物が密集して建ち並んでおり、商業活動の場としては東側が中心であったことがわかる。それに対して西側はオープンスペースが多い。緑も多く、もともとは住宅地であったと考えられる。その住宅地の空間構造を残しながら、商業地に変化していったようだ。この西側の町並みには、直接水辺に面していない茶館がある。この茶館は、富安橋のたもとにある茶館の華麗さと対照的に見える。だが、運河沿いのオープンスペースを取り入れることで、不利な立地条件の茶館は実に開放的な空間をつくりだしている(54)。このような空間演出の巧みさは学ぶべきところが多い。建物配置やオープンスペースなどがつくりだす景観の違いをうまく活用した例であるといえる。広場のペーブメントは石の形や配列を様々に変えている。このリズムカルに変化を与えた仕上げは、楽しくさせる演出が感じ取れる(55)。

実測調査の間、私たちは蘇州で数多く見かけた井戸を探した。周庄にとっても重要なはずの水であるが、井戸を見かけない。つい最近まで、すべての住民が運河の水を直接利用していたのである。水道の普及率が高くなったにもかかわらず、今でも炊事や洗濯などには運河の水が使われている。私たちも運河沿いの階段を降りて水仕事をしている光景をよく見かけた(53)。

運河に直接面した広場や建物には、運河に降りる「河橋」といわれる階段がつけられている場合が多い(注14)。この河橋の付けられ方には、二つのタイプに大きく分けられる。その一つは、運河に対し平行に降りる河橋である。これは、建物と対になっている場合など、様々なパターンが見られる。二つ目は、運河に対して直角に降りる河橋である。この場合は建物と一体につくられている。このような河橋は運河に面する建物の壁面から外に出ることはない(52)。船の航行を意識してつくられているこ

53　運河でモップを洗う朝の風景

52　建物と一体となった石段

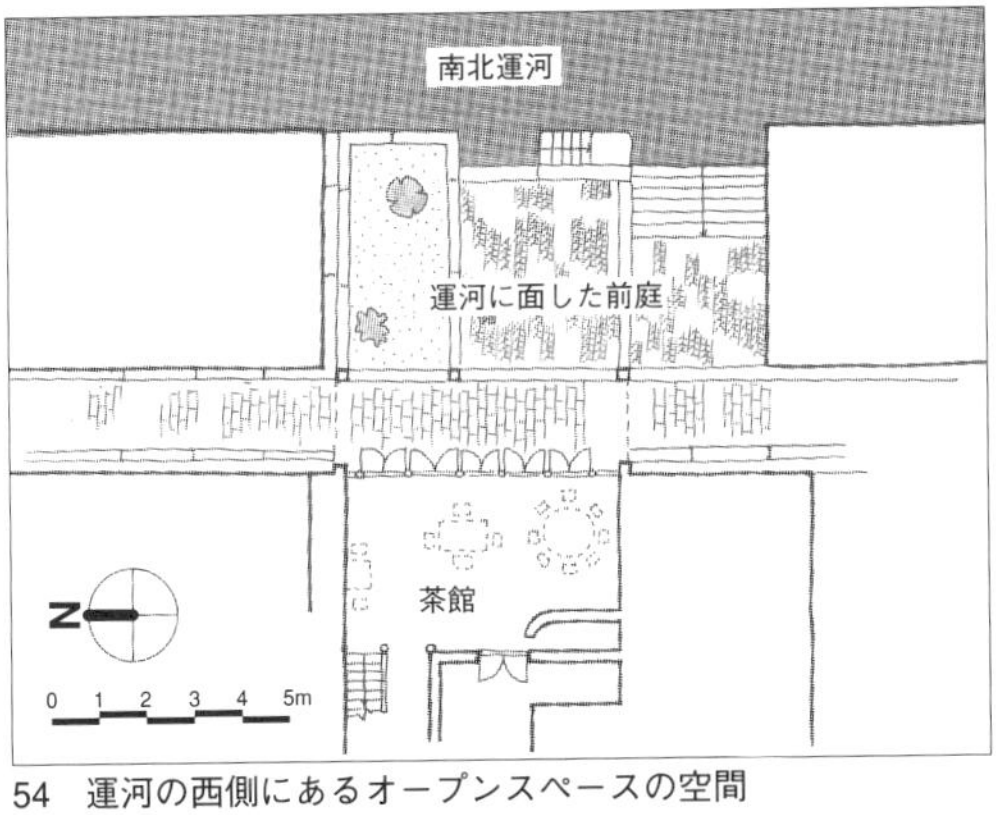

54　運河の西側にあるオープンスペースの空間

55　広いオープンスペースがとられている西側の水際

とがわかる。オープンスペースの場合は、軸線上に茶館などの商業施設が建てられていることが多く、空間の演出を意識してつくられたようにも思われる。ただ、もともとこの運河は狭いので、水面を有効に使える、平行に降りる河橋が周庄では好まれているようだ。

水辺の景観形成への配慮

かつて店舗で埋め尽くされていた運河沿いの町並みも、一九八〇年代には一時歯抜け状態となった。それが最近古い景観に配慮した建物が建ちはじめ、再び水辺景観が連続するようになってきた(56)。新しい建物は、白壁と黒瓦のコントラストが運河に溶け込み、古いものと比べてあまり違和感がない。中国の建築にあまり詳しくない者にとっては、少し見ただけでは区別するのが難しいほどである。新旧の建物の違いを判断する方法として、一〇年前の調査と比較しながら、南北運河沿いの建物の変化を追ってみることにした。一〇年前に作成した配置図に、現在建てられている建物を重ねてみると思いのほか新しい建物が多いことに驚く。

まず建物ファサードの変化を検討してみた。二階のファサードに着目すると、二階が開放的な窓である場合は、歴史的な古い建物であった。建物の使われ方は、かつての旅館、あるいは一階を倉庫に、二階を店舗として利用していた商店があげられる。商業活動が活発な明清代に建てられた建築は、舟運を効果的に利用できる建築空間とするため、一階を倉庫にし、わざわざ二階を店舗にしていたのである。客を二階に上がらせる工夫として、明るく開放的な空間を意識的につくりだした。

一方、二階が独立した窓の場合は、前回の調査以降に新しく建てられた建物である。これらの建物は、一階が店舗、二階が住宅として利用されている。新しく建てられた建物は、運河が舟運としてすでに使われていないこともあり、一階は倉庫ではなく店舗にしている。わざわざ、二階に店舗を持っていく必要もなくなったのである。そのために二階には居住スペースを併設させることができるようになり、プライバシーを意識したつくりになったようだ。

下屋《げや》の有無からも、建物の新旧が判断ができた。二階が開放型となっている古い商業建築には下屋が付いていない場合がほとんどである。同時に、一階は倉庫であったために、二階の華やかさに比べてデザイン的な配慮がされていない。それに対し、二階を住宅として利用している新しい建物の場合は、必ず下屋が付けられていて、一階も二階も同じようにデザイン的な配慮が加えられて

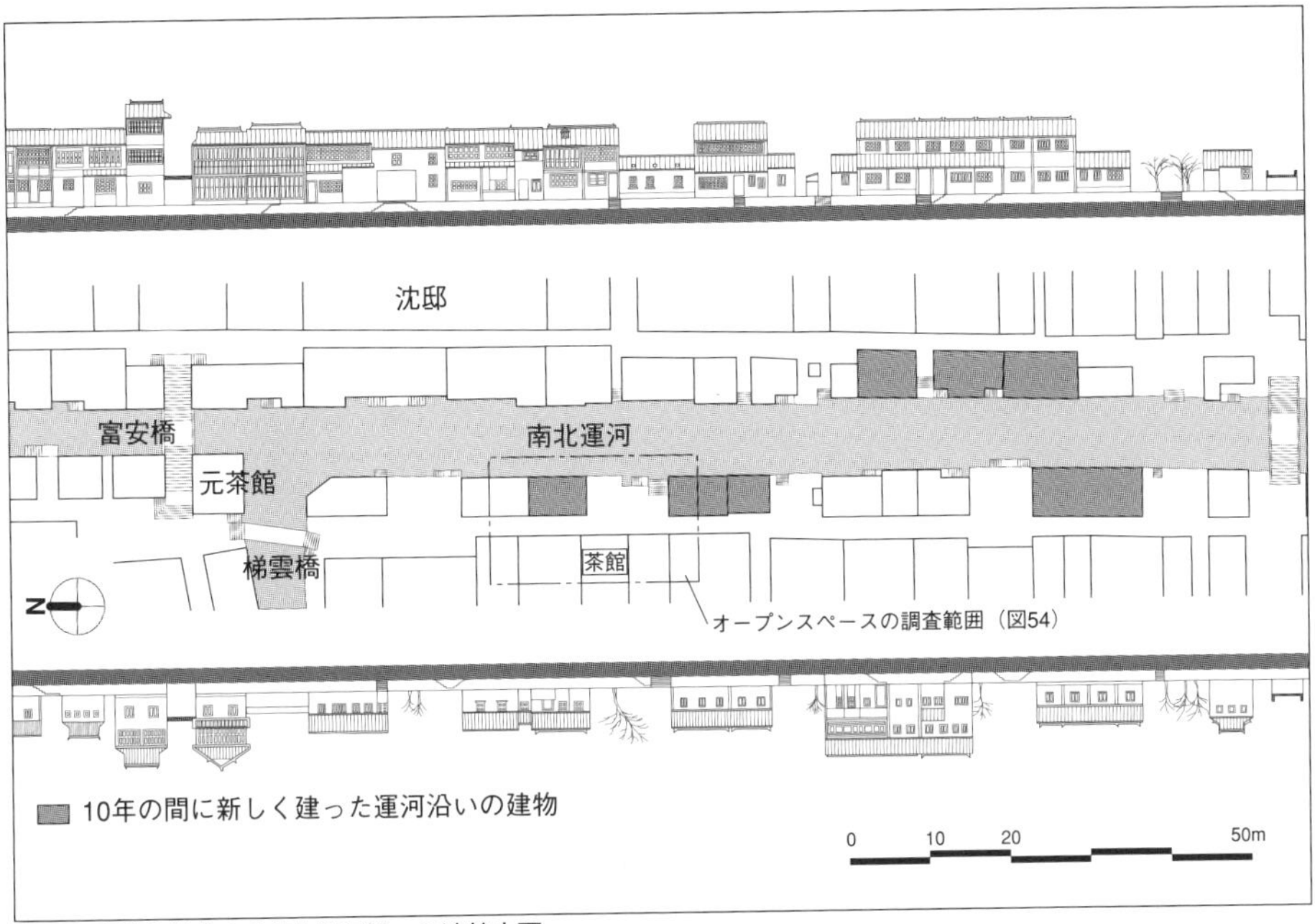

56　都市軸を構成する南北運河沿いの連続立面

いる。

平屋建築の場合は、より新旧の建物の考え方の違いが見えてくる。窓の大きさ、個数が規則的で、屋根に装飾が施されている建物は、前回の調査以降に建てられたものである。また、窓が不規則に並ぶものは、前回の調査以前から建つ古い建物であることがわかった。古い建物は主に倉庫として使われていたので、二階建の商業建築のような客を引き付けるデザイン上の配慮は見られない。新しい建物は、はじめから景観を意図して建てている。窓や屋根のデザインも旧来の商業建築や全体の町並みを意識したものとなっている。さらに、新しい建物は運河の裏手にある街路沿いの建物の形態を配慮して建てられていることである。背後の建物が茶館や騎楼である場合は、運河への目線や対岸からの景観を考え、運河沿いの新しい建物を圧迫感のない平屋の建物にしている。

運河沿いに建てられている建築の足下のデザイン配慮という面では、新しく建てられた建物に河橋が付けられていることが多いことがあげられる。舟運に使われなくなった河橋は、デザインとして意識的に使われている。ただ、現在でも生活には運河の水を使っている。むしろ生活のために、新しい河橋は住民の活動の場となっている。このような風景は新しい建物であっても絵になる。

周庄の調査は、周辺の店がほとんど閉店する頃まで続いた。昼間、道側に面する商店の一階には壁がまったくなかった。高温多雨の江南では、開放的な開口と両側の店舗の軒を渡すように、舗道にも屋根が架けられ、雨や強い陽射しから買物客を守ってくれている。だが、日が暮れると、細長い板が敷居から鴨居まで間口いっぱいにはめ込まれてしまい、開放感があった道も幅が狭く感じられる。しかも店内からは明かりがもれてこないので、私たちは穴蔵に入ったような印象を受けた。どうにかこうにか調査を終え、閉まるまぎわの飲食店となった茶館で遅い食事をすることができた。蘇州では、雨や霧で散々だったが、周庄ではよく晴れ、満天の星が輝いていた。

中国・江南の水郷都市

同里

水に包まれた隠れ里

翌日、晴れ渡った空の下、周庄を出航して同里に向かった。すっかり慣れたはずの江南の運河風景だが、蘇州からの船旅とは別の牧歌的な景色に心がなごむ。ただ、ここでも私たちがどこにいるかとなると、まるで見当がつかない。同里のまわりを湖が取り巻いている。運河を巡るというより、海原を行くといった感じだ。しかも湖から運河を使って同里に入って行くには、複雑な自然のクリークを通り抜けなければならないので難しい。一九七五年に蘇州との間に道路が開通するまでは、船が唯一の交通手段であったと聞くと、同里がなおさら隠れ里としては絶好の立地条件であることがわかる。かつて、多大な財産を持った地主や退職した官僚たちが、ここを自

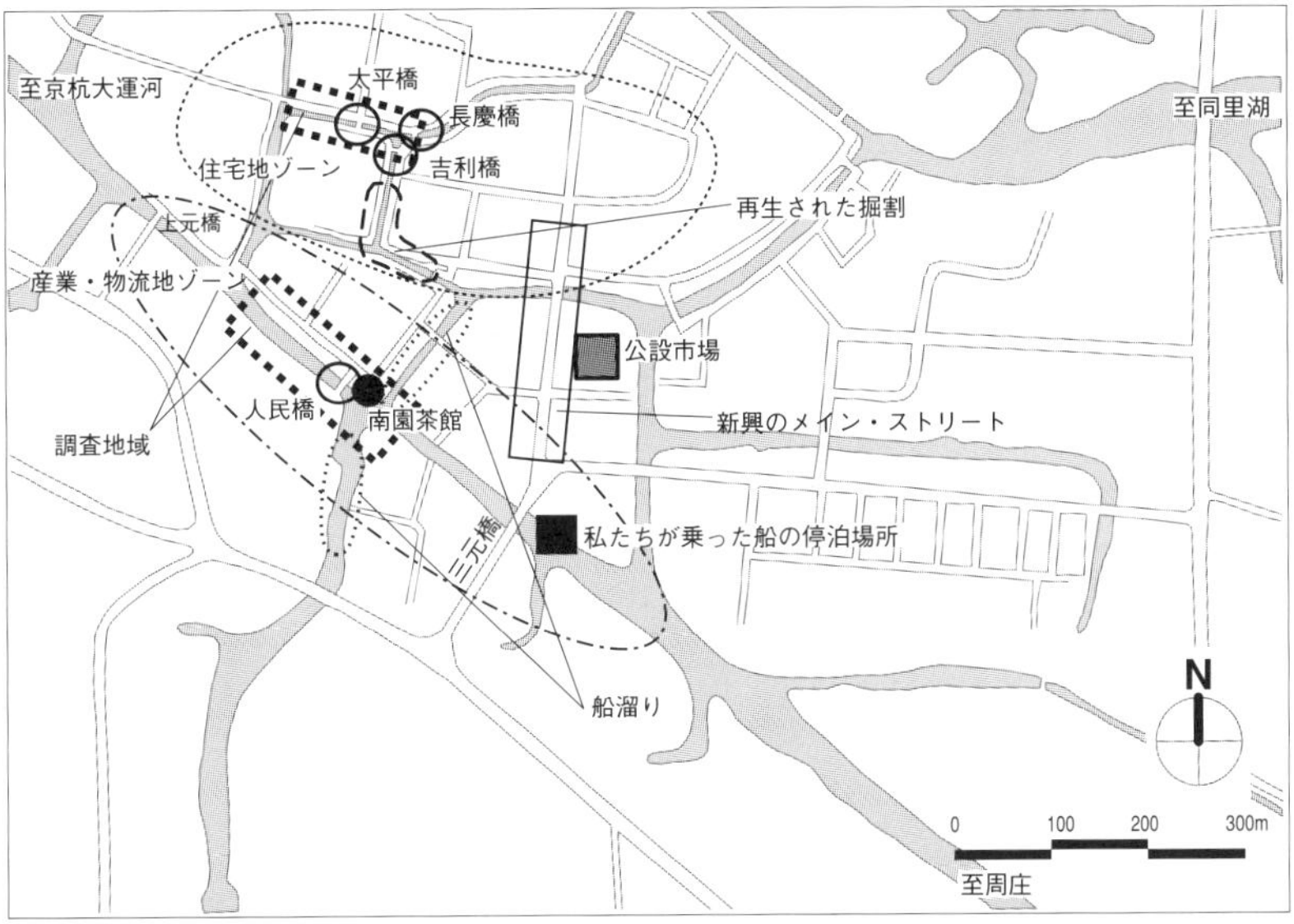

57　同里案内図

分の安住の地として選んだのもうなずける。同里では、商業活動に直接従事しない人々が多く住み、文学や芸術に力を注いでいた。そのため、他の鎮ではあまり見られないすばらしい庭園があり、同里独特の鎮の文化が築き上げられた。

　現在、同里にある建物の三分の一以上が明清代に建てられたものといわれ、それらの町並みの前を運河が流れる魅力的な水郷都市の風景が迎えてくれた。だが周庄同様、ここも私たちが訪れた一九九八年にはすっかり観光の町に変わっていた。

　同里は迷路のような水路網に住宅、物流、そして漁村が各々の核をなし、個々に成長拡大し、その後一つの都市空間をつくりだした(59)。私たちはこの同里で、住宅地と商業地、物流の河岸といった、異なった土地利用を共存させている都市の構造に着目し調査を行うことにした。三元橋近くに船を止めた私たちは、まずは古い住宅地に向かうことにした(57)。

住宅地の構成

　宋代以降、鎮の多くは商業の公益活動の場として発展、成立していったため、住民の大半を占める商人は店舗を兼ねた建物に住んでいた。同里のように、店舗併用住宅でなく純粋な住宅だけで住宅地域が形成されていることは、水郷鎮ではごくまれなことである。

隠遁生活の場として退官した官僚や地主の多くは、鎮中央の島、運河が張りめぐらされた迷路空間の一番奥まったところに居を構えた(58)。この住宅地は東西に流れる運河が貫いている。運河に沿った幅の広い道路に面しては、間口の狭い住宅がすきまなく軒を連ねている。これらは、十九世紀から今世紀初頭にかけて建てられた住宅が多く、それぞれ南北の明確な中心軸を持って、左右対称に構成されている。運河沿いの建物の扉や梁、門など、随所にちりばめられた華麗な装飾は、並みの住宅でないことを物語る(61)。同里の住宅は、蘇州にけっして引けを取らない華麗な住宅が軒を連ねている。特に、崇本堂と嘉蔭堂は、華麗な装飾が隅々まで行き渡り、堂々たる風格を備えている。

この住宅地の運河に沿っては、幅六メートルほどの道路が通っているが、商業地の道路の幅が二～三メートル足らずであることから、この住宅地の道幅がいかに広いかがわかる(注15)。しかも、運河があるので、その広さは実際よりもさらに広く感じる(60)。あえて広場を設ける必要もない程で、同里の人たちは道全体を広場感覚で使いこなしているように思える。それを物語るように、運河沿いには木が植えられ、木陰にはさり気なくベンチが置かれている。舟運や生活に使われた石積みや河橋も、商業が中心の周庄より遥かに立派である。さらに、そのまわりの運河がT字に交わる場所に架かる十五世紀の長慶橋と十八世紀の太平橋、吉利橋が、運河を中心とした高級住宅街の風景に優雅さを加えている(注16)(62)。

蘇州とは違い、同里では取水を井戸に頼ることはなかった。周庄と同様つい最近まで、すべての住民は運河の水を直接利用していた。多くの水郷鎮で上水道の整備が始まったのは、一九八〇年代の後半からで比較的新しい。だが、雨水を運河に流し出す下水道はずっと以前から備わっていた。同里では石板が敷かれた道の下に下水溝が埋められていて、運河に排水する。運河沿いを歩くと、石積みの護岸に所々に小さな四角い穴が開いている。そこが排水口になっている。これは雨水だけで、毎日家庭から排出される糞尿は別で、「馬桶《おまる》」が使われる。いっぱいになった馬桶の中身を早朝、公共厠所の脇に設けられた肥溜めにあける。そして、禁じられているはずの運河の水で馬桶をきれいに洗って、日当たりのよい橋の上や路肩、中庭に置いて干すのである。こうした光景は朝早く町を歩いているとよく見かける。

舟運と深く結びついた痕跡を探しながら歩いていると、

運河の壁面にはめ込まれた〈船纜石〉が目に入る。舟運という実用と同時に、水辺を華やかに飾る装置ともなっている。高村さんがこの石を指しながら、「別名〈船鼻子〉ともいわれ、蘇州近郊で産出する金山石を使っているんです」と話してくれた。船をつなぎ止めておくための船纜石は、水際に降りるための石段の近くによく設けられている。

58 東西軸の運河に沿って建つ住宅

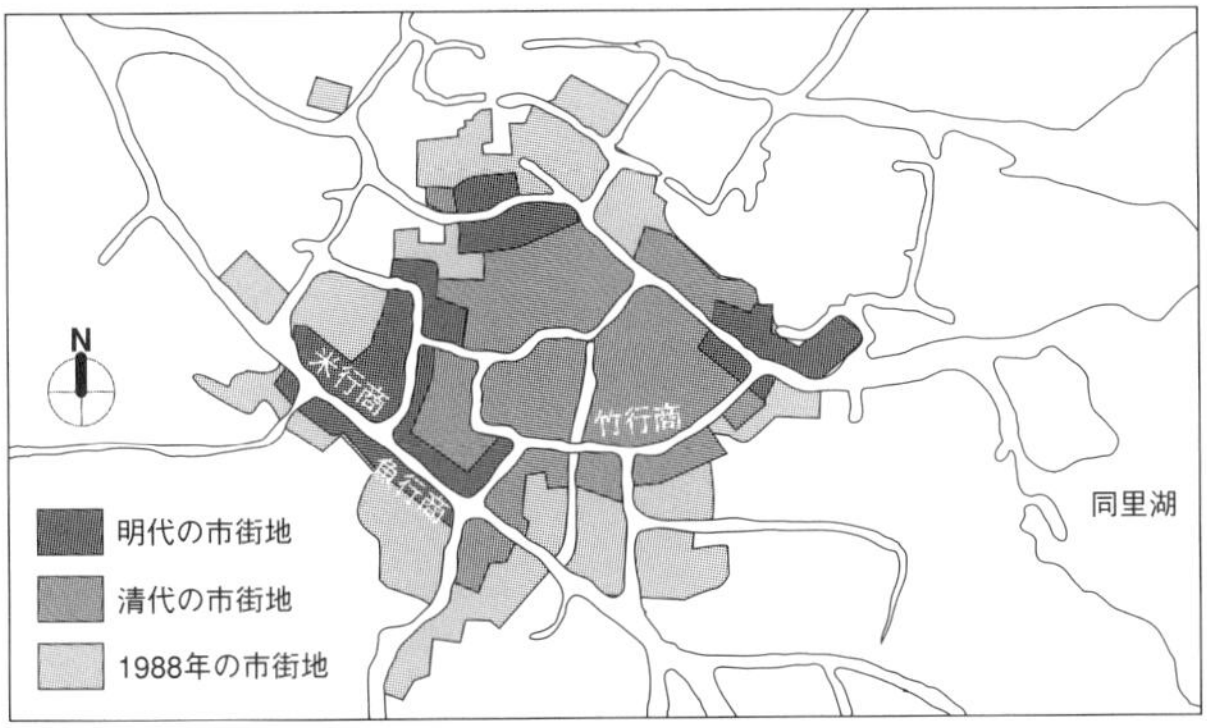

59 同里の市街地の変遷図

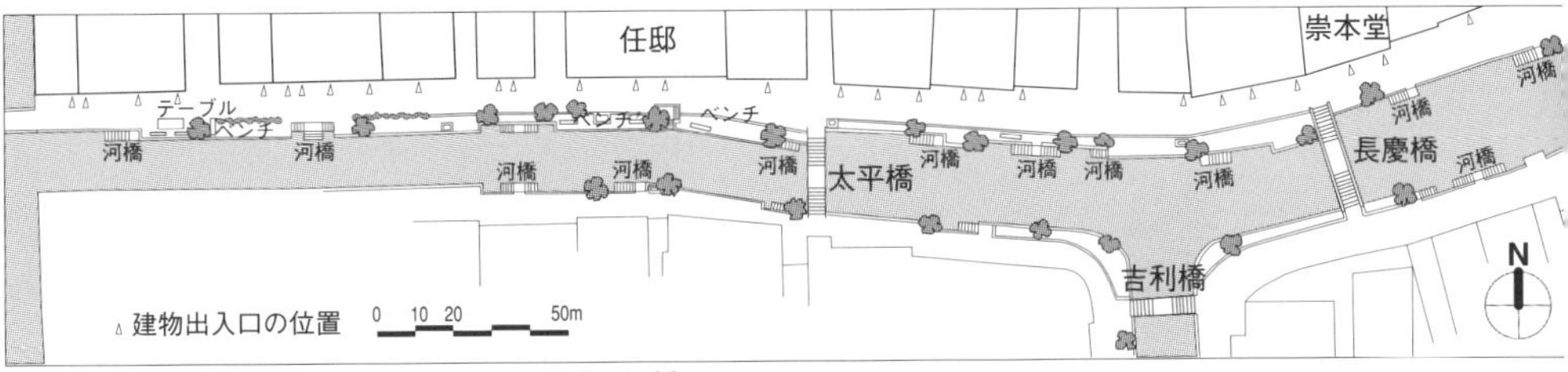

60 住宅地の南側を通る運河沿いの空間構成と河橋

62 運河に架かる3つの重要な橋の一つ、吉利橋

61 1900年前後に建てられた邸宅

63　〈河橋〉で洗い物をする人

どこの町も、住宅の出入口の前に河橋があることが多いが、同里では設けられている場所が異なる。機能を重視しているせいか、主に使用人が通る通用口の軸線上に設けられている(63)。蘇州の私用に使われる入口と違って、象徴的な左右対称の河橋を設けることはないのである。自己の権威をことさら空間に反映しないところは、隠れ里・同里の一面を見るようで面白い。

商業地と物流基地

運河に面する商業活動の場

同里の商業地や物流の基地は、住宅地の中心を流れる運河の一本南、東西に延びる運河以南一帯に形成されてきた。西から、米行街、魚行街、竹行街という順に、南北方向の運河を渡るごとにその呼び名が変わり、その場所ごとに扱う品も異なっていた(注17)。この商業・物流活動の中心をなす運河沿いは、どこも店舗や倉庫で埋め尽くされていた。各々の建物には運河側に入口が設けられ、船上の人と荷のやり取りをしている光景もつい最近まで見受けられたそうだ。これらの店舗のもう一つの入口がある側の道路は、幅二メートル足らずしかない。かつては、同里の住民でさえ船で買い物に出かけていたというから、人や物が頻繁に行き交う商店街というよりは、むしろ道路側が店舗の裏口であった可能性が高い。そうであれば、この極端な道路の狭さもうなずける。

かつての同里は、運河に顔を持たなければ、船で訪れる客に自分の店へ導くことも間々ならなかったのである。まして、船でなければたどりつくことができなかった同里だから、物資の搬入の面でも水辺に顔を持つことが重要であった。人口が増え、商業が発達してくると、商業活動の場を増やすことが求められた。この商業地には非常に興味深い町並みの配置構成が見られる。運河を向く商店と道路を向く商店が、運河と道路の間に背中合わせに配置されている(64)店舗を増やす工夫がこの建物配置から読みとれる。

64　運河と道路の間に背中あわせに建つ商店

65　運河が交差する場所に建つ南園茶館

66　船溜まりとなった運河

住宅地と商業地の間を隔てていた運河は、一度埋め立てられたが、私たちが訪れた時には再び掘り返して運河を復活させていた。そこでは市が開かれていたと聞く。もちろん、現在も路上は物売りや客でごった返しているが、かつてはそれよりも船と陸、船と船の間でやり取りをする人の方が多かったという。以前は農民たちは船で市に訪れ、市が立つ近くに設けられた大きな石段に船を横付けしていた（注18）。こちらの方がずっと古いのだろうが、彼らのやり取りを想像すると、まるでバンコクの水上マーケットを思わせる。こうした水上マーケット的な雰囲気は同里から消え、路地ほどの狭い道だけが賑わいを見せている。今でも、裏になった運河沿いには多くの船が係留され、そこを拠点に新しくできた街へ出て、運んできた商品を売り捌くのだろうか（66）。同里の内部の運河にまで、これらの船が行き来する光景はすでに見ることができない。

同里の南端を流れる主要運河沿いにある店や倉庫のなかでも、運河が十字形に交わる角の目立つ場所には茶館が置かれている。この南園と呼ぶ茶館の隣には国営商店がある（65）。この店は、町に生鮮品を売りに来る農民のために開いている。「ここから周辺の農村と同里を結ぶ定期船が出ていまして、周辺の農村を日に二往復巡回する定期船が発着する時しか営業しないのです。村で手に入らない品物をこの商店で買い求め、それを船に積み込んで、村へ持ち帰るのです」と高村さんが説明してくれた。私たちが調査している時、定期船が着いたが、国営商店は開かなかった。むしろ、彼らも表の整備された道路沿いの商店街に買物に行ってしまうのだろう。この一画は、舟運という視点からは絶好の場所であるにも関わらず、すでに賑わいを失っていた。

南園茶館も、廃虚と化していた。多いときには同里に一〇軒余りの茶館があり、各々の店が賑わいを見せていたというから驚きである。だが、運河の交叉する場所の重要性はすでに薄れ、生鮮食品は公設の市場に集約され、新しく敷設された街路沿いには商店が並んでいる。水と結び付いて展開してきた商業活動は失われ、それに附随して象徴的に成立していた茶館の存在もすでに過去のものとなろうとしている。

明代初めから、米の集散地として名高い同里は、六〇〇年以上にわたって他の地域の農民や商人と交流を持っていたことになる。収穫した米を船で運ぶルートが、この南北に流れる運河である(67)。少なくともここに茶館が存在してからは、彼らの商談の場となっていた。南園茶館の運河沿いには、陸に上がるための長い石段が設けられている。そのうえ、運河の幅十七メートルにもおよぶ広大な水上空間を利用して、多くの船が停泊できるようになっている。かつての南園茶館は、船を利用してやって来る農民を相手に、運河に対して開放的な空間をつくりだしていた(注19)。

南北運河に沿った物流拠点

この茶館から運河に沿って魚行街の方へ行くと、運河の北側は水際いっぱいに住宅が建ち並んでおり、かつての物流拠点のイメージはまったく失われていた。ただその対岸には、倉庫が並び、現在も機能している(68)。人民橋から上元橋の間は魚行街といわれ、古くから物資が集散する重要な場所であった。倉庫の前には運河に沿って長い石段があり、多くの船が同時に荷捌きできるようになっており、物流の中心であったことがうかがえる。ここの倉庫群は、主に小麦、米、豆などの穀物類が中心であるが、魚や肉を扱う倉庫も見られる(69)。私たちが調査している時、船が岸に横付けにされ、ブタが船から引き出される光景を見た。ブタも食肉にされることを感じてか、なかなか船から出ようとしない。引き出され倉庫の中に消えていった後も、ブタの悲し気な叫び声がいつまでも耳に残った。倉庫の奥には屠殺場もあるのだろうか。

一方、茶館から東側は、町の外れになる。この運河沿いには、現在大きなスペースを必要とするセメントや石材など建設材料の置き場が占めていた。私たちの乗ってきた船が停泊している三元橋のたもとには、竹の倉庫がある。中国では竹が建設資材として古くから重要視されており、同里にも米行街、魚行街と並んで、竹行街があ

67　南北に流れる街の軸となる運河

68　物流の拠点である南北軸の運河と町並み

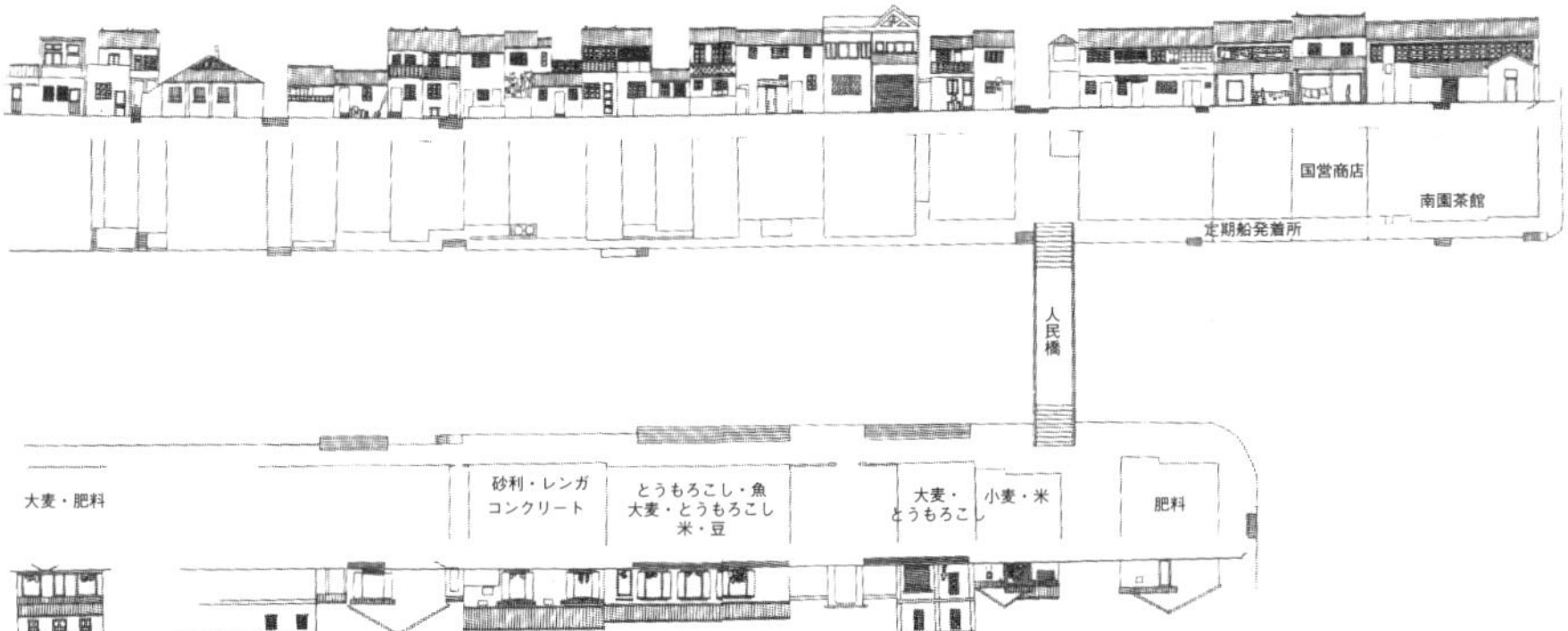

69　南北に流れる運河沿いの建物の連続立面図

った。竹を扱う施設は、かつて同里の中心近くにあったものが、今では市街地の拡大にともなって郊外に出されてしまったようだ(67)。

調査を終え私たちは、同里から船で蘇州に戻った。いよいよ帰路に着くべき時が迫ってきた。その夜、私たちは蘇州の庭園で中国の舞踏と音楽を聴く機会に恵まれた。こうした場でゆったりと時を過ごすと、慌ただしくも充実した調査の旅が色々と想い起こされる。同里は都市を拡大させながら、陸の町に代わりつつあるように見えるが、埋め立てられた運河を掘り返し、元の水辺環境を取り戻す価値ある事業を実現していた。舟運が廃れたからといって、運河は舟運だけのためにできたのではない。水辺は人々に安らぎと潤いを与えていたのである。しかも、環境を含めたトータル経済として、舟運は経済的である。日本が同里のように第一歩を踏み出せるかどうかは、水の文化に対する意識の高さの問題かも知れない。

水辺の生活と再生への動き

伝統の再評価と観光開発

江南の調査は、食事のおいしさに圧倒された旅でもあったように思う。上海での最後の晩餐は、極め付けの豪華な夕食ということで、上海一、二を争う料理屋で、舌鼓を打った。一同、調査の疲れを吹き飛ばすことができた。

ところで、高級中華料理をたらふく食べた後、私たちは上海バンドに出て夜景を楽しみ、ホテル・和平飯店で生のジャズバンドを聴きながら各人が一、二杯の酒を飲んで最後の締めとした。支払いの時びっくりしたのだが、先ほどの高級中華料理よりもさらに高い金額だったのだ。そのことは、私たちが蘇州・周庄・同里でとった全ての食事代を越えていたことを意味する。調査の先々で、高村さんの「食」に対する勘の鋭さだろうか、昼や夜に飛び込んだどの店の味も格別だった。あらためて、江南における都市の水文化の分厚さに感嘆する。安くておいしい食事を楽しめるのは、これまた魅力的な水辺都市の共通性でもあるようだ。

その江南では、道路整備が急ピッチで進められていた。私たちが船で体験した運河で行き交う船の多さと都市を結び付ける幹線運河の活気とは裏腹に、新しく整備された市街地は広幅員の道路と数多くの観光バスが目についた。水辺都市の魅力をたたえる周庄や同里を訪れるのにほとんどの人が車で来ていたことに、日本の現状を忘れて驚いてしまった。これらの町を訪れるのに車以外の手段がないことにいささかの失望感があった。同時に、旧市街の周辺に新しく建てられていく住宅も水辺の環境を意識して建てられているようには思われなかった。

ただ、周庄も同里も古い地区の中心部に入り込むと、日々の暮らしの中に船が重要な位置を占めており、活気に満ちた生活の場を見ることができた。ヨーロッパの調査でも感じたことだが、水と深くかかわって成立してきた都市には、やはり水を最大限に活かした人々の生活が不可欠である。掘割沿いの古い町並みを歩いても、観光客が溢れ返る昼間よりも、朝、住民が掘割の水を使う風景の中に歴史の厚味や空間の魅力を強く感じ取ることができたのである。

日本も同じだが、観光地として歴史的な町並みや水辺空間を切り取って整備するだけでは都市の魅力や活気は生まれない。江南の都市が日本の港町と違うのは、水辺空間や都市と農村を結ぶ運河網に生活の活気が漲っていることだ。このことが、日本の港町に一番欠けていることかもしれない。

復元した運河

私たちが中国・江南を訪れたのは一九九八年である。その時の蘇州は都市内部で工事が至るところで行われていた。道路整備ではない、運河を修復再整備しているのである。同じように、同里でも運河の整備が行われていた。こちらは埋め立てられてしまった運河を復活させる工事であった。普通の観光なら工事中の姿など見たくもないのだろうが、私たちにとっては、一度埋め立てられた運河が復活していく現場に立ち会えたのは幸いだった。

再整備されていく姿を見るだけでも、水辺環境に対する意識の高さや豊かさを実感できた。さらに、同里のように運河がすでに復活した現場を見て、町がどのような方向に都市を再生しようとしているのか、それを肌で感じ取れたのも収穫だった。

つい最近まで、日本で埋め立てられた運河の復活を叫べば、一笑にふされた。笑われないまでも、マイナーな意見として無視されるのがせいぜいである。ところが江南の都市では堂々と運河を復活させている。日本と水の文化における考えの深さの違いがあるのだろうか。

日本では川に観光船を浮ばせるのがせいぜいである。それさえも日本では船をチャーターして川を遡ろうとすると難しく、根本的に自然の水と向き合う姿勢が違うようだ。これでは、現代の日本に都市の水の文化が生まれてくるはずもない。同里では過去への回帰で運河を掘り起こしているのではない。それは、現在と将来を見据えた動きであるように思えてならない。

日本の水辺環境は一九九〇年代以降変化を見せているが、水辺を化粧する意識からなかなか抜け出せないのが現状である。日本でも、小さな町や村での地道な努力が実を結び、水辺を豊かに再生した事例や、何百年もの水管理システムを維持して水辺の環境を後世に残す努力を続けている事例など、探せば多くの成果を列挙することができる。

だが、「舟運」という立場から「都市の水の文化」を見たとき、日本では急に色褪せていく。アジアの「水の都」といわれる都市や町を調査して強烈に違いを感じた。自然の水と力強く共生していく意識の違いがある。少なくとも、この意識は近世以前の日本人にはあったし、多くの港町は自然の水と共生するなかで、素晴らしい都市風景や生活環境を生みだしていった経緯がある。このことは本来私たち日本人にとっての大きな文化遺産であるはずなのである。私たちは今、その歴史的経験を踏まえて、いかに現在から未来に生かすかが問われている。

水辺環境をどう読むか

水郷地帯の江南で、いきいきとした水辺環境を現在も使いこなす姿を見ていると、不便さが伴うとしても自然と共有できる豊かさがそこにあるような気がしてくる。

春の江南の朝は、霧が立ち込める。人々は運河と建物の間のもやった外気のなかで運河の水を使って一日の生活を始める。運河では洗顔をし、食事用の鳥の生肉を洗い、掃除のためのモップを洗っている。もちろん、禁止されているとしても昨日使ったオマルを洗っている人もいる。これは周庄での朝の風景である。現在は決してきれいな水ではない。水道水の透明さに慣れてしまっている私たちには、不潔きわまりない光景であるのかも知れない。この光景を見て、私たちは水道の水を使えとか、下水道を完備しろとかいう。ただ水道の水源も、下水処理されて流す場所も運河を含めた川であることは、日本と少しも変らない。水源地に産業廃棄物の処理場がつくられて、川の水を飲料水にしなければならない日本の町や村と水質の危険さにどのような違いがあるのだろうか。

私たちが目の当たりにしている江南都市の朝の風景は、きっと何百年も続けられている人々の行為であるろう。かつての運河は、人間が生活するうえで欠かせない多目的な水であったはずである。その水を江南では幾世紀もの間使い続けてきているのである。

水は私たちにとって大切である。蛇口から出てくる水が大切なのではない。私たちを取り巻く自然環境のなかにある水の存在が重要なのである。水道をつくることはその一部をただ便利にしただけである。周庄の朝の風景は、このことを私たちに訴えかけているように思える。運河と同じ水に棲む魚たちはこの水で呼吸し、その魚を私たち人間は食べている。これは汚い水で育った魚だから食べないのだろうか。私たちはどん欲に食べてしまっているのである。

蘇州や同里で見た運河の再生は、景観整備ではなく根本的な人と都市と水とのかかわりを現代にその本質から問い直す行為である。日本人の私たちが学ばなければならないのはこのことなのである。

（注）

（注1）谷崎潤一郎『蘇州紀行』全集第六巻、中央公論社、1967年

（注2）高村雅彦「水の都・蘇州」『中国の水郷都市』（陣内秀信編）鹿島出版会、1993年、P.55

（注3）同右P.59

（注4）同右P.64

（注5）同右P.75

（注6）同右P.64

（注7）同右P.69

（注8）一つの中庭を四つの棟が取り囲む形式を〈四合院〉と呼び、そのうちの一つの棟を取り除いたケースを〈三合院〉と呼ぶ。こうした中国の住宅は、多少形に違いはあっても、漢族の普遍的な住宅の様式として中国全土に広く分布している。江南の水郷都市では、〈三合院〉が住宅を構成する主な基本ユニットとなっている。道路に面した側から奥に向かって延びる敷地の中心軸上にこの基本ユニットが整然と配置され、一戸の住宅をかたちづくるために、奥行の深さによって基本ユニットの数が増減する。

（注9）高村雅彦「水辺の住宅」前掲書『中国の水郷都市』P.197～198

（注10）江南辺りでは一間は三メートル前後が一般的である。

（注11）高村雅彦「水の都・蘇州」前掲書『中国の水郷都市』P.69～71

（注12）高見玄一郎『港の世界史』朝日新聞社、1989年、P.92～94

（注13）中国では「柵」という言葉が水門にあたり、一般には〈水柵〉と呼んでいた。その柵が周庄を南北に貫く主要運河の両端の入り口に設けられ、石拱橋（石で造られたアーチ型の橋）が周庄の水からの門となっていた。

（注14）水際に降りるための石段を中国では〈河橋〉と呼んでいる。字をそのまま解釈すれば、陸と陸を結ぶ橋に対して、川と陸を結ぶ橋ということになろうか。橋に匹敵するほどの意味が、川と陸を結ぶ重要性が〈河橋〉という言葉に込められているように思える。

（注15）高村雅彦「水に浮ぶ水郷鎮」前掲書『中国の水郷都市』P.95～96

（注16）高村雅彦「水に浮ぶ水郷鎮」前掲書『中国の水郷都市』P.99

（注17）高村雅彦「水郷鎮の事例」前掲書『中国の水郷都市』P.241

（注18）高村雅彦「水郷鎮の事例」前掲書『中国の水郷都市』P.242

（注19）高村雅彦「茶館」前掲書『中国の水郷都市』P.152

タイ・バンコクの水辺空間

バンコクという都市

私たちは、アジアでの次の調査地をバンコクに定め、一九九八年十二月一九日に日本を出発した(1)。十二月はバンコクで第十三回アジア競技大会が開催されており、その影響で航空券の入手に大変苦労した。そのため、この八日間で全員が参加した本格的な調査は実質四日間であったが、思った以上に充実した調査ができた。それは、バンコクの人々の心温かい性格と現地で通訳をしてくれた柿崎一郎さんの努力に負うところが大きい。

今回のバンコク調査の根城は、ロイヤルオーキッドシェラトン・ホテルである。単に贅沢をしたいからではない。チャオプラヤー川(注1)を一望できるホテルに泊まることで、東京でいう隅田川に位置づけられるこの川をじっくり俯瞰し、体感しておきたかったからである(2)。客室からの展望は、予想を上回る迫力で待ち受けていた。目の前を滔々と流れるチャオプラヤー川は、バンコクに内在する都市の水文化の豊かさを私たちに予感させるものであった(3)。

ホテルの部屋の窓から眺めるチャオプラヤー川では、朝夕通勤通学の人たちを対岸に運ぶ渡しや様々な種類の船が行き交う光景が見られた(4)。運河を巡る観光用の船(注2)が朝になるとホテル近くの船着場に集まってくる。時にこうした風景に混じって悠々と数艘の貨物船がタグボートに引かれて上っていく。川べりにあるテラスで朝食をとっている時など、ぎゅうぎゅうづめの渡し船から羨望の熱い視線と敵意とまではいかないまでも強い刺すような視線を感じた。ゆとりある朝食ができるテラスは、観察の場であると同時に、観察される場でもあり、そこに人々のエネルギーが錯綜していることにも気付く(5)。

バンコクは、日常の中に船がまだまだ重要な役割を担っている都市である。この調査で、私たちは水上の交通を多用した。どこへ行くにも船を使った。使ったというより、むしろ船を使うことがまだまだ便利な都市がバンコクなのである。

私たちは外国で調査をする際に、調査対象とした建物や町にニックネームをつけることが多い。発音や文字の難しい国では、当地の名称よりニックネームの方が、調査にかかわった私たちがすんなり場所を共有できるからである。このバンコクでは、読者の皆さんにも調査の楽しみを共有していただくために、ニックネームの家や町

1　アユタヤーとバンコクの位置図

2　ホテルの窓から見たチャオプラヤー川

3　水を湛えて流れるチャオプラヤー川

4　多くの船が行き交う朝のチャオプラヤー川

5　ホテルのテラスからの眺め

が出てくることをあらかじめ了解していただきたい。

バンコクの調査に入る前に、私たちは日本で手に入らない書籍や地図等を含め、資料の収集とそれをもとに解析を行った。また柿崎さんには、事前に運河や舟運という視点でバンコクの都市構造のレクチャーを受けていた。このように得た知識は今回の調査の良きナビゲーターとなったことは確かだ。

運河の建設と都市の拡大

タイの運河は三つの目的で掘られたといわれている。第一は「都市を取り巻く運河」で、敵の侵入を防ぐ堀をつくるために開削された。第二は「川と川をつなぐ運河」で、北から南へ流れる四つの大河を東西に直線的につなぐ運河として掘られている。第三は「舟運の航行距離を短縮する運河」で、曲がりくねったチャオプラヤー川の湾曲部を短縮するために掘られた。このなかで、アユタヤー時代の技術者が得意とした運河開削が、舟運の航行距離を短縮する第三の運河である（注3）。チャオプラヤー川を軸としたタイの河川や運河は、六〇〇年以上の長い歴史をかけて自然の河川を結び付け、形を変えていくことで、バンコク及びその周辺を水網都市につくりあげていった。フィールド調査の面白さを知る手引きとして、舟運の視点からバンコクの歴史を理解しておこう。

チャオプラヤー川東岸の環濠運河網の建設

バンコク建設時代

バンコクの中心部は、王宮を中心に、チャオプラヤー川が西に位置し、三重にめぐらされた運河が東側を流れ、これらの骨格となる運河を結ぶように東西に幾つかの運河が掘られている。こうしたバンコク中心部の運河がどのようにできてきたのか、その歴史を簡単にたどっておきたい(6)。

一七六七年、ビルマ軍によってアユタヤーが陥落する。そのことでアユタヤーよりも遥かに海側へ南下した湿地帯の中洲、チャオプラヤー川右岸のトンブリー側に、バンコク最初の王朝が成立した。一七八二年には、この王朝が左岸のバンコク側に王宮を建設し、トンブリーから遷都する。チャオプラヤー川東岸の地域では、その時す

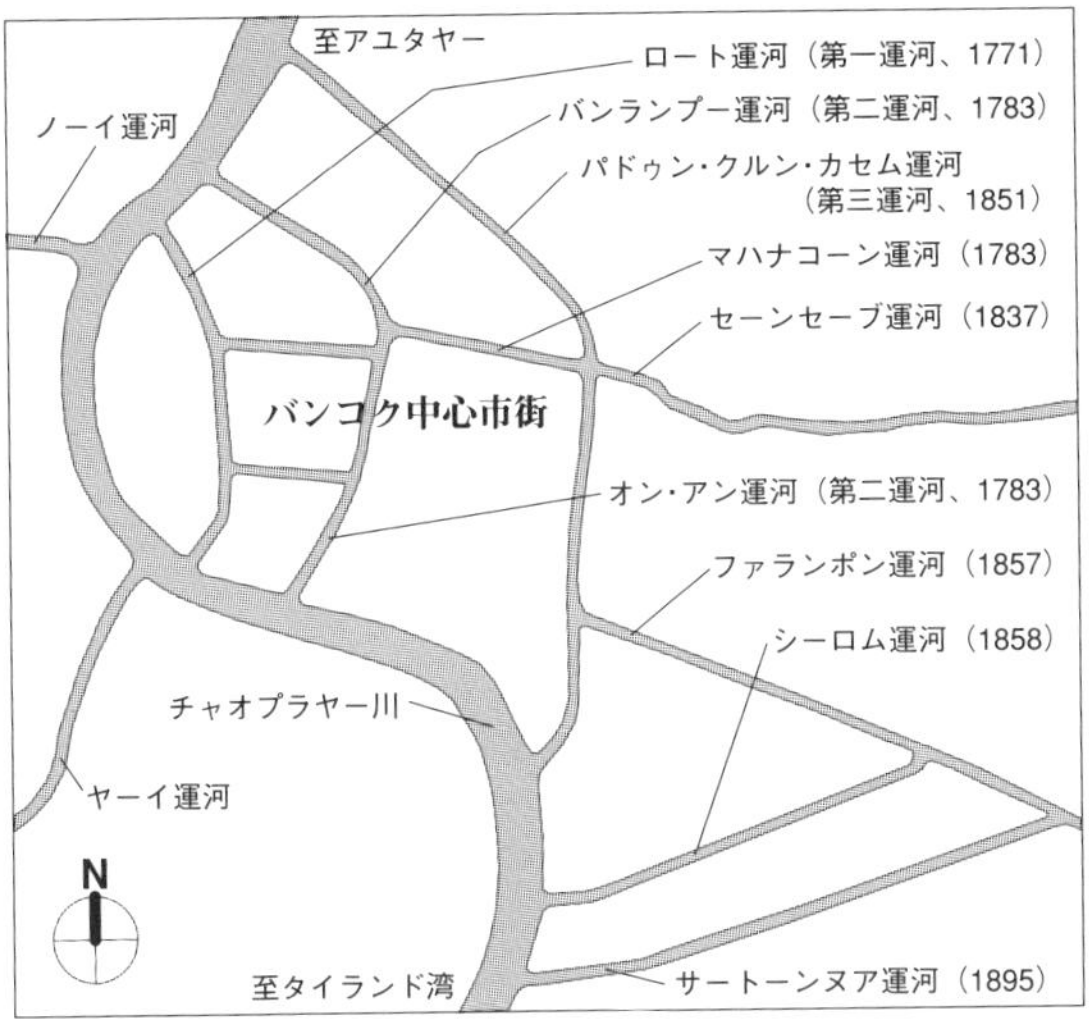

6　バンコク中心部の運河整備

7　ロート運河（第一運河）に架けられたハン橋

でに富裕層を含むかなりの数の中国人商人たちが先住していた。新王宮が建設される時、これらの中国人たちは第二運河沿いにできた城壁の外、現在のサンペイ街に移させられている。

ロート運河（第一運河）はトンブリー王朝の時代からあり、かつてはクームアンドゥーム運河と呼ばれ、トンブリー王朝の旧都の防衛線であった。運河の西側沿いには城壁も設けられていた。しかも、当時からこの第一運河は重要な交通路の拠点とし、舟運が活発であった。トンブリー方面から来る船は、チャオプラヤー川に出て、この第一運河に入り、さらにそこから東に向かう幾筋かの運河に入って、商いをしていた(7)。

バンコク建設後、ラーマ一世の時代（一七八二―一八〇九）には、東の防衛線が一七八六年に新しく整備された第二運河であるバンランプーとオン・アン運河（かつての名はクーナコン運河）に移った。バンコクは第一運河のロード運河から第二運河へと城域を拡大したが、市街地のさらなる拡大に伴って、三番目の運河であるパドゥン・クルン・カセム運河がラーマ四世の時代（一八五一―六八）の一八五一〜五四年に建設された（注4）。

都市の拡大期

バンコクでは、運河開削の時代から道路建設の時代に移る過渡期、道路建設とセットにした運河の開削が行われている。バンコクとその周辺は低湿地なので、運河を開削した土を盛土して道路をつくることが考えだされたのである。舟運と自動車交通の二つの道を同時に建設できる極めて有効な方法であった。

バンコクは、ラーマ五世王期（一八六八〜一九一〇）に入ると道路建設が急速に進み、本格化する。今日利用されているバンコクの主要道路の大半がこの時期に敷設されている。だが当然、雨期には道路は水浸しとなるので、一九三〇年頃までは幹線道路が郊外に延伸されることはなかった。むしろ、戦前のタイでは、長距離輸送に関しては鉄道が舟運に代わって重要な役割をになうようになっていた。また、都市部の陸上交通が整備されたとはいえ、その周辺の人々や物資の輸送はほとんどがまだ舟運に依存していた。

一九三〇年代頃の大規模な精米所は、ほとんどがチャオプラヤー川沿いに立地している。鉄道で輸送されてきた米は、駅からチャオプラヤー川沿いの精米所に船で運ばれていた。都市内部の縦横に走る運河網は、米の輸送路としても活躍していたのである。

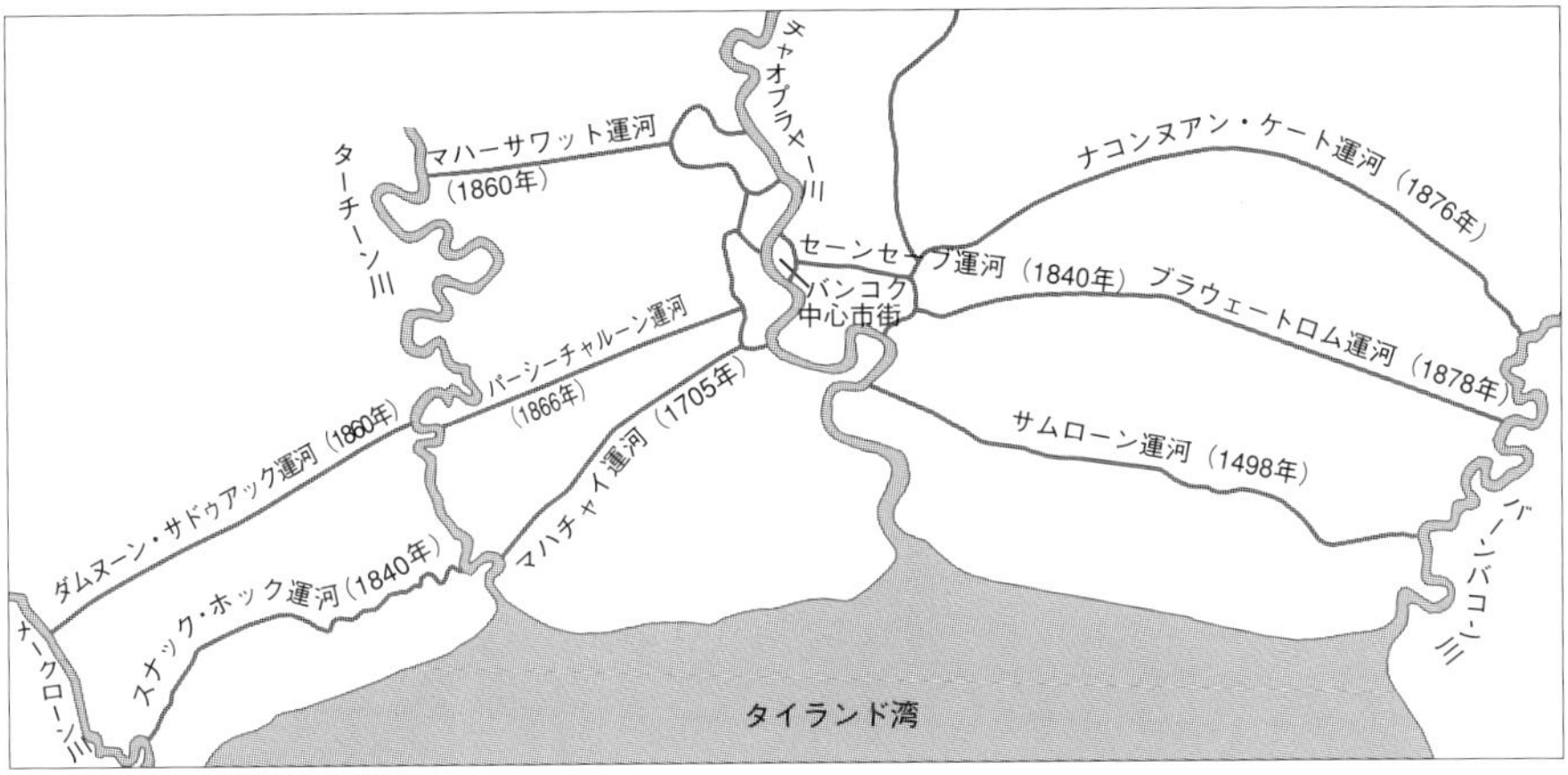

8　4つの大河を結ぶ東西運河

車社会の到来

道路がすでに普及していた一九四〇年代でも、バンコク側に六四、ドンブリー側に三一の運河が残っていたといわれる（注5）。だが戦後になると、特に道路と平行して通っていたバンコク側の運河がまず埋め立てられる。残された運河も下水路化していく。長距離運河網を使って輸送されていた物資も、一九六〇年代以降自動車輸送に代わり、交通手段の主役の座が船から自動車に移る。

　戦後のタイでは、アメリカを中心におこなわれた海外援助のインフラ整備資金の投入が主に道路とダムの建設に当てられた。そのため、自動車中心の交通体系が急速に進展した。それが近年、バンコクの慢性的な交通渋滞もあり、一部で舟運が見直されつつある。チャオプラヤー川の定期船（バーンコーレームとパーククレット間の約三〇キロ）、セーンセープ川の定期船（パーンファーとバーンカピ間の約一五キロ）などが再び活躍しはじめている。これらの定期船は溢れんばかりの客を乗せ、勢いよく運河を行き来し、水辺の風景を活気あるものにしている。

四つの大河を結ぶ東西運河の建設経緯

　アユタヤー王朝時代には、大河を結ぶ運河が開削されている（8）。南北に流れる四つの大河を結ぶように掘られた東西の運河である。一四九八年に、サムローン運河が開削されることによって、大海に出ることなく、チャオプラヤー川とバーンパコン川を船で行き来することが可能となった。このような運河のつくり方は、江戸時代初期に行徳の塩を江戸に運び入れる重要な航路、小名木川を開削した発想と似ている。帆船時代の海を航行する難しさと、内陸運河での物資輸送の安定性が、こうした大規模な運河開削に向かわせたのだろう。

十八世紀に入ってからも、東西の運河建設は続く。マハーチャイ運河がチャオプラヤー川とターチーン川を結ぶために、一七〇五年に開削された。これはもともと物資の輸送の目的で掘られた運河であるが、ビルマ軍のタイへの侵入を防ぐのにも一役かっている。この運河の幅は十六メートル、深さは三メートルで、三万人の労働者の手で開削された(注6)。マハーチャイ運河は、西南部郊外の塩田地帯からバンコクへ塩を運ぶ重要なルートでもある。そのために、チャオプラヤー川に近いヤーイ運河以南の水辺沿いには多くの製塩所がつくられた。塩田による製塩の重要性が薄れてからは、産業の動脈としての意味も失われていく。

バンコクにタイの首都が移されてからも、四つの大河を結ぶ長距離運河の開削は続いた。こうした長距離運河の建設には、開拓による農耕地の拡大とバンコクと周辺都市とを結ぶ交通手段の確保という目的があった。ラーマ三世(一八二四―五一)は、周辺都市を運河で結ぶことで政治力を強める効果をねらっていたのである。ターチーン川とメークローン川を結ぶスナック・ホック運河が開削されたのをはじめ、チャオプラヤー川とバーンパコン川を結ぶセーンセープ運河が一八四〇年に開削された背景には、国力の強化という政治的な思惑があった。

ラーマ四世(一八五一―六八)とその子・ラーマ五世の時代(一八六八―一九一〇)になと、政治情勢が安定する。この頃の運河の開削は水田開拓と輸出用の米やサトウキビの輸送に主眼が置かれるようになる。当時、タイの輸出品目の八〇%以上を占めていた米の輸送、とりわけ運河によるその輸送路の確保は国家的な重要課題であった。

このような米などの輸送を目的とした東西運河が次々と開削される。マハーサワット運河はチャオプラヤー川とターチーン川を結ぶために一八六〇年に開削され、ダムヌーンサドゥアック運河はターチーン川とメークローン川を結ぶために一八六六年に開削された。また、パーシーチャルーン運河はチャオプラヤー川とターチーン川を結ぶ運河として一八七二年に開削されている。さらに、バンコク東方の水田開発を推進するために、ナコンヌアン・ケート運河やブラウェートロム運河も開削された。一八八〇年代に入るころまでには、南北を流れる四本の大河、チャオプラヤー川、その東のバーンパコン川、その西のターチーン川、メークローン川を結ぶ長距離運河網が完成する。

王族が運河開削に熱心になる理由の一つとして、開削した運河周辺の土地を彼らが占有でき、大土地経営への可能性を開くメリットがあったことがあげられる。バンコクのこのような東西運河の開削は、自然クリークを結びつけることでなく、国家が主導的に進めてきた大事業であった。その結果、東西運河は大河をほぼ直線的に結ぶ人工的なものになった。

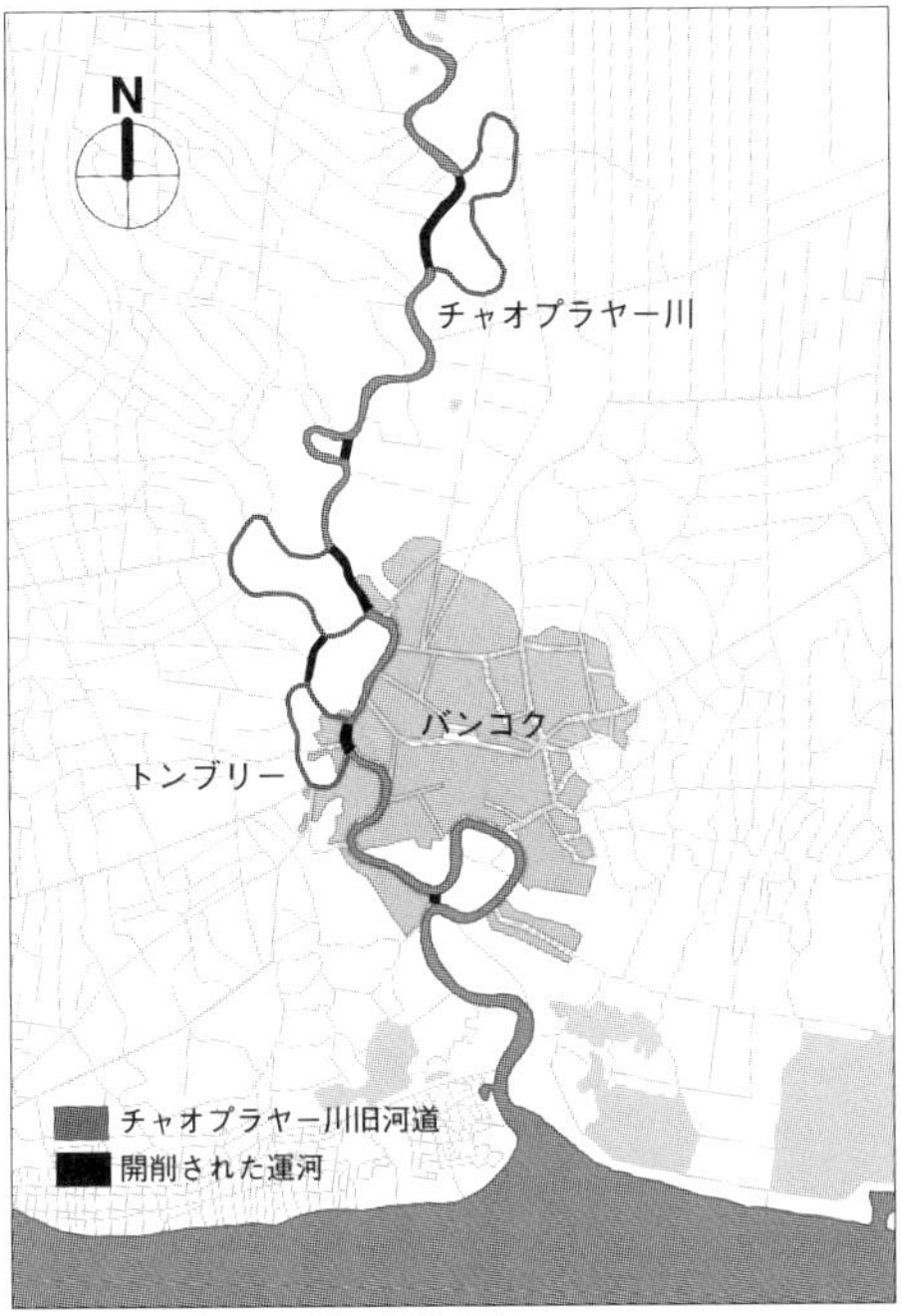

9　チャオプラヤー川の流路変容

チャオプラヤー川の開削

現在のチャオプラヤー川は、ゆったりと左右に彎曲しながら、北の山々から南の海へ大量の水を運んでいる。この川は、今以上に彎曲をくり返して流れていた。アユタヤーに王朝があった時代（一三五一～一七六七）、アユタヤーから河口までの屈曲した部分をショートカットする新設運河の開削が行なわれ、距離を短縮してきた歴史がある（9）。観光用の水上バスが行き来するノーイ運河やヤーイ運河などは、元のチャオプラヤー川の本流であった。

アユタヤーは、外国との交易で栄えた都市である。そのために、貿易の増大に伴い、首都アユタヤーから海までの輸送距離を短縮する必要性を強く感じていたようだ。一五三八年から一七二二年までの間に、五つの彎曲した川を「短縮させる運河」の開削工事を行っている。これによって、従来のアユタヤーとタイランド湾の間の距離が六二・三キロも短縮できたのである。

一五四二年に掘られた運河は十四キロの行程だった距離を一挙に二キロまで縮めた。最後に、ムアンノンサブリット運河が開削されて、現在のチャオプラヤー川の河道となった。一方で、湾曲部の川は四つの支線運河を生みだしたことになる（注7）。チャオプラヤー川の古い河道である巨大な環状線は、ノーイ運河、チャクパラ運河、バンクシン運河、ヤーイ運河として各々つながっている。私たちはこれらの運河を総称して、「元チャオプラヤー川」と呼ぶことにした。このノーイ運河やヤーイ運河などは私たちが調査のために幾度も通ることになる運河である。

このように見えてきた運河整備の歴史的背景を踏まえ、調査の方針を立てた。湿地帯の上にできた水の都・バンコクを調査するにあたっては、大きく四つのエリアに分けて見ていくことにした。一つは、バンコクの都市軸ともなっているチャオプラヤー川である。二つ目は、チャオプラヤー川の河川付け替えで支流となったトンブリー側の元チャオプラヤー川を軸に広がる運河網である。三つ目の運河は、タイを流れる四つの大河を東西に結ぶ運河で、私たちはそのうちのパーシーチャルーン運河を一日がかりの船の旅をしている。四つ目はバンコクの中心部に巡らされた運河である。今回の調査は、これらの運河を巡り、そこに沿ってつくられた町や村、建物を調査することで、水の都・バンコクの都市の水文化を浮び上がらせようとしている。

タイ・バンコクの水辺空間

バンコクの水文化を探る

下見を兼ねて、柿崎さん、小林さん、そして私の三人が第一陣としてバンコクのドンムアン空港に降り立った。そこからロイヤルオーキッドシェラトン・ホテルに着いて早々、眼下にある観光用の船が集まる船着場に向かうことにした。

先発隊三人は、本体がやって来る前に、トンブリーにある元チャオプラヤー川と現在の本流であるチャオプラヤー川を船で巡り、調査のポイントとなる場所の当たりをつけておく必要があった（10）。

ホテルの下の船着場につくと、派手な色の細長い船がたくさん集まってきていた。私たちは、その中の一艘をチャーターすることにした。十人以上は乗れる船にたった三人で乗り込む。この船は舳先が長く伸び上がっているので、どこの位置に座っても前方が見えずらい。その舳先には、花びらのついた色あざやかな布が巻かれている。どんな船の舳先にも、「メー・ヤナン」と呼ばれる水の守護神への供え物がついている。私たちもこの水の守護神に守られて出発した。

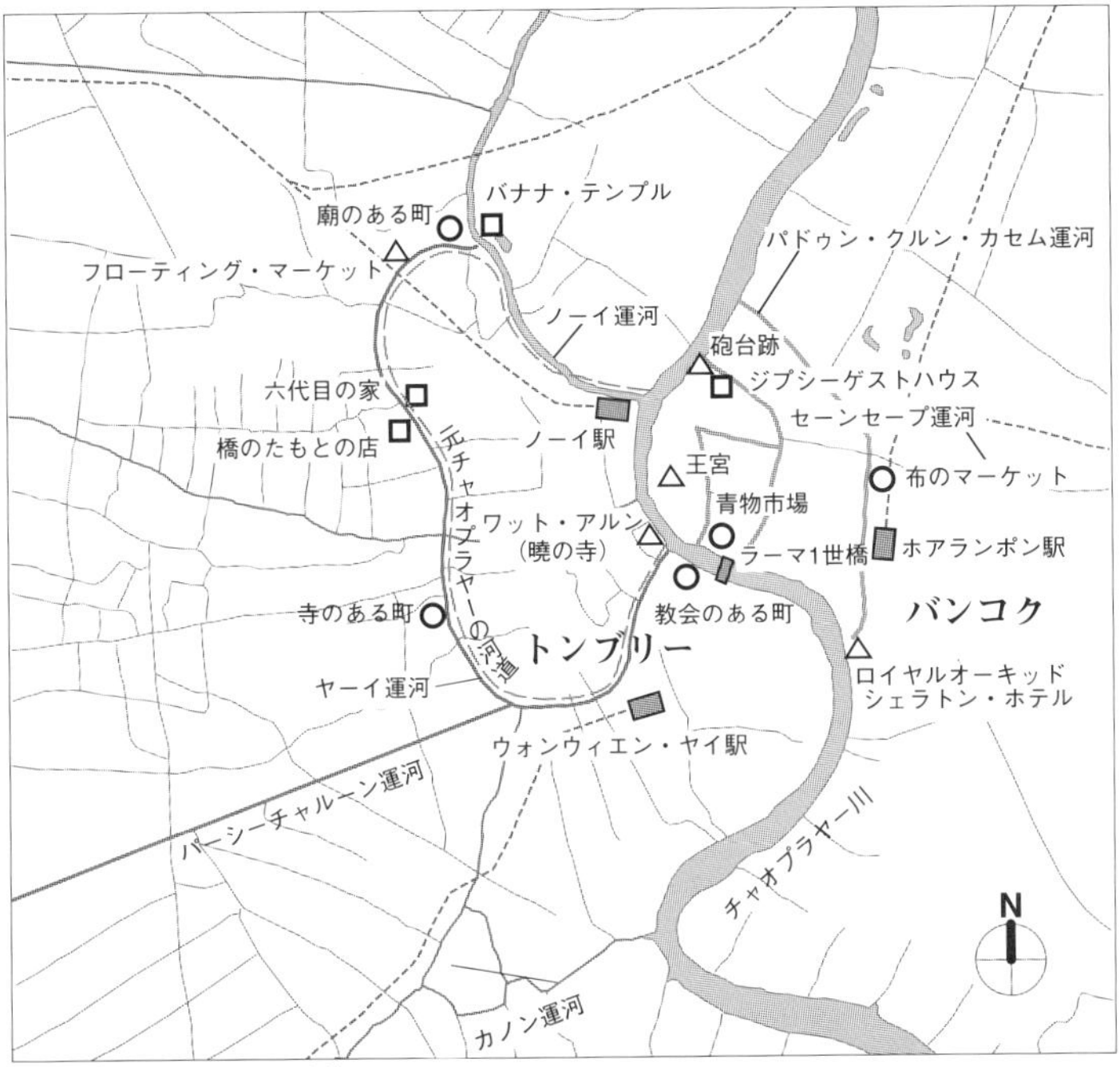

10　調査で巡った町と建築

11　チャオプラヤー川を走る観光船

風に吹かれて運河を巡る

船着場を離れ、スピードを上げた船は白い水しぶきをあげる。かなりのスピードがでる。水しぶきは容赦なく船内に入り込んでくる。ここから海へ出るのにまだ数十キロもあるというのに、川幅は広く、両岸の風景はなかなか変らない(11)。

私たちが乗った船は、しばらくチャオプラヤー川を下ったが、大きな船を見かけなかった。現在、上流にまで大型船が上って来ることはないのだそうだ。大型船が上ることができる最上流辺りで、船は大きく右へ旋回し、トンブリー側にあるカノン運河に入った。チャオプラヤー川と別れ水門を潜ると、両岸には製塩所が軒を連ねている。この運河は、その先で一七〇五年に開削されたマハチャイ運河につながっており、サムットサコーントの塩田地帯に至るのである。このルートを辿ってバンコク近くのこの場所に原塩が運ばれてきていた。すでに当時の活況は見られない。だが、建物はくたびれているがまだ健在なので、塩田が盛んだった頃の状況を想像してみることができる。

トンブリー一帯の運河は真直ぐではない。左に湾曲したり、右に折れたり、幾筋もの運河に分かれたりと、私たちの方向感覚を失わせていく。船は建物が密集している場所を通ると思えば、一面のジャングルに放り込まれる。木陰から何艘かの小舟がみやげ物や食べ物を積んで近づいてくる。水上マーケットの名残りとして観光化された光景に出会う(12)。トンブリーでの水上の売り買いが禁止されたわけではないが、決められた場所で、朝早く果物や肉、野菜を乗せた小舟がひしめく水上マーケットの風景はすでに見られない。以前は、運河と運河が交差する船の交通量の多い場所に水上マーケットができていた。自動車社会の時代になると、運河と道路が交差する場所にも店がつくられるようになり、物の売り買いをする場所にも変化が見られるようになってきている。

また、バンコクでは商店が集中している場所に必ず寺院がある。その寺院が人々の集まる商店街の核になっている。成り立ちからいえば、寺院が先で、人が集まるこの場所に商店が立地したといった方がよさそうだ。船が人々の足であったトンブリーでは、寺院も水辺に顔を向けている。従って、寺院を核にした商店は運河沿いに町並みをつくりだしている。運河と寺院、そして商店街との関係を知ることで、水の町の構造が見えてきそうである。

船から水辺のいとなみと風景を楽しむ

バンコクは一年中暑い。私たちがバンコクを訪れたのは、一年中でも最も過ごしやすい、乾季に入った十二月も暮れに迫った時期である。それでも日中になると、気温はぐんぐん上がり、頭がボーっとしてくる。直射日光を避けることも確かに暑さ対策であるが、やはり水辺はよりしのぎやすい。陸上を歩いて暑さに閉口した体も、船に乗り込み川風に吹かれると、ホットする。この暑さは私たちだけでなく、バンコクの人たちも同じはずだ。

東京で船を仕立て、隅田川や日本橋川等を巡っても、陸にいる人々に出会えるのは橋の上ぐらいなものである。

人に出逢うと何かホットした喜びを感じたものだが、バンコクではそうではない。水辺風景とそこで生活する人々の表情がいつもあふれていて驚かされる。人々の生活が水辺と深く結びついていることの証しであろう。

水辺の生活風景

近頃では上水道も少しずつ整備されていると聞くが、バンコクやその周辺を流れる運河の水はお世辞にも綺麗とはいえない。それでも川や運河の水を使う生活風景によく出逢う。運河沿いに色とりどりの洗濯物が鮮やかにひるがえる光景を目にする⒀。だが、運河沿いのゆとりある空間に比べ、一歩陸側に回ると、細い路地が入り組み、日当たりの悪い場所となっている。まして、庭付きの家に住むことはバンコクの中心街に限らずとも一般庶民にはなかなか難しいことで、おのずと日当たりの良い水辺には洗濯物の花が咲く。

洗濯や食事ばかりではなく、水辺には憩うために多く人々が集まる。つり、水遊びも日常的な風景なのである⒁。川は大人にとっても、子供たちにとっても格好の遊び場であり、生活をエンジョイする所なのである。大人たちが川や運河で釣りに興じている光景をよく目にするが、彼らは趣味で釣りをしているわけではない。食事

12　観光化している水上マーケット

13　川に向かって干された洗濯物

14　川で遊ぶ子供たち

の時に一品増やすために釣りをしているのだ。さしずめ、趣味と実益を兼ねたとでも言えばよいのだろうか。子供たちは、無邪気にロープにぶら下がって勢いよく川に飛び込んでいる。日本の子供たちだったら、親に叱られているに違いない。今の日本では、都市の水が生活との関係を失ってしまっている。

目まぐるしく変る水辺の風景にみとれていて、私たちの腹づもりのことをついつい忘れがちになる。しょっちゅう船で移動しているために、昼時に移動することも少なくない。暑いバンコクでは戸外で食事をとることが日常化している。運河沿いの住宅には運河に張り出すようにつくられたポーチを多く見かけるが、昼時などそこに家族が集まって食事をしている風景に出会う。

バンコクは屋台が多いことで知られるが、バンコクの人はあまり家庭の台所で料理しない。外食というより、調理された料理を買って家で食事をする。水際に建つ家には、焜炉を積んだ船が時間を見計らって各家々を訪れる。家の人たちもポーチで、馴染みの船の飲食店が来るのを待つのである。船の焜炉で簡単に調理されたできたての料理を前に家族や知人が和やかに団らんする。食事をしている彼らが船で通り過ぎる私たちに気軽に手を振る(15)。ゆったりとした時間の流れがここにはある。

水に顔を向けた生活空間

船でトンブリー側の運河を巡っていて、水辺の生活風景が垣間見られる一方で、運河景観を構成する建築も興味深い。水辺に面した伝統的な建築の中で、もっとも心に訴えかける要素が妻面の意匠と飾り破風である。これはおそらく僧院建築の手の込んだ飾り破風が俗化したものと考えられる(注8)。

現在のバンコクは、こうした伝統的な建物に混じって、現代的な建物も水際に沢山建てられるようになってきている。それでも必ずといってよいほど建物やその脇にあるものが祠である。運河沿いに立つ祠は各々の家を守る神を祀る宗教上の施設である。運河沿いを船で通るとこうした祠が目に付く。昔から、この祠は木でつくられ、小型ながら、実際の高床式住宅そっくりにできている。それは、この土地の人間にとって住みやすい高床式の住宅が家や土地を守る神にとっても住みやすいと考えたからのようだ(注9)(16)。

トンブリーの運河沿いには宅地化されずに残る緑が多い。それでも、水際で生活する人々は、緑の演出にこだわりを見せる。バンコクの都市全体はクリークの上に成立している。運河沿いに建つ住宅や商店には植物を植え

上　15　ポーチで昼食をとる人たち
上左16　大木の下の祠
左　17　たくさんの植木が置かれたベランダ

る土の庭がない。空地があってもそこは水面であったり、雨期には水に浸る場所となる。彼らは洗濯物と同じようにたっぷりと日が射す水際のベランダやポーチ、使われなくなった船着場（簡易の桟橋）に鉢植えの植物を所狭しと置いている。船で行く私たちにとってもこうした光景は実に魅力的に映る（17）。

どうしてこうまで緑の演出が成されるのか。緑が少ない東京下町の路地でも、所狭しと多くの鉢植えが並べられており、通りがかりの私たちの目を楽しませてくれている。庭を持てない彼らの工夫なのである。彼らは鉢植えの草木をベランダに心地よく飾ることで、実に魅力的な水辺景観をつくりだしているのである。

現代生活を営んでいる運河沿いの人たちは、舟運と結びつきがなくなったわけではない。それは水際のポーチに郵便ポストが付けられ、柱にはゴミ出しの袋が括り付けられていることでわかる。そもそもバンコクの運河沿いは、どこでも昔は表だった。そして、こうした水際の郵便ポストやゴミのビニール袋は今でも元チャオプラヤー川沿いの運河が表として機能していることを物語っている。

運河巡りで出会った船と船着場

多様な船の形態

船で運河を巡っていると、様々なタイプの船に出会う。祭りなど特別な時にチャオプラヤー川に王室の御座船が浮かべられるが、普段はチャオプラヤー川近くのノーイ運河沿いの倉庫に納められている。こうした特別な船を除けば、現在川や運河を走行するのは、人々の生活に密着した船と観光用の船である。これらの船を歴史的に見ると、もちろん観光用の船はなく、すべてが生活に密着した船であった。

歴史的な船の形態は、建造方法で三種類に分けることができる。(注10)

第一は「一本の丸太をくりぬいた丸木舟」で、長さ八~十メートルの最もシンプルな船である。

第二は「船べりに上縁のある丸木舟」で、古くからバンコクの人たちに普及していた。これは「サンパン」と呼ばれる船である。この船は、元々は中国の平底船で、一七〇〇年代後半に中国から伝来し、バンコクの運河で活躍するようになった。

サンパン船は様々な用途に使われている。船で運河を行き来していると、私たちは食事時にいい匂いを漂わして走る船とよくすれ違った。運河沿いの一軒一軒の住宅を廻り、コンロで料理した菓子や麺類を提供する。もっと小型になると、人々が生活の足として利用している(19)。

このサンパン船は食べ物を提供するだけでなく、雑貨を売ったり、古紙、くず鉄を乗せ、燃料タンクなどを運搬したりもする。また、お坊さん用の托鉢船としても利用されていた。特殊なものとしては、一九八〇年代まで水上売春宿にも利用された。

第三は「厚板を組み立ててつくられた船」で、多くの板を使用することで、より大型化し、船の形と使用に広範なバリエーションがもてるようになった。最も古いタイプは長さが十五メートル位で、船首と尾に屋根がある伝統的なフローティング・ストアとして使われていた船である。この形態の船は大きさも色々種類がある。客船もしくは貨物船に使われていた船は最長十六メートルもある。中央に屋根がかけられていた。次に大きいものは六~八メートルで、客船としても使われていた。

一九七〇年代までチャオプラヤー川など主要な川の下流域には、貨物船隊として活躍した船がある。それは、長さ十~十八メートル、幅五・五メートルの規模である。それより船にはタコノキの葉の屋根が付けられている。それよりも質が落ちる船は、竹あるいは竹格子の間に他の葉をプレスしたものを使う場合もあった。近年はトタン板が材料となっているようだ。現在、その多くはフローティング・ホームとして使われている⑱。

小型のものでは、四角形の船首と船尾を持ち、主に米や塩の運搬に使われた船がある⑳。沢山の荷を積めるような工夫がされていた。

私たちが運河で出会った船は、五つの用途に分けることができる。生活する船（自家用）、商う船（調理した食べ物を売る、日用雑貨を売る、みやげ物を売る）、物を運ぶ船（貨物船、仕入れた商品を運ぶ）、通う船（渡し船、定期船）、遊ぶ船（観光船）である。この中で、生活する船と商う船は、主にサンパン船が使われている。

その他には、現在のバンコクで一番多く見られるタイで独自に考案されたエンジン付の「長い尾」と呼ばれる船である。この船は観光客を乗せ、狭く浅いバンコクの運河を巧みに走り廻るのである。エンジンの後方からはドライブシャフトが伸び、その先のプロペラを回して船

18　フローティング・ホームとして使われている船

19　「サンパン」と呼ばれる船

20　塩の運搬に使われた船

を進める。簡単な構造だが、船を軸にして二七〇度も旋回することが可能であると聞いてびっくりする。船を操る人たちは、船着場に付けるため得意げに船を旋回させる。この船は、観光船としてだけでなく、通勤や通学用の水上バスや物も運ぶ船にも使われている。

船着場とポーチのタイポロジー

川や運河を巡る船が着く船着場は、タイポロジーとしては、工場、宗教施設、ホテル、市場、商店、工場、住宅などに付属する。また、これらの施設と結びつくことなく独立した船着場もある。これらは歴史的には新しいタイプであろう。陸上交通の発達で、現在は橋のたもとに船着場が多く見られるようになっている。

このような船着場の形態は、船から乗り降りする浮き桟橋があるだけの簡単なものである。主にチャオプラヤー川沿いの定期船や渡し船の船着場に多く設けられている。これは、水位の変化に対応でき、船の発着も効率的であるようだ。ただ、船着場の近くに宗教施設があると話は別で、浮き桟橋の近くに待合室も兼ねたポーチがつくられている。元は、このポーチの前が船着場であった。チャオプラヤー川沿いには、数多くの興味深い寺院が建てられ、歴史的に重要な寺には定期船や渡し船が行き来している。これらの寺院ばかりでなく、川沿いには、モスクや廟、そして教会が水辺に顔を向けて建てられている。これらのポーチは様々な形をしていて、見ていて飽きない。例えば、モスクや廟があれば、それらの宗教施設に似合ったポーチをつくりだしている(21)。

こうした公共性の高い船着場だけでなく、バンコクの運河沿いには個人の住宅にも船着場がつくられる。住宅の場合は、主にポーチと組合せて船着場がつくられる。屋根付きのポーチがなく、船着場だけの場合もたまに見かける。

このように運河を巡っていくと、風土や歴史で培われた独特の水辺風景が、今でも生き生きと描かれていることを肌で感じることができる。私たち三人の船巡りの旅も終わりに近づく。再びチャオプラヤー川に船がでた時、すでに空が赤く染まりはじめていた。ちょうど私たちは、「暁の寺」で有名なワット・アルンを右手に見て、ホテルに向かって船の速度を速めている。明日からは陣内さんをはじめ本体が合流し、運河とかかわって生活してきた町や建築を本格的に調査することになる。

教会を核にした川沿いの町

バンコク周辺の地形勾配は一キロにつき二センチの高

21　宗教施設の前につくられた船着場

22　青物市場から見えるサンタ・クルス教会

低差しかないことから、海から三〇キロ離れたバンコク近辺を流れるチャオプラヤー川でも、水草が上流に遡る風景を目にする。時刻によって流れが変る光景はこの川を船で行き来していた時にも見かけた。こうした雄大な川の流れをもつチャオプラヤー川沿いには、バンコクの様々な歴史が刻まれ、現在でもバンコクにおける都市の水文化の縮図を垣間見ることができる。

チャオプラヤー川沿いには、バンコクの人々の食を満たす青物市場や魚市場がある。また、歴史的遺産も多い。トンブリー側には、トンブリー王朝時代の砦やバンコクの王宮と川と係わるその付属施設も川と密接に結び付いて建てられている。産業としては、精米所や製材所が川沿いに建ち並び、かつてのバンコク経済を支えていた。こうした政治や経済の中心をなすチャオプラヤー川沿いには、近代に入りホテルが林立し、大使館・公使館もかつては集中していた。初期のころの大使館のいくつかは今でも川沿いにその姿を写しだしている。さらに、こうした環境を支えるために町もできていった。もちろん、宗教施設の立地も少なくない。

チャオプラヤー川沿いにある青物市場から教会の尖塔を見かけた(22)。そこからの教会の眺めは、実に美しい姿をしていた。是非この教会も訪れることにしようということになり、この宗教施設を核にした町を調査するために、私たちはホテル近くの船着場から対岸に向かう渡し船に乗った。

教会を核にした町

対岸の船着場に着くと、サンタクルス教会が正面にそびえ建っていた(23)。こじんまりとした、それでいて風格のある教会に引き寄せられるように、船着場を降り立った。船着場は、幅が六・三七メートル、奥行が三・五八メートルある。チャオプラヤー川沿いの船着場はどれも大体同じ大きさである。雨期と乾期とでは川の水位が大分違うので、船着場まで陸地側から二〇メートル近くも桟橋が川にせりだしている。すぐ脇に平行してもう一つ桟橋があり、その突端に屋根付きの休憩スペースがある(24)。元は、こちらの方が船着場であったようだ。古い船着場は休憩所の意匠に凝っており、現在のバンコクの船着場は実用的になっていて面白さに欠ける。

長い桟橋を渡り切ると、教会横の幼稚園では運動会がたけなわで、親子の楽しげな歓声が聞こえてくる。サンタクルス教会周辺は、幼稚園を含め実に学校が多く、文教地区的なゾーンをつくりだしている。そのことは何か教会との関係があるものと思われる(26)。教会はチャオプラヤー川に正面を向け、川からこの町を訪れる人はまず教会の正面の広場に出て、教会の敷地から延びる何本かの路地を通って町に入るようにつくられている(29)。広場は奥行が約八八メートル、幅が約三六メートルあり、四方をぐるっと塀がまわされている。そのため、バンコク特有の開放的な雰囲気を感じさせない。砦の様にも感じ取れる広場の構成となっている。

サンタクルス教会は、仏教が圧倒的な数を占めるタイ社会にあって、古い歴史をもつ教会の一つである。教会の周辺には、アユタヤー時代以来今日まで絶えることなくカトリック教徒として世代を重ねてきた人々の生活が垣間見られる。後で、その一軒のお宅に私たちは幸運にもおじゃまfärすることができた。

サンタクルス教会周辺に住む住民には、ポルトガル系の家族も少なくない。ただ、カトリック教徒としての信仰に生きる彼らの生活も、周囲にいる多くの仏教徒のそれと何ら変らない。教会の周辺を歩いても、キリスト教徒が多いのに気づかないほど、バンコクのごく一般的な町並みが形成されている。

十七世紀の首都であったアユタヤーは、オランダやフランスの地図にすでにはっきりと民族別住み分けがなされていたことが示されている。バンコクも先の首都アユ

24　教会のある町の船着場

25　教会と宣教師の家

23　船着場の正面に位置するサンタクルス教会

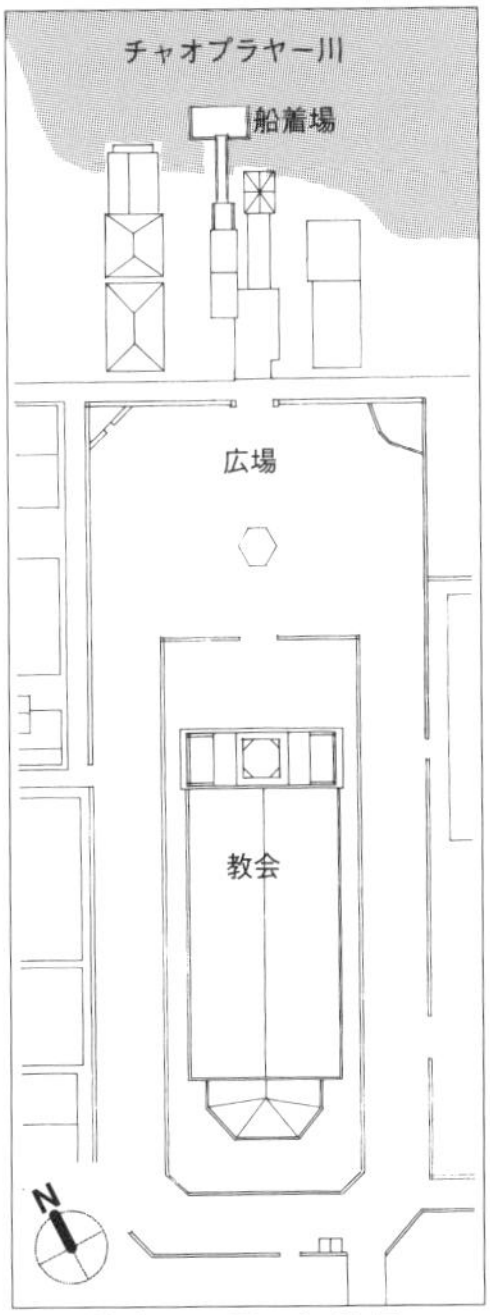

27　教会の配置と船着場

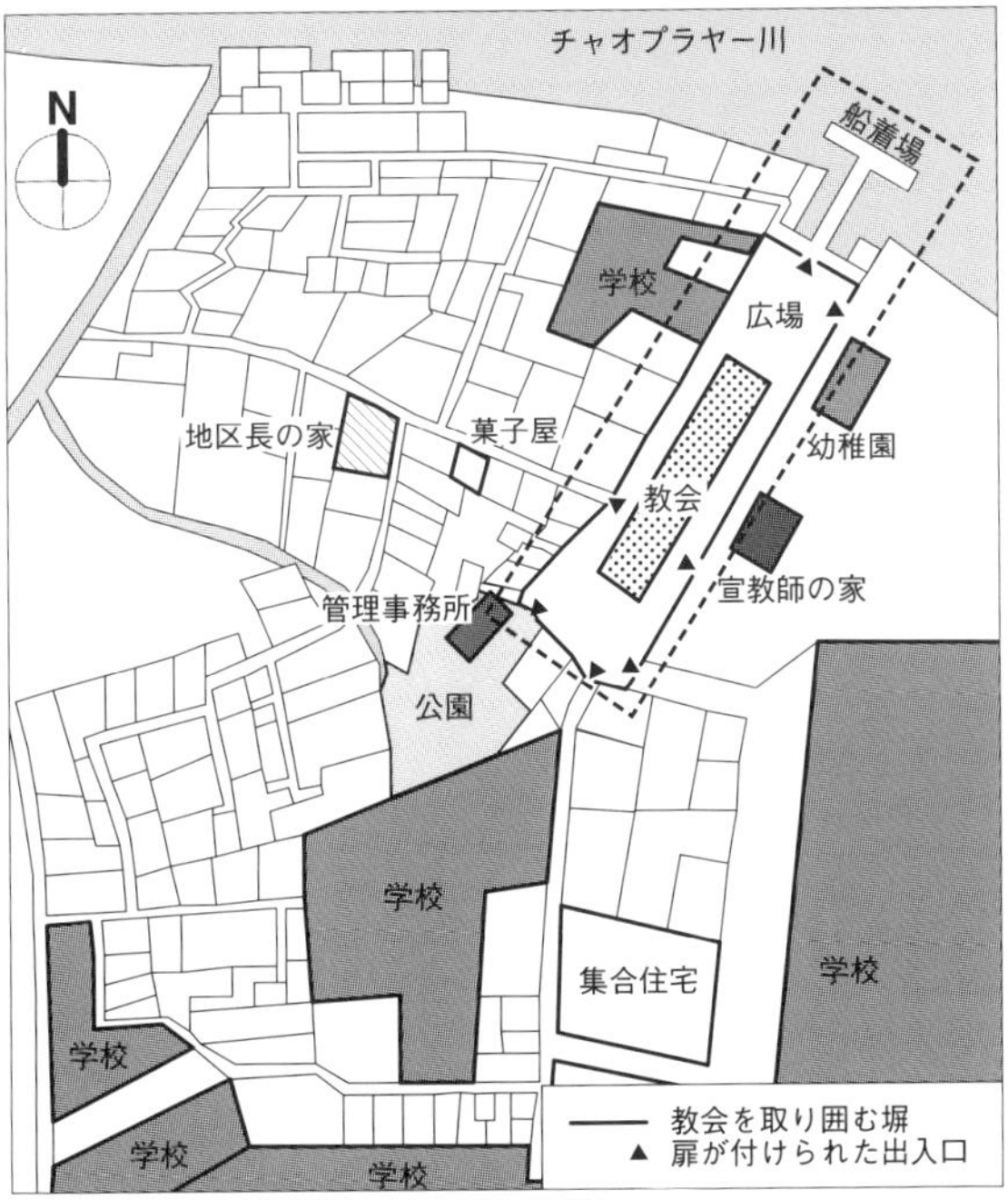

26　サンタクルス教会とその周辺の町並み

タヤーに準じて、初期から住み分けがなされていたと考えられる。その一つがトンブリー側にあるサンタクルス教会周辺に居住したポルトガル人の町である（注11）。

この教会は二三〇年前にポルトガル人の手によって建てられたもので、二代目までの建物は木造であった。現在の教会の建物は三代目で、今から八二年前にレンガ造で建てられた。一九九七年に外壁をきれいに塗り直し、建物は立派な姿を蘇らせていた。教会と学校の間にある木造の宣教師の家も教会と同じ八二年前に建てられている(25)。

私たちが、教会の周りをうろつき廻り、実測調査していると、隣接するこの町の保健所に勤める職員が何をしているかと訪ねてきた。これ幸いと、柿崎さんに理由を説明してもらう。村の成り立ちをたずねると、この村の歴史に詳しい人がいるとのことで、昼時にもかかわらずその方を訪れることにした。その人は、ポルトガル人を祖先にもち、現在地区の長をしているという。

広場から幾筋かに延びる道の一つに入っていく。振り返ると、サンタクルス教会の塔が背後に見える。その塔と細路地のコントラストが魅力的な風景をつくりだしている(28)。この辺の古くからの町並みは、どこも細い路地で結ばれている。この三メートルにも満たない路地には、住宅に挟まるように商店もちらほら見受けられる。

私たちが路地を通って地区長の家へ行こうとすると、小さな商店に米国のテレビ局のクルーが数人、ビデオを抱えて取材をしていた。この小さな店は、バンコクでも有名な菓子屋で、取材に来ているとのことだった。どう見ても私たちには、商いをしているかどうかもわからない店構えにしか見えない。日本の店のように商品を飾り立てて並べている様子もない店が、取材を受けるほどの店とは驚いた。このあたりでは、飛び込み客を相手にするよりは、むしろ馴染み客を中心に商いをしているのだろうか。そういえば、多くの屋台が並ぶバンコク市街を歩いていても、たんたんと物を売る姿がほとんどだったようにも思えた。しかもこうした住宅街の中の店は、馴染みの人以外は、私たちのような者が通るだけだろうからなおさらである。

ポルトガル人を先祖にもつ地区長の家

少しばかり寄り道をしてしまったが、目的の家に着く。バンコクの庶民の家はオープンで道と運河から家が覗けるが、さすがに所得の高い層になると、門を付け、塀を巡らしている。このお宅も、高さ二メートル以上ありそうな頑丈なコンクリートの高い塀とカギのかかる鉄の扉

28　路地のアイストップになっている教会

29　教区長の家

で囲われていた(29)。鉄の扉が開いて、初老の気さくそうな方が目の前に姿を現わした。代々ポルトガル人の血を受け継いでいるというご主人は、長男が日本の女性と結婚していることもあって、私たちを快く招き入れてくれた。

十六畳(約27平方メートル)ほどの広い居間に案内された私たちは、タイで客をもてなす際に出される氷入りの美味しそうな水をすすめられた。タイに来る前に柿崎さんから「もてなしとして、氷入りの水が出されますが、タイの氷は汚いので飲まない方がよい」といわれていたので、せっかくのもてなしに私たちは躊躇していた。当主の次男である青年が、テーブルを出したり、氷の入った水を出したりとこまめに動いてくれていた。座りの悪いテーブルだったのだろう、テーブルに乗せていたコップがテーブルごとひっくり返ってしまった。気を使わずにと次に出される氷入りの水を断りつつ、本題である町の歴史や地区長の家のことについて聞きはじめた。

この家は九六年前に建てたそうだが、だいぶ改築しているとのことである。当主の話では、もともとはチーク材を使った高床式の建築だったという。この家はチャオプラヤー川からかなり離れた所に建っているように見えるが、かつては川の水が近くまで来ていたそうだ。

今から四〇〇年位前のアユタヤー時代からこの川辺にポルトガルの居住地があったそうだ。アユタヤーの滅亡後、バンコクにタイ王朝を開く時には先祖のポルトガル

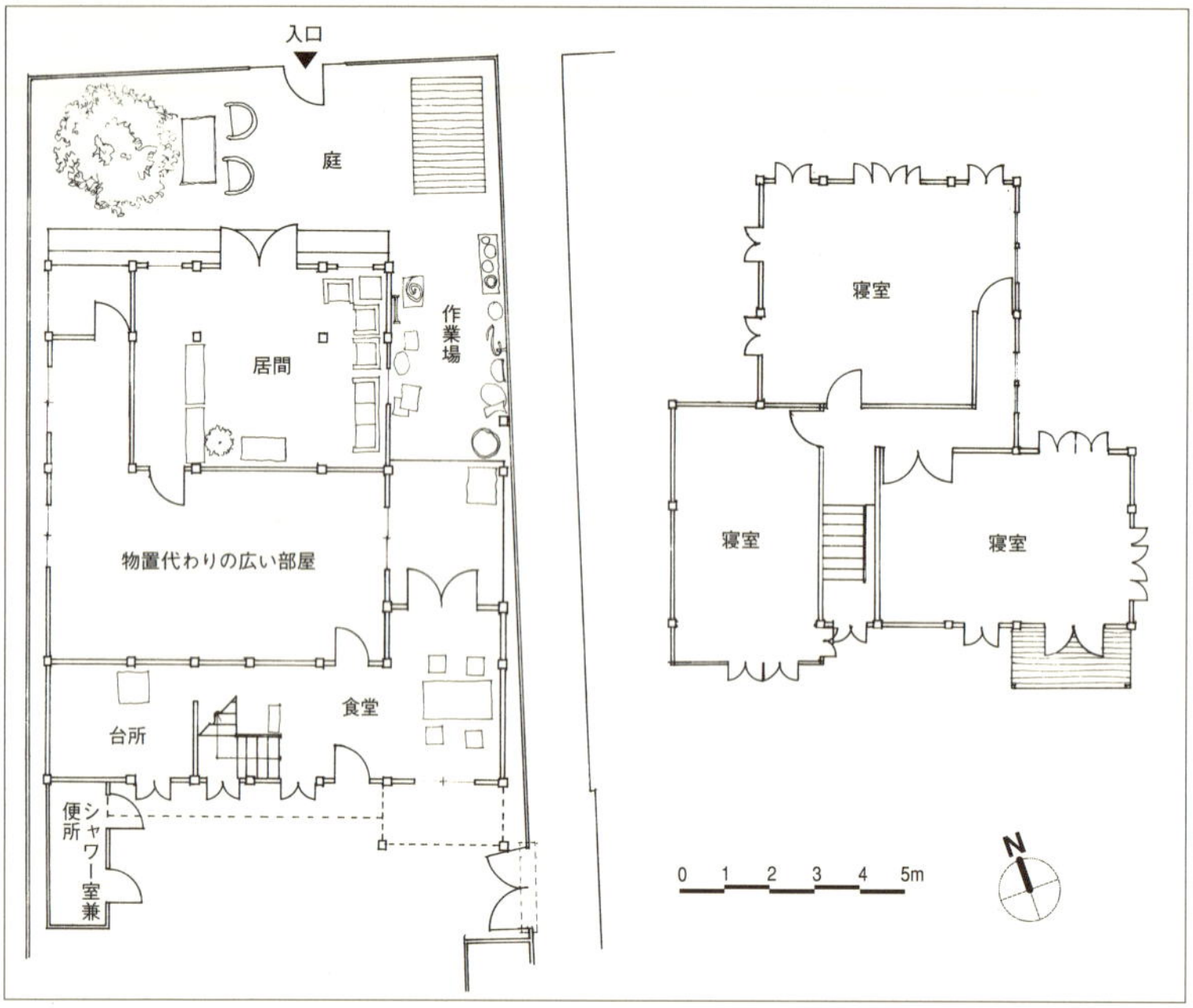

30　教区長の家の平面図

人も手伝っている。その功績で、サンタクルス教会が王から土地と船をもらい、代々教会が土地の所有権を持ち続けていたのである。教会修復の際、一部の人は資金集めのために借地権を与えられたのだと、当主は語ってくれた。この町が現在のように家が建ち並び、密集しはじめたのは四〇年位前（一九五〇年代後半）からのようで、現在は二四三戸の家が建ち並んでいる。この町は人口の八五％がカトリックの信者であるが、以前はその割合はもっと高かったという。

話をいろいろうかがった後、住宅のプランまで取らせていただくことができた。この地区長は六五歳で、家には現在妻と二人の息子の四人が住んでいる。約二〇〇平方メートルの敷地に約一一〇平方メートルの建物が建っているので、庭が比較的ゆったりと取られている。ただ、取り巻いている塀が高いので、庭もどことなく窮屈そうに見える。水辺に建つ開放的な雰囲気の家々とは対照的である。

このお宅は、残念なことに去年一階部分の柱をすべてコンクリートで補強している。そのために、タイ独特のチークの床は消えてしまい、居間も一般的なタイルの床に変わっていた。住みやすくするために、冷房設備を入れるなど近代的にリフォームされてしまった。

こうした変化が見られるなかで、二階の外観は昔のままに保たれている。窓も多く、快適さは残されている。部分的に残る外観とご主人の話から、九六年前に建てられたタイ独特の高床の建築様式が浮かんでくる。この住宅の二階には三部屋あり、そのうち二部屋は二人の息子の居室兼仕事場になっているという。(30)。一階には物置き代わりに使っている広い部屋があるが、居室としては使っていないようである。暑く湿気の多いバンコクであるから、高床式でなくなった建物の一階は寝室としては向かなくなってしまったようだ。日本も同様だが、近代的な設備を整えると、その一方で不便が生まれる。

裏側には台所と食堂がある。便所は外に独立して設けられており、シャワー室と兼用になっていた。私たち日本人は、どうしても風呂に浸かるイメージをもってしまうが、風呂に浸かって暖まるのではなく汗を流すことが暑い土地に住むタイの人たちにとっては重要なのだろう。

そろそろお暇しようとした時、庭にあるテーブルに皿が用意されていた。近所から買ってきたばかりと思われる調理済みの料理が盛られようとしている。当主の強い引き止めに甘え、私たちは思いがけずタイの家の庭先で昼食を取ることができた。

タイ・バンコクの水辺空間

元チャオプラヤー川を巡る

市街の拡大とトンブリーの都市化

バンコクは、現在の場所に王宮が建設されて以降、大きく三段階の市街地拡大の経緯を辿って今日に至っている(31)。第一の段階は、パドゥンクルンカセム運河(第三運河)の内側の地域で、最も古い歴史をもつ旧バンコクの市街である。第二の段階は、一九世紀後半からはじまり、二〇世紀に入り目に見えて旧バンコクの外側に市街地が拡大した。それは、新バンコクと呼ばれる地域である。第三の段階は、三〇年ほど前までは水田や畑であった新バンコクのさらに外縁をなしていた地域の市街化である。六〇年代後半にはじまる経済成長の過程で、水田や畑は、工場地帯や住宅地に変貌していった。

このようにバンコクの都市拡大を見ると、一九七〇年

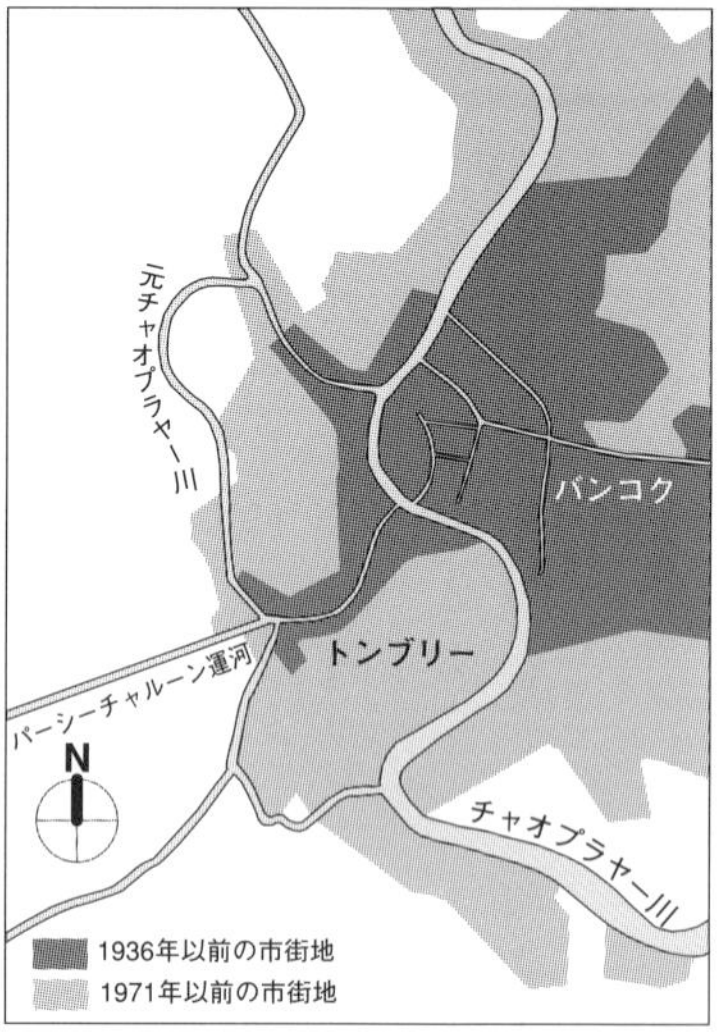

31　バンコク市街の拡大

代初めまで主として旧バンコクの東側を中心に市街化が進み、その後にトンブリー側を含む全方向へと市街地が発展していった。

戦後のバンコクの急速な都市拡大と、それに伴う周縁部での道路建設が進む以前、トンブリーの各地は運河によってのみ町や家が結ばれていた。人々は運河を交通路として使うだけでなく、水との様々な付き合い方をしてきた。今でも、人々の生活は運河と密接に結びついている。水際に建つ建物には、運河に突き出すようにポーチがつくられている。そこには、食事を提供する行商の船が訪れ、野菜、果物から日用雑貨まで、家の前まで店そのものが船でやってくることもある。運河の水は、日常の飲料水にはもう使われなくなったが、家の前では沐浴場(32)、洗い場として、さらには交通路として、まだ充分にその役割を果たしている。

一九七〇年代後半からは、民間ディベロッパーの活発な住宅地開発でタウンハウスや建売り分譲住宅地が次々と郊外に建設され、新しい都市開発や住宅建設の動きが見られるようになる。ここトンブリー一帯にも新しい住宅が次々と建てられるようになる。私たちも、運河沿いを船で行き来していて、新しい建物が運河沿いにも多く建てられていることに驚かされた。

運河沿いの古い住宅の空間構成

伝統的なバンコクの住宅は、水上家屋と高床式家屋の二種類に大別することができる。伝統的なタイの高床式住宅は、床下に広い空間をつくる高床の構造、桁行方向に増築が可能な柱間構造によってつくられるのが基本である。また、室内にたまった熱を対流できる高い天井がつくれる切妻屋根と、熱帯のスコールから屋根を守る深い軒も特徴としてあげられる。壁や床は、通風を考え、すきまを多くしている。

この伝統的な住宅は、壁で囲まれた「閉ざされた空間」と壁のない「開かれた空間」に分けられる(33)。閉ざされた空間は、寝室と台所となっており、間取りは一定してない。大規模な住宅となった場合でも、機械的に寝室部分を繰り返すだけである。開かれた空間は、「チャン・バーン」と呼ばれる広いベランダである。調理や就寝以外の日常生活はこのベランダでおこなわれる。庇がかけられた部分は食事、接客、時には家畜類を飼うスペースとしても用いられる。庇のないスペースは儀式や宴会、食糧の乾燥、鉢植えの植物を置くなど、様々な用途に利用されている。夕方には、ちょっと奥まった川辺で水浴びもする（注12）。

　高床式の住宅は今日でも多く見られるが、一方でチャオプラヤー川流域には水上住宅がかつて高床式の住宅と同じくらい数多くあった。この住宅の床から屋根にかけての構造は高床式の住宅と変らない。水上住宅の場合は、竹のいかだあるいは箱舟の上につくられ、水に浮かんでいる。こうした水上住宅がもっとも集中的に建てられたのは十八世紀末から今世紀初頭にかけてのバンコクであった。

　典型的な水上住宅は柱によって内部が三つに分割されているのが一般的である。川に面した戸や壁は取りはずし可能なパネルでつくられている。昼間はパネルを取りはずし、川から風を部屋に入れるために開放されている。前面のベランダには子供の落下を防止する手すりがつけられている。このベランダは、朝夕の水浴びにも利用され、日中は主に店として使われている。中央部分には寝室があり、岸側には調理と食事ができるスペースが設け

32　運河で沐浴する人

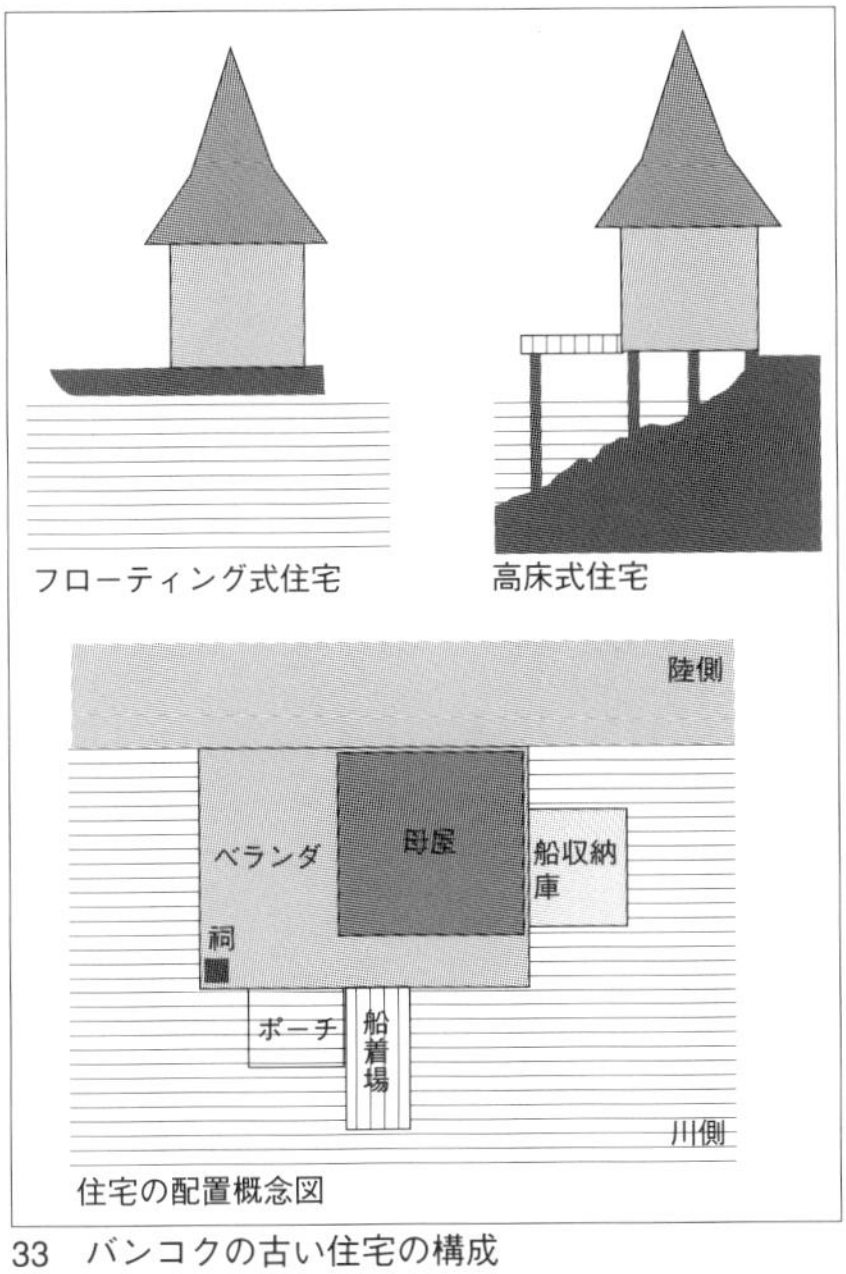

33　バンコクの古い住宅の構成

られている。これらの建物は、流されないように川底に巨大な杭を打ち込み、鎖でこの杭につなぎ止められていた。水上に浮かぶ住宅は、時には多くの住宅が集まって集合化する。このような住宅は、今日運河沿いに長屋形式で連結するロングハウスの前身であるといわれている（注13）。

34　運河沿いに敷設された電信柱

「橋のたもとの店」

水辺空間の近代化

トンブリーでは、ここ二〇、三〇年の間にすさまじい都市の近代化が進められている。水と緑の中に、とんがり屋根のタイ特有の住宅が点在する昔からの風景に、コンクリートの道路や電柱、高圧線、そして上水道が新たな風景の要素として加わっている(34)。さらに、チャオプラヤー川沿いだけではなく、トンブリー側にある運河にもガソリンスタンドが目につく。それは、以前の手漕ぎの船の時代からエンジン付きの船に変ったために、新たに付け加えられた風景である。

このように近代化するトンブリーの中で、私たちは二つの異なった時代の建物を実測調査することができた。一つは、バンコクのスプロール化に伴って、新たに運河沿いに店を構えて商いをする家である。私たちは、この家を「橋のたもとの店」と名付けた(36)。バンコク周辺部からこの郊外に移ってきて、道と水路の接点の橋のたもとで商売を始めた(35)。まずは、ジュースを買いながらこの家がどのようにできたのかをねほりはほり聞き始めることにした。店番のおばさんは、最初いぶかしげではあったが、お客である私たちに少しずつ語りはじめてくれた。

彼女たち一家は、以前はもう少しバンコク市内に近い所に住んでいて、一九七六年にここに移り住んだ。引っ越して来た当時から、目の前にある運河の水は汚かったようだ。店の前の橋は一九七一年にすでに架けられていた。引っ越してきた当初、周辺に商店は一つも無かったという。ここへ来てから変わったことは、幅十二・五メートルの運河に沿って小学校までコンクリートの道がつくられたことだと話してくれた。これは、日常生活で船

36　「橋のたもとの店」

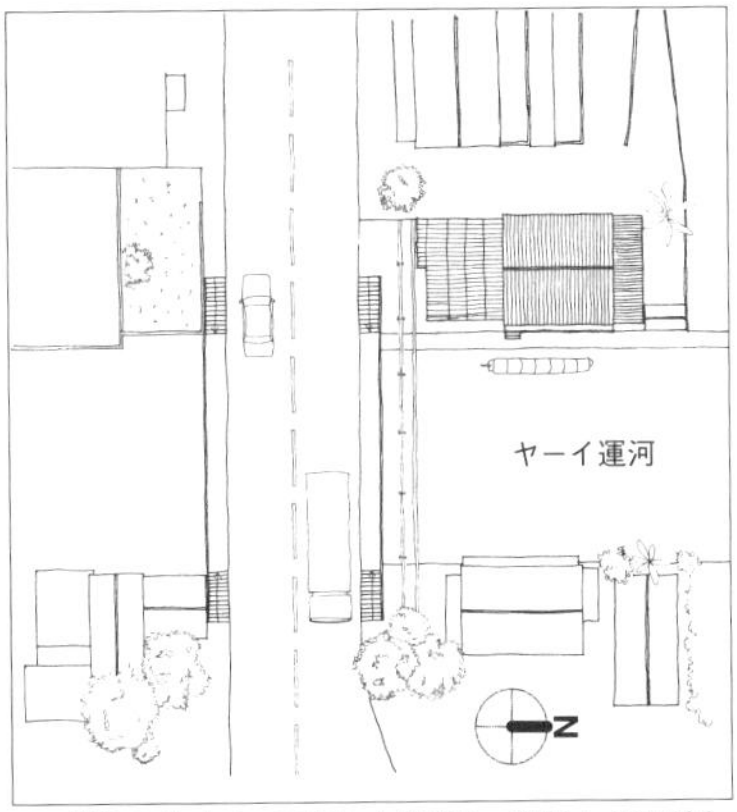

35「橋のたもとの店」と運河、道路との関係

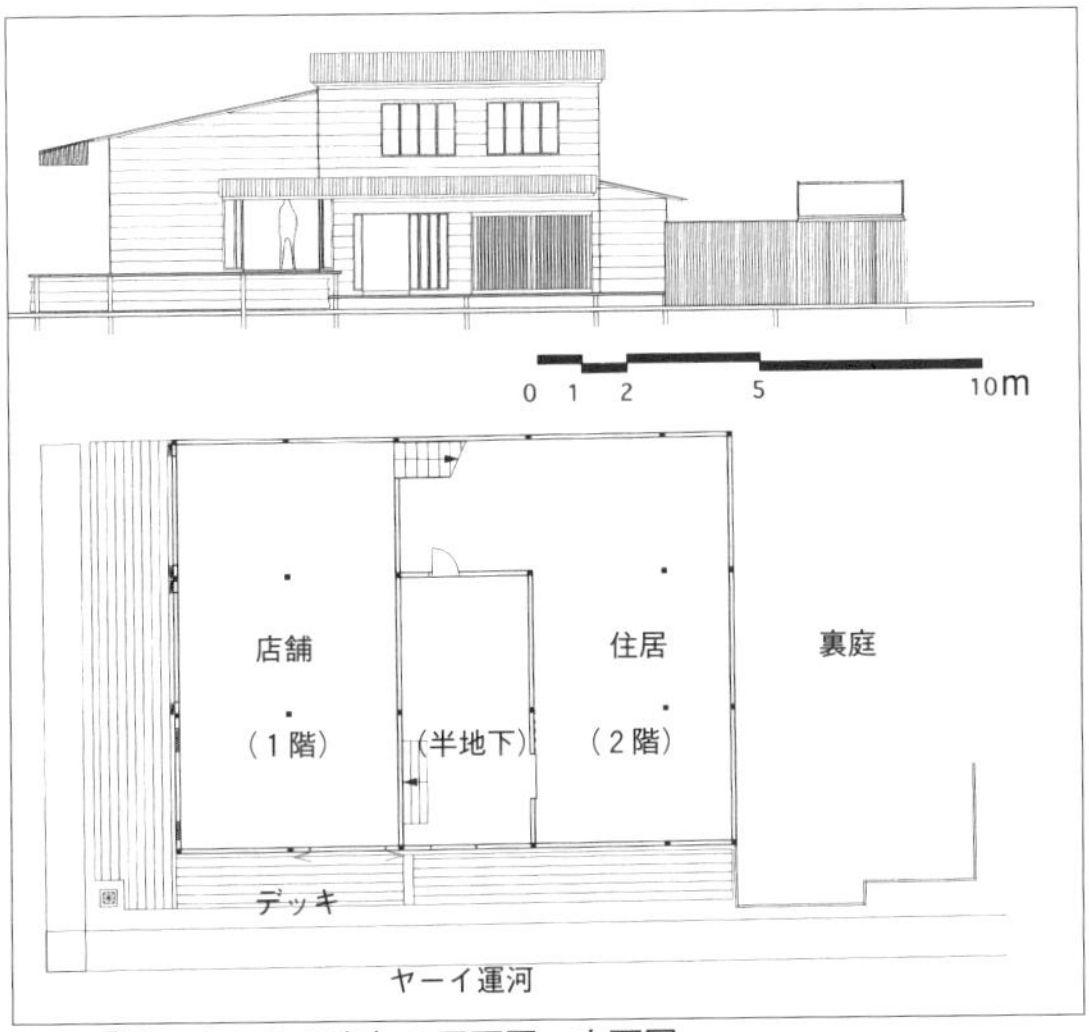

37　「橋のたもとの店」の平面図、立面図

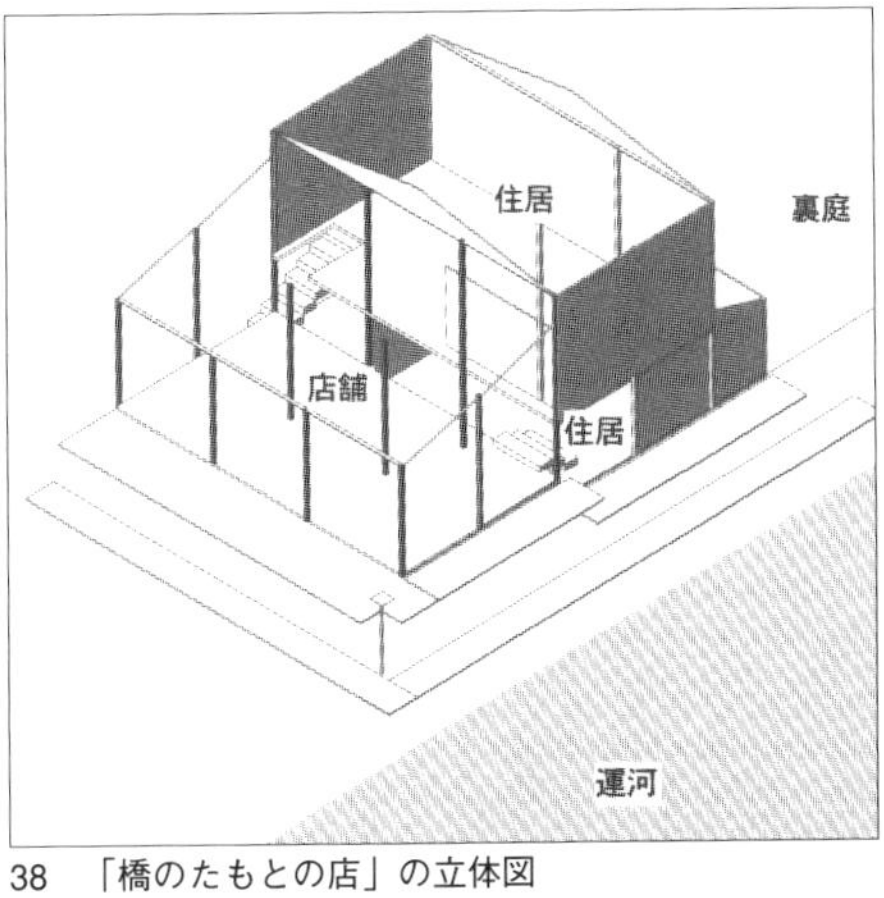

38　「橋のたもとの店」の立体図

を使う頻度が少なくなったことを意味している。ここにも、トンブリーが陸化する流れが感じ取れる。

店の空間構成

トンブリーでは、もともと運河が主要な交通手段であったため、陸上交通の発達で、運河と道の接点である橋が重要な役割を果たすようになってきた。そのことを物語るように、橋のたもとの店は水と陸の両方からアクセスできるように建てられている(37)。

この商店は、雑貨を扱う店舗併用住宅として建てられた。プランの基本的なことは、自分たちで考え、後は知り合いの大工につくってもらったそうだ。ここに移って来た時、すでに現代生活に必要な水道と電気のインフラ（都市基盤）整備はされていた。建物は運河に並行するように縦長に配置され、裏にはトタンの塀で囲まれた小さな庭がある。建物のプランは、陸からのアプローチに配慮してつくられている。だが、運河側の建物の壁にはジュースの看板がかけられ、船からの客も視野に入れた店舗であることがわかる。かつては運河からの利用客も多かったと思われ、営業上は運河からの客をかなり意識していたようだ。店先にはテントが張り出し、一・三メートルのゆったりとしたデッキには椅子やテーブルが置かれ、運河を望む空間を生んでいる。一九七六年という比較的新しい時期にできたこの建物であるが、水辺を意識した空間や装置が建物に組込まれている。外には、バンコクの水辺の建物には必ずといってよいほど見られる祠が、ちょうど道路と運河が交叉する角に位置している。風水師につくらせたという。この祠も運河と道路を両睨みする位置にあり、建物の特色を代弁しているようで面白い。

店の中に入ると、そこは思った以上に広く感じられる。私たちの感覚では吹抜け空間をつくりだしているように見えるのだが、バンコクの人にとっては暑い日々の生活をしのぐ伝統的な高い天井を継承しただけかもしれない。室内には、生活雑貨などが所狭しと並べられている。その店舗部分から二階と半地下に行く階段がある。二階は寝室、半地下は居間や台所となっていた(38)。この建物は、空間を立体化しレベル差を巧みに利用することで、伝統的な生活スタイルと商いの都会的なセンスをうまくミックスして、店舗空間と居住空間を分割している。変化の激しい都市周縁に建つ興味深い建物を調査することができた。

水辺に建ち続ける「六代目の家」

環境と生活スタイルの変化

「橋のたもとの店」の数百メートル先には、百年以上も建ち続ける伝統的なバンコクの住宅がある。先祖代々この運河沿いに住む家も調査することができた。当主である夫人が六代目だということで、この建物は「六代目の家」と名付けることにした(39)。川沿いに建つこの家は、一五〇年近くの歴史をもつ(41)。奥に並んで建つ家はさらに古く二〇〇年位経つそうだ。この家に住む人たちの生活も、以前船が唯一の交通手段だったが、近年は車に頼る生活に少しずつ変化している(41)。現在の家族構成は、五世帯、計十三人が暮らす大家族である。

家業は農業である。農園では、かつてヤシの木やドリアンも作っていたが、現在マンゴとバナナだけをつくっている。農園の側には道路が通っているので、そこで取れた果物の市場への搬出は、主に車を使っている。だが、以前は道もなく、すべて船で売りに行ったと話してくれた。老婦人も取れた果物を船で売りに出たということなので、どこまで行ったのかを聞いてみた。近くに、運河が十字に交叉する場所があり、そこで水上マーケットが開かれていた。そこまで売りに行っていたが、現在そのマーケットは無いそうだ。

六代目の家が建てられたずっと後、一九世紀末でも中心部に築かれた城壁の外に出れば、運河が縦横に走り、サゴヤシで屋根を覆った住宅が点在し、果樹園や水田が

39　運河の対岸から見た「六代目の家」

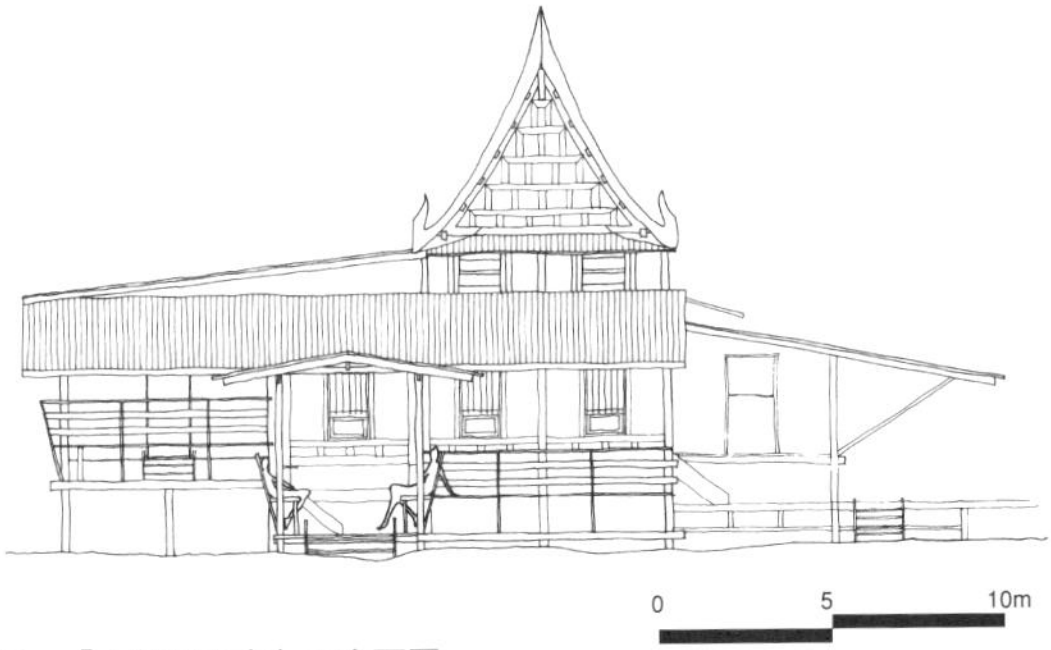

40　「六代目の家」の立面図

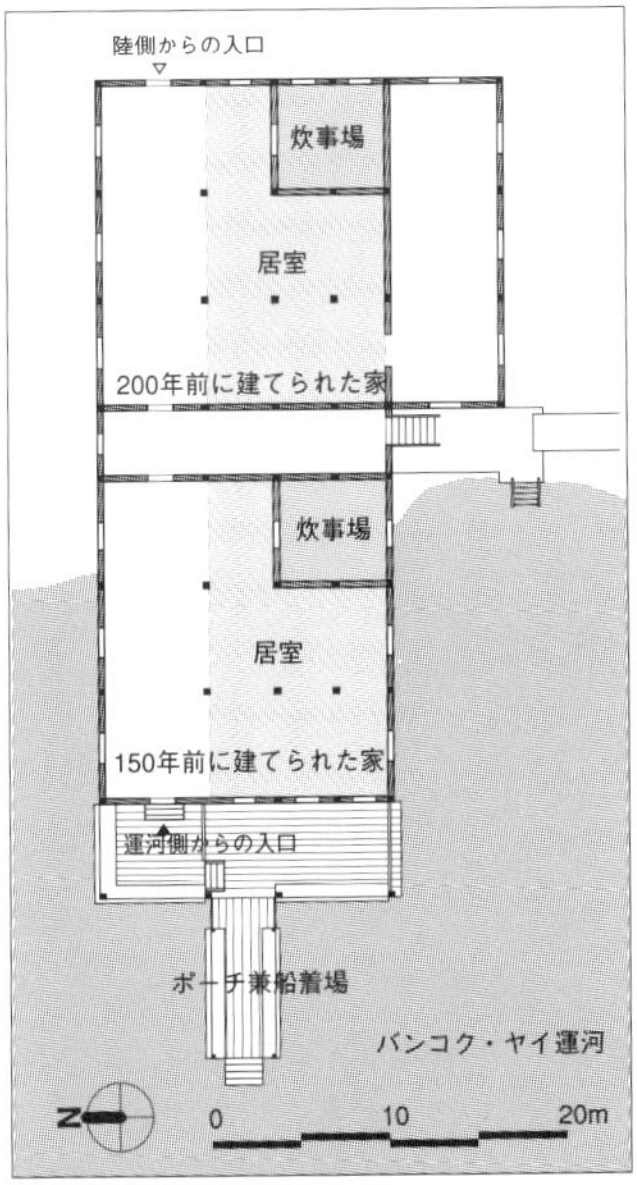

42「六代目の家」の平面図
（アミの部分は建設当初から屋根があった場所である）

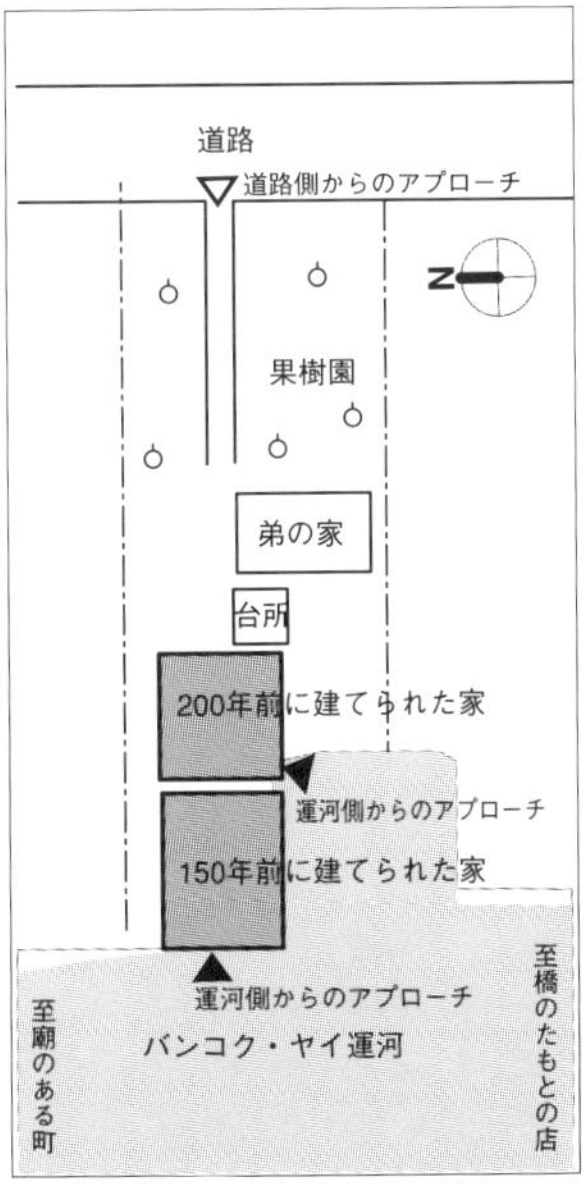

41「六代目の家」の土地の使われ方

広がっていた（注14）。私たちが目の当たりにしている風景は、トンブリーを含めバンコク市街周辺の一般的な田園風景でもあった。

この家では、以前雨水を飲料水として利用していた。江南の周庄や同里のように、運河の水を飲み水には使っていなかったようだ。先の橋のたもとの店同様、二〇、三〇年前には水道が通され、電気が引かれ、生活スタイルも少しずつ変わっていった。トンブリー一帯でこの四半世紀の間に、都市基盤の整備が急速になされていったことがわかる。

伝統的な住宅の空間構成

複合的なこれらの建物群は、家族が増えるたびに増築を重ね現在に至っている。バンコクでは、大家族が一般的であった。家族が増えると、次々と家の建て増しをしていく。同じパターンの建物が繋ぎ合わさって一見複雑な建物になっていくように見えるが、基本パターンは変らない。同じユニットが拡大していくだけである。六代目の家も、二つの建物の基本ユニットが二つ連続して建てられている。そのために、後側の建物のポーチは変形させて、新たに付け替えたようだ。六代目の住宅は、建築ユニットの基本を守りながら、周囲の環境や生活環境の変化に柔軟に対応している。私たち日本人もこのような柔軟性のある歴史を受け継いできたはずなのだが、戦後は壊して建てることだけになってしまった。

タイの伝統的な建築タイプであるこの住宅は、高床式の特徴的な屋根を持つ。このような住宅は、屋根の妻側を運河に向けるものが多く、水辺からの景観を意識的に演出している（40）。建物のプランは単純で、壁に囲われた空間とオープンな空間の二つに分かれ、壁に囲われた空間の角には炊事場の空間が設けられる。これが伝統的な建物の基本ユニットである（42）。現在、この建物には屋根が全体に掛けられているが、かつて切妻屋根の部分以外は屋根がなく、床のほぼ三分の一がオープンな空間であった。

こうした伝統的な建物の前には、屋根が架けられた船着場兼用のポーチがある。そこには椅子が設置され、水辺でくつろぐことのできる空間となっている。

一五〇年前に建てられた川沿いの建物は、柱と壁は元の材料で、柱はチーク材を使っている。屋根は、夫人の父親の時代に、ニッパヤシからトタンの屋根に変えたが、現在は波型のスレート風瓦で葺いている。

この建物の母屋部分はもともと水に浸かっていなかった。たくさんエンジンを付けた船が通るようになり、波で土地が浸食してしまったのである。運河の水が入らないように土盛りをしていたのだが、木製の基礎が腐ってきたので一九八六年年にコンクリートにしたのだという。一〇人以上の大工の手で一ヶ月近くかけて改修工事を行った。その際に主屋の床の高さは五〇センチメートル下げたという。長い間風雨に曝されたこの建物が一世紀以上の歳月を刻んできていることには驚かされるが、ヴェネツィア同様エンジン付きの船の出現で、水際の環境が見えないところで痛めつけられていることを知る。近代の利便性がいたるところで伝統的な風景を壊しはじめているのである。単に舟運を活発に利用するだけでなく、都市全体として水環境の問題に取り組む姿勢が必要なことを痛感させられた。

43　運河から見た「フローティング・マーケット」

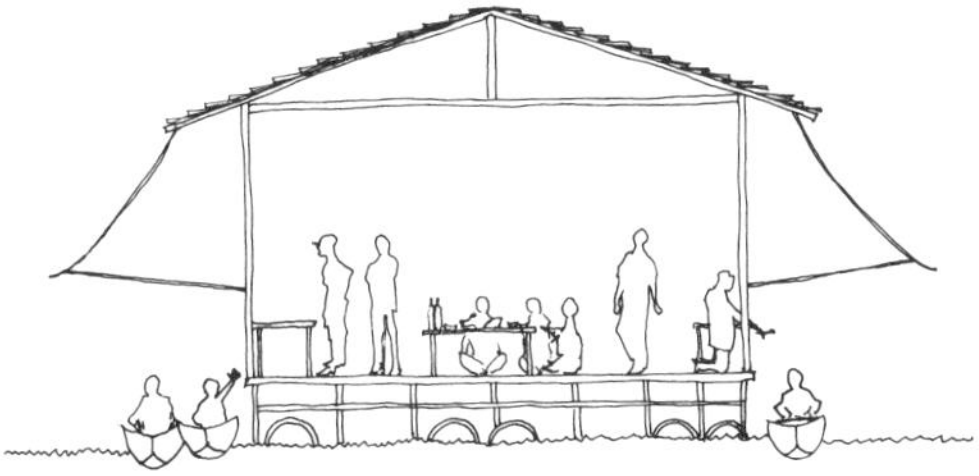
44　「フローティング・マーケット」の断面図

「フローティング・マーケット」

二つの住宅の調査が終わり船に乗り込むと、私たちの乗る船はしばらく運河を北上した。すると、急に賑やかな一角に出くわす。屋根が付いた大きな筏の周りに、いくつものサンパンとよばれる小さな船が寄り集まっている(43)。絵はがきで見る水上マーケットのようでもある。筏には人々の楽しそうなざわめきが私たちのところまで伝わってくる。お腹の虫が昼時であることを知らせ、それまで昼であることも忘れて調査していたことに気づく。まるで私たちのために用意されたかのような、水上につくられた食堂。これを私たちは「フローティング・マーケット」と名付けた。

　前日通った時には、ただの屋根付きの大きな筏が係留されているだけだと思っていた。食事をしていた時、隣に座っていた地元の人に聞いた話だが、実はこの「フローティング・マーケット」は役所のきもいりで設置されたもので、土日だけしか開設されていない。先日私たちが通り過ぎた時は平日であったから、閑散としていたのもうなずける。筏に船を着けてもらい、私たちは食事をすることにした。

昼時とあって、フローティング・マーケットの中は人でごった返していた。ドラム缶を組んで浮きにして、その上にできたスペースなので、船が通過するたびに揺れる(44)。足元をふらつかせながら空いたテーブルを見つける。やっと確保した一つのテーブルに、寄り合うようにして座ることができた。料理は周辺で待ち受けている船で調理してもらう。コンロを積んだ船の上ではおばさんたちが手早く料理をつくって客に渡している(45)。賑やかに語らうタイ人の中に溶け込みながら、私たちも楽しい食事を取ることができた。

廟を中心とした華僑の町

「角の茶館」と水上デッキ

観光船で運河をただ巡るだけでは、運河沿いにどのような人々が生活しているかがわからない。そのことを知るには、様々に分岐する運河に沿って建つ商店のどこかに上陸してみるとよい。私たちもさっそく、元チャオプラヤー川がT字型にぶつかる場所に調査ターゲットを見つけ、その周辺の町並みを調べるために運河が交叉する角に建つ商店に船を横付けした。

そこは廟を中心とした華僑の町であった。この調査の時期は、水位が高かったせいか、普段水に浸からない場所も水に浸かっていると調査の時に聞いた。雨期と乾期では水位が違うのだ。ある意味では、私たちは水にどっぷり浸かった水辺都市を堪能できたことになる。

私たちが船を付けた飲食店は、運河が交叉する角にあったので、「角の茶館」と名付けた(46)。この年(一九九八年)の春に中国江南の調査を行なった私たちは、建築的形態は違うものの、この飲食店を運河の角のシンボリックな場所に建つ江南の茶館とどこかでイメージをだぶらせていたからである。

船から上がった私たちは、店の人と親しくなるために、ジュースを頼んでくつろぐことにした。「角の茶館」で働くおばあさんは、六〇年前位にここに来たと話してくれた。店の外装は二〇年位前に改修した。ここには、おばあさんと娘、娘の子供の三人で暮らしている。娘さんは小さなサンパン船を使って商売をしていて、私たちが調査をしている時に、娘さんが船を漕いで帰ってきた(47)。商品は何も乗せていなかったので、売りつくした

46　運河が交差する場所にある「角の茶館」

47　商売を終え船で帰宅した娘さん

45　料理は小舟の上で調理してくれる

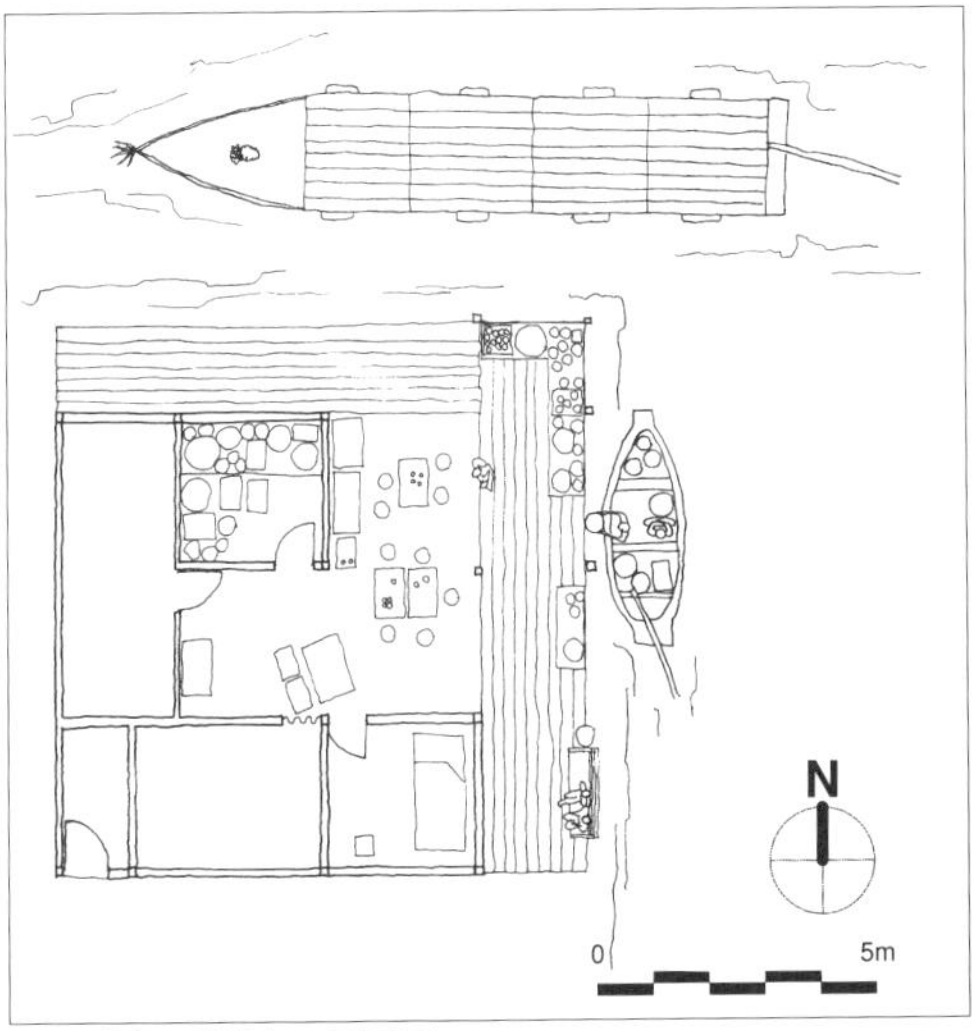

48　「角の茶館」の平面図

のだろうか。毎朝その小舟で品物を載せて出かけ、売りさばいて午後に帰ってくるという。茶館の隣には小さな船溜りがあり、近所の人々が使っていると思われる手こぎの船が何隻かとまっている。おばあさんの娘さんの船もここに納められていた。

この店は、運河がT字に交差する角にあるので、建物の二面が運河に面していた。このような環境を利用して、運河に沿ってL字型にテラスが張り出し、調理場や船着場を兼ねたオープンな空間をつくりだしている(48)。調理場は運河を向くように配置され、そこから立ち上る煙は船からもよく見える。派手な看板こそないが、非常にインパクトの強い建物となっている。

運河側の奥行一・九メートルのテラスは手摺と一体にベンチがつくられており、積極的に運河沿いの空間を利用していることがわかる。また、テラスと建物を仕切る板は日中二面とも跳ね上げられている。そのため、食堂内部とテラスが一体化し、内部までが開放的な雰囲気となっている。デッキを除くと、住居兼用の店舗は約四〇平方メートルの平屋建てで、その内の半分のスペースを食堂にしている。夜になって、跳ね上げられた板を下ろせば、この食堂は家族三人のゆったりとしたリビングに早変わりするのだろう。

この店に足を運ぶ客としては、船で来る一般の人々もいるという。たまには、私たちのように、外国人も船で来るようだ。タイの人たちは特に食事の時間というものが決まっていないのだろうか、この店を調査している間の午後三時から四時にかけて、軽い食事をとるために、七、八人の客が入れ替わるようにして入って来た。

昼時の茶館は、近くに住む人々が食事にやってくるので、おばあさんの忙しい時間である。しかし、彼らのアプローチは船ではなく、茶館の横にある小さな船溜りに続く一・二メートルほどの幅のデッキからである(47)。デッキの先に目を向けると、それはかなり奥にまで続いており、住宅間を結んで、四〇メートル以上もの長さである。運河沿いだけでなく、陸側にも住宅街が広がっているのである。運河の奥に住む人たちはその水上デッキを利用して水辺にアプローチできる構成になっている(49)。

このデッキは、簀子状の木の板を無造作に渡しただけの簡単なものなのだが、なんとも味がある。その道沿いにはそれぞれの家の玄関が面している。玄関前のちょっとした空間には、個々に思い思いの工夫が見られる。植物を並べてきれいに飾っている家もあれば、壺を置いている家もある。色鮮やかな祠があるところもあり、歩くだけで楽しくなる。台所が面している家では、デッキの部分に水道が引かれ、お皿を洗うための大きなたらいが置いてある。台所からおいしそうなにおいが漂っている。デッキの通りを軸として、表向きの建物も、裏向きの建物も同じように並んでおり、多様な生活感がデッキを歩くと感じ取れる(50)。

「雨宿りの家」

私たちは、この「角の茶館」だけをはじめ調査する予定だった。だが、その店にたまたま来ていた近所の婦人

50　道の役割をしている木製のデッキ

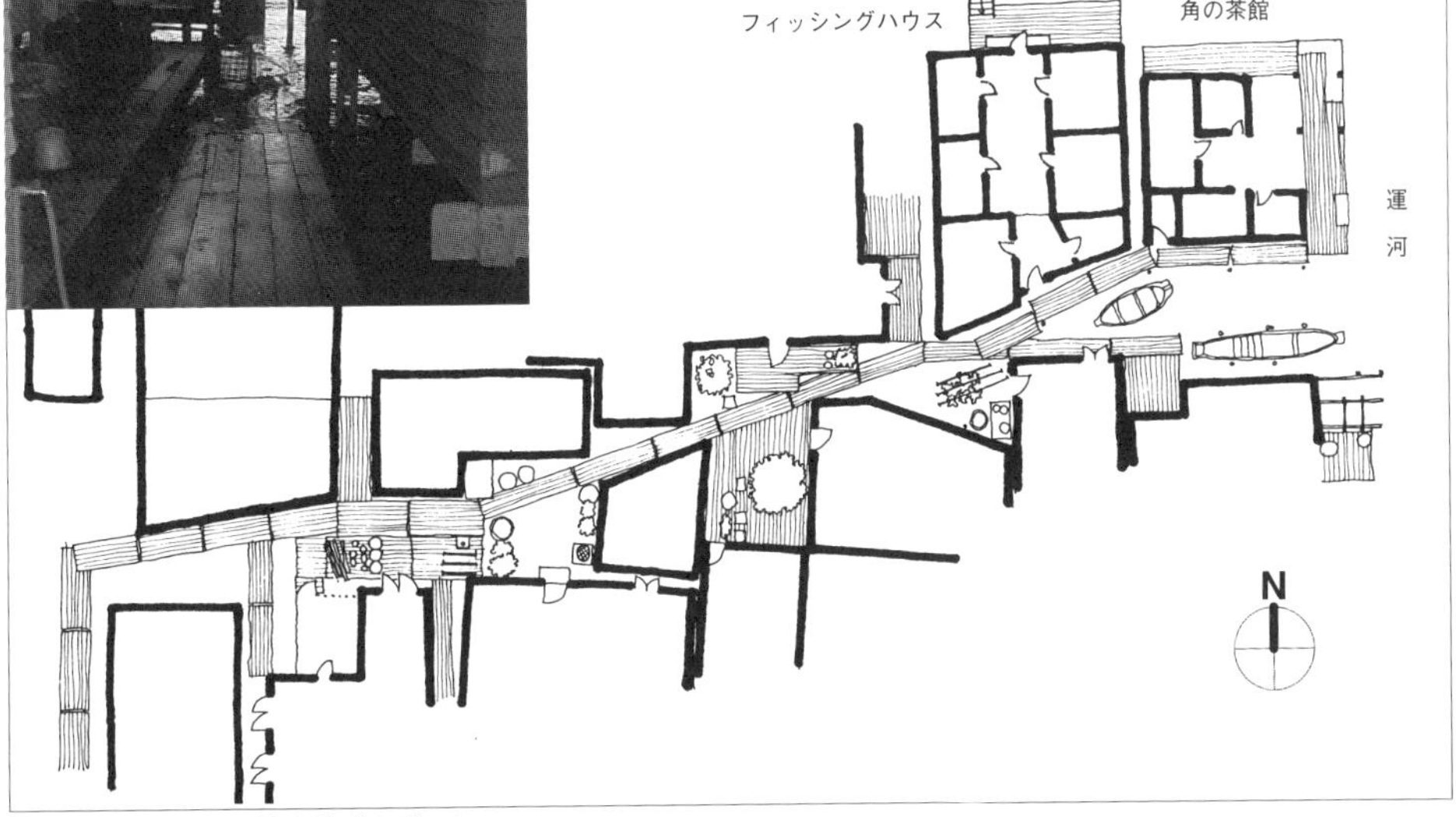

49　家を結ぶように長く延びるデッキ

が「ここら一帯に住む人たちは潮州からの移民で、奥の方に廟がある」という。この言葉に興味をもった私たちは、彼女に案内されてデッキを渡って奥へ入って行った。デッキは奥で左に折れ、少し続いて鋪装された道となる。その先に廟があった。

バンコクでは、寺院ばかりでなく教会、廟、モスクが川沿いに顔を見せている場合が多い。だが、この居住地の宗教上の中心である廟は、路地の奥深く入った所にあった。「馬頭聖馬」と書くその廟は、一〇〇年以上も前からあるといわれる土地廟で、昔から住む中国系潮州の人々を守り続けてきた。現在の廟は、一九九二年に移されている。建物全体はきれいに装飾され、小さな広場を挟んで舞台もつくられる。以前には廟がもっと北側にあったそうだが、それが水辺に面していたかどうか、現地の人に確かめることができなかった。

ここまでつれてきてくれた親切な彼女は、ついでにと、廟の近くにある運河沿いの裕福な商店も紹介してくれた。幸いにも、そこを調査することができた。その時突然のスコールがあり、調査が同時に雨宿りにもなった。そこで、私たちはこの商店を「雨宿りの家」と名付けることにした(51)。そのお宅は、生活雑貨や米、調味料を扱う店舗併用の住宅である。敷地規模がかなり広く、建物自

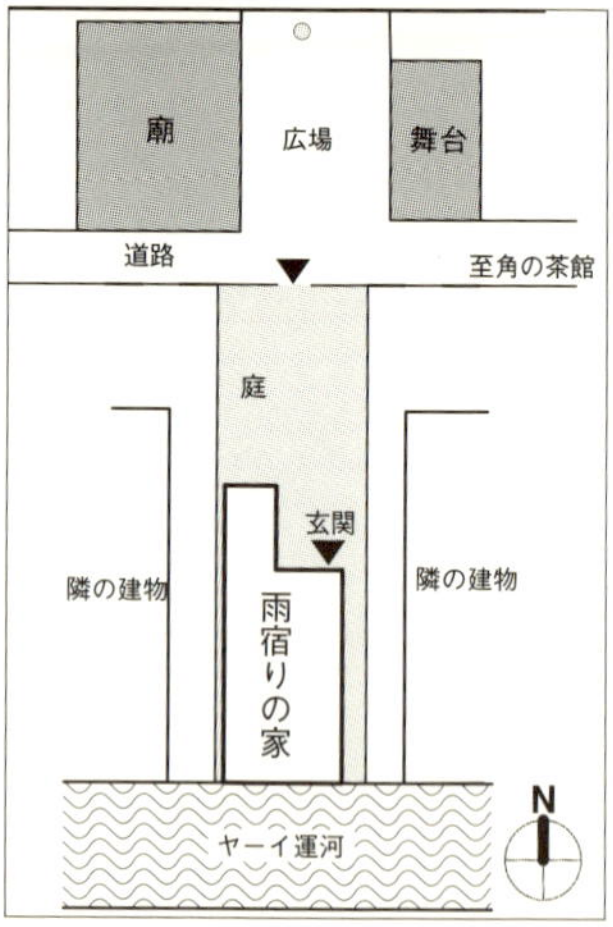

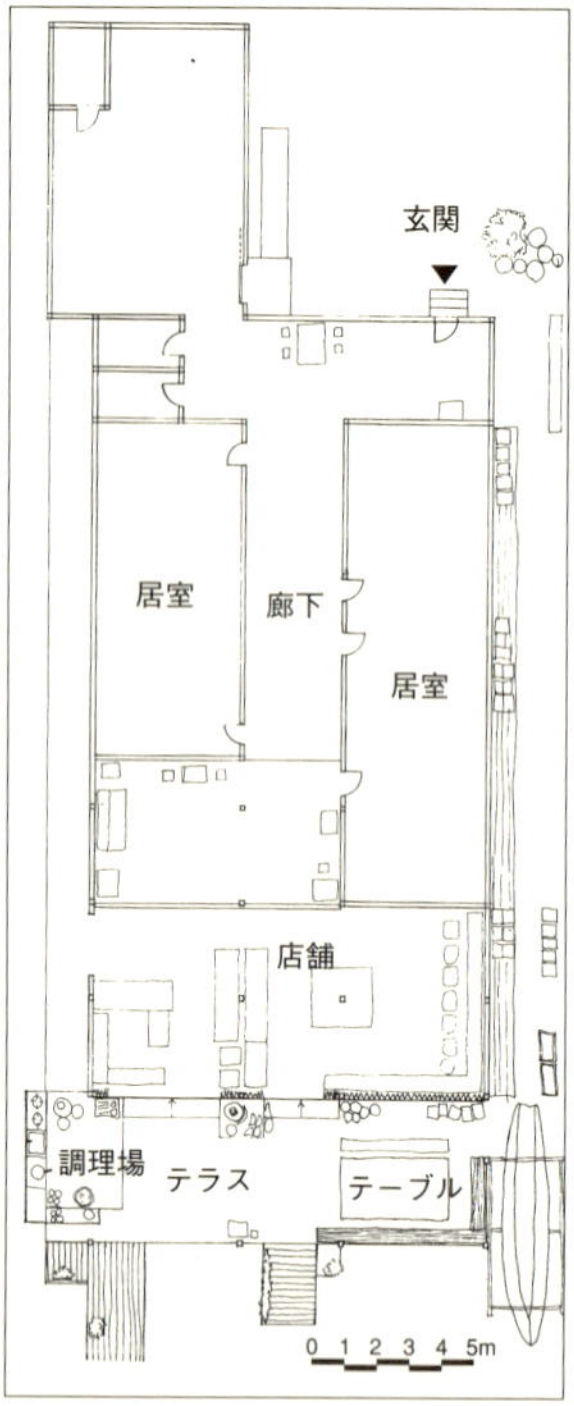

上51　「雨宿りの家」と廟
左52　「雨宿りの家」の平面図

体も非常に大きい。店は、運河に面して開くようにつくられている。店先には、船着場を兼ねたテラスがとられ、ベンチなどが置かれている。水辺に植物も並べられており、川を眺めながらくつろぐことができ、何とも心地よい空間となっている(52)。

このテラスは、店舗という性格上、船で訪れる客や品物の出し入れのために比較的ゆったりとした広いスペースとなっている。調理場もテラスの隅に置かれ、居住者も普段、運河に面した空間を利用していることがわかる。

運河に面するテラスに開くようにして、店舗部分が続く。雑然と生活雑貨が並べられている。奥に進むと、床面が一段上がる。そこからが居室などのプライベート空間となっている。店舗との間は壁もなく、微妙な段差によって区切られているだけである。このスペースには、テレビやソファー、冷蔵庫などが置かれ、生活感が漂う。店舗と一体となったこの空間は家族にとっての重要な共有空間ともなっている。

その後ろにはホールのような広い廊下が建物の中央部を玄関まで通じており、その両側に部屋が配置されている。廊下にしては広めのこの空間は、特に決まった使われ方をしていないようだ。私たちの感覚だと、もっと狭くすることで両側の居室を広くできると考えてしまう。だがよく観察すると、建物内部は明るく保たれており、風通しもよい。一年を通して暑さの厳しい中で生活するバンコクの人の知恵がその空間に織り込まれているように思えてくる。

潮州系の中国人である当主の話では、四〇～五〇年前（一九五〇年代）からここで乾物の商売をしているという。家族は、タイ人の夫人、主人の母親、子供二人の五人家族である。この建物は一九八七年に新しく建て替えられている。商品は現在でも船と車の両方で仕入れているという。この町でも陸の依存度が高くなっていることがわかるが、角の茶館同様船も使っているのでなぜかホットする。商品は、地元の住民に小売りしながら、周辺のデパートやショッピングセンターなどに車で納め、手広く卸しているようだ。

ある程度家の全体像が把握できたところで、学生たちが一生懸命実測調査に励むことになった。監督と称して陣内さんと私はテラスのベンチに腰を下ろす。激しいスコールが熱した空気を冷やしてくれ、バンコクらしい心地よい空間での一時を満喫する。運河には横殴りの雨でずぶ濡れになった観光客を乗せた「長い尾」の船が何艘も行き交う。ヨーロッパからの観光客を乗せた一艘が、

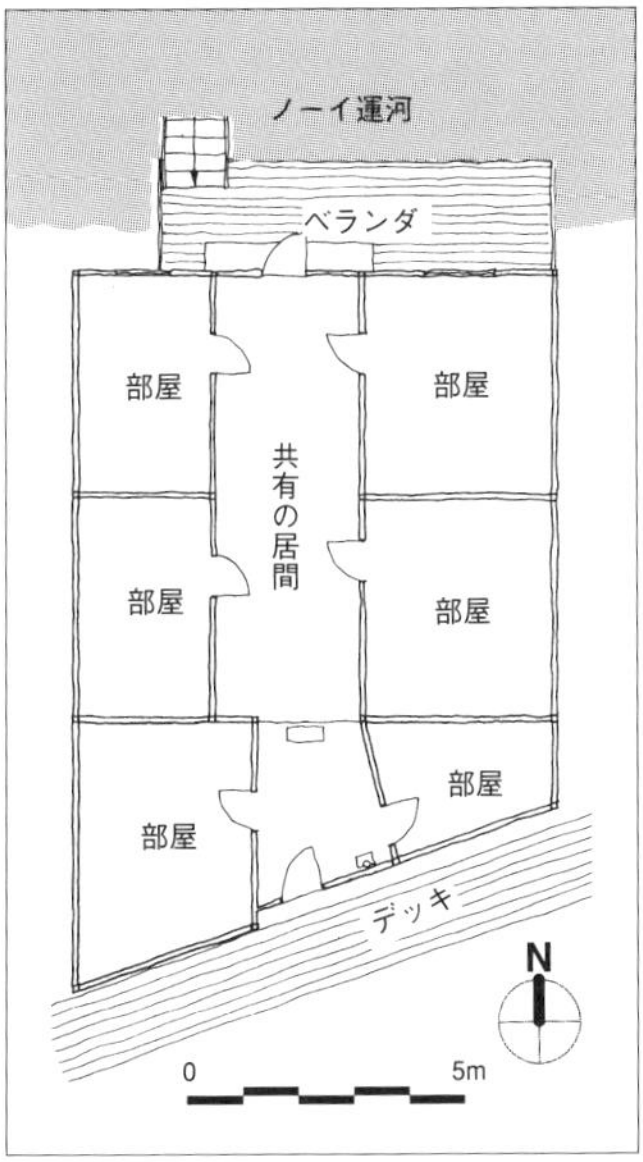

53　「フィッシング・ハウス」の平面図

私たちのリラックスした姿に引き寄せられたのだろうか、テラスに船を寄せて上がって来た。雨も小降りになり、調査も一段落したので、彼らに居心地の良いベンチを明け渡すことにした。

「フィッシング・ハウス」

私たちは、「角の茶館」まで引き返したが、どうしてもその隣の家が気になり、建物の中を見せてもらうことにした。先ほど船で通った時に、数人がベランダで釣りをしていたので、「フィッシング・ハウス」と名付けた建物である(53)。この建物は借家で約十人くらいが家の内部を分割し、集合住宅のように使って住んでいる。その中の一番広い部屋に大家が住み、他の部屋を一ヶ月三七〇〇バーツの家賃で貸しているとのことだ。血縁関係のない別の家族同士が使っている。釣りをしていた彼らは入居して四年くらいなので、交通手段として運河は使っていないという。

玄関を入ると建物奥まで続く広いホールがある。これは、先に調査した「雨宿りの家」と基本的に同じである。ここから両側に個室が配置されている。このような構成はこの辺ではよく見られるプランであるようだ。それぞれの部屋の使い方は様々で、中には仕事場として使って

いる人もいた。

建物中央のホールには冷蔵庫が置かれるなど、居住者たちの共有空間になっているようだが、私たちの目からは、有効には利用されていないように見える。むしろ、運河に面した船着場も兼ねるテラスが、居住者たちの利用度が高い共有空間のようである。そこでは、おしゃべりを楽しむ人たちや釣りをする人など、それぞれが積極的に水辺の空間で時を過ごしている。運河を舟運として以前ほど使わなくなっても、タイの人たちの水辺に対する意識の高さはこの場面が物語っている。この人たちも釣った魚は食事のおかずにしているらしく、運河は多くの意味で今もなくてはならない存在であるようだ。

私たちが調査を終え、船に乗り込むころにはすっかり雨も止み、空はきれいな夕焼けとなっていた。バンコクは陸化し、自動車交通で溢れかえっているが、トンブリーにある運河沿いに発達したこの町は陸の恩恵を受けながらも水とまだ、上手に付き合い続けていることがわかり、調査の充実感とともに、どこかに安堵する気持ちがあった。

「バナナ・テンプル」と寺の本堂の向き

「角の茶館」の対岸には、伝統のあるスワンナ・ヒーリー寺がある。「角の茶館」からの眺めは、いかにも私たちに誘いをかけているように思えた。そこで翌日、私たちは車でこの寺を訪れた。調査の間に、柿崎さんが寺の住職と親しくなり、私たち全員にバナナをふるまってくれたことから、この寺を「バナナ・テンプル」と呼ぶことにした(54)。

この寺ができたのは三二〇年も前である。現在の寺名になったのが二〇三年前、ラーマ一世の父が寺の名前を変え、その時大々的に寺の修復をしたという。本堂は一九一六年につくられている。現在の本尊の中には石でできた本尊がもう一体入っている。それが創建当初のものかどうかはわからないと住職は話してくれた。現存する一番古い建物は僧坊で、少なくとも一〇〇年以上、もっと古い可能性もあるとのことだった。かつて道路が整備される以前は、僧侶の足は船がもっぱら使われていた。托鉢に行くお坊さんは、寺院の前の船着場から出かけていた。だが現在は托鉢にサンパン船を使うことはなく、寺の船着場を利用するのは寺を見学に船でやってくる観光客だけである。

この寺で本堂だけが向きが違うことを住職に聞くと、本尊は朝日が上る東向きにする必要からだと説明してくれた(55)。そのことがこのバンコクで一般的であるのかどうか知りたくなる。私たちは次の日から船で移動する際、寺院の本堂がどちらの方向を向いているか一つ一つメモをとっていった(56)。その結果、トンブリーにある運河沿いの寺院では、本殿の向きがほぼ東側を向いていることがわかり、バンコクの景観構造の特色を確認することができた。興味深いのは、それが本堂だけの話で、その他の施設は多くが運河に正面を向けて建てられていることが多いこともわかった。こうした空間配置の特性は、本殿の方向の違いに気付いたとしても、実際に船を乗り回しているだけでは原理と方向性の関係は見えてこない。これは、ヒアリングの大切さと悉皆調査の重要さがうまくドッキングした成果といえる。

トンブリー側の寺院のいくつかは、バンコクに王朝ができる以前からのものである。また、バンコク市街と比べトンブリーの都市化の波は運河沿いにそれほど強烈に現れてはおらず、周囲の環境も昔ながらのおもむきを今

54 水辺に建つ「バナナ・テンプル」

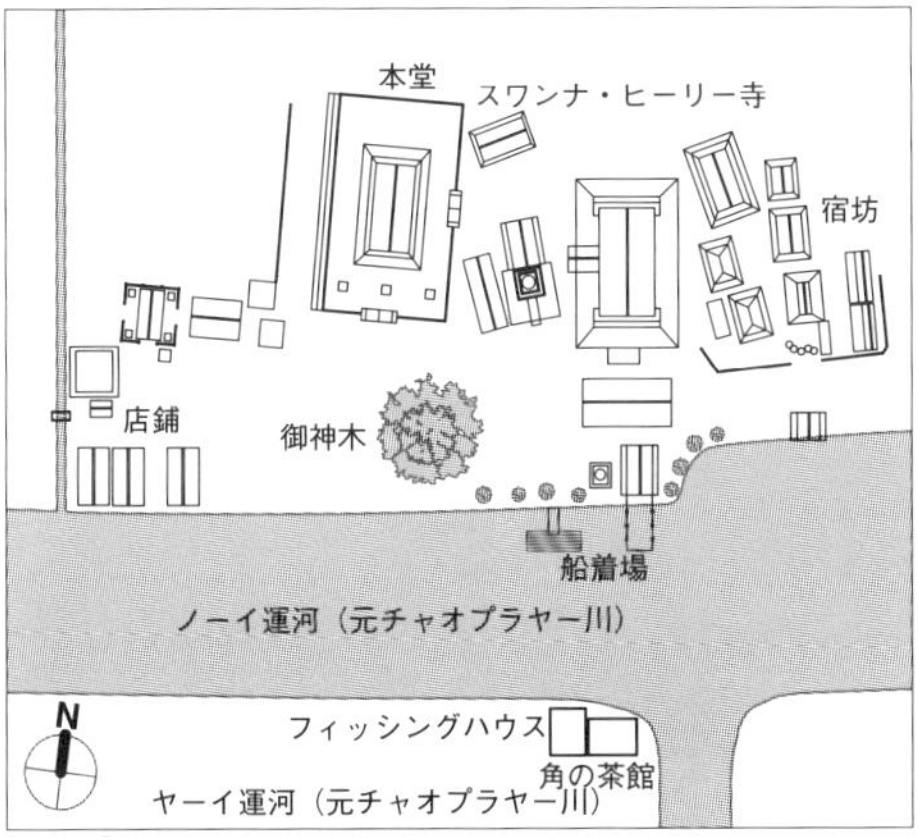

55 「バナナ・テンプル」と運河の関係図

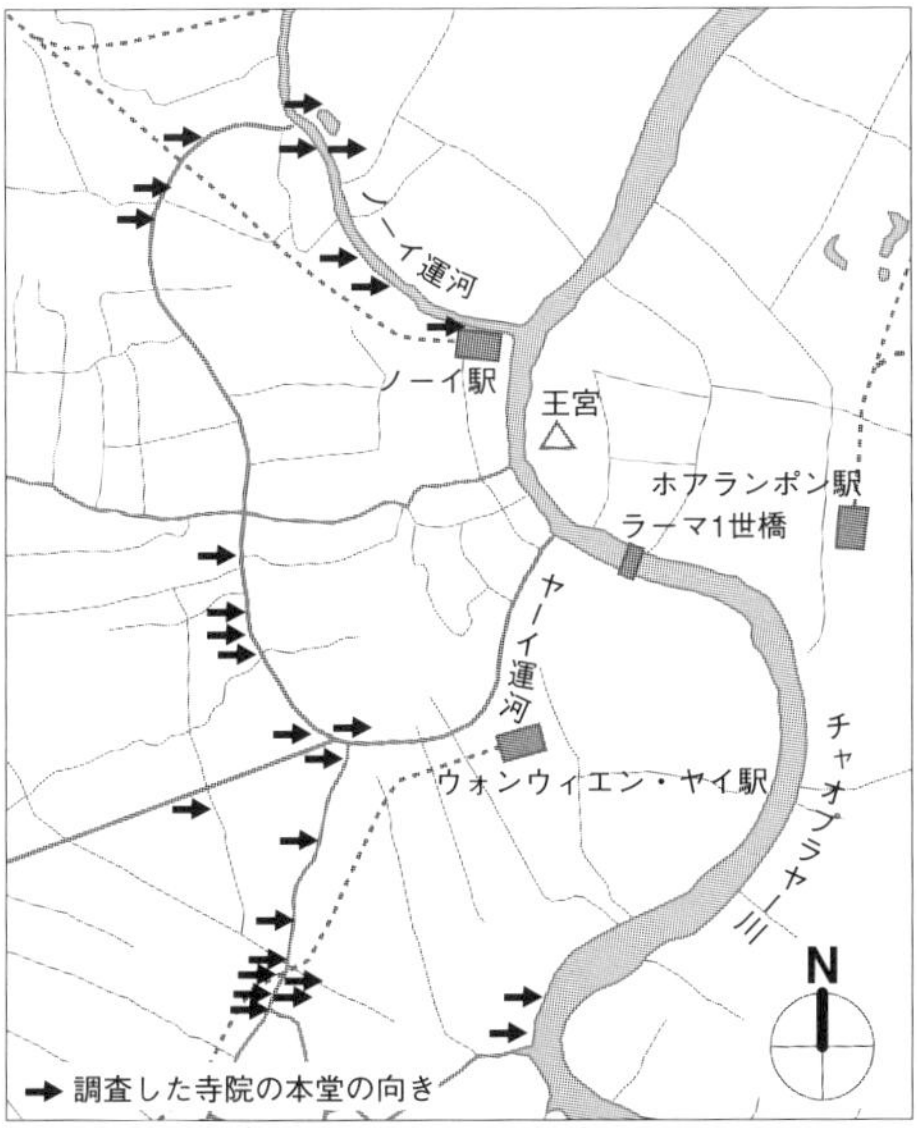

56 元チャオプラヤー川沿いにある寺の本堂の向き

に伝えている。寺院と運河との関係は不思議な魅力をまだまだ秘めている。

運河沿いに展開する「寺のある町」

寺の町とその周辺環境

元チャオプラヤー川のヤーイ運河を北上していくと、運河沿いの水辺に張り出すように住宅が軒を連ねて建つ風景に出会う。しかも、ヤーイ運河からは幾つもの小さな運河が奥へ延びている。建物が連なる間からは、比較的大きな運河が奥へ延び、その先に寺の屋根がアイストップのように見える感動的な場面に出会う(57)。奥にも町があるのだ。私たちは、その寺の屋根に引き付けられるように、支線運河に入っていった。運河は奥に進むと曲がりくねり、より私的な水辺空間に変わっていく。

私たちが訪れた寺の名前はバンウェイク寺である。寺の周辺にできた町並みはワットバンウェイク村という。現在の寺ができてから一〇〇年以上は経つようだが、それ以前の確かなことはわからない。この町も寺の創建とともにできたようだ。運河沿いには二〇〇軒ほどの家があり、すべての人や物の流れが運河からアプローチしていた。村の周辺は果樹園だったが、現在ではそこに家が建っていき、さらに湿地帯を縫うように延びる道を軸に家が短冊状に並んで建つようになる(58)。

この町には、日本でいう高専・短大レベルの商業学校が四〇年前（一九五〇年代後半）にできたために、橋が学校の前に架けられた。この橋から約五〇〇メートル先にある幹線道路も同じ頃にできている。そのため、町にも車が入ってくるようになった。この学校ができてからは、バンコク市街からの定期船も運行されるようになったという。現在定期船は二便あって、一便は商業学校近くの船着場から、チャオプラヤー川沿いの青物市場にある船着場まで行く。もう一便は商業学校よりさらに運河を奥まで入っていく(59)。

こうした町や交通の変化は船着場の位置も代えたようである。使われていない船着場を含め、現在三つが確認できる。寺の正門を出て運河に向うと、今は使われていない船着場がある。学校ができる以前はこの船着場が使われていたのだろうか。だが、もう一つ、使われていない船着場がある。それは、寺の北門を出て、学校に向かう途中にある。こちらの方が正門近くの船着場よりも新しく、数年前まで現役で使われていた。現在の船着場は、商業学校の近くに移動し、寺や商店街との関係は薄らいでしまっている。定期船が着くとどっと女子学生が船に乗り込む風景を見かける。人の流れは、運河に面したこ

57　幹線運河からの入口のアイストップとなっている寺院

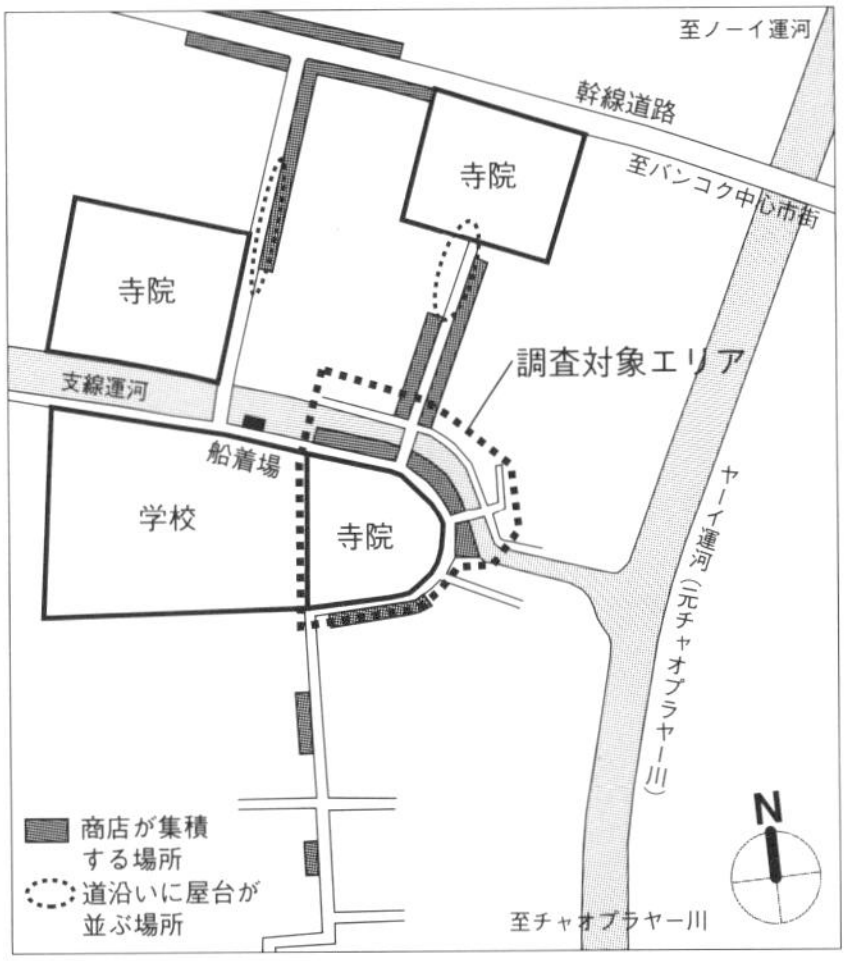

58　「寺のある町」とその周辺図

の寺や商店街が中心ではなくなっているようだ。

この辺の土地は寺が所有している。建物は別にまた所有者がいて、ここで店を開いている人はいずれも借家人である。ここで商売する人の多くは二〇年から三〇年ほど前からで、古くからの店はあまりない。

この商店街はかつて道の両側に店が並んでおり、賑やかだったという。二〇年ぐらい前に、寺院の塀の改修で陸側の店が撤去され、片側になってから少しさびれてしまった。道路がかさあげされ、コンクリートの道路になったのは十五年ぐらい前である。その時、橋も一緒にコンクリートにしている。その頃からはもう、買物客は陸から来る人がほとんどとなり、水上から船で来ることはなくなった。だが、運河に沿って建つ建物の多くは水辺に開かれ、まだ水とのかかわりを意識させる空間が機能している。

「寺のある町」の実測調査

このような寺院を中心とした町を私たちは実測調査することになった（60、61）。寺の周りを囲むように、約三〜五メートルの間口をもつ平屋あるいは二階建の建物が建ち並ぶ（62）。店舗の前の道は二メートルほどの幅員にもかかわらず、この地域の主要な道であるためにバイクが行き交い、人通りも多い。

ここには魚介類や肉、青物、食堂、雑貨屋、雑誌やアイスクリームを売る店など、様々な商店が集まっている。夕方ともなると周辺に住む人々や近くの学校の生徒が集まってきて活気に満ちた空間をつくりだす(63)。商店の中には、住居を兼ねた建物も幾つか見かけたが、商店の人たちの多くは別に住まいがあるという(64、65)。店舗と兼用している場合は、二階が住居スペースとなる。また平屋の場合は、建物の奥運河側を居住スペースにし、道側を店舗としている。これは、船で客が来なくなったからであろう。

ここに並ぶ建物の奥行は五～七メートルで、どの建物も非常に開放的である。運河側にはテラスがあり、運河に開かれた空間となっている(66)。そこには、洗濯物が干されたり、テーブルや椅子が置かれて人々の憩いの場となっている(67、68)。

建物内での商いとは別に露店が商店の前に出ている。これらの店の商い方には二つのタイプがある。一つは、建物内部の店だけでなく、道まで商品を出して商い空間を広げているタイプである。もう一つは、建物と道の間の隙間に露店や屋台が別の人によって商われているタイプである。このように隙間空間をつくりだし、そこに活気を生み出している光景はバンコクのあちこちで見かける。二つのタイプは業種によって分けることができる。まず雑貨屋と食堂が最初のタイプである。雑貨屋は建物内部から道まですべて商品が並べられている。

橋のたもとにある雑貨屋は店舗のみで、居住空間はない。商品は建物の内部よりもむしろ外側に多く溢れ出している。この建物の奥にあるドアから外に出ると、トタンで囲われただけの簡素なトイレがある。水洗であるが運河と直結しているのには驚いた。運河もバンコクの人同様、おおらかなのであろうか。私たちなどは、つい下水道を完備して運河の水をきれいにすればよいと声高にいってしまうのだが、人と水とのかかわりは突然現れた私たちが一瞬に感じ取れない付き合いの歴史がある。そのことを理解した上でないと、単に私たちの生活を投影させても、より多くのバンコクの水文化の魅力を失わせることにもなる。

雑貨屋から一軒置いたところに食堂がある。これも、建物全体が店舗空間となっており、運河沿いのテラスにはテーブルや椅子が出されている。水辺に対して開放的で気持ちのよい空間となっている。ここで私たちは昼食を取った。この店は、飲み物を出すだけなので、食堂というよりむしろカフェといったところであろうか。私た

59　定期便が行き来する運河と船着場

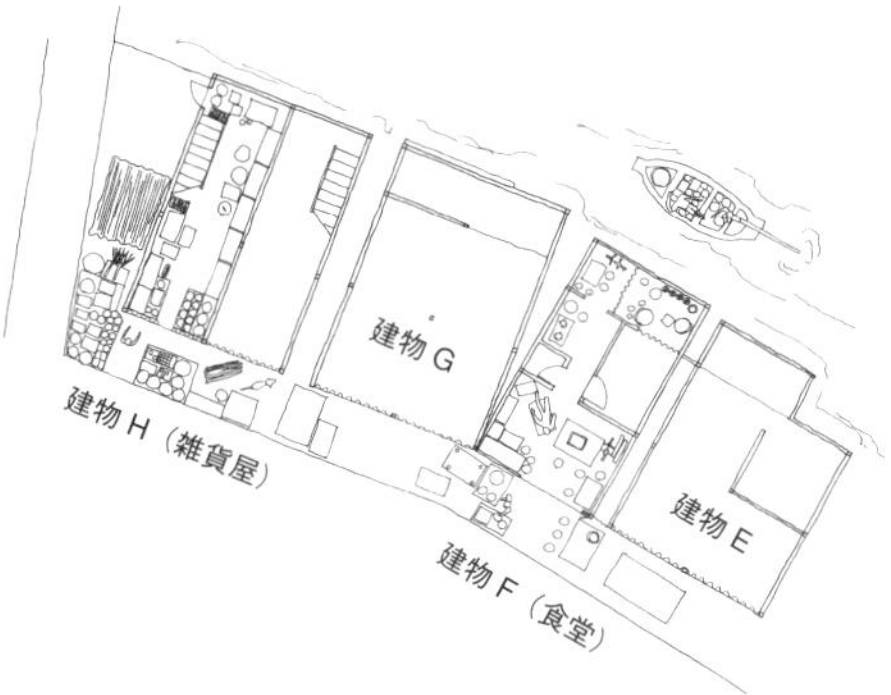

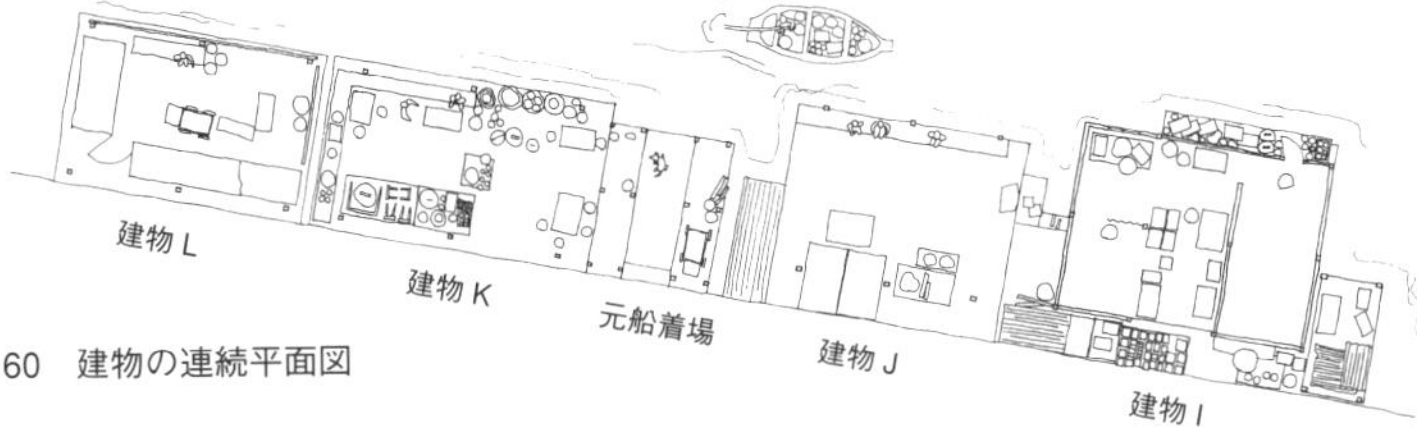

60　建物の連続平面図

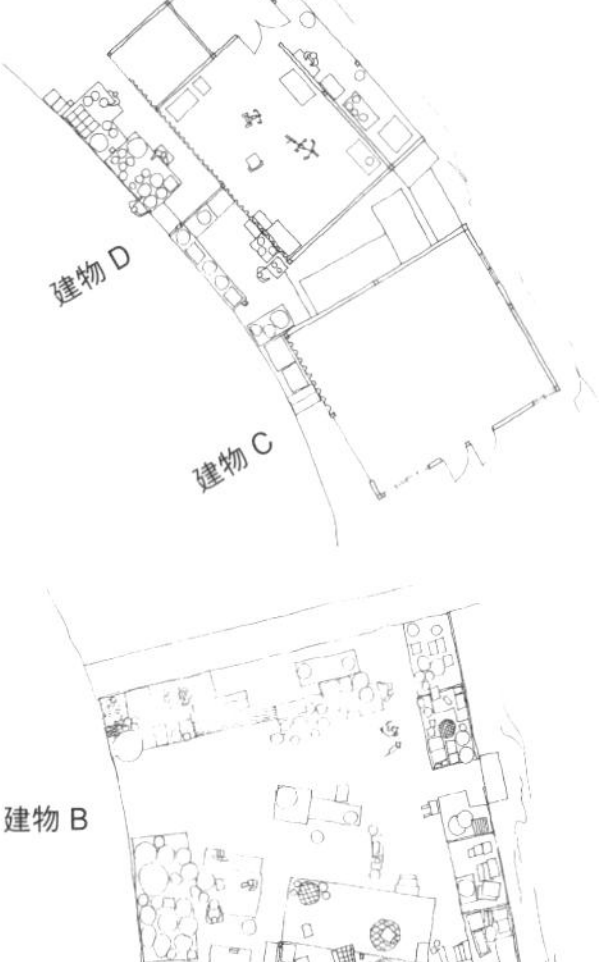

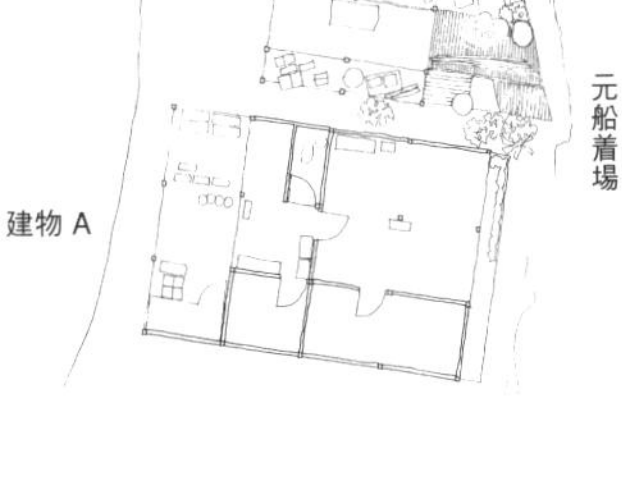

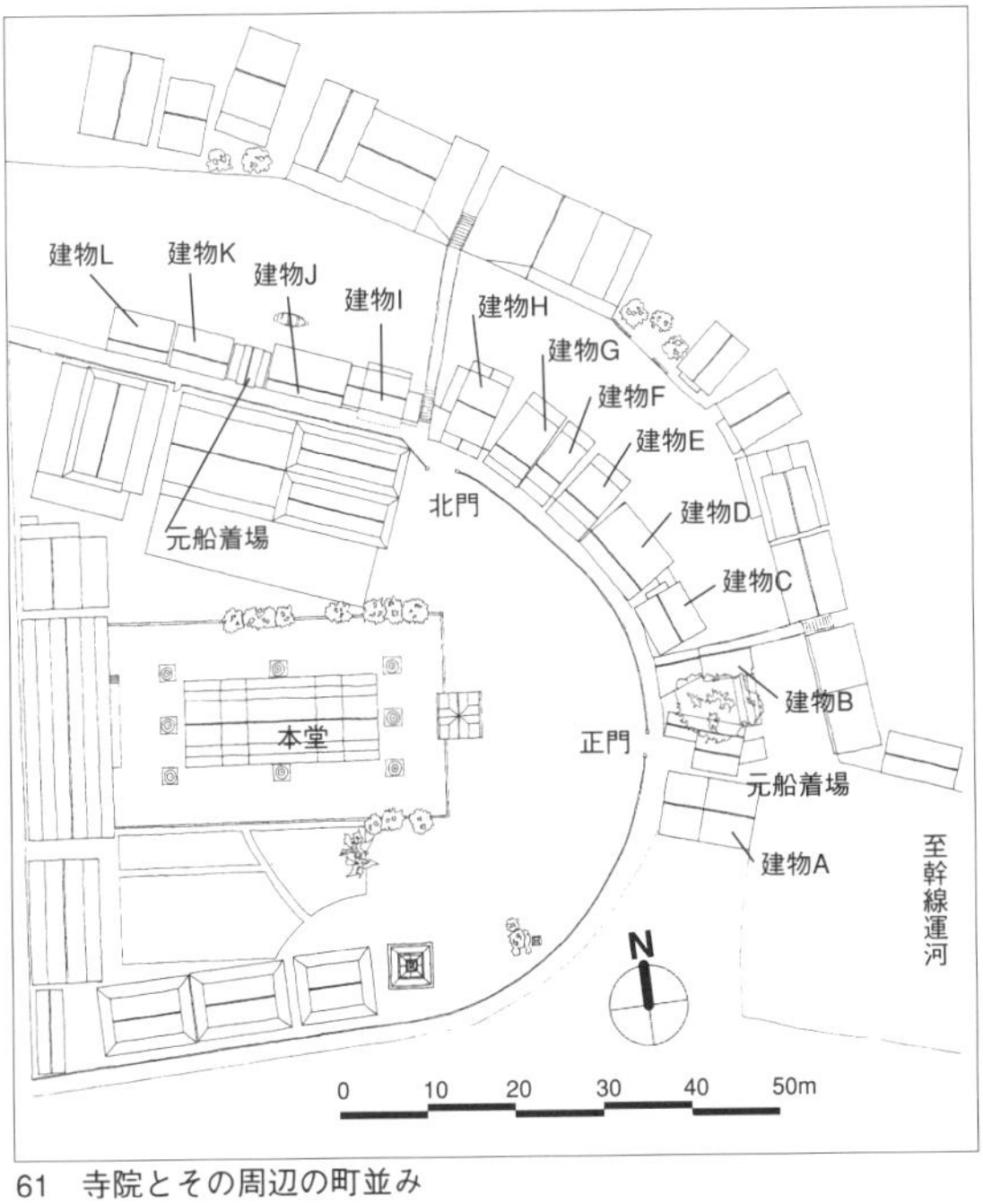

61　寺院とその周辺の町並み

62　運河と寺院に挟まれて商店街がつくられている

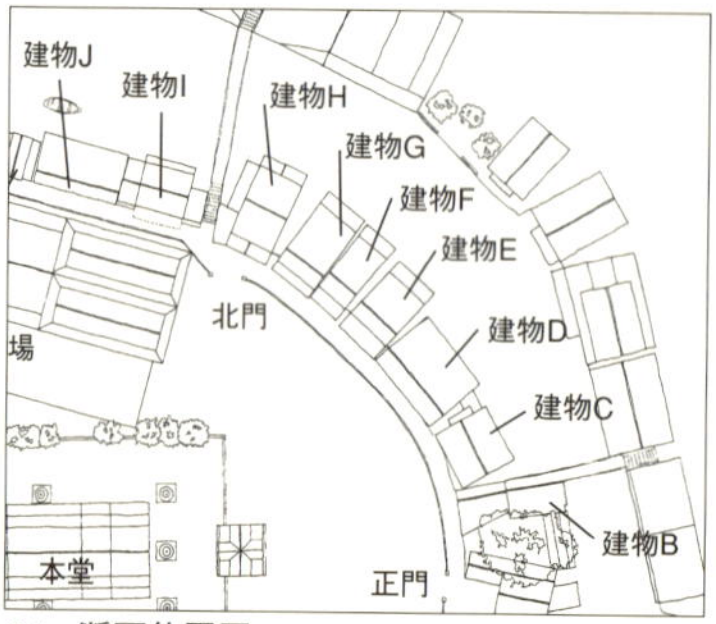

64　断面位置図

63　学生達がよく集まる店

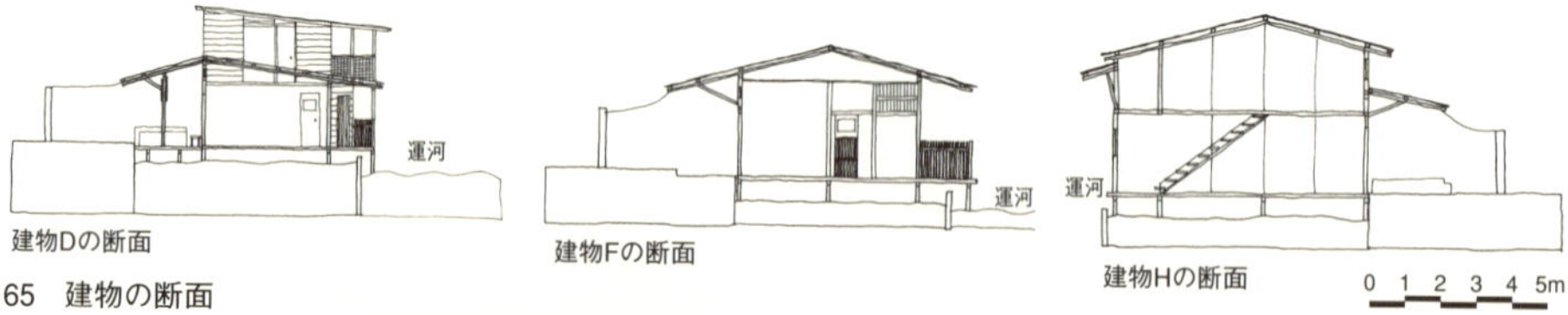

65　建物の断面

67　運河側にベンチが置かれた食堂

66　水辺に張りだしたテラスは憩いの場になっている

68　水辺に開かれたテラス

70　魚介類が豊富に並べられた店舗

69　弧を描くように連続して店が並ぶ

72　のんびりくつろいで座っている店の人

71　多様な空間をまとめる装置としてのテント

ちが注文した品は別の店から調理されて運ばれてきた。

一方、雑誌を売る店や野菜・魚介類を扱う店は建物と道の間に別の店が入り込んでいる(69、70)。建物を借りている人が店の前で別の商いをしているのではなく、小さな隙間の空間だけを店の人から借りて店を出しているのである。タイの人々の大らかさを感じさせる。

このように見てきた一連の商店街は、一見それぞれの店が明確に分かれているように見える。だが、実際にはその境界がはっきりしないのが特色である。むしろこのエリアにある店は個々が集まることで一体的な場をつくりだし、一つの複合的な商業をつくりだしているようにも見える。午前中にはあまり気にならなかったテントが、すべての店から道を被うように架けられ、調査の終わり頃には多様な空間をまとめる重要な装置となっていることがわかってきた(71、72)。

百年前に開削された運河を行く

パーシーチャルーン運河沿いの風景

私たちは、四つの大河を結ぶ東西に延びる長距離運河の旅を計画していた。そのなかで、一八六六年に開削されたパーシーチャルーン運河を一日がかりで巡ることになった。元チャオプラヤー川であるヤーイ運河から西に延び、ターチーン川に至る運河である。ヤーイ運河からこの運河に入るとすぐ水門に出会う(73)。水門の周辺には町が形成されていた。この場所はバンコクの市街と郊外を結ぶ結節点にもなっている。バンコクとその周辺とでは水位差があるために、ここは二重の水門になっており、水門を通り抜けるだけでゆうに三〇分はかかる。水門と水門との間は広い船溜まりとなっており、運河による舟運が活発だった頃は何艘もの船がこの船溜まりで水門が開くのを待っていたに違いない。

水門を抜けてすぐ、生活を共にしながら艀として活躍する船が、運河に沿って長い列をなして係留されていた。これらの船は、かつてチャオプラヤー川やバンコクの運河に数多く見かけられたが、現在ではほとんど目にすることができなくなった。それが、こうした郊外へ延びる運河にひっそりと係留されている(74)。これらの船を見ていると、ほとんどが艀として使われている様子はない。すでにこれらの船は生活の場だけの家となっているようだ。

私たちの船は先を目指して進むことにした。バンコク市街からそれほど離れていない場所では、護岸がコンクリートで整備され、新興住宅地が建設されている。精米所も見えてきた。かつて、チャオプラヤー川沿いにあった精米所や製材所はこうした郊外へ移転してきているのだろう。

運河沿いには産業施設が目立つ。こうした施設は、地価が安く広い土地を求めて、陸上交通の便の悪い郊外に立地している。そのため、舟運が物資輸送の有力な手段であり続けている。運河の果たす役割はまだ大きいようだ。そこに働く人々は運河沿いに思い思いに小屋をつくって暮らしている(75)。暑いバンコクであるから、一部

73　パーシーチャルーン運河につくられた水門

74　住居でもある係留された船

75　運河沿いに建つ労働者の住まい

76　橋のたもとで商売する人

を囲ってあるだけである。彼らの普段の生活は涼しい風が入る運河に開かれた場所でくつろぐ。そこには暑い気候に順応した生活の表現がある。私たちが、通り過ぎると笑顔で手を振って応えてくれた。連なって建つ長家は、バンコク特有の水辺に展開したロングハウスの現代版でもある。

ここを過ぎると建物も途絶え、護岸は水草でおおわれ、周囲には木々が生い茂る。やっとバンコクの都市から離れたという感じがする。このような風景がしばらく続くと、再びポツリポツリと人家が見え始め、最初の町に近づく。船が進行する右手には寺の屋根が見え、町の中心に橋が架けられている。左手には、バンコク特有のロングハウスが続く(77)。ここ十数年の間にコンクリートの護岸で水際が整備された。デッキとなっていたと思われる一階の店先はコンクリート舗装され、広くなった空間を別の用途に変えて使っている(78)。

私たちが乗った船は、運河巡りの旅の帰りにエンジンが壊れたため、この町に上陸する機会が得られたのである。店の前の広いスペースは、食堂にしたり、庭にしたり、様々な使い方を見せている(79)。橋のたもとには、寺のある町で目にした小さなスペースを借りて商売をする人の姿も見られる(76)。この運河を旅する間には、幾

77　運河に沿って建つロングハウス

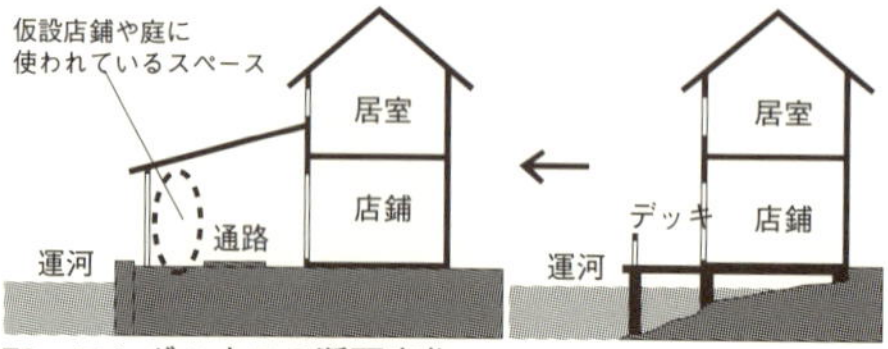

79　ロングハウスの断面変化

78　様々に利用される水辺空間

つかの町と出会った。これらの町はどれも、必ずといってよいほど寺が中心的な存在であり、運河が町の軸となっていた。やはり、郊外の町は他の都市や町、村との交通が船以外になかったことから、水辺が町の中で最も華やいだ空間となっていた。そのことを私たちは上陸し、確認することができた。

運河の終着点にある町

運河の旅もそろそろ終点に近づいてきた。船の運転手がターチーン川の近くに来たことを柿崎さんに伝えている。この運河とターチーン川の接点近くに大きな町がある。グラトゥンベー郡に属するこの都市は一万人程度の人口である。タイではバンコク以外ほとんどの都市が多くても一万人程度であるから、この地方都市の人口規模は大きいほうである(80)。

この都市は二〇〇年位前にすでに町として成立していたといわれている。都市の成立起源は運河開削からではなく、むしろ周辺農漁村と結びついて長い歴史を刻んでいる。運河と運河が交差する場所には、大きなマーケットがある。このマーケットは、巨大都市化したバンコクのように、魚と野菜の市場が分離していない(81)。バンコクもかつて、魚と野菜の市場は一つの場所にあった。

80　運河が交差する場所につくられた市場

81　豊富な魚介類が並ぶマーケットの店先

私たちはその原型をこの都市で確認できたように思えた。マーケットは人口一万人程度の都市とは思えないほど大きく、様々な品物が並べられ、多くの人が買物に訪れている。都市内だけでなく、周辺の町や村からもこの市場に集まってくるのだろう。ここからはタイランド湾の漁場も近く、マーケットの中を歩くと、魚介類が実に豊富である。新鮮な野菜も所狭しと売られていた。マーケットを取り巻くように、飲食の店が運河沿いに軒を並べている。

現在では、市場の東側に建物が数多く建てられている。そこには、寺とそれに隣接する大きな役場の建物があり、この町の中心になりつつある。このような都市空間の変化とは異なり、舟運全盛時代から存在するマーケットが今でも庶民にとって中心的な場所であることは、熱気が充満するこの場に入り込めばすぐわかる。

ほぼ一日船に揺られた旅であったが、新しい発見も多かった。船の壊れたエンジンを修理する間に飲んだ冷えたビールがやけに美味しく感じられたのも、強行軍であった証拠かもしれない。

バンコク──水の都の城郭都市

「布のマーケット」と「ジプシーゲストハウス」

第三運河に沿って歩く

ロイヤルオーキッドシェラトン・ホテルの部屋からは、パドゥン・クルン・カセム運河（第三運河）が見える(82)。この運河を北上するとバンコクのターミナル駅であるホアランポン駅に至る。私たちは朝まず第三運河に沿って歩くことから始めた。水の都であるバンコクも戦後運河の埋立てや舟運から車交通への移行が急速に進んでいたが、近年水上バスが活発に利用されているという話を聞いたからである。この辺の運河にも、ひょっとして定期船の姿が見られると考えた。だが、ホテルからバンコク中央駅（ホアランポン駅）の間では水上バスの運行はなかった。

バンコク中央駅近くの第三運河沿いからは定期便が出ていると聞き、教えられた場所に向かった。その船着場には、船を待っているとも、ただ休んでいるともつかない人たちの態度から、どうも当分船がやって来そうもない雰囲気が感じられた。しかたなく水上バスが頻繁に通る第三運河とマハナコーン運河が交差する船着場までタクシーを飛ばすことにした。その場所は、ボーベー市場に来る人々が利用する船着場であった(84)。

「ボーベー（喧嘩）」という名のこの市場は、布や衣料品を総合的に扱う店が軒を並べている。現在このマーケットは、バラ売りもしているが、本来は小売業者向けの大量卸売専門の市場である。ここは、地元の商人だけでなく、諸外国からも多くの人が仕入にくる大きなマーケットである。思いもかけず調査意欲をわかす場所に出くわすことになった。私たちは、この市場を「布のマーケット」と名付けさっそく調査のために人ごみの中へ入っていった(86)。「布のマーケット」は、建物の中で商いをするだけでなく、運河沿いに所狭しと露天が出ており、多くの人たちがこの市場空間に飲み込まれていく。「布のマーケット」は奥が深い。奥の五、六階建コンクリート造のビルの内部が「布のマーケット」の本体のようだが、そこから溢れ出るように運河に沿って店が集まる空

83　マハナコーン運河に架かる橋と船着場

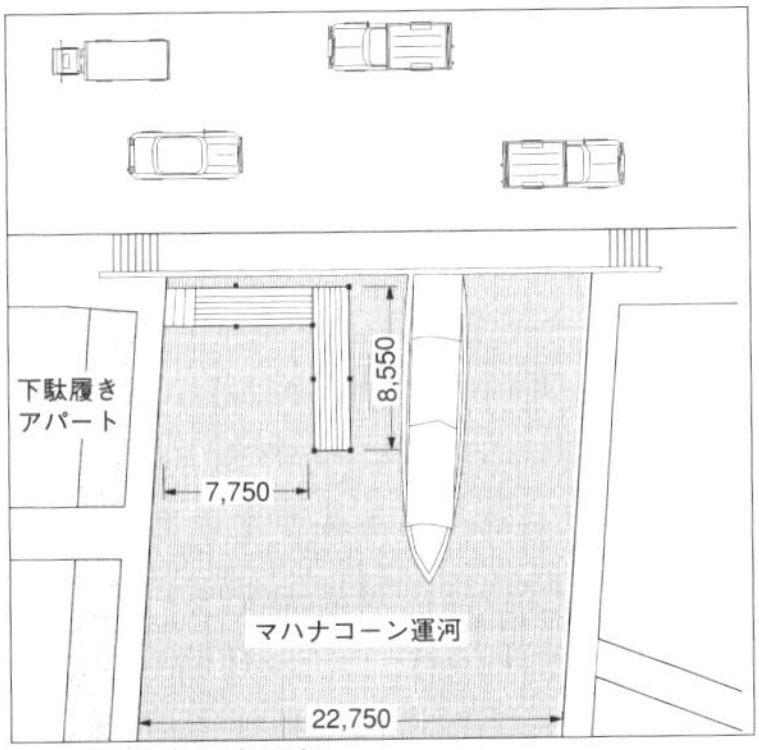

84　船着場と定期船

82　ホテルの窓から見た第三運河

86　所狭しと傘を開いて商売をする「布のマーケット」

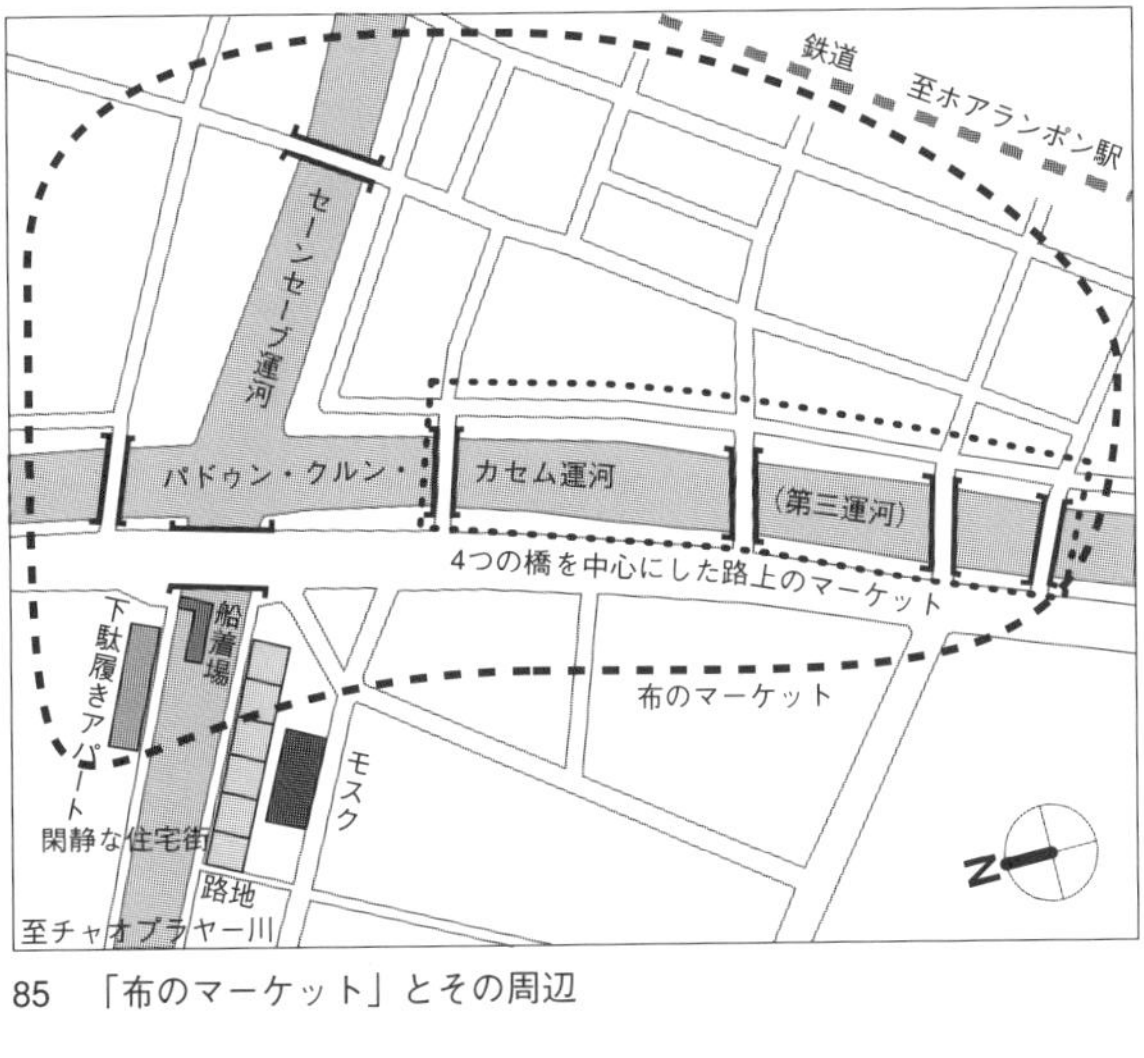

85　「布のマーケット」とその周辺

間が何ともバンコクの市場らしい雰囲気をつくりだしている(85)。

「布のマーケット」の空間構成

「布のマーケット」は、パドゥン・クルン・カセム運河(第三運河)にかかる四つの橋を中心に、活き活きとした空間が広がっている(88)。このマーケットの特徴の一つは、交通の便の良さである。そこは、運河が交差すると同時に、車と船との結節点でもある(87)。また、東には鉄道も走っており、様々な交通が集結している。だからこそ、ここが大規模なマーケットに成長することができたようだ。

運河の東側のマーケットは(90)、歩道部分を埋め尽くすようにテントが張り出し、仮設の店で埋めつくされ、布や洋服が束になって売られている。小さなスペースをうまく利用して所狭しと物を置く光景には、アジア共通のルールであるようだ(89)。川沿いは、物を売る場だけでなく、テーブルといすがだされ、店番の人が食事をしたり、新聞を読んだりするくつろぎのスペースとなっている(91)。

パラソルを開いた店は川沿いだけでなく、橋の上にも出ている(90)。狭い道は人だけでなく、バイクも行き来して、さらに騒がしさを増す。橋のたもとには買い物を終えた大勢の人々を目当てにしたタイ独特の乗り物、トゥクトゥクが待機している。布を売り買いする場所に、バナナを揚げたお菓子などを売る屋台がマーケットの要所要所に店を構え、甘い香りを漂わせている。これからは衣類を売る店と混りあって、楽しい雰囲気をつくりだしている。

マーケット周辺を探索する

現在の「布のマーケット」は、船着場の近くまで拡大してきている。マハナコーン運河沿いの下駄履きアパートの一階にも衣類を売る店が並ぶ。このアパートは実に不思議なつくりをしている。運河側の店から二階へ上がる階段がなく、一階の店舗と二階以上の住居は直接関係していない。これは後に述べる青物市場の下駄履きアパートでも確認したことで、バンコクではこのような形式が一般的なようだ(92)。

「布のマーケット」の賑わい空間と関係ないかのように、運河の対岸に沿って不思議と閑静な住宅が並んでいた。この住宅の屋根越しにモスクの塔が見える(93)。バンコクには寺が極めて多いが、モスクも思いのほか多く見かける。運河脇に付けられた道から路地に入っていく

88　店で埋め尽くされた橋

87　いっせいに船に乗り込む乗客

89「布のマーケット」の賑わい

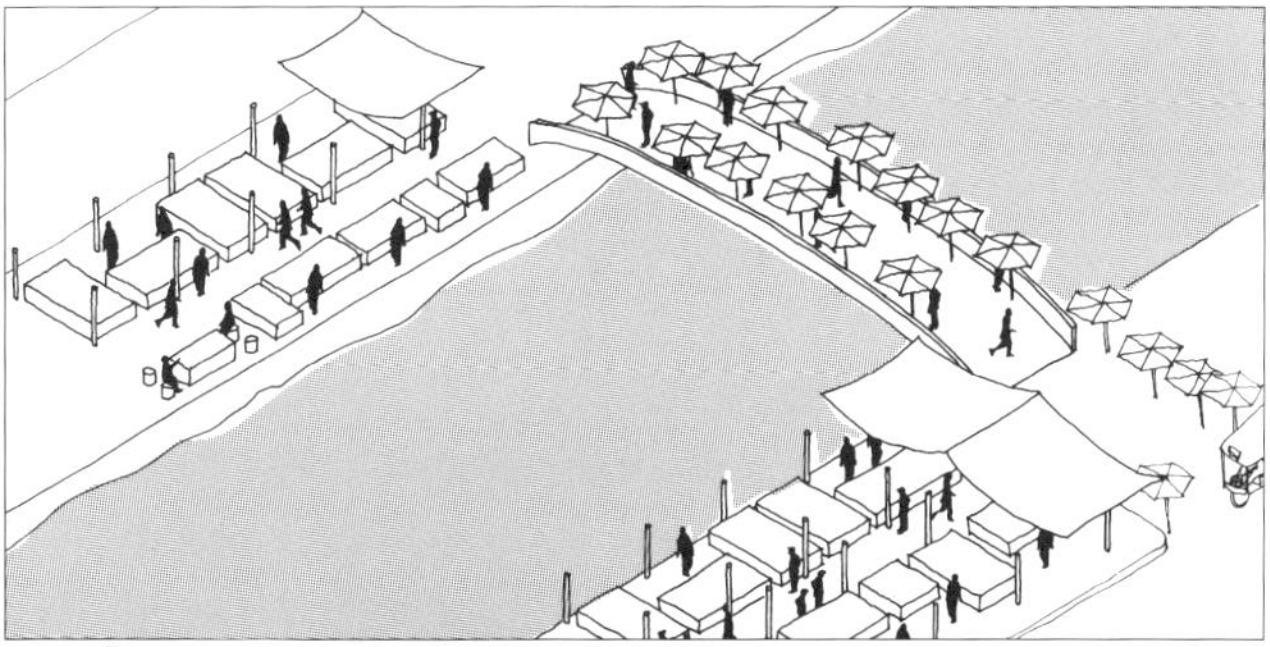
90　「布のマーケット」の俯瞰イメージ

93「布のマーケット」近くのモスクのある町

91　運河沿いの休憩スペース

92　マハナコーン運河沿いの下駄履きアパート

と、大通り沿いや運河沿いの道からは感じ取ることのできない、モスクを核とするイスラム教徒のコミュニティが広がっていた。外側の喧噪とはまったく関係ないといいたげに、車もほとんど通らない町並みが広がっていた。「教会のある町」のように、ここでもバンコクの住み分けの構造を見ることができる。この町は運河に開かれていない。バンコクの自然条件よりは、むしろモスクが求心的な象徴であるかのように町がつくられている。ここは、宗教施設を核に町が構成されていた「教会のある町」に似ている。

第三運河から第二運河へ

「布のマーケット」近くの船着場には、ひっきりなしに定期船が着いては離れていく。船着場に船が着くと、「布のマーケット」でこれから買い物する人、買い物をし終わった人で船着場は活気と少々の殺気が入り交じり、賑やかさを増す。船にはちゃんとした乗り口がなく、少しでも気を緩めると乗り遅れてしまう。船に乗り込む人々をみていると何ともその姿はたくましい。

乗降客も慣れたもので、素早く乗る者と降りる者が入れ代わる。私たちもこうした流れを乱さないように、それでもぎこちなく定期船に乗り込んだ。この船は第二運河に突き当たる所が終点である。そこから私たちは、第二運河に沿うようにタクシーを飛ばした。そろそろ昼食の時間も迫り、チャオプラヤー川沿いのレストランで食事でもしようということになったからである。

その前に、砲台と城壁の一部が残っているというので、チャオプラヤー川の手前にあるクルン・カセム通りとサムセン通りが交差するあたりでタクシーを降り、チャオプラヤー川までは歩くことにした。歩いていく途中、何やら怪し気な看板にまたもや陣内さんのアンテナが反応する。「この店はきっと運河沿いのテラスで素敵な食事ができるのではないか」というのである。通訳で同行している柿崎さんに交渉のため中に入ってもらった。ところが、そこは外国人バックパッカー向けの簡易ホテルであった。受付の若者が中を見てもよいと快くいってくれたので、とにかく水際がどのようになっているのか、建物の奥へ入ることにした。

「ジプシーゲストハウス」の空間構成

私たちが「ジプシーゲストハウス」と呼ぶことにしたこの建物は、細長いプロポーションをしており、都市の隙間に埋め込まれた感がある(94)。この宿のどこかに、一九二〇〜三〇年代に壊された城壁が通っていたはずで

95　吹抜けとなっているアトリウム

96　運河に張りだしたテラス

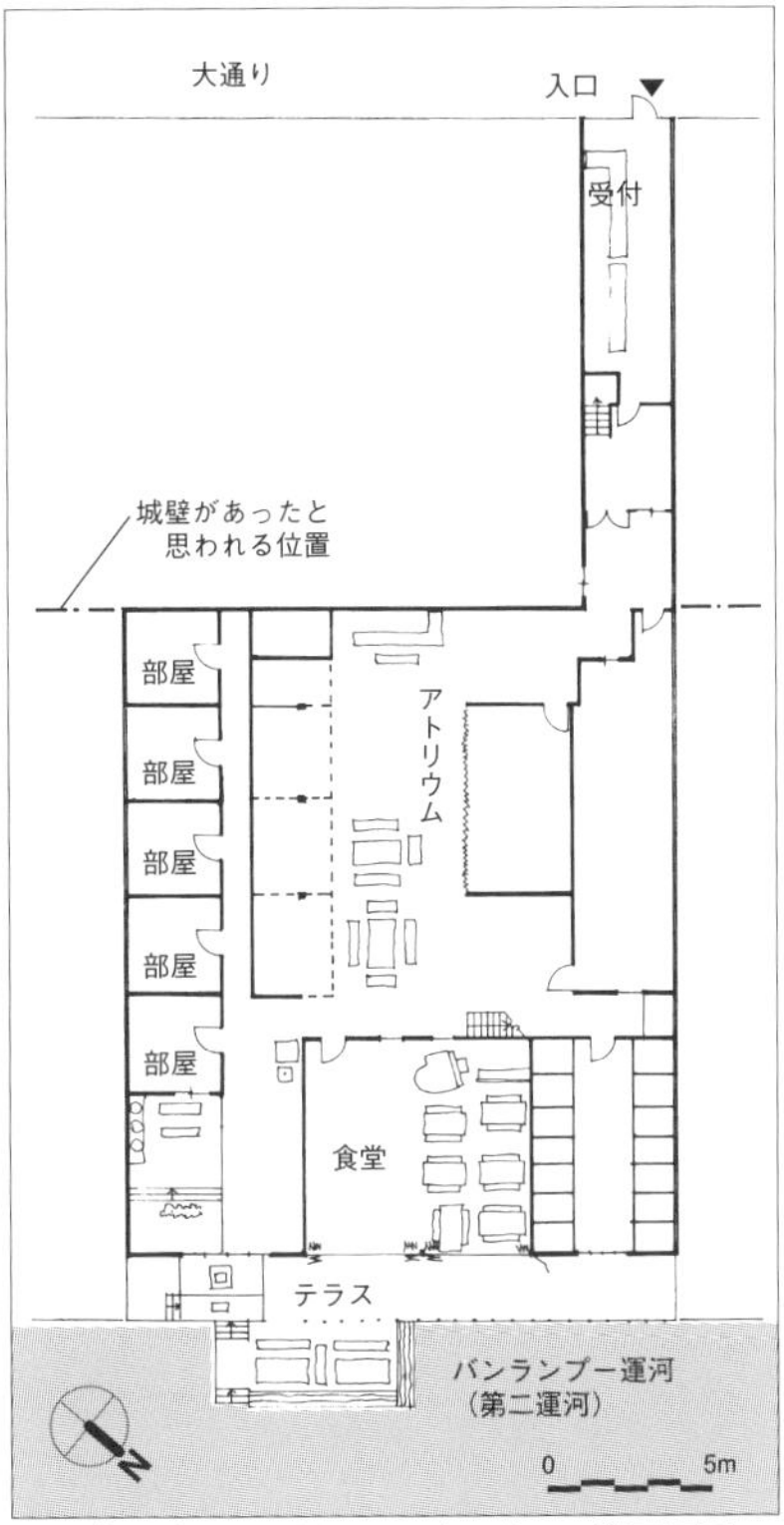

94　「ジプシー・ゲストハウス」の1階平面図

あるがわからない。宿の人によれば、この建物は以前工場であり、それを改築して宿にしたという。だから工場独特ののこぎり屋根なのだと納得する。バンコクで勃興した近代産業は、舟運を生かした場所にまず配置された。かつては、第二運河と道の間に城壁が巡らされており、城壁と運河の間に工場や倉庫が建てられた。この辺りは、物流の動脈であるチャオプラヤー川に近く、中心市街地に接する城壁の外に産業施設がつくられた。この宿も、バンコクの近代産業の歴史を語る重要な場所だったのである。

大通りにある宿の入口の脇に受け付けがある。

その先にある細長い通路を奥へと導かれるように入っていくと、広いアトリウムのようなところに出る。ふと見上げると、二、三階の部屋のドアも見渡せる吹き抜けの大空間である(95)。屋根からはオレンジ色の光が射し込んでいる。アトリウムの中央には、ぴちゃぴちゃと音をたてて人工の水も流れており、とても心地よい。

この空間は、工場の殺風景な雰囲気は今は全くなく、何とも快適である。そのアトリウムに置かれているテーブルでは、ちょうど、婦人と女の子が一緒に夕飯の支度をしているところだった。子猫もその場所がお気に入りらしく、天井から降り注ぐ日の光を浴びて昼寝をしていた。

97　テラス越しに見える運河と定期船

この宿の川側のスペースはみんなの集まる食堂になっている。開け放たれた食堂のドアの先には外の光が降りそそぎ、その先にテラスが見える(96)。私たちは、一斉にテラスに向かった。テラスには、木で作られたテーブルといすが並べられ、つくりつけのベンチもある。そこに座っていると、涼しい風が吹き、時間を忘れて休める。レストランではなかったが、何とも居心地よい空間がそこには用意されていた(97)。思い思いにビールやジュース、飲料水を飲みながら、しばし運河から流れる風に吹かれることにした。

目の前の運河は舟運として使われておらず、客を降ろして空になった定期船が折り返しのために時折通るだけで、静まり返っている。川の向こう岸は、小学校なのか、子供たちの声が聞こえるが、高い塀で覆われているのでよくわからない。この宿の水辺側は、近年川に背を向けがちなバンコクの旧市街地の中で、くつろげる空間を水辺に向けている。運河沿いに並べられた植木鉢の緑が運河に反射してとてもきれいだ。テラスの端には水の神を祀る祠が運河を向いて置かれている。建物の用途の変化にかかわらず、水に対する人々の強い意識が受け継がれている。

城壁跡を辿ってチャオプラヤー川へ

帰りがけに、受付の若者が「ホテルの壁は当時の城壁をそのまま使っている」といっていた。後で砲台近くの城壁のレンガの大きさと比べてみると、その大きさがあまりに違うので、どうも信憑性に欠ける話であるという結論に至った(98)。そのことはともかく、プレ近代にできた水を基軸とした都市構造の上に近代化されていく遺構を調査できたことは幸いであった。この後やっとチャオプラヤー川沿いのレストランでかなり遅めの昼食にありつくことになる。空腹の私たちをいやしてくれるかのように、このレストランからのチャオプラヤー川の眺めが格別であった。調査の疲れが吹き飛ぶ一瞬である(99)。

食事を済ませた私たちは、近くの船着場から次の調査ターゲットである青物市場に向け、定期船に乗り込んだ。私たちがチャオプラヤー川沿いを観光船で何度も行き来して気になっていた場所である。チャオプラヤー川を走る定期船や渡し船は、いつも多くの人でごったがえしている。この定期船も甲板に人があふれ出している状態だった。しばらく護岸の風景を眺めていると、左岸に王宮が見えてきた。もう少しで青物市場の船着場である。

98 城壁に使われた煉瓦

99 チャオプラヤー川沿いのレストラン

チャオプラヤー川沿いの青物市場

巨大都市を支える「青物市場」

チャオプラヤー川に面する青物市場は、ラーマ一世橋付近から私たちが着いた第一運河沿いの船着場まで、延々と続いていた。水際をよく見ると、建物と建物の間や建物の開口部に桟橋が付いている。これらの桟橋には今でも船で物資が運ばれてくるのだろうか。私たちは幾つかの疑問を抱え、青物市場近くの船着場に上陸した(100)。

貿易都市としてバンコクが巨大化すれば、そこに住む彼らの胃袋を満たす市場も巨大化する。バンコクには至る所に市場がある。すでに調査した衣類をはじめ、雑貨、鮮魚、野菜、生花等の市場がバンコクに散在している。その中で最大の市場がこのチャオプラヤー川沿いの青果物を取り扱う卸売市場である(102)。バンコクの爆発的な都市拡大が進む以前、この市場は生魚類も扱う総合卸売市場であった。現在では、魚市場はバンコクの市街が拡大されるにつれ、青物市場と分離され、チャオプラヤー川下流に移っている。この魚市場は、さらに新しく別の広い場所につくられているという話も聞く。

私たちは、早々にこの市場を「青物市場」と呼ぶことにした。一九六〇年頃まで、タイランド湾で捕れた新鮮な魚介類はトンブリーに張り巡らされた運河を経てここに運ばれていた。バンコク周辺で収穫された野菜も船でこの市場目指して集まっていた。現在では、ほとんどが自動車輸送に切り替わっている。ただ、生花の一部はまだ船によって運ばれていることがヒアリングによってわかった。朝の二〜三時頃に、生花を積んだ船が桟橋に着くという。市場の花は西方の五〇〜一〇〇キロ圏内からのものである。

さらに他の何人かのヒアリングから、当時のこの市場が水上マーケットであったこともわかった。船と船との間で商品が取引されていたのである。それが次第に陸上に拠点を置く現在の市場に姿を変えていった。

チャカンポン通りの歩道の両側は、傘の下に農家から切り取ってきた花をいっぱいに広げ、生花の市場として賑わっている(104)。歩行者は、花で埋め尽くされたわずかな歩道のスペースをぬうように歩き、買物をする(106)。ただし、この生花市場は、毎週水曜日には姿を消す。週に一日、美化のために露店が出せないのである。調査の前にこの市場を訪れた時は、普段とは違ってやたらと歩道の広さを感じた。空間の使われ方で、場が大きく変化することを実感させられた。

「青物市場」とその周辺を見ていくと、都市型の建築は四つの建設段階があるようだ。十九世紀のラーマ五世時代には、バンコク市街に多くの長屋形式の建築が登場する。市場周辺のバンモー通り沿いにもこれらの時代の建物が残されている(103)。だがそれよりも前の時代につくられた、二階にベランダをもつ長屋形式の建築が第一運河沿いにわずかに確認できる(101)。かつてこれらの建物がどれぐらいこの辺りに建てられていたかはわからない。

以上の二つの段階を経て、第三段階の建築は一九〇〇年代始め頃にあらわれてくる。ラーマ一世橋の建設と時を同じくしてつくられた、四層のコンクリート造の長屋

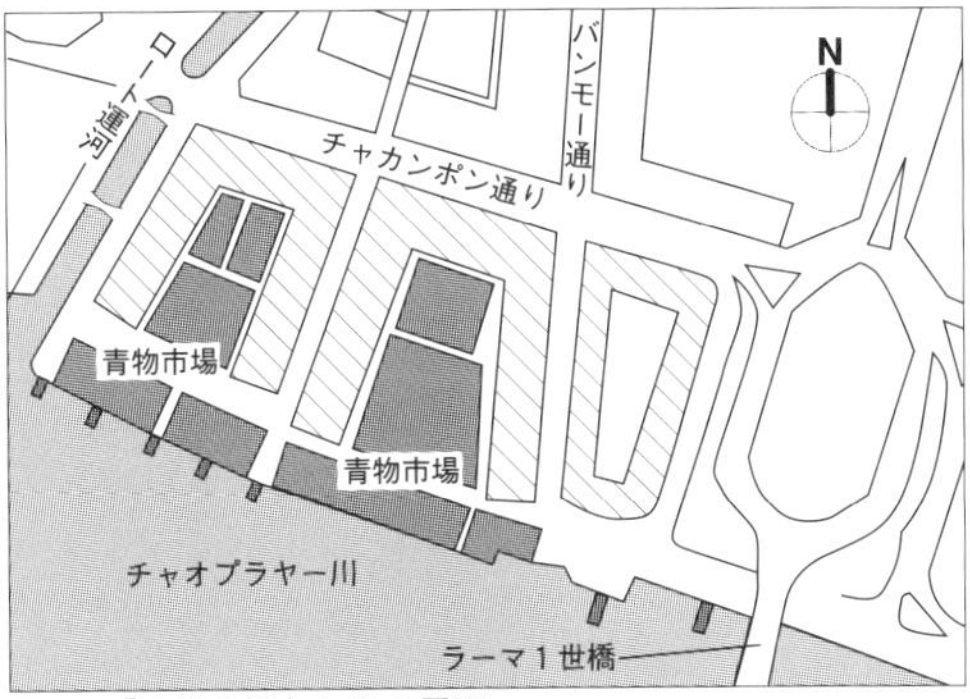

100　「青物市場」とその周辺

101　ロート運河沿いのベランダのある長屋

102　チャオプラヤー川沿いにある「青物市場」

103　バンモー通り沿いにある19世紀の長屋建築

104　チャカンポン通りの舗道を埋める花の市場

建築群がその一例である。この建物群はチャオプラヤー川の船上から、塔がランドマークのように見える。この時代の建物は、青物市場周辺に限れば、ラーマ一世橋近くにあるだけである。その後のタイの経済成長期の第四段階には、これまで建てられていた建築の建て替えやファサードの改装が大々的に行われた。その結果、昔の面影を失ってしまった建物も多い。それでもこまめに歩いてみると、所々に当時をしのばせる建物が連続的に、あるいは部分的にファサードを残している。

巧みな空間の使われ方

「青物市場」はチャオプラヤー川沿いに広大な敷地を占めている。「青物市場」は、「コ」の字状の建物群が二ヶ所、「ロ」の字状の建物群が一ヶ所、計三つの建築群で構成されている。「コ」の字の建築群の内側には、鉄骨で組まれた大空間がつくられている。チャオプラヤー川に沿っても、細長い鉄骨の建物が建てられている。私たちは、これらの空間に入り込み、実測調査をはじめた。この「青物市場」の中に入ると、必要に応じて付け足されていった建物が入り組む高密な空間となっていた。初めてきた私たちにとっては迷宮空間のように思える。「青物市場」の中にいたのに、気づくと「花の市場」を歩いていたということがよくあった。この高密化がまた、アジアの市場らしさをつくりだしている(107)。

今でこそここは高密化し、市場全体の構成が見えずらくなっているが、一九一四年の地図を見ると、チャオプラヤー川に開くように、コの字型をした建物が三つ並んでいるだけである。その形態は現在でも、市場の基盤となっている。川から見て一番右側の建物群だけがかたちを大きく変えているだけだ。この建物は先に述べたように第三期に新しく建て替えられた。コの字に建てられた建物群は、現在までに何度か増築がなされているが、配置は変わっていない。第一期と第二期の古い建物と第四期より新しい建物が混在して一つの建物群を更新しているのである。これらの建物の一階は商店となり、二階以上が住居となっているものが多く見られる。だが、必ずしも一階と二階以上の所有者は同じではなく、二階より上は貸部屋となってるものもあり、そこは多様な使い方をしている。また、人目に付きやすい中心的な場所には市場を見守るように小ぶりな寺院や象徴的な祠が置かれている(105)。

チャカンポン通りを越えて、さらに「青物市場」は広がっている。ただ、今回調査した場所はチャオプラヤー川とチャカンポン通りの間であった。次にこの範囲の空間構成を詳しく見ていくことにしよう。

105　アイストップになっている祠と道まで広げられている籠

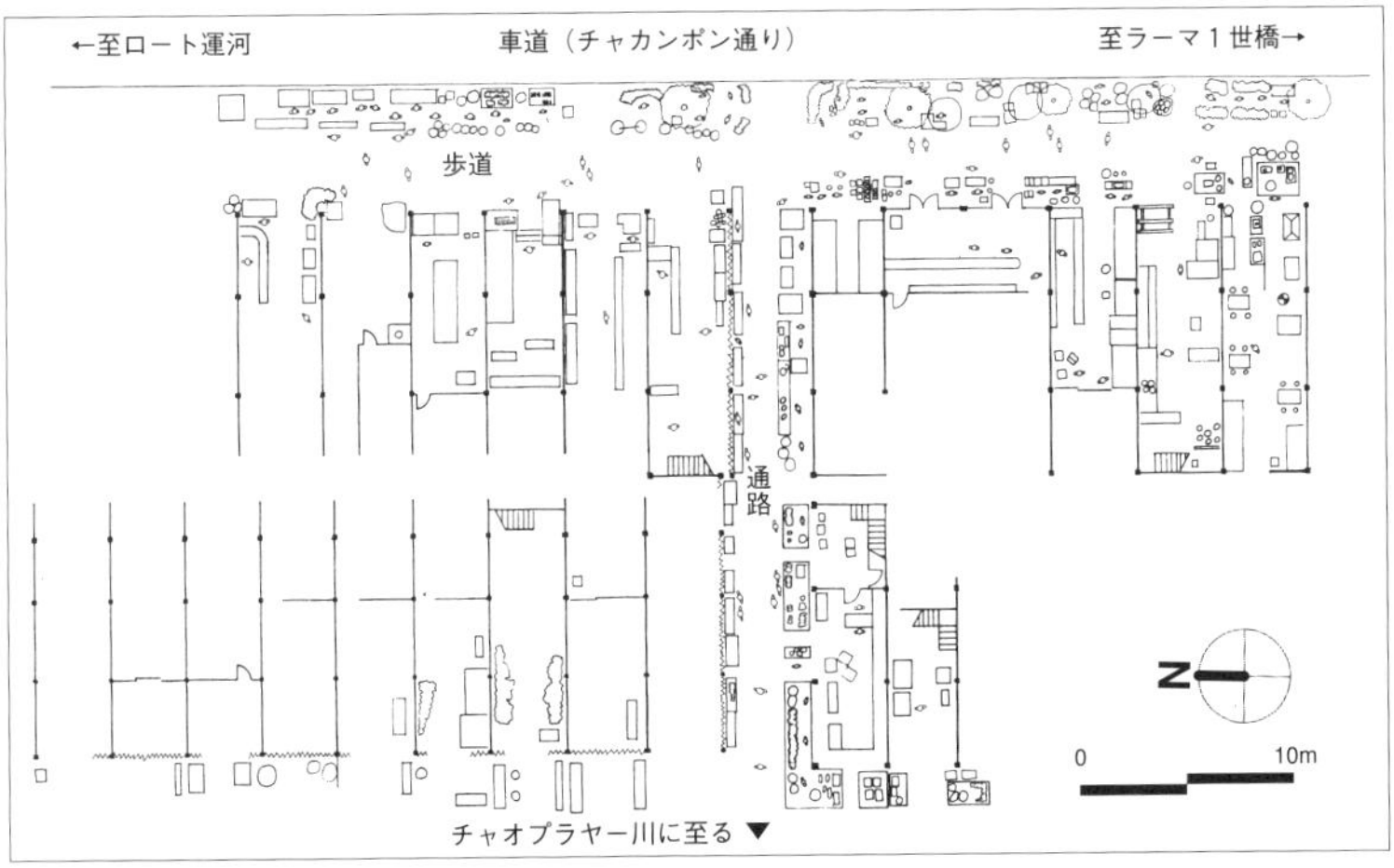

106　建物の前に仮設の花を売る店が並ぶ花の市場の様子

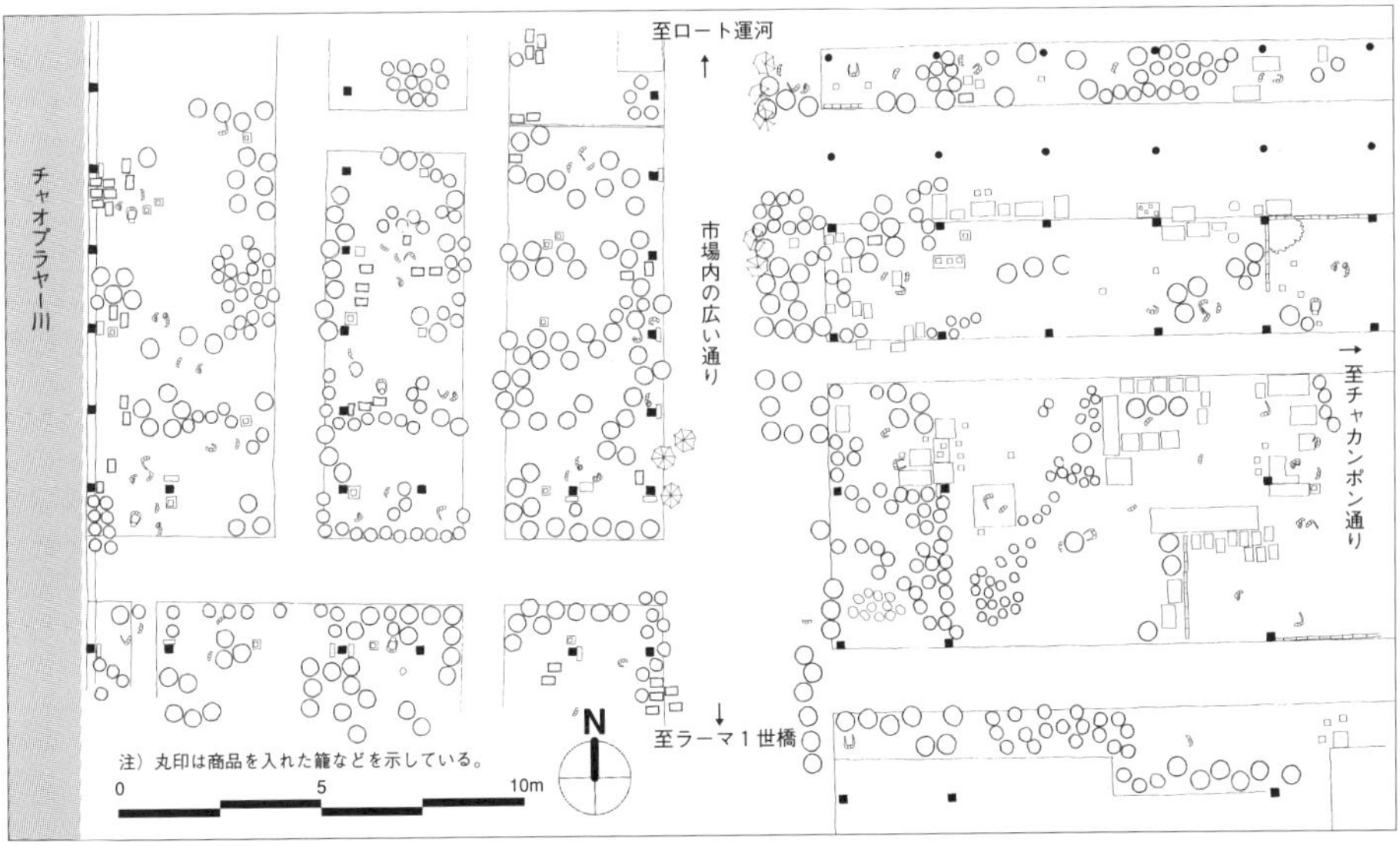

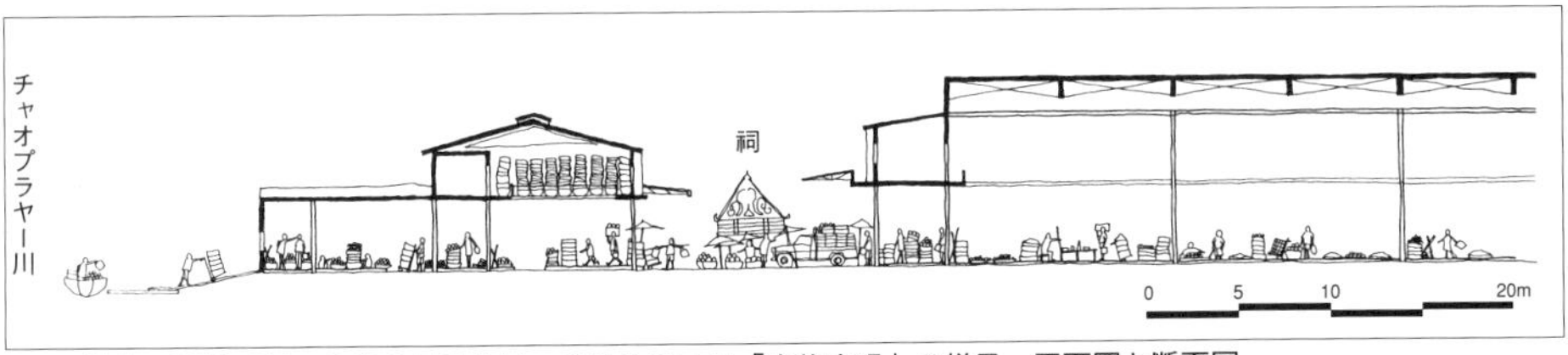

107　籠等の配置で個々の店のテリトリーを決めている「青物市場」の様子、平面図と断面図

ここはバンコク最大の市場とあって、人と物がごった返している。狭い道を搬入・搬出するリヤカーが行き来し、活気がある。店先に座っている人たちは、隣の人たちと雑談をしながらも、手はこまめに動かしている。私たちがスケッチをしていると、物珍しそうにのぞき込み、「ああ、ここを描いているのね」とばかりに笑顔を返してくれる人もいる。常に変化していく市場空間を何とか絵に残そうと、とにかく人と物をくまなくスケッチすることに力が入る。

「青物市場」全体のゾーニングは明確で、川側の建物と大空間を中心に青果物を扱う市場があり、陸側の道路沿いを中心に「花の市場」が占めている(106)。

青果が中心の大空間では、品物によって大まかなゾーニングがなされている。大空間の外側の通りにもパラソルを立てて、店を出している。場内や場外は所狭しとものであふれている。個々の店の間にはしっかりとした間仕切りがない。その代わりをしているのが、柱や並べられた籠である。それによって個々の店が自分の場所を確保している。ただ、これだけでは店と店の境界がはじめよくわからなかった。調査を進めるうちに、店には必ず一つ計りが置かれ、柱に小さな祠が設けられていることがわかってきた。このような装置の助けを借りると、先ほどの個々のテリトリーが実によく見えてくる。しかし、このようにあいまいな空間を巧みに仕切るところは、アジアの諸都市がもつ共通した能力のようだ。

市場内の通りは押し車を引く人や車などでごったがえしているが、個々の店では意外にも昼寝をする人がいたりと、比較的くつろいでいる。郊外から様々な青果物が大量に運び込まれる朝は、こんなにのんびりした雰囲気ではないはずである。ただ、忙しい一時を終えた彼らの様子だけを見ていると、私たちの目にはタイの人たちののんびりとした性格がよくあらわれているように見えてしまう。

水と共生する都市生活

水辺の環境と陸化の思惑

バンコクの調査は、暑さとの戦いでもあった。一二月の寒い日本から、毎日三〇度を超えるバンコクに来たのだからたまらない。だが、思いもかけない収穫と満足感があった。帰りの飛行機では、学生の一人がバンコク調査の締めくくりにふさわしい素敵な写真を撮影してくれている(108)。空からバンコクを捉えた写真である。そこに写しだされた風景から、運河とそれに沿って建ち並ぶ

108　空から見たバンコクの運河と町並み

建物との関係が実によくわかる。この写真から、バンコクという都市がいかに運河と密接に結びついて成立してきたか、同時に、陸の都市へバンコクがどのように向かいつつあるかも読み取れる。

バンコクの交通渋滞は世界的に有名になってしまった。私たちも二度、名物のトゥクトゥクという乗合三輪車に乗った。だが、渋滞と車から出される排気ガスの物凄さに閉口して、トゥクトゥクはもとより車での移動は極力避けるようにした。今回のバンコク調査では、船を乗り回し、運河と深くかかわり続けてきた町や建築を中心に調べたが、バンコクが水の都として実に魅力的な都市であり、しかも人と水とのかかわりが生き生きとしていることを実感できた。バンコクの都市空間をつくりだしている基本は水との共生であることは確かだ。

私たちが生きる現在の社会は増々複雑化してきている。それに反し、日本の都市における自然と接する生活環境は単純化してきているように思える。そのことを実感として問いかけてくれるのが、アジアの都市における水の使われ方の豊かさである。私たちの求めてきた便利さが何であったのか。そう思わせてしまうのが、私たちが訪れたバンコクの水辺の都市と生活である。

彼らも現代の便利さを享受するために、自然の水との決別を試みてきているかに見える。しかし、これらの都市を取り巻く環境は圧倒的に自然の水のなかで成立せざるを得ない現実である。バンコクでは、急速な道路整備を進めるあまり、運河やクリークを次々に埋め立てていった。しかし、その代償としてバンコクは毎年深刻な洪水に悩まされている。いや、かつてバンコクに洪水がなかったわけではない。雨期と乾季が激しいバンコクでは雨期はいつも大地は水に浸っていた。そのことが自然の水が圧倒する環境に応じた「水の都」をつくりだすことができたのである。

水辺に活気を生む水上バス

自動車台頭に伴う道路網整備は水辺都市の産物ではない。陸の都市の発想から生まれた便利さである。それを全面的に受け入れることの不便さが水辺都市にはあるのだ。そのことが揺り戻しの兆しとして見えてきているのが、バンコクの水上バスの見直しである。バンコクでは観光船は盛んだが、都市部や郊外で生活する庶民の足であった船は衰退の一途を辿っていた。ところが近年、都市の内部、そして都心と近郊を結ぶ水上バスが見直されてきている。私たちも、観光船をチャーターするだけではなく、水上バスに何度も乗った。バンコクが猛烈な交通渋滞の都市であるから、その利便性をより肌で感じるのかも知れない。

だが、そこに大きな問題がある。エンジン付の水上バスが活躍することで、伝統的な手漕ぎ船が姿を消していき、沐浴などの水辺の生活に変化が起きている。圧倒的な自然の水との共存で生きる都市・バンコクにとって、水上バスによる水辺の活性化は単に利便性の問題ではなく、都市に住む人々が自然の水と共生する切っ掛けをつくることであるように思える。

私たちが調査したトンブリーにある寺の門前町でも、学生を乗せた定期船がバンコクの都心や郊外に運行していた。バンコクはもともとどの家も小舟を持ち、どこへ行くにも自分たちの船を使えば行けた。現在のトンブリーはまだ生活のサイクルが水と向き合っている。ただ、現在のバンコクでは船を持たない人の数の方が圧倒的に多くなっていることも確かだ。すでに船を使えない場所に住んでいるのである。このような人たちが水上バスを利用する。かつてドブ川に見えた運河も人々の活気を満載した水上バスが頻繁に行き来すると、船着場周辺や運河沿いが活き活きして見えてくる。これらの水上バスは着実にバンコク庶民の足となりつつあるように見える。陸上生活を志向するバンコクの人たちも、バンコクという都市が水を基本につくられており、運河を交通手段として有効に使うことで自分たちの生活がより便利で豊かになることを少しずつ実感しはじめているようだ。今後は、水辺を使いこなしてきた伝統的な生活や文化と共存できるかたちで、水辺を再生していくことが重要な視点となろう。

私たちが見てきたバンコクの水辺での活気が再び運河の再生に向かうと、この都市は「水の都」としての輝きをより強いものにしていくと、日本の現状が気にかかりつつ思うのである。

(注)

(注1) チャオプラヤー川は大河であり、本来は「河」を使うべきだが、ここでは親しみを込めて「川」とした。

(注2) 船に関しては、規模の大小で「船」と「舟」の使い分けをするところだが、混乱を避けるためにこの本では「船」に統一している。ただし、明らかに小さな船に関しては「小舟」とした。

(注3) Stevee Van Beek, *The Chao Phya River in Transition*, Oxford University Press, 1995, PP.39-39

(注4) 大阪市立大学経済研究所編『世界の大都市6 バンコク・クアラルンプール・シンガポール・ジャカルタ』東京大学出版会、1989年、P.218

(注5) 大阪市立大学経済研究所編、前掲書、P.216～217

(注6) Stevee Van Beek、前掲書、P.40

(注7) Stevee Van Beek、前掲書、P.39

(注8) スメート・ジュムサイ、西村幸夫訳『水の神ナーガ アジア

の水辺空間と文化』鹿島出版会、1992年、P.134
（注9）スメート・ジュムサイ、同上、P.137
（注10）Stevee Van Beek、前掲書、P.84～92
（注11）マイケル・スミシーズ、渡辺誠介訳『バンコクの歩み』学芸出版社、1993年、P.71～72
（注12）スメート・ジュムサイ、前掲書、P.126～128
（注13）スメート・ジュムサイ、前掲書、P.137～138
（注14）大阪市立大学経済研究所編、前掲書、P.215

〈注〉一九九八年一二月の調査の後、一九九九年夏に高村雅彦さんを団長とした法政大学の学生（渡辺康博、佐藤里美も参加）がバンコク調査を行った。その際、私たちが調査した「寺のある町」の補足調査として、新たに建物断面を調べている。ここに載せられている断面図の一部はその時の調査をもとに図面化したものである。

第三部

日本編

埋もれた魅力の再発見

アジアから日本の港町へ

なぜ舟運で栄えた都市なのか

今日私たちが日本の町を訪れる時、大きな都市であろうと、小さな町であろうと、交通手段として船を使うことはまずない。鉄道や車、飛行機でアプローチするのが当たり前になって久しい。わずかに、船でアプローチするのは、船だけが唯一の交通手段である島を訪れる時ぐらいである。

私たちも、長年このような陸からの発想に立って都市の調査をしてきた。水辺の町を対象にしても、アプローチは陸からであった。しかし、この調査をはじめる前から、陣内も、岡本もこのことにいささか違和感を感じてきていたのである。港町を調べるなら、やはり水の側から見るべきではないか。この考えが深まり、私たちは「舟運」という切り口で海や川の視点で、一度日本の都市や町を集中的に調べてみることを真剣に考えるようになった。もちろん調査地へは船でアプローチすることが重要な試みとなるはずであった。

今一つ、日本の都市の歴史認識において、私たちが気になっていたことがある。都市史において古代や中世の都市も研究されているが、現在の都市に直接結びつく近世の都市となると、圧倒的に城下町をベースにした都市史の研究が主流である。これでは、あまりにも為政者の立場からの都市形成史になってしまう。強大な権力の下で計画的に上からつくられた都市とは別の系譜にある、地元の有力者と民衆がつくり上げた、より自立性の高い港町のあり方に光を当てたいという思いがあった。

だが、このことを問い直すには、従来のアプローチ、調査の仕方とは別の方法が必要だと思われた。私たちはこの研究を始めるにあたり、どのような調査が新たな都市像を理解する方法となるのか、最初は不安であった。本書を読み進んでいただければわかるのだが、これらの旅は調査方法の模索の旅でもあったのである。

私たちのフィールド調査の方法

都市が形成されてきたメカニズムを解読する方法として、私たちはフィールド調査を大切にしている。だが日本の場合は、歴史的な建築や都市施設などが残りにくく、都市の構造自体も大きく変化している場合が多い。そのために、単に現地を実測調査するだけではその元の姿は見えてこない。様々な視点からの仮説を立て、フィールド調査で得た情報から推論を組立てていくプロセスが重要になってくる。

私たちの都市の調査・研究では、フィールド調査を行う前の史料分析とミーティングで幾つかの仮説を立てる。そこでどのような実測調査が有効かを検討してから、現地に乗り込む。ただ、史料が整っている都市だけを調査するわけではないから、ぶっつけ本番で調査地に乗り込むこともある。

史料が整っている都市の調査では、都市形成の変遷や都市の構造、重要な都市施設を古地図と照らし合わせながら現在の住宅地図帳に描き込んでいき、現地に向う。現地では、地元の郷土史を研究されている方々に案内していただくことが多い。その土地を熟知している方の案内は、観光気分の上っ面の道案内ではない。現在では町の裏に隠されてしまっている重要な都市の痕跡を効果的に案内してくれるのである。その時々に、私たちの立てた仮説が深まり、具体的な像を結んでいく。あるいは事前の仮説が大きく崩れ、新たな仮説に進展することもある。

地元の方の案内は、町に住む人々と長年懇親を温めているので、建物内部の実測調査を可能にしてくれる。私たちの町や建物の実測調査は、古い町並みや建築を忠実に描き込むだけではない。都市の個性にあわせて、調べる内容や実測する対象も変わっていく。現地に入ってから、突然全く別の調査方法に変わることも珍しくない。「百聞は一見にしかず」というが、まさに現地での空気に刺戟され、調査にのめり込んでいくのである。

私たちは調査を終わった夜のミーティングを大事にしている。どのような新しい発見があり、どのように読み込めたのか。「鉄は熱いうちに打て」ともいう。現地での意識の高まっている間に議論を繰り返す。そして次の日の朝、新たな発見を求めて現場に散っていくのである。フィールドは生の教材である。問題意識を高めれば高めるほど、調査をする者に跳ね返ってくる知的な刺激は大きい。

こうして持ち帰った調査データを図面化し、史料を再び読み込んでいくと、それまで隠れて見えなかった都市の歴史像がくっきりと浮かびあがってくる。私たちが取りあげた各々の都市や町は、このようにして読み解かれたものである。

河川が育んだ港町（九頭竜川流域と最上川流域）

日本海沿岸の港町と河川流域の城下町
——一乗谷・福井・三国——

日本の舟運の歴史を調べていくと、東日本と西日本とでは大きな違いがあることに気づく。東日本の河川舟運が大きく発達しているのに対し、西日本では材木の筏流しがあるとしても、ほとんどの川で舟運が活発に行われてはいない。小出博さんは『利根川と淀川』で、土地条件の特性がこのような異なった環境をつくりだした、と述べている。西日本の河川は急流で河川舟運に向かない。一方、東日本は大規模な河川整備を行いさえすれば舟運可能な川にすることができたのである。

そのために、東日本では内陸の大河川沿いに城下町や在郷町が発達する。城下町でいえば北上川の盛岡、信濃川の長岡がそれを代表するだろう。もちろん、日本の河川舟運の歴史は古い。淀川は古代から河川舟運が活発であった。江戸時代には、利根川も江戸を中心に河川舟運が発達していた。

私たちはもちろん以上に述べた川やそれに沿う都市の重要性を感じ、視野に入れて今回の調査を進めてきている。四半世紀前から江戸の河川舟運に着目し、幾つかの研究報告をまとめてきた。私たちがここで着目しておきたかったのは、川と海が舟運で有機的に結びついた流域に成立した港町の存在である。

これまで一般的に、近世には城下町が圧倒的に地域の政治・経済の中心としての役割を担っていたと考えられてきたが、私たちはそれに疑問を抱いていたからである。確かに中世以前の京都、近世以降の大坂、江戸は物流を集中させていた。しかし、そのことが地方にまで同じ論理によって確立した一元的な支配のヒエラルキーをつくりだしていたのだろうかという疑問もあった。

私たちは、淀川と大坂・伏見、利根川と栃木・佐原、北上川と石巻、信濃川と新潟を事前調査してきた。そのなかで、今回の調査対象として意味を持ったのが、九頭竜川の支流・足羽川《あすわ》であり、また最上川であった。足羽川の河口に位置する三国は、戦国時代の一乗谷、江戸時代の福井との関係で繁栄した港町である。城下町を中心とする求心的な地域構造ではなく、ある部分、三国という港町が主導権を握って構成された地域構造が浮かび上がってくるのではという期待があったのである。

私たちはまず、東日本特有の海と川の流通ネットワークによって成立した足羽川の流域から、本格的な日本の調査の旅をはじめることにした。海と川による人と物と文化の交流による河口都市と内陸の都市との結びつきについては、北イタリアのヴェネツィアとトレヴィーゾとの関係で見てきた。このような関係が日本ではどのように展開されていたのであろうか。土地条件としての流域の特色を生かして成立し、舟運で経済と文化の交流を実現してきた港町を見ていくことにしよう。

河川が育んだ港町

一乗谷・福井

越前における舟運と都市の水文化の変容

応仁の乱(一四六七〜七七年の十一年間)は、日本の都市文化が京都へと一極集中していた中世から、都市が全国に分散化する流れへと転回する出来事だった。一九九八年五月、私たちは激変の舞台に立つために福井へ向かった。

応仁の乱では、戦国大名が領国へ戻り、城下町を整備することで直接的な領国支配が始まる。その一方で、戦乱の都を離れて地方に下向する公家や文化人も多くなり、彼らが京都の都市文化を地方の城下町に再現していく現象も見られるようになる。越の小京都と呼ばれた一乗谷の朝倉氏の居城に、このことがよくあらわれる。その典型的戦国大名・朝倉孝景(注1)の居城跡を訪れることか

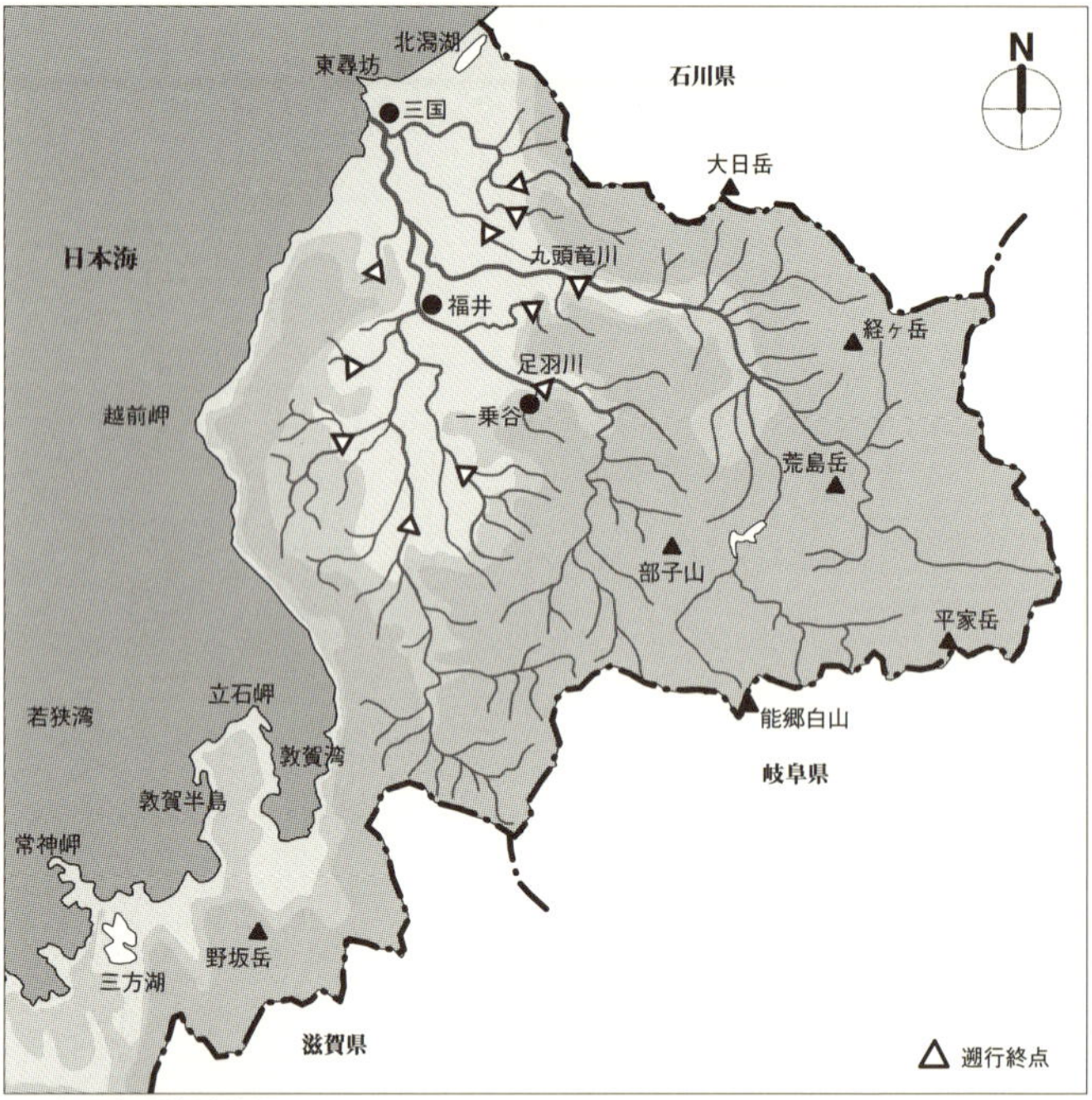

1　九頭竜川流域地図

ら、越前の旅をはじめたい⑴。

一乗谷に築かれた山城は、長い眠りからさめ、近年その全容が明らかにされようとしている。舟運とは関係ないかに見える朝倉氏の城下町を訪れたのは、中世から近世への舟運と都市文化の関係を新たな視点で見つめなおしておきたかったからである。

福井駅に着いた私たちは、そこで車を借り、足羽川《あすわ》を遡っていった。どうして朝倉氏は一乗谷に居を構えたのか。私たちがこの寒村を訪れる前の疑問である。朝倉孝景が城下町を建設した一乗谷を含む足羽川一帯は、早くから朝倉氏の勢力下にあった。彼は、地縁の整っていた阿波賀《あばが》、東郷付近の場所から条件のよい土地を選ぶ必要があった。この一乗谷は、周囲を高い山々に囲まれ山城としての自然条件が整い、戦国城下町を築くには最適の環境である。

だが、私たちはこの一乗谷付近が船の上がれる足羽川上流の限界地点であり、古くから港町として栄えた三国との舟運を可能にする場所でもあったことが、城下町建設を決定する条件の一つだったと考えていた。足羽川の舟運による阿波賀の経済的な基盤の上に、一乗谷の城下町が建設されたのではないか。そう考えたのは、近代以降の舟運を無視した発想が、一乗谷建設の背景を探る視点を曖昧にしているのではないかと、疑問を抱いたことによる。

中世城下町・一乗谷を支えた場所に立つ

足羽川沿いを上流に向かって車を走らせると、緩やかな登りにさしかかる。その辺りから山並みが身近かに感

2　下城戸

3　上城戸

4　港と町場があった足羽川と一乗谷川の合流点

じられるようになる。一乗谷は、足羽川を遡って山間部に入る最初の深い谷間《たにあい》にあり、さらに土塁と濠、二つの城戸《きど》で閉じた形をつくる城下町である（2、3）。このような閉鎖的な空間を意図する一方で、一乗谷は城下町の外に自由な商業活動の場である市場や町場を配していた。このように計画的に内と外の二重構造をつくりだす都市空間は、その後の近世城下町には見られない。

　下城戸を通って発掘された城下町に入る前に、私たちは足羽川と一乗谷川が合流する地点に立つことにした。ここはまだ本格的な発掘調査がされておらず、茫漠とした風景が足羽川沿いに続いていた（4）。城戸の外にある阿波賀は、閉鎖された城下町と外の社会との境にあり、自由な交流ができる独特の都市機能をつくりだしていたといわれている（注2）。

　阿波賀は、人や文化などが交流する街道と、主に広域からの物資や文化を運ぶ舟運とによる二重の流通ルートを備えていた。美濃街道は、北の庄から北国街道と一乗谷を結び、さらに美濃へとつなぐ陸の道である。足羽川は、日本海航路の拠点三国から北の庄を経て一乗谷を結ぶ川の道として重要な軸をなしていた。朝倉街道は、府中と一乗谷を結び、さらに東の山裾を坂井平野へと継ぐ第二の陸の道となっていた。これらの陸と川からの道は、全国に結びつく北国街道や日本海航路につながる。その三つのルートの結節点に物資の集散地として阿波賀・東郷・毘沙門市町があった。

明応七（一四九八）年、一乗谷の城戸外にあった阿波賀では、川港の町として陶磁器など唐物の売買も盛んに行われていた。そこには、定期的に行われる市場が河原で寂しく開かれる風景ではなく、見物に値する賑やかな町としての成熟が見られたのである（注3）。三国から上ってくる物資をさばく船着場の周辺には蔵が建ちならび、京と結びついた商人たちが活躍する町となり、北の庄や三国とならぶ、商業が集積する活気に満ちた都市空間をつくりだしていた。

足羽川には一乗谷川が流れ込んでいる。その川を辿れば、一乗谷のかつての城下町に入ることになる（6）。北側に築かれた城戸《きど》を抜けると、川沿いにわずかな平坦地があるだけで、両側からは山並みが迫っている。一乗谷は、概念的に館を核にして同心円状に広がる構造を持つが、空間構成からは近世城下町に見られる城の中心性は見られない。空間的には、一乗谷川が中心軸となり、山裾に広がるにつれ重要な施設を配していた。両側の山裾に朝倉氏の居城や寺社が配置されている（5）。これらの場所に立つと、一乗谷川沿いの平坦地が一望でき、内と外の二重構造をつくりだす都市空間がはっきりとわかる。

中世都市・一乗谷から近世都市・福井へ

戦国時代の阿波賀の繁栄は、足羽川を軸にした舟運の拠点である三国や北の庄（現：福井市）の基盤の上に成り立っていたという視点を持つことが重要である。敦賀、三国の廻船問屋をはじめ、北の庄の橘屋などの有力商人は、自らの本拠地を繁栄していた一乗谷に移転することはなかった。中世の段階ですでに、越前の物流基盤が確立していたのでる。

そのために、朝倉氏は強大な力をもって政治・経済の両面からの支配体制を確立しようと試みた。しかし、既存の地域的な枠組みを突き崩して、越前全体の経済圏を一乗谷に統合することは結局できなかった。

このような政治と経済の中心の不一致が戦国城下町・一乗谷の限界となって見えてくる。各々の地域圏の枠組を越えて、首都が経済的にもその地位を確かにしていくのは、柴田勝家が北の庄に城下町を建設してからである。また、越前全体の経済圏の掌握が、組織的にも整備され実現したのは天正十三（一五八五）年に越前を堀秀政が支配する時代になってからである。それでもあえて朝倉氏が一乗谷に居城を構えたのは、戦国時代の防御の必要性と次世代に通じる物流の限界点を一致させる場所であったからである。

戦国時代から平穏な江戸時代への流れは、城下町を一乗谷から福井へ移行させる。私たちもこうした時代の流れに促されるように一乗谷を後にし、足羽川を下って福井の市街へ入った（注4）。福井の市街を貫く足羽川は思いのほかゆったりとした流れで、当時の舟運が活発であった戦国時代を思い描くことができる風景である。河川舟運は、当たり前のことだが船で川を下るだけでなく、上ることで成立する。河川勾配がいくら緩やかであるといっても、ヨーロッパの川とは比べものにならない。ただ、川を奥深くまで船が遡れることは、それが何を意味するかといえば、河口への物流の求心力が強くなるということである。流通経済がより活発化する時代へ移行する流れのなかでは、戦国時代以上に城下町が港町にすり寄る現象が見られるようになる。

柴田勝家が北の庄築城と城下町の建設をしたのは、天正三（一五七五）年である。この地には、朝倉時代以前

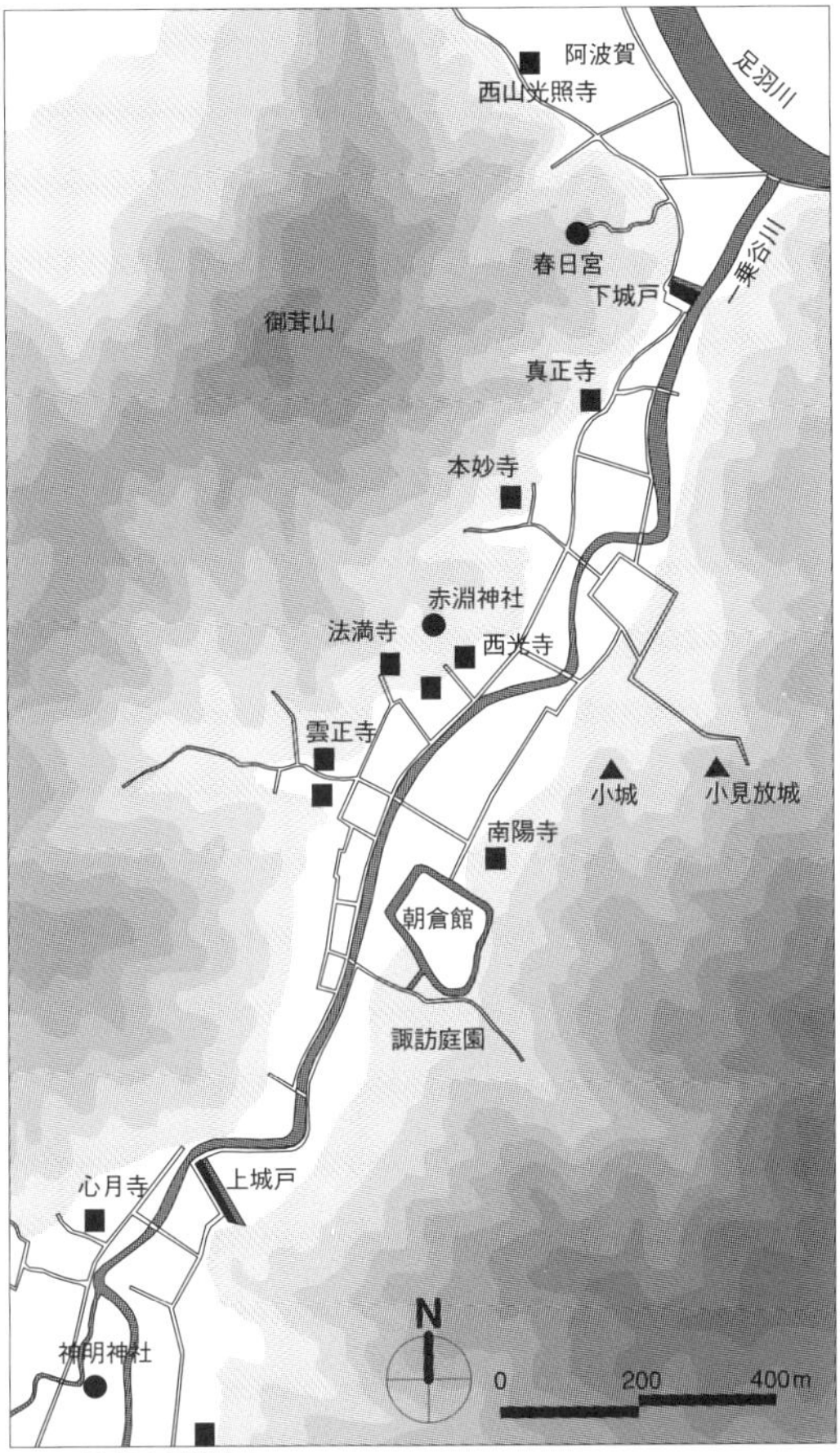

5　一乗谷の配置図

6　一乗谷の全体風景

から足羽川を挟んで南北に「三ヶ庄」と総称される北の庄・石場・木田の三集落が町並みを形成していた。柴田勝家が朝倉氏の一乗谷の山城を捨てて北の庄に平城を構築したのは、そこが近世という新しい時代における領国の政治の中心地にふさわしい場所であったばかりでなく、この「三ヶ庄」という古くからの商業集積地を城下町の核に取り入れることが領国を支配する上で重要だと考えたからであろう。柴田勝家が越前の首都とした福井には、一乗谷からも商人たちが移り住み、一乗町が形成された。

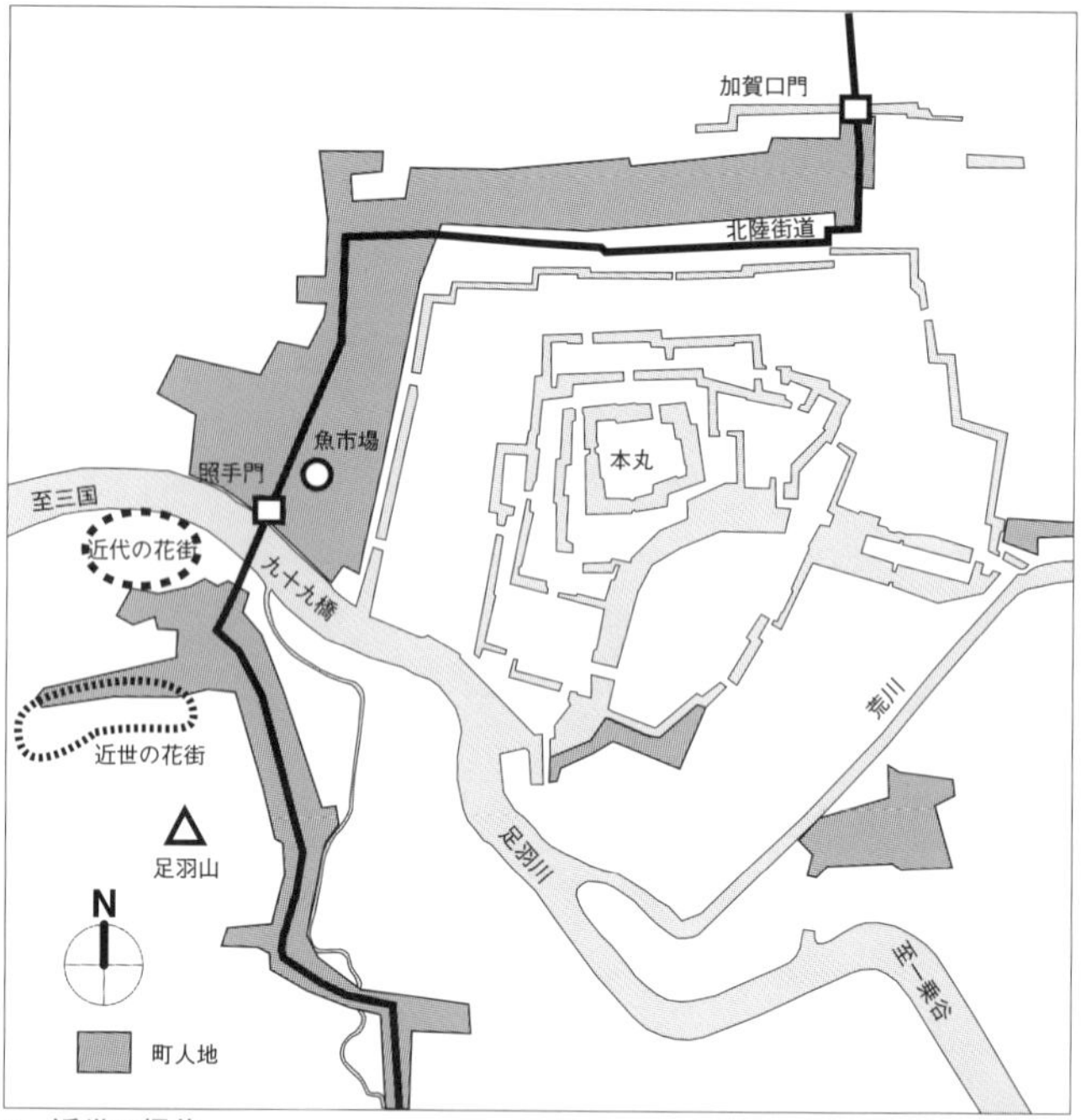

7　近世の福井

　この地はもともと北国街道と足羽川、美濃街道が交差する古くからの北部経済圏の中心地である。そこには、越前商人のトップである橋屋をはじめ、十人衆と呼ばれる特権商人の本拠地があった。しかも、九頭竜川流域の舟運ネットワークと物資集散の重要な港町である三国との関係を考慮するなら、その後の首都発展の可能性の面でも、一乗谷よりは遥かに北の庄の経済的優位性は高かった。

福井の失われた都市空間を舟運から描く

　一条谷を後にした私たちは、再び車に乗り、足羽川を下った。一乗谷から福井までは、直線距離にして約一五キロメートル程である。当時船で下ったとしても二時間もあれば福井の舟運の中心であった九十九《つくも》橋周辺に着く距離である。足羽川に戦国期以来架かる越前で最古の大橋・九十九橋の北側には、柴田勝家が町割りを行った旧市街地が広がっている(8)。大橋の北側の照手御門内は越前国内諸方への里程の起点であって、そこから北陸道に沿って京町・呉服町といった大店の町家が並んでいた。

呉服町と片町の両通りの間には、南から浜町・本町・米町・伝馬町・魚町・一乗町・長者町・板屋町・紺屋町・柳町が東西に走り、呉服町の西側に木町・塩町・夷《えびす》町などがあって、同業の職人や商人が集住する城下町特有の都市空間を形成していた。これらの町人地の中に魚や青物を扱う市場があった(7)。

私たちは市場がかつてあった魚町(現:順化二丁目)に

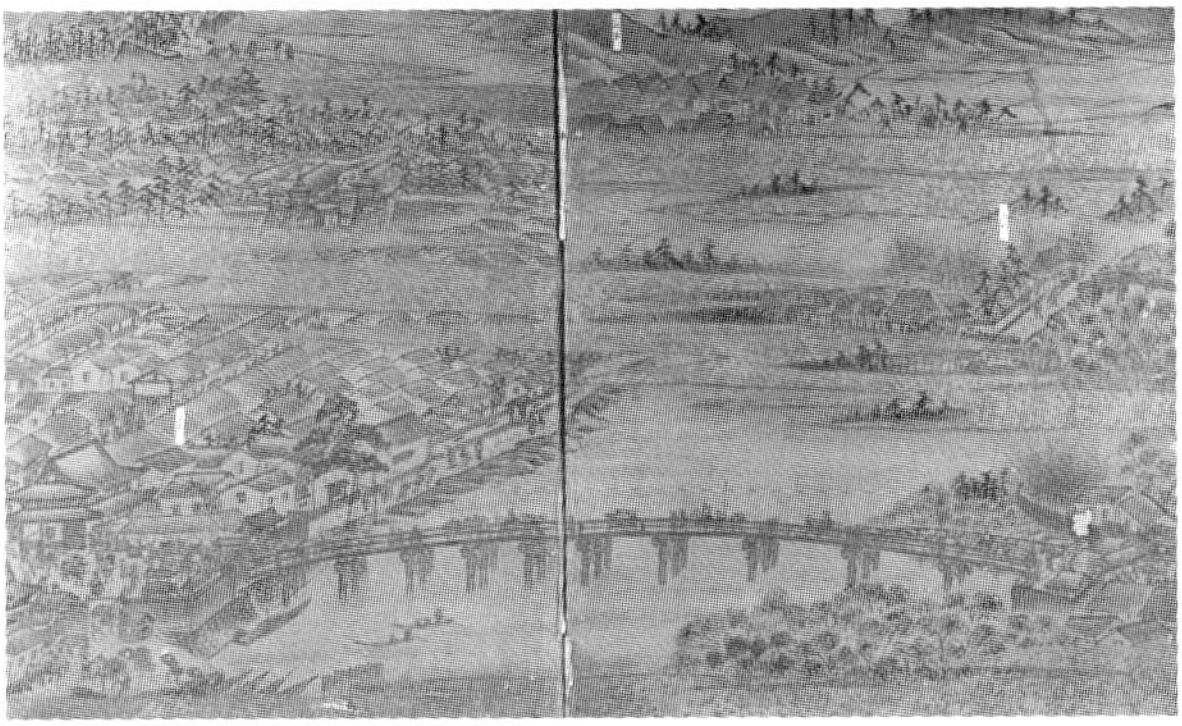

8　九十九橋と船が集まる川戸の風景

9　江戸時代から魚市場が設けられていた魚町(現在は移転している)

向かうことにした。現在の福井は、本丸跡に掘割が見られるだけで、他の掘割はすでに埋め立てられてしまっている。しかも、福井は戦災とその後の火災で戦前からの建物がことごとく失われた都市である。私たちは例によって町の痕跡を調べている時、自宅玄関の前で立ち話をしていた当主に、無理をいってさっそく魚町の由来や当時の魚市場の様子について話をうかがった。主人は、水産加工の仕事をしていて、今は移転先の田原町卸売市場に仕事場がある。ここは住まいに使っているそうだが、この町に魚市場があった当時は住居も兼ねた店となっていた。移転するまで、魚市場は江戸時代から続いており、魚を扱う多くの商人たちが集まって町並みを形成していたという(9)。

明治四二(一九〇九)年刊行の『福井案内記』には、明治期の市場の状況を描いた文章がある。それによると、魚商は一六〇余りもあって、彼らが仕入れる魚の市場は市街地の中央に位置する魚町にあった。

福井の魚市場は城下の中央の繁華な場所に、三〇〇年以上もあったことになる。そこには青物市場も魚町の隣の米町にあり、同じような歴史をたどってきた。これらの市場が九十九橋近くの中心に位置し続けた背景として、城下町建設以前にあった「三ケ庄」の存在があげられる。

10　明治初期の浜通りと時を告げる時鐘櫓

11　元花街に建つ旅館

町場の人々に魚や野菜を売る市場的な存在がすでにあったのである。三国との舟運関係で見れば、北国街道と交差する九十九橋周辺は市場を成立させる恰好の場所でもあった。

城下町では、生活に必要な品を商う商売は町の結界となる大きな川の城内側で行われ、花街のような遊興空間は港町とは異なり必ず城下の外側につくられる。ここ福井でも、九十九橋を挟んで城の反対側に江戸時代から遊興空間があり、足羽山西麓の誓願寺町（現足羽一丁目）には、芝居役者や芸娼妓稼業の者が住む城下唯一の遊廓があった(11)。その後、遊廓は明治十八（一八八五）年に九十九橋南詰西の足羽川沿いに移転し、さらに大火で類焼したために栄町に移転して栄遊廓となる。転々としてきた花街の跡を辿っていくと、それぞれの時代に区画されたその骨格が景観を変えながらもその場所に残り、当時の花街の様子を少なからず伝えている。これらの背後には小高い山がある。そこに登ると、福井の市街が一望できる。ここからの足羽川の流れは美しく、九十九橋もよく見えた。

九十九橋附近は、近世から近代を通じて物流・遊興・市場が集まる繁華な場所であり、橋詰めには市街のランドマークとして時を告げる時鐘櫓《じしょうろう》も設けられていた(10)。そして、足羽川に面して今は料亭街になっている浜町には、浜町河戸《こうど》（船の発着所）が設けられ、三国と結ぶ足羽川舟運の一方の終着点として重要な役割を果たしていた。まさに、この橋付近は、近世福井の経済活動の中心であり、水と陸の交通が交叉する要の場所であったのである。

福井平野を流れる河川のほとんどが急流短小で、河川交通としての舟運には使えなかったが、九頭竜川流域は本流と支流ともに舟運が盛んであった。なかでも、三国―福井間は、昼夜の別なく舟運の便があって、一番利用度の高い流路となっていた。近世の三国には川船が三〇艘前後あって、三国―福井間をはじめ九頭竜川舟運

12　静かに流れる足羽川

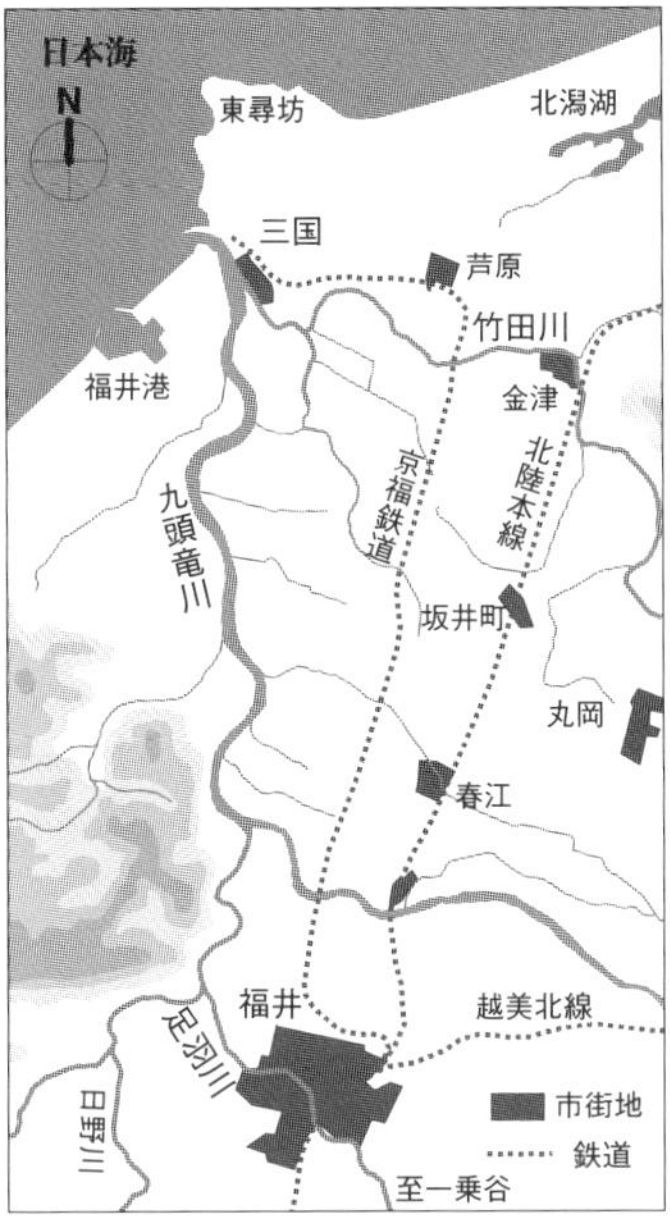

13　三国・福井の関係図

で活躍していた。三国から川船で運ばれてきた加工材料から日用品までの様々な種類の商品は、九十九橋下まで運ばれ、市中で売りさばかれる。あるいは周辺の農村へ運ばれた。逆に、周辺で生産される米などの産品は、街道筋とぶつかる川の主要な場所につくられた河戸を中継して、三国に運ばれていた。

現在の足羽川は、舟運に使われることもなく、静かに流れている(12)。町の中心であった九十九橋附近は、かつての喧噪がうそのように静まり返っている。川に親しめるような護岸の整備が川沿いになされているが、町と川の生きた関係は分離させたままである。しかも、足羽川の流れによって結ばれていた福井と三国の太いパイプはもうない。船に揺られて三国を訪ねたかった私たちは、その思いを断って、福井駅から電車で三国へ向かうことにした(13)。

河川が育んだ港町

三国

港町の水文化を探る

三国は、九頭竜川の河口、竹田川が合流する北東側の河岸に位置する。この港町は、丘陵と川の間、帯状の平坦な土地に発達した。その歴史は古く、大陸との交流も七世紀頃からあったようだ。八世紀に入ると、渤海との通交が行われるようになり、日本海を横断するコースが一般化するなかで、三国も港町としての頭角を現していく。

三国の繁栄は、海外との交易の一方で、平安後期からの荘園年貢物の積出港となってからである。朝倉時代には、唐船が来航するなど、中世の三国は国の内外を問わず広域の舟運ネットワークを確立していたのである。そのため、三国には、日本海沿岸の直江津・博多・敦賀・小浜とともに早くから問丸が発達する（注5）。慶長・元和年間（一五九六〜一六二三年）以降、西廻海運の航路が少しずつ充実していくと、北前船が出入りする「北国七湊」の一つとして、三国は一層の繁栄を見る(14)。

江戸時代の三国は、福井藩の外港として、また北国諸藩の運輸業務を請け負い、大いに活躍した。福井藩は、三国の港としての重要性を見抜き、厳重な統制・監視下に置く。だが、封建領主の経済に貢献する三国の役割が大きければ大きいほど、逆に三国は港の特権を最大限保証されてもいた。こうした藩の「アメ」と「ムチ」の政策のなかで、三国はますます港町として繁栄していくことになる。

舟運の視点から都市空間を巡る

三国に夜着いた私たちは、翌朝ホテルの近くの高台に向かい、三国町郷土資料館をまず訪れた。この資料館は、明治十二（一八七六）年に町の中心にある高台に建てられた小学校をこの場所に変えて復元したものである。資料館の最上階に上がると、三国の町が一望でき、地形や川と町の関係がよくわかる(16)。

中世の三国は、元応元（一三一九）年頃から丘陵地に広がる荒野の開拓が進むことで、生活基盤を整えていく。

その一方で、竹田川に面した平坦地に集落がつくられるようになる。中世から近世にかけて、三国は三つの段階を経て、川に沿って蔵が並ぶ独特の都市景観をつくりだした（15）。

最初の段階では、三国神社やこの町で最古の歴史をもつ千手寺（天台宗）、性海寺（真言宗）の二大密教寺院を中心に、竹田川上手の岩崎町から下手の西町までの範囲で町づくりが行われた。この段階までの町並みは、自然の微地形にあわせるように、川の流路に沿って蛇行してつくられている（15）。

14　三国の港に停泊する千国船

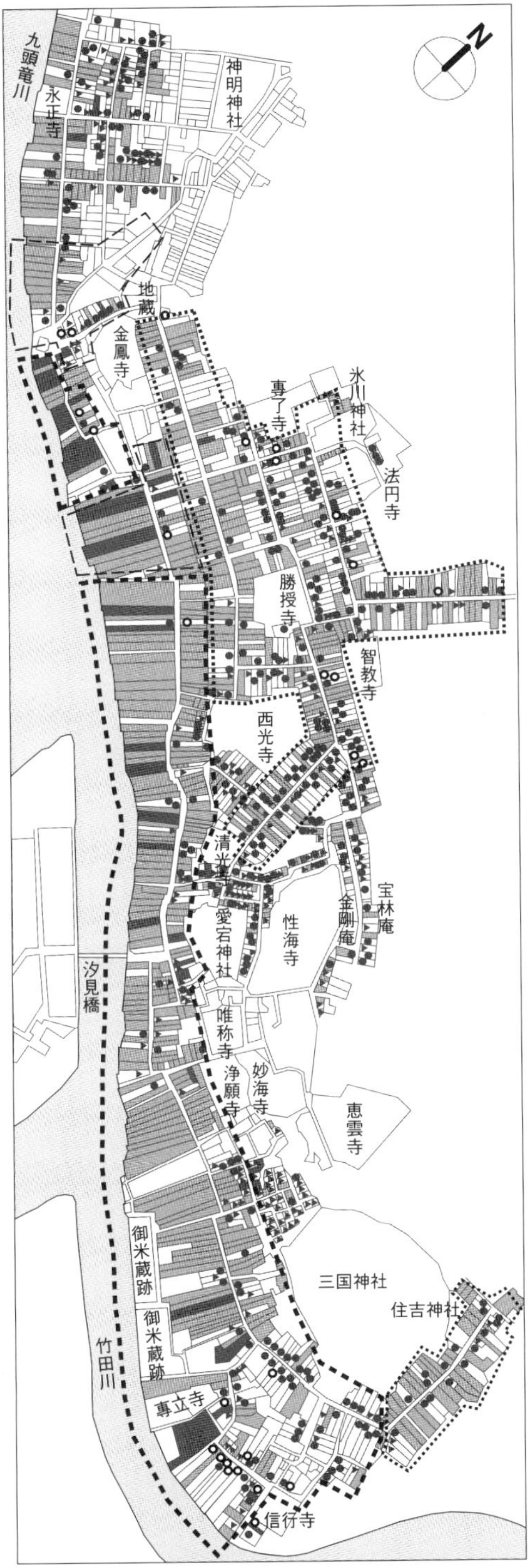

15　三国の都市発展段階と明治初年の主な職種分布図

16　丘の上から見た三国の町並みと九頭竜川河口

17　川側から見た蔵並み

次に、正保元（一六四四）年頃までに第二段階の町づくりがほぼ完成しする。西光寺（浄土宗）を中心とする松ヶ下町から川下に新町が形成される。正保二年には、新町がさらに発展し、元新町と下新町に分れる。慶安元（一六四八）年には、元新町より川の下手にある木場町が日和山を崩して成立した。一方、万治二（一六五八）年頃からは丘陵部の農地が宅地化され、上新町が形成される。こうして正保二（一六四五）年から四半世紀余の間に元新町・木場町・上新町と拡大し、三国の商業活動の中心は、より河口に近い新しい町に移った。

第三段階に入ると、さらに九頭竜川河口に向って帯状に伸展する。江戸中期の享保二（一七一七）年、河岸の砂地が埋立てられて今町が成立すると、元新・下新・今・木場の各町がつながり、九頭竜川に沿って連続する蔵並みが形成された。一方、丘陵上の上新町のまわりには、寺社をとりこみながら新たな町がつくられていく[18]。

江戸前期の天和三（一六八三）年、南東の入口に当る四日市町では水害に悩む竹松村の住民が移住して町を開いた。ここで気にしておきたいのは、第二、第三段階の町づくりが、第一段階の自然発生的な町の形態に比べ、直線的な通りを軸とする計画的な構成を示す変化が見ら

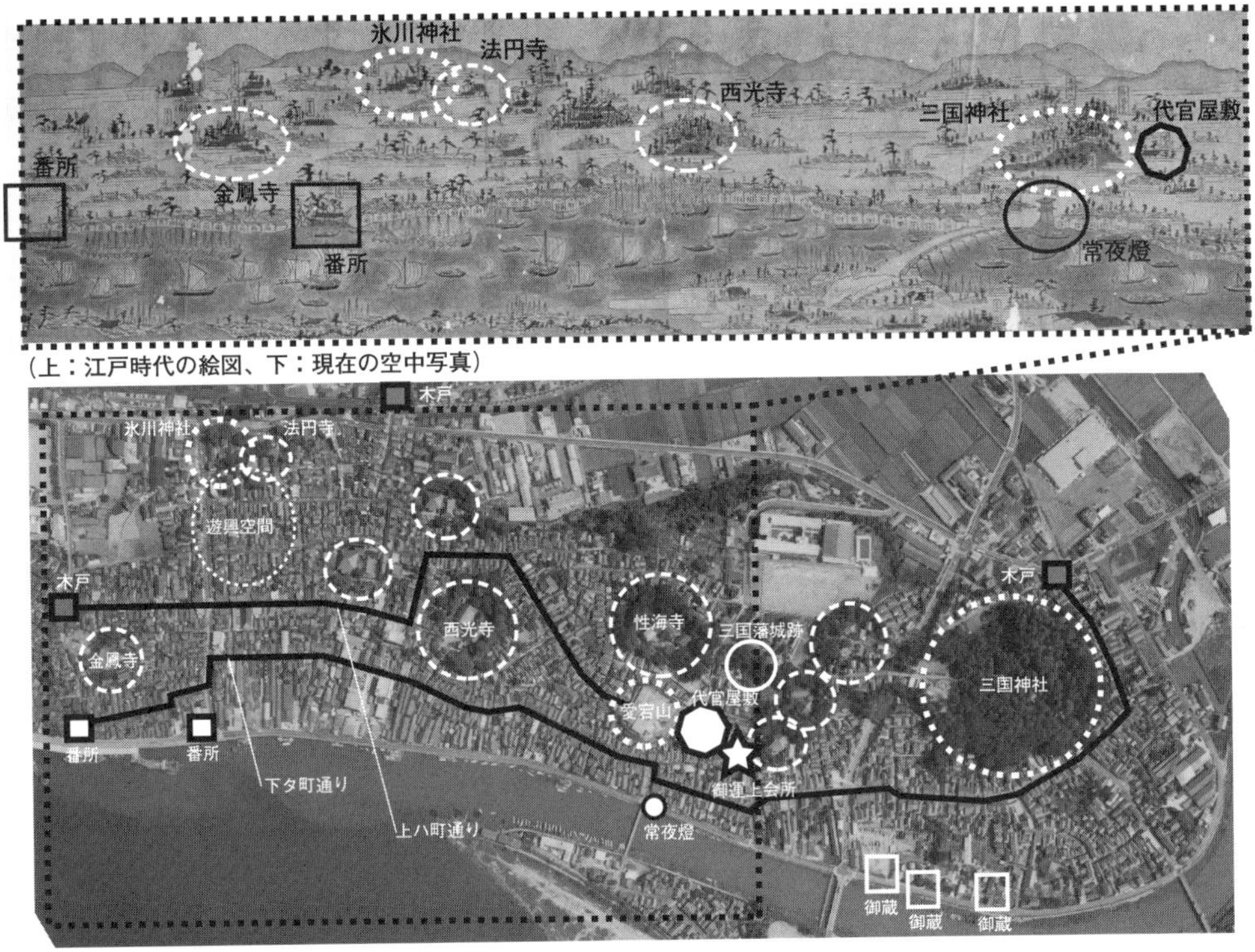

（上：江戸時代の絵図、下：現在の空中写真）

18　三国の都市構造

れたことである。

江戸中期頃になると、川沿いの下夕町通り沿いは問丸・庄屋・地方庄屋・舟庄屋という支配構造の下で、船着場・荷揚場・蔵がひしめき、直接港に関わる酒屋・油屋・米屋などの問屋商人、町役人を務める豪商が住む三国の中心的な街区を形成していた(17)。このように港の繁栄に伴って、市街は河岸に沿って下流へ伸びていったのである。だが、そこには丸岡領の滝谷があるために、その後の三国の発展は、背後の丘陵上へ拡張しなければならなかった。丘陵部に家が建つ上ハ町通り沿いには、下夕町通りと対照的に、別系統の上新町庄屋が置かれた。それは、小売商人や職人が数多く居住し、港湾機能を背後から支える人たちの活動の場であった。

さらに、港の繁栄とともに歓楽街もより盛んになる。町がつくられる初期に湊の西端の松ヶ下あたりにあった遊女の住居場所は、町が西へ西へと延びていくにつれ、町の周縁へと移動していった。万治から宝永年間にかけて形成された上新町に牛頭天王宮が遷座されると、松ヶ下町からその周囲に遊廓が集まるようになった。三国の繁栄のバロメーターのように、上町一帯は遊興空間としての賑わいを増すのである。

こうした三国の都市空間の変化には、陸側から町の出

19　川側から見た三國の町並み連続立面

20　「かぐら建」の建築

入口にアプローチする物流の流れや、それを監視する要素も見逃してはならない。川上側の四日市町、および川下側の滝谷出村境にある平野町、そして山側北東方面に伸びた平野口町に木戸が設けられていた。これは、物や人の流れが頻繁にあったことを物語っている。川沿いの滝谷出村境の木場町には川口番所（口留番所）が置かれ、この三ヵ所の木戸と川口番所が外との境になり、港町・三国の領域をはっきり示していた(18)。

三国には福井の城下町の外港である関係上、特に藩と関連する各種の施設が置かれていた。元文元（一七三六）年九月、九頭竜川と竹田川との合流点付近にある三国神社下の河岸に藩の蔵がつくられる。寛永二〇（一六四三）年には、幕府が異国船改めのための番所を命じた際、滝谷地境に川口番所が設置された。幕末の文久元（一八六一）年には、下新町に運上会所が建てられている。その他にも、三国には藩の公的な施設が随所に置かれ、福井藩がいかに港町・三国を重要視していたかがわかる。

九頭竜川沿いの町並みを訪ねる

三国町郷土資料館を出た私たちは、丘を下って町の中に入っていった。三国は今でも古い町並みが連続して残る魅力的な町である。私たちはまず、川側から町並みを

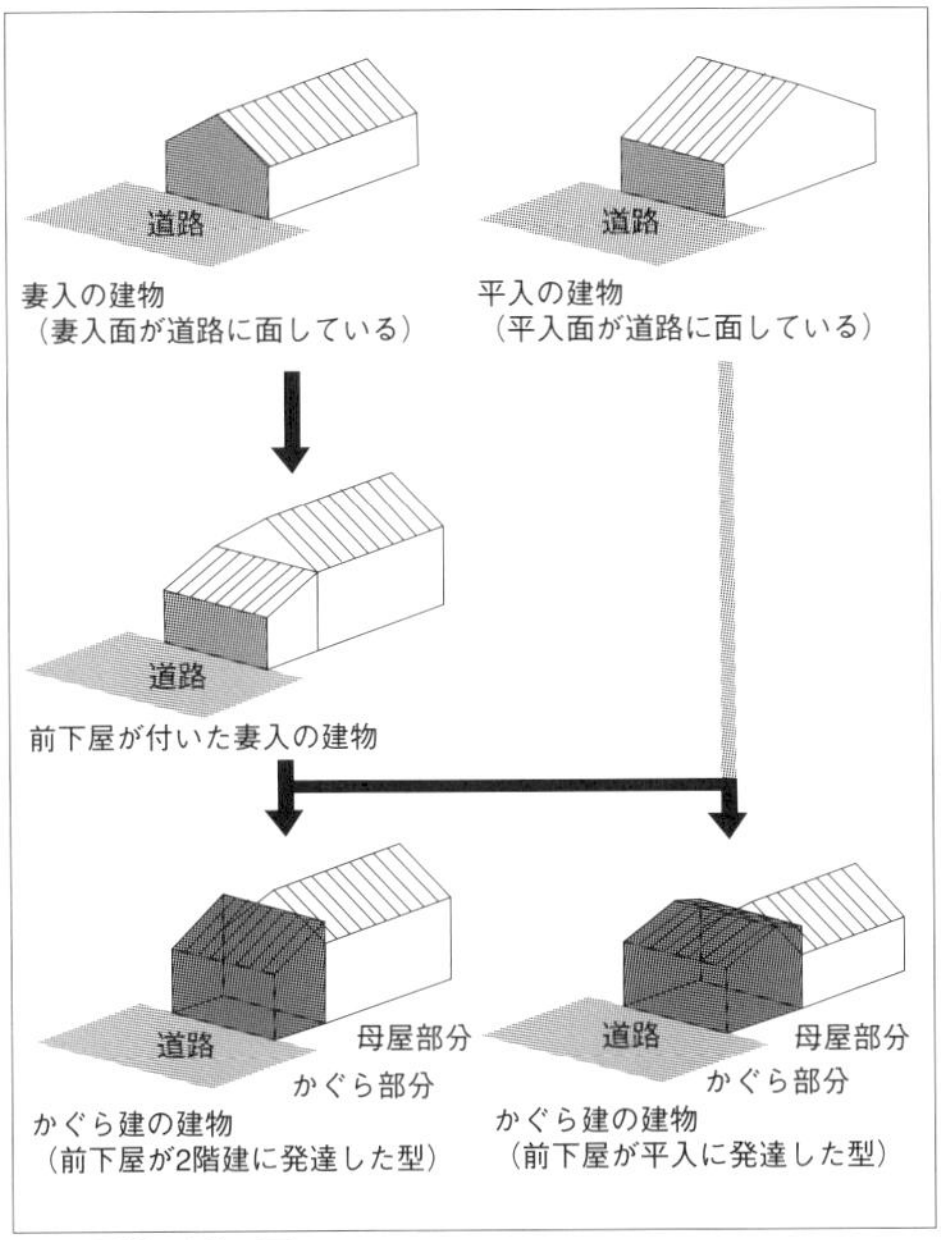

21　屋根の型の図

見ることにした。三国でも、他の港町同様に川側に近代の道路が通されていたが、蔵のある町並みは大きな変化もなく、当時の様子をうかがい知ることができる(19)。

近世三国の河岸は、竹田川・九頭竜川沿いに連続する多くの蔵が建ち並び、舟運によって成熟した日本の湊町の典型的な景観を見せていた。これは、日本で極めて珍しい空間構造であり、それが現存している価値は大きい。

江戸時代から明治初期にかけて、三国では蔵が並ぶ河岸に川船や導船などが着岸すると、それらの物資を仲仕が荷蔵に搬入した。廻船があつまる季節は春から秋にかけてであり、なかでも北前船の出入期にあたる三月から五月は三国が物や人で溢れ、もっとも活気のある時期をむかえる。さらに夏になって、蝦夷地産の魚肥が大量に入港すると、三国の河岸は再び大変な賑わいを見せたのである。

蔵が続く町並みを観察した後、幾つかの古い建物の内部を見せてもらう機会を得た。三国には、妻入の町家からの発展途上にあるとみられる一風変わった平入の建物が多い。それは、切妻々入の母屋の前方に庇がついた形の建物である(20、21)。その後、通りに面する前方の屋根がしだいに発展して二階建となり、正面が完全に平入の形式をとる建物が多くなっていく。三国では、前者の「葺下し下屋《ふきおろ》」がついた建物は一般の民家に多く、後者の「かぐら建」といわれる建物は商家に多く見られる。「かぐら建」はとくに川方の問屋の建築に多く見られ、商家の格式の高さを示しており、三国独特の都市景観を演出する重要な要素となっている。この典型的な建物の一つが、坂井さんのお宅である。ここでは、ご夫婦が私たちを暖かく迎えてくれ、建物内部を案内して下さった(22)。

三国では、建物の間口が四～五間となっているのが一般的で、奥行きは町が出来た年代や場所によって様々に

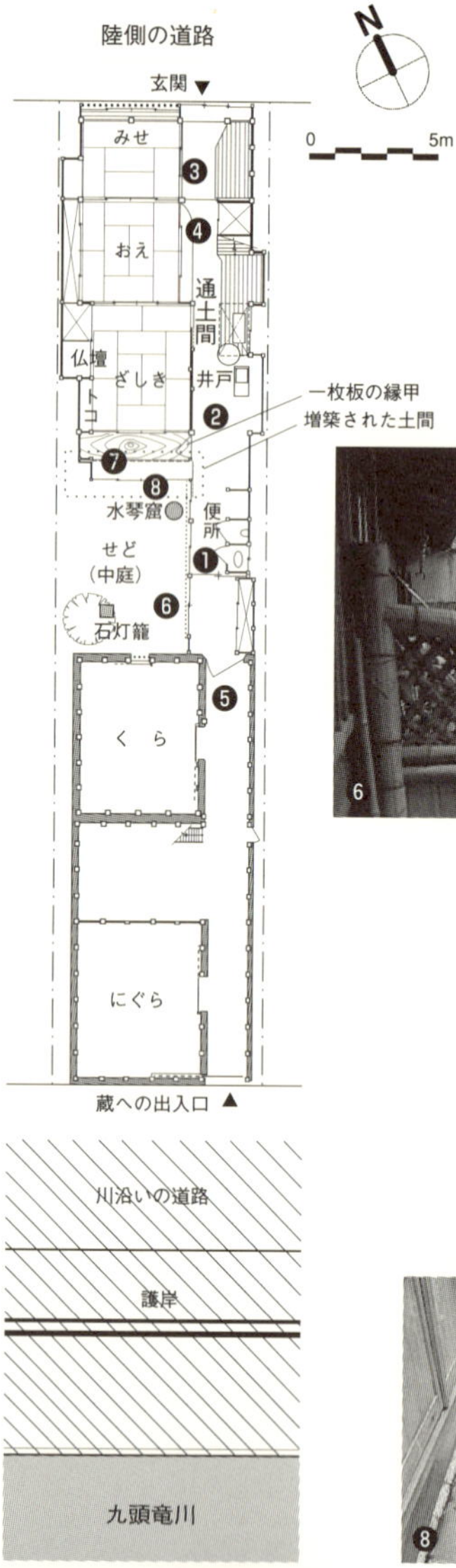

22　坂井家内部の空間構成

❶土間のわきにある憚り
❷「とおり」と呼ばれる通り土間から玄関を望む
❸荷の出し入れの往来で窪んでしまった玄関の敷石
❹「みせ」から「おえ」「ざしき」と呼ばれる和室を望む
❺蔵から荷蔵を望む
❻「せど」と呼ばれる中庭
❼一枚板で張られた縁側
❽庭先にある水琴窟

変化する。一階はみせ・おえ（居間）・ざしき、二階はざしきとなる平面プランが町家の典型である。川沿いに建てられた町家の平面構成をもう少し詳しく見てみよう。江戸時代に米や雑貨を商っていた「かぐら建」の坂井家では、まず通りに面して主屋が建てられ、その後方に「せど」といわれる中庭をつくる。この中庭を挟んで「くら」（土蔵）を建て、さらにその背後の川沿いに「にぐら」（荷蔵）を設けている。通りに沿って奥行きの長い短冊型の宅地に、縦に主屋・土蔵・荷蔵を配列する形式は、京都の通庭《とおりにわ》式の町家とよく似ている。そして海陸の荷物運搬のため、土間の通路が川から通りへ突き抜けている。石が敷き詰められた土間の中央部分が窪んでいるので当主にたずねると、廻船問屋の時代に荷を担いだ人たちの行き来ですり減ったとのこと。ここにも活気に満ちた時代の証しが生きていた。

23　宮本家の憚りと水琴窟

坂井家を出た後、現在も旅館を営んでいる宮本家を訪ねた。ここでは、奥さんが丁寧に案内してくれた。その体験の中で驚いたのは、宮本さんのお宅の便所にさり気なく水琴窟が置かれていたことだ。三国には多くの水琴窟が残されているのだが、そのほとんどがすでに音がしない。それが、幸いにも宮本家の水琴窟は健在で、透き通る張り詰めた音を堪能でき、歴史が培った都市文化の響きを共有することができた(23)。

舟運と物流構造の変貌

最後に、私たちは現在も当時の威容を誇る店構えの森田さんの家を訪ね、話をうかがった。忙しいなかご夫婦揃って私たちの訪問に対応して下さった。ご主人は、江戸時代の舟運に関する古い台帳を示しながら、江戸時代のことや明治以降の三国の激変する様子を語ってくれた(27)。森田家は元和五（一六一九）年に、加賀藩主前田利光の藩米輸送を任命され、船五艘に限り諸浦へ自由に出入りすることを許された廻船問屋である。その後加賀藩との関係は、白山の帰属をめぐる対立もあって一時停滞したが、幕末から明治にかけて再び大廻船問屋に発展する。私たちが目の当たりにする森田家の建物内部のそれぞれがその時の都市文化の厚みを感じさせる。

宿場町と違って人為的につくられた町ではなかっただけに、港町の三国が衰退する過程は、比較的緩やかだった。明治中期、小松まで北陸線が開通したことにより、三国港の持つ役割は完全に失われた。中世以来保持し続けてきた三国を中心とした海運から、北陸線を中心とする陸運に交通体系がかわったのである。港の衰運は、この町に大きな打撃となった。商業や廻船業の衰退のみにとどまらず、町全体から活気を奪い取ってしまった。

廻漕業は明治十三（一八八〇）年まで好景気を保っていた。しかし明治十五（一八八三）年に至って物価が大暴落し、廻漕業者も大打撃を受ける。松方デフレーションの波は三国へも遠慮なく襲いかかってきた。船持ちで富豪の内田周平家は、このデフレーションのため一朝にして倒産し、内田家が所有していた廻船は次々売却された。日本の興隆期の中で内田家の他にも、廻船を営んでいた多くの商人たちが明治・大正期を通じて没落している。その頃、越前屈指の豪商・森田家は、酒・醤油醸造と船問屋を営み、明治二七（一八九四）年には銀行業にも進出している(24)。現在の森田家の建物には、江戸、明治と激動の時代を乗り切った記憶が残されている。川から荷を運び入れるために地元産の笏谷石《しゃくやいし》で敷き詰められた通路や奥行の長さを誇る醤油蔵が当時の繁栄ぶりを物語っている(25、26)。

森田家の他にも、明治になって廻船問屋から転業して没落を免れていったケースが見られる。横山吉十郎は紙商に、森里二郎右衛門は金融・農園に転じた。しかし時代が下るに従って、海運の中心が日本海から太平洋に移り、船舶の構造が帆船から汽船に変ったことで、大汽船の来航に不適当な三国港は、国内沿岸航路の小さな港として、さらに漁港としてとり残されていった。

森田家を訪ねている時、奥さんが線香立てを取り出し、「こういうところまで、舟運を意識してつくらせていたのです」と船の形をした線香立てを手にとって見せてくれた(28)。当時の森田家の舟運とのかかわりをいい尽くす重い言葉であった。

戦後に見る町並み変容

明治中期以降、全国に鉄道が敷設されていく。物流の構造自体が大きく変容していくなかで、三国は大きく様変わりせざるを得なかった。しかし、三国は、第二次世界大戦で空襲にあうこともなく、昭和二〇年代までは江戸からの繁栄で築きあげられた港町の都市形態がほぼそ

24　森田銀行

25　笏谷石の石畳と醤油蔵

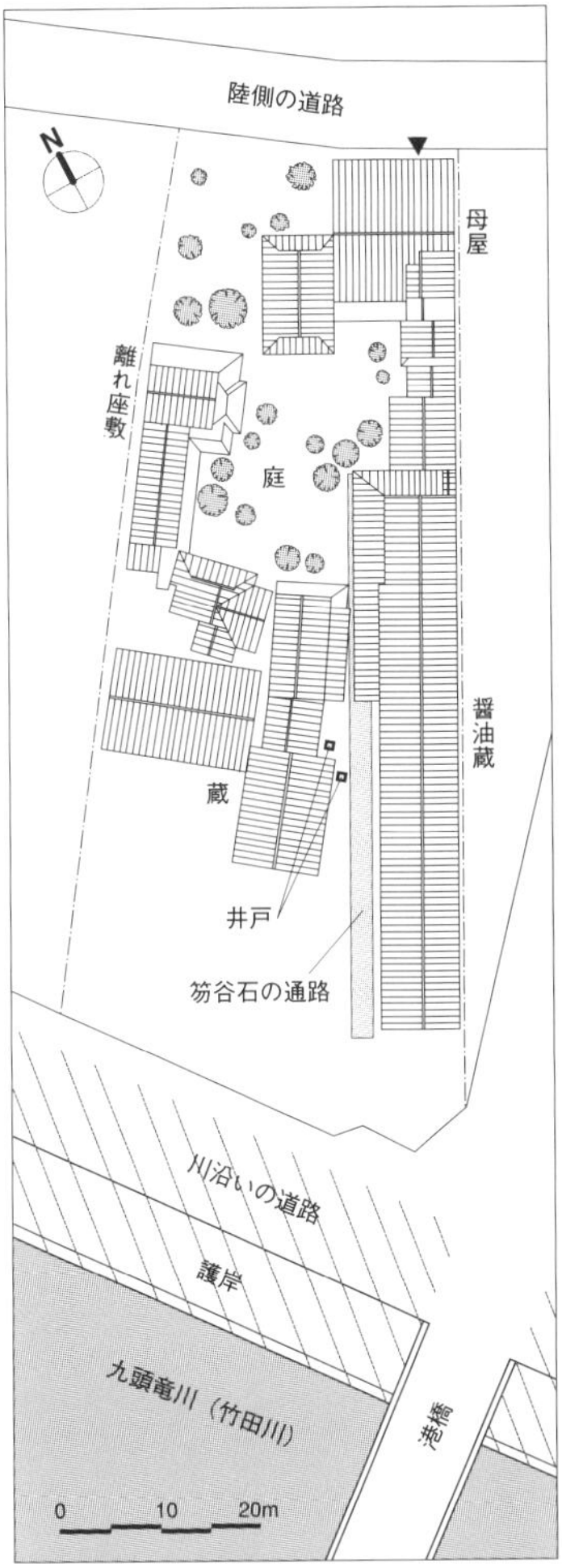

26　森田家の配置図

27　古い船の台帳を見せながら話す森田家のご主人
28　船形の線香立てを取りだした夫人

のままの形で残されていた(29)。

港に関係していた船問屋や北前船が行き来する物流の中継をした問屋などは商いをやめ、建物の多くは単に居住空間としてのみ使われるケースが次第に増えていく。

戦後の高度成長期を迎える頃、自動車交通の波が漁港を主要産業とする一地方都市となった三国にも容赦なく押し寄せる。新たな道路が、複雑に細かく敷地割りされている町のなかを避け、舟運機能を失った川沿いに建設された。道路建設で川と蔵を結ぶ河岸の姿は失われたが、さいわいにも、三国に建ち並んでいた蔵や家屋の町並みが切り取られることはなかった(30)。昭和二〇年代はじめと川沿いの道路が建設されて間もない昭和三七年の航空写真を見比べてみても、ほとんど変化がないことがわ

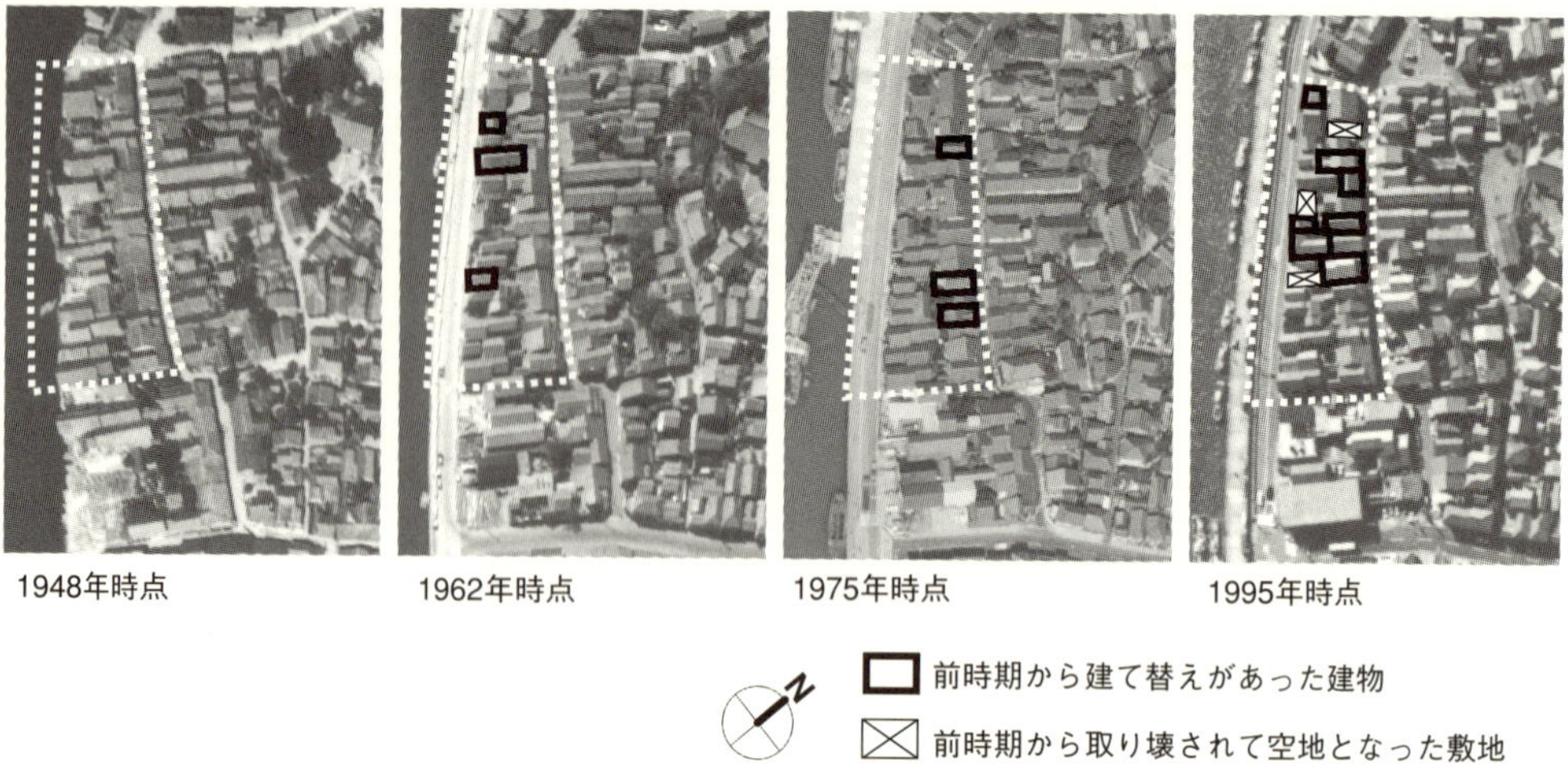

29　戦後の坂井家の周辺の町並み変容

かる。

その後、道路によって河岸の機能が物理的に失われたこともあり、隙間を埋めるように倉庫や一般住宅が建てられ、通りの顔を持ちはじめる。高度成長期のさなかの昭和三〇年代後半から昭和四〇年代にかけては、通りに面する母家の建て替えが一部で行われはじめる。伝統的な建築で構成されていた連続する町並みは、歯抜け状態になる。

だが、この町並みが最も急激な変化を遂げるのは、ここ二〇年のことである。古い道の側でも、川沿いの新しい道側も、建て替えが進むと同時に、伝統的な建物を壊して駐車場のための空地がとられる。これはなにも、三国だけの現象ではない。近世以前から続く伝統的な町にも、近代以降に成立した町にも、同様に自動車が入り込む。そして、駐車場という無表情な空地が都市の中心部を空洞化していくのである。車社会へ余りにも傾倒してしまった現代に、歴史の中で形成されてきた町並みを海や川の側から再評価することで、都市の本来のあり方を見つめ直す時ではないか。

港町の建築や町並みの優れた資産をイメージ豊かに活用していくには、古い町並みの保存だけでは解決しない。この点が、オランダやイタリアで見てきた都市を活性化

30　道と護岸で隔てられた三国の町並みと九頭竜川

する人の側の姿勢の違いがあるように感じる。都市は、その固有性にあったつきあい方をすれば、活き活きとする。これからの時代はストックをどのように活かし、豊かな都市環境を再生できるかがポイントとなってくるはずである。文化財保存とまちづくり、川や海を管理する三者が一体となって、このような港町の問題と取り組む必要がある。

西廻り廻船と最上川舟運
——酒田と大石田——

舟運の視点で東日本が西日本と大きく違うところは、近世において河川舟運が活発であったことである。先にあげた九頭竜川流域や今回取り上げる最上川流域はその代表である(31)。海運と河川舟運の接点にあたる河口には、いずれも舟運で栄えた港町が存在する。ただし、三国と酒田では都市の成立発展してきた経緯の違いがそのまま反映し、空間の構造が大きく異なる。三国が中世都市の骨格の上に近世に発展拡大をした港町であるのに対し、酒田は近世に新たに計画的に形成された港町なのである。私たちは、中世の都市骨格に強く影響を受けた三国のような港町との比較の意味で、近世初期に計画的に整備された港町の調査をする機会をねらっていた。

一方、この地域でも河川舟運で発達した最上川中流に位置する港町の調査を同時に視野に入れていた。河口に成立した港町の多くは、港機能が大きく変化してしまったとはいえ、町自体の都市構造や町並みを今も比較的よく残している。しかし、河川舟運で栄えた中上流域の港町は舟運が廃れた以降、町自体が消滅してしまうケースが多い。河口の港町と違って、漁港として町が生き延びる手立てもなかったからである。本や文献、報告書等から、最上川沿いには大石田という河川舟運で栄えた港町が古い町並みを残していることを知った。河川沿いに成立した港町がどのような都市構造をもち、町並みを形成していったのか。同時に、河口の港町とどのような違いがあるのかも大いに興味をそそがれるところである。

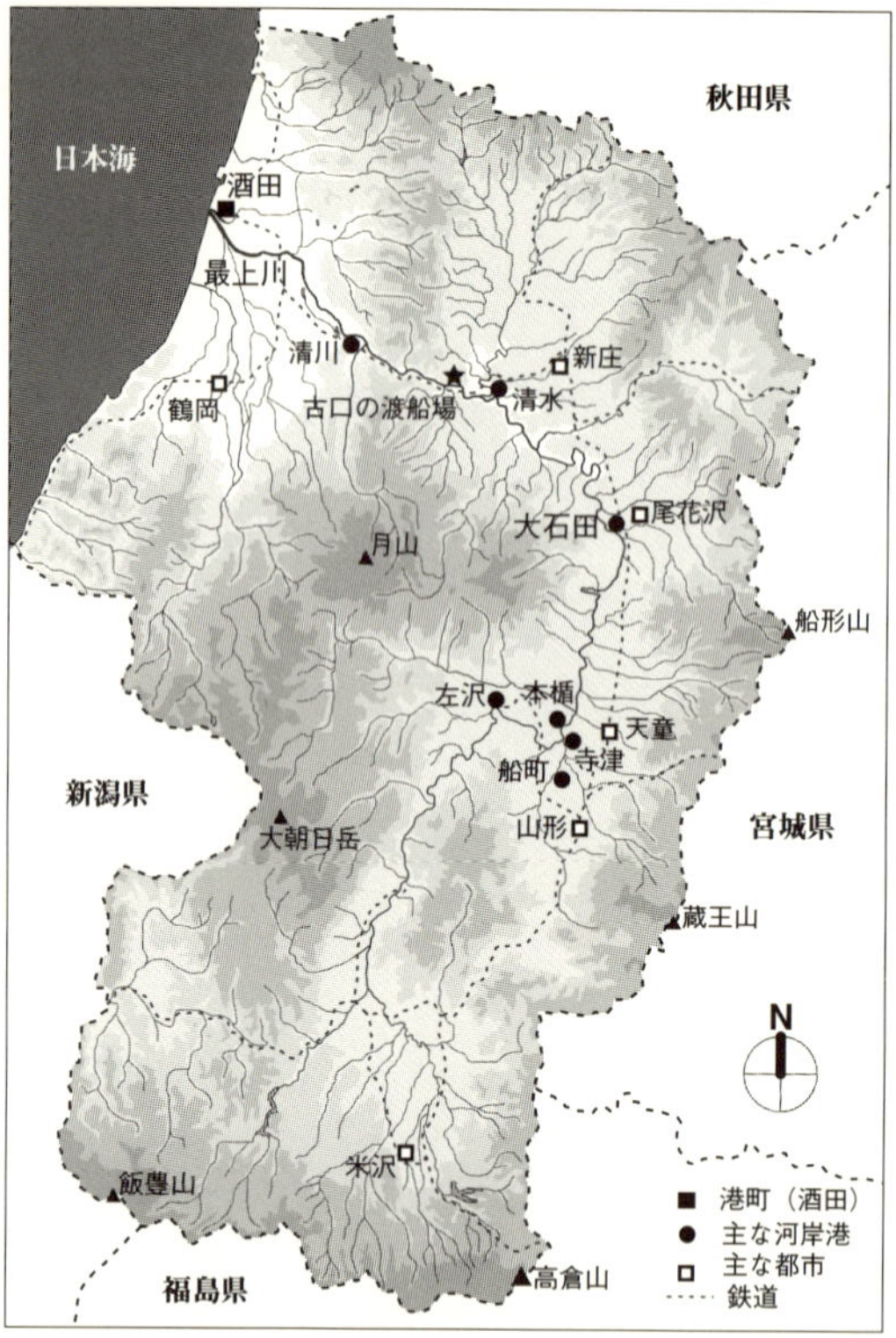

31　最上川の主な河岸港と船着場

酒田

一九九八年九月、私たちは酒田に向かう道中戸沢村古口の渡船場から最上川を下り、一時間ほどの小さな旅をした。納涼と紅葉のシーズンの谷間とあって、船に乗る客の数は少なかった。そのせいか、のんびりとした雰囲気で川下りができた。最上川の流れはヴェネト地方のシーレ川と比較すれば確かに早い。だが、船が下っていく速度は適度に微風を感じて心地よい。最上川は、百石以上の川船が行き交うのに充分な川幅であり、水量も豊かである。私たちが体験している風景は、最上川を使った舟運の華やかな時代を思い起こさせてくれる。江戸時代は、盆地で生産された米や特産品がこの川を下り、京都や大阪などからは商品とともに都市文化が川を上ってきたのである。船下りを終え、酒田に着いた時には日がとっぷりと暮れていたので、本格的に調査で町を巡るのは次の日に持ち越された。

近世初期に計画的にできた港町

西廻り航路の整備と蝦夷地の産物の発見、さらには日本海に注ぐ流域の農産品の開発と近世土木技術の飛躍は、流域河口に成立した港町を重要な物流拠点へと押し上げていった。酒田も新潟も、このような背景をもって有数の港町として発展していったのである。この二つの港町には、幾つかの共通点がある。それはまず、計画的な町づくりが行われ、整然とした区画の上に町並みがつくられたということだ。これらの港町の成立は、瀬戸内海の鞆や笠島などの港町とは違う。むしろ、堺の町の構造に似ている。町を均等に割り、各々の敷地が平等になるように町割がされている。それは、身分で住み分けを行った城下町につくられた町人地にも見られる。このような都市の構造は、港町が商業に特化する時の一つの解決策であるといえる。

さらにこの二つの港町の共通点を見ていくと、三国でも述べたように、港町特有の共通性を見いだすことができる。まず、町の後背には必ず風避けの丘陵地を背負い、寺町を形成していることである。ここでもう少し、寺院と港に向かう道との関係を見ていくと、尾道や三国のよ

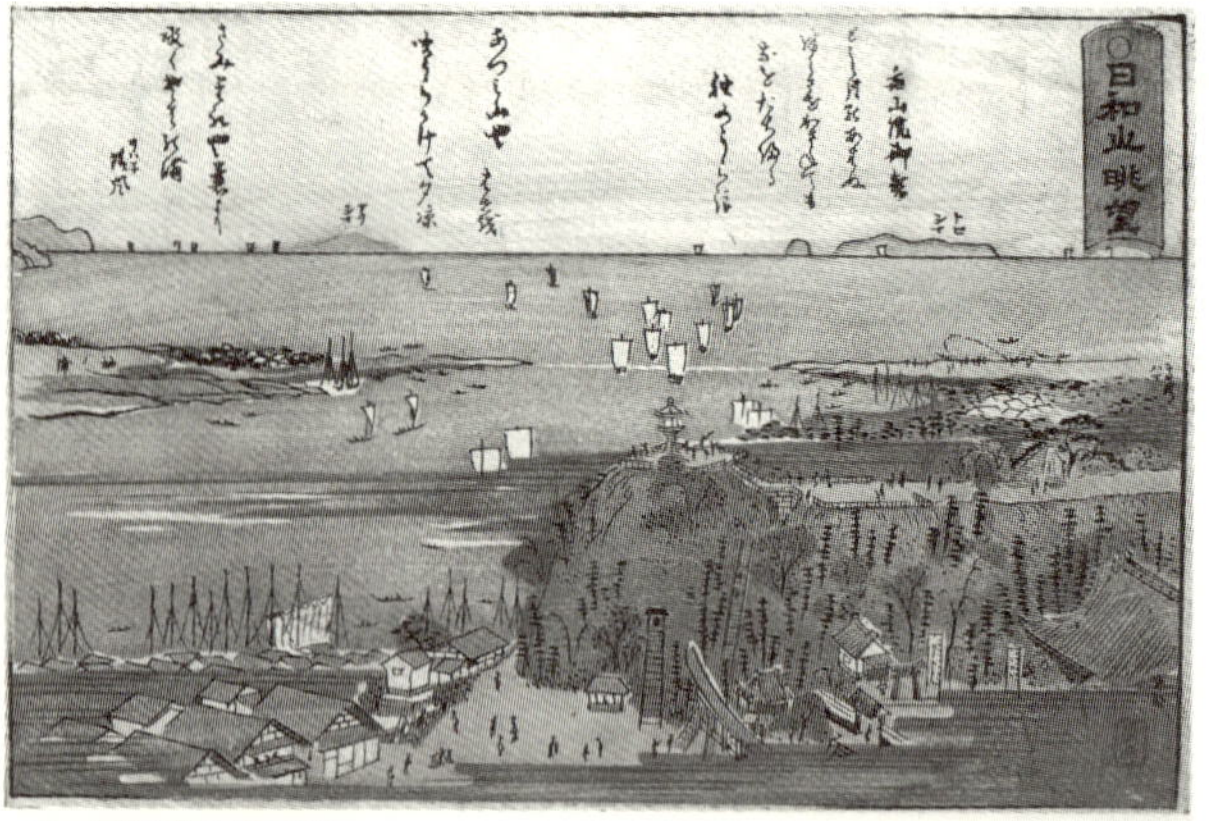

32　日和山と酒田港

うに中世以前に起源を持つ寺院では、参道が海までしっかり軸線を通している。一方江戸時代初期に計画的につくられた酒田や新潟のような港町は、港に向かって寺院の明確な軸線がない。このことは港町をつくる中世以前と江戸時代初期の背景の違いを示している。中世以前は、寺院を核として、港とを結ぶ軸線上に初期段階の町が形成されたのである。それに対して、江戸時代初期に成立した港町は、初期段階から港や町と寺院との間の明確なゾーニングができており、道を軸に短冊状に敷地が組まれた構成となっている。これらの道は、各々の町を構成する軸となっているが、町の象徴的な軸をつくりだしてはいない。寺院の威光よりも、商業活動の平等性が強く港町に反映されてきているのである。

　どこの港町も、平坦地が単純に広がるような場所にはつくられていない。風を避けると同時に、川や海、港を見渡し、潮見や風見ができる日和山と呼ばれる小高い丘が必要であったからだ。そこに立つことで、出航の判断を的確に見分けられた。その日和山の足下には、花街が必ずといってよいほどつくられている（32）。これも港町の共通性の一つだろう。都市を構成する合理性と港としての機能性が一体となって、近世初頭には酒田や新潟のような新しい港町がつくられたのである。

　夜の酒田で、かつての花街を歩いた。廻船にかかわる商人や船乗りが集まる花街は、享楽の場であることは間違いないのだが、賑わいに満ちた華やかな港町文化を生む重要な場所であったに違いない。ここには、全国から集まってくる様々な情報が集積し、彼らの情報交換の場所でもあったはずである。港町を旅していて、花街が町の中で地理的にも空間的にも都市の周縁に追いやられて

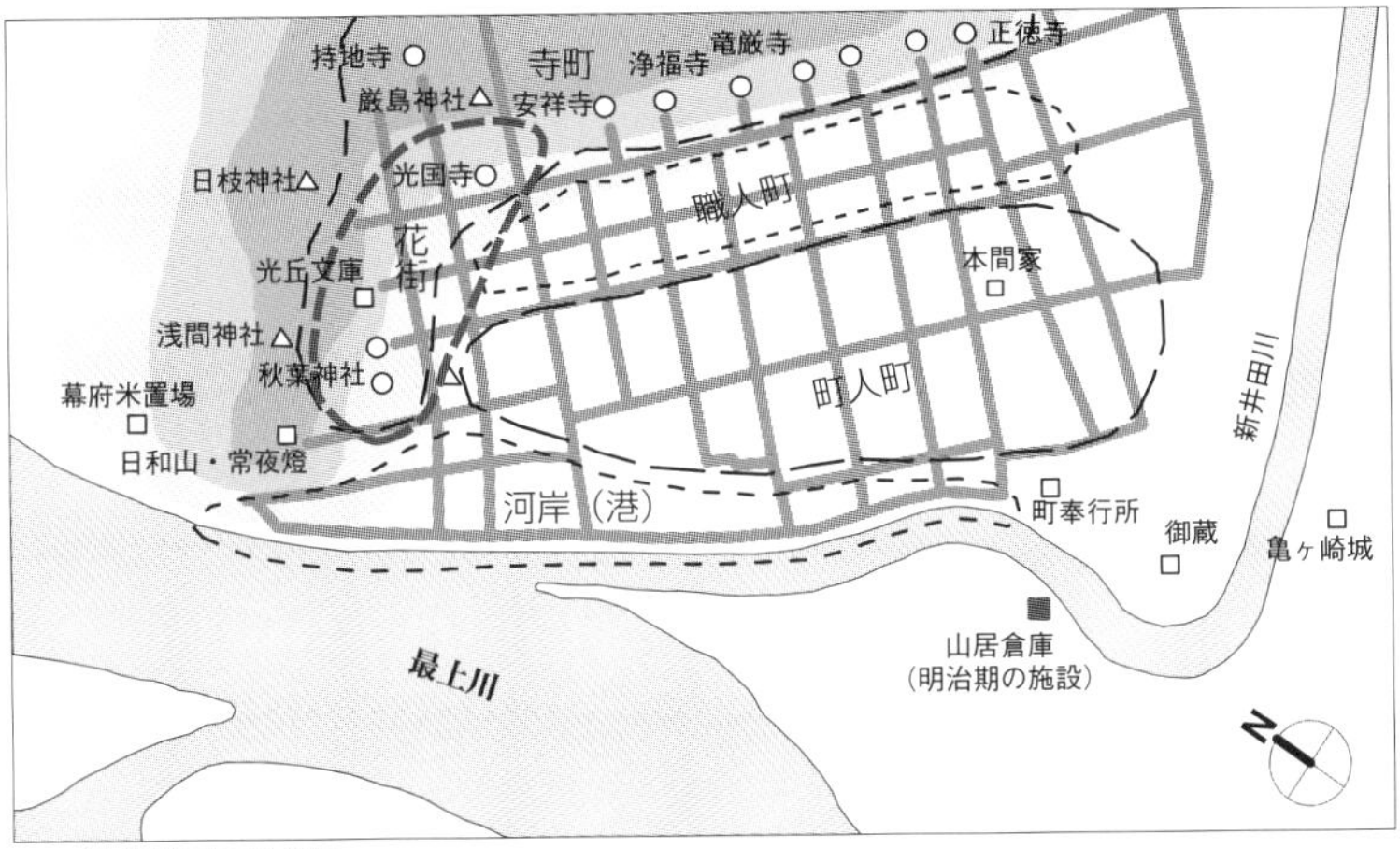

33　近世酒田の概念図

いるという感じが弱いのに驚かされた。このように考えてくると、港町の伝統の中では、花街は享楽の場以上の重要な役割を担っていたといえよう。

新潟と比べた港町・酒田の特色

次の日、朝から酒田の町を歩くことになった。歩いていて、酒田と新潟の二つの港町には、大きな違いがあることに気付く。新潟の旧市街はすでに掘割が埋め立てられてしまっているが、かつての新潟は掘割を縦横に巡らした港町だった。一方酒田は、一切掘割を巡らさない港町である。城下町建設の時代に新たにつくられたこの二つの港町は、掘割の有無で好対照なのである。立地する場所が湿地帯か否かという土地条件によって大いに左右され、これによって港と町の関係をつくりだす空間構成が異なってくる。江戸時代、新潟では港から市街への物資輸送の道として掘割がより強化された。一方、酒田では河岸に平行な複数の広い道によって市街地が形成され、港のある川側からは幾筋かの道が平行な道と交差して丘陵部へ達している。

私たちは、酒田の都市構造上の特色である河岸と平行に通された四本の重要な道を丹念に歩くことにした(33)。川側には主に物流に携わる業種が集まっていた。もちろんそこには蔵がところ狭しと建ち並んでいたはずである。現在は度重なる火災でその風景を所々に見るだけである。内側に入った一本目の道沿いには、本間家などの大店をはじめ大小の商人が店を出していた。酒田の主要な商人は、港に最も近いこの道に集中していた。この一本目の道沿いには江戸時代に建てられた本間家の屋敷が火災にあうことなく、現在も建物の優美さを誇っている。二本目にも商家が軒を並べていたが、この道沿いの商人たちは舟運とのかかわりだけでなく、大店や職人たちをサポートする役割を担っていたと考えられる。三本目の道では、職人たちが集まり職人町を形成していた。これより上は小高い丘となり、緑に包まれた寺町が帯状に配置され、四本目の道から各寺へアプローチする参道が延びている。これらの参道は川に直接通じてはいない。酒田はこのように港に適した自然地形をベースにしながらも、実に計画的に町がつくられていたのである。

34　明治期の蔵が連続する山居倉庫群

35　山居倉庫の対岸から見た蔵と護岸

水辺の米蔵と日和山周辺

河岸沿いは、度重なる火災と物流構造の変化で、江戸時代の港の様子を知ることはできなかった。だが、幸いにも明治になって最上川と新井田川が合流する中洲にできた切妻屋根が連続する蔵並みは健在である(34)。この米を納める蔵並みと物資を陸揚げする石積みは、対岸にあった近世の港の様子を思い起こさせる以上に、江戸時代に発展してきた蔵と河岸の関係の集大成のように感じられる(35)。現在博物館となっている蔵の内部に入ると、その空間に圧倒される。これは、明治期の建物であるが、舟運によって物や富がこの酒田にいかに集中していたかがわかる。

酒田を離れる前に、私たちは、酒田市光丘《こうきゅう》文庫を訪れると共に、そこから程近い日和山に上ることにした。江戸時代すでに図書館のかたちをとっていたと伝えられる酒田市光丘文庫では、酒田に関する貴重な史料を見ることができた。丘の上に建つ光丘文庫の建物は、大正十四（一九二五）年に建てられた銅板葺の鉄筋コンクリート造の建物である。そこには本間家に関する史料をはじめ六万点以上の蔵書、貴重な地図や写真が収められている。文庫長の高瀬靖さんに蔵書を見せていただきながら、本間家の大商人としての底力を改めて思い知らされた。同時に私たちは、酒田の日和山の存在の大きさを感じていた。江戸時代の古地図を見ると、日和山近くには幕府米置場があり、近世の港もここを起点に川上に延びているようにも見える。川側からもう一度古地図を確認すると、社寺の立地までが日和山から丘陵に向かって延びるように配置されている。また、日和山を取り巻くように、花街が形成されていたことも知られている。酒田の花街は、江戸時代の花街全国番付の上位に位置づけられ、繁栄を極めていた。花街であった辺りは江戸や明治期に建てられた建物も含めて戦前の建物が多く、港町・酒田の一側面をよく伝えている。酒田は近代以降幾度もの大火にあい、中心部の市街には古い建物があまり残っていない。酒田では実測調査をできなかったが、この都市の空間構造を知る手立ての一つがここにあるように思う。

日和山からは、酒田の港と最上川、さらには日本海が一望できる。そこに立って、港町にとっての日和山の重要性を改めて実感した。眺望もさることながら、この日和山を中心に酒田の重要な施設が時代を経るごとに、少しずつ集まってきたように思えたからだ。日和山は天候と風向きを知るだけでなく、酒田の人々の拠り所になり続けていたことが、そこに立つとひしひしと伝わってくる。

河川が育んだ港町

大石田

全国どこへ行っても川下りはあっても川上りがない。日本の河川では急流を下るイメージがあまりにも強く、しかもエンジン付きの船はあっても川の上流へは行ってくれない。私たちも当然のように最上川の舟運が盛んだった江戸時代のイメージを共有するために、最上川の川下りをした。だが、川を溯れないことに、日本の川がもつ現状に何かしらの違和感を持つのである。最上川を遡れなかった私たちの旅は逆に酒田から最上川を遡って、先に訪れた川沿いに発達した港町・大石田に話を展開することになる。

最上川は、流域の産物を全国に広め、一方、全国の特産物や文化を流域に広めていった。こうした産業や文化の交流の軸をになったのが最上川舟運である。断片的には古くから物資の輸送が行われていたようだが、河口の酒田から上流部までの舟運航路が本格化するのは、江戸時代に入ってからである。その中で大石田は、港町として頭角をあらわす。

川の港町を訪れる

大石田は、慶長十九（一六一四）年に下流にあった清水河岸から最上船の中継権が移ることによって、物資集散基地としての重要性を増すことになった。十七世紀中ごろまでには、最上川流域の最大の港町として現在見る近世の町割りの原形ができていったと考えられる(36)。この間大石田の港町としての重要性が増したことから、支配体制も寛永十三（一六三六）年の山形藩領の一村から、寛文八（一六六八）年以降は四カ村に分かれている(注6)。大石田が幕府を含め分割統治された背景として、最上川舟運の拠点として重要視されてきたことがあげられる。例えば、中国・江南の蘇州、日本でいえば三国や石巻などが分割統治されており、そのことは人や物が集中する重要な都市である証しといえそうだ。

大石田の調査では、町並みを構成する町家を一つ一つ調べ上げ研究成果をあげている東北芸術工科大学の温井亨さんに最新の成果を交え、いろいろな話をうかがうこ

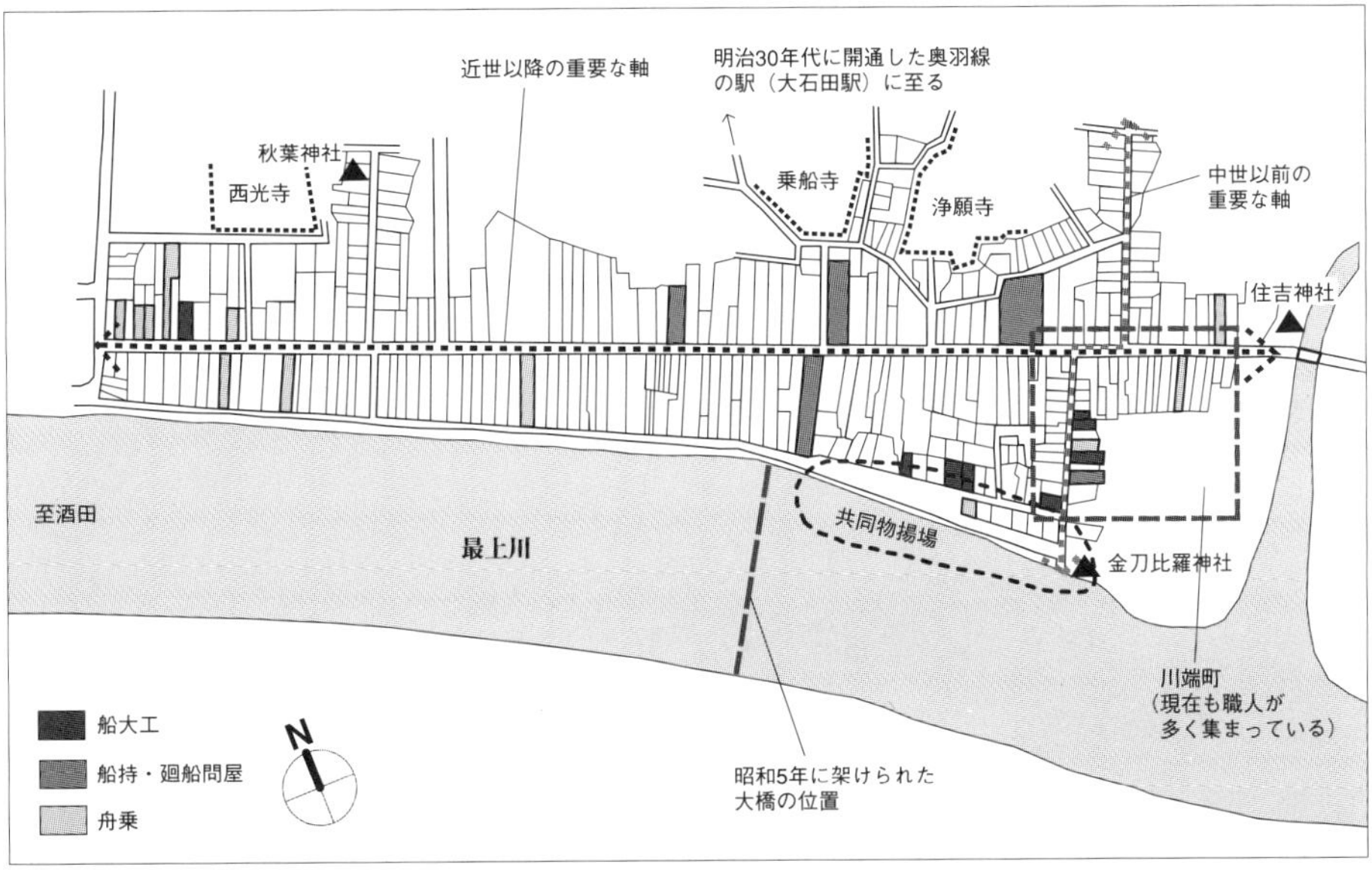

36　大石田の都市構造図

とになった。同時に、私たちの調査の案内役にもなっていただいた。大石田の駅に着き、温井さんたちと合流した私たちは、駅前のなだらかな坂道を下っていった。この道路からは大石田の町が一望できる。

私たちは、この道路から脇道にそれ、森に包まれた乗船寺に行くことにした。新しくつくられた都市計画道路が森の手前で不自然に止まっている。「この道は森を突き抜けて、舟運で栄えた大石田の町並みの一部をぶち壊し、最上川を抜けていくのです」と、温井さんが話してくれた。道路がどのような意味でつくられるのか、舟運の町で新ためて投げかけられた現実である。私たちは、緑に包まれた乗船寺を抜け、港町として栄えた大石田の町並みに降りていった。

大石田は、はじめ単純明解な都市構造をしているように思われた。最上川に沿って一本の町の軸となる道が通され、その両脇に蔵をもつ家並みが短冊状の規則正しい町割りの上につくられている(36)。こうした町の構造は、三国などの港町に限らず、宿場町にも多く見られるものである。たが、街道筋を中心に成立した宿場町と違って、かつての港町や川港の町では、道よりもむしろ海や川の側が中心となっていた。港町本来の姿を理解するには、やはり川側がどのようになっていたのかを注意深く観察

37　昭和はじめ頃の大石田の河岸風景

38　住宅として改造された蔵

39　蔵と蔵屋敷のある町並み

しておく必要がある。

蔵から見た都市と建築の構成

街道筋を抜けた私たちは、昭和五（一九三〇）年に架けられた美しいフォルムの最上川大橋を越えて対岸に出た。だが、幾度となくくり返される洪水の被害で、護岸が高くなり、現在では二階の屋根がかろうじて見える程度まで護岸はかさ上げされてしまっているため、すでに川と町並みの関係を知る手立てがない。幸い昭和初期の古い写真があり、それを見ると、護岸に沿って斜に降りる階段が付けられ、そこから川面に降りられるようになっていた。この写真は対岸から河岸の町並みを写したもので、蔵が川に向いて建っている様子がよくわかる。昭和初期には、すでに舟運は衰退してしまっていたが、川船が行き来していた頃の河岸風景を連想させる写真である(37)。

この写真の所蔵者は魚屋を営んでいる。その息子さんが川側に建つ蔵を改造して住んでおり、その洒落た一室でこの写真を見せていただいた。夏暑く、冬寒い山形であるから、大石田は「蔵座敷」が発達したといわれるが、その現代版がこの蔵の家であろう(38)。温井さんに案内されて私たちは、さらに幾つかの家に入れてもらうこと

40　「ロウズ」と呼ばれる通り土間

41　蔵座敷の思いでを語る夫人

ができた。これも、町の方々と信頼関係を築いてきた温井さんの努力のたまものである。

街道筋の両側に蔵座敷をもつ家が多く、これが大石田の特色の一つとなっている。温井さんの話では、「現在でも、母屋は新しくしても、蔵は残す考えが大石田にはある」とのことで、ここに住む人たちにとっては蔵や蔵座敷は時代を超えたステータスになっているようだ。蔵

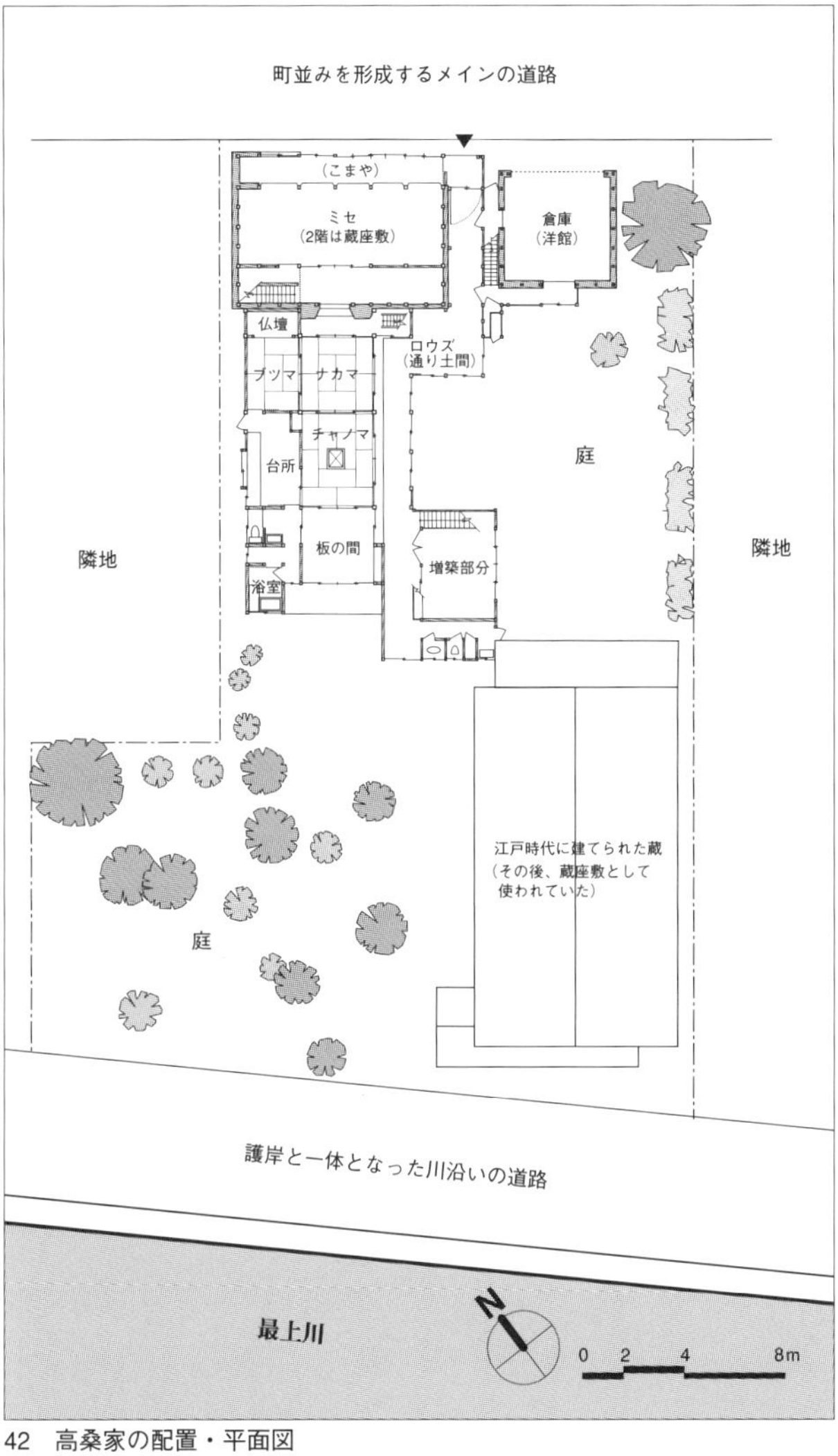

42　高桑家の配置・平面図

43　舟運が活発だった時代を思い起こさせる最上川に面した蔵

44　江戸時代の大石田河岸

45　現在も親水空間となっている中世以来の重要な港だった場所

座敷のある家のうちの一軒、高桑さんのお宅を訪ねることになった(39)。このお宅には通りに面して蔵座敷があり、しかも川側にも蔵座敷があるという(42)。通り側の蔵座敷は比較的新しく大正期のものであるが、川側の蔵座敷は江戸時代から建ちつづけているという(43)。

大石田で「ロウズ」と呼ばれる通り土間を抜け、頑丈につくられた川側の蔵座敷に入れてもらう(40)。この蔵は蔵座敷に改造されているが、舟運が盛んだった頃は本来の蔵として機能していた。

高桑家に嫁いできた奥さんは、閉め切られた蔵の雨戸を開けながら、「以前は、蔵の前にデッキのような縁台をつくって、夕涼みをしたりしました。春になると対岸に咲く菜の花がとてもきれいでした」とお嫁に来たころの数十年前を回想するように話してくれた(41)。私たちが見た窓の前は護岸で前が被われ、川面どころか、対岸の風景すらまったく見えない。この蔵には二階があって、二階からは川面と対岸の風景をかろうじて見ることができる。当時すでに、舟運とはかかわりを失っていた川と蔵の関係ではあるが、その後もこの蔵は別の意味で川と人とを結びつける重要な場であったことに、都市文化の厚味を感じる。

高桑さんの家を出て、最上川沿いの土手を調査のために歩いていると、蔵の屋根を修復している現場に出くわす。たまたまこの蔵の持ち主の方が外に出ていたので、昔の大石田のことを聞く機会を得られた。その方は驚いたことに、若いころは船大工であったお父さんの手伝いをしていたというのである。嬉しいことに、船をつくっていた作業場がそのままの形で残っているという。是非とも拝見したいとの私たちの願いがかなって、作業場に入ることができた。「完成した船は作業場から直接最上川に浮かべた」と、ご主人は当時を懐かしむように川の方を眺めながら話してくれた。この話からも、川面と建物がより身近な関係にあったことが理解できる。大石田には、かつて彼のお父さんのような船大工が多く住んでいた。江戸時代から明治期にかけては、この町でつくられた船が最上川を行き来していたのである。

中世を垣間見る

大石田には、江戸時代の河岸風景を描いた「紙本著色大石田河岸絵図」がある。この絵図は、江戸時代の港町として繁栄していた大石田の町並みを川側から描いたものである(44)。これを見ると、下流側の整然とした町並

46　中世からあった古道

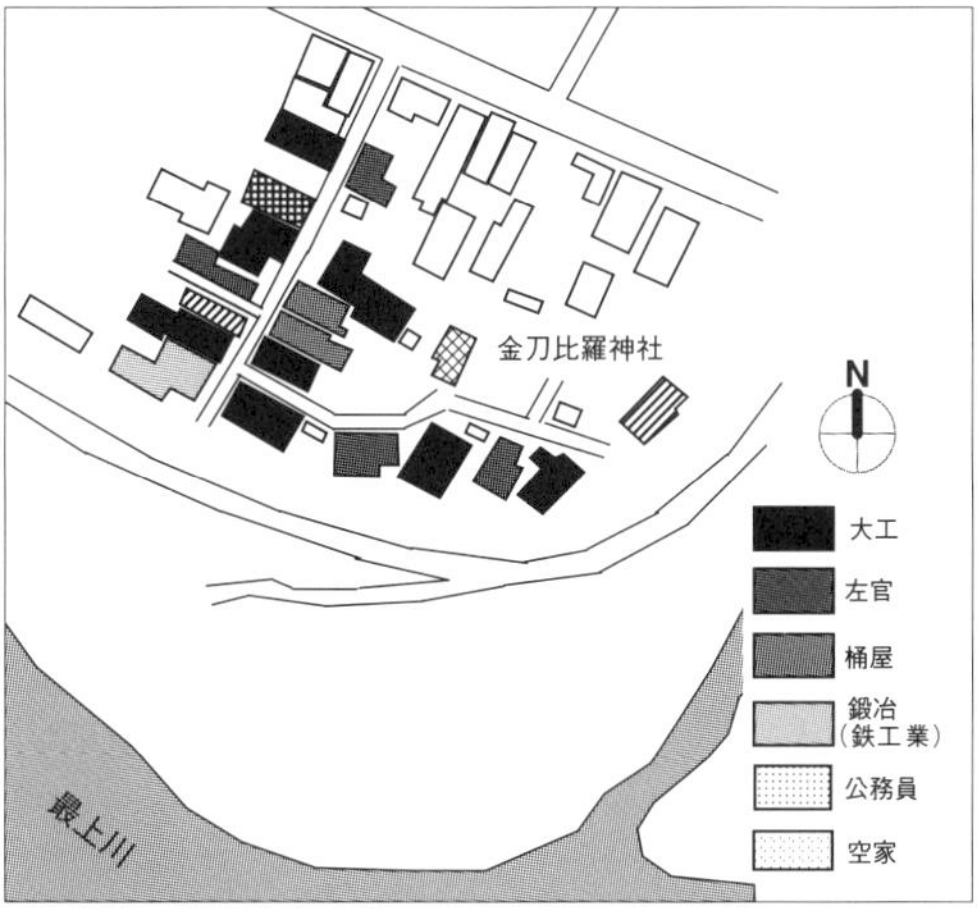

47　現在の川端町の家業

48　芋煮会が行われていた金刀比羅神社の境内

みとは対照的に、上流側には共同の河岸がつくられ、そこに多くの船が集まっている。行き交う船を取り締る川船方役所も置かれ、共同の河岸を中心に建物が建てられている。上流に目をやると川に迫り出すように金刀比羅神社が祀られている。この神社のすぐ脇には、川と直角に北東に上がっていく道がある。この道が何とも気になり、私たちはさっそくそこに行くことにした(45)。

街道筋を東南の方に歩いて行くと、この道とクランクしながら交差する道に出る。この道が絵図に出ていた道である。私たちは川端町の方へ歩いていく。道はやや蛇行しながら、川に通じていた(46)。大石田の町の歴史に詳しい板垣さんの話によると、この道がもっとも古く、中世以前からの道だという。中世の大石田では、最上川と直角に交わるこの道が中心であり、川にぶつかった場所が渡し場や小規模な船着き場がつくられていた。その後、江戸時代に入って舟運が活発になると、中世からの船着き場は共同の河岸場として再整備されたものと考えられる。一方で、新たに川に沿って道が通され、整然とした町並みが江戸時代に形成されていった。このように、大石田は二つの異なった河岸の構造をもつ町として成熟したのである。

また、この古い道沿いにある川端町には、舟運と深く結びついた職人たちが住む場が形成されるようになる。現在では舟運に関係する職人は一人もいないが、現在でも大工や左官などの職人たちが多く住み、職人の集落としての伝統を受け継いでいる（注7）(47)。私たちが訪れた時は、この地区の中心である金刀比羅神社に集まって「芋煮会」を盛大にやっていた。盛り上がった輪の中に、私たちもついつい引き込まれ、豚汁をご馳走になった(48)。

昭和三五年に最上川の護岸整備が行われるまで、金刀比羅神社は絵図に描かれているように、川沿いにあった。川端町の人々も河原に出て「芋煮会」をやっていたという。この神社は、四国の金刀比羅神社から瀬戸内海の船乗りたちによって、はるばる西廻り航路で大石田まで伝わってきたものだ。江戸時代の舟運が、物流だけでなく、いかに広域の文化や生活を伝えてきたかを実感させる興味深い一例を見た思いがした。

中世に遡る港町の基本構造

大石田は、対岸と結ぶ渡し場が発展して港と町の機能を備えていったと考えられる。中世の段階では渡し場へと至る道を中心に町の骨格ができ、近世以降に川と平行してつくられた道に沿って町並みが整えられた。この町がつくられる形成プロセスは、都市の規模が異なるとしても三国と同じ構造である。

この二つの港町は、川の河口と中流の違いはあるが、いずれも川と背後の丘陵との間の平坦地に、川に沿うように町並みが形成されている。しかもこの両者は、河岸と平行に走る近世の道の軸ばかりか、川や海と直角に交わる中世の道の軸を基本的な港町の構造に持つ点でも共通しているのである。

もちろん、これはすべての港町に適用できる原則ではない。酒田のように、近世初期に起源をもつ港町のなかには碁盤目状に町並みを形成している例も見られる。それらは、舟運による物流の急速な拡大に伴って、新たな場所に一挙につくられた港町である。酒田は、自然地形をそのまま利用する中世的なまちづくりの発想ではなく、積極的に埋め立てを行いながら均質化された町の骨格を形成した様子が見てとれる。これは、城下町の町人地をつくりだす考え方にむしろ近い。

ただし、日本の港町の中には中世まで起源がさかのぼれるものが多い。従って、港町の調査にあたっては、中世起源の都市骨格をもつ港町が近世に発展・拡大していく時に、中世の構造がどのように都市内部に組み込まれたかという視点が重要となる。このことは、これから取り上げる瀬戸内海や伊勢湾の港町にも共通する都市形成の読み方なのである。

(注)

(注1) 越前国坂井郡を本拠とする国人領主。応仁の乱で初め西軍に属したが、細川勝元から越前の守護の約束を得ると寝返り、一四七一(文明三)年守護職となり一乗谷に築城、本拠地として越前を治めた。孝景の死後、子の義景は織田信長と対立し、一五七三(天正元)年、信長の越前侵攻で破れ、朝倉氏は滅亡した。代わって越前を治めたのが、信長の筆頭家老である柴田勝家である。

(注2) 現時点で阿波賀についての広域的な発掘調査はされておらず、山裾の西山光照寺のみが発掘されただけである。町場の実態は考古学的には不明な部分が多い。

(注3) 小野正敏『戦国城下町の考古学』講談社、一九九七年、遺構の分布や「真珠庵文書」の記事から著者が推論している。

(注4) 阿波賀の地に立った後、私たちは発掘が進み、一部再現された建物も見られる一乗谷に入った。このコンパクトに構成された中世城下町の都市空間は、実に魅力的だった。ただ、ここでは「舟運」という視点から、阿波賀に着目するに止めている。一乗谷の城下町に関しては、小野、前掲書が詳しい。

(注5) 中世の港で発展した問丸は、最初荘園物資の輸送から倉庫保管および販売の業務を担当していた。その後、鎌倉時代末期には庄園領主との隷属関係を断ち、仲介輸送業者として独立し、中には為替業や宿屋業を営むものもでてきた。こうした問丸を媒介として遠隔地商業が展開していった。

(注6) 高橋恒夫『最上川水運の大石田河岸の集落と職人』山形県大石田町、一九九五年、p.13

(注7) 同上、p.47~51

瀬戸内海の港町

中世以前から物資を運ぶ船の重要な航路として発展した瀬戸内海には、長い歴史をもつ港町が数多く点在している(1)。「舟運を通して都市の水の文化を探る」というテーマで調査・研究を行ってきている私たちは、できる限り船を使って海や川から都市に近づきたいと常々考えていた。しかし、日本ではなかなかその願いがかなわないでいた。

船で港町を思う存分巡る試みがやっとかなったのは、調査をはじめて丸二年が経過したこの瀬戸内海である。以前にも、尾道や鞆など瀬戸内海の港町を何度か陸側から訪れていたが、各々の町を読み解く私たちの側にどうしても陸からの視点が抜け切らないもどかしさがあった。本来陸の視点でつくられていない港町を陸側から調査していくと、古い町並みとそれらを形づくる道の構造に主眼を置いてしまう。より重要な港と町の関係を深く理解することができず、港町の都市像もぼやけてしまっていた。そこで、今回は徹底的に海側から港町へアプローチしたのである。

瀬戸内海にある港町の多くは、現在でも鉄道や車を使って、陸から行きにくい。それは、舟運を主な交通手段として発展した町が海からの論理でつくられているからだ。その陸の論理である鉄道や車からのアプローチを、私たちが訪れた港町は今日までなかなか寄せつけなかった。この調査では、近代の陸の論理一辺倒で押し流されてきた日本の都市を、水側からの視点で試み直し、日本の都市が本来備えていたはずの水陸両性的な都市像を舟運という切り口で描きだすことにした。

私たちの船で巡る瀬戸内海の調査は尾道から始まり、庵治《あじ》で終わっているが、ここでは旅の終わりの庵治から話を進めたい。

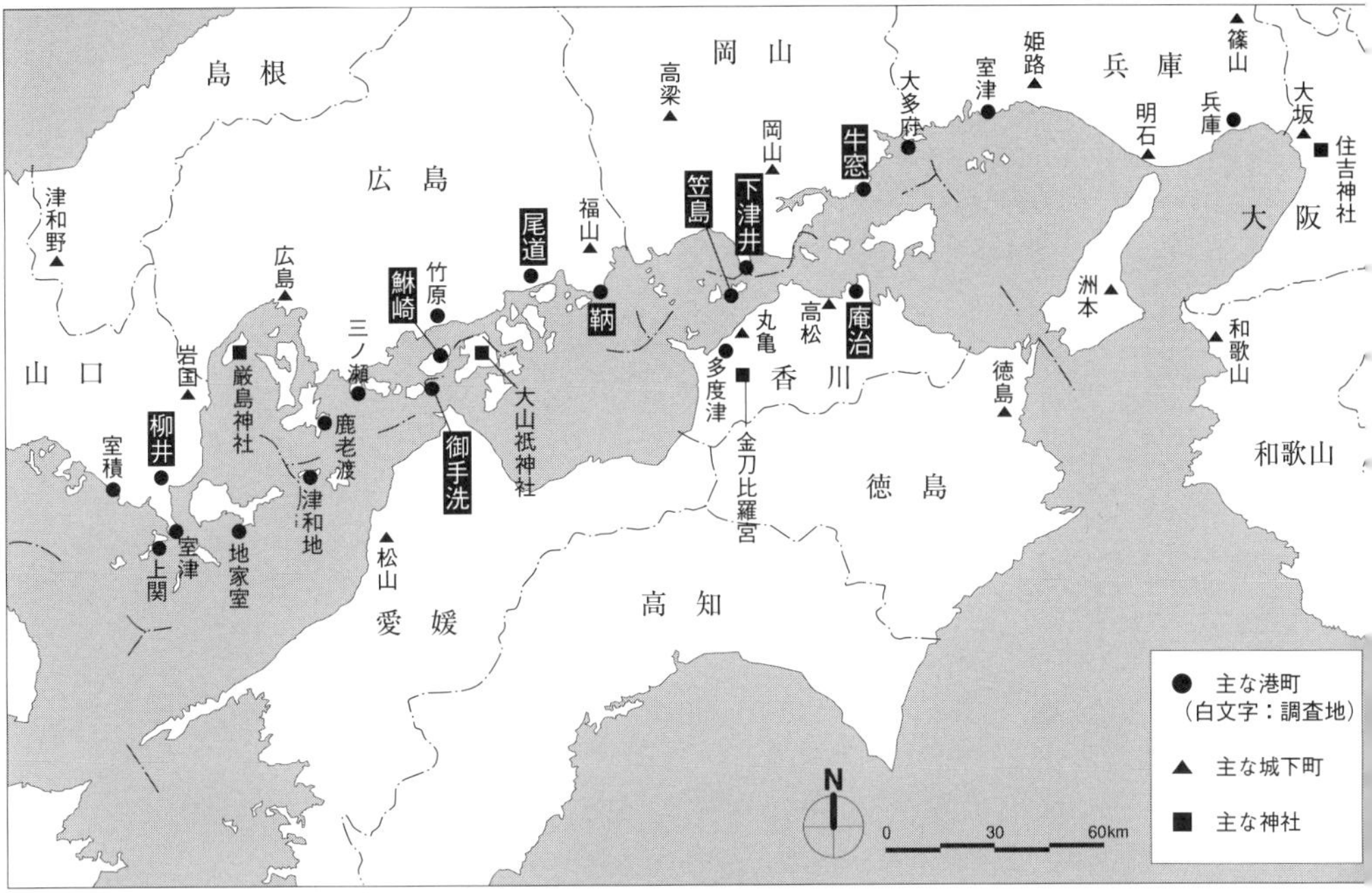

1　調査で巡った瀬戸内海の港町

瀬戸内海の港町

庵《あ》治《じ》

忘れ去られた港町

旅にはハプニングがつきもので、庵治の調査のために借りたレンタカーがパンクしてしまった。瀬戸内海の調査の話をこの場面から始めることにする。その場所には、私たちの舟運と都市の調査にとって、実に興味深い絵馬のある妙見宮が建っていた。

舟運と深くかかわりをもって成立してきた港町には、千石船を描いた絵馬が神社に奉納されており、その絵馬を見ることもこの調査における楽しみの一つとなっている。庵治町では、日本で唯一と町の人が自慢する「北斗七星を帆に描いた北前船の絵馬」が妙見宮に奉納されている。この調査旅行の最後に、舟運に生きた勇壮な証しを見ることができたのは、何よりすばらしい贈り物だっ

3　船絵馬が奉納されている妙見宮

2　帆に北斗七星が染め抜かれた船絵馬

た。庵治にある神社は、すべてが町のほぼ中央に位置する桜八幡神社の摂社、末社として祀られており、その一つが妙見神社である。私たちは、パンクと引換えに、北斗七星を帆に描き、日本中を駆け巡った船乗りたちの活躍する時代を想起させる絵馬に出会ったことになる（2、3）。

庵治町は港町としての歴史は極めて古い。全国にその名が知られる村上水軍、塩飽《しわく》水軍と一線をかくしながら、船を駆使して強大な勢力を瀬戸内海に張っていたと思われる。

庵治では都市や建築の分野での歴史的調査・研究がほとんど行われていない。私たちも事前調査で瀬戸内海のどの町を調査するか検討してきたが、庵治町は対象に上らなかった。これは偶然なのであるが、私たちが利用した船の乗組員の一人が高松の出身で、その周辺の港町について色々と話を聞くことができたのである。現在では高松より西側に延びる海岸線は工業地帯となっており、かつての港町の面影は残っていない。それに対し、東側はまだそれほど開発の手が及んでおらず、ひなびた漁村の風景が見られるということだった。船中で幾つかの港町を挙げてもらい、地図上で検討を重ねた結果、庵治の町を調査対象にすることになったというわけである。

町役場での貴重なレクチャー

庵治町は高松の市街から車で東北へ三〇分程度走った所にある（4）。何の情報もない私たちは、とりあえず町役場を訪ね、庵治の港町の歴史に関する資料や地図の有無を聞いてみることにした。庵治の港町の歴史を知りたいという突然の訪問であったが、役場の方も快く対応してくれ、歴史に詳しい職員の阿野泰雄さんに一時間ほどレクチャーをしてもらえることになった。

阿野さんは舟運で栄えた時代からの町の有力者と血縁関係にある方でもあり、町の成り立ち、港町として繁栄してきた様子をわかりやすく丁寧に話してくれた。「北斗七星を描いた絵馬」の話もこの時に出たのである。

絵馬と同様に私たちを喜ばせたのは、海を使った壮大な祭りが庵治にあるという情報だった。港の北西側には、まるで広島の宮島にある厳島神社を空中に浮かし、山の頂きにもっていったかに思える皇子《こうし》神社がある。その神社から運びだされた神輿が、参道を抜けた後、海岸から船に乗せられ、海上を渡御する。かがり火を焚いた多くの船がこの祭りに参加し、幻想的な絵巻を勇壮に繰り広げるというのである。

この海にまつわる祭りの話を聞いてから、俄然庵治に何かあるという直感が私たちの間に芽生えていった。弘法大師の時代の庵治は、海から奥深く入った場所に溜め池をつくり、農業を営んでいた。海とのかかわりが何時の時代から起こったのかは定かではない。はじめは海辺近くに臨時の小屋を建てて漁業や舟運の業に従事していたという。庵治が舟運関係で一躍脚光を浴びるのが、豊臣秀吉の朝鮮外征に、この町のほとんどの漁民が参加し

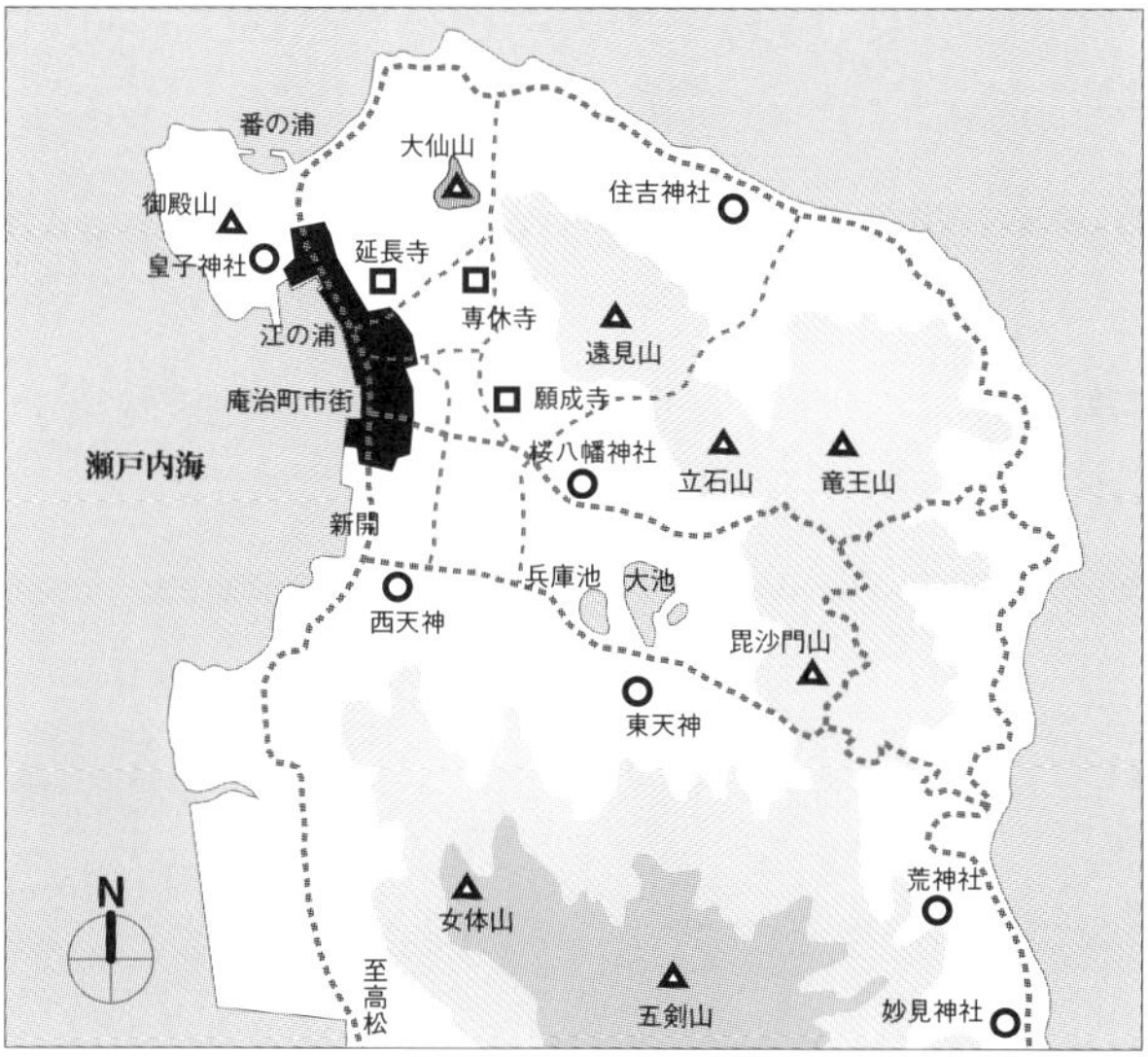

4　庵治町全体図

5　庵治の都市構成図

た時からである。その労をねぎらうための税金の免除とともに、船を扱う特権を受けている。同時に、豊臣秀吉の朝鮮外征で、沿岸を行く地乗り航路として、瀬戸内海の海上交通は中世に比べ著しく整備されることになる。こうした状況の変化は、庵治を港町として栄えさせていく。

船を扱う業務だけでは、港町としての繁栄はない。舟運に関する様々な地理的、環境的な有利さが港町には必要だからである。現在の住宅地図帳を見ると川のような、掘割のような二筋の川の流れがいかにも人工的に見える。阿野さんに聞いてみると、これは塩田の跡だという。阿野さんの話だけで、まだ現地を一度も見ていないというのに、少しずつ瀬戸内海の港町・庵治の骨格が浮かび上ってくるのは不思議だった。これらの川は塩入川といって、海水を内部に取り入れ、塩を採るためにつくられた。庵治の入浜式の塩田は香川県で最も古いという。この塩田の技術は徳島県の同名の土地から入ってきたもので、塩田のある場所も才田という地名なのだと説明してくれた。現在も、塩の神様である塩竈神社が、塩田跡と海とに挟まれた微高地にあり、その脇には江戸時代に財をなした旧家・木村家があるという。他にも海から少し入った潮風が直接当たらない場所に旧家が点在し、現在でもその面影を残しているとのことだった(5)。このような話を聞くにつれ、一刻も早く港町に出て、阿野さんが示してくれた重要なポイントを歩きたくなってきた。役場に来た一時間前とは、明らかに、私たちの気持ちは変っていた。

祭と海と神社の神話空間

阿野泰雄さんの話を聞き終え、庵治の旧市街へと向かった。庵治の港に近づくと、港町ではよく見かけるパターンだが、旧市街と港を分断するように都市計画道路が海岸線に沿ってつくられていた。近世に都市の骨格をかたちづくった道は、海岸線から一歩入った所にあり、それに沿って建物が細かく建ち並んでいる。これらの場所は土地の所有権の複雑な問題があるのに対し、制約の少ない海岸側には地先にさらに土地を増やせるメリットも加わって、安易に都市計画道路が通されてしまうのである。その結果として、港町では内部の都市構造や町並みは比較的よく残ってきたのに対し、近世の港の構造が特に高度成長期以降ことごとく失われている。こうした戦後の開発が近世以前につくりあげた港と町の関係性を崩してしまった。そして、近世の活気に満ちた港町の都市構造を海からの視点で解明する研究もあまりなされてこなかったのである。私たちはこうした現状の中で、大胆な仮説と推論も加えながら、港と町の関係性を明らかにし、港町の本来的な場所の意味を引き出していこうとしている。庵治町の都市軸を形づくった道を通ると、江戸時代以前の町の構造がよく残されていることに驚き、さっそくこの庵治の港町を調査することに決めた(6)。

6　町家が並ぶ都市軸となる道

7　港から望む山を背景にした皇子神社

8　皇子神社の鳥居

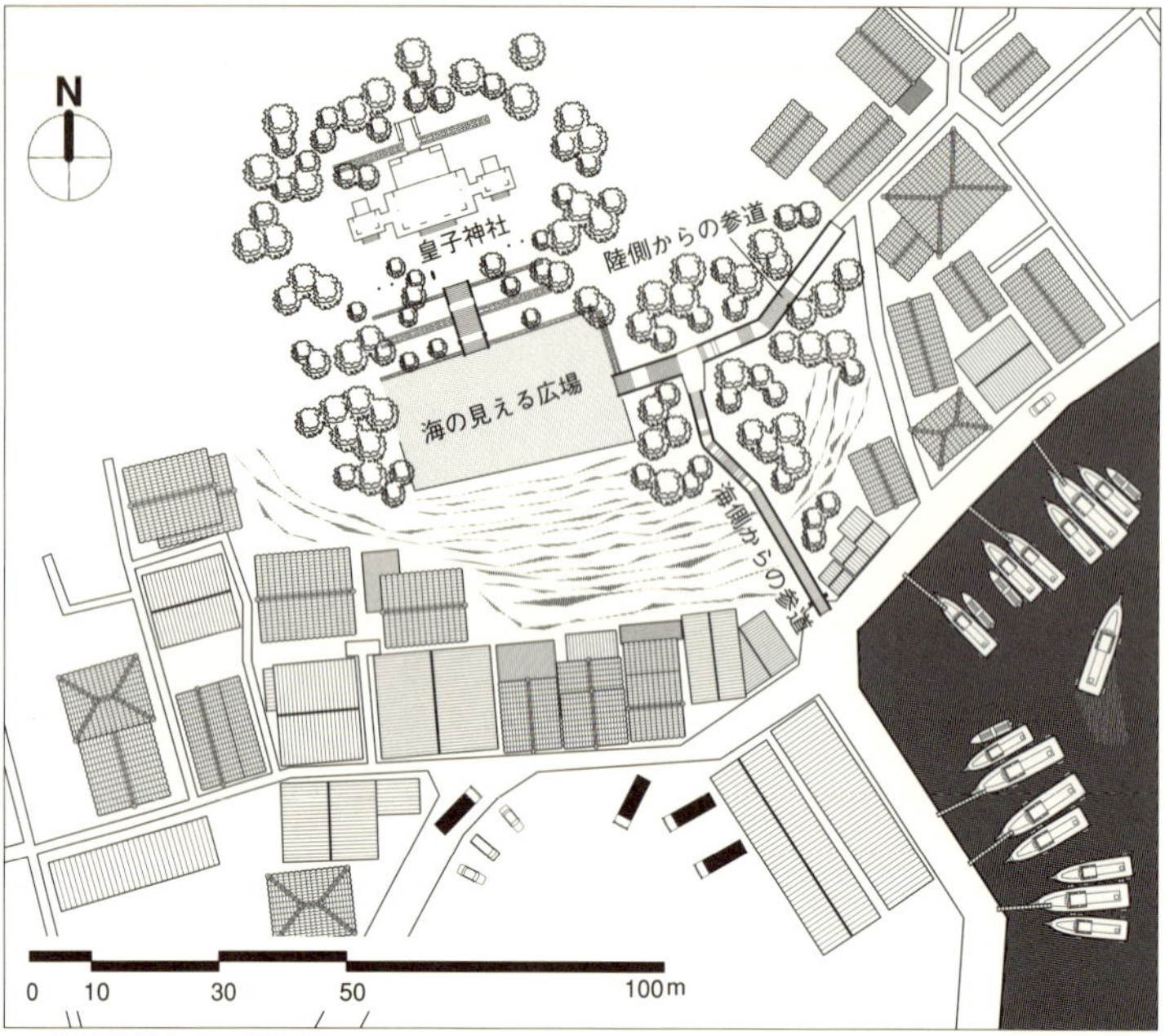

9 皇子神社とその周辺図

町並みを調べる前に、阿野さんの話に出てきた皇子神社にまず登ってみることにした。庵治町の外れに、海に迫り出すような小山があり、港からもよく見えるその中腹に皇子神社が建っている（7）。港町では小高い丘や山を潮見、風見をする場所として、日和山と名付ける場合がよくある。私たちがこの研究で訪れた新潟や酒田、石巻には日和山があった。しかし、港町であれば、日和山という名前がなくとも、港と海が一望できる場所が必ず一ケ所はあるもので、港町成立の条件の一つともなる。庵治ではその場所が皇子神社であろう。

町史によると、江の浦の海浜に鎮座していたものを、松平頼重（一六二二～九五）（注1）が当地を訪れた元和元年（一六八一）に現在の場所に移したという。それは河村瑞軒により西回り航路が整備され、瀬戸内海が近世舟運としての新たな重要性をおびはじめていた時期と符合する。近世の港町にかなう港や都市の整備がこの庵治でもおこなわれたのだろうか。

私たちは、七月下旬の炎天下、何十段もある急な参道の階段を昇っていった（8）。日本の神社には道行きの空間演出に優れたものが多い。四国の金刀比羅神社では、参道の閉ざされた空間から、上り詰めた時に一挙に讃岐平野を一望できるダイナミックな空間体験ができる。この皇子神社でもかつてはハレとケをつくりだす強烈な空間演出がなされていたようだ（9）。現在では、神社に向かって斜め右手より海側からの階段が伸びている。私たちが登ってきた参道である。この参道が途中でもう一本の道とぶつかる。以前は脇の集落から、やや閉ざされた空間を通り抜けて、一挙に展望が開ける場所へと躍り出るドラマが用意されていたことが想像される。参道を登り終わると、神社の置かれた場所からの眺めは絶景で、海を隔てた対岸には庵治の南に位置する象徴的な女体山を拝むことができる。

11　皇子神社から女体山を望む

10　開放的な空間をつくりだしている皇子神社の拝殿

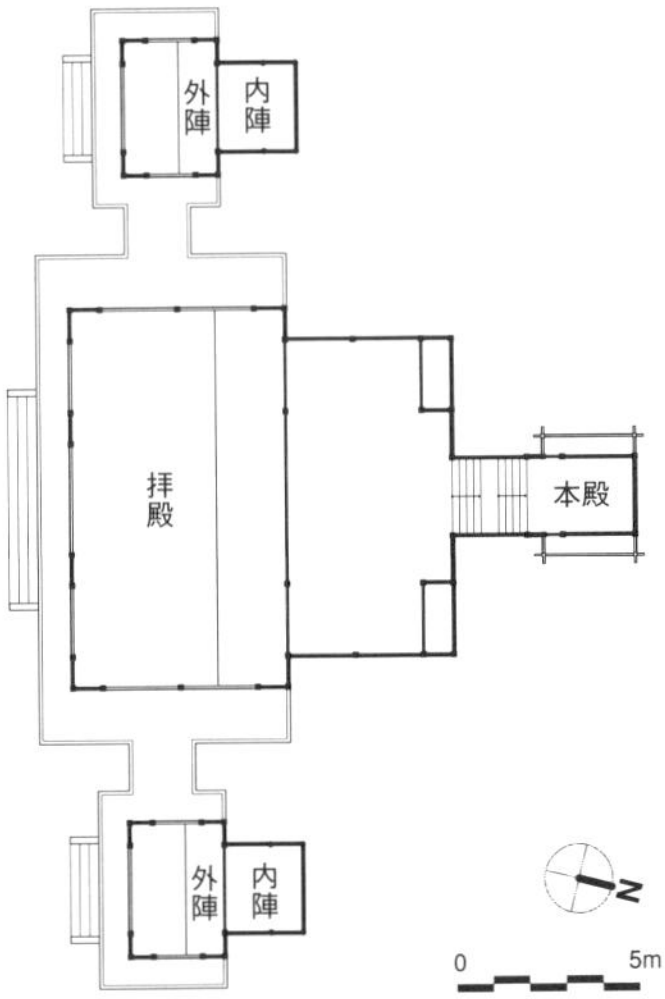

12　皇子神社の平面図

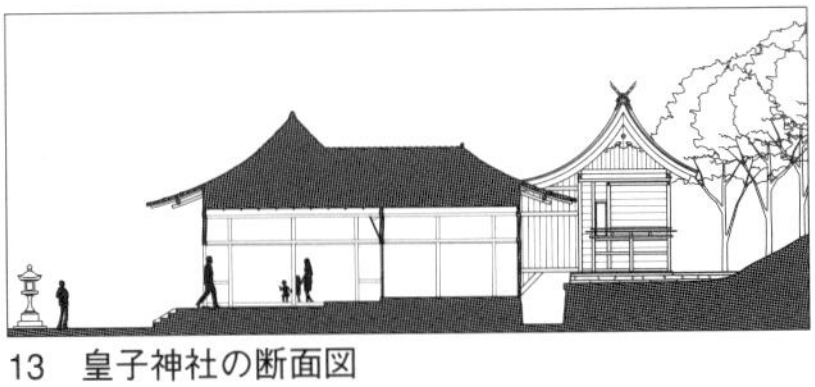
13　皇子神社の断面図

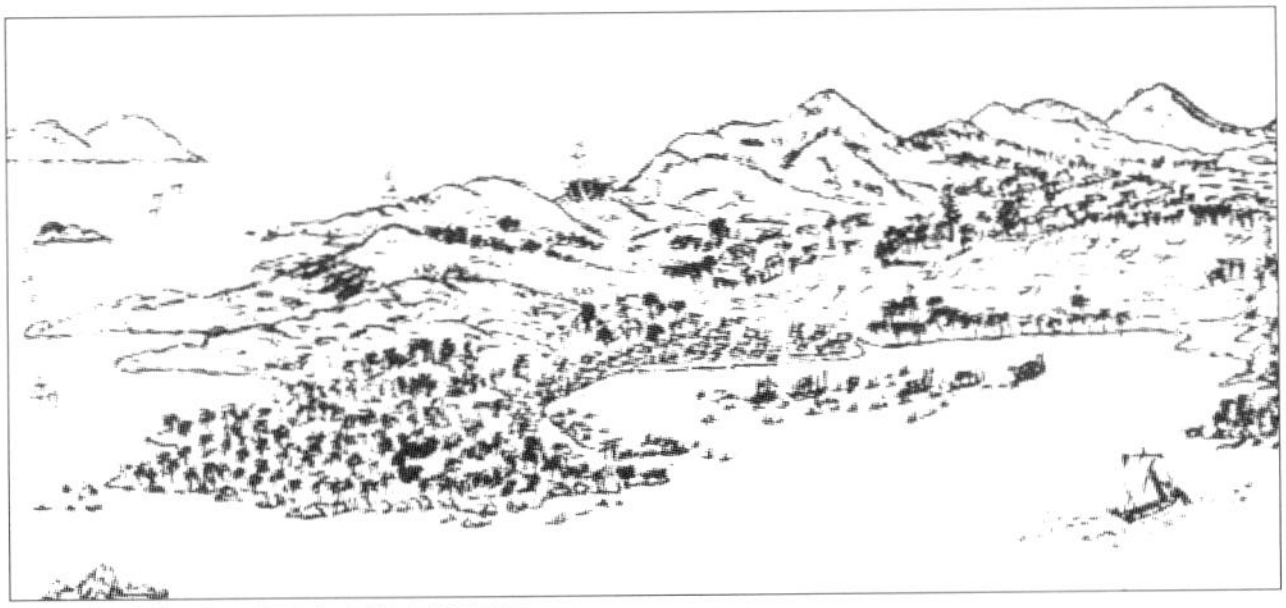
14　船渡御する江戸時代の祭風景

皇子神社の建物は、全体が見事なシンメトリーの構成を示す(12、13)。皇子神社の社殿を中心に向かって右に金刀比羅神社、左に長田神社を配置している。社殿の建築が極めて開放的につくられていることも驚きだ(10)。まるで能舞台のように開放された場所に佇むと、瀬戸内の海と女体山の風景がまるで絵画を見るように切り取られて目に飛び込んでくる(11)。柳井の誓光寺、鞆の福善寺の対潮楼からの眺めに引けを取らない勇壮な風景演出の醍醐味を味わうことができる。

この皇子神社の建物の奥に、神輿が納められている。庵治町史は名勝図絵の一文を抜粋して、「陰暦六月十五日日没より神幸祭あり、神輿は皇子山より江の浦海岸に至り、さらに船にて対岸の新開の浜に行幸する。海上には数百の拝観船あり荘厳を際む。深更に還御されるを例とす。」と、当時繰り広げられていた皇子神社の祭りの勇壮さを伝えている(14)。このように、庵治は海を称える神幸祭りで盛大に盛り上がる。そのクライマックスは神が海を渡るシーンである。三艘の船を並べ、その上に櫓を組み、奉納獅子、段尻、神輿をのせて長い船団を整える。皇子神社から降り立った神を乗せた船が海上を滑るように漕ぎ出す風景は、全国でも珍しい風物詩である。庵治の海洋文化を中世から連綿と描き続け、「生きた伝統」を現在の私たちに伝えてくれる。毎年この夜には多くの拝観船が庵治の浦に浮かび、水面には船からの灯が映し出され、夏の夜を美しく彩る。この幻想的な夜が庵治の夏の祭礼なのだ。

中世を探る

皇子神社の神輿が行幸した江の浦に広がる港町・庵治、その都市構造をより詳しく探るために、再び下界へと下り、町の中を徘徊することにした。

庵治町も、中世・近世を生きぬいてきた港町の一つの特色を見せる。それは、山を背景にして町並みが形成されるなかで、海からの潮風が直接当たらない少し内陸に入った所に古い集落が形成されていることである。舟運で活躍した町の有力者も海岸から少し入ったこの微高地に居を構えている。

港町の都市骨格を形成し始めていた中世の庵治では、寺を中心として周辺に、それもイレギュラーな形の道に沿って町並みが形成されていったものと考えられる。今日その状況をよく示しているのが延長寺周辺である(15)。その寺の前面には、一部だけに掘割が残っている。かつては四周を立派な濠が巡り、城と見まがう要塞であったようにも見える。延長寺が文献に登場するのは住職・浄明が天台から真言に改宗した永禄年間（一五五八〜七〇）からである。それ以前どのような寺の歴史があったのかは定かでないが、延長寺には天台宗時代の弁財天が祀られている。

　庵治町史によると、真言宗は阿弥陀様だけを祀ることを旨としていたので、弁財天を内陸にある王子権現の境内に移したところ、弁財天様が浜に帰りたいと泣いたという逸話が残っている。浜の人のたっての願いで、真言宗の延長寺に後世の安楽を願う阿弥陀様と同時に、現世の利益を祈る弁財天を祀るようになったとされる。弁財天は、川や海の神様、そして船の神様でもあり、港町独特の風土性がこうした逸話からうかがえる。港町では、寺が丘陵部の比較的高い場所に位置することが多い。延長寺は中世の町並みに溶け込んで平坦な微高地に建っており、権威と同時に中世的な共同体の一部として存在し続けてきた姿が感じ取れる。

15　延長寺前の古道

16　南面に正門をつくるために引かれた路地

　先の弁財天の逸話からも、庵治の海との強い結びつき、舟運へのこだわりがありありと伝わってくる。寺の周辺の道は極めて不規則に曲がっている。しかも車一台が通れるかどうかの細い道で構成され、ある種の迷宮性を感じる。それらの道と道が交叉する重要な場所には共同の井戸が掘られている。近世以前、町に点在する井戸は生活のための井戸である以上に、舟運の生命線である水の供給に役立っていた。

　井戸からは、海岸へ向かう道が通されている。この重要な道ばかりでなく、集落から海に向かって何本もの道が通り抜けていることに気づく。このような道のつくられ方は、これまでの私たちの調査で明らかになったように、近世的な港町の形成以前の構造を示している。集落と港の関係が、海に向かって延びる道によって結ばれている事実は、庵治が中世からの港町であったことを現在に伝えている。

　近世になり、より大規模な物流が展開しはじめると、港町の構造は大きく変化する。三国や大石田で見てきたように、海岸線に沿って、軸になる道が整備されるのである。中世にも海岸線に沿って延びる道を持った港町のケースがあろうが、中世の重要な軸は、あくまで海岸線にほぼ直角に延びる集落から海に結ばれる道であった。

中世から近世に展開した港町の変容を読む

舟運を基軸として港町が繁栄する近世の段階で、庵治には海岸線沿いに整備された一本の道の両側に町並みがつくられる。海側には主に蔵や舟運に関連する施設が建ち並ぶ。海からの風雨を直接受けない内に入ったこの道の両側には商いをする店が建物の正面を向け、町の構造をつくりだす。庵治では、近世につくられた都市空間が、中世の町並みより海側に近い側に広がっている。古い中世部分は近世に入っても良好な居住環境を保ち続け、中世と近世が共存するかたちで港町・庵治は発展するのである。

近世に登場した港町では、内部の海岸線に平行な道に沿って、個々の町家の入口もとられる。しかし、近世初期の有力な商家は、地理的条件にとらわれず南側に正門をもっていく傾向が強い。ここ庵治でも、近世の主要道沿いに立地する奴賀《ぬが》家（注2）は主要道路から路地を一本引き入れ、それに面してアプローチのための正門をつくっている(16)。そのために、両面に商家が続く主要な道沿いに、ここだけ延々と土塀が続くことになる。このような建物配置は「農家型」とでもいえばよいのか、近世に整備された海岸に平行な道には顔を向けずに建っている。舟運による物流経済が飛躍的に発展する近世中期以降、有力商家もメインの道路に開かれた「町家型」の建物を建てていくが、この「農家型」の商家は中世の町家から近世の町家に移行する過渡期的な町家の建築形態ではないかと考えられる。

港町成立の条件として、良質な水と船の燃料である薪を身近で賄えることがあげられるが、瀬戸内海では特に塩が取れることも条件の一つに加えられよう。柳井《やない》や牛窓《うしまど》などの港町と共に、庵治でも塩田が盛んにつくられていたことは、役場での阿野さんの話にでてきていた。自然の入浜を利用し、塩田が近世の早い時期に成立していたことも見のがせない。海水の干満の激しさは、長い歳月をかけて微高地をも生み、人々の手が加えられ、一方で塩田をつくりだす。塩田跡を訪れた私たちも気付いたのだが、海側から山側に向かって、かつての入浜だった場所を歩いて行くと、次第に土地が低くなっていくことがよくわかる。この微妙な下り坂の途中に、塩竈神社

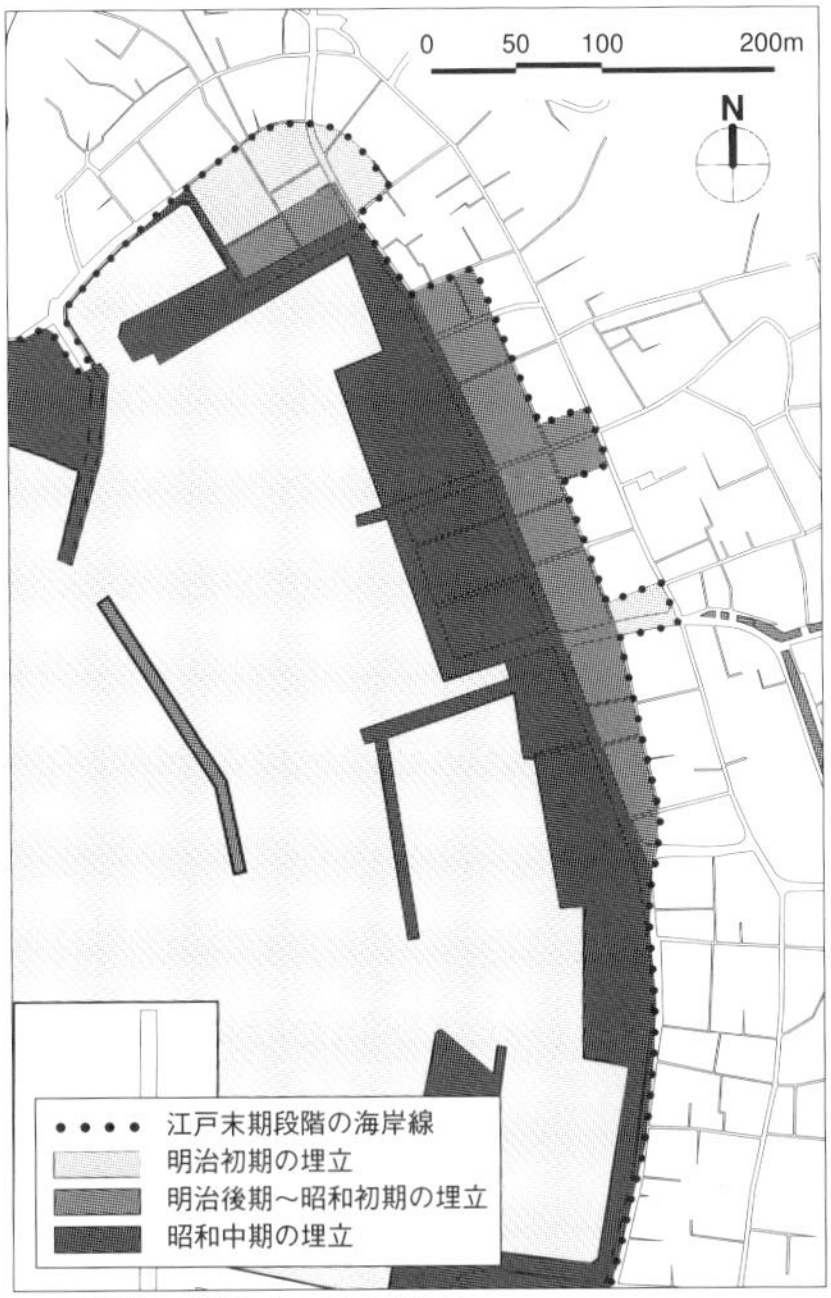

17　庵治の埋め立ての変遷図

18　大正頃海岸線沿いに建てられた蔵

19　海に面して建つ江戸時代の蔵を転用した商店

があった。塩田を生業としていた人たちが奉祀した神社である。その隣の塀をめぐらせた敷地は、木村家の屋敷である。塩田跡の先は、水田が広がり、斜面の緑地を背に長屋門のある旧家が点在していた。

塩田の跡周辺を見た後、私たちは再び海の方に戻ることにした。少しでも近世の港の構造が残る場所を確認しておきたかったからである。庵治の海岸線には江戸時代の面影はもうないようだ。明治期以降埋め立てが進み、道路や漁港の施設が埋立地の上に次々に建てられてしまったからである(17)。だが、それでもよく見ると、海岸沿いの道路に面して、比較的古い蔵造りの建物が建っている。新たな埋め立てがあるまで、海に面して建てられていた大正の頃の建物であった(18)。大正期には、港町に出入りする船はまだ多く、蔵も海に向かって連なるように建っていたと思われる。

港町は、繁栄とともに、都市拡大の一つの方法として海を埋め立ててきた。そのこともあって、現在の海岸線沿いには、どの港町にも古い遺構が見当たらない。庵治では、かつて海に直接面していた江戸時代の建物に出会うことができないでいた。ところが、そろそろこの町を引き上げようとしていたまさにその時、最後のあがきとも見える陣内さんの二枚腰で、大正の蔵がある場所から皇子神社の方へ進んだ所に、江戸時代に建てられたという古い建物を発見できた(19)。現在は、パン屋となっている。そこの主人は、かつてこの建物は海に面し、船が直接接岸し、荷揚げをしていた、と話してくれた。用途は時代と共に変わってしまったが、建物は江戸時代のままだということだ。舟運が活発だった江戸時代の港町・庵治が、船から直接荷を蔵や商家に運び込む港の構造を持っていたことを確認でき、充実した気分で帰路に着くことができた。

　実際にはここで一連の港町の調査を終え、暑い陽射しにぐったりし、だが一方で満足感を噛み締めながら帰路につくのだが、本稿はここから本格的な瀬戸内海の港町調査のはじまりへと導くことになる(21)。

瀬戸内海の港町
尾道

坂の町に潜む中世港町の都市構造

庵治では、中世の構造と、それに張り付くように成立した近世の港町の構造を知ることができた。この中世の都市構造がよりダイナミックに近世以降の都市発展の基盤となった港町が尾道であろう。庵治同様、尾道でも都市や建築の分野からの具体的な調査研究があまりなされていないのが現状だ。そのなかで、尾道に根をおろし、一般に知られていない中世の尾道の痕跡を地道に歩きながら調査研究している郷土史家の杉田裕一さんに、案内して頂く機会を得た(20)。

20　尾道の漁村集落で杉田さんに話を聞く

　尾道は、近世以降海岸線を順次埋め立て、港の構造を常に変化させ、今日に至っている。従って、現在の水際を徘徊しても、近世や中世における尾道の港の構造を理

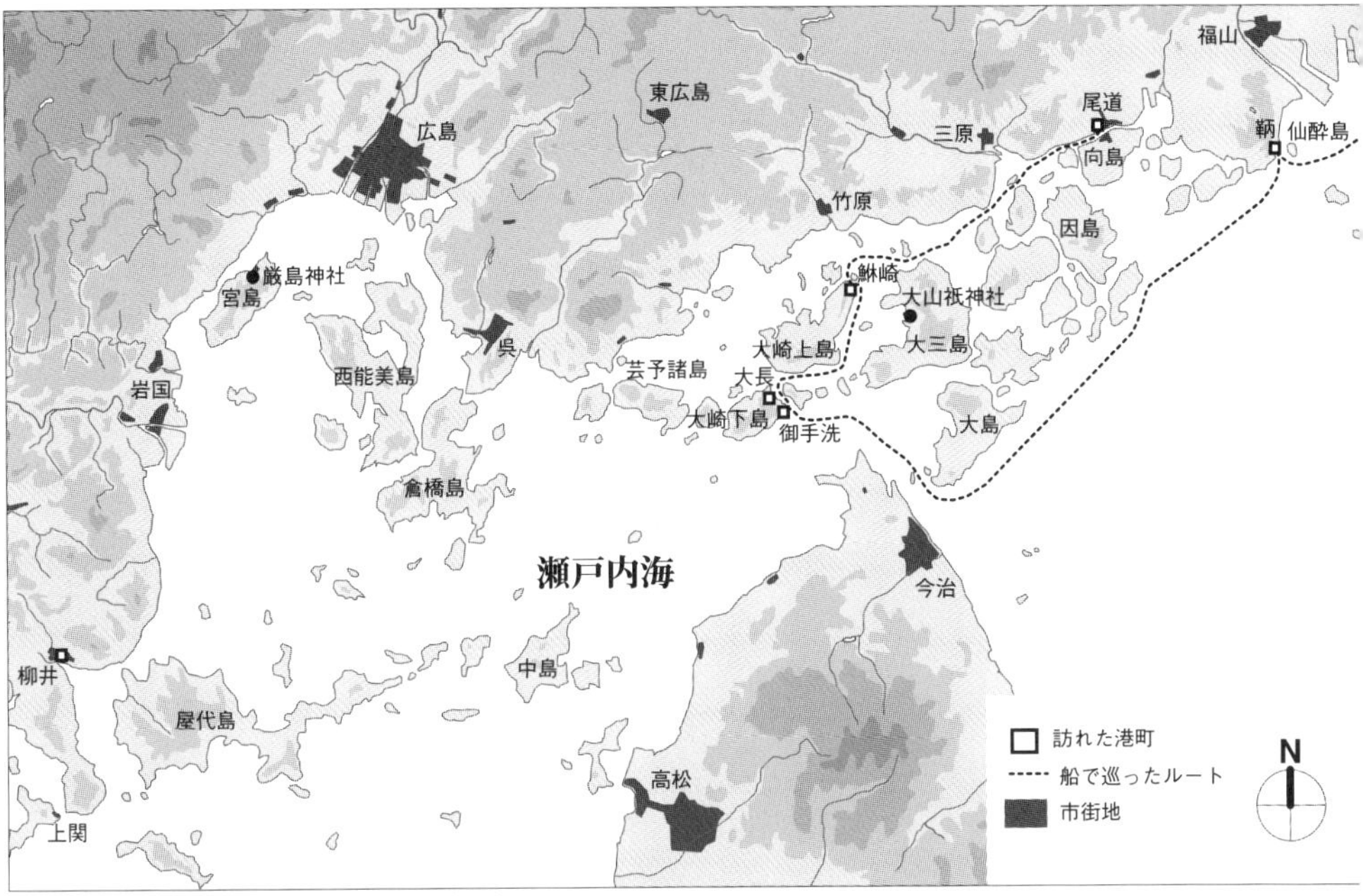

21 調査で巡ったルート（1）（P.339へ続く）

22 寺と海を結ぶ参道

解することは難しい。むしろ、建物で覆いつくされた市街地のなかに、近世や中世の遺構が潜んでいるからだ。それらを丹念に訪ね歩くことで、おぼろげに中世から近世にかけて築かれた都市の骨格を空間的に把握することができる。

中世と近世では都市の骨格となる道のつけられ方にも大きな違いがある。そのことは、庵治でも述べた。杉田さんは、尾道の中世の都市構造を理解する上で、主要な寺院から各々海へ延びる道が重要だと指摘する(22)。

中世に成立していた他の港町に、尾道のように明確に何本もの軸線が通されている例はあまりない。それほど尾道は中世においても寺院の力が極めて強かった。同時に寺院と関係して舟運に携わる多くの人口をこの港町は抱えていた。古くから有数の貿易港であったことからしても、当時としては大規模な都市が中世に成立していたことは確かであり、それを物語ってくれる遺跡や遺構が少しずつ尾道では掘り起こされつつある(23)。

また、尾道の背後には良質の銀を産出する銀山があった。採掘された銀は銀山街道と呼ばれる道を通り、尾道の港から積出されていた。銀山街道は中世の重要な都市軸であり、その両側には古い町並みが今でも残っている。その道が谷間を抜けて海の方に行くと、そこが当時入江になっており、中世の港として賑わっていたと考えられる。それは、発掘作業で銀山街道からかつての入江にかけて、密度の高い中世遺跡が見つかっていることからもうなずける。

今一つ杉田さんが尾道の特性としてあげたのが、近世に至るまで尾道では武士に占有された歴史がなかったということだ。このことは重要で、中世の重要な港町の多くが、近世に城が築かれ、一時的とはいえ城下町としての再配置・再整備を余儀なくされ、純粋な港町としての構造を変容させているからだ。それに対して尾道は武士の介入が少なくとも近世の初期段階までなかった。その良い例が安永期（一七七二〜八〇）の絵図に描かれている奉行所の位置である。武士の公的施設を海岸沿いの、いかにも中心部から離れた場所につくらざるを得なかった様子がよくわかる(24)。ある意味では、城下町のもつ求心性がまったくうかがえないのが尾道であり、捕らえ所のない都市に映りがちなのもそこに理由があるのかもしれない。

港の構造

私たちは、尾道の都市構造を理解するための幾つかのポイントを頭に入れ、実際の尾道の町を歩くことにした(25)。尾道の駅前は再開発が行なわれ、複合ビルが建ち並んでいた。駅前からはデッキが通され、海に面するホテルまで続いている。杉田さんの案内で、中世・近世の遺構を訪ね、尾道の都市構造をひも解いていく小さな旅はこのデッキの上から始まった。

再開発でつくられたデッキに立って旧市街を眺めると、尾道の地形と町の構成が手に取るようにわかる。山と丘陵に成立する寺社、その周辺に取り巻くように建てられている住宅、鉄道を挟んで低地部には商業空間としての市街地が密集している。それを更に右手に向きを少し変えると、港湾施設と尾道水道が目に入る。尾道水道を隔てた向いには、中世にはすでに塩田の荘園として成立していた向島がある(26)。

尾道の駅は、中世から近世にかけて形づくられた都市空間の西の外れに位置する。この駅あたりから東へ約一・九キロメートルの長さが、近世以前の尾道の範囲となる。そして、尾道の繁栄を支えた港湾施設は東から西

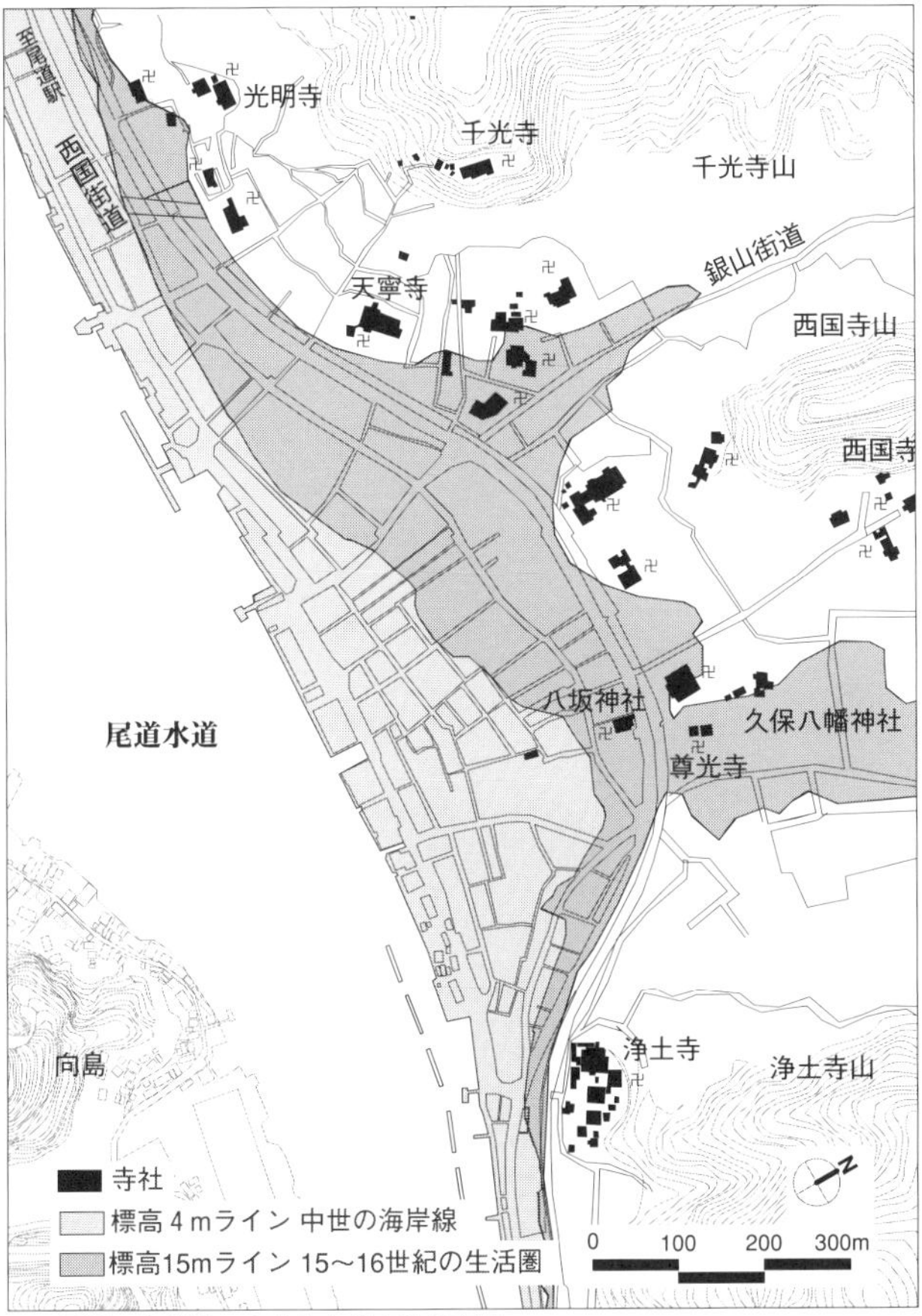

23 尾道の海岸線の変化と中世の生活空間

24 安永期の尾道

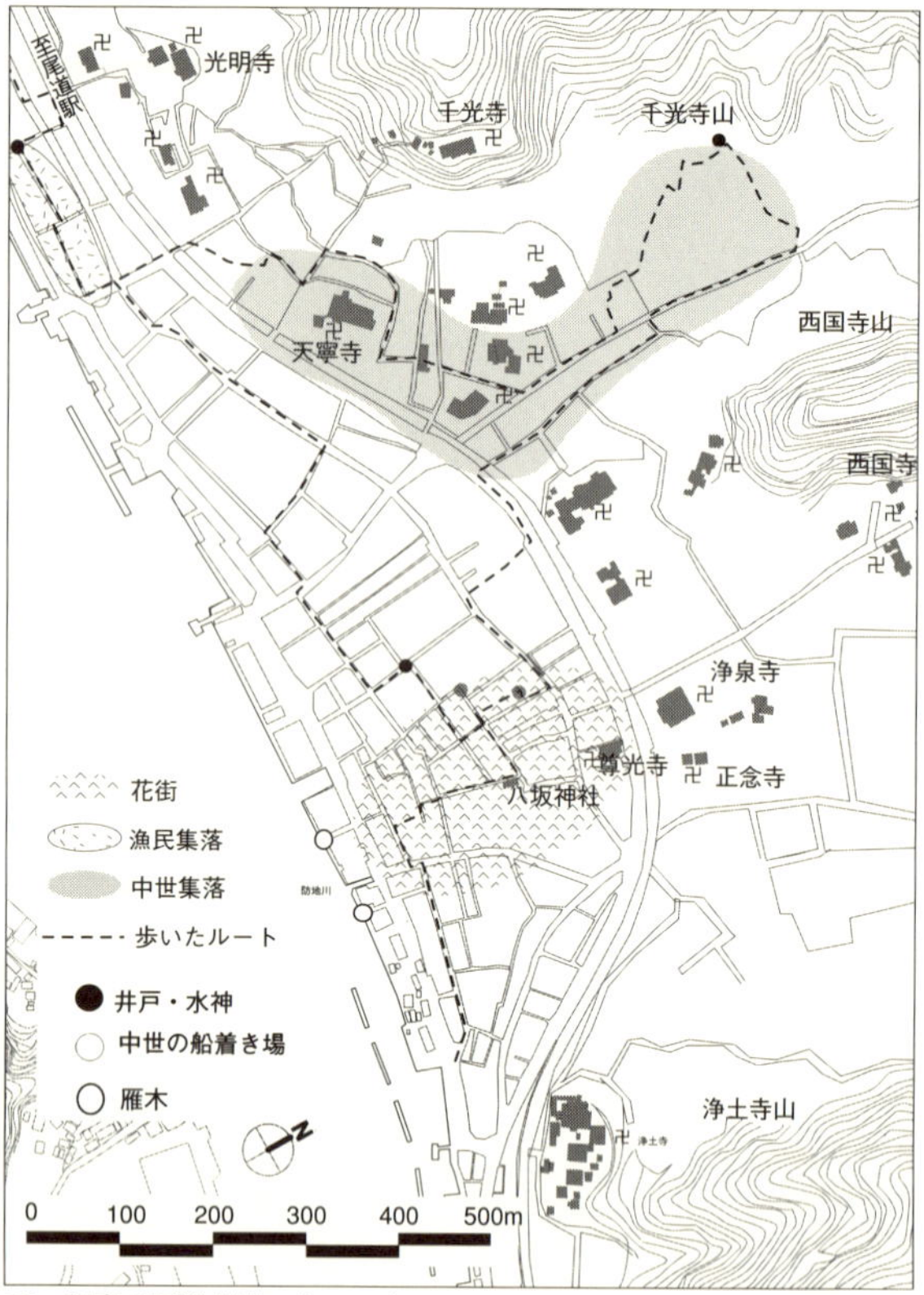

25　調査で尾道を巡ったルート

へ、八〇〇年の歳月をかけて、私たちが立つ再開発の場所まで移動してきた。幕末に描かれた絵図と現在の風景と見比べると、先ほどの奉行所の位置に当たるのが、光明寺の参道を下った、商店街に沿って銀行が建ち並ぶ一帯である。

水際から再び視線を丘陵部へ移すと、尾道の核を成す寺院のまわりを埋め尽くすように、平地に密集する町並みが競り上がっている。杉田さんの話では、中世の頃の海岸線と推定されるのは海抜四メートルの場所で、この等高線とその上の一五メートルの間に、濃密な中世都市・尾道の雰囲気を現在でも感じ取れる場所があるという。尾道は映画に数多く出てくる町としても有名で、多くの観光客が訪れる。そうした観光コースとは異なる、実に尾道らしい場所に、杉田さんが案内してくれた。それは日常の中に隠された中世とでも表現すればよいのだろうか。

近世港町の残像と漁民集落

中世の空間を探訪する前に、まず近世港町の残像に足を踏み入れることにしよう。現在の尾道は他の港町同様高度成長期に護岸が整備され、水際には古い遺構が極めて少ない。そのなかで、「寅さん」の映画にも使われた湾曲した雁木が一部残されている(27)。幕末の絵図を見てもこうした雁木は確認できないが、明治三四年に作成された尾道の地図には、大小九つの湾曲した雁木がはっきりと描かれている。その西端の一つが今も残されているのだ。潮の干満が激しい瀬戸内海だからこそ、近代に入っても港湾機能として優れた雁木が新たにつくられたのだろう㉘。

アーケードが架けられた尾道の中心的な商店街に足を踏み入れることにする。ここは、かつての西国街道（山陽道）である。そこを東に向かって進む

26　山に抱かれて海に開く尾道

27　近代に築かれた雁木

と、港と結びついた歴史の重みを感じさせる石畳がかつての街道から海の方に延びている㉙。この石畳の上を物資が運ばれ、船に積み込まれた。当時の活気が石に染み込んでいるようにも思える。尾道は市街の裏山に御影石が多く採れる石切場があり、非常に多くの石を駆使して都市空間をつくりあげることができた。そのことは、石工集団が中世から近世にかけて多く存在したことにもつながる。庵治もそうであったが、城下町のように政治権力を駆使して城や掘割をつくるのとは違って、港町では個々の経済力以外にほとんど頼れる術がない。近くに石の採掘場があることは、護岸や道、崖を補強する石垣など、都市の基本的な骨格をつくりあげる上で重要な意味を持つ。尾道も近世城下町に匹敵する都市基盤を中世から近世にかけて形成することができたのである。

商店街をさらに東に進むことにしよう。商店が続く町並みから、一歩海側に入った一帯に、現在も続く漁師町がある。観光客など入って来そうもない細い路地を巡ると、今も現役の共同井戸が周辺の建物に包まれるようにしてある。漁師にとって身近な場所に井戸があることは重要である。その思いが込められているように、そこには祠が祀ってあった㉚。

瀬戸内海の港町には、至る所に海の神々が祀られてい

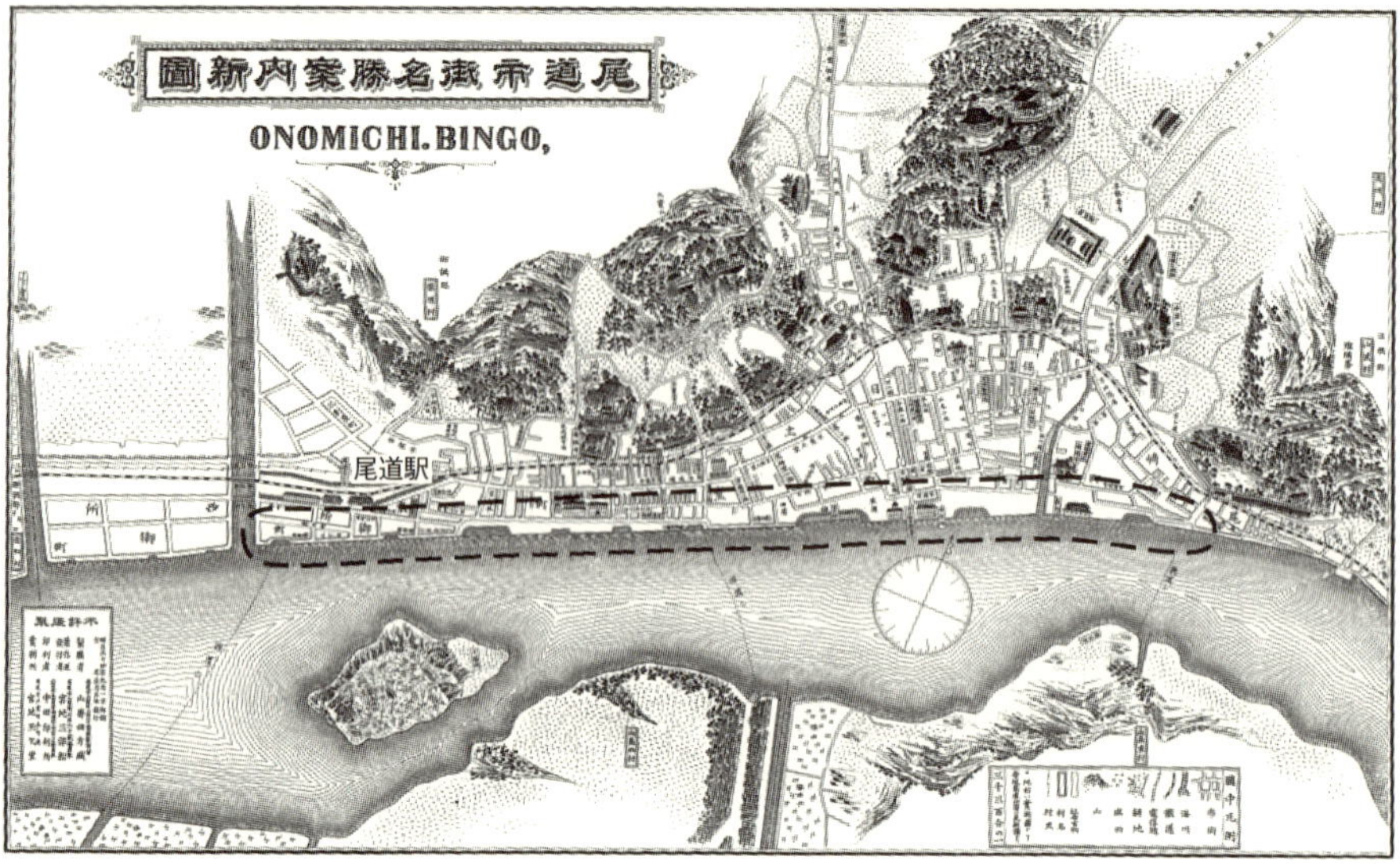

28　明治時代の雁木が描かれた市街地図（1901年）

る。宗像神《むなかたのかみ》（厳島神社）・住吉神（大坂住吉神社）・八幡神・大山祇神《おおやまずみのかみ》・綿津見神《わたつみのかみ》が港町では多く見られるが、特に瀬戸内海で海の航海安全を守る神として大切に祀られてきたのが、綿津見神であり、大山祇神である。海とともに生きる人たちは狭い空間に、海と係わる神々を大切に祀り、航海の安全を祈願しているのだ。ここは、尾道でも唯一残る土俗的な空間であり、なんと東西に二〇〇メートルにも渡ってこのような漁師町が形成されている。歴史的にも古く、平安時代末期から御所岳と呼ばれる海民の集落がこの土堂《つちどう》町に形成されており、魚介類を朝廷に収めていた歴史がある。現在の尾道ではあまり知られてはいないが、皇室と港町・尾道との関係を色濃く残す一例である。

丘陵に横たわる尾道の中世を歩く

持光寺、光明寺から海に延びる南北方向の軸線の道は古地図と現在の地図との重ね合わせることで、確認することができる。私たちはこの中世につくられた道にいよいよ足を踏み入れることにした。かつての西国街道だった商店街から、港町・尾道の後背に横たわる丘陵へ向かった。先にも述べたように、尾道では海抜四〜十五メートルの間に十五、十六世紀に形成された市街地が存在し、

30　漁師町の路地にある共同井戸

29　港から物資が運ばれていた石畳の道

31　傾斜地に建つ住宅

最も尾道らしい都市空間が現在でも見ることができるのである。

天寧寺へ向かう急な崖線につくられた階段を上っていくと、寺と住宅地が複雑に入り組んで成立している様子がわかる(34)。住宅沿いの道を歩いているかと思うと、突然、寺の庭の一角に出たりする。あるいは寺の敷地と思われる場所から宅地の裏にでてしまう。私たちは曖昧な敷地境界がつくりだすラビリンス的空間の中を通ることになる。

天寧寺の周辺では、中世から近世にかけて問丸や廻船などで活躍し、豪商となった人々の居住地がある。彼らは、高低差のある地形を巧みに利用して庭園や居住空間をつくりだしている。想像の域を出ないが、きっと居住空間の一部に尾道水道が一望できる部屋も設けられていて、商魂逞しく、出船入船や潮風の流れを時折見ていたのかも知れない。こうした迷宮性をもつ道に迷い込み、緑に包まれた敷地内のしゃれた住宅を見上げると、それらの建物はいかにも眺望が良さそうな場所に建っている(31)。

このような豪商の居住地を歩くと、外部から眺められる門などの細部に洗練されたデザインが施されている(32)。塀の内側には茶室も設けられていて、都市文化の香りをただよわせている。文化文政期、尾道の有力な商人たちは文人や芸術家のパトロンとなって、彼らを招き入れ交流を重ねていたという。そのことで、商人文化のレベルを高め、現在の私たちが見る都市環境をもつくりだした。港の方から見上げた山腹に、大正・昭和初期のものと思われる洒落た意匠の住宅を見かけた。明治以降も、近世尾道の文化レベルの高さが引力となって、この斜面地に文化人たちが好んで居住し続けたのである。

豪商たちが、山麓の中腹に居住地を占めたということは、他の港町とは違って、商いをする店や蔵は港の近くの平坦地に設けられて、いわゆる職住分離の関係がつくりだされていたことを意味する。寺から海へ真直ぐ延びる道は、尾道の都市軸を構成する晴れがましい場であっただけではなく、職と住の日常的な関係を結ぶ場としても機能していた。

尾道は東に進むにつれて、内陸へ平坦地が入り込む扇状地になっている。標高四〜十五メートルの中世から近世にかけて市街地が形成されたラインも、地形の変化に伴って北上していく。私たちは地形の変化に従って東北方向に進み、銀山街道に出ることにした。この街道沿いは、現在も古い町並みがよく残っていて驚かされる(33)。以前尾道を何度か歩いたが、ここまで足を延ばすことはなかっただけに、尾道の新たな世界が開けたような気がした。観光地化されていない尾道に、近世以前の都市風景が色濃く残されている。実はここから本当の尾道らしい尾道を知らされることになる。

銀山街道から西側に緩やかに上る道が幾筋もある。その一つを入って行くと、私たちは実に魅力的な都市空間に誘い込まれる。井戸を核に形成される空間構成は、中世の歴史の重みを感じ取るには充分だ(33)。ここでも職と住の空間が明確に分離されている。職の場としての海へ一挙に延びる銀山街道の軸的な空間構成と、住の場としての丘陵部に展開する迷宮的な空間構成の極めて対照的なコントラストを示す構成に、中世を基盤にした都市像を見るのである(35)。

中世尾道の埋もれた中心像

空を見上げると、茜色に染まっていた空がいつしか黒いベールに包まれようとしていた。杉田さんの知り合いが、漁師をしながら開いている居酒屋が今晩の夕食の場なのだが、なかなかそこにたどり着けない。次々に繰り広げられる尾道の都市空間の展開に、どうしても足が止まってしまうからだ。再び銀山街道に出て、少し左へクランクする道へ入る。この道筋が中世以来の銀山街道で、幅員は二間半（約四・五メートル）ほどである。現在は真直ぐ海へ拡福された都市計画道路が通されたため、脇道にそれる感じだが、古い町並みを注意深く見て歩いていると、自然にこの旧街道へ誘い込まれるから不思議である。クランクした道を少し行くと、天満宮の祭に出会った。日も暮れ提灯に火が入っている。揺らめく光に写し出される神輿や神主の後ろ姿、永遠に続くような幻想に引き込まれる天満宮の参道、淡い光に消えもせずに表情を保つ古い町並み、現代人が忘れかけている都市文化の厚味が感じられる(36)。

もうすでに日は沈み、闇が迫っていた。私たちは銀山

32　丘陵にある商人の邸宅の土塀

33　地区の核である井戸

34　千光寺から見た中世からの生活空間

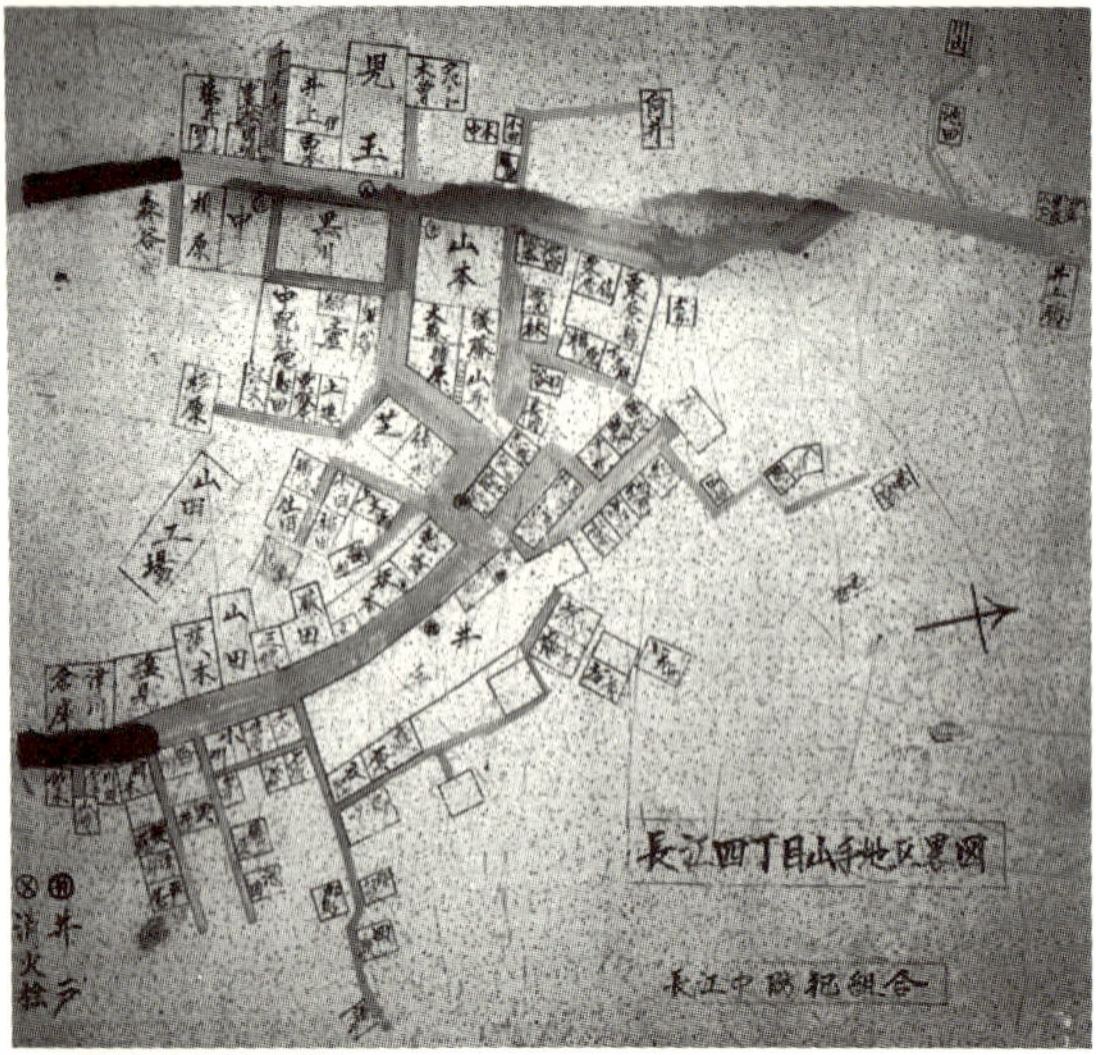

35　迷宮的な道の構造

街道を南下し、再び平坦な尾道の市街を歩くことになった。平坦といっても、ある境界を境に一メートル程の高低差がある。これが中世の海岸線であり、この線を八〇〇年の歴史をかけて、現在居る場所一帯から西へ港が移動し、海岸線もずっと先へ延びていったのである。そして、私たちは江戸時代にはすでにつくられていたと思われる石の雁木を降りた。何気なく降りてしまえばただの階段だが、近代初頭の尾道から中世へと、時間の旅をしてきた私たちにとっては、実にすばらしい遺構を踏み締めて降りているという実感があった。人通りも殆どないこの場所は静まり返っているが、何かしら当時の港で働く人々の喧噪が聞こえてくるようでもあった(37)。

この標高四メートルの旧海岸線のラインには、中世から近世にかけての港町の遺構が多い。漁師町で見た井戸は、この近くにも見られる。尾道では水が港近くで得られたのである。古い雁木のあった場所からほどなく東の方へ歩くと、飲み屋が密集する一帯に誘い込まれる。かつてはここ一帯が花街だったという。尾道の近世以前の町の構造からすると、城下町や商都化した一部の港町と比べて明らかに花街の位置が異なる。尾道駅を中心に東に商店街が発達しているかに見える現在の尾道からすれば、町の外れに花街があったと思われがちである。だが、尾道の花街は中世の重要な港近くにあって、結界となる川の内側に存在していたことになる。このことは、近世城下町の都市設計からは考えられないことで、今後港町を考える上で重要な意味を含んでいる。花街は都市の周縁に位置するという近世の城下町的な概念がここではくつがえされているのである。中世における港町の花街は都市の周縁にではなく、むしろ港と一体となった空間に成立していたと考えられる。さらに近世の都市大改造の

36　天満宮へ向かう神主の後ろ姿

37　町中に潜む江戸時代の雁木

時代にすら、尾道は色濃く中世の構造を維持してきた証しの一つとして、この花街の存在がある。それは先に述べた、近世以降に入ってきた行政機構の施設が市街化されていない西側の外へと追いやられ、中世尾道に付加するかたちで近世尾道が成立したこと、さらにまた近代の都市発展も同様に外へと向かったこととも符合する。

この尾道での体験は、今後船で巡る港町調査の貴重な布石となったことは確かだ。また、普遍的と思われがちな近世城下町をベースにした日本における都市への眼差しの呪縛から開放されたように思えた。そして、私たちは翌日の鮴崎《めばるざき》で、さらなる瀬戸内海の港町、その都市構造の歴史的継承のドラマを目の当たりにする。鮴崎は江戸末期から明治期に栄えた港町で、今回調査した瀬戸内海の他の港町と比べると特異な町である。

瀬戸内海の港町

鯆崎《めばるざき》

近代に活躍した地乗りの港町

再開発でできたホテルの下から、私たちはチャーターした船に乗り込んだ。次の目的地、鯆崎に向うために、船は進路を西に向けスピードをあげた。私たちが鯆崎を訪れるきっかけとなったのは次の沖浦和光さんの一文である。

「三味線や太鼓の音で明け方までさんざめいていた鯆崎の遊女街は、今でもそのころの町並がほとんどそのまま残っている。瀬戸内の港町で、当時の面影がまだ見られるのはここだけだろう。」(注3)

実際には、近年多くの建物が建て替えられ、表面的には町並みは大きく変ってしまっていた。それにもかかわらず、私たちは鯆崎で重要なことを学ぶことができたのである。

日本の都市の歴史を考える時、常に城下町の存在が中心に据えられ、近世都市を解釈する尺度にもなっている。そのために、城下町の規範から外れる都市概念はことごとく例外視されてきたのではないだろうか。私たちは、瀬戸内海の調査から、近世都市における花街の存在を、城下町からの視点ではなく港町の視点で捉え直してみようとしている。それは、尾道の調査を通じて少しずつ宿り始めた意識でもある。近世城下町に存在する花街は例外なく、都市の外れの片隅に隔離されている。これが日本の都市の基本的な姿なのだろうかという疑問が湧いてきたからである。

中世、あるいは近世に成立した港町にある花街は、近世の城下町的概念とは大きく異なり、港町の中に融合したかたちで存在していたことが調査を進めるに従ってよりはっきりと見えてくるようになった。むしろ、近世に入って爆発的につくられていった近世城下町の存在こそ、日本の都市形成史の上では特殊解で、その特殊解がどうも近代以降一般化していく過程を辿ったのではないかという仮説が浮かび上がる。今回全面的にこの問題に立ち入ることは難しいが、少なくとも花街の存在を見つめることで、中世以前から培ってきた日本の都市における本

38　海からの鮴崎全景

40　昭和初期の鮴崎の港と町並み

39　金刀比羅神社から見た鮴崎の町並み

質の一端と、その糸口を探る試みだけはしておきたいと考えている。

だからといって、鮴崎が港町以上に花街として栄えたことに、特に興味を覚えたのではない。鮴崎という町が、幕末から明治期にかけて栄えた新しい港町であるにもかかわらず、中世以前に成立した港町の基本的な構造がこの町に見いだせることに注目したいのである。すなわち、瀬戸内海の港町がもつ中世都市像の歴史的連続性の一断面が脈々と息づいていたことに興味を引かれたのである。

幕末に出現した港町・鮴崎の都市空間構成

幕末に成立し、近代初頭に栄えた鮴崎に上陸する前に、私たちは海上からこの町の景観を確かめるために島の端から端まで船で往復した(38)。船から見る鮴崎は、裏山にへばりつくように僅かな平坦地に町並みがあり、すぐ手前には海が迫っていた。陸からの発想ではとてもこの場所に町をつくろうなどと思いも及ばないが、海からの発想では極めて重要な場所に映る。向いには島が横たわっていて、風を避けるには絶好の場所である。島に挟まれて波も穏やかだ。

船からは、時折家並みから飛び出した屋根が見られる。三階建ての建物だ。昭和初期に写された古い町並みの写真と見比べると、その数はだいぶ少ない(39、40)。海上からでも、ここ数年のうちに建て替えられた建物が目立つ。そして、日本のどの港町とも同様に護岸が整備され、かつての町並みと海との関係がすっかり消え去ってしまっている。

それでは鮴崎に上陸することにしよう。ここはものの二、三〇分も歩けば町の骨格が把握できる小さな港町である。コンクリートで固められた桟橋に降り、町に向かった。集団で怪し気に建物の一件一件を覗くようにああでもないこうでもないと歩く私たちに、地元の人たちははじめ何ごとかと思ったに違いない。

桟橋の先に裏山に延びる細い道がある。持参した現在の住宅地図帳を見比べてみても、どうもこの道が町に入るメインの道であるようだ。この道に入る右手には蔵がある。他の港町に比べ、鮴崎ではほとんど蔵を見かけない。この道路の左右にさらに細い、人一人がやっと通れる路地が家と家との間に通されている。メインの道の先は行き止まりになっているようにみえる。正面には塀を巡らせた庭のある屋敷が目に入る。実は、この道はクランクしていて、左へ折れてから丘陵部の金刀比羅神社へ行く参道へと続いている(41、42)。

このクランクしたところで、海岸と平行に通された道とも交差している。これが鮴崎のもう一つの中心をなす道である。鮴崎の町の端から端まで貫き、両側に建つ建物はすべてこの道に顔を向けている。町のつくられかたは、以前に見てきた近世港町の都市建設そのものである。鮴崎も近世以前につくられた港町の基本的な構造を踏襲していることがわかる。この町の軸となる道を北西に進むと左右に古い建物がちらほら見られ、三階建ての建物が右と左に一軒ずつ残っていた(43、44)。この道を歩いて気付いたことだが、海岸まで通り抜けできる道は全部で三本しかなく、他は行き止まりの路地ばかりである。昭和初期の写真からも、通り抜けできる道の先には、海に突き出すように斜路になった石積の埠頭がつくられていた。

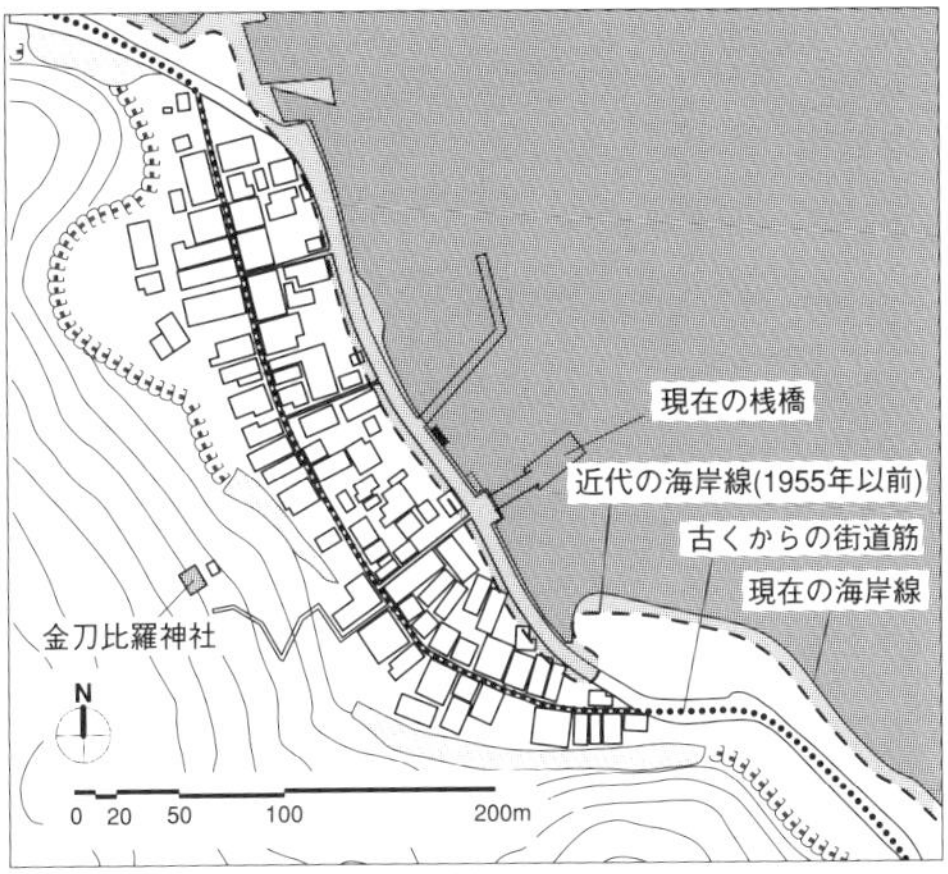

41　鮴崎の現況と埋め立て状況図

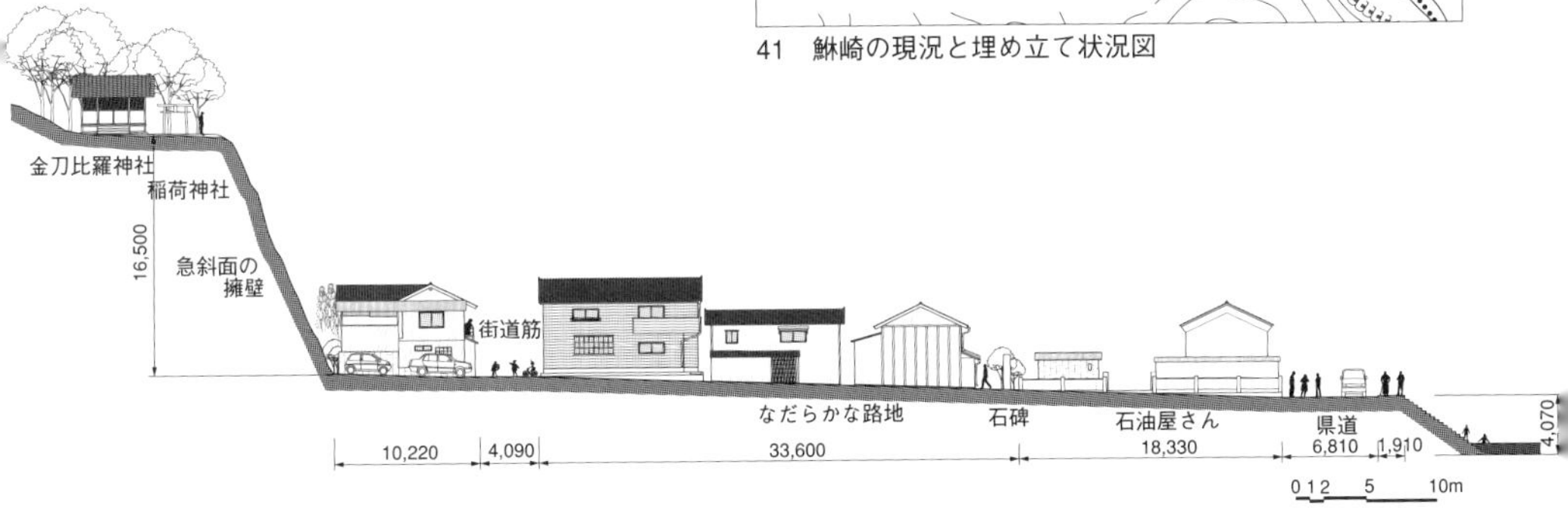

42　鮴崎の連続立面図

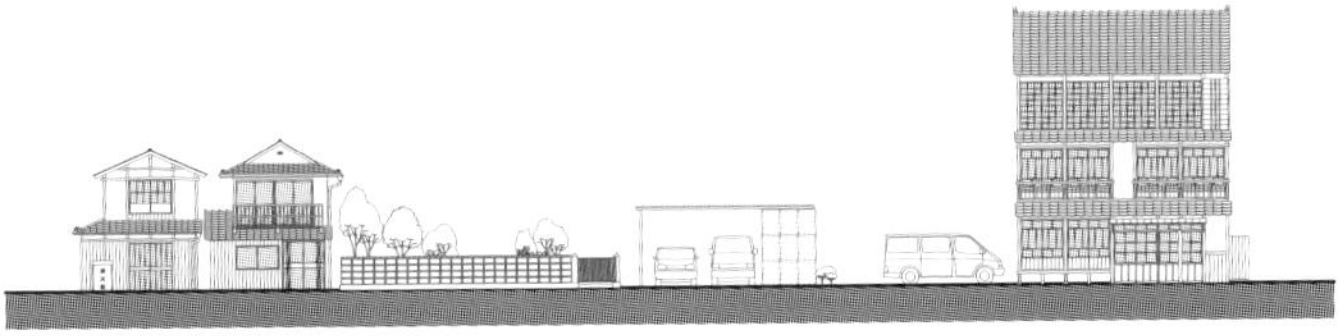

43　通りの連続景観（海側）

44　通りの連続景観（山側）

海への通り抜けできる道の一つを行くと、ほとんど人陰がなかった町に、人の姿が少しずつ増え始める。一人の婦人に町についたずねはじめると、ものの四、五分で、町の人の輪ができてしまった(47)。色々とうかがっていくと、集まってきた人たちは、ああだこうだと、見ず知らずの私たちにとても親切に語ってくれるので大変助かった。町並み調査ではこのような状況になることがとても大切で、普通は話をうかがうこと自体が実に難しい。

先程、町を歩いて気になったことを幾つか質問してみた。通り抜けできる道とできない道があることに対しては、海岸沿いに建つ家でも、路地からいったんメインの道へ出るそうだ。海岸沿いにも細い道はあったが、一般の通行用には使われていなかったというのである。港町の成熟度にもよるが、最小限のアプローチが町の中から出ていて、海岸線沿いには、より自然環境の厳しい海岸線沿いには、港機能を持つ海岸につながるだけなのである。そして、町はお互いの建物をかばうようにして集まり、町並みをつくりだす。

鮴崎では蔵を見かけないがとの質問には、蔵がある家は以前でも一、二軒しかなかったとの答えが返ってきた。現在は海岸沿いにある町の人が油屋さんと呼ぶ商家に蔵があるだけのようだ。私たちが上陸してすぐ見かけた蔵である。この蔵はかつて直接船が接岸し、物資の搬出入をしていたという。油屋の他にも海岸沿いの家は直接海から舟が付けられたようだ。その他の家では共同で使う埠頭があり、それを使っていた。都市構造からすれば、鮴崎は近世の港町と極めて類似性を持つのだが、各々の建物は近世の港町とは異なり、廻船にかかわる商人や醸造業に携わる人はいなかった。鮴崎の社寺は、江戸後期頃から、日本中に祀られていった金刀比羅神社が町の背後にある丘陵部の中腹に位置しているだけだ(46)。寺も神社もないことで、町の歴史の浅さがうかがえる。別の言葉でいえば、瀬戸内海の近世港町の都市構造のうち、港と花街の機能的側面だけを見事に抜き出して、町として成立させた特異な港町なのである。

ここ数年、多くの家が建て替えをしたそうで、本四橋の建設の余波がここにも来たのかとも思ってしまうほど、新しい建物が目立つ。

鮴崎にある三階建ての建築

町の人たちとの話が盛り上がっている時、一人の婦人が、それだったら三階建ての建物を調査できるように掛けあってあげるといい、先頭に立ってわずか三軒になってしまった三階の建物を見せてくれるよう交渉までして

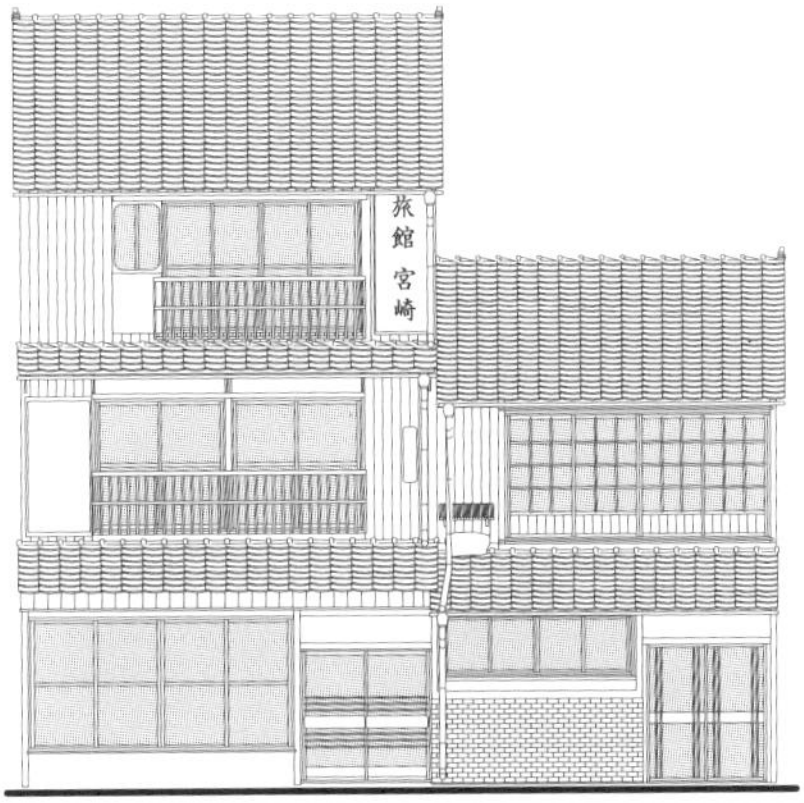

45　旅館を営んでいた三階建ての建築立面図

46　鮴崎の港が一望できる金刀比羅神社

47　鮴崎の話しを住民の方に聞く

くれた。残念ながら一軒は不在で鍵も開かないとのことで断念したが、他の二軒は口添えもあって快く見せて頂くことができた。現存する遊廓建築はいずれも間口の狭い三層建てのもので、海からの強風に耐えるために軒を極力低く抑えた独特のつくりとなっている。

　最初に訪れた三階建ての建物は、すでに一般の住宅として使われていた(48)。一、二階の内部は大分改装され、当初の遊廓建築の面影はほとんど残っていない。だが三階まで上がると、古き時代の雰囲気が隅々まで漂い細部の細工に妖艶さを残していた。もう一つの三階建ての建物は、つい最近まで旅館として使われていた。旅館として多少の改造がなされていたものの、遊廓建築をよく継承している建物であった。三階まで至る動線は、一見複雑に見えるが、狭い空間を効果的に細分化し、幾つもの部屋をつくりだしているのには驚いた(45、49)。部屋に入ると、明らかに遊廓建築とわかる建具の細工や空間の造りが目に入る。一階は主に家主のプライベートな空間となっている。客は階段ですぐに二階に上がるようにできている。二階には、表通りに面して八畳の広間が取られている。ここは、他の部屋と比べて開口部が多く開放的である。その窓を開ければ、海からの心地よい潮風が部屋中を一杯に満たしてくれる。海の仕事を終え、収穫を祝う宴の時には、船を操る人たちの楽しげな大声が町中にまで溢れ出ていたのだろう。二階と最上階には三畳・四畳半ほどの小さく区切られた部屋が複雑に配されている。一般住宅の機能からすれば、実に使いにくいつくりであるが、誰もがあまり顔を合さないような工夫が見られる。

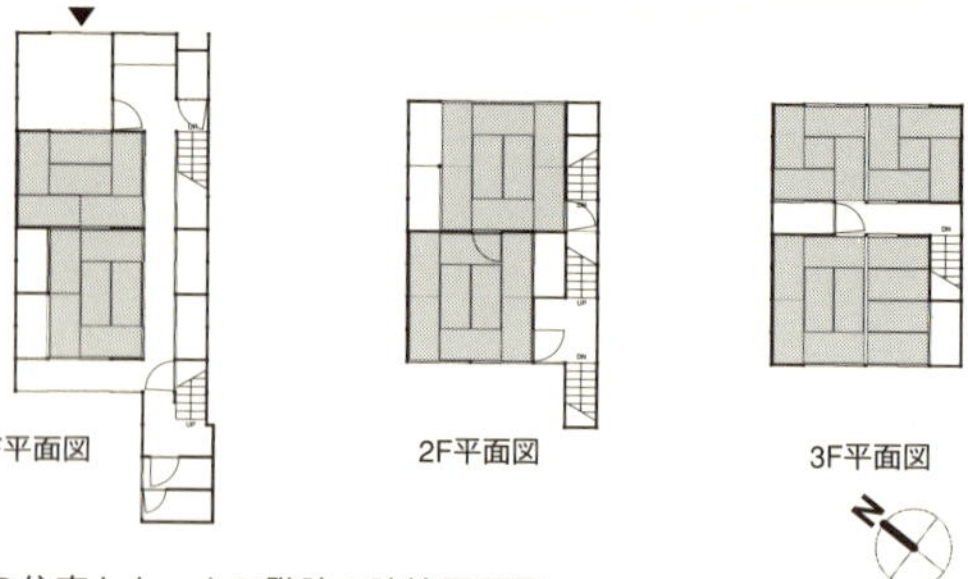

48　一般の住宅となった三階建の建築平面図

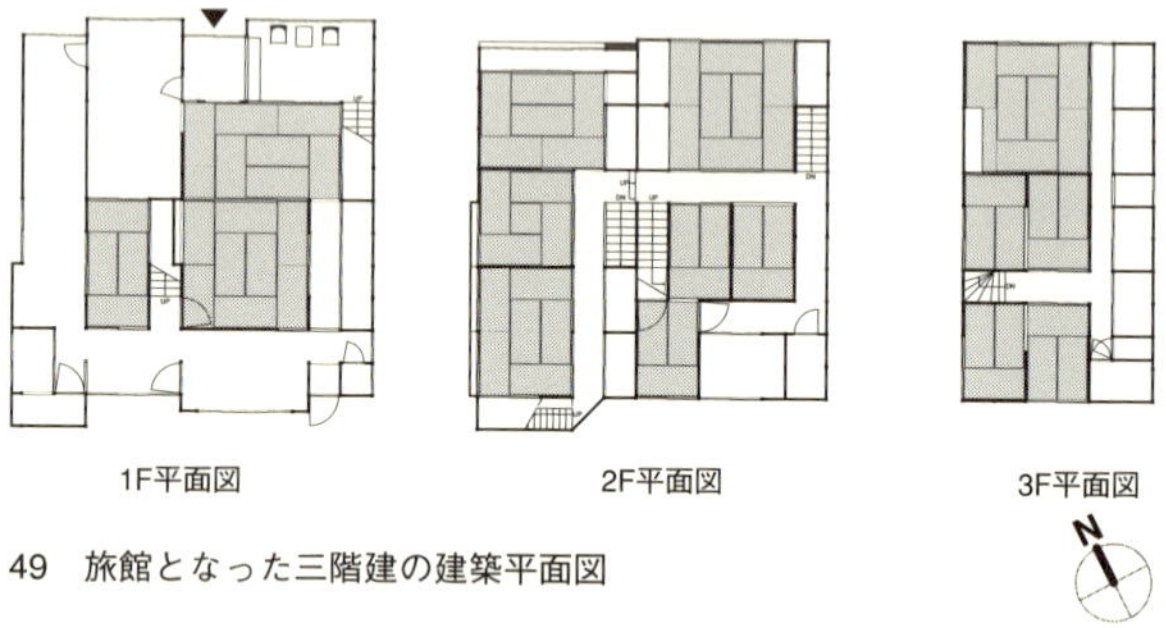

49　旅館となった三階建の建築平面図

　三階建ての建物の実測に夢中だった私たちは、ここでの限られた時間がすでに大きく過ぎていることにやっと気付き、この町を離れることにした。時間をオーバーした船は鮴崎の港を出航し、次に目指す御手洗《みたらい》に向かった。御手洗は、沿岸近くを航行する地乗りから沖合を航行する沖乗りへと船の航路が変わることで栄えた町である。江戸時代初期までの瀬戸内海は、船の規模が小さく、寄港できる場所の多い沿岸近くが航路となっていた。文化・文政期あたりからは、航海術の発達や船の大型化で、沖合の航行が可能になった。

　しかし、明治に入ってからは、帆船から蒸気船に代わり、風待ち、潮待ちの必要性が薄れて、御手洗は衰退していく。一方、鮴崎は九州から大阪方面へ石炭を運ぶダルマ船の増大で、一躍脚光を浴びる。このダルマ船の航路は、風待ち、潮待ちはしないものの、むしろ、地乗りに近い航路を使って行き来したために、鮴崎はちょうどその通り道となったのである。この近世から近代への舟運構造の大きな時代の変化と逆行するように、私たちは御手洗の港へ向かった。

御手洗《みたらい》

御手洗《みたらい》に近付くにつれ、まず目に飛び込んできたのが、天狗の鼻のように突き出した岬の先端にある姪子《えびす》神社と鳥居である(50)。波打ち際には江戸時代につくられたといわれる雁木が波をかぶりながらその姿を見せている。御手洗では、「御手洗重伝建を考える会」会長の今崎仙也さんをはじめ役場の方たちが出迎えてくれていた。

御手洗の港について早々私たちは大長《だいちょう》にある役場に向かった。御手洗と大長の関係を知るためである。今でも豊町の中心は大長であり、大長の歴史から御手洗が誕生したといってもよい。当時、人がほとんど住んでいなかった御手洗に港町が突如つくられた経緯から入っていくことにしたい。

大長と御手洗の関係

先ずは、なぜ大長ではなく御手洗に新しく港が建設されたのか、その辺から話を進める必要がある。私たちは大長にある豊町の役場で御手洗と大長について、町史の編纂を進めている片岡智さんに話をうかがう機会を得た。片岡さんの話によると、大長の港は大型の帆船が着くような港ではなかったという(51)。江戸時代、大長の沖合いには各地の塩田に薪を運ぶ船が停泊していて、大長の山から切り出した薪を手漕ぎの「テンマ船」でその船まで運んでいた。江戸時代の瀬戸内は塩田が重要な産業となっており、塩田から塩をつくる燃料として薪が欠かせなかったのである。

薪を大量に切り出した結果、この辺り一帯はハゲ山になってしまい、一九世紀段階でこのハゲ山に桃を植えて桃の産地になっていった経緯がある。採れた桃は各人が「テンマ船」で広島や呉に出荷していたという。このことからもわかるように、大長に大型船が入ることはなかった。すでに海岸近くまで市街化が進んでいたし、当時の技術では大長を港町とするには自然条件があまり良くなかったようだ。

大正以降、大長の産業は桃から蜜柑に切り替わった。

蜜柑の産地になってからは、北堀と南堀という港が整備されたが、それでも大型船は入港することができず、沖合いに停泊していた。

町並みに関していえば、明治の末頃の大長はまだ草葺きの家が沢山あった。大長の町並みが大きく変化するのは、蜜柑の産地となってからで、いわゆる「みかん御殿」という倉庫付きの大きな家が建ち並び、瓦葺きの家に変った時である。大長は、歴史的には古いものの、現在の町並みは比較的新しく、むしろ江戸中期に港町として新しく開発された御手洗の方がずっと古い町並みを残しているということなのだ。

大長から御手洗まで移動する車の中で、これまでに調査した港町について考えを巡らせていた。城下町を基本とする日本の都市のなかで花街の位置づけが必要悪として追いやられてしまっている状況があって、どうしても都市の恥部として受け取られがちであるからだ。だが、瀬戸内海の港町には花街に対する別の解釈があるように思えてならなかった。一般の町並みの中に、遊女たちの存在が自然な形で入り込んでいたのではなかろうか。車で大長から御手洗まで移動している時、花街の存在について、今崎さんに率直に聞いてみた。今崎さんは思いがけず、「彼女たちの存在で町がうるおってきたのだし、彼女たちの存在を卑下する人たちは私の知る限りいません。むしろ子供のころは同じ風呂に入ることもあったし、だれも気にしませんでした。町に彼女たちも溶け込んでいたのでしょうか。ただ、赤線が廃止されて以降はほとんどの人が島を去りましたが」という答えが返ってきた。町の構造も、花街を隔離するのではなく、むしろ町の重要な一角を花街が占めているのが、御手洗の特色でもあることが、今崎さんの言葉から伝わってくる。

港町としての御手洗の建設

再び御手洗に戻って、地元の皆さんにまず案内されたのが、御手洗を見渡せる丘陵の上の公園である(54)。御手洗の港町を望む高台で長浜要悟さんに話をうかがった。瀬戸内海に沢山島々がある中で、安芸名和諸島の、御手洗が一番南側にあたり、沖乗りの船は必ずこの辺りを通ったとのこと。現在でも、大きな船はここを通っているという。瀬戸内海の潮の流れはしょっちゅう変わり、ましてや、江戸時代は帆船で風任せなので、沖乗りの航路で「潮待ち」、「風待ち」できる場所が必要だった。御手洗の沖合いはその「潮待ち」、「風待ち」には適していたのである。

御手洗が港町として整備される以前、御手洗沖に停泊

50　江戸時代の雁木と蛭子神社

51　大長の町並み

している北前船に、大長集落の人たちが薪や食料、そして日用品を売りに小船で来ていた。一六〇〇年代の半ば過ぎ頃から、御手洗沖と大長の往復が大変だということで、ただの岩礁地帯であった御手洗に人が住み着きはじめた。それが御手洗の港町としての始まりのようだ。

御手洗では、弁天社の陵線、天神の陵線、千砂子磯の陵線という三つの隆起した丘陵が海に突き出すように延びている(52)。その一つ、天神の陵線から海までは平坦な陸地がさらに海まで延びている。そして、弁天社の陵線と天神の陵線との間の凹地には、天満宮があり、そこに長い日照り続きでもほとんど枯れないという井戸がある。そこら辺りからまず人が住み着いたといわれている。港町となる前の御手洗は、大長村の枝郷で畑地がつくられていた。一六六六（寛文六）年には、その耕地を屋敷地に変えて、新開の港町を建設することが藩から認められている。一七一三（正徳三）年になると町年寄役が置かれ、御手洗は港町として一層の発展を遂げる。

役場での片岡さんの話では、蛭子神社の本殿が建ったのは一八世紀の初め、御手洗で第一期の海の埋め立て造成が大掛かりに行われた頃だという。この頃他所からも多くの商人が入ってきて定住するようになる。同時に遊廓もできる。遊廓が広島藩によって公認されたのが享保期で、ちょうど埋め立てが始まった時期と一致する。

御手洗の大規模な埋め立て造成工事を整理してみると大体三つの時期に分けられる(53)。第一期は、一七一〇～四〇年代、第二期は一七四五年で、弁天神社からの築出部分である。この築出の両側に「船たで場」（注4）がつくられた。第三期は、千砂子波止と同時に、天神の陵線から千砂子磯の陵線にかけての一帯が一八二九～一八三九年に造成される。その後、埋め立ては行われていない。

帆船である北前船が活躍していたのは大体明治二〇年

頃までで、明治の中頃からは動力の付いた船が主流となる。帆船と違い、こうした船は少々の波でも突っ切って進んでいくので、「潮待ち」「風待ち」をする必要がなくなってくる。そこで御手洗に寄る船の量も少なくなり、港町の繁栄に陰りが見えはじめる。

町並みを構成する多様な建築

一通り御手洗の町を俯瞰したところで、いよいよ町の中を歩くことにしたい。沖浦さんは近世における瀬戸内海の港町が、「各地から船と人が集まる港の繁栄を維持するうえで、どうしても必要なのは問屋・茶屋・芝居小屋の三点セットだった」(注5)と述べている。この三点セットに加えて、重要な存在は、造船所や船の修理場として使われた「船たで場」であろう。御手洗は、十九世紀初めの文化年間に御手洗港に新しい波止が完成した時、広い外港ができて船を修理する「船たで場」が同時にできている。それは、千石船でも数隻が使える大きな船たで場だったようだ(注6)。現存するたで場で古いのは鞆だが、鞆には古文書が残っていない。幸い御手洗の船たで場に関しては古文書が残されており、十八世紀の中頃には確実にあったことがわかっている。現在はどうなっているかたずねたが、護岸整備の際にコンクリートの下に埋まってしまったとの話だった。この船たで場が再び日の目を見ることになったら、日本における都市の水文化も諸外国に恥じない環境になったといえるのだが。

御手洗のような港町では、船宿といっても、寝泊まりだけの宿屋ではなかった。船宿では、船の航行に必要な水や薪、食料品の補給、長い旅で傷付いた船の修理点検など様々な世話を一手に引き受けていたのである。彼らは、地形に合わせてできた古い道沿いの重要な場所に、商家を建てて商いをした。その他にも、各藩の特産物や蔵米などの売買の仲介も手掛けていたから、大名指定の御用商人として財を築いた者もなかにはいた。

御手洗が新興の港町として発展し、問屋を兼ねた船宿が道沿いに軒を連ねるようになると、必需品の補給だけでなく、商取引を目的とした船も御手洗の港を訪れるようになる。瀬戸内海は舟運の大動脈であるから、九州や四国からの物産や大阪などの品物も中継点としての御手洗に集まり、商取引が行なわれた。いわば、御手洗は瀬戸内海の市の一つとなっていくのである。十九世紀初め頃の文化・文政期が北前船にとっての最盛期であり、御手洗は瀬戸内きっての活況を呈する港町となる。

御手洗が中継貿易港としても栄えた原動力は、仲買商を兼ねた船宿の存在であった。私たち研究者はあまりにこの物流のキーパースンである問屋（ここでは船宿）に目を奪われがちであるが、町並みの中の思いもかけないメインストリートの一角に検番があったり、茶屋が商家と軒を並べていたりする御手洗の都市風景に、幕藩体制の江戸時代をすり抜ける中世からの庶民の温もりを感じてならない(55)。

こうした古道とは別に、十八世紀前半に埋め立てられ

52　御手洗の都市構成図

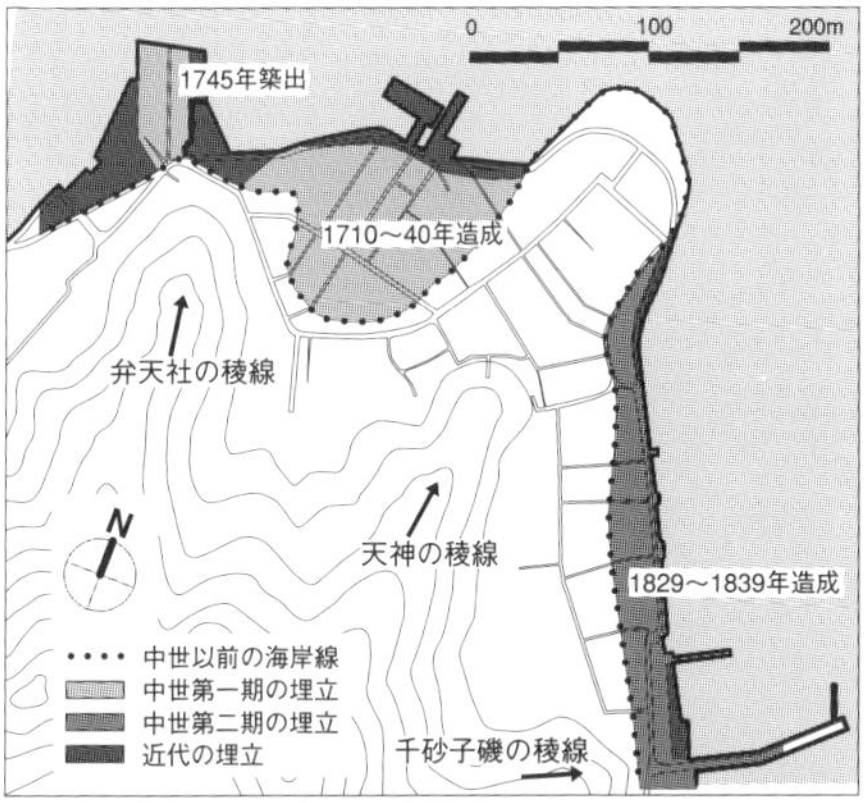

53　御手洗の埋め立ての変遷図

54　丘の上の公園から御手洗市街を一望する

た弁天神社と蛭子神社の間の土地には海に向かう道と直行するように比較的広い道がつくられている。この道に沿って古い町並みが形成されている。瀬戸内海にある港町でよく見かける、妻入り本瓦葺き塗籠造りの伝統的な建築様式の町家が続いている。谷沢明さんが『瀬戸内の町並みと港町形成の研究』でそれを十八世紀中頃に確立された建築様式であろうと指摘していることから、当時ここに最新の建築様式として建てられたことが想像される。この道を歩くと不思議な感覚に陥る。ここは、一七一〇～一七四〇年代の第一期の埋め立てで誕生した土地で、地形に沿ってつくられた古い道とは対照的に、直線の道となっている(56)。この道からは、海へ向かって三本、丘陵部に向かって二本の道が通されている。これらの道は町と港を結ぶ重要な道である。御手洗には他にもこれに類した道が主要な道と直角に何本も通っており、海岸と町並みを結んでいる。埋立地の上に、十八世紀頃に建てられた町並みを西へ抜けると、不自然に広がった場所に出る。ここは、古道との交差点で、第一期の埋立が行なわれる以前は水際で、港機能もあったのだろう(57)。

新たな花街の建設

第三期（一八二九～一八三九）の埋め立ては西側の海岸線で行われた。この埋立地は住吉町と呼ばれる所で、谷沢さんの研究から明治二八年の土地の評価がわかる。住吉町は相生町と並んで、最高の一等の分類に入っている。この住吉町には船宿とともに、置屋が多く並んでいた。ここから「オチョロ船」が盛んに沖合いに向かって漕ぎ出していった。古い写真には、江戸時代後期から明治初期に建てられた町並みとともに「オチョロ船」が見られる(59、60)。このように、古い町の構造を海へと広げていくパターンは、丘陵部が背後に迫る港町にはよくある変化である。こうした都市空間の構造的特色を明らかにするために、御手洗では高台にある満舟寺から住吉町、そして海へ抜ける連続立面を切ることにした。港町は、平坦な土地には成立しない。山を背にし、海との間の狭い土地を巧みに利用して町並みをつくりだすことに重要な意味がある。そこには瀬戸内海の港町に共通した空間特性が見られる。このような港町特有の町づくりが連続立断面図から読み取れる(61)。

埋め立てで新しい町ができる以前、満舟寺付近は地下水脈に恵まれた山肌に沿って人家が建ち並び、仕舞屋《しもたや》が軒を連ねていた。この富永町の筋には「チョロ押し」と呼ばれる人たちが多く住んでいた。「チョロ押し」とは、遊女たちを伝馬船に乗せ沖に停泊する沖乗り船に漕ぎ寄せることを生業とした人のことである。遊女たちのことを「オチョロ」と呼んでいたことから、彼女たちを乗せる船を「オチョロ船」といい、その漕ぎ手を「チョロ押し」といったのである。

当時この地を統治していた広島藩が茶屋（遊女屋）を公認したことから、住吉町などの新町が埋め立てによって誕生する。それに伴い文政十一年（一八二八）に千砂子波止が築造された。そのことで住吉町の海際にも舟を寄せることができるようになり、船宿や置屋がこの海岸沿いに軒を連ね、花街としての体裁が整い始める。波止の付け根には住吉神社が海と強い繋がりを強調す

55　メインストリートの古い町並み

56　埋め立てでつくられたまっすぐな道と18世紀頃に建てられた建築群

57　イレギュラーな道

58　くの字に曲がった路地

59　海側から見た昔の住吉の町並み

60　18世紀中ごろに建てられた建築が残る現在の住吉の町並み

るように建っている。境内に置かれた奉納物の中には廻船問屋に混じって、遊女たちの名前を多く目にする。これも波止の築造によって生まれた住吉町が、御手洗の新たな顔として賑わっていたことを物語っている。

御手洗では江戸中期に急速に埋め立てが進み、町並みが形成された。そのために、道筋は計画毎のズレを生じ、折れ曲がった路地や辻が不思議な街路空間がつくりだされている。満舟寺の境内から見下ろす町並みが複雑に見えるのはそのためだろう。かつて「チョロ押し」と呼ばれる人たちの住む富永町と遊女屋が建ち並ぶ住吉町を結ぶ路地は「くの字」を描くように折れ曲がっている(58)。海岸を埋め立てて新しくつくられた二つの町の境界がよくわかる。夏の御手洗は人陰もなく、奇妙な歪をもつ路

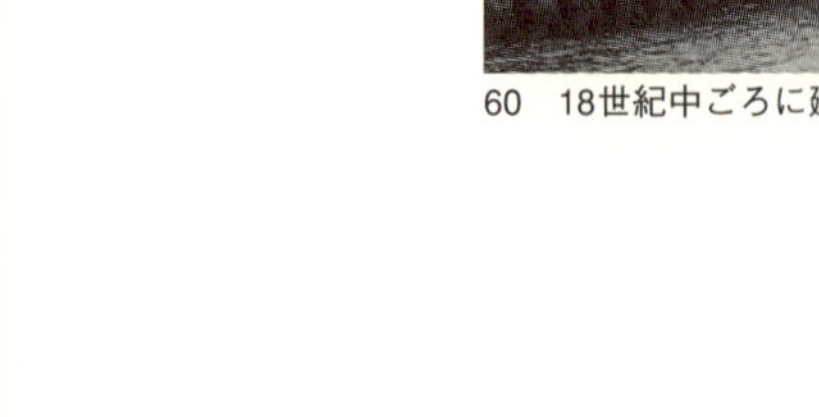

地は時間が止まったように静寂な雰囲気に包まれていた。この静かな時の流れとは裏腹に、実は暑さと戦いながらの実測調査であった。

断面の実測には、道路幅や建物の奥行を測る超音波計測器の「ピッ距離」や地形の角度や屋根の勾配を測る、私たちが「角度君」というニックネームをつけた道具が活躍していたが、こうした機器物はよくへそを曲げる。この時も角度君の調子が悪く、最後は梯子まで持ち出して、人海戦術と手作業で屋根の高さを測った。その時の皆総出の実測調査は圧巻だった(62)。何とか実測が終わった頃には出航の時間が再び大幅にずれ込んでしまった。こういう時こそ私たちは記念写真を撮りたがるもので、船長のいらだちをよそに、調査に参加した全員で記念写真を撮ってから船に乗り込んだ。

62 はしごを使って実測調査

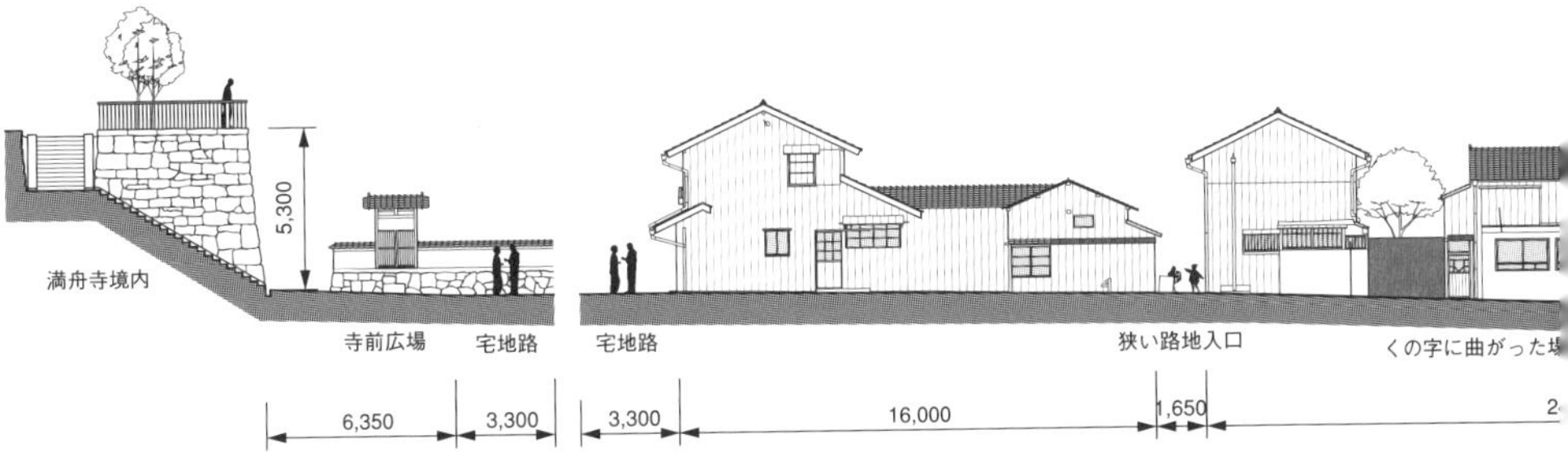

61 御手洗の連続立断面図

瀬戸内海の港町

鞆《とも》

海側から近世と現在の鞆を比較する

鞆へ入港した時は青い空がうすく赤味を帯ていた。鮴崎、御手洗の調査が延び延びになってしまったからである。だが、夕日に染まりつつある鞆に船で辿り着くのもおつなものであった(66)。船乗が一日の航海を終えて仮の宿である港へ入る気分をしばし堪能することができた。

港町はやはり海側から眺めるのがすばらしい。鞆には近世港町の四点セットが揃っているといわれる。「波止」、「常夜燈」、「雁木」、そして最近所在が確認されつつある「船たで場」。近世港町にはかかせなかった四つの施設が現存しているのは鞆だけとなった(63、64)。古文書や文献のなかだけの存在ではなく、海から目の当たりにする四点セットが揃った港町・鞆は、背景にある山並み、それらに溶け込むようにつくられた町並みや社寺。こうした要素に加え、港町としてさらに意味あるものにしている。そのことは海から眺めるとより一層実感でき、港町がまさに海側に表情を向けていることがよくわかる。幸いにも鞆には、江戸時代中期に魚住貫魚が海側から町並みを描いた景観画があり、全国名勝絵巻の一つとされている。その絵図と現在の鞆の風景を比べると、当時の様子が現在にいかに継承されてきたかがわかる(67、68)。

寺院配置は現在とほとんど変っておらず、西の山麓にある医王寺から東の高台に占める円福寺まできれいに重ね合わすことができる。違いとしては、海岸線のうち医王寺下の船たで場だった部分が現状よりも後退していたこと、港部分の雁木が現在見る大雁木になっていないことがあげられる。ただ江戸中期、港の護岸はすでに石垣になっていたことがわかる。部分的には個人的に使われる河岸も見られる。西方の医王寺周辺には畑地が多く見られ、現在とはかなり違った風景であった。

鞆の港へ上陸したのが遅かったので、本格的な実測は明日早朝行うことにして、鞆の町並みの概略と実測調査のポイントを確認するために、夕暮れの鞆を歩いた(66)。夕食後には、郷土史家の森田龍児さんをはじめ、地元の方々に鞆について色々なお話をうかがうことができた。

会場となったのは、鞆の浦海の子代表・松居秀子さんご夫婦の自宅兼居酒屋である。古い町並み地区のなかにある家で、伝統を活かしながら機能的な内部空間に改装しているのに驚かされた。ここでの話は尽きることなく夜更けまで続いた(65)。ここではその時の話を交えて、鞆が港町としてどのように成立変容してきたのか、港町としての都市構造的な特徴はどういうものであるのかを明らかにしておきたい。

63　江戸時代に築かれた「雁木」

65　鞆の話を森田さんに聞く

64　長さ50間にも及ぶ「波止め」

都市変容のプロセス

森田さんは二〇年前に制作したという、古代から中世、江戸、戦後までの海岸線の変化を示した地図を自宅から

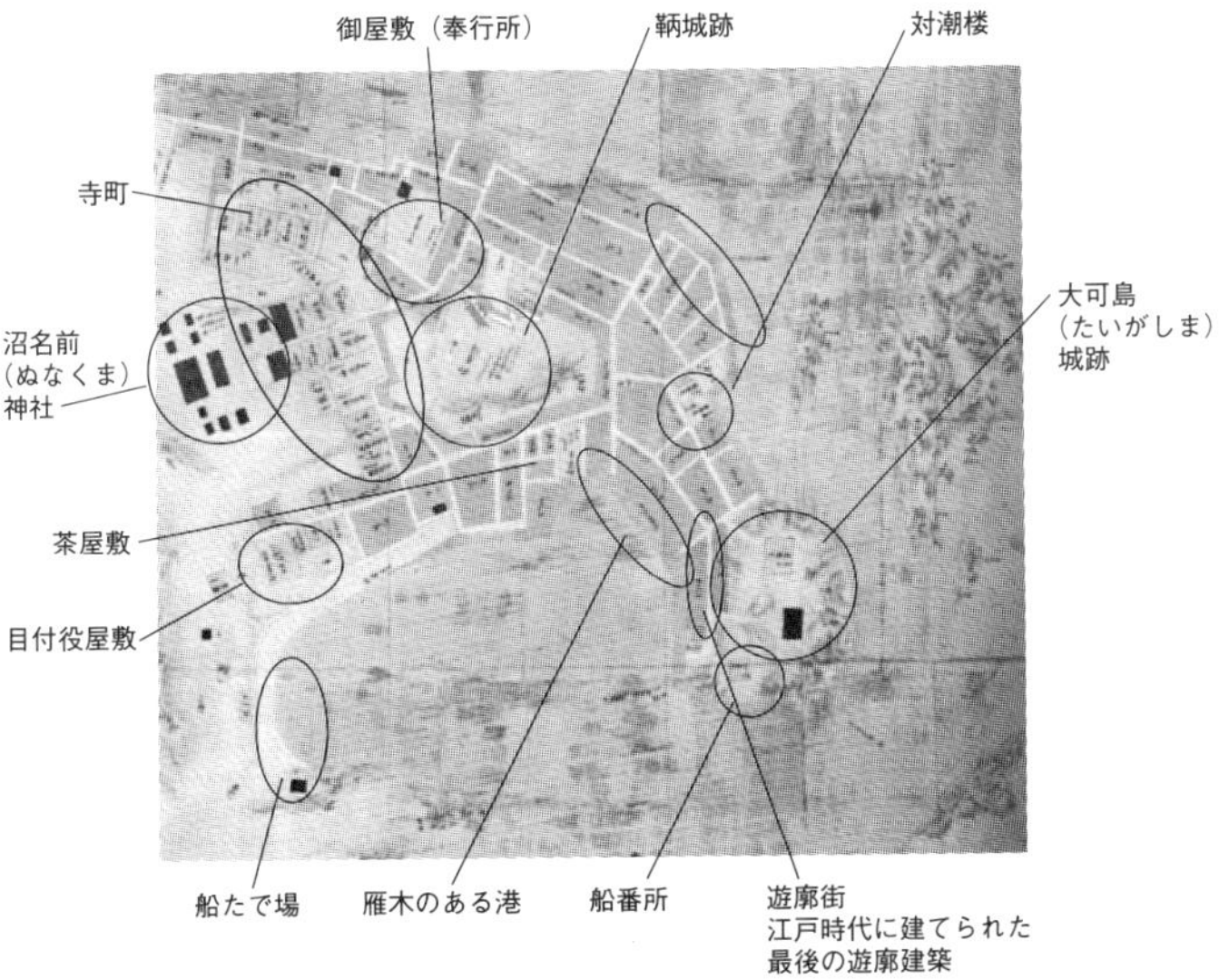

66　現代に息づく近世以前の鞆の都市構成

もって来て、私たちに見せてくれた(69)。

かつて大可《たいが》島《しま》は文字通り島で、干潮の時に砂州がのぞく風景だったという。中世以前の鞆は満潮の時は幾つかの島が点在する地形であったことが地質を調べるとわかる、と森田さんが力説する。長年、鞆を歩き、鞆での発掘調査にはほとんど関わった方の話だけに、興味をそそられる。こうしたいくつかの島が点在する鞆に、どのように町が形成されていったか。現時点では、推測の域を出ないようだが、幾つかの発掘調査でおぼろげながら、中世の頃の町の形成が浮かび上がってくる。先の江戸中期の絵図では、海側から見ても鞆は医王寺から円福寺にかけて連続した町並みを形成していた。

中世の港町・鞆はふたつの町から成り立っていたといわれる。一つは医王寺の山麓から大可島へ向かう海岸線沿いに町並みが形成されていた。当時の海岸線は渡守神社から江之浦、西町の中ほどを抜けて道越町に至る線であった。したがって平安時代からある医王寺下から東に抜ける道が古く、この道に沿って町家が建ち並んでいたと考えられる。

いま一つの町並みは、江之浦から北上し、寺町を形成した道沿いである。ここには小松寺など、平安時代草創の寺院が並んでいることから、中世以前から鞆の信仰の中心であり、早い時期から町並みを形成していたことがわかる。

鞆は港町であると同時に、鍛冶の町としても古くから知られている。江の浦には、医王寺参道にある稲荷社をはじめ、鞆酒造株式会社、共同井戸脇にある鞆漁協脇に四つの祠がある。そのなかで医王寺参道の稲荷社は、かつての鍛冶町に住む鍛冶屋たちの信仰が厚かった古社である。これは、慶長五年(一六〇〇)に鍛冶屋集落が鞆の北西にある小烏社界隈に移転する以前から祀られていたと伝えられる。江戸時代に船釘や農具の生産で知られた鞆の鍛冶屋の発祥地がこの江の浦である。はじめ鍛冶屋の守護神であった祠は、鍛冶集団が江の浦を離れたことで、小烏神社は天目一筒神《あめのめひとつのかみ》を祀るようになり、稲荷社に性格を変えていく(注7)。森田さんの話でも、医王寺山道の稲荷社近くの民家を発掘調査したところ鍛冶の遺

67　海から見た江戸時代の鞆

68　鞆の連続写真

構が発見され、そのことが裏づけられたという。

戦国時代に入る頃から、鞆は純粋な港町から、城下町としての再編成を受ける。現在、郷土資料館がある小高い丘の上に城が築かれ、古い町並みを避けるように城山の裏、北側に武家地がつくられた。

中世以前から港町として繁栄してきた町の場合、城下

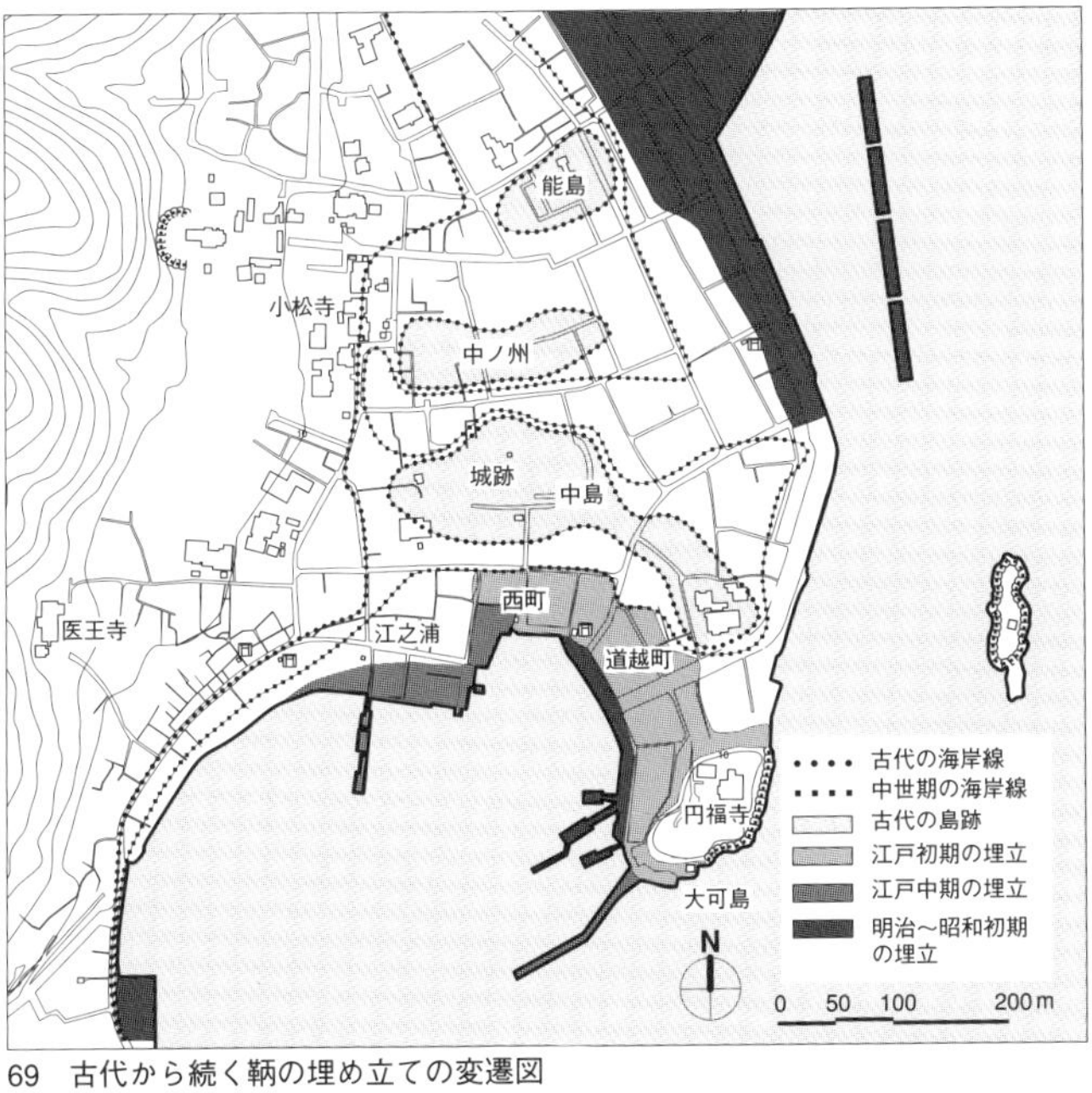

69　古代から続く鞆の埋め立ての変遷図

町として再編される場合でも、旧来の都市構造を大きく変化させることはない。むしろ、湿地帯で居住に不向きだった場所を造成することで、城下町の形を整えていくという形成過程が見て取れる。鞆は、城下町の時代に北側が一挙に市街化されたのである。

70　江戸時代に建てられた最後の遊廓建築

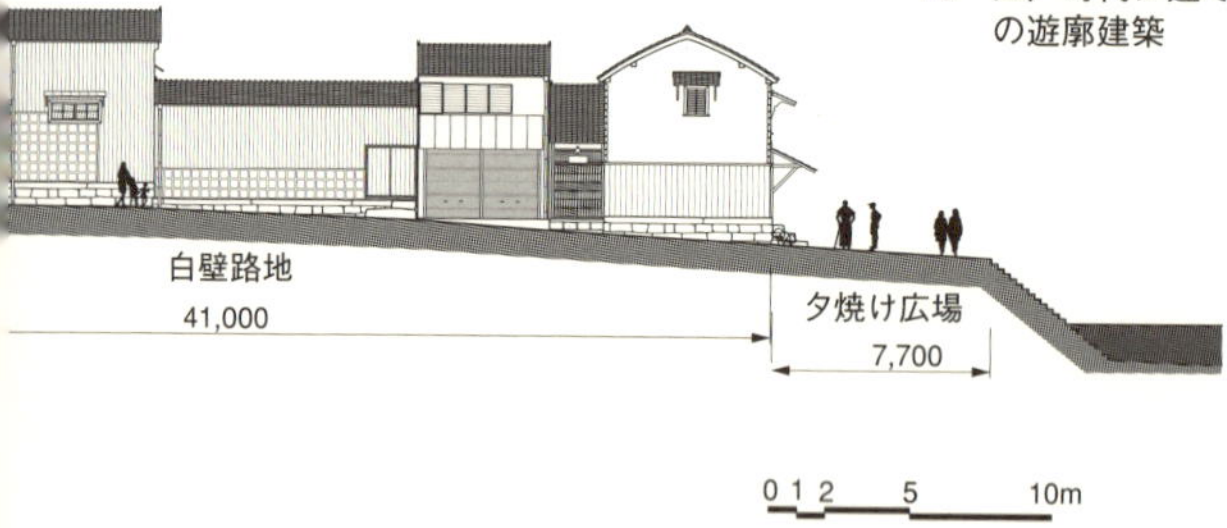

一方、鞆が港湾整備され近世の港町として充実していくのは、寛永一七年（一六四〇）に大可島に燈亭がつくられてからである。大規模な港湾工事は、寛政三年（一七九一）に大可島から長さ五〇間に及ぶ波止の建設と、対岸の淀姫神社からのびる二〇間の波止が築かれたことである。その後文化八年（一八一一）には、幡州高砂から築港工事で名高い工楽松右衛門を招くことで、本格的な港の改修工事が行われ、今日の鞆港の基礎が形づくられた（注8）。

こうした港湾整備にともなって、大可島周辺も開発されていき、陸続きとなる。港町が海岸に沿って拡大する一方で、その裏側の路地には花街が形成される。松居家での懇談が終り、ご高齢の森田さんが自ら私たちの宿泊先のホテルまで送って下さった。道々森田さんからは面白い話が次々と飛び出してきたが、最後に辿り着いたホテルの裏で、「江戸時代に建てられた遊廓の建物はこれだけになりました」と、立派な木造二階建の建物を指差していわれたのが印象的であった(70)。現在ホテルが建つ辺りはもちろん海で、遊廓の建物からは仙酔島が手に取るほどにまじかに見えたのだろう。右斜め向いには三階建の木造建築がその後の花街の残像を伝えている。

私たちは、かつての花街と背中合わせに建つホテルで

71　対潮楼から眺める仙酔島

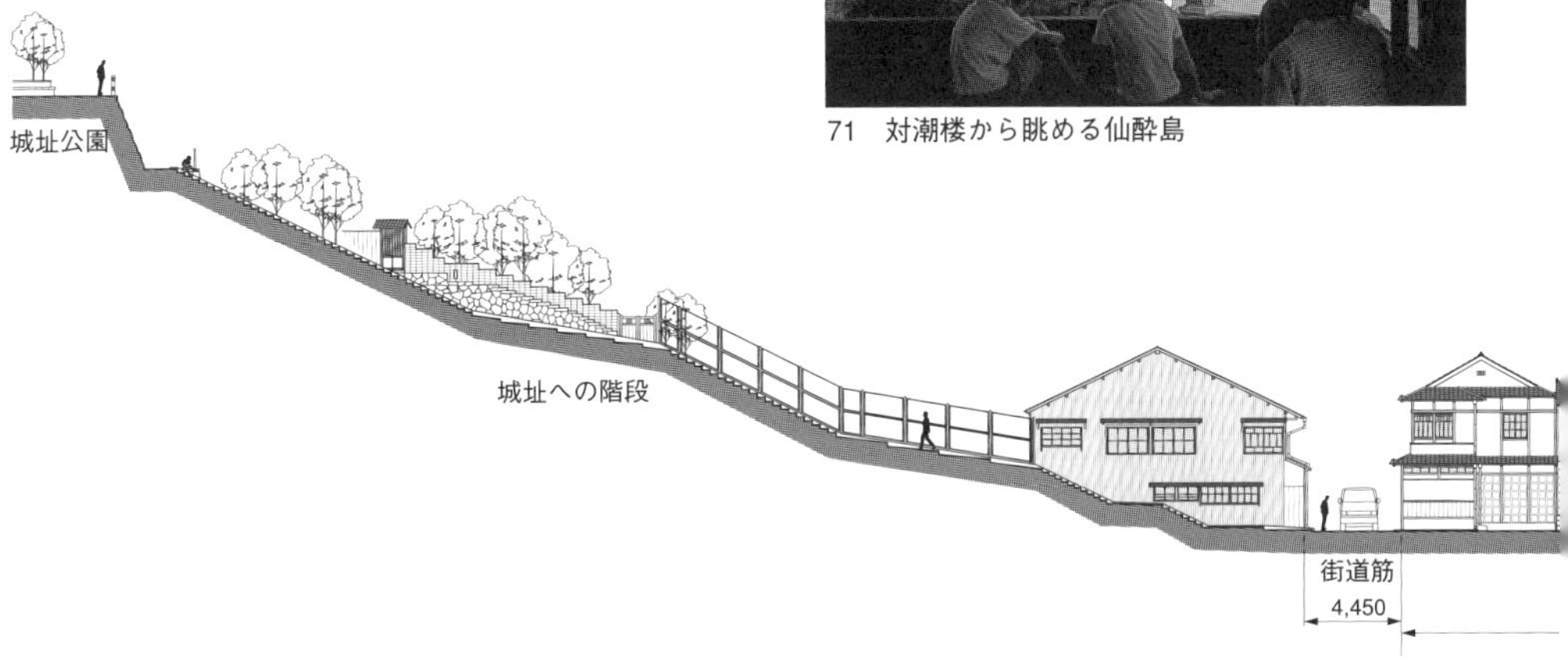

72　鞆の連続立断面図

明日に向けての英気を養うことにした。このホテルの大浴場は最上階に設けられていて、湯舟の前の大きな窓からは仙酔島が闇夜にうっすらと浮かびあがっていた。昨年見た福禅寺の対潮楼からの素晴らしい眺めが思い出された(71)。だが、今回訪れた時は、対潮楼が改修中で、残念ながら入ることができなかった。

連続立断面図から読む港町の空間構成

次の日の朝は、青く晴れ渡った空が私たちを迎えてくれた。今回の港町の調査では、なるべく多くの港町の丘陵と町並み、そして水際の構造がわかる連続的な町の立断面図をつくろうとしていた。それは、このような立断面図を通じて港町のつくられ方がより鮮明に描きだせると考えたからである。

鞆は、城山から急な階段を下って古い町並みを構成する市街を抜け、海に面して蔵が建ち、水際には大雁木が海へと入り込む場所を選んで実測調査することになった。朝八時半に船が迎えに来るまでに、作業を済ませなければならない。朝食を食べずに、午前六時からの実測調査がはじまった(72)。

鞆は海と常に接点を持つことで成り立ってきた。町の中を巡る道の構成にも、海を意識したつくられ方がされている。それは、城山から海までの延びる道沿いを断面で切ってみると、町の性格がよく見える。中世からの街道筋を中心に、海側のエリアでは商いの場、蔵、港湾が海に向かって秩序だって並ぶ。このようなコンパクトな都市空間の中に、多様な機能が組み入れられている。丘側のエリアでは道沿いの商いの場の背後に居住空間がある。それらを海際や城址の丘がそれらを包み込み、町全体がダイナミックな空間に仕立て上げられている。西町の大雁木は近世から連綿と受け継がれた優れた港湾施設であり、高密化した鞆の町に住む人たちが共有できる施設である。

城址跡は近年、歴史民俗資料館が建つ緑地公園になっている。ここからは眼下に広がる鞆の町並み、瀬戸内の水面、遠目には四国本土までもを一望することができる。この公園から町に降りる階段がまっすぐに延び、街道にぶつかっている。

階段を降りていくと、周辺に建つ民家の床下や外構の一部には城下町時代の石垣が今だに残っている。この階段自体は、城址跡の敷地に小学校が出来た明治初期に一緒に築造された近代の骨格である。明治十年には洋館のレストランが斜面地につくられるなど近代の山の手志向の住宅地に変っていった。

鞆の入江に沿って走る街道は、この町の商業中心である。この街道筋は港町として栄えていた当時の風格を今なお残しており、舟欄干を構えた突き出し台や木細工で飾られた障子戸などに、豪商たちの財の大きさを感じ取ることができる。

街道から海までの道は江戸期の埋め立ての時、地先まで延びた。この道沿いは、黒壁と漆喰で力強くつくられた蔵が並ぶなど、鞆の町が海へと拡大したプロセスがわかる場所でもある。その先は西町の大雁木に接しており、かつてここは物資を積んだ北前船から蔵へ荷を運ぶ人々の活気で溢れ、港と町を結ぶ重要な道であった。

近世港町の原像を残す鞆の魅力

鞆は近世港町としての完成度が高い町の一つである。江戸時代において、港町が発展していく過程では、三国や下津井のように個々の町家がそれぞれ一つの港機能をもちながら発展したケースが見られる。その経緯とは違って、鞆は、港を共有する方向へと進んでいった。先に見た絵図が示すように、江戸中期頃までの鞆は、護岸が石垣となっており、今日見る大雁木が連なる港ではなかった。絵の中央部に描かれた大商家は個々に河岸の機能を持っていたと考えられる。それが、その後の発展で、より効率的な港機能を整えるために、水際のほとんどが共同の港機能に変わり、大雁木も整備される。地形的な制約から生まれた個性的な港が鞆につくられていったのである。

はじめに港町の四点セットの話をしたが、鞆には五〇間にも及ぶ波止が大可島から延びている。一七九一年に行われた大規模な工事でつくられたものである。二〇〇年以上経つが今日でも健在である。

この波止の先へ行くと、鞆の町並みをパノラマとして見ることができる。港町の全景など本来なら船にでも乗らなければうかがい知ることもできないのに、鞆では二〇〇年前にすでにこの波止が完成しており、多くの人がこの場所から鞆の町を眺めたことだろう。町のあるべき姿を考える上でも鞆にとって大きな財産である。多くの人がこの財産に気付くことを願わずにいられない(67、68)。

鞆の港から午前八時半、定刻に出発した。真っ青な空の下に幾筋もの白波を立てて、船は鞆を離れていく。見る見る鞆を抱きかかえる山並みが小さくなる。

瀬戸内海には今でも多くの船が行き来している。風待ち、波待ちのために港町に入港したのは、江戸時代の話である。だが私たちは、笠島に向かう航海で不思議な風景を見た。何万トンもある大型船が一列に連なって停泊しているのだ。瀬戸内海は今でも難所の多い内海である。場所によっては、潮の流れも急で、現代においてすら瀬戸内海では潮待ちをしていることを知った。そういえば昨夜、懇談に同席した鞆に住む橋本貞夫さんが、「エンジン付きの船でも潮にうまく乗るかどうかで、ガソリン代も時間も大きく違うから、船への荷積みは総出でやったものだ。それも、そんな昔の話ではない」と話してくれたことを思い出す。

瀬戸内海の港町

笠島

船大工がつくりあげた港町の町並み

早朝からの実測調査の疲れもあり、ちょっとした船酔いを感じはじめた頃、笠島の港に着いた(73)。塩飽《しわく》諸島の中心である本島《ほんじま》の表玄関は現在、四国側の本島港であるが、江戸時代は古い町並みが残る笠島が表の玄関だった。現在の笠島は、小さな漁港で、普段は外部からの船はほとんど寄港しないと聞く。江戸時代の笠島はシーボルトの日記にも出てくる造船所が活躍し、港町としての繁栄を謳歌していた。笠島の町並みは伝統的建造物群として昭和六〇年に国の選定を受け、風雨にさらされていた古い建物の多くがすでに修復されたはずである。笠島では、「丸亀市本島町笠島まち並保存協会」会長の高島包さんに案内して頂くことになっていた(74)。

笠島の港に近づくにつれて、家並みもはっきり確認できる距離に近づいてきた(75)。これまで見てきた江戸時代に栄えた港町では、潮風をまともに受ける海岸沿いの家並みが比較的新しい建物で占められているのが通例であった。だが、笠島では海岸沿いの家並みも比較的古い建物で占められていた。私たちは期待に胸を膨らませた。しかし、水際がコンクリートで固められ、その護岸に沿ってアスファルト舗装された道が通されていることは、他の港町と変わらなかった。かつての港機能の痕跡が失われていたのだ。それも御多分にもれず、昭和三〇年代の高度成長期に一様に起きた出来事である。やはり笠島でも気になるのはこのことである。

初対面の挨拶もそこそこに、かつての笠島の水際の状況を高島さんに聞いてみる。昭和三〇年代にコンクリート護岸になる前は、江戸時代に築かれた石積みだったそうで、海岸線に沿って建つ家は直接船を着けて物資の搬出搬入をしていた。それ以外は共同の桟橋があって、「すべり」という板を船に斜めに通し、物資の搬出搬入をしていた。大正から昭和初期にかけて、石積護岸の内側に人が通れる位の「犬ばしり」を設け、何艘もの船が同時に物資の搬出搬入ができるような工夫をしていたそうである(76)。

笠島の港では満潮で水深が深くなった時に港に入り、干潮の時は港に入らず沖合いに待機していたという。水深が浅く、船の入港が難しいこともあって、近代港としてはあまり適さない港として次第に忘れられてしまったのだろう。

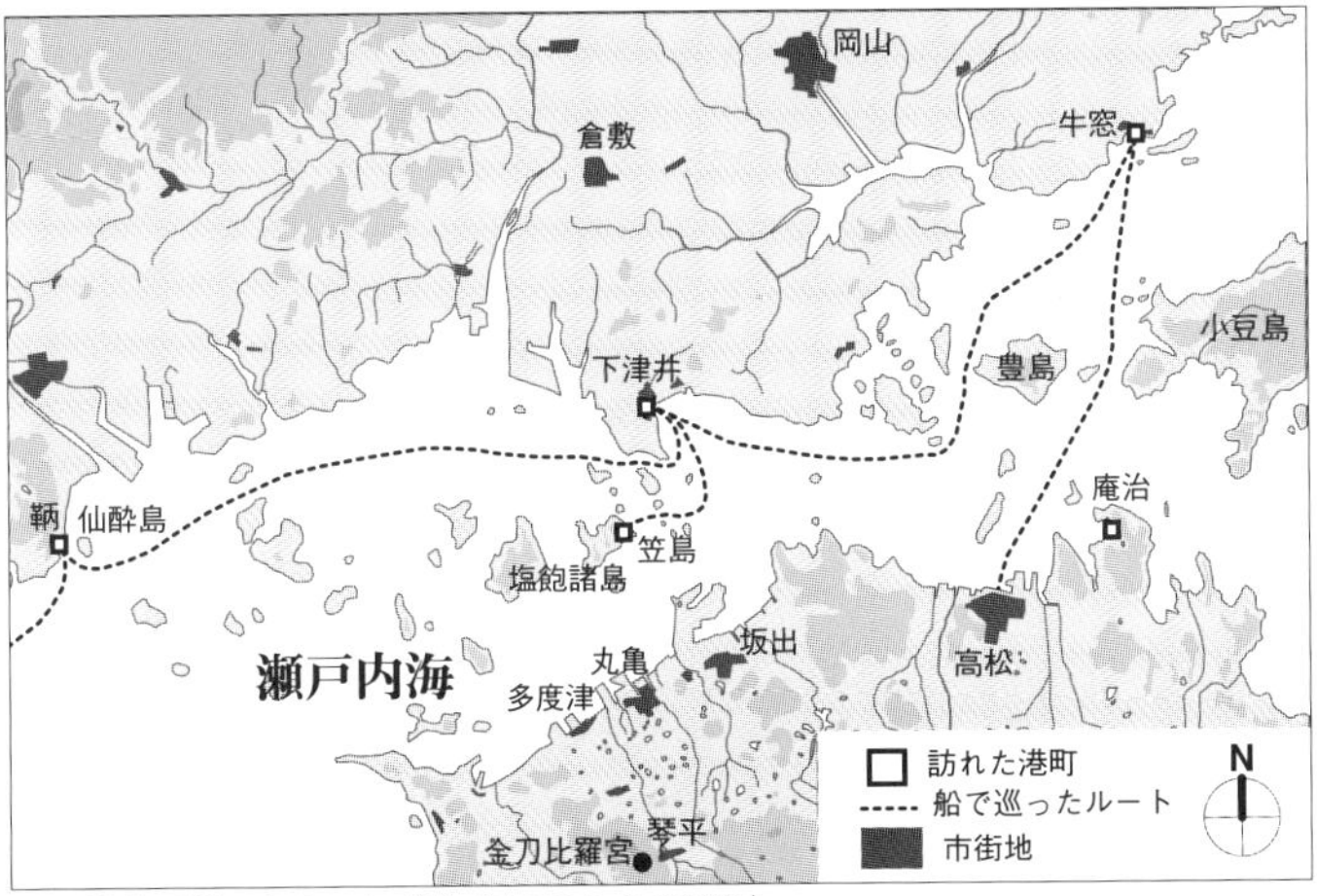

73　調査で巡ったルート（2）（P.303からの続き）

船大工の活躍と港湾施設

私たちはまず、保存整備されている町並みを通り、尾上神社の境内で笠島の歴史について話をうかがうことに

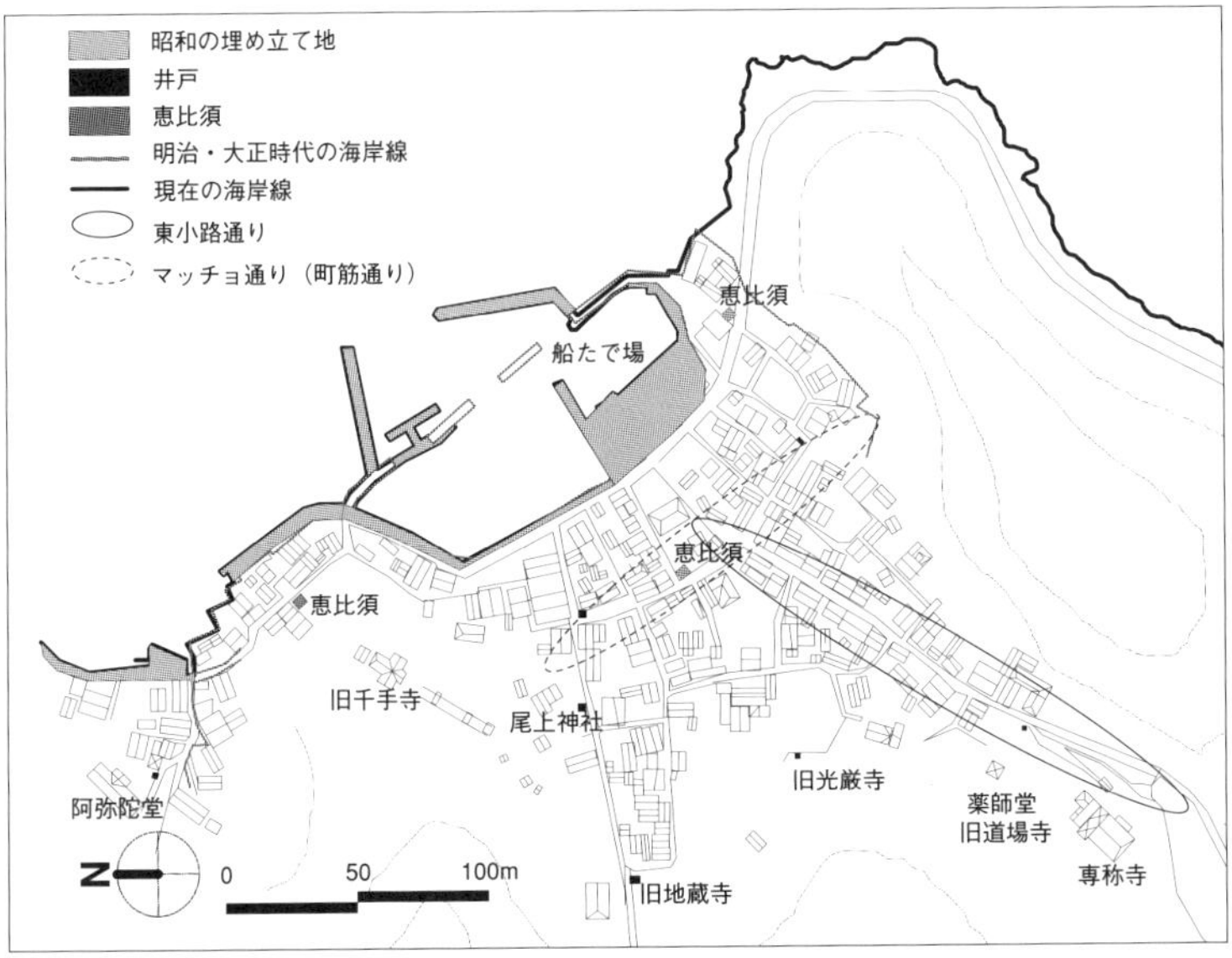

74　笠島の都市構成図

なった。中世の船乗りは領地を拝領することができなかったが、朝鮮外征で功労があった塩飽の船乗りは皆領地をもらっていた。このような話は、歴史を背景に繁栄した港町、庵治でも聞いた。本島では、もらった領地を同時に共有し、住民の間の自治が成立していた。本島のほぼ中央にある塩飽勤番所が、土地の自治権を司る役所であった。この建物は現在も健在である。

高島さんの説明で印象的だったのは、大工の話である。笠島には明治以降優秀な大工が沢山いた。彼らは元々は船大工だということだ。船大工がいかに優秀な技能を備えていたかを高島さんは力説する。尾上神社の拝殿を指し示して、彼は明治三〇年から大正十年にかけて、本島にあった塩飽補修工業学校に学んだ十二、十三歳の子供たちだけでつくったものだ、と自慢げに話してくれた(77)。確かな仕上がりの拝殿を見るにつけ、港町の文化的蓄積度の高さに今さらながら驚かされる。この学校から育った大工たちは、岡山の吉備津神社をはじめ、国宝級の建物を岡山県や四国を中心に次々に残していくのである。しかも、拝殿の裏にひっそりとたたずむ本殿が文化庁の専門家によると三五〇年位は経過しているとのことで、港町の木を扱う技術の奥深さには敬服する(78)。港町には船大工が集住し、造船や修理に当たっている。しかも船大工は、優れた家大工であることも全国的によく知られていることだ。そうした船大工の技術の高さが、笠島の家大工の優秀さとして現れてきたといえる。

船大工とくれば、造船所に関わる様々な店の存在だろう。造船所と関連する港町特有の店としては、「船たで場」で船の底を焼く木の小枝や蚊屋を売る店があったと高島さんはいう。二年に一度、船方は笠島に戻り、半年かけて船底を焼いたり、船掃除をしていく。こうした笠島の活気に満ちた歴史を刻んだ港湾施設やそれに附随する店なども今はない。また、笠島の船たで場は石敷きで、それらの石は町の背後の石山から切り出されたものである。庵治や尾道もそうであったが、石山が近くにあることは、港町にとって重要な意味をもつ。

町並みの変貌と継承

港湾施設と同じように、笠島から消えていった施設に寺がある。港町の特徴の一つとして寺が非常に多いということがあげられる。ここ本島でも、現在は十四となってしまったが、最も多い時で二四の寺があったそうだ。笠島ではすでに多くが廃寺となり、寺町が形成されていた様子は今はみうけられない。だが、高島さんが指し示す幾つかの場所に大屋根の寺院が建ち並んでいた姿を思

75　海から見た笠島の町並み

76　石積み護岸の「犬ばしり」が一部残されている

77　塩飽補修工業学校の生徒が建てた尾上神社

78　尾上神社の本殿

い浮かべると、なるほど勇壮な風景に変るのである。

港町に寺が多いのは、北前船で廻船問屋や船乗りがお金を儲け、その反面、沿岸の航行はかなりの危険をともなうこともあって、寺への寄進が多かったからだろう。このように港町の特性を示す施設が失われていくなかで、笠島の町並みだけは健在である。それは、町の人たちの大いなる努力で保存修復し得たからに他ならないのだが、さらには笠島に優れた船大工が集まり、潮風にさらされ

79　現在の笠島の町並み

80　昔の笠島の町並み

てもびくともしない建物をつくってきた先人たちの気概もこの町を蘇らせているのだ（79、80）。

笠島は他の場所からの交通手段が唯一船であることから、町自体が自動車交通で荒らされていない。そのせいであろうか、町の中を歩いていても、日本のどこの町でも感じられる自動車の脅迫感がない。ヴェネツィアの町中を歩くのと同じ感覚にさせてくれる。道は車のためではなく、人のためにつくられているのだと実感する。ただ、そこにヴェネツィアのような生活感がないことに、一抹の不安が残る。

笠島では、マッチョ通りと呼ばれる店が集中していた町並みと、居住が中心の家屋が並ぶマッチョ通りと直角に交差する南北軸の通りが、中心的な都市の骨格を形成している（81、82）。町を歩いてみても、この二つの通り沿いが最も建物間の密度が高く、同時に一棟一棟の建物は古く質が高い。また先に見た鮴崎や御手洗と違って、背後に切り立った山が迫っておらず、なだらかな斜面が奥深くまで続くため、海岸線に対して横に広がるよりも、むしろ奥に向かって建物が建て込んでいることに笠島の港町としての特色がある。

塩飽諸島から送り出される廻船は、西廻りは酒田を中心に北海道や日本海沿岸を、東廻りは東北や関東の産物を積んで太平洋の沿岸を辿って航海し、ほぼ日本をくまなく廻っていたことになる。近世から盛んになった金比羅信仰は、琴平からも見える塩飽諸島の船乗たちから広まり、酒田からさらに最上川をさかのぼった大石田の河岸にまで至っていた。笠島と大石田の両方の町を訪れると、まさに近世の舟運ネットワークの壮大さを、リアリティをもって感じられる。

笠島の港を離れる時、高島さんは塩飽の船乗の生き証人として、潮風で深い皺を刻んだ顔を私たちに向けながら、いつまでも帽子を振り続けてくれていた。「海の男ですね」と今回の調査協力をお願いした中嶋さんがいうように、高島さんの毅然とした姿は、小さくなっていく島影とは逆に、深く鮮明に私たちの脳裏に刻まれていた。

81　店が集中していたマッチョ通り

82　住居で構成されていた町並み

瀬戸内海の港町

下津井

船稼ぎと水主の港町

笠島の調査を終え、瀬戸内海を挟んで向いに位置する下津井港へ向かう。直線にしてわずか五キロほどの距離だ。実は、笠島に着く前に下津井港に一度寄っている。それは、笠島の港へ入る航路が難しいとのことで、下津井港で笠島港に詳しい人を乗せる必要があったからである。そして再び下津井の港に着き、上陸した。

笠島の調査で気になったのは、花街がなかったことである。一方、下津井では祇園神社の内陸側の参道に沿って花街が形成されていた。笠島で案内していただいた高島さんに花街のことを聞くと、皆下津井に船を漕いで行っていたという返事であったことを思い出す。笠島と下津井は予想以上に相互の関係が深い港町であったと考えられる。幕府の城米廻漕や北国への廻船業で栄えた塩飽の廻船に、下津井をはじめ児島湾沿岸から多数の水主が乗り込んでいる。すなわち、下津井の人たちは、船持ちになるというより、笠島の船に乗って稼いでいた「船稼ぎ」であった。笠島と下津井では港町としての機能や役割が異なっており、下津井は船稼ぎの割合が非常に高い土地柄であったようだ。魚を大阪に売りに行く多くの船が下津井の港を賑わした。これらの船は、単に地元の魚を大阪に運び販売するだけではなく、瀬戸内海のかなり広い範囲で魚の買い付けを行なっていた（注9）。

下津井が近づいてきた時、どこへ入港したらよいのか迷った。海側から見た下津井は大掛かりな埋め立てが行なわれ、江戸時代の港町の風景や構造が確認できなかったからである（83）。私たちは不安を感じながら、殺風景な埋立地に新たにできた港に船を付け、上陸することにした。

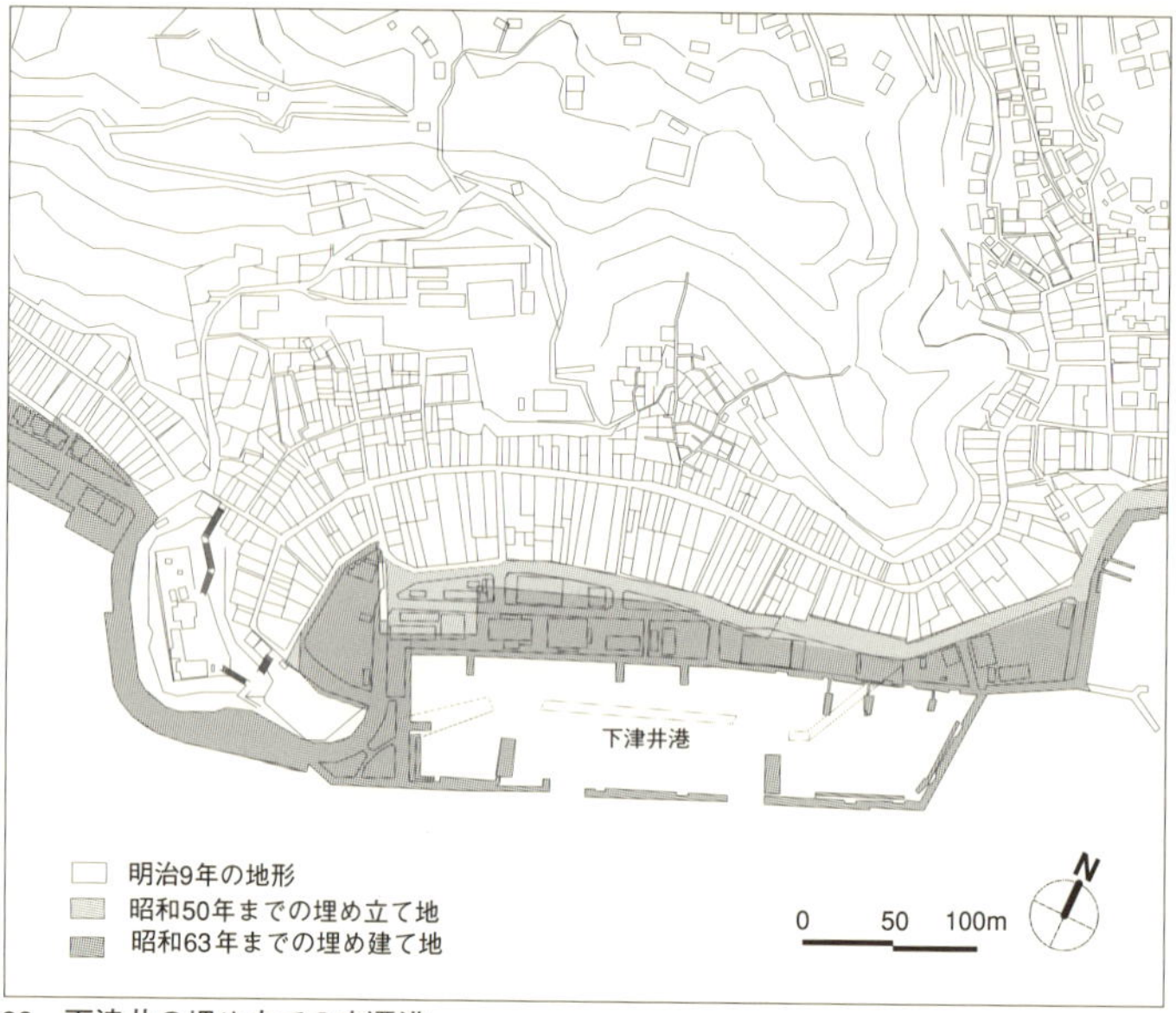

83　下津井の埋め立ての変遷港

84　下津井の古い町並み

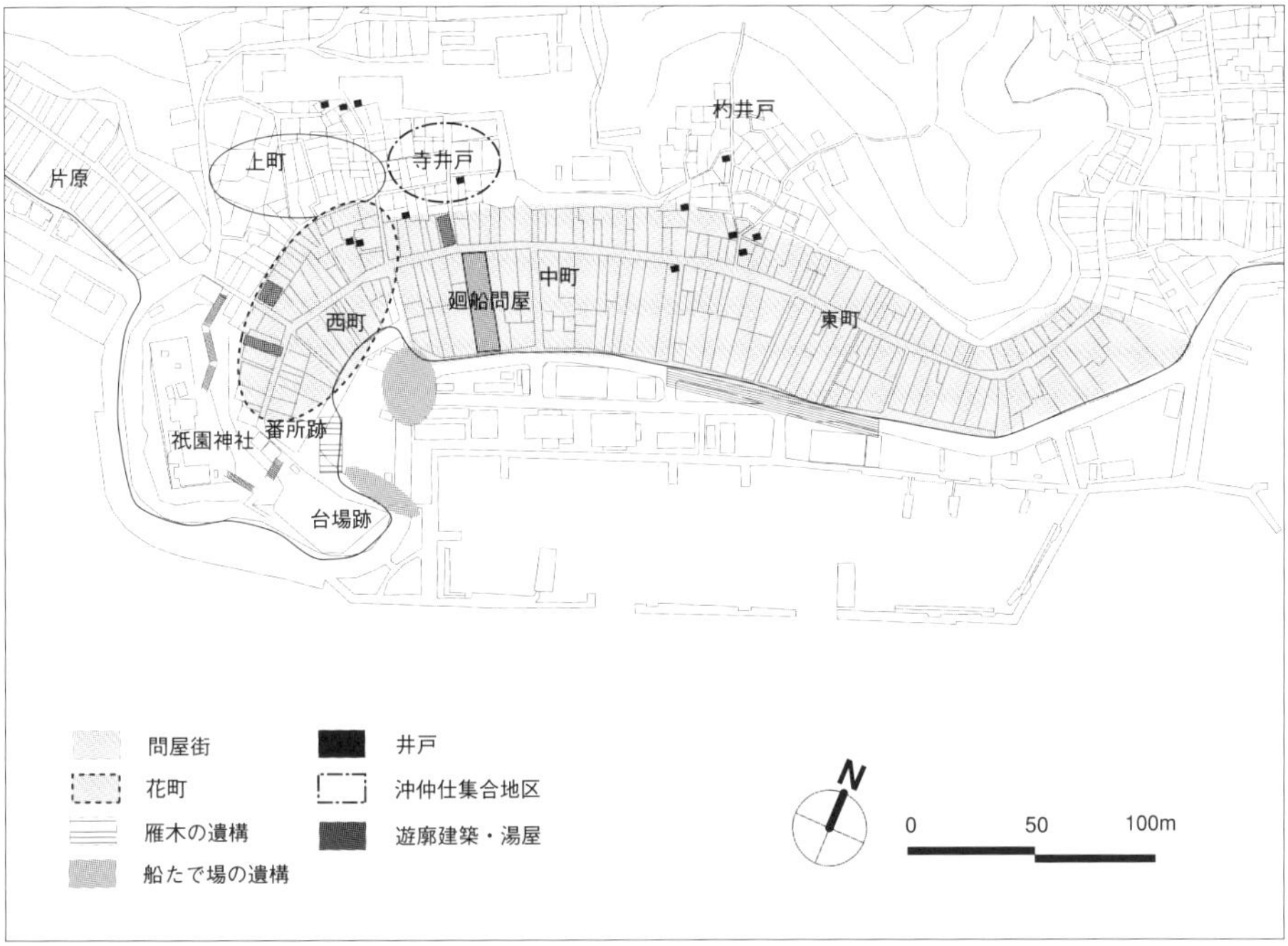

85　下津井の都市構成図

下津井の東側には巨大な本四橋が姿を見せている。この橋の建設とともに下津井も大々的な港湾整備をしたのだろう。舗装された道路が幅をきかせている。この無表情な道路をトボトボと歩き、旧市街へ入る路地を見つけた。この路地を抜けるとヒューマン・スケールの空間に出る(84)。なんと対照的な空間なのだ。改めて人間不在の現代港湾のあり方に深い疑念をもつ。そして、旧市街の道からも、東側には覆い被さるように本四橋の姿が目に入る。

都市の空間構造

下津井の海岸線はすでに大きく変化しており、この港を読み解くには近代や現代に埋め立てられた土地を一枚一枚剥がしていく作業が必要となる(83)。この復元的な作業をしてみると、江戸時代の海岸線には、三国のような短冊状の敷地が並び、一歩入ったところに海と平行に町を貫く主要な道がつくられていることがわかる。そして、祇園神社の山側にも同じように、短冊状に敷地が割られている。海から見た港町・下津井の都市構造は、左右に神社が位置し、祇園神社の裾野には花街が広がり、いま一つ、海に向かう神社の参道下の海岸には「船たで場」があったようだ(85)。これらのことを推察すると、

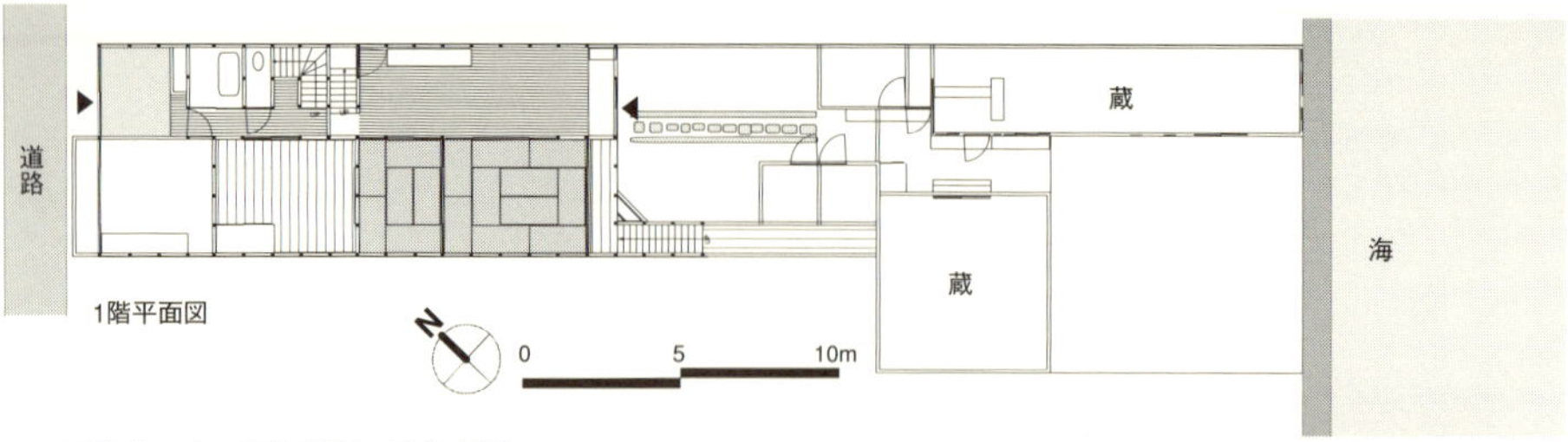

86　下津井にある廻船問屋の建築空間

87　生活空間となっている井戸と祠

88　石段の両側に町並みが続く古い集落

89　祇園神社からの雄大な眺め

祇園神社側に都市の求心性があったと考えられる。

三国と同様に、下津井は海岸線に沿って蔵が並び、道側には店がつくられていたようである。ただこの下津井にも、雁木があったことがわかっている。むしろ水際の構造は、瀬戸内海共通の自然条件が影響しているようだ。

メインの通り沿いの町並みは比較的よく残されている。そのうちの一つ、江戸時代に廻船問屋を営んでいた建物は三〇〇年前に建てられたものだという(86)。海側には今も蔵が残っており、かつては北前船で運ばれてきたニシンや昆布が貯蔵されていた。十数年前まで、蔵のすぐ先は海で波が打ち寄せていたそうだ。この廻船問屋ばかりではなく、海岸沿いには蔵がズラッと建ち並び、多くの船が接岸し荷を蔵に運び入れていたのだろう。

下津井は海岸線に沿って、軸となる道が通り、その両側に町並みが形成される近世港町の典型の一つといえる。だが、こうした町並みがつくられる以前から、中世港町としてすでに古い歴史がある。下津井では背後の丘陵に向かって、幾筋かの道が延びている。その一本を登っていくと尾道で見かけたような井戸と祠のある生活空間がある(87、88)。そこを中心に坂道に沿って集落が形成されており、中世から続く空間のなりたちを嗅ぎとることができる。

下津井で見晴しのよい所といえば、祇園神社ということになろうか。夏の暑さにもめげず、石段を一歩一歩登っていった先には、瀬戸内海と下津井の町並みを一望できる大パノラマが待っていた。港町のほとんどがヒューマン・スケールの町並みと同時に、大パノラマの場を用意してくれている(89)。そして、その場所が当時の潮見、風見の場でもあったに違いない。

瀬戸内海を巡ってきた船が眼下に見える。再びその船に乗り、最後の目的地、牛窓に向かうことになる。

瀬戸内海の港町

牛窓

若者のリゾートと近世港町が同居する町

牛窓はエーゲ海をイメージさせる場所として、若者向けのリゾート開発に力を入れている。ヨットハーバー、なだらかな丘陵部に建つペンション群やホテル。きらびやかな現代風のリゾート風景が広がる西側一帯とコントラストを描き出しているのが、その東側にある江戸時代に栄えた港町・牛窓の町並み風景である。船が牛窓に近づくにつれて、新旧のコントラストがあざやかに浮かび上がる(90)。牛窓の港で私たちを待っていてくれたのは、牛窓町教育委員会教育課の若松挙史さんだった。

瀬戸内海の港町を訪ねて感じることは、それぞれの港町がある類似性をもっていることだ。海を挟んで前に島があり、港町の背後には山並みが海岸近くまで迫り出し

90　海から見た牛窓の町並み

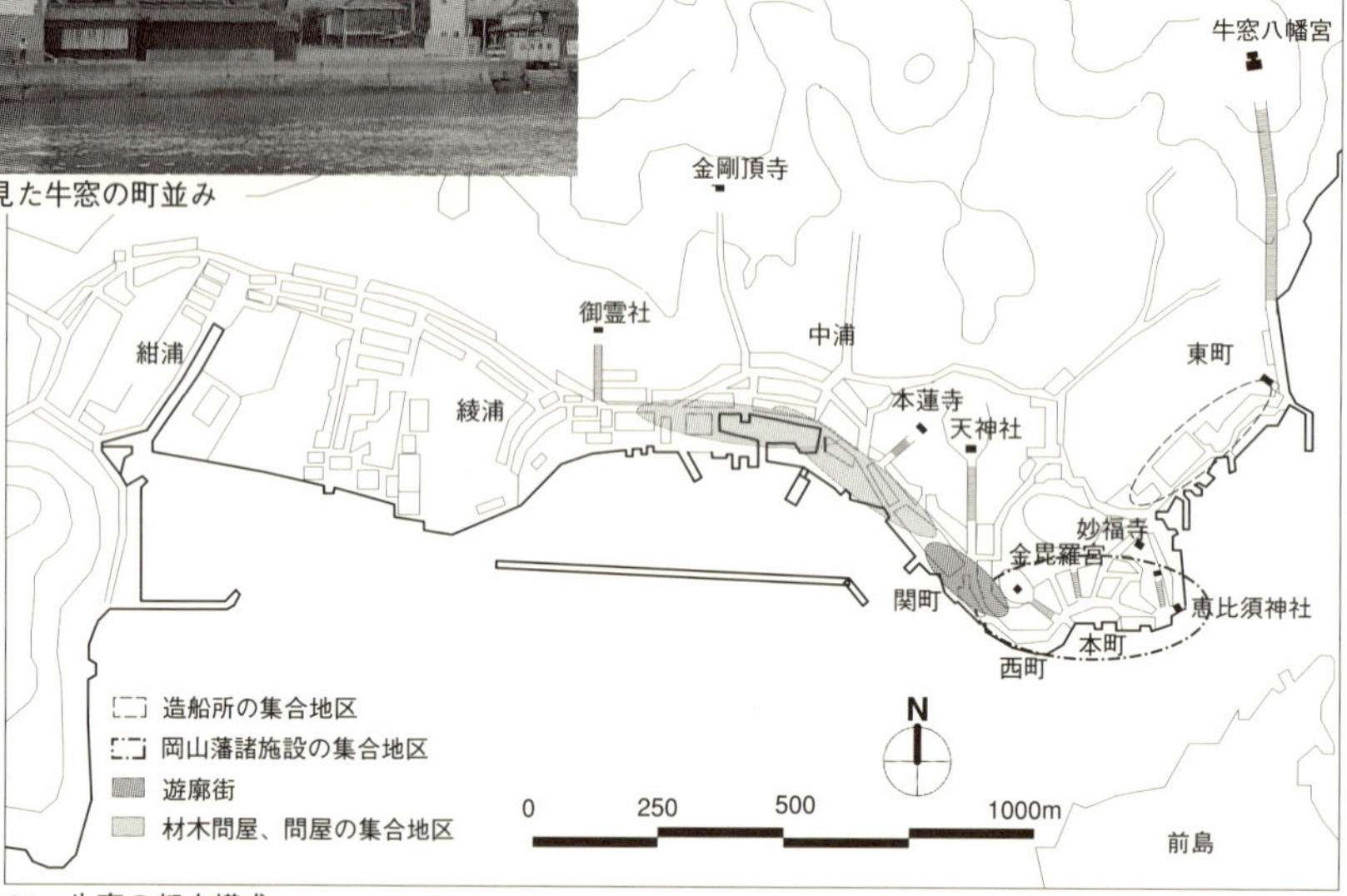

91　牛窓の都市構成

ているのである。牛窓も、前島が向いにあり、港町の背後には標高一六〇メートルの阿弥陀山という峰が控えている。そのために、北風から守れ、南から来る台風の波も防げたことで、潮待ち、風待ちにはもってこいの良港の自然条件となっていた。どの港町を訪れても、案内役の方々が口を揃えて同じような話をしてくれたことからも、こうした地形が瀬戸内海に港町として成立する基本条件であることがわかる。良港としての条件を備えたこのような場所は、中世以前から港町であった可能性が高い。

中世牛窓の都市構造を探る

文安二年（一四四五）の『兵庫北関入船納帳』には、牛窓の船が兵庫の湊に一二三件入港したと記されており、牛窓が港町として活躍していたことがうかがえる。谷沢明さんは『兵庫北関入船納帳』の内訳から、鎌倉時代には牛窓が少なくとも三つの浦に別れていたと推論している。そのうち、二つの浦、関浦（現在の関町、四八件）と綾浦（七件）は現在も地名が残っているが、最大の件数を数えた泊（六二件、その他不明が十六件）に関しては地名との関わりから判断できていない。ただ、谷沢さんは、「泊」という言葉に着目している。それは、入江に砂浜がひろがり、潮の干満の差を利用した船泊まりに適した地形ということである。牛窓が港町として水際いっぱいまで高密化される以前の自然地形の原風景を想起すると、現在の西町から本町にかけての半月型の地形をもつ場所以外には見当たらないとして（注10）、本町付近が中世牛窓の船乗りたちの拠点「泊」だったのではないかとしている（91）。ここでもう一度、良港の地理的条件を思い浮かべてみると、三つの浦では西町から本町にかけての一帯が最適なのである。中世・牛窓で最も栄えていた泊という港が、西町から本町にかけての一帯であることはうなずける。

その後牛窓は、江戸時代に官の町として重要な港町となっていった。だが、幕藩体制が崩れると、牛窓は中心的な場所に花街ができるなど、明治期にはいってむしろ瀬戸内海の中世に栄えた港町の都市構造にもどっていくことに興味を引かれる。

天神社の長い参道を降りてきて、少し広場のように広くなった四辻から西町に向かって花街があった。その歴史は明治一九年にはじまる。現在でも当時の面影を残す遊廓建築が残されている。この花街に隣り合う、海に面した場所には魚市場があったそうである。生々しい生活感がこの一帯に凝縮されることになる。だが、花街のすぐ西側の関町にはかつての豪商の建物が連なり、東側の西町にも官の建物が商人たちに払い下げられ、落ち着いた町並みが維持されている（92、96）。

この花街の位置は、一般的には甚だ不自然なものに思われる。牛窓が明治に入って土地所有を大きく変えていく過程で、ぽっかり開いた隙間に花街ができたのである。しかし、瀬戸内海の港町を見てきた後に、再び明治にできた牛窓の花街に目をやると、むしろ中世以来の港町とは異質な官の施設が中心的な位置に入り込んでいたことに気づかされる。明治に入り幕藩としての官のたがが外れて、重要な神社の裾という本来の場所に花街が位置づけられたといえる。中世港町の構造を色濃く残す尾道にしろ、江戸中期に繁栄した港町・御手洗にしろ、町の核に関わりながら神社の裾にできた花街のあり方を見ると、牛窓にも瀬戸内海の港町における花街がもつ姿の脈絡が歴史を超えて深い部分で通っているように思えてならない。

海に開かれた遊廓建築

遊廓建築として残る本多邸は、関町で「櫓屋」を営んでいた家である。現在当主である寿子さんの亡き主人・金一さんが、明治三四年「櫓屋」の四代目として生まれ、

93　遊廓建築の立面図

92　牛窓の中心であった四つ辻近くに建つ酒造業の建物

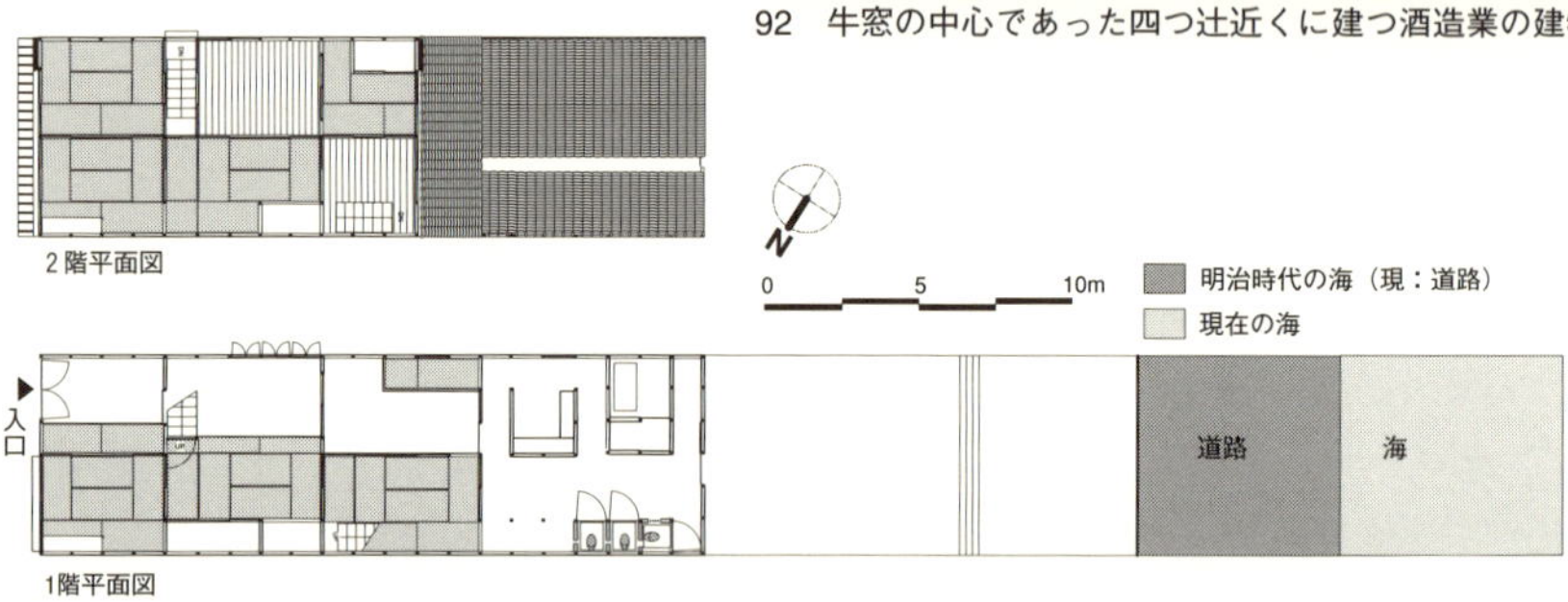

94　牛窓の元遊廓建築の平面図

今の場所に移り住んだのが昭和二五年頃であった（93、94）。造船業が盛んであった牛窓には、昭和二〇年代に入っても「櫓屋」が六軒もあった。東町の黒田屋、本町の竹内家、関町の庭瀬家が二軒あり、綾浦の那久家、そしてこの本多家である。主に、小豆島を中心に、瀬戸内の島民たちを顧客としていたという。

寿子さんがお嫁に来た当時、この建物の一階に窓が一つも無かった。「始めて玄関を入った時真っ暗で、それは、恐ろしい所にお嫁に来てしまった」と思ったそうだ。このような話から、当時の建物の様子がうかがえる。本多さんが移り住む前には、「碇屋」という屋号の遊女屋であったからだ。明治二四年には二四軒の遊女屋がこの関町の一角に、軒を連ね昭和初期まで港の花街として賑わっていた。この建物も、二階の欄干や座敷の書院窓などに昔の栄華の記憶が刻まれている。遊女屋だった頃は、遊女たちが寝泊まりする離れが海岸線ぎりぎりに建っていた。本多さんが移り住んでからは、この離れが櫓をつくる作業小屋となり、材料や製品の出し入れが海側から頻繁に行われていた。老朽化が進んだため、現在は取り壊されて更地となっている。また海岸線には、三段の雁木が今なお残っている。

母屋は総二階建である。一階の通り土間に沿って、明

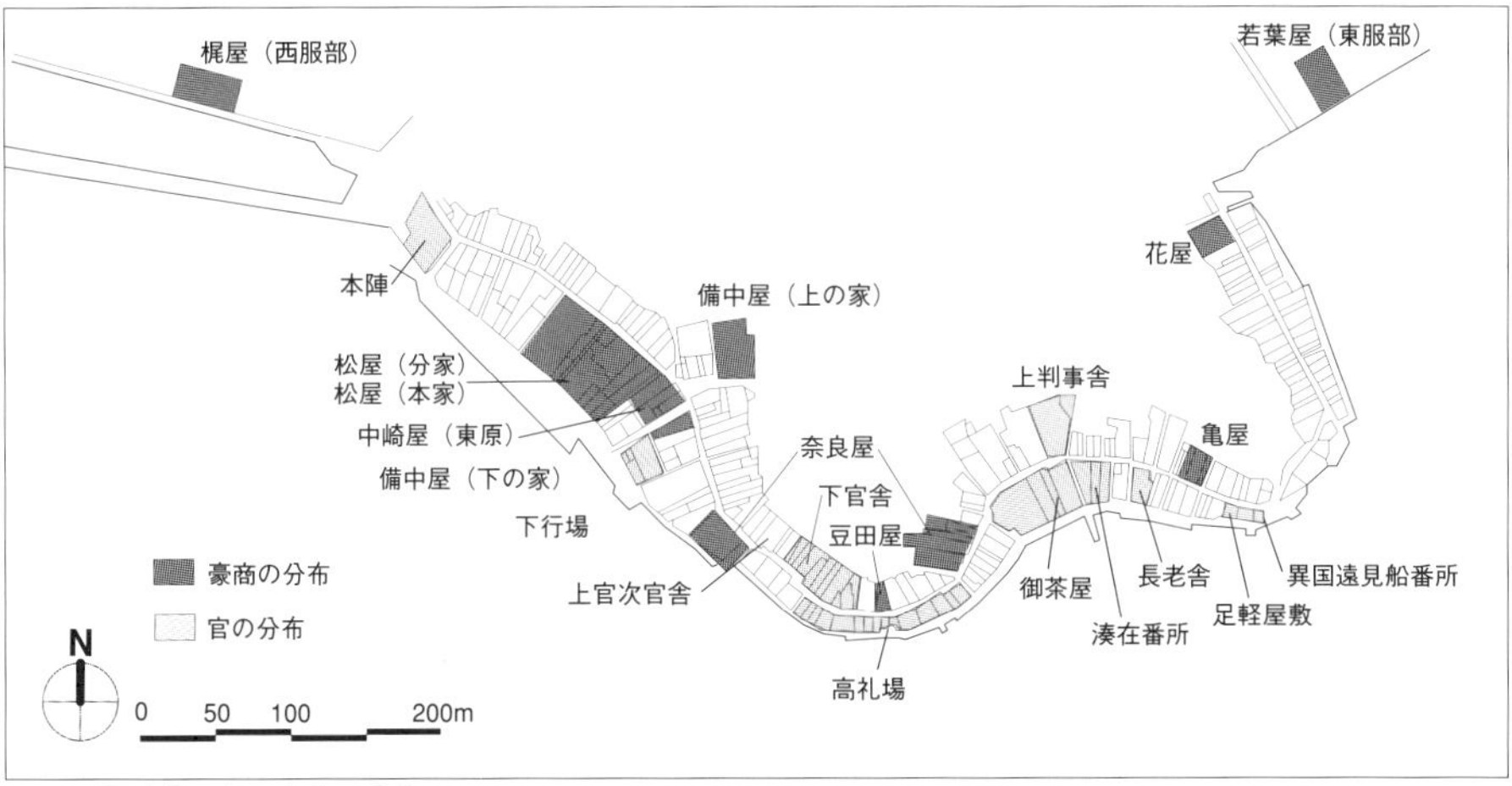

95　江戸時代の官と豪商の分布

治の頃には顔見せ場があった。その奥は、真っ暗で、すれ違うお客さんの顔が見えないようになっていたのだそうだ。しかし、昭和に入って窓を付け、屋内を明るくして店の機能をもたせた。土間の次の間には、二階にあがる階段がある。階段の位置は、昭和二五年以降に動かしたそうだ。二階に上がる階段の両際には、障子扉があって、柔らかな光が射している。天井や壁には素晴しい彫り物や塗り物が見られ、当時の華やかな趣がそのまま残っていた。

本多邸には、建物だけではなく、雁木、格子、装飾など歴史的に価値の高い要素が多い。さらに、近世の海岸線の位置や明治初期の遊女屋の空間構成のあり方まで、私たちはここから貴重な情報を得た。

官の港町として栄えた牛窓

江戸時代の牛窓は、瀬戸内海の多くの港町と異なり、官が中心の町であった。官の施設が多く分布しているのが本町、西町である。本町には幕府の御茶屋や異国船番所などがあり、西町には対馬本陣があった(95)。なぜ本町と西町に官の施設を集中的に立地させたのか、集中的に立地させることができたのか。尾道は官の施設は中世に成立していた中心市街地の西の外れに立地し、中心部

97　海に向けられた玄関

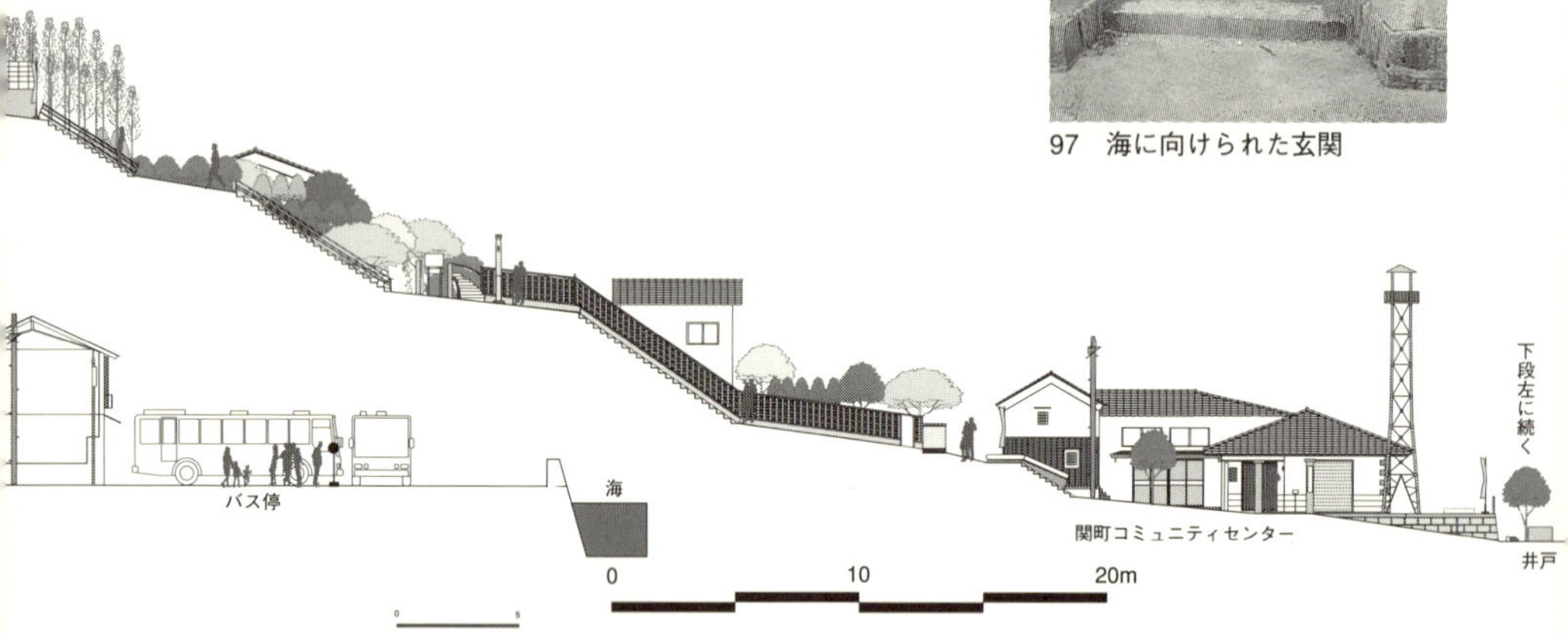

には入り込めなかった。一方、鞆は中世以前から港町として繁栄した町ではあったが、戦国時代に一度城下町として再編された経緯がある。尾道は例外として、中世以前から成立していた港町は、本城が構えられなかったとしても、少なくとも港町の中心と港を押さえられる要の所に出城を築くのは常道だろう。ただ、牛窓は中世に城を築かれることがなく、近世に入って藩の重要な外港として位置付けられ、様々な官の施設が港町の要の場所をおさえていった。このように牛窓は一時城下町化した他の港町とは異なった経緯がある。

中世の牛窓は、尾道と同じように本蓮寺、妙福寺という武士以外の寺の支配が強かった。それが、戦国末期から江戸時代初期にかけて勢力を張った本蓮寺が無住となったように、寺の支配が一挙に衰えた。このことで、官が江戸時代に入って中心部を占めることを可能にしたと考えられる。尾道と違って牛窓は、官の港町となり、港町としての構造をも大きく変えていったのである。牛窓は城下町として再編されたわけではないが、朝鮮通信使など国際的行事のハレの舞台を意識した町並みが交通路である海側からの視点で構成されるようになる。官の施設としてつくられた本陣などには個々に海からアプローチできるように設計されていた。現在でも海へ向う石段

96　牛窓の連続断立面図

が残されており、当時の痕跡を確認することができる(97)。

材木業と造船業

牛窓の近世は、官の町であると同時に、材木業と造船業の町でもあった。本町、西町の西側の関町には庄屋（問屋）が多く集まり、江戸中期から後期にかけて備中屋、中崎屋、奈良屋などの豪商が栄えた。その多くが材木の取引から財を成している。一方、東町は江戸時代後期になって造船業で盛んになる。材木業と造船業の繁栄で、牛窓は一層の経済力を持ちはじめていく。

牛窓に集められた材木は、宮崎の日向でとれた杉である。これは、船の材料に使われていた。また、宮崎に備前焼の遺跡が大量に出土している。牛窓の船が備前焼を積んで日向まで行き、材木を積んで牛窓まで帰ってきた当時の様子が発掘調査でより鮮明になりつつある。このことからも、舟運を通しての都市の文化交流は広域的なネットワークで成立していた一端がうかがえる。

関町、西町の古い町並みを通ってきた私たちは、異国船遠見番所を抜け、木造の常夜燈を左に折れて、東町の造船業で栄えた地域に足を踏み入れた。現在は造船に携わる人は少なくなり、造船所の看板を掲げていても船づくりは久しく行われていないようだ。東町に入ってすぐ、「岡本造船」の看板が目に飛び込む(99)。老夫婦が二人で造船所を守っている。この造船所も十年位前までは船をつくっていたということだ。建物と海の間が斜路になっていて、新造の船は下にコロを噛ませて、海へ進水したとご夫婦は話してくれた(100)。案内役の若松さんによれば、ここら一帯の造船所はかつて道を挟んで海側が作業場で、山側が居住場所となっていたとの話だが、岡本造船のご夫婦は現在本町に居住する場所をもち、東町は仕事場だけだったとのことである。ただ、職住の分離があるものの、仕事場としての建物自体は江戸後期以来の造船所の機能を踏襲していて大変興味深かった。しかも、船大工である主人は、当時を思い起こすように造船の作業行程を、実演まで交えて私たちに説明してくれたのである(101)。

造船所の建物はよく見ると台形である。道側の梁間が、港側と異なる。海側に向かって少し狭くなっている。造船する船の恰好に合わせるように建てられていて、直角にこだわらない船大工の建物だと実感する。床には勾配がついており、海側を少し低くしている。船は造船所の中で組み立てるのだが、船の尾の方を道側に向ける。船がある程度組み上がると滑車で少し船を吊り上げる。船の下には丸太を数本敷き、船の前と後ろに固定する杭をさす。船が出来上がって進水する時には、固定した杭を抜けば一人の力でも海に浮かべられるようになっている。敷居は、段差を無くすために敷居を抜き取れる(98)。様々なところに細かな工夫があって、造船技術の細やかさが建物にまで反映されているように思える。

船が出航する時間が迫ってきていた。巡ったどの港町でも調査に熱が入り、出航する時間がいつも大幅に遅れていた。今度遅れたら高松には行けないと、私たちは船長から釘を指されていたのである。思い残すことのないように、私たちは両側に古い町並みが建つ道とは別に、今度は海岸伝いに歩くことにした。海岸線は、高いコンクリートの護岸と舗装された道路が続く。こうした殺風景な道路に接して、江戸や明治に建てられた古い建物が所々に点在している。建物の基礎の部分を見ると、江戸時代からの石積みの石垣が数段見えている(102)。若松さんに聞くと、この石積みは当時のままだという。二、三の建物はかつて海から直接アプローチできたことを今でも感じ取れる。この思いがけない発見は、江戸時代の牛窓に対する想像力をおおいに高めた。

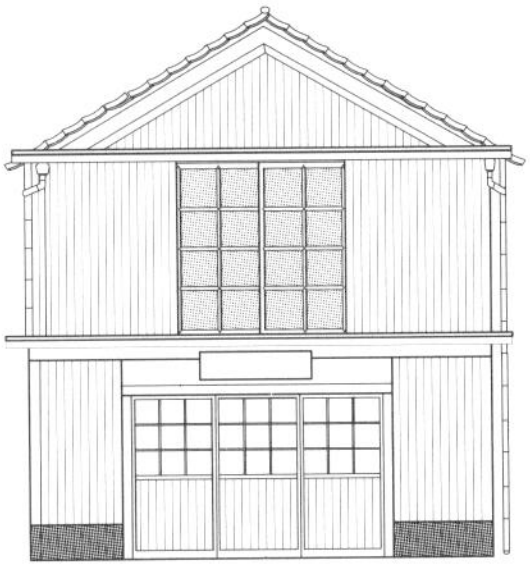

99　岡本造船所の立面図（海側）

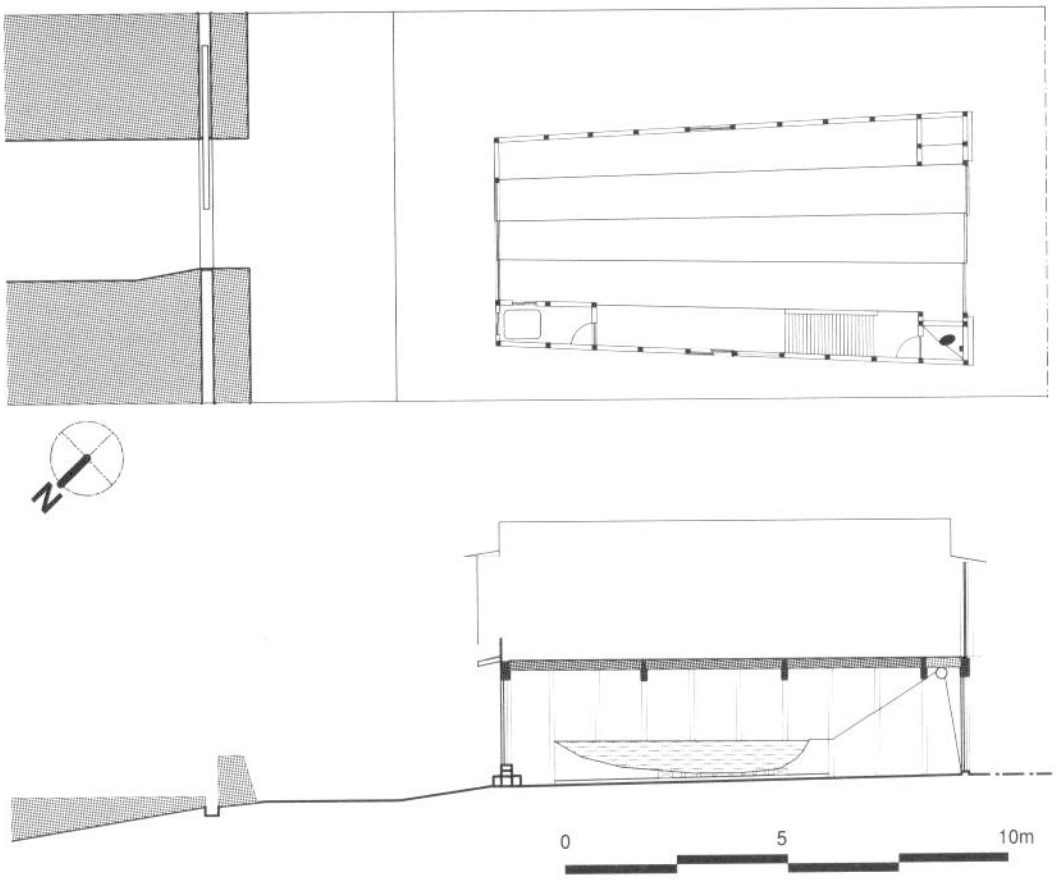

98　岡本造船所の1階平面図、断面図

101　当時を思い出して実演してくれた当主

100　新築された船を海に進水する時の様子を説明する岡本造船の当主

102　江戸時代に築かれた護岸

瀬戸内海の港町

柳井

周辺農村との結び付きと塩田で栄えた港町

港町として純粋に成立していた尾道のような都市、あるいは中世から戦国時代にかけて城が築かれ、城下町の要素を内包して再編成された鞆のような都市、そして牛窓のように近世は官の町として栄えた都市を見てきたが、もう一つの要素として商都としての色合いを強くもつ近世の港町として、柳井をあげることができる。

柳井は純粋な港町ではなく、商都として頭角を現し、近世の一時代を画してきた。近世、そして近代へと転換する時代背景のなかで、新たな都市的成熟を成すことができたのは、単に交易都市というだけでなく、都市の周縁に広がる農村との深い結び付きに加え、広大な湿地を利用した塩田開発があったからだと思われる。商都としては利根川河岸に成立した佐原とも類似する点が多いし、塩田開発においては同じ瀬戸内海の竹原との類似性が見られる。瀬戸内海の港町を巡る前に、私たちは陸からアプローチできる幾つかの港町を事前調査していた。その一つが柳井である。この町は、すでに取り上げた他の港町と異なる歴史的経緯を辿っている。ここでは、比較のために柳井を最後の港町として分析しておきたい。

柳井の駅に降り立ったのは夜も深けたころで、駅前から旧市街に向かって真直ぐに延びる広い都市計画道路が淡い光に照らされて印象的だった。明治になって鉄道が導入される際、旧市街から少し離れた場所に敷設され駅ができるケースが多く、その時駅から旧市街に真直ぐの道路が通される。柳井の場合も同様で、旧市街と対照的な町並を明治三〇年代以降つくり出した。人通りがほとんど無い道路を街灯が規則正しく照らし、暗く染めた山肌に吸い込まれていく。いよいよ明日はその先にある柳井の町並を歩くことになる。

朝になると、ホテルの窓から山並と柳井川に挟まれた旧市街が目に飛び込んでくる。柳井では、かつての塩田が広がっていた場所に、明治以降の新市街がつくられた。柳井川を挟んで北側と南側とでは趣を異にする。ホテルの窓からそのことがよくうかがえる。

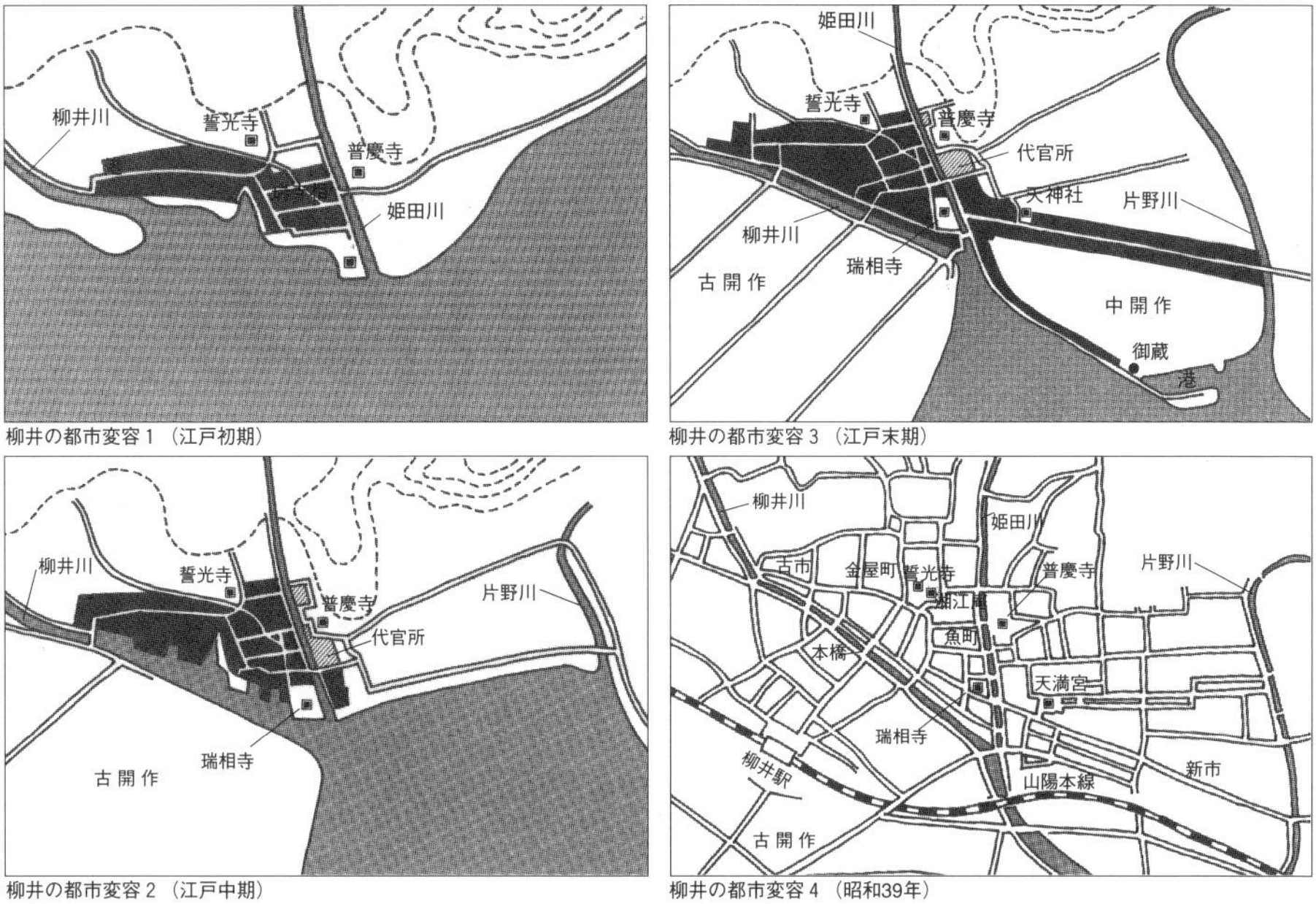

103　柳井の都市変容図

中世の柳井は、現在よりもはるかに海が入り込んでいた。先ず柳井川の河口近くの古市から金屋町一帯にかけて港がつくられ、港町として頭角を現すことになる(103)。この時代の海岸線は人為的につくられたと思われるような凹凸があり、谷沢さんは船溜りではないかと推察している。どのような護岸となっていたかは現状では明確ではないが、線的に海岸線に沿って護岸が広がる港であったと考えられる。

江戸中期までには、この港の内側に入った古市と呼ばれる場所から、現在も古い町並みが残る道沿いを中心に姫田川まで市街地が形成された。市街地の拡大にともなって、港も市街の東側の海につくられていく。柳井では、現在二つの旧家が博物館として公開されている。その一つである小田家は、元禄五年(一六九二)に、新庄村から柳井に出て、後に油屋を営み、柳井の豪商となった。小田邸は、表玄関がメインの通りに面し、奥行きの長い敷地の上に町家と蔵が建てられている(104)。以前は、裏門のある境界は直接海に面していて、直接物資の搬出入ができる河岸場を個人で持っていたと考えられる。南側の海に面していたと思われる場所の一角に、かつて舟運に使われていた船が展示されていた(105)。小田家だけでなく、他の商家でも多くの船が河岸に接岸し物資を運び入

104　連続して建つ旧家の蔵群

れていたに違いない。先の凹凸のある海岸線から個々の屋敷に荷を運び入れる河岸の構造にいつ頃から変化したかは定かではないが、一八世紀の早い段階にはすでに河岸がつくられていたと思われる。

　柳井の市街は、徐々に海にせり出すように拡大し、当初の河岸は現在の川岸の位置まで後退する。その時の河岸の使われ方は一方で共同化の方向に向かっていった。最近まで、花崗岩で築かれた江戸時代の石段が三ヶ所あり、それらは瀬戸内海の港町特有の雁木として使われていた。ただ、今回訪れた時には護岸の石を積み換えたらしく、当時の趣はなかった(106)。

　その後は、市街地の拡大や柳井川の土砂の堆積にともなって、柳井川と姫田川が合流する場所に港が新しくつくられる。そこには、積み荷を取り締まる河口番所も設けられた。代官所も、承応三年(一六五四)に新庄村から移され、官の施設が充実していく。

　姫田川沿いには、江戸時代のはじめ頃から魚市場があり、川を挟んだ対岸には花街もあった。妻入り塗籠造りの建物が数多く建ち並ぶ整然とした町並みに比べ、活気と猥雑さが渦を巻く別の世界がそこに繰り広げられていた。魚市場や魚問屋が軒を並べていた一帯を歩くと、現在では歓楽街となっている。当時の喧噪をうかがい知ることは出来ないが、今もあまり変わらない地割りのあり方から、その頃の様子がおぼろげながら浮かび上がってくる。

　柳井には四つの寺がある。いずれも姫田川沿いに集中し、古市や金屋町の外れに位置している。しかも、これらの寺の起源は中世以前に遡る。この一帯には思いのほ

106　新しく組み直された護岸

105　舟運に使われた船

か古くから集落が形成されていたことになる。推測が許されるならば、中世以前の柳井には、漁村と鋳物を生産する村の二つが共存していた可能性も考えられる。中世荘園の年貢輸送の港として栄え始める頃、この二つの村が一体化し、柳井の港町を形成したのではないか。

柳井川と姫田川の合流付近にできた港も、一九世紀を過ぎるあたりから土砂の堆積もあって使いにくくなる。天保年間（一八三〇～四四）には松ヶ崎の方へ新たな港をつくる。これ以降柳井は、純粋に商都としての道を歩むことになったのである。

商人の自負を表現する建築

柳井の町の繁栄基盤となった産業は、塩田と柳井木綿業、菜種・綿実油業、醤油醸造業である。これらの産業は、北前船の繁栄と相まって、十八世紀中ごろから十九世紀前半に繁栄する。これらの業種を営む問屋の有力者によって、私たちが現在見て歩くことができる町並みをつくりだした。こうした町並みの一角に国森家の建物がある(107)。国森家も、先に見た小田家と同様博物館になっており、この家に嫁入りしたという婦人が親切に案内してくれた。国森家は、十八世紀初頭廻船業を営み、木綿を扱って財を成した。その後十九世紀に入る頃から油

108　旧家の防火用の板戸と戸袋

107　江戸時代の町並みが残る柳井の旧市街

の製造をはじめ成長する。

　国森家の建物は、明和の大火（一七六八）の翌年に建てられたもので、蔵づくりの頑丈なつくりである。建物には様々な防火の工夫がされている(108)。当時の商家は、この国森家に見られるように、居住部分と商い・蔵部分が一緒になった造りである。建物は防火建築の塗籠造りにすることで、商品を守ることを考えていた。ここでは二階に商品を保管していたので、太い四本の通し柱が中央で組まれ、屋根瓦の下に塗り込められた数十センチもある屋根の土壁を支えていた。

　庭に面して、蔵座敷が一階と二階に設けられている。二階の蔵座敷は大正に入ってから新しく改築したというが、外の暑さを凌ぐには実に心地よい場所となっている。最後に、一階の蔵座敷に通され、床の間の下がり壁の裏を見せられた。何も仕上げをしていない裏壁を指差して、商人は完全を好まないそうで、より発展をするためにわざと残してあるのだという主旨の話を案内の婦人がしてくれた。ここに商人の心意気を見たような気がした。

瀬戸内海の港町の特色

瀬戸内海に点在する港町はどれもが個性があり、魅力的である。実際船で港町を巡ってその感をより深くした。瀬戸内海の港町を巡る旅を終えるにあたって、調査してきた各々の港町の類似性と固有性について少しまとめてみたい。

陸と海の接点に港町の根幹をなす物流の拠点ができるのは、舟運を基軸とした近世の港町の特色である。瀬戸内海の港町では、それがどのような特色を生み、中世、近世、近代といかに変容してきたのか。また、他の日本の港町とどのように異なり、あるいは類似性をもって展開してきたのか、示しておくことにする。

港町の類似性

古くは津、浜と港町が呼ばれるように、砂浜に港ができていた。これは潮の干満にも容易に船を接岸できるという有利さがある。しかし、砂浜であればどこでも良港になるわけではない。砂浜でありながらも、少し沖へでるとすぐ海底がえぐれ水深が急に深くなる場所が好まれた。なぜならば、多少大きな船でも容易に港に近づくことができるし、砂浜に接岸することも可能だからである。中世においてはこうした場所が良港となり、日本の各地に港がつくられた。その点で、瀬戸内海はこうした良港をつくる場所に恵まれていたことは確かだ。

だが、これだけでは良港の条件にはならず、潮風を避ける格好の地形、例えば背後に山があるとか、向いに島があるとか、港がつくられる片側あるいは両側に小高い丘がなければならない。日本で中世から近世に栄えた港町は異なった地形風土に成立してきたにもかかわらず、この二つの点で類似性をもつ。特に、瀬戸内海は、狭い海域のなかでこれらの条件にあった場所が極めて高密度に存在し、それらの多くが港として繁栄していったのである。

以上の地理的条件に社会的、技術的条件が加わることで、瀬戸内海の港町は様々な発展経緯を辿ることになる。その一つとして、技術的条件の変化を見ることにしよう。船の技術革新は地乗りから沖乗りへ、更に明治に入って西洋の近代造船技術の導入で、瀬戸内海を航行する船の航路が大きく変わることになる。その一方で、近代に入ると輸送する物資が大きく変わるため、むしろ地乗り的なダルマ船が瀬戸内海を数多く航行するという現象もあらわれ、鞆崎のような港町の繁栄も見られるようになる。また、柳井、竹原のように港を分離して商都として栄えた都市もあるが、多くは近代以降舟運の衰退とともに、漁村となっていった。

次に水際に成立した港施設の構造に関して、その変容過程と各港町各々の変化の違いについて見ていきたい。

自然条件と港町の繁栄

先に見たように中世以前の港は砂浜であった。こうした港に運ばれる物資は、天皇、貴族、あるいは有力社寺の荘園からのもので、港もそれらの領主が占有する港であった。それが中世に入ると、これらの物資を扱う問丸や廻船問屋が現れ、物資輸送の強力な存在となってから、港の構造も大きく変ることになる。彼らのなかには強大な資産を得て、港の一部を占有する者もいた。物資の保管、陸から海への積み降ろしを考えると、所有する敷地の地先が港になっていることが極めて効率的である。同時に、砂浜に接岸するよりも、地先を延ばし、石積みの護岸をつくり、船から水辺に面する蔵に物資を直接運び入れたり、運び出すことができれば、遥かに能率的だ。少なくとも、一部の有力な問丸や廻船問屋は地先を占有しながら効率的に物資を出し入れする河岸をつくったのであろう。中世後期の地先に蔵が並ぶ風景は、有力な問丸や廻船問屋の敷地内だけだったかもしれない。だが、江戸時代に入って、特に西廻り航路が整備され、物資輸送量が格段に増加した時代には地先に蔵が連続して建ち並ぶ風景が出現した。

また、舟運の繁栄は、港町の都市拡大に結び付く。どの港町も地理的条件を勘案して、発展していった。瀬戸内海では、都市拡大に大きく二つのケースが見られた。

第一のケースは、下津井に見られるように、短冊型の敷地が帯状に拡大していったケースである。このケースでは、近世港町の都市整備の特徴として、海岸線に沿って連続する建物の内側に都市軸となる一本の道路を計画的に通している。このことによって、多くの敷地が公平に地先に面し、各々が港機能をもつことができる。

第二のケースは、海岸線に沿って土地を拡大できない港町である。これらの港町は都市を拡大する場所を地先の埋め立てに求めざるを得なかった。その結果、古い時代から成立していた物流と商業の中心は、必然的に内陸に追いやられる。ただ、この場合でも海岸線に平行する都市軸となる道は存在する。このケースは、鞆や、比較的新しく成立した御手洗に見られる。これらの港町の特徴として、共同の雁木が発達していたことがあげられる。

第二のケースでは、海を埋め立てることで、海と丘陵部の間に比較的ゆとりをもつ土地が確保でき、潮風をまともに受けない内陸部にある中心の道沿いに店と蔵をつくることが可能になる。また、蔵だけを港に残し、店を海岸から少し離れた道に構えることもできる。この場合は、江戸中期以降の江戸に見られる変化でもある。川沿いの蔵と道を挟んだ店とがセットになった河岸の構造から、日本橋や本町のメインストリートに店を構え、蔵だけを日本橋川沿いの河岸に置くのである。それは、港町が物流の中継基地としてだけでなく、町での商いを重視しはじめたことを意味する。

(注)

(注1) 水戸光圀の兄、一六四二讃岐国高松十二万石に転じ、西国探題の内命を受けた。一六六二年には讃岐守に任ぜられ、よく民政に尽くした大名である。

(注2) 奴賀家は他にもあり、別の奴賀家は延長寺の北側にある。

(注3) 沖浦和光『瀬戸内の民族誌—海民史の深層をたずねて—』岩波新書、1998年、P.221

(注4) 木造船の最大の敵である船食い虫による腐食を防ぐために、船を浜に引き揚げて船底の外側を焼く場所である。

(注5) 沖浦和光前掲書、P.214

(注6) 沖浦和光前掲書、P.208

(注7) 谷沢明『瀬戸内の町並み—港町形成の研究』未来社、1991年、P.266

(注8) 谷沢明前掲書、P.267

(注9) 谷沢明前掲書、P.319～320、P.337～338

(注10) 谷沢明前掲書、P.393、P.404

伊勢湾の港町

私たちが舟運で栄えた都市の調査・研究をはじめた頃、伊勢湾岸に成立した港町はその対象に含まれていなかった。事前の研究不足といわれればそれまでだが、どうしても、舟運に関する従来の研究で脚光を浴びているルートに沿って、調査の候補地をあげるに止まっていたからである。

伊勢湾岸の都市を本格的に調査しようと思いたったのは、日本海側の港町、瀬戸内海の港町の調査を終え、近世の二大都市、大坂と江戸を結ぶ航路に目を向け、沿岸都市を調べつつあった時である。近世の太平洋沿岸の航路は難所が多いといわれている。紀州沖、伊豆沖は一本マストの帆船にとっては特に難所であった。海難事故も多く、航海の安全を祈願する信仰も金毘羅などの瀬戸内海の信仰だけでなく、鳥羽の青峯山信仰が太平洋沿岸の港町を中心に広く分布していることがわかってきた。そのことは、伊勢湾を舞台とする廻船が江戸に至るまでの太平洋沿岸を結ぶ航路において、活躍の場となっていた可能性を示唆するものであると思われた。

なぜ伊勢湾の廻船が江戸時代に大きく飛躍し、湾内だけではなく、外海に展開する可能性を生みだしたのだろうか。私たちの史料分析や日本の港町の調査が進むにつれ、舟運を基軸とした物流構造が文化・文政期（一八〇四〜一八二九）に大きく転換していたことに行き当った。その頃同時に、舟運で栄えた港町の多くが町並みを整え、寺社を建て替えていることも、調査した港町の数が増え、比較を重ねることで見えてきた。

文化・文政期には、北海道の産物が注目され、それを運ぶ北前船航路が整備され、舟運の物流量が飛躍的に拡大していたのである。この頃、江戸を中心とした大都市では、にぎり寿司やてんぷら、蒲焼きの店ができている。また、豆腐、麺などの料理が日常生活に潤いを与えるようになった。消費地の大都市では、食文化の変革が起き

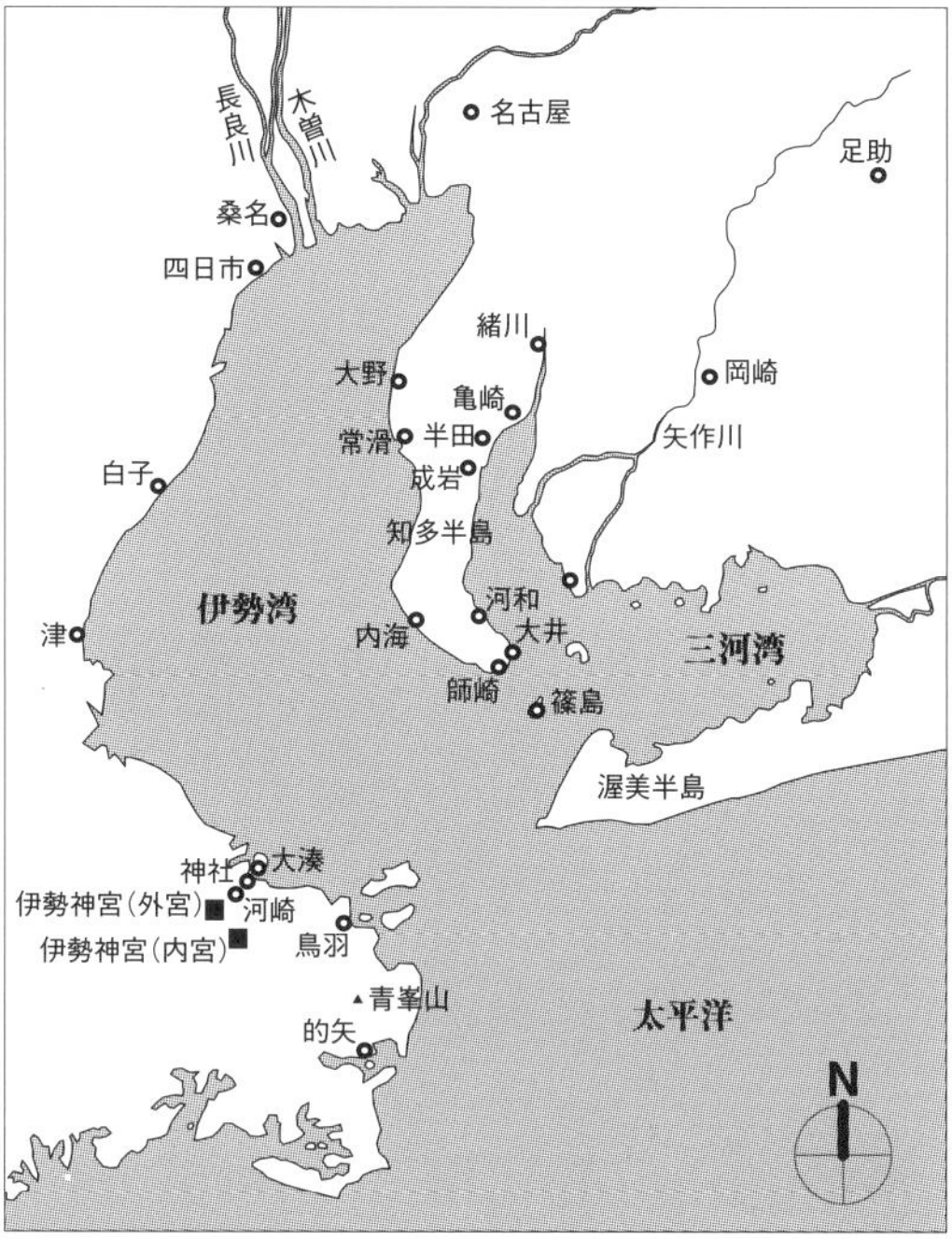

1　伊勢湾の調査地概略

ていたのである。このことを可能にした背景には、酒や味噌、醤油を扱う醸造業が廻船業と連動し、港町を軸にした新たな舟運ネットワークを再編する原動力となったことがある。

新たな舟運システムの可能性が見えてきたころ、天明の大飢饉（一七八〇年代）が起きた。このことで、米の流通を基盤にした菱垣廻船など旧来の藩主導の流通形態が弱体化する。その結果、醸造業などの地場産業と結びついた地方廻船は江戸や大坂を結ぶ主要航路に進出し、そこでの中心的な役割を担うことになる。その一つが、再編された伊勢湾の廻船ネットワークである。これを期に、伊勢湾の舟運が歴史の表舞台で活躍しはじめる。

ただ、伊勢湾岸に成立する港町個々の歴史は古く、中世以前にまで遡ることも少なくない（1）。

物流機構のたび重なる変化によって、中世と近世では伊勢湾の港町がその質を大きく変えて生き残ってきた。中世の時点では、伊勢湾の内陸側に近い港町が伊勢神宮との関係で重要な役割を担っていた。ところが近世になると、江戸や大坂との関係を深めることで、伊勢湾の重要な港町が南下し、外海に近い内海、大湊などの港町が繁栄していく。このような視点で、伊勢湾岸を調べていくと、実に興味深い港町が浮かび上ってきたが、文献史料を探しにくい場所が多かった。それだけに一層、私たちの得意とするフィールド調査から舟運で栄えた伊勢湾沿岸の都市を調べることで、新たな発見があるのではないかと期待したのである。

伊勢の港町

——大湊・神社——

どのように港町を調査したのか

港町を調査する場合、私たちはまず史料を使いながら歴史的に重要で、古い町並みが比較的よく残っている場所をいくつか選ぶ。それから、事前調査のために先発隊を組み、選びだした町を巡って実際にフィールド調査をする場所を選び、本隊を待って本格的な調査をする。

訪れたことのない町でフィールド調査をする時は、二つの全く異なる方法でアプローチする。一つは、訪れる場所を史料で入念に調べ、都市空間がどのように変容し、現在の姿になったのかを事前にある程度描きだす。作成した地図を前に調査に参加するメンバーでミーティングを重ね、調査のポイントや仮説を出し合って議論する。このような下準備のもとに、現地に乗り込むのである。

いま一つは、江戸時代の古地図（ない時もあるのだが）と現在の住宅地図帳という最低限の地図情報を抱え、現地に向う。私たちの五感だけが頼りの調査となる。先入観がないだけに、町並みや建物一つ一つを相手に真剣勝負のつもりでフィールド調査ができる。思いもかけない発見があり、面白い都市の仕組みに出会うこともあり、その時はなかなかスリリングな調査となる。ただ、このような行き当たりばったりの調査では、帰ってからが大変である。調べた図面が都市分析をする上でどのような意味をもつのか、現地で入手した調査地の関連史料をあさりながら町を分析していく必要があるからだ。

このような町を訪れる場合、新鮮な驚きと発見があっても、あらかじめ立てた仮説を検証し、都市空間を読み取る作業を理論的にしっかり組み立てるのは調査を終えて帰ってからのことになる。この時、フィールド調査で感じ取ったイメージや現地で取った野帳類が、その後の分析で予想を上回る成果をもたらした時は喜びもひとしおとなる。それに対し、フィールド調査した場所が私たちの思惑通り重要であったとしても、その歴史的背景や都市構造が大きく変化していて、持ち帰った成果だけでは不充分な時は、再調査に向かうことになる。

伊勢の場合、大湊と神社に絞り込んでフィールド調査をしている。その前に、いくつかの町があがったが、何かに引きつけられるように、この二つの港町を選ぶことにした（2）。これらの都市が、思いもかけない複雑な歴史背景と都市変容を経験して成立していることがわかり、補強のために再調査を余儀なくされた。

なぜ大湊と神社が伊勢湾岸の港町のなかで重要なのか。それを描くには、伊勢の置かれた立場を示しておく必要がある。ここではまずこの二つの町を理解するために、中世から近世にかけての伊勢の港町の変容過程を分析することから話を進める。

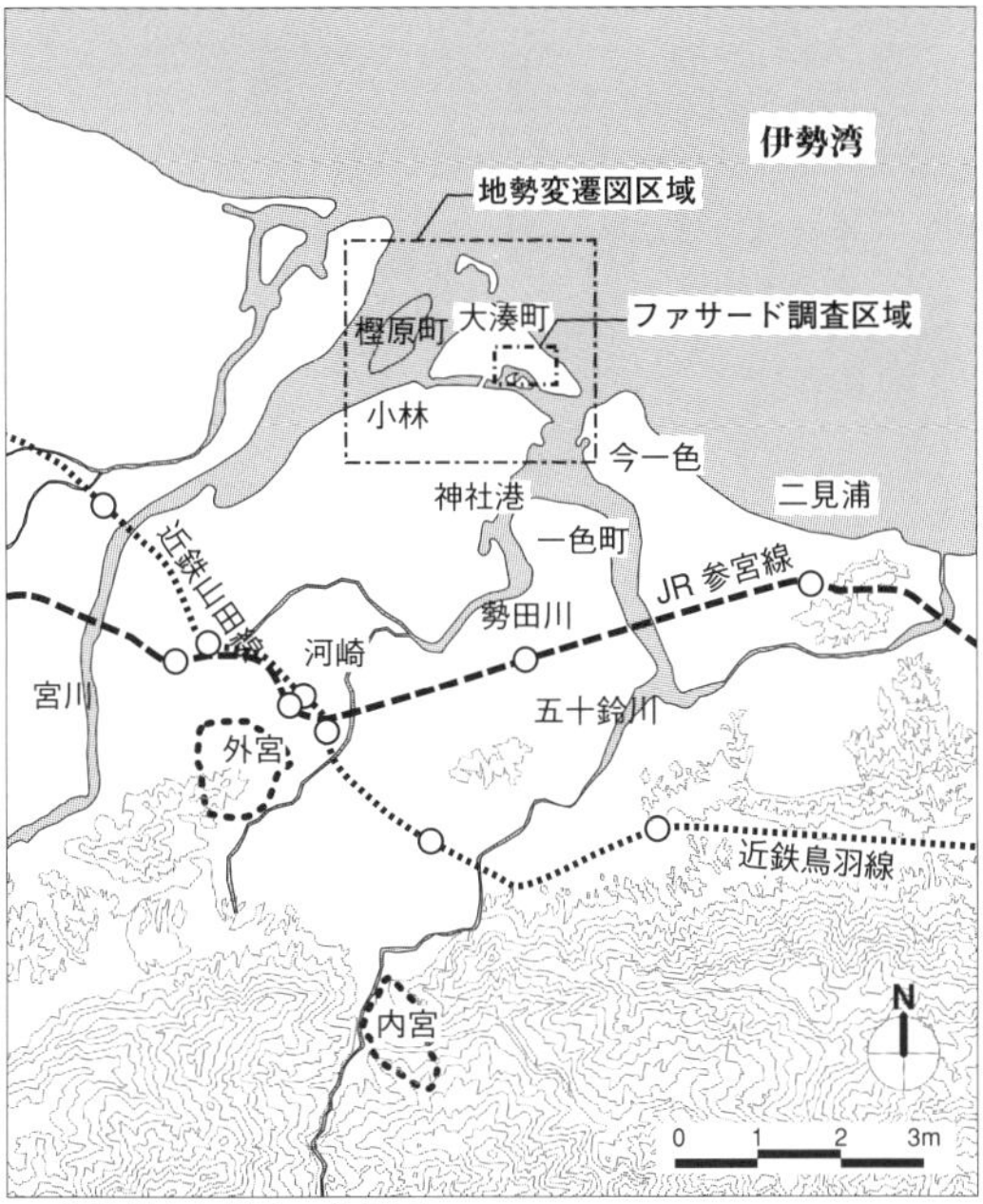

2　伊勢神宮と港町の位置図

中世から近世への港町の変容過程

伊勢神宮を核とする伊勢・志摩沿岸地域

伊勢・志摩沿岸に立地する港町は、伊勢神宮（正式には「神宮」とのみ称し以下、神宮とする）を背景に成立・発展してきた経緯があり、神宮の存在を抜きにして語れない。神宮には内宮（皇大神宮）と外宮（豊受大神宮）があり、それぞれが別宮、摂社、末社からなる（注1）。壬申の乱（六七二）を契機にして、伊勢が国家祭祀の中心となり、急速に制度が整えられて、両宮は発展する（注2）。ただし、外宮は両宮を兼ねる役割をもち、参宮者も多く経済的に豊かであった。一方の内宮は、格としては一段上の地位を確保していたが、経済的には外宮に劣っていた。

十一世紀から十三世紀前半にかけての荘園制度の形成過程で、神宮は海上交通の要地となる津や泊、浦、浜などを含む荘園の確保に努め、天皇家、摂関家、貴族、興福寺や延暦寺などの大寺院、賀茂神社や熊野神社などの大神社と激しく競り合う（注3）。まるで、今日のアジア各国が地域経済の主導権を確保するために、港湾機能の充実やハブ機能（乗り換え機能）を有する国際空港建設に力を入れている状況と重なる。

荘園が制度化するなかで、神宮もまた一つの強大な勢力としての経営基盤確保に奔走していた。このようにして確保された神領の分布は、東国が圧倒的に多い（注4）。十四世紀後半の成立とされる神領目録からは、荘園の一種である御厨《みくりや》が伊勢・志摩・伊賀に八割強分布していることがわかる。残りの二割弱の大半は尾張・三河・遠江、東海道・東山道諸国で占められ、山陰道、山陽道、南海道の諸国の比重が極めて小さかった。

東海方面の神領からの年貢を運搬する交通路としては、伊勢・志摩地域と尾張・三河を短縮して結ぶ海上のルートが早くから発達していた。現代人の眼からは海は人を隔てるものとして捉えがちであるが、舟運が主な輸送手段となっていた近世以前、海は人を結ぶものとして機能していた（注5）。もちろん、伊勢の海域もそうであった。

神宮の信仰は、十三世紀後半の蒙古襲来を退けた「神風」の存在によって高まりをみせていくが、両宮の経済格差や格付けの違いなどが表面化しはじめる時期でもある。永仁四年（一二九六）には両宮の争いが公的な記録にあらわれる。十四世紀の鎌倉時代後期には、それまでの御園や御厨といった荘園制を基盤にした神宮の経済体制が弱まり、神宮内では参宮者からの弊物や賽銭に大きく依存するようになる。両宮による参宮者の争奪が生じ、一時神宮のような伊勢の権威の衰退があった。

十五世紀になると「伊勢御師《おんし》」による全国各地への布教活動や為替の発行などの経営努力により、神宮全体に参宮者が再び増加する。近世に入ると、神宮はお伊勢参りの場所として大衆化していく。江戸後期には「おかげ参り」「抜け参り」と称され、全国各地から年間二〇〇～三〇〇万人の参宮者が訪れるようになる。門前町の山田や遊郭の古市は一大レジャーランドとしての賑わいとなる。また、神社は神宮への海の玄関口として、河崎は山田などの物資を扱う商港として、大いに発展する。

伊勢・志摩沿岸地域の港町は強い影響力をもつ神宮に依存していただけではなかった。近世に入ると、港町はそれぞれの機能を特化させていく。寛永年間（一六二四～一六四四）になると、松坂や津出身の伊勢商人が江戸に木綿仲買の店を出すようになる。伊勢平野の木綿織りは綿花の栽培も合わせ全国の流通機構に乗るまでに発達していた。三井財閥となった松坂の越後屋をはじめ伊勢商人たちの江戸での活躍は、伊勢の港町を神宮依存型の港町から脱却するきっかけとなった。木綿・茶といった地場産物の取引港として桑名、四日市、白子、津、大口などが繁栄していく（注6）。

伊勢・志摩地域は、宮川を境に鎌倉時代以来守護不入地として外部からの進入を免れ、江戸時代には神領地内は無税地とする特別措置が取られていた（注7）。そのため、海上及び陸上の参宮路は経済上の交易路として早くから開けていた。

さらに、大阪からの物資を江戸へ運ぶ菱垣廻船、樽廻船の航路が太平洋沿岸で整備されると、外海に近い志摩の鳥羽や的矢、安乗《あのり》がその寄港地として発展する。その他に、物流に対応した港機能を持たず、船主の居住地として成立する港町が現れる。知多の内海が有名であるが、伊勢では若松、富田《とよだ》一色、天ヶ須賀《あまがすか》がそれにあたる。また大湊、神社では造船業が盛んになるなど、伊勢・志摩沿岸全体の港町で新たな局面が見られるようになる。

勢田川流域の港町の形成プロセス

伊勢・志摩沿岸の多くの港町のなかで、私たちが着目したのは伊勢神宮と関係の深い勢田川流域に位置する大湊、神社、河崎である。これらの港町の近世までの形成過程を神宮の動向や舟運及び地場産業の発展と対応しながら、比較の視点を入れて三つの段階で見ていきたい。

第一段階は、神宮が荘園制度の下で領地の確保に奔走した時代である。大湊は、歴代和歌集に「小野の港」として歌われ、水門《みなと》と呼ばれていた。その歴史は、十一世紀半ばに二見郷の者が当時砂州であった場所を永代地として開発したことから始まる。十二世紀頃には、大塩屋御園として神領に属し、御園砂州の東側に大湊村の集落が、西側に大塩屋村の集落が形成される（注8）。大湊村は神領の年貢の集積港として、また内宮外宮関係者の衣食売買を一手に担う一方で、神宮の貯木場としても栄える。また大塩屋村は、塩の生産や海産物の集散地として栄えた。伊勢・志摩沿岸における製塩の歴史は古く、神亀六年（七二九）までさかのぼるが（注9）、大塩屋御園として製塩が始められたのは、十三世紀以降御塩を神宮供進するなど神宮との結びつきを強めていった。この時代に神宮の経営を支える基盤として大湊が登場するが、神社や河崎はまだ歴史の舞台に登場していない。

第二段階は、十五世紀の室町時代半ばである。参宮者が増加することで、神宮周辺の地域社会が経済的な恩恵を受け始める時代である。神領への年貢の運搬の減少とは逆に、参宮者の増加が伊勢湾内の新たな流通を盛んにする。「伊勢小廻船」の活動が活発化する。

明応七年（一四九八）の大地震では大塩屋村が壊滅する。その時生き残った大塩屋村の住民は、大湊村に移る。対明貿易で栄えていた津もこの地震で海中に没してしまう。大湊は大きな被害を受けながらも小廻船によって集められた物資を東方へ運ぶ「関東渡海廻船」という大型船の拠点港となり、津にとって代わり発展する。永禄八年（一五六三）の記録では、入港した船の総計が六八〇艘を数えるまでになる。大湊の繁栄は、軍事上の要地としても着目されはじめ、南北朝時代には南朝の根拠地となる。文政四年（一八二一）の古文書には、中世の大湊には千軒以上の家が建っていたと記されており（注10）、その後の大湊の繁栄ぶりがうかがえる。

大湊から勢田川を上ったところに位置する神社は、この時代になって歴史に登場する。かつては、現在の神社港から南西に一キロ程の地点にある小字名潮満《うしおみつ》で開山されたと考えられる八一七年創建の古刹潮満寺の門前に形成された集落であった（注11）。当時、潮満寺辺りまで水路が通じていて、船宿、問丸、廻船業が営まれていた。その後、津波や洪水による災害も考慮して、利便性の高い勢田川沿いの現在の場所に順次移っていったようだ。町を移動させた神社は、それまで大湊などに上陸していた海上から船で来る参宮者の上陸地となり、商業を中心とした港町に発展していく。

第三段階は、近世に入り参宮が大衆化する時代である。この頃には、太平洋沿岸の海路が整備され、地場産業が発展する。この段階で、河崎は参宮者で賑わう宇治・山田の米・魚・野菜・薪炭といった消費物資の集散地である問屋町として繁栄する。河崎の起源は、長享年間（一四八七～八九）、北条氏の遺臣河崎一族が勢田川中流域の低湿地を埋め立て、開発したことに始まる。この町が豊かな経済力を保持していたことは、周囲に環濠がめぐらされ、木戸門を設置するなど、独立した自治都市としての原形が整っていたことからもうかがえる。現在でも河崎には、環濠の遺構や河岸の一部が残っている。問屋街のあった通り沿いには、黒い防腐剤が塗布された下見板を壁とする妻入りの家々が織りなす重厚な町並みに出会うことができ、往時の繁栄ぶりを感じ取れる（3）。

大湊は、度重なる大地震の被害で、商港としての地位を河崎に譲ることになる。南北朝時代に入った暦応期には五〇艘余の廻船を有していた大湊は、江戸時代の慶長期になると十艘程度に減少してしまう（注12）。そこで大湊は産業転換をはかる。舟運による廻船の増大に目をつけ、大湊は造船業に傾倒していく。大湊は天然の良港であると同時に、貯木に適した広い場所を確保することができた（4）。しかも、宮川上流域には大原始林があり、造船用の木材が容易に入手できた。南北朝時代には熊野水軍と連合して船艦二十艘余を建造したとの記録が残っている。また秀吉の朝鮮出兵に際し、一八〇人乗りの軍船・日本丸を建造したのも大湊であり、軍船建造の重要な役割を果してきたのである（注13）。そのため、大湊では木割などの造船技術が古くから発達していた。

戦乱の時代が過ぎて近世に入ると、廻船の需要が高まり、大湊の造船は、大型の和船を中心とした建造に力点が置かれるようになる。大湊の造船業が大いに発展する様子は、内海船主の内田佐七家内文書に詳しい。文政以降、内田佐七家の手船は十三艘あり、そのうち十二艘が大湊で建造されている。また、造船関連産業である船釘などの鉄工業の発展も著しく、天保十四年（一八四三）の戸数四〇〇余戸のうち鉄工業者（鍛冶工匠）が過半数を占めていたほどである。大湊の造船技術は時代の先端を常に維持するほど確かなものがあり、伊勢湾の周辺地域における造船技術者育成の場としても貴重な存在となっていたようだ。

近世の大湊は、商港としての地位を河崎に譲っていたが、依然として茶や紀州藩の御城米、造船用の材木、船

3　河崎の河岸風景

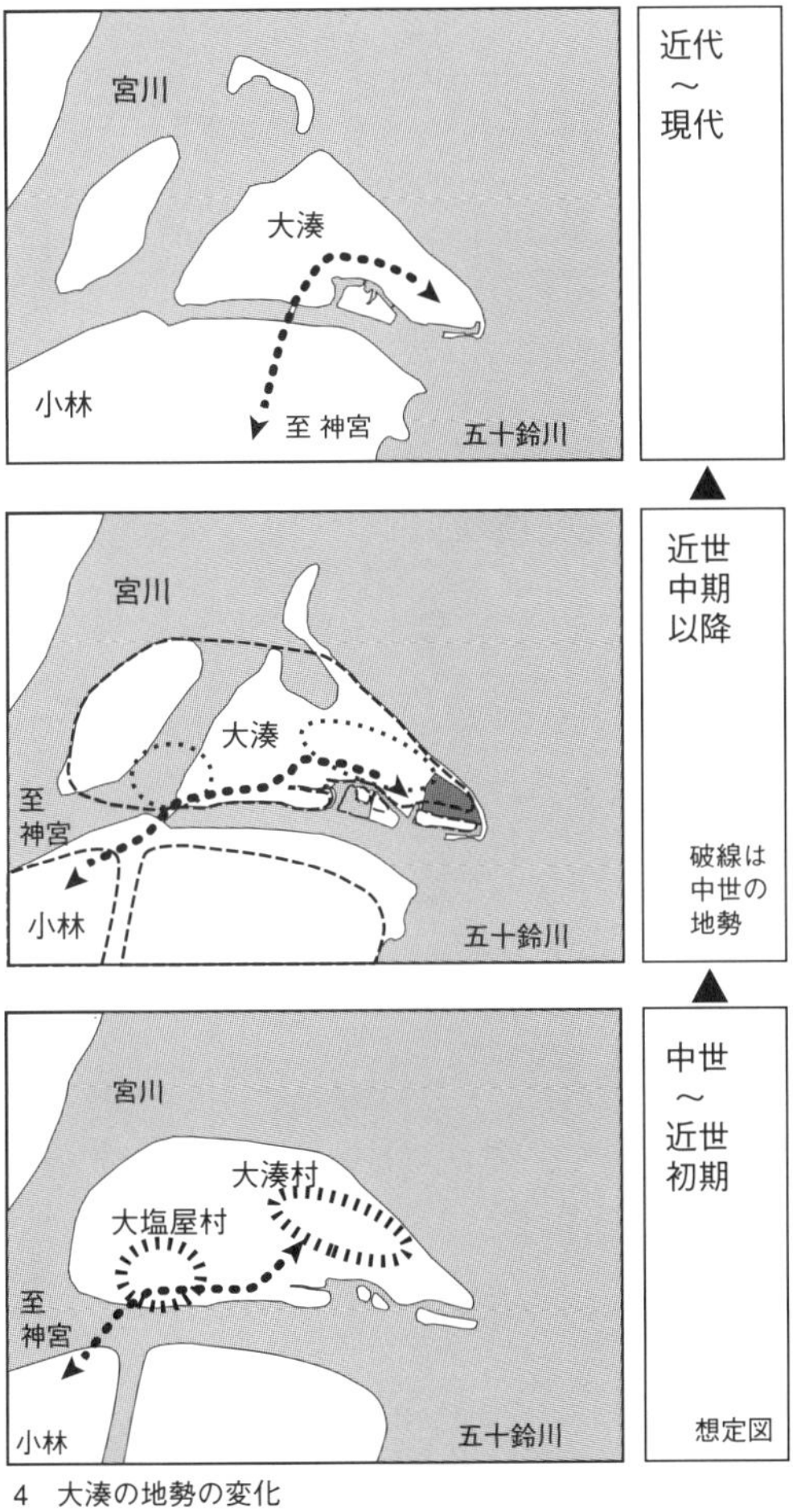

4　大湊の地勢の変化

釘や建築用の和釘の原料及び製品などの取引港として機能しており、神宮依存型の商港から脱却して産業機能の多様化を図っていったと考えられる（注14）。

一方神社では、近世の早い段階で河岸を築き、参宮者の上陸地や商港としての体裁を整えていたが、これまでの神宮関連の物流機能はすでに河崎などの内陸に移っていた。神社は、大湊と同様造船業を中心とした産業に転換を図る。だが、大湊との競合を避けるために小型和船の建造に力を入れるのである。

このように八〇〇年の時代の流れを追ってみると、大きな勢力である神宮も港町の大湊、神社、河崎も、律令制から荘園制度そして鎌倉、室町、江戸といった時代の社会情勢の波に翻弄されながら、その都度都市機能を変え、相互に共存する関係をつくり上げていったことがわかる。

では、いよいよフィールド調査に出発しよう。

伊勢湾の港町

大湊

平成十二年三月三一日、私たちは伊勢を目指した。すがすがしい春の陽気は伊勢の調査に臨む私たちの気分を解きほぐしてくれていた。

まず最初に訪れた港町は、舟運で栄え、伊勢湾沿岸で重要な役割を果した大湊である。大湊は宮川、勢田川、五十鈴川が集まる河口、島状の洲に成立した町である。勢田川の流れの一部は外宮から湧きだす水を集め、門前町山田の南を通り、問屋街のあった河崎、参宮者が上陸した神社を経て大湊に流れでている。車社会の現在でも、大湊への陸からのアプローチは大湊橋ただ一つである。周辺の道に不慣れな私たちは、地図を頼りに大湊を目指すのだが、狭い道に迷いこみ、たびたび立ち往生してしまう。私たちは、貴重な時間を予想以上に費やしてしまった（注15）。

メイン・ストリートを歩く

回り道をしてやっと大湊橋まで辿り着くと、橋詰めには明治四年に創業した菊川鉄工所の建物が見えた。大湊川に船が係留され、川沿いに造船所が立地する風景に接すると、いよいよ目的地に来たことを実感する（5）。大湊橋を渡って市街に入ることにする。想像以上に古い町並みが私たちを迎えてくれた（6）。さっそく、現在の住宅地図帳と近世の絵図（享保十三年（一七二八））を取り出し、町中を歩いて巡ることとした（7、8）。絵図と比較する限り、町の主な空間構成は変わっていないようである。大湊橋を渡った道の突き当りには今でも墓地があり、町の軸となる通りは絵図に描かれているように右に折れて延びている。近世以前の墓地が町の周縁部に置かれていたことを考えると、ここが近世の町外れになるはずである。その証しのように小さな神社（祠）が建立されていた。

5　大湊川沿いに立地する近代造船業

6　大湊のメインとなる通り

町のメインとなっている通りを町中に向かって進むと、伊勢地域に見られる躍動感のある妻入りの屋根が、通りの景観に統一感をつくりだしていた（9）。この地域では、平入り形式を採る神明造の神宮神殿に配慮して、大半の家屋は妻入り形式になっているのである。この道に沿って建つ古そうな木造家屋に着目すると、古い二七軒の木造家屋のうち、三分の一に当たる九軒に下屋《げや》（指掛屋根）があった（10、11）。しかも、その下屋のどれもが母屋の東側に造られている。明確な理由はわからないが、ここ大湊は気象条件が厳しく風や雨の影響と関係しているようにも思われる。またこれらの木造家屋は、通りに面する二階の開口部がわずかに壁面より飛び出す、出格子と呼ばれる意匠的な工夫がなされているものが多かった。出格子は、近世の民家建築に用いられ、全国的な広がりをもつ様式であり、ここ大湊でも出格子が流行したようだ。

船宿が寄り合った港町の拠点

この町は戦災に遭わなかったこともあり、絵図だけを片手に散策できそうなほど都市の構造に変化がない。だが町並みも、大湊小学校の南側まで来ると少々事情が変わる。近世には、この地点から東に細長い棒状の陸地が続いていた。その陸地に行くには当時橋を渡らなければならなかったので、現状とは大きく異なる。古地図には、市街化された陸地と北側の堤防で囲まれた場所に大きな入浜が描かれている。その入浜は現在、大湊小学校や建売住宅が立ち並んでいるのである。幸い、「大湊古文書」などの翻訳活動を通し、勢田川流域の郷土史を研究する「勢田川惣印水門会」の大西民一さんに町の変化について貴重な話を聞きく機会を得た。

大西さんによると、これまで私たちが通ってきた道は

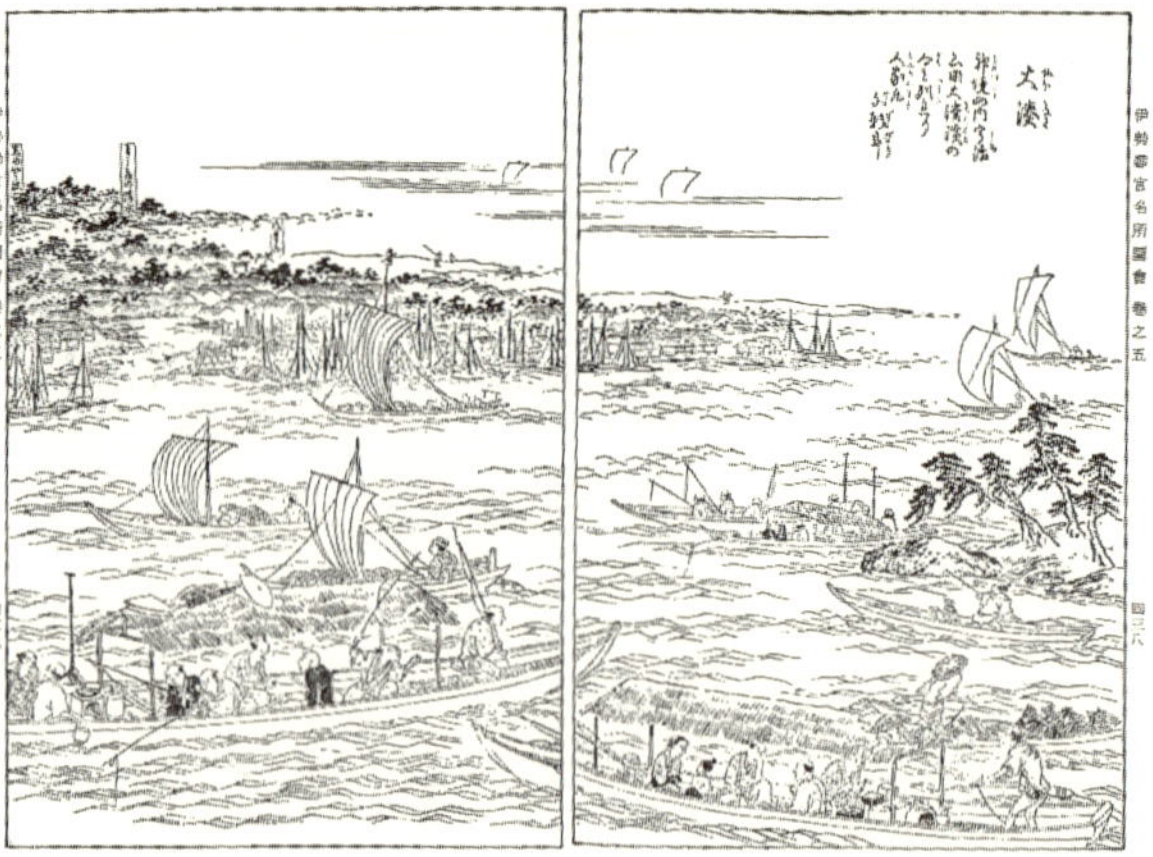

7　水辺から見た近世の大湊

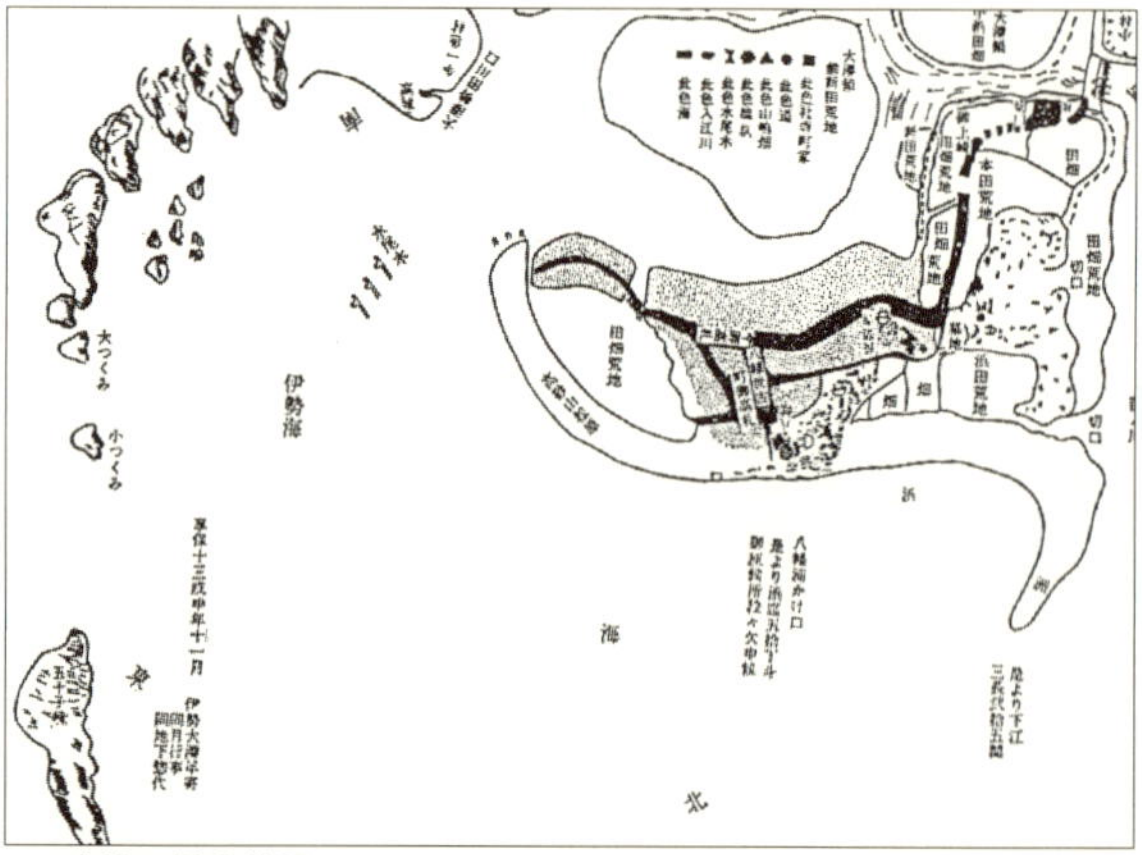

8　大湊の近世絵図

9　古い差掛屋根の建物

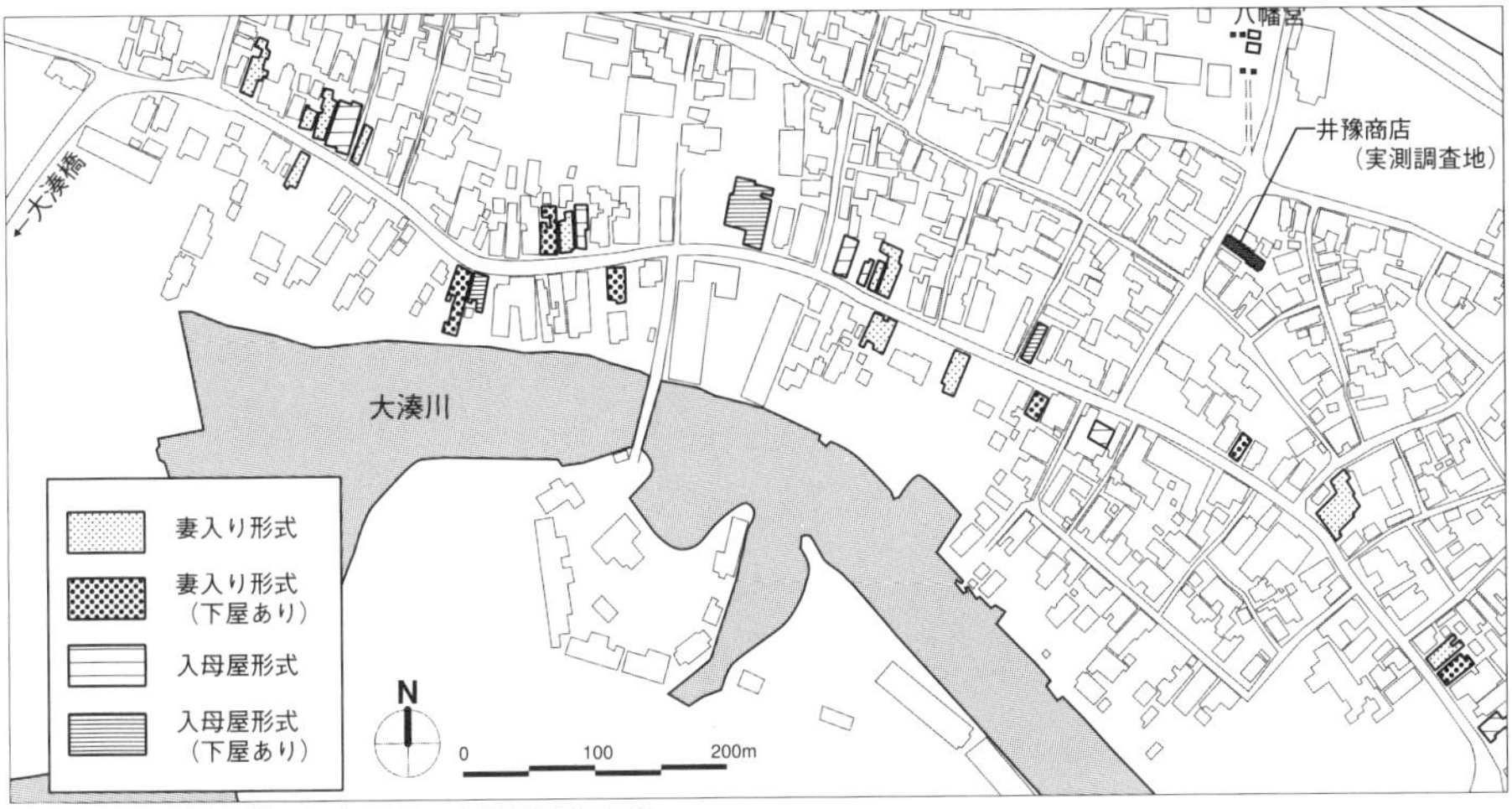

10　メインの通り沿いにある古い木造家屋の分布

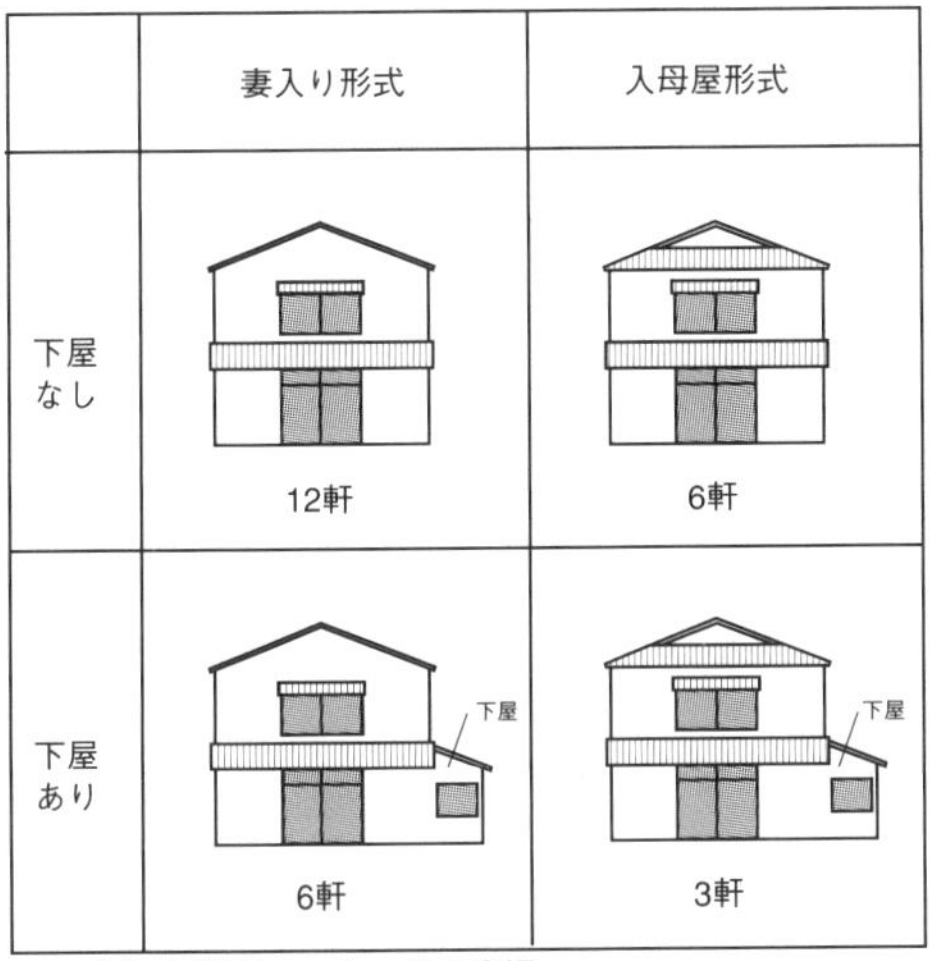

11　大湊の建築ファサードの分類

12　築屋敷と呼ばれる地区の町並み

当時も町の中心をなす軸であったという。絵図で棒状に描かれている陸地は築屋敷と呼ばれた地区であった。この地区の大湊川（注16）沿いが港になっていた。船宿は初め築屋敷を中心に町中に点在していたが、寛文期には、船宿が築屋敷に統合される。多い時では五〇軒余の船宿が立地していた（12）。近世に入ると、大湊の廻船が激減するため、これらの船宿では廻船物資の商談に加え造船や釘取引の相談が行われていたという。

小学校などになっている築屋敷北側の入浜は、阿《あ》場《ば》池《いけ》と呼ばれ、神宮御造営用の貯木場として整備されたものであった（注17）。造船の盛んであった大湊では、この貯木場に造船用の材木がストックされていたのである。

近世の造船場は大湊川沿いに立地していたものと考えられる。織豊時代までの軍船主である大型船を建造するには砂浜に船底を入れる穴を掘り、完成すると海水を入れ進水させるという工法を採っていたとの見方もあり、近世以前の造船場を特定することは難しいとのことだ。大西さんからのこうした話を聞くと、空間に秘められた痕跡が思いがけないところに展開する。ただ、現在の大湊の都市構造の骨格は近世にはほぼつくられていたものと判断できる。

築屋敷と呼ばれた地区の通りの幅は、車一台がやっと通れるほどで、家屋の間口も狭いために空間の密度が高く感じられる。明治期の地割り図を見ると、通りに対して直角に敷地割がなされ、敷地は通りと水辺の両方に面するかたちで南北それぞれに細長くとられている。港町のひとつの典型的な空間構成が、この築屋敷でも確認できる。

この通りの突き当たり右手には、明治期から創業している南平造船所の大きなドックが見える。通りの向かい側には、町の境界を示している小さな神社（祠）が鎮座していた（14）。さらに港機能を有していた証しとして、天保年間に築かれた燈台の石垣跡が今でも築屋敷の先端部分に確認することができる（13、15）。

大湊を守り続けた防波堤と日保見山

この燈台跡から防波堤が伊勢湾に面して続いている。堤防に沿って日保見山八幡宮へ向かうことにする。大湊の現在の地形は、防波堤が高さ一〇メートル程度まで土盛りされていた。近世には八幡宮付近が標高三メートル程度と高くなっており、八幡宮付近に住居を構えた廻船衆や問屋衆が日々の風の状況を知るために日和見をしていたと思われる。ただ、この八幡宮は「日和山」ではなく、「日保見山」と書く。神主の話では、日和山と同じ意味であるとのことだ。

港や塩田に適した港町の最適な立地条件にあった大湊は、反面地震や台風などの災害に弱く、砂洲の上につくられた町の宿命を背負っていた。明応七年（一四九八）の大地震で大塩屋村は壊滅的な打撃を受ける。近世に入ってからも、元禄八年（一六九五）、宝永四年（一七〇七）、享保十三年（一七二八）、安永四年（一七七五）、安政元年（一八五四）と災害は度重なる。その都度、大湊は幕府から補助や援助を受けて、莫大な費用をかけ復旧事業を行うことができた。

絵図に描かれている波除堤は、享保十三年の被害対策事業として整備されたものである。長さ約九五〇メートル、高さ二・七メートル、幅十六メートルの大事業であった。これは、当時の山田奉行保科淡路守の尽力によって幕府直営の工事として施行したものである（注18）。災害が頻発する洲の上に町を維持していくことは、当時の土木技術では大変なことである。しかも、波除堤といった砂洲を人工的に改造する防災施設までも整備していくわけである。それほどまで幕府にとっては、大湊が重要な役割を担っていたのである（注19）。こうした大規模な事業を行うことで、当時の大湊の産業は衰退することなく繁栄していったのである。

　防波堤づたいに十数分程歩くと、八幡宮の裏手にたどり着いた。高くなっているこの防波堤からは、日保見山の名にふさわしく、伊勢湾が一望できる。わずかな高さであるが、天候に恵まれると渥美半島や知多半島はもちろん、富士山までも眺められ、風景の雄大さがある。防

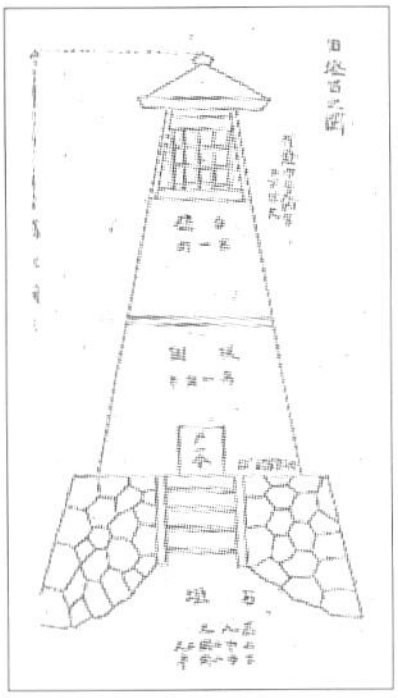

13　旧灯台の図

14　町の境界にある祠

15　旧灯台の石垣が現在も残っている

16　日保見山八幡宮

波堤を背にし、日保見山八幡宮は十六世紀半ばには創建された(16)。この神社の正面の参道は広場的な空間をつくりだし、かつて集落の核になっていたことが想像できる。絵図を見るとここには高札場があり、難船救助、抜荷抜船、異国船発見などの定めが掲げられていた。この他にも墓地付近には切支丹関連のものがあり、先に見た燈台付近には幕府直轄工事関連の高札場が設けられていた。

近世から中世の町並みへ

日保見八幡の参道を南に下って行くと、左側に井豫商店の看板を掲げた古い商家が目に入る。家の中の様子をそれとなく窺うと、大湊に数多くみられる前土間形式である。店の方のご好意で実測させてもらえることになり、早速作業に取りかかった(19、20)。この家も例にもれず妻入りである(17)。間口二間半の建物の一階板の間がおばあさんの居場所となっていって、棚越しに用事をこなしていた。商品を置いている土間の一角には、かつてアイスキャンディーを売っていたというカウンターが残されていて、哀愁を漂わせている。店の奥は四畳半と三畳の部屋があり、その奥は新しく増築されていた。二階に上がる階段は決して広くはないが、急な階段の踏み板の四周に細かな彫りの細工が施されていて、大工さんの心意気が伝わる家である。店のおばあさんの話によると、大湊では昭和初期頃に盛んに建物の建て替えが行われたとのことである。ただその際、従来の形態を引き継いだ家が多かった。私たちが調査したメインの通り沿いの伝統的な木造家屋の多くは、おそらくは昭和初期以降に建てられたものであろう。

　井豫商店での実測作業とヒアリングを終え、次の調査ターゲットに向かうために参道を南下した。すると、メインの通りと平行にもう一本内側に道が通されていた。道幅はメインの通りより狭く、沿道の家もいくぶんメインの通りのものより古く感じられた。道の線形が微妙に

17　井豫商店

18　メインの通りの裏手にある古い道

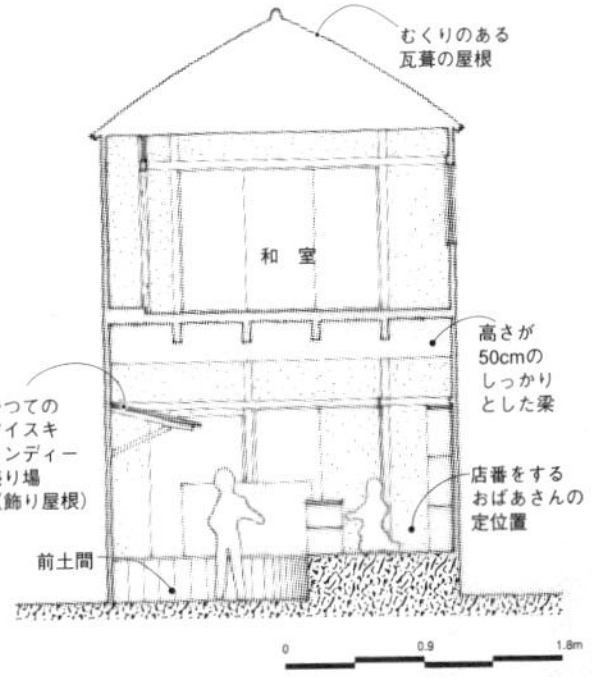

20　井豫商店の断面

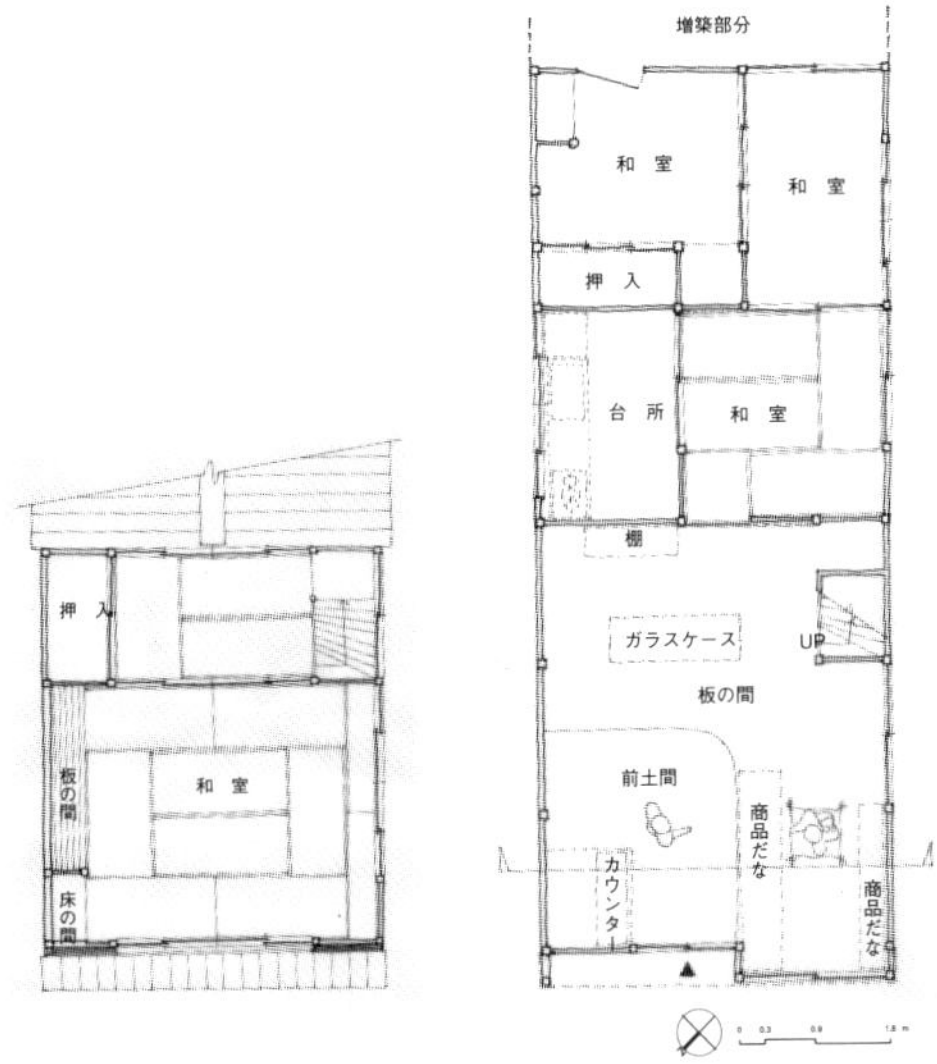

19　井豫商店の平面

左右に曲がりくねっている(18)。この道に思わず引き込まれるように歩いていくと、海眼寺の前に行き着いた。この寺は、十三世紀半ばに道元が改宗したという伝承があり、大湊に現存する寺のなかでは一番古い歴史をもつ。現在のメインの通りからは、この寺に直接アプローチできない。社寺の配置は勝手気ままに計画されるものではなく、意味のある場所に配置されることが一般的である。社寺が町にとっての重要な通りからアプローチできることが一つの立地条件となると考えると、今私たちが歩いている裏と思われる通りがかつて大湊の中心的な道であったことになる。その後、大湊の繁栄で水辺側に新たな道を計画的に通したとも考えられる。

近世には、この裏手の沿道は釘問屋と鍛冶屋が軒を並べていたまさに重要な道であった(注20)。大湊の鍛冶屋は始め船釘を主に造っていたが、そのうち効率よく製造でき需要も高い和釘を造るようになる。鉄は大阪から仕入れ、製品の和釘は江戸に卸していた。大湊の鉄工産業は、太平洋沿岸の廻船航路が充実していくとともに発展していたのである。最盛期、通りには問屋が九軒、船釘の鍛冶屋が五軒、和釘の鍛冶屋が二〇〇軒も軒を並べていた(21)。

この裏手の道を北に向かって進むと、町に入って最初

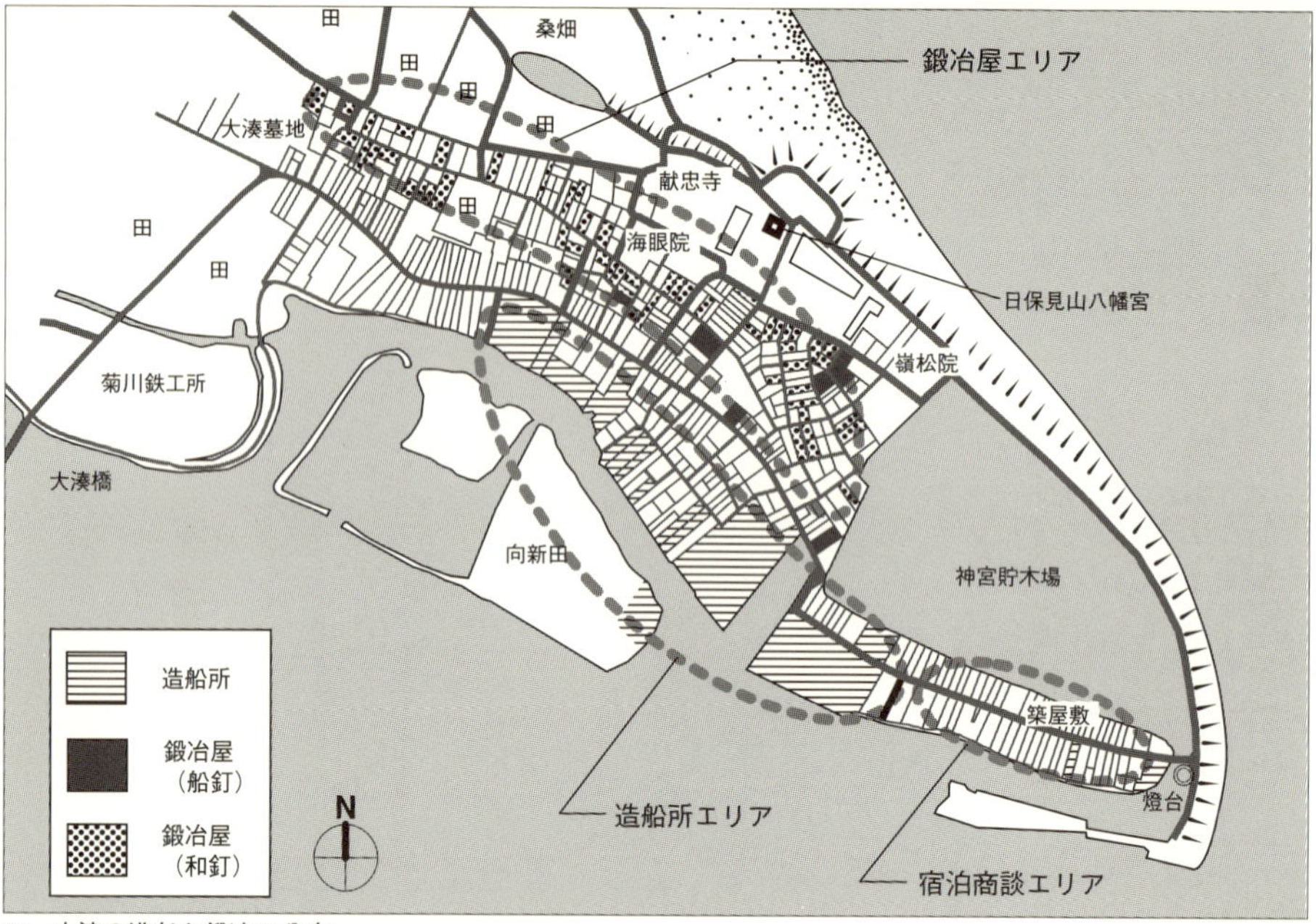

21　大湊の造船と鍛冶の分布

に見た墓地のところに突き当たる。私たちはちょうど、近世の段階で形成されていた都市の範囲をひと回りしたことになる。この町を歩いてみて、中世から近世・近代にわたって栄えたにしては、意外にもその隆盛ぶりがうかがえる光景には出会えなかった。例えば、廻船衆や問屋衆の屋敷であるとか、由緒ある大きな旅館や料亭などが存在してもよさそうである。なぜなら、大湊は再三触れているが、中世から近世にかけては伊勢地域の中心地であり、松坂との交易で知られる豪商角屋七郎孫兵衛を輩出した場所でもあるからだ（注21）。

ただ冷静に考えてみると、災害に弱く気象条件の厳しい土地に富裕な商人がわざわざ屋敷を構えるだろうか。加えて、大湊は各時代において軍船を建造したり、軍港になったりと軍事的色彩の強い場所柄でもある。それらを考慮すると、大湊で活動し富を得た商人はどこか気候が温暖で眺めの良い場所にでも屋敷を構えていた可能性がある。私たちが見てきた多くの港町では、町の背後に丘陵が控えいてた。尾道や笠島ではそこに豪商が屋敷を構えていたのである。この大湊にはそうした丘陵がなく、平坦な土地である。これは今後の課題だが、大湊では周辺の数ヶ村が寄り合いで町を運営していたことがこれらの疑問を解く鍵になるかもしれない。

22　お祓い橋があったと推定される場所（対岸は小林（おばやし）、かつて山田奉行があった地区である）

23　志保屋社

次の目的地に向うために、車に乗り込んだ私たちは町の西側に移動していた。絵図をみると、大湊の西にお祓い橋が描かれている。橋の名前は、大塩屋御園の塩田で製造した塩を神宮に献上するため、橋の付近で身を清めていたことに由来する。とすると中世にはすでに橋が架かっていたと考えられる。橋が架かっていたと推定される場所には、大湊川の逆流を食い止める仕掛である石垣が、今も突き出している㉒。

大西さんの話によると、今私たちが通り過ぎようとしている大湊の西側、樫原新田との間に流れている宮川の場所には、明応七年（一四九八）の大地震で崩壊した大塩屋村の集落があったという。大地震後の度重なる災害により、始め細かった川の流れがいつしか今の流れになったのである。ここの近くに大塩屋御園の守り神塩土老翁《しおつちのおじ》を奉った志保屋社《しおやしゃ》が鎮座し、在りし日の大塩屋村を今に伝えている㉓。

深層に隠された土地条件を読む

伊勢湾の西岸に位置する港町には、地震や台風などの自然災害で、津など、港町としての命脈を断たれたケースも多い。だが、大湊はその長い歴史のなかで、幾度もの壊滅的な自然災害を被りながらもその都度町を再生してきた。

大湊と神社の調査を通していろいろなことを感じさせられた。特にデルタ地帯にある港町の場合には、現在の地形にとらわれ、都市分析をしていくとその形成過程を見誤る可能性が高いことを実感した。道路がすべて舗装され、高潮対策の防波堤が築かれた現在の姿を見ていたのでは、陸地と海との境がはっきりとしない砂洲が広がる広大なデルタ地帯に発展した近世以前の大湊周辺一帯の特色や利点が見えてこない。

デルタ地帯に形成された大湊は、大塩屋村が消滅したのとは反対に、地震や台風による川の流れ等の自然の変化に耐え、港町としての町並みを維持してきた背景がある。このような自然との折り合いのなかではじめて、大湊は優れた港町としての都市形態をつくりあげることができたのである。

　そもそも、海に面する自然環境の厳しい場所は、同時に舟運の要所となる可能性が高い。そして、大湊は集積港として繁栄しながら、次第に造船業に特化した港町に移行することができた。伊勢湾沿岸全体の変化のなかで、都市としての生き方を模索したのである。今日でも、台風などの自然の猛威を直接被る危険な海岸沿いの場所に町が多く残っている。だが、舟運という視点で見れば、当時は災害というリスク以上に港町をつくりだす経済メリットがあったことがわかる。すなわち、現状の地形や町の構成だけで判断すると、長い歴史を積み重ねてつくられた都市空間の真の姿が見えてこないことをこの調査では示したかったのである。

　日も大分傾いてきたので、次の目的地である神社に向けて、田園風景のなかをしばらく走った。

伊勢湾の港町

神社

町を歩く

大湊同様、神宮との関係の深い神社は、水曲郷大口と呼ばれていた古い町である。大湊から神社まで、かつて船を使って移動するのは容易だったであろう。だが、陸路では意外に複雑で不慣れな私たちはまたもや道に迷うことになる。これらの町にとって海や川が重要な道であったことを思いしらされる。やっと神社に到着した頃には日が暮れかかり、雨もしとしと降り出してきた。この町の現在の地名は神社港で、明治元年に神社村を神社港と改称した。この調査では歴史的な考察も行うことから、神社に統一して述べることにする。

　神社はかつて、海からの参宮者が上陸する町として賑わった（24、25）。伊勢には、歌舞伎の「伊勢音頭恋寝刀」

24　神社の全景

で有名な妓楼油屋のあった江戸三大遊郭のひとつである古市が近くにあるが、この神社にも花街があったそうだ。人と物の行き交う港町では、遊興空間がひとつの情報交換の場として機能していたのである。昭和五年の『全国遊郭案内』を見ると、八軒の娼楼が記載されているが、遊郭ではなく名目上宿場の扱いであった。

　位置関係もわからないままにこれまでのフィールド調査の勘だけをたよりに歩いていると、前方に立派な旅館が見えてきた(26、27)。その旅館の正面左脇入口には蔵が建っていて、私たちを引きつける趣きがそこにはあった。足を止め旅館の方に話を聞くと、旅館は一〇〇年程前から続けているという。蔵は営業当時からのもので、江戸時代末期のものである。通り沿いの建物は戦後に建て替えられたそうである。旅館の前が町の中心的な通りで、旅館の隣にはモダンな門柱とファサードをもつ風呂屋もあり(28)、華やかなりし神社の姿を彷彿とさせる雰囲気がこの一画には残っていた。

　旅館周辺の町並みを観察しながら南に向かって歩くと、規模は小さいが格式のある御食《みけ》神社にたどり着いた(29、30)。この神社は外宮の摂社で、社も平入りの神明造である。境内には西側と北側の二ヶ所に鳥居があり、西側の鳥居にだけ堀が巡らしてある。この不思議な構造に興味を持った私たちは、この神社の配置を簡単に実測することとした(31)。

　後日「伊勢参宮名所図会」を見ると、神社の東側のすぐ手前まで勢田川が広がっており、その水辺に多くの船が係留されていたことがわかる。境内に引かれていた堀も、近世は直接海とつながっていた。こうした様子を目にして、境内の不思議な配置にも納得できた(32)。この御食神社は、来年(平成一三年)が社の建替え時期にあたるそうだ。現在の社の左隣の空地に仮の社を建て、その

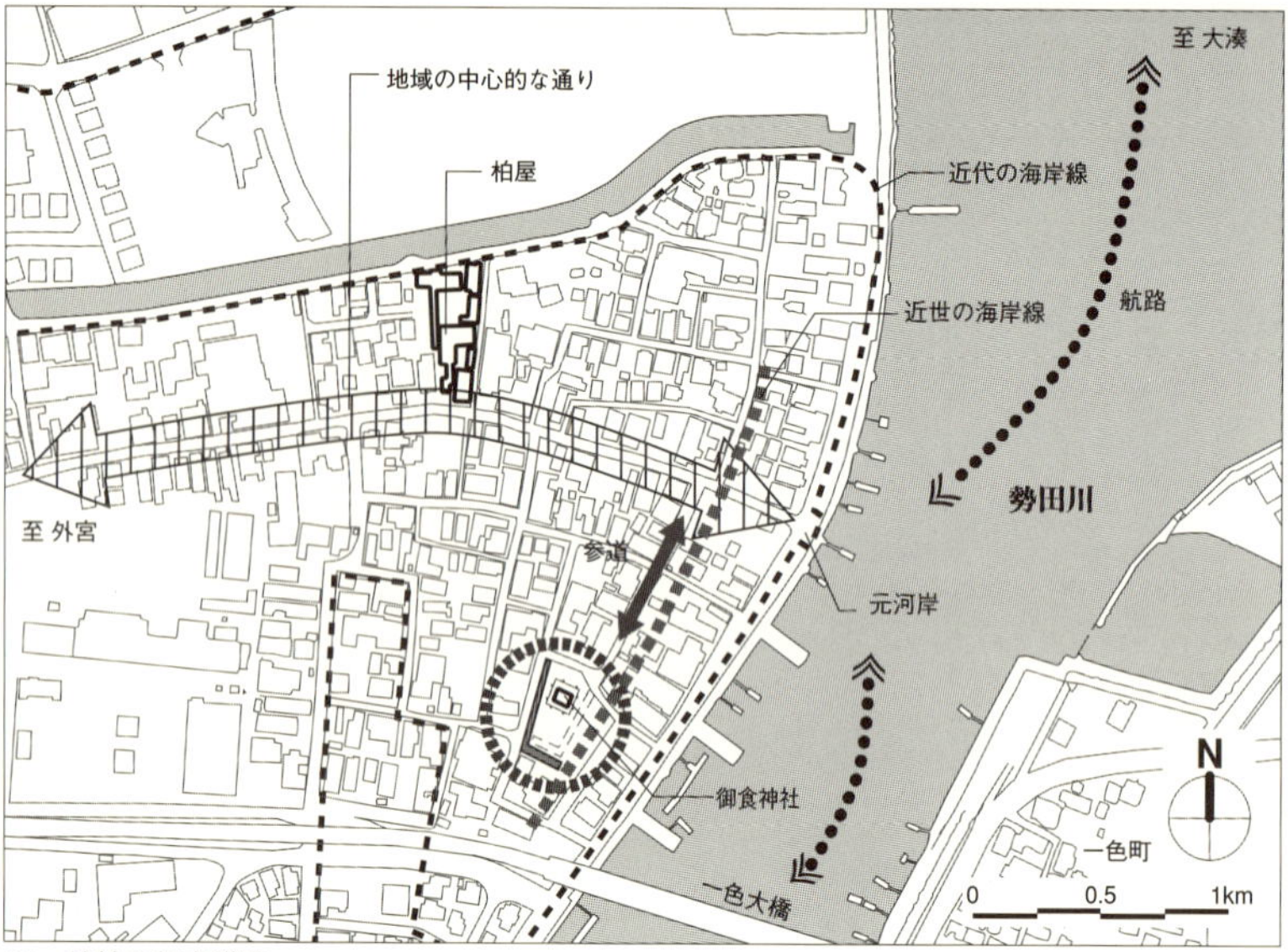

25　神社の都市構造

後社を新しく建替える。神宮の遷宮とは勝手が違うようである。

舟運と共に生きてきた産業

神社の産業は、決して独立した商港や造船の町として成立していたものではない。むしろ大湊という舟運の一大拠点を補完するかたちで、自らの生きる道を見出し発展してきたことに特徴がある。大湊が造船の町に転身を図る際にも、神社は歩調を合わすように造船業に取り組み、発展を遂げている。だが、大型船を建造する大湊とは競合しないかたちで、神社では団平船や平田船といった小型の川船をつくっている。造船所は、御食神社の南側の入江沿いに立地し、勢田川沿いの河岸では人と物が行き交っていた。神社や大湊、河崎や二軒茶屋など伊勢の港町では、こうした競争関係と補完関係を両立させながら、地域全体として繁栄したと考えられる。

ここ神社でも、大西さんの勢田川惣印水門会に所属する森幸朗さんに話をうかがうことができた。先にふれた神社の起源については、森さんからうかがったもので、神社を読み解く上で貴重な情報となった。

実測作業も終えた私たちは、心おきなく夕食にありつくことのできる幸せを感じ、伊勢のイタリアレストラン、

28　モダンな門柱のある風呂屋

29　御食神社の境内

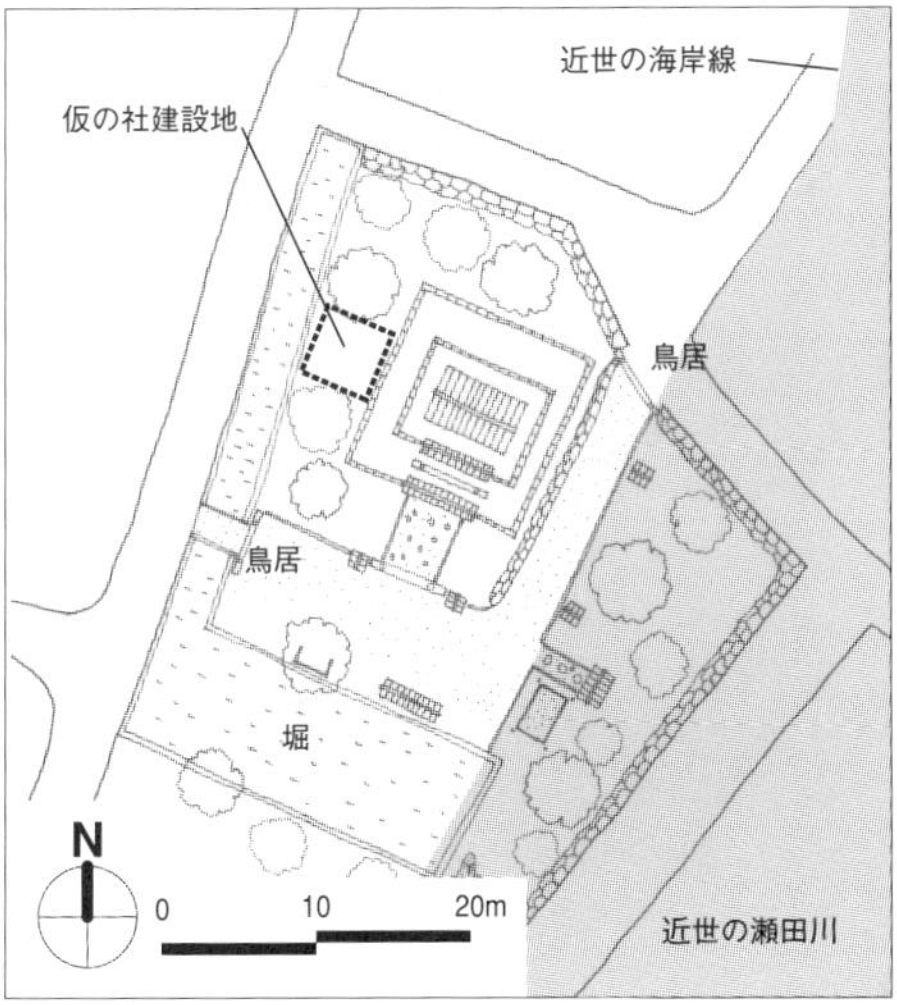

31　御食神社の配置図

26　現在は旅館となっている柏屋

27　柏屋の中庭

30　御食神社の西の鳥居と堀

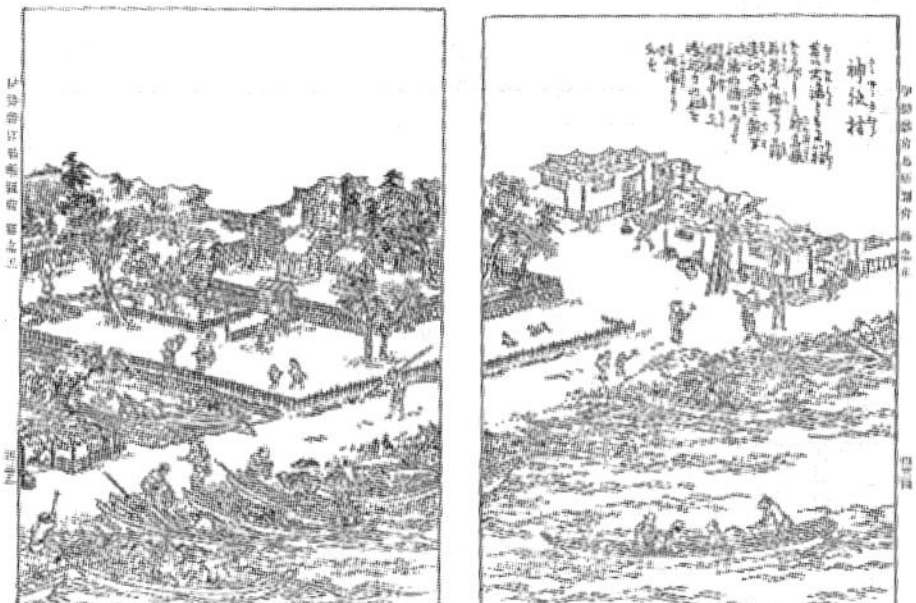
32　近世の御食神社付近

カーザ・ビアンカに移動した。何とこの店は、陣内さんが若き日に留学したイタリアでの同居人、小林隆之さんがオーナーシェフを務める店であった。ここで、おいしい料理とワインを堪能し、楽しい一時を過ごしたことはいうまでもない。

伊勢湾の港町

伊勢湾横断クルージング

伊勢の港町を調査した翌朝、ホテルの部屋の窓からは雲一つない空が広がっていた。この日は鳥羽港から知多の豊浜港までクルージングすることになっている。天候に恵まれたことを喜んだ私たちは、鳥羽の港に向う車に乗り込んだ。そこまではよかったが、外は思いのほか風が強く、伊勢湾の水面にたつ白波が不安な気持ちにさせた。

鳥羽港では船長がすでに待機していた。私たちは、伊勢湾を横断する前に、海から青峯山を拝む計画をこの旅の前に立てていた。風が少しずつ強まるなか、早々に出航し、十五人乗りのクルーザーは鳥羽港から伊勢湾に進路を取った(33)。陸から少しずつ離れていく船からは鳥羽の市街とその背後の山並みが小さくなっていく。昨日

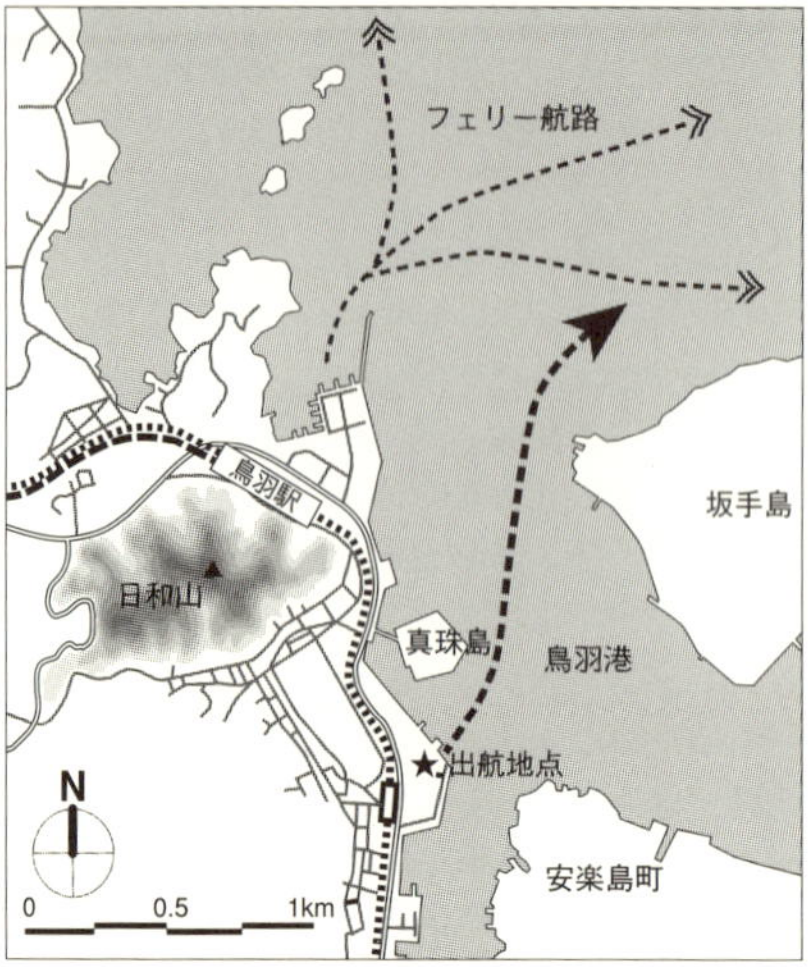

33　出航ポイントと日和山

34　鳥羽日和山からのパノラマ

35　鳥羽日和山の方角石

登った日和山も確認することができる。

港町鳥羽を支えた日和山

江戸時代の日和山は、現代でいえば海上の管制塔の役割を担っていた。それは港の立地の有無を左右した。日和山は、舟運や漁業に従事する船乗りが天候の観測のために港全体が見渡せるだけではだめで、港で従事する人間と頻繁に連絡のとれる距離が条件ともなる。鳥羽の日和山は、下からゆっくり歩いて上っても二〇分程度であり、山頂からは確かに鳥羽港、伊勢湾が一望できる。ここはまさに、日和山の条件を満たしている（34）。

この日和山は『伊勢参宮名所図会』にも描かれるほどその名が知られ、現在も文政五年（一八二二）に作られた立派な方角石が残されている（35）。帆船時代の船乗りにとって、天候の変化を予測することは重要な技術である。それは、商売の成否ばかりか船乗り自身の命がかかっていたからである。しかも、伊勢湾の先にある遠州灘は江戸時代に整備された航路のなかでも最難関である。船が黒潮にさらわれるとどこまでも流されてしまう（注22）。その重要性は幕府領米を運んでいて難船すると、充分な天候を観測して予測する「日和見」をしたかどうか厳重に吟味されたことでもわかる。まさに日和見は真剣勝負の場所でもあった。

この日和山に登ったのは船乗りだけではない。船乗りを相手にする「ハシリガネ」と呼ばれる遊女たちも商売に直接関係する天候や停泊中の船舶の数を真剣に読み取っていた。悪天候が続き、船乗りたちが船舶の補修や商売上の情報交換などの仕事のほかは遊びに興じることが多かったから、彼女たちは逆の意味で天候を判断する重要な場所を日々訪れていたと考えられる。

鳥羽の町では、当初資本のある素人の家が置屋としてハシリガネを抱えていた。正徳年間（一七一一〜一六）には置屋が二八軒あり、最盛期にはハシリガネが五〇〇人いたという。ハシリガネは鳥羽で発生し、ここを起点に志摩の的矢・渡鹿野・三ヶ所・安乗・浜島と広がり、紀州の贄・須賀利・二木島・大島、伊勢では大湊・神社・二軒茶屋まで伝播していったようだ（注23）。

36　正福寺の大門

37　正福寺のスケッチ

船乗りに信仰が厚い青峯山を訪ねる

私たちが乗る船は、鳥羽港付近と違い、外海に近づくにつれ荒くなりはじめた波に上下左右に大きく揺られるようになっていた。実は前日、大湊と神社に向かう前に、伊勢の港町を考える上で重要な青峯山を訪れていた。私たちは、クルージングの安全祈願もかね鳥羽の南西国立公園伊勢志摩の中央に位置する標高三三六メートルの青峯山に車を走らせた。

青峯山は鳥羽の港から車で約三〇分の道のりがある。そのため、この山は天候の変化を読む日和山として成立していたわけではなく、むしろ信仰の対象であった。青峯山は、神宮の別宮である伊雑《いざわ》の宮の神体山でもあることから、この山の北に位置する朝熊山とともに信仰が寄せられている。青峯山信仰は今でも船乗りや漁師からの信仰が厚く、伊勢湾を中心に全国に広がりを見せている。

これほどまで海に生きる人たちから信仰されていたの

41　正福寺全景図

38　正福寺の石垣

42　正福寺境内配置図

39　大門の前にある大燈籠

40　絵馬堂内部

は、青峯山が朝熊山と合わせ、アテ山と呼ばれる海上からのランドマーク（目印）として船乗りの安全に寄与していたからでもある（注24）。羅針盤やレーダーもない時代、船乗りは山や岬、樹木といった自然を頼りに航海をしていたのである（注25）。そうした陸の目標物が見えなくなる遠い沖を「ヤマナシ」と呼び、不用意に入り込むことを警戒していた。

青峯山頂までの道は途中、山間の集落や棚田の風景を楽しむ快適なドライブであった。しばらくすると目前に、大きな石で組まれた石垣が現れ、青峯山正福寺に着いたことを私たちに知らせる(38)。車を降り、なだらかな坂を登って行くと、石造の大きな大燈籠が見えてくる(39)。これは大阪西之宮樽船連中が奉納したもので、燈籠の大石は山のふもとにある的矢から人力で運び上げられたという。

燈籠を見ながら道なりに右に折れ曲ると、威厳のあるヒノキづくりの古い大門が目に飛び込んでくる(36)。木肌そのままにつくられた門には、彫り物が多く、それらの装飾の中に「隠れエビ」と称されるエビの彫り物が隠されていた。このエビは複雑な彫りの中に隠されており、よほど認識眼に優れていなければすぐには見つけられない。寺の方の話では、近世の舟運が成熟期に入ろうとする文化文政期に、金堂をはじめとする寺全体の再建が三〇年の歳月をかけて行われた。この再建には、頭角を現した内海廻船をはじめとする尾州廻船の船主の寄進が目立ち、経済的な裏づけを持ち合わせていたことがわかる。

大門をくぐると左手に鐘楼堂がまず登場する。だが、金堂など主要な建物をその場から見ることはできない。参道を進み左に曲がると、正面奥の高台に大師堂が、右手の奥から金堂、客殿、庫裡の建物が一気に目に飛び込んできた(37)。重層的な配置には、一つの宇宙を感じてしまう。内包性を強く感じさせる。山中の木々の豊かさが寺院配置のダイナミックさを演出しているからであろう(41、42)。境内からは外界に広がる海を望むことはできない。真言宗の修行場であることを考えるとむしろ当然なのかもしれない。

金堂脇の絵馬堂を覗くと、そこには数多くの絵馬が奉納されていた。特に観音様を描いた海難の絵馬が目につく(40)。船絵馬奉納が普及するのは十八世紀後半からである。なかでも難船を描いた絵馬が奉納されはじめるのは幕末と意外に新しく、明治時代になって流行する（注26）。神仏への祈願によって海難を無事に乗り切れたことへの御礼が習慣となったと考えられる。イタリアに、海難にあった船がやはり聖母マリアに救われる場面を描いた、海難の絵馬に類似した絵がたくさんある。信仰の対象は異なっていても、無事に航海を乗り越えられたことへの感謝の気持ちは、国を越えて海に生きる者に共通しているようだ。

海上交通では風や波などの天候が大きく影響する。陣内さんは今回の伊勢湾横断の無事を願って「海上安全」のお札をここで買い求めた。その時札銭を受け取ろうとしない寺の方に対し、ご利益が無くなるのでと、きちんとお金を納めた。この出来事が、これからのクルージングで私たちの心の支えになろうとは誰もが予想していなかった。

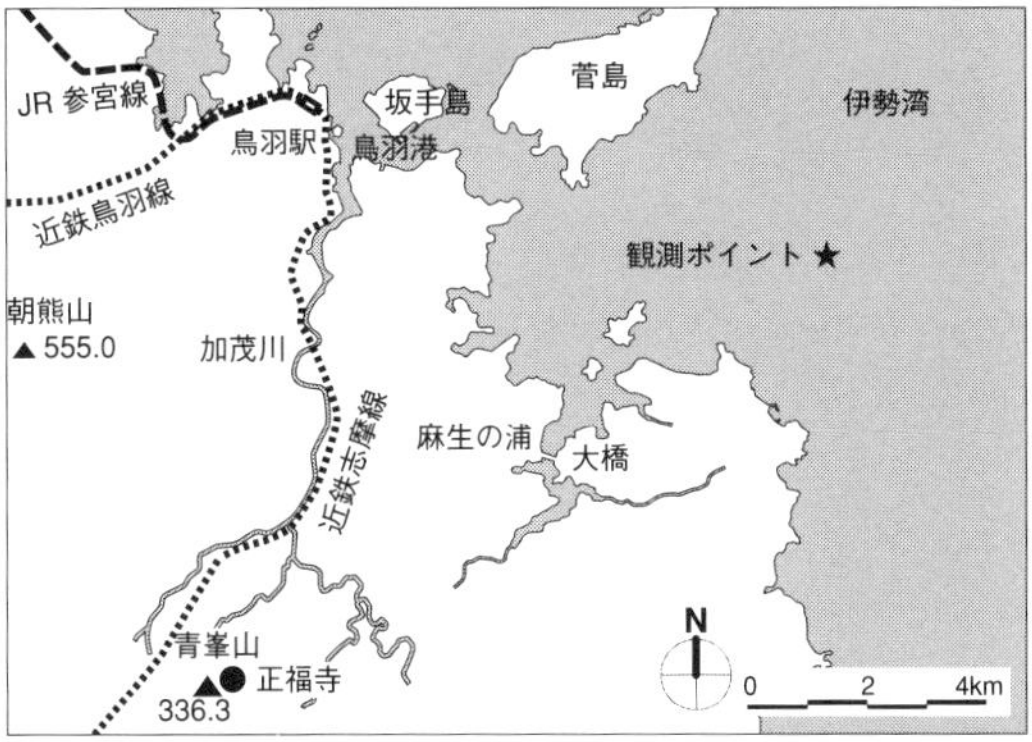

43　広域配置図

44　海から眺めた青峯山（中央の尖った山）

海から青峯山を拝み海難の旅に

再び船上にもどることにしよう。船は、青峯山を拝める海上に到着した（43）。遠方には青空を背景にして山並みが浮き立って見えている。だが、私たちにはその中から目的の青峯山をすぐに見つけだすことができないでいた。船乗りからの信仰が厚い青峯山であれば、海から一目で確認できると考えていた私たちの期待は裏切られた。

目立つ山だけが重要ではないことを知らされる。航海においては海上の航路を的確に示してくれる印となる山こそが、海に生きる人々にとって大切であり、信仰に値する存在なのである。彼らが目印とする山には、船の移動とともに姿を変え、しかも見え隠れするものさえある。青峯山はどうやら中央の尖った山らしく、右手（北側）に見える朝熊山と対をなすアテ山であるようだ。この二つの山の重なり具合から船乗りが操る船の位置を確認したのであろう（44）。それにしても、微妙な山並みの変化を頼りに、海を航海する船乗りの感性には驚かされる。最新のクルーザーを操る船長を含め、私たちは、微妙な地形の変化を読み取ることはできず、測量計器を持たなかった時代の船乗りとのギャップを思い知らされた。

青峯山を探しているうちに、強風で波のうねりが増してきていた。なかなかその姿を確認できなかった青峯山も双眼鏡でなんとか確認することができたので、一路知多半島の南端に位置する豊浜港へ向かうことにした。船はスピードを上げるために、エンジンをフル回転させた。しかし、風の向きや潮の流れと逆方向に進んでいるためか速度が遅く感じられる。大波は容赦なく船にぶち当たり、しぶきで視界が遮られる。このような風の強い日には、行き交う船も見当たらない。船は波頭から波の底へとたたき落され、複雑にからむ波のなかでまさに木の葉のようである。

私たちにできることは、船内で転がらないように足を踏ん張り、手でしっかり船体の一部を握り締めるだけである。船長が必死に船の進路を確保して船を進めているので、皆はどうにか平静を保つことができていた。奇しくも私たちは、航海でシケに遭った船乗りたちが青峯山にすがり、拝む心境を実体験していたのである。幸いにも青峯山の「海上安全」のお札に守られ、三時間近くかけてなんとか豊浜港に入港することができた。

風待ち港や潮待ち港の寄港地が、航海をする上で重要な役割を果していることが実感できたこのことは、今回の伊勢湾横断の思いがけない成果の一つとなった。豊浜港の防波堤の中に入ると、先ほどの波のうねりが嘘のように穏やかとなり、私たちはまるで大航海を終えたような気持ちで下船した。後日、船長から聞いたところによると、風のない伊勢湾は穏やかで滑るように船旅ができるという。今回は定期便のフェリーが欠航するほど風が強く、船長自身もいつ転覆するか、内心ひやひやしていたそうである。

知多半島の港町

——内海・大井・亀崎・半田——

知多半島の港町の調査に向う前に、この地域の歴史的な状況を検討しながら、今回の調査に至った流れを示しておきたい。

知多半島では、近世以前、舟運を基軸にして、塩業や焼き物、後には醸造業が発展していた。この半島の歴史上重要な港町としては、大野があげられる。大野は中世・近世を通じ、知多の軍事拠点であり、集積港として中心的な役割を担ってきた。同時に大野鍛治の拠点でもあることから、大野を中心に農器具や船部品の独特の技術文化が花開いていた。

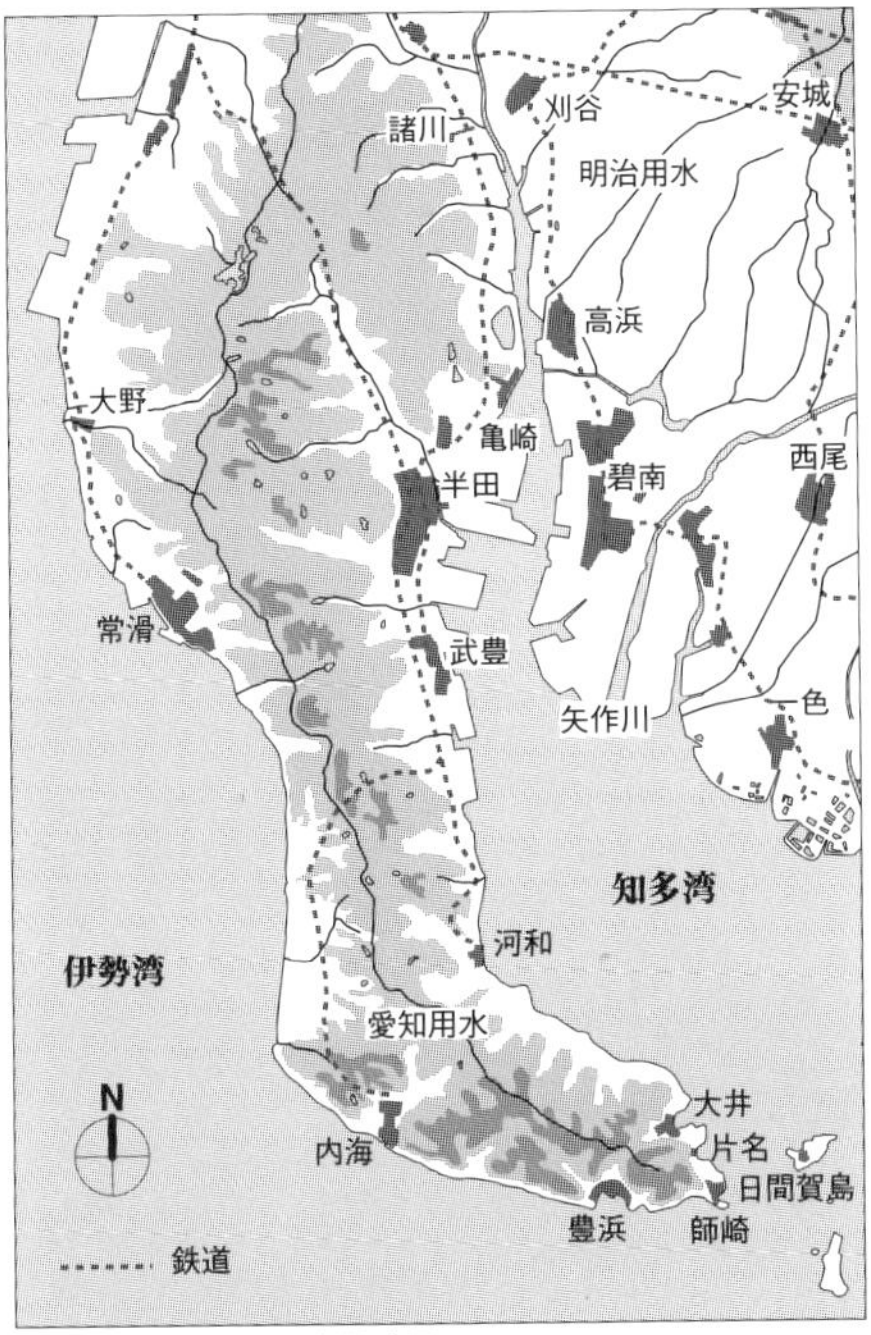

45　知多半島の都市関連図

大野にほど近い常滑は、常滑焼きの生産地として、古い歴史がある。近年、全国で常滑焼きの考古学上の発掘があり、それが近世以前の舟運ネットワークの解明にも大いに役立っている。その意味で、常滑は重要な都市である。同時に、戦国時代の常滑は知多半島の戦略拠点としても重要な位置にあった。大野と内海を押さえた佐治氏に対し、諸川を拠点とする水野氏が常滑を押さえることで、伊勢へのルートとして、大浜・成岩《ならわ》・常滑のルートを確保することができたのである。さらに、知多半島の鼻先にある師崎は、江戸時代に千賀氏が尾張藩の船奉行を務め、伊勢湾、三河湾に睨みをきかす重要な軍事拠点である。

私たちはこの調査を始める前に、どのような町にターゲットを絞ればよいのかを議論した。歴史的に重要な港町は知多には多い。先にあげた大野や常滑、師崎などは本来調査から外すべき港町ではない。ただ、今回はこの三つの都市を意識的に外している。外したというよりも、これらの都市を睨みながら、知多において中世・近世の都市空間が現在においても読み取れる町、今日でも近世の都市と港の関係が構造的に読み取れる町をあえて選ぶことにした。それが内海、大井、亀崎、半田の四つの港町である(45)。

知多は、伊勢湾と知多湾（現在の衣浦港）、三河湾を分けるように南北に延びる半島である。三方を海で囲まれていることから、知多半島は陸上交通以上に海上交通が中世以前から発達していた。舟運の充実は、この半島を陸の僻地から海を通して開かれた世界へと結ぶ歴史をつくりだした。陸化された現在では想像するのは難しいが、知多半島は伊勢湾の対岸の伊勢、知多湾の対岸の三河と海上交通で深く結びつき、経済活動を活発化していたし、舟運による江戸や上方との結びつきも強かった。伊勢の大湊から知多の内海や師崎に陸路で行こうとすると現在でも不便だが、船を使えば簡単に辿り着くことができる。

だが私たちの知多調査の旅は、大時化《しけ》にあい、どうにか沈没を免れて鳥羽の港から豊浜の港に辿り着くところから始まる。普段であれば一時間もあれば着いてしまう航路であったのだが、船上では知多半島がいつまで経っても大きくならないもどかしさを感じつつ、焕発を入れずに寄せてくる大波との格闘に三時間近くを費やすことになった。

伊勢湾の港町

内海

知多半島に成立した集落は、農業を基盤としながらも、豊かな農地に恵まれなかったことから、漁業と廻船で町場と港を繁栄させた。それは知多半島のどこの港町にも少なからず共通する歴史体験である。

私たちが知多半島で最初に着目した港町は、内海廻船として近世後期に飛躍する内海である。ここを知多半島の最初の調査地にした。内海は、豊浜の港から海岸線に沿って約六キロほどの道程を車で北上すれば着く。現在の内海は内海川に沿って漁船が停泊しているが、海岸沿いに近代港湾の整備はされていない。そのために、大時化のなか私たちが乗った船は港湾整備がされている豊浜の港に着岸せざるを得なかったのである。

しばらく海岸線沿いを走らせていた車は、右折して内

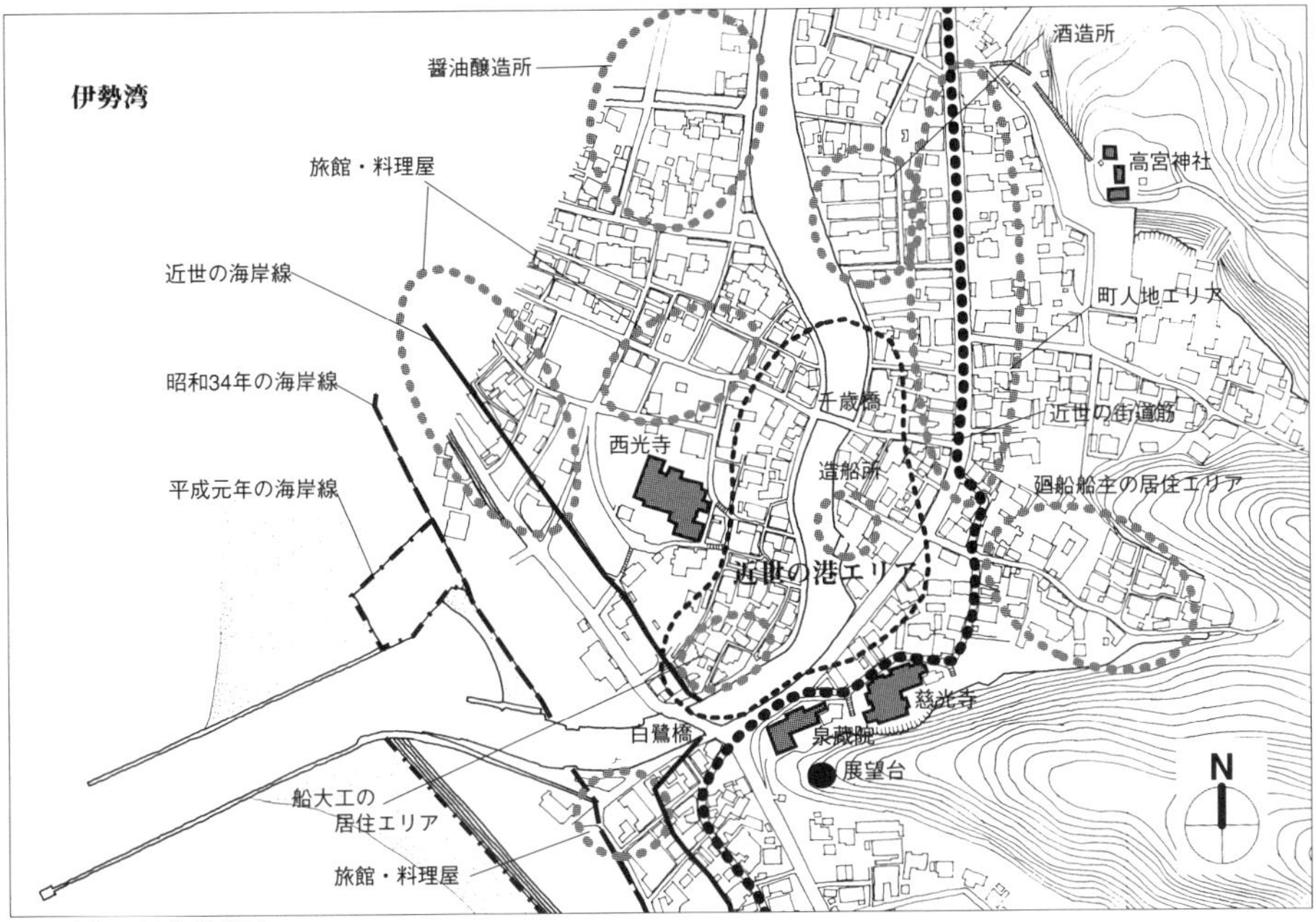

46　内海の都市構成図

海川に沿う新しく整備された道路に入っていく。この道は元の旧街道であり、ここから内陸に入り、内海の市街を抜ける(46)。私たちは市街に入ってすぐ車を降り、内海の町並みと港が一望できる泉蔵院境内の一角につくられた展望台に向った。

参道の急な階段を登ると左に慈光寺（天文八年・一五三九）、右に泉蔵院（天正十三年・一五八五）がある。石段を上りきった両脇には鐘楼を兼用する二重門が建っている(47)。一色氏がかつて内海城にしていた大手門にあたる。私たちは、山門をくぐって右手にある泉蔵院の境内を進む。ここは、一色氏が佐治氏に追われ、廃城となるまで、城が築かれていた場所である。こじんまりとした空間だが、城の備えとしては堅固であったろう。展望台まではさらに坂道を上がらなければならない。

木々に覆われた山道を展望台に辿り着くと、内海川沿いに広がる町並みが手に取るようにわかる。海と城下に睨みをきかすには絶好の場所である(48)。船が軍事や交通の上で重要な手段であった内海ならではの城の配置である。

寛文十一年（一六七一）の記録（注27）によると、廻船の数は、大野が六六艘、半田が三五艘、師崎が二五艘となっており、知多郡全体の八七・五％を三つの港町で占めている。この時期の内海は小舟が五三艘（東端村、西端村の合計）あったが、廻船は近郷の小野浦に見られるだけであった。内海が舟運で一躍表舞台に躍りでるのは、伊勢の流通の拠点が白子から四日市に移ってからである。その担い手としての廻船業も白子廻船から半田廻船や内海廻船に移る。この内海については、斉藤善之さんの「内海船」の研究、石原佳樹さんの「内海船と四日市をめぐる流通」の研究があり、海水浴場の町から歴史の表舞台の場所として再び光があてられるようになってきた。これらの研究成果は、内海廻船の有力な船主の一人であった内田佐七家の古文書の分析で明らかにされたものである。この内田佐七家は、現在も江戸当時の住居が内海に健在である(49)。

廻船問屋の居住エリア

天保十二年（一八四一）に作成された内海十一か村の「村絵図」（注28）(50)を手掛りに、私たちは現代の町並みや道と建物、背景の丘陵で構成される空間の成り立ちを見比べながら内海の町を歩いた。慈光寺の参道の石段を降りた前の道は、現代の感覚では四メートルに満たない裏路地と思われるほどの細さだ。しかし、これはかつてのれっきとした街道である(51)。この旧街道をくねくねと北上していくと、右手に細い路地が通されている。この路地を進むと内田佐七家の表玄関（大門）に行きあたるのである。

旧街道をまた少し先に進むと、十字路になっている。村絵図で確かめると、左手の川側に抜ける道が描かれていない。新しく抜いた道である。右手の道は絵図にも描かれており、道に沿って建物も描き込まれている。この道沿いは、江戸時代を彷彿させる内海廻船問屋の屋敷が今も時を忘れたように建ち並ぶ一画である(52)。内海廻船の中心的な役割を果たしていた内田佐七を当主とする内田家は、文政元年（一八一八）に内田権三郎家から分家し、約一世紀の間七艘の船（廻船）を有する廻船問屋として全盛にあった。

この内海廻船問屋の屋敷が建ち並ぶエリアについては、「尾州内海廻船館保存整備」のために内田佐七家、内田福三家、内田佐平二家の実測調査がすでにされている。私たちは、その実測データを参考にしながら、道筋全体に拡大して実測調査をすることにした(53)。調査を進めていくうちに、街道沿いには裏門が一つあるだけで、メインの門はいったん路地に引き込まれたところにつくられていることに気付く。これは、瀬戸内海の庵治で発見した「農家型」の住宅配置そっくりである。建物は江戸

48　展望台から見た内海の町並み

47　泉蔵院の二重門

49　廻船で栄えた内田佐七家の建物

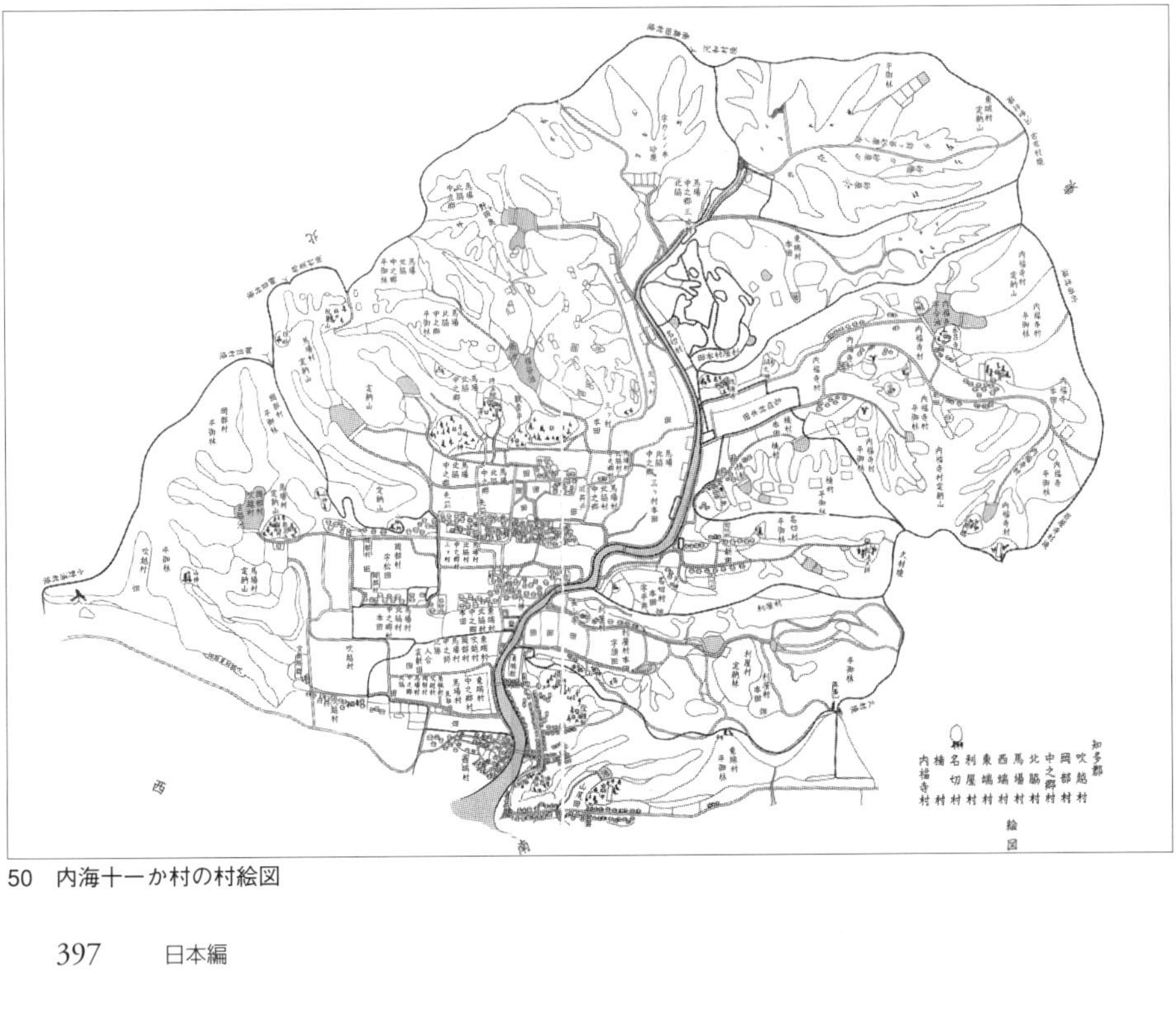

50　内海十一か村の村絵図

後期であるとしても、路地でいったん引き込ませて正門をつくる方法はより古い形式で、戦国時代まで遡る可能性もある。想像を逞しくするならば、この一画は一色氏が抱える中世武士団の武家地だった可能性も否定できない。

町並みを自然と共生しつつも、埋め立てでなかば強引に都市計画していく近世のまちづくりと違って、中世以前のまちづくりは自然環境を巧みに利用している。ただ、中世以前に起源をもつ町の場合、近世のまちづくりは中世のエリアをそのまま内包し、中世の構造を大きく変化させることはなかった。その意味でも廻船問屋が集住し

52　廻船問屋エリアの町並み

51　慈光寺の参道から見た旧街道筋

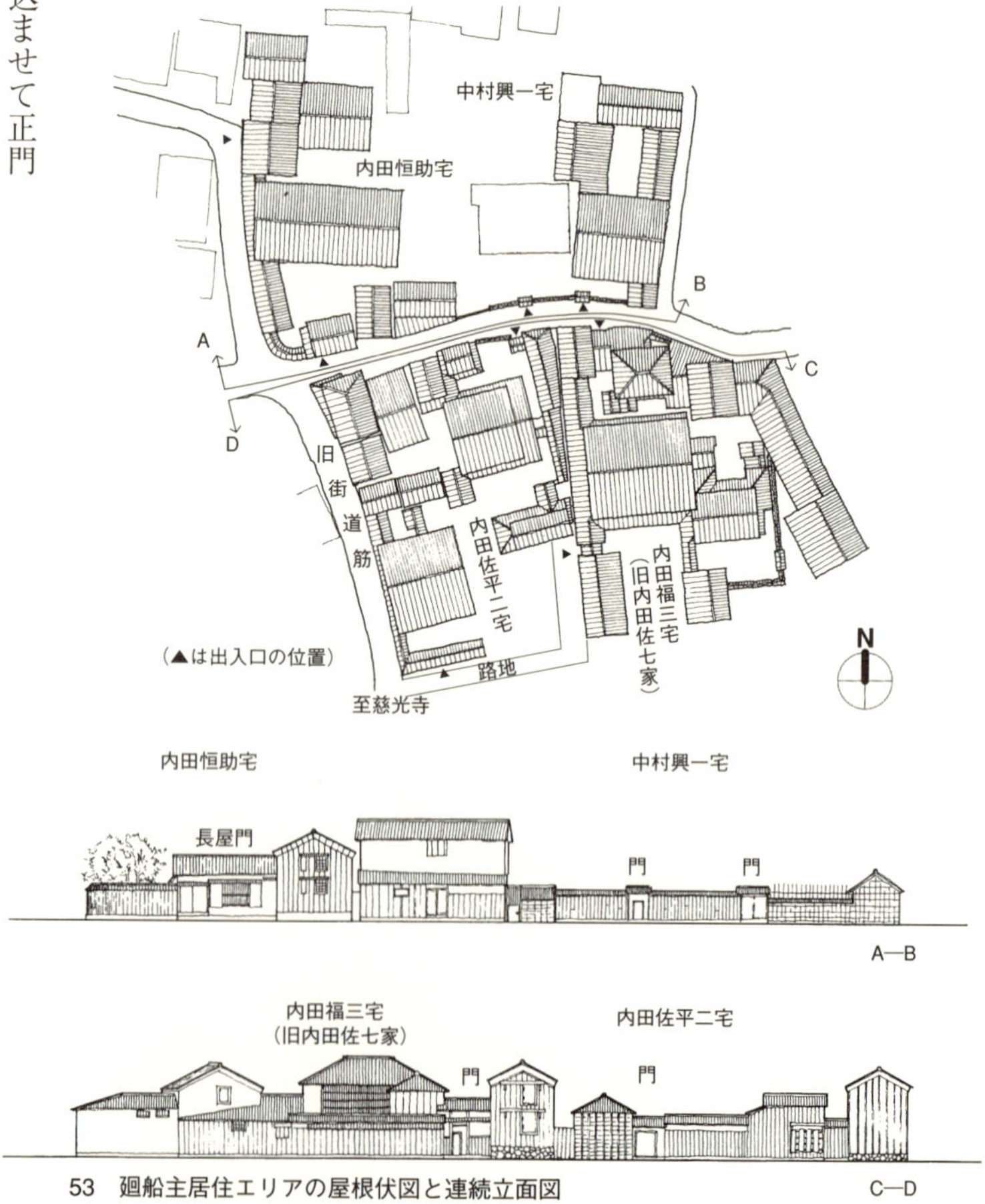

53　廻船主居住エリアの屋根伏図と連続立面図

ていたエリアには古い歴史が潜んでいるはずなのである。佐渡の宿根木がなぜあのような谷間の窮屈な場所に集住しているのかは、強い潮風からいかに生活の場を守ることができるのかという海人の知恵である。このエリアもまた、風を避ける絶好の場所に、船大工特有の直角にこだわらない空間づくりの妙を随所に見せている(54)。

私たちが調査している間、江戸後期から内海廻船の拠点となった場所は現代の喧噪を忘れさせてくれた。実際、海が時化て強風が吹いているはずなのであるが、この路地に立つとほとんどその風を感じない。また、幹線道路を行き交う車の騒音も耳にすることがないほど静かな時間が流れていたのである。

廻船で栄えた内海川沿いの商工業エリア

この不思議な落ち着きをもつ空間からさらに旧街道を北上すると、幹線道路にぶつかる。現在は広幅員の幹線道路となってしまっているが、ここを軸に江戸時代は商業エリアを形成していた(55)。村絵図にも建物が道沿いに細かく描き込まれている。この街道は内海川と平行しており、道沿いの商業エリアに対して川沿いは醸造業などの生産活動の場となっていた。今でも川沿いには酒や醤油の醸造工場が川沿いに見られる(56)。

江戸時代の町場は、街道が内海川にさしかかる内海橋までであった。絵図に描かれている町並みが切れる辺りに高宮神社に行く長い参道の階段がある。私たちが訪れた時、鳥居の前では町の人たちが山車を囲んで春祭の準備に余念がなかった。当時、内海橋より内陸には農村集落があり、条里制がしかれた古い歴史を刻む田園地帯が広がっていた。舟運によって海側がより栄える以前の状況を示す場所である。

内海橋を渡ると中之郷村に入る。そこには『延喜式』(注29)(九〇七年)に記録された知多郡内三社の一つ、入見神社がある。神社の旧社名である八王子社は船の主護神である。内海が古くから船と深く結びついた土地柄であったことがうかがえる。内海川沿いを海に向って歩いて行くと、内海川に架かる千歳橋を少し下った左岸に川に向って斜路がつくられている(57)。慈光寺から撮った大正十二年頃の写真を見ると、造船所だったころの様子がわかる(58)。

中世までの港は、船を砂地に乗り上げさしていた。中世の頃の敦賀や庵治がそうであった。その後船が大型化するにつれ、港の構造は大きく変化する。大型船が直接接岸できる水深が深い入江が良港となっていく。これは、師崎や瀬戸内海でいえば鞆である。また海から少し入った大河沿いに護岸を築き、船が直接接岸できる港もできるようになる。その例としては、伊勢の大湊、私たちが以前調査した三国や酒田をあげることができる。さらには江戸、大坂、新潟に見られる「内港システム」の港町を発達させてもいる。

私たちが内海で見た川沿いの港機能は、以上あげた港町とは違っていた。むしろ利根川流域に発達した商都・佐原に似ている。大河（利根川）と海（伊勢湾）の違いはあるが、小さな川に入った両岸に港機能を集約させている。近世に入って、各々の港町は地理的な自然特性をベースにした中世以前の構造を踏まえ、新たに独自の都市空間をつくりだしていた。

内海川沿いには漁船が係留されており、そのうちの幾艘かには青峯山・正福寺の旗が強い風にはためいていた(59)。昭和一年頃に撮られた写真は、漁船ではなく数百石の廻船が横付けされており、この港が栄えていたことを私たちに教えてくれる(60)。今は、内海川沿いがいかに華やいだ場所であったかは古い写真や史料から想像する他はない。

内海川の河口附近の右岸には、かつて船大工が集住するエリアがあったようだ。造船には船大工の他に船鍛冶など高度で特殊な技術が必要であり、中世以来の長い積み重ねのなかではじめて成立するものである。内海は内田家をはじめとする内海廻船で江戸後期から日本の舟運の歴史舞台に登場したが、そのルーツは中世以前に遡れるはずである。

内海での調査を終えた私たちは、師崎まで車で移動した。日間賀島で昼食をとるために、師崎からクルーザーで再び時化た海原に出航した。本来なら、鳥羽から青峯山を海から拝んで、内海に入り、内海から日間賀島に渡り、昼食を済ませて大井の港へ乗り込むのが私たちが計画したコースであった。

日間賀島の食堂でタコづくしの食事をしている時、午前中の冒険を店の女将に話したところ、「死にたいのか」と一括されてしまった。とはいえ、ここは島である。来た道は船で戻らなくてはならなかった。気のせいか、慣れたせいか判断がつかないが、帰りは時化もいくぶん治まってきたように思え、どことなく私たちの気持ちにも余裕が見えはじめていた。私たちが乗った船は、谷間にひっそりと集落を形成している大井に向っていた。

55　街道筋の町並み

54　歪んで建てられた廻船主の建物

56　内海川沿いの醸造工場

58　大正12年の内海川沿いの造船所

57　かつて造船所があった内海川沿いの風景

60　昭和2年頃の内海川

59　風になびく青峯山・正福寺の旗

伊勢湾の港町

大井

荒波を乗り越えた船で、私たちは半農半漁の集落、大井を知多の第二の調査場所として訪れた(63)。事前に目を通しておいた『南知多町誌』には、大井に関する記述があまりない。私たちが手にする資料は村絵図と住宅地図の他にほとんどない状態での上陸である。どのような町並みが迎えてくれるのかすらわからなかった。大井も港湾が整備され、市街から数十メートル先まで埋め立てられていて、海からは市街の様子はうかがえない(61)。

まず、私たちはかつて町の軸であったと思われる道に入っていくことにした。奥に入るに従って、道沿いに長屋門が次々に連続して現れてきた。その時は舟運との関係というよりも、この多くの長屋門の存在に驚くばかりであった(65)。

知多半島は尾張藩の直轄地である蔵入地が多い土地柄である。そのなかで元禄六年（一六九三）以降も給地が与えられ続けたのは、大高村の志水氏、師崎村の千賀氏、河和村の水野氏、そして大井村の高木氏だけである。志水氏は知多半島全体をおさえる役目として、知多半島の付け根に位置する場所に拠点を置いていた。一方、他の三氏は「先方三人衆」と呼ばれ、半島の先方でにらみをきかすことになった。『知多の歴史』で福岡猛志さんは「尾張藩が〈弧絶の一島〉にたいし、伊勢湾海上へにらみをきかせる拠点として、特別の関心をはらっていたものとみることもできよう」と解釈している。

確かに、師崎は伊勢、三河の両湾に睨みをきかせる絶好の場所である。一方の河和は、水野氏が三河との伝統的なつながりを考慮にいれて、知多湾に睨みをきかす場所にあることは地図を眺めてみても理解できるところである。

都市構造を調べる

それでは、師崎と数キロの距離である高木氏の給地がある大井はどうなのか。大井は『南知多町誌』を調べても、戦国期に城や砦が築かれたという記述はない。廻船や醸造業、漁業や農業で目立った発展をした集落でもない。史料的に特記されるべきものがなく、歴史のなかで

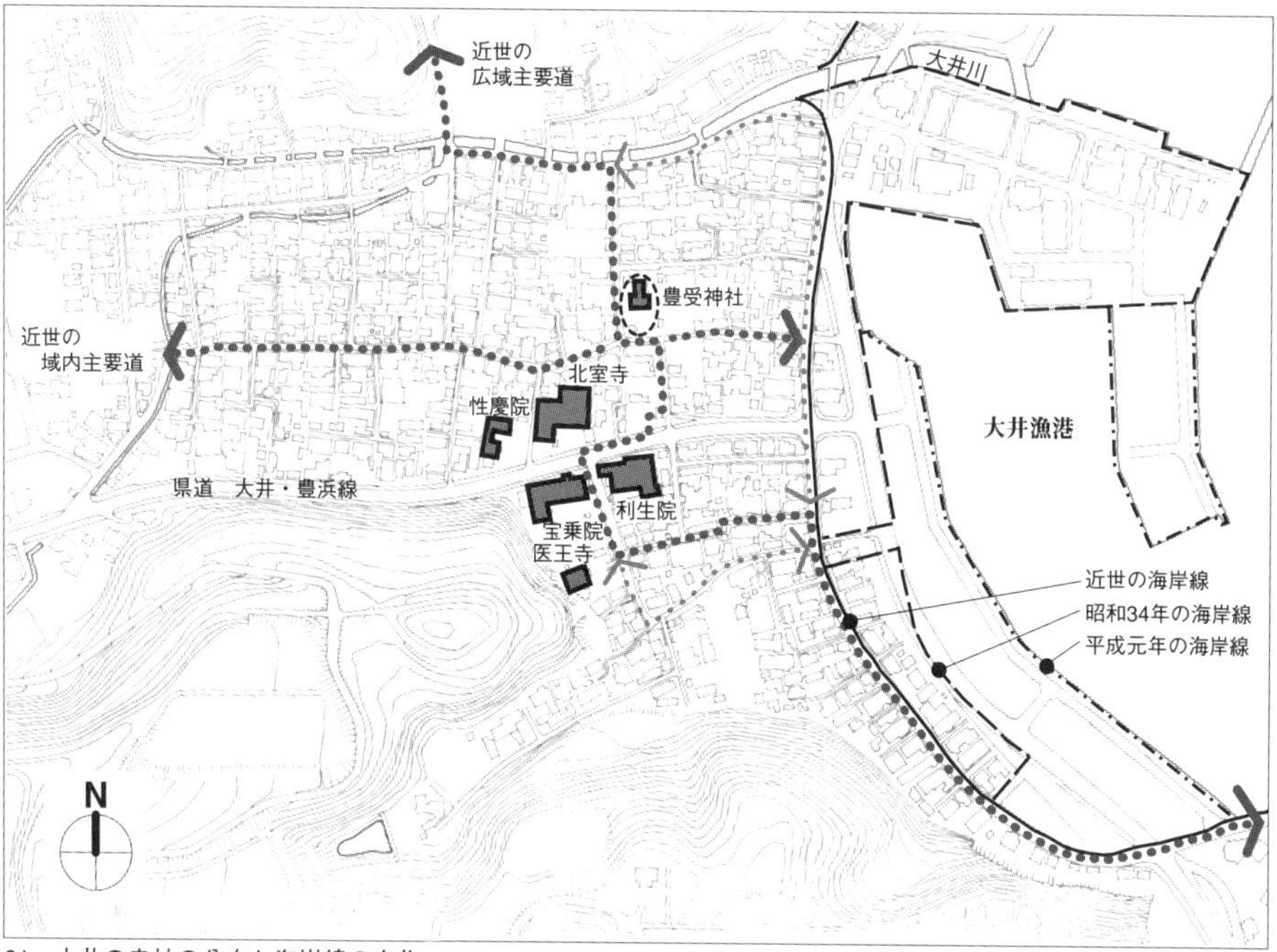

61　大井の寺社の分布と海岸線の変化

62　大井の道と宅地規模

光があてられた場所ではないのである。

ただ訪れてみて驚くことは、知多のどの集落にもない独特の雰囲気をもっていることだ。集落全体が要塞のようにも思える。谷間の奥に延びる集落内の重要な道沿いに並ぶ建物は、商家を除けば、多くが長屋門を配している。しかも、路地に入り込んだ建物まで長屋門がある(64)。

長屋門は、江戸時代に地侍クラス以上の地位の者だけに許された門構えである。明治以降は特権的だった門構えも流行りとして建てられるようになっていくが、この集落がステータスを求めて集落全体で競って長屋門を建てたとは考えにくい。また、大井と師崎の間にある片名も長屋門が多いことはどういうことなのか。

このような疑問を抱えながら大井の町を歩くと、寺院が町の中心部に集中的に配置されていることに、さらに疑問が深まる。本来であれば、城下町や港町の寺院は町の周縁や、後背の斜面地に沿って立地している。そのことからも、他の町にない異質さがこの町に感じられる。大井には、行基菩薩が創建(七二五年)したとされる真言宗豊山派の医王寺一山と十二坊のうち四坊(性慶院、北室院、利生院、宝乗院)がある。全山が焼失した後に、現地に再建されたのが建暦二年(一二一二)であるから歴史は古い。元禄以降は、高木氏の庇護を受けていた。

山を背景にした医王寺を奥にして、その前に四坊が配されている。その先に天禄年間(九七〇～七二)に伊勢神宮外宮を勧進したと伝えられる豊受神社(明治初年まで神明社と称していた)がある。この神社を囲むように屋敷があった。現在でも敷地の区画が大きい場所は寺院と屋敷があった場所に限られる(62)。

天保十二年に描かれた大井の村絵図には、具体的に高木氏の屋敷が描かれていない。『尾張徇行記』(注30)には「高木氏宅址ハ南ノ方山麓郷内ニアリ…(略)」とあるから、医王寺が背景にする山の上にあった可能性が高い。山といっても小高い丘なのであるが、そこに登ってみると港や町並みが一望でき、素晴らしい眺めである(66)。

現在、県道の大井・豊浜線が町の東西を切り裂くように通ったため、この町の迷路性が少し薄らいで見える。だが県道ができる以前は、長屋門が連続する通りが東西の軸であったと考えられる。この道がほぼ唯一海に向って直線的に延びている。大井では中世以前からの道が、町の重要な道として都市の軸となっていない。ここがこれまで調査してきた港町の空間構造の変化と大きく違うところである。中世以前からの港町は近世になって海岸線と平行する町並みを充実させる。それらの都市発展の

63　漁業の町である大井

64　路地にある長屋門

65　長屋門のある町並み

66　丘陵から見た町並み

67　大正末年の大井

経緯とは全く異なる展開を見せているのが大井の町なのである。

そのことだけでも特異なのだが、この道から枝葉のように延びた路地は十字路がなく、微妙にずれている。しかもこの路地の先は行き止まりが多く、先にも述べたように、この路地にまで長屋門の町並みがつくられている。どこが通り抜けできる道なのか、一瞬では判断がつかない。この不思議な町を記録するために、メインの通りと路地を実測調査することに決め、さっそく分担しながら建物の外観や街路をスケッチ、実測をしていった(68)。

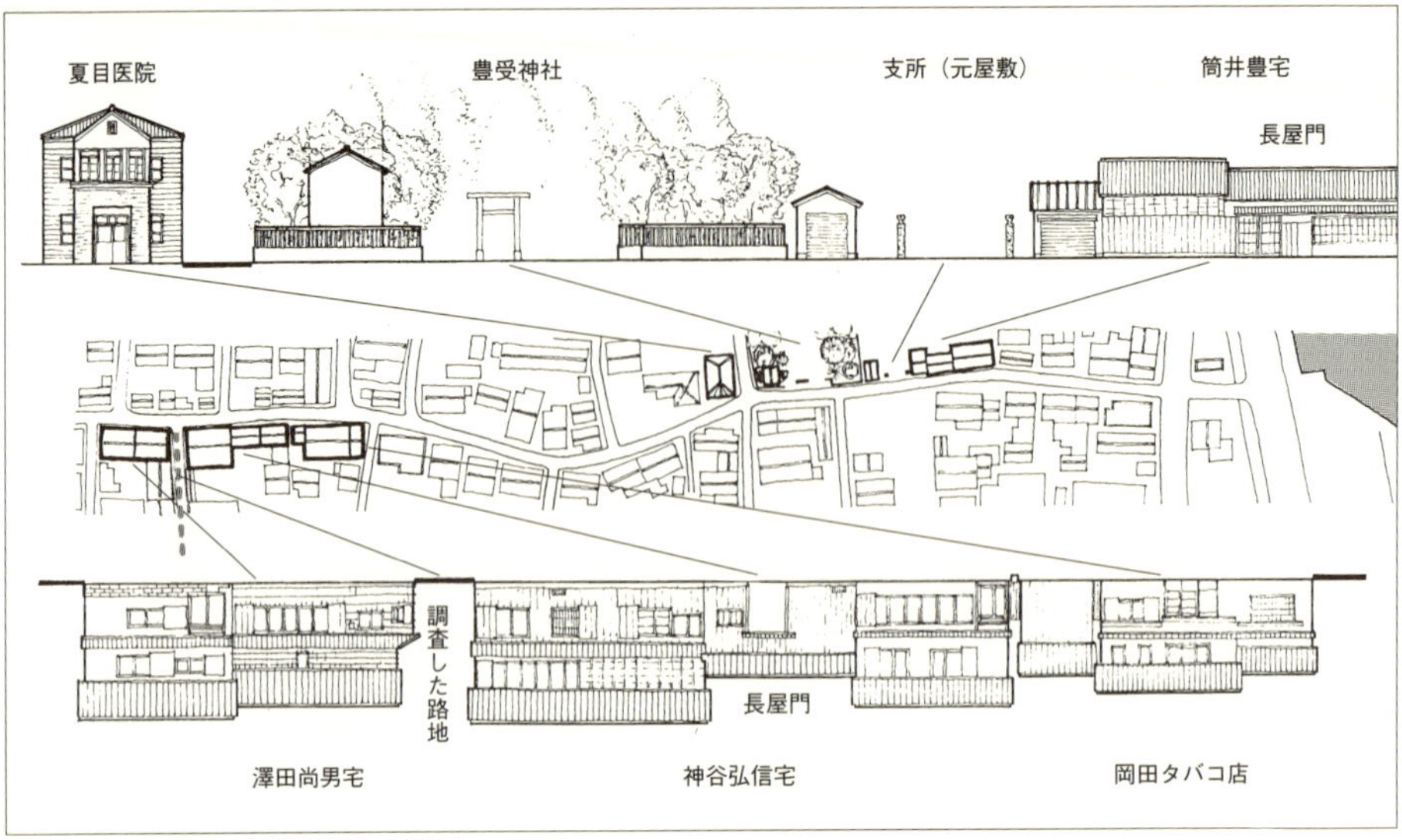

68　メインの道路の屋根伏図と立面図

半農半漁の村に描かれた城塞都市像

大井の町はなんとも不可思議だが、軍事的要塞の町だとすれば、実に巧みにつくられた城下町のようにも見えてくる。名古屋から師崎まで至る近世の街道は、大井の集落に入ると、くねくねと折れ曲がる。そして、屋敷と寺院の通りを抜けなければならない。海の軍事基地である師崎を陸から行くにはここを通るのだ(69)。

『寛文村々覚書』(注31)（一六七一年）によると、大井は小船四艘が舟役御用の時に水主を出すことになっている。御用のない猟師船も一八艘ある。それが文化年間（一八〇四～一七）に作成された『尾張徇行記』には漁家三〇戸、漁船三二艘と記されている。この記録からも大井は漁業の町であったことがわかるが、今私たちが目にする大井の町の構造からすると、何とも素っ気ない説明である。

それには何か半農半漁の村にとどめておく必要性があったようにも感じ取れる。師崎が海の軍事基地としてはメインとしても、大井にも船の準備があった。漁業というかたちではあるが、状況が変化すれば師崎をサポートできるようになっていたのではないか。漁師たちは大井川沿いに集落を形成している。かつては、大井川沿いが

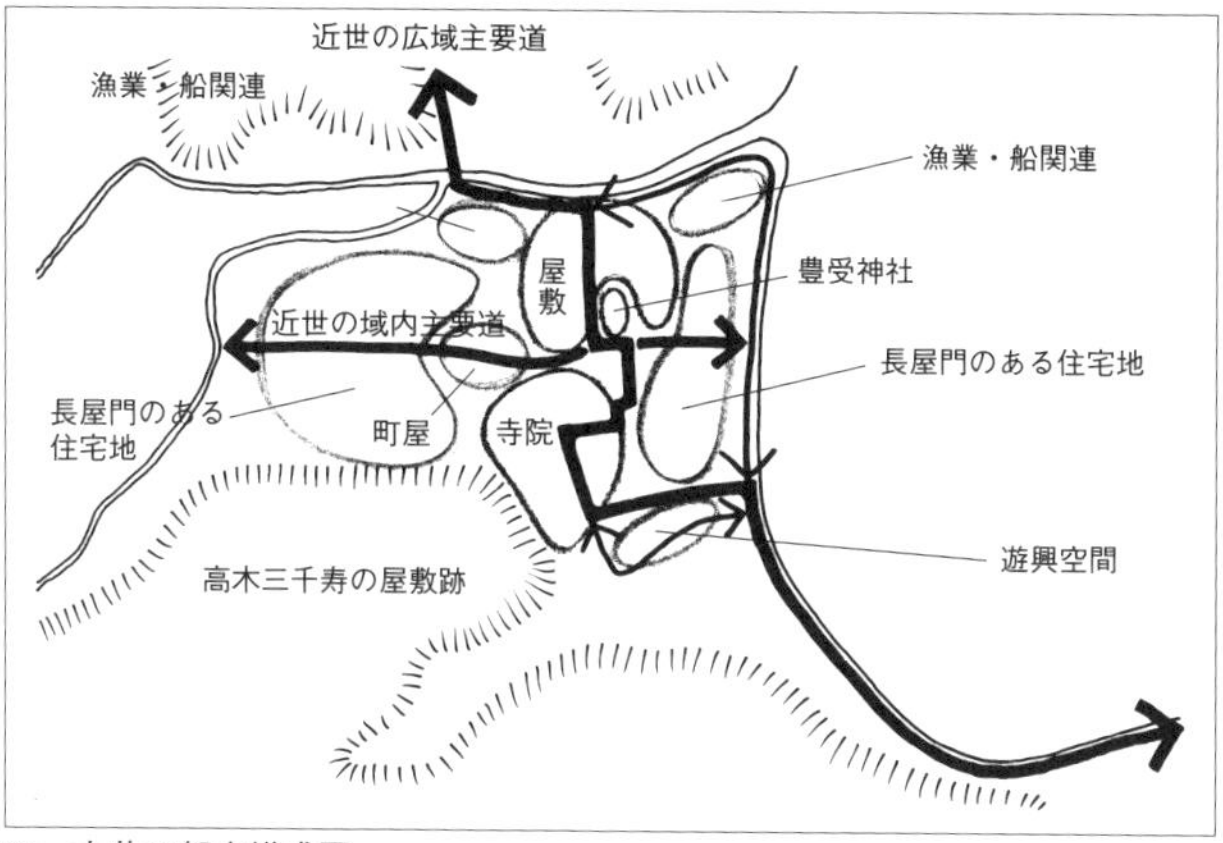

69　大井の都市構成図

船入りとしての港だった。今では船が入り込めるほどの水位も幅もないが、大正末年頃に撮影された写真を見ると、大井川沿いに何艘もの船が横付けされている風景が写しだされている(67)。

谷間が内陸に延び、川がわずかな平坦地を縫って海に流れでた場所に町場と港が形成されている。この港町のケースとしては、先に見た内海や大野があげられる。内海は川と平行に、一方の大野は川と直角に町場の軸が形成された。この二つの港町は町場の中心軸のあり方は異なるが、川を軸にした港を中心に右岸と左岸の両側に町場の集落を形成している。それに対し、大井は川を軸に町場を発展させてこなかった。むしろ、川を町の境界としての外堀の役目にも使っていたようにも読み取れる(69)。背景に山を配し、一方は海、北と西は大井川で仕切られているのである。江戸時代を通じて、このような地形に限定された大井の都市空間は大きくも小さくもならなかった。

実測調査は、面白い場所であればあるほど、図面化する対象が際限なく目の前に現れてくる。従って、いつ終わるともしれず延々と続く。中国江南の周庄を調査した時、日がとっぷりと暮れ、どんどん閉められていく商店の明かりを頼りに野帳に書き込んでいったことがあったが、実は野外調査は暗くて図面が書けなくなった時が一つの区切りとなる。それでも気軽に再訪できない遠い場所だと、街灯の明かりを頼りにさらに作業を続けてしまう。この日も空はとっぷりと暮れていた。こういう時、ばらばらに調査しているために、必ず行方不明者がでる。こ捜している者が第二の行方不明者になったりもする。ここ大井でも捜索に多少の時間を要することになった。

伊勢湾の港町

亀崎

翌日、知多第三の港町として訪れた場所は亀崎である。亀崎へは半田から船で入ることになっていた。四月二日の朝、空は曇りがちではあるものの風はなく、波もほとんどない。海の天候の気まぐれさに驚かされる。半田は伊勢湾台風で大きな被害を受け、十ヶ川に半田水門がつくられた。そのため、江戸時代からの醸造蔵が建ち並ぶ場所からの船出が無理であった。しかたなく、私たちは数百メートル下流の護岸からの出航となった。

波のない船旅では、船内に閉じ込められることはない。船先やデッキといった各々好きな場所に腰をおろし、移り変わる海岸の風景を眺めることができた。船長の計らいで、出発地点より上流の半田水門近くまで上ってもらい、江戸時代に建てられたミツカンの酢を醸造する蔵群を水門の間から垣間見ることができた(71)。目に飛び込んでくるもののなかから、近代や現代につくられた構築物を一つ一つはぎ取っていくと、舟運が盛んであった頃に酢の原料を積み卸し、できた酢を積み出すといった躍動感あふれる船乗りたちの働く様子が目に浮かんでくる。

海と陸からの亀崎の印象

半田港を出発した私たちは、穏やかな水面を一路亀崎に向かった。半田周辺は近代以降、埋め立てが次々に行われたため、明治頃の地図と見比べながら風景を見ていると、あらためて陸地化された広さに驚かされる(70)。かつての知多湾が衣浦《きぬうら》港と名前を変えている。湾全体が港湾となってしまっているのだ。

船が亀崎に近づくと、丘陵が長く横たわり、その下に町並みが東西に延びている。東の突端にあるこんもりとした高台の下に神前神社の参道が海まで延びているのが見てとれる(72)。海から見た亀崎は、私たちが数多く見てきた港町特有の地形構造をもっていた。それは、丘陵と海とに挟まれた平坦地に、町の軸となる道が通され、その道に町並みが形成されている。町の東端は少し小高くなっており、元はそこに亀崎城があり、船からの目印になっていた。そのふもとには神前神社が海に向ってその威容を示している。この神社は慶長十七年(一六一二)

の棟札があることから、少なくとも江戸時代初期には亀崎から出航する廻船を見守っていたはずである。亀崎はこの神社から、江戸時代以降西に向って発展する。

亀先の港に着いた私たちは、船長に別れを告げ、海から見た亀崎の印象を頭の中に残して、まずは町の中に入

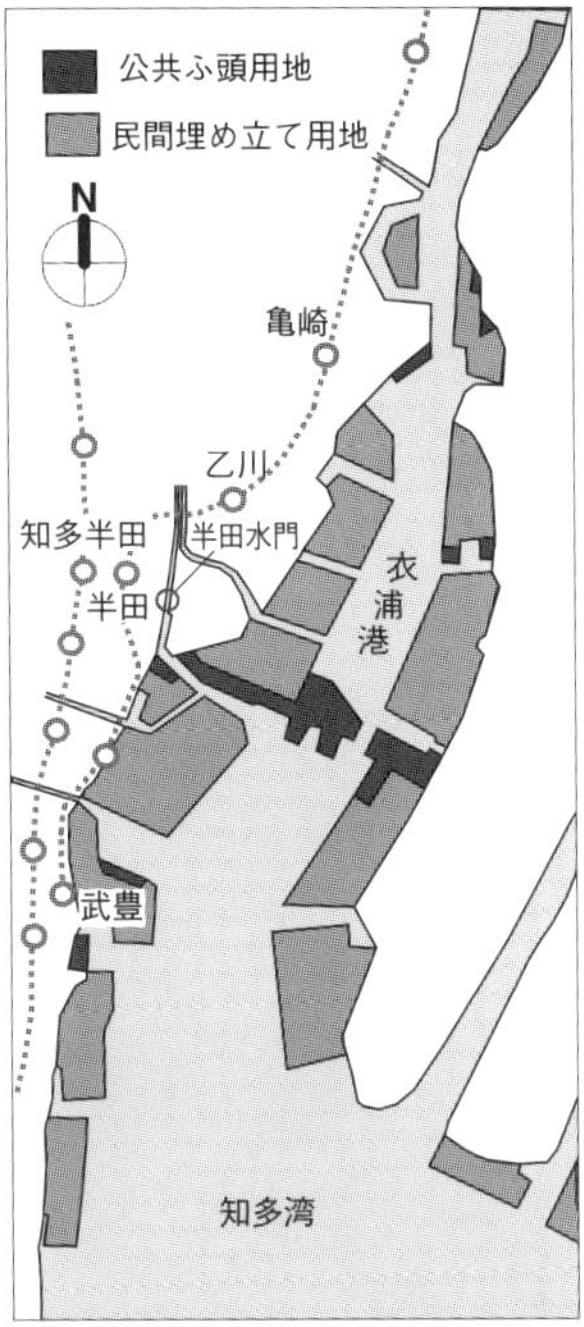

70　衣浦港埋め立て状況図（昭和44年）

71　蔵の眺望をさえぎる巨大な半田水門

ることにした。古地図に描かれている古い道やその通りから脇に入る路地、そして町並みを注意深く観察しながら、海から神前神社までプレ調査をした。

近世の町の軸となった東西に延びる道を東に向って歩いていくと、海側にも丘陵側にも路地が延びている。特に、海側に向う路地の数は多く、この町が海との関係が深かったことを感じさせる。丘陵側の路地は神前神社に近づくにつれて多くなる。ここではまだ種明かしはしないが、丘陵の背後にある場所との関係が密になっているのである。

神前神社まで来たところで、今まで歩いてきて感じ取った問題意識を整理するために、門前で調査の作戦会議を開いた。フィールド調査では、このような空地が作戦会議の場となる。話し合った結果、三つのポイントに焦点をあてて亀崎の調査することになった。

一つは、各々の家の角や建物に組み込まれるように置かれている厄除地蔵に着目した。私たちが今までに行った多くの港町には見られなかった光景である。二つ目のポイントは、丘陵から海へ向かう中世以前の道の構成原理と海岸線と町並みを探ることである（78、79）。最後のポイントは、井戸を核にし路地で結ばれたエリアを面的に把握することである。この町は、井戸を中心にして一つ

72　海から見た亀崎

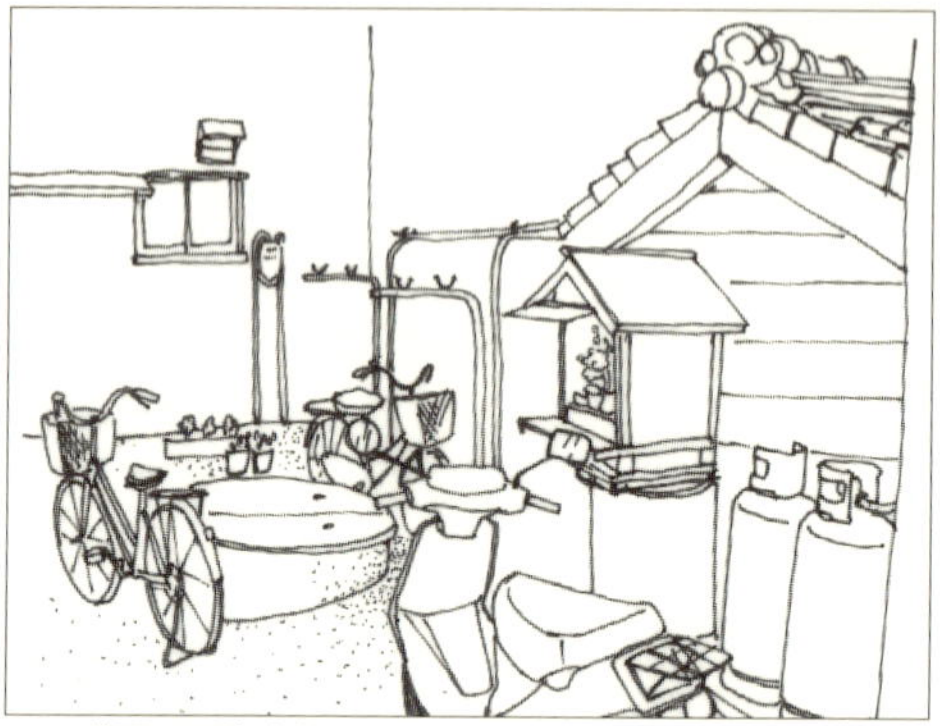

74　井戸と厄除地蔵

73　井戸と路地

のコミュニティを形成している。この構成原理を理解するために、面的な実測調査を行うことにした。

75　亀崎の井戸・地蔵の分布

76 右上　路地の奥にある厄除地蔵
77 中上　建物に埋め込まれた厄除地蔵
78 右下　丘陵側の路地
79 上　　海に向う路地

厄除地蔵と井戸

まず第一のポイントから話しを進めることにしたい。亀崎を歩いてみて印象に残ったのが、井戸と厄除地蔵の多さである。井戸は港町には欠かせない(73)。港町では、水量豊富な良水が町の中で出るかどうかは重要である。また、厄除地蔵の多さにも驚かされる(74)。バンコクの家々にも必ずといってよいほど厄除けの祠が建物の角に取り付けられていたり、庭の隅に祀られていた。伏見の遊廓街を調査したときにも、厄除地蔵が建物の壁や町角に祀られていたことを思い出す。ただ、日本でこれほど多くの厄除地蔵が建物と一体になって祀られているのは初めての体験であった。

今回の調査でわかった井戸は一一件、厄除地蔵は二三件であった(75)。厄除地蔵は現在でも三〇件ほどあるようで、今回確認できたのは七割強である。また、以前はその数はもっと多かった。昭和四〇年代に発行された『半田市誌』には一四二件あったと記されており、実に現在の四倍を越える数の厄除地蔵が町中にあったことになる。この地蔵の置かれ方は、四つのパターンに分類できる。最初に示すパターンは、道沿いや路地の奥に独立した建物に納められているものである。この場合は地域住民共有の厄除地蔵と考えられる。残りの三つのパターンは個人の厄除地蔵であり、地蔵を納める建物自体は小さなものとなる(76)。その一つ目は建物から独立して庭などの角に置かれている場合である。二つ目は、厄除地蔵を収める建物が母屋の壁に張り付いた型である。三つ目は、母屋と一体となっているケースである(77)。この建物の壁の一部をくり貫いて厄除地蔵を収めているケースは、細い路地にある場合が多く、路地を通行する人の邪魔にならないように工夫されている。どうしてこのように多くの厄除地蔵が町中に流布したかは不明であるが、町全体に分布していることから特定の職業の人たちの信仰ではないようだ。ただ、これらの厄除地蔵の納められ方を見ていると、思いがけない工夫があって船乗りたちの広い見聞や船大工たちの技量の一端がどこかに反映されているようにも思えてくる。

望潮楼でかつての亀崎を思い描く

調査の合間の昼食は、亀崎が港町として栄えた頃からの老舗料理旅館「望潮楼」の料理を堪能した。食後は、八〇歳を過ぎて今なおかくしゃくとされている八代目のご当主に亀崎についての話をうかがうことができた。船宿をはじめたのは、三代目からで、望潮楼は安政二年(一八五五)の創業である。当初は通りを隔てた海側の平坦地での開業であった。当時船宿は二十数件あり、開業当初の望潮楼は新参ものであったという。江戸時代にはすでに多くの宿泊施設が亀崎にあり、港町の繁栄の一端を担っていた。廻船問屋や船乗りたちは、出航を待ってこれらの船宿で酒盛りをしていたのだろう。

船宿は固まって立地しておらず、点在していた。最後に「丸」が付いている屋号は皆船宿だとご主人はいう。昭和初期につくられた個々の商売がわかる地図を見ると、京三丸などの建物が点在している(注32)。これが全部船宿であれば、昭和初期の段階でも実に多くの船宿が亀崎にあったことになる。江戸末期から明治中頃にかけての望潮楼の主な客は、江戸の酒問屋が多く、地元では金物や油を営む太田屋が得意先だと話してくれた。太田屋といえば、私たちが第三のポイントとして調査する立派な屋敷構えの家である。偶然とはいえ、この時調査ポイントの選択に確信を持つ。

江戸時代の亀崎の河岸は石積がされていて、一〇〇～二〇〇石位の船は直接接岸できるようになっていた。しかし、大型の廻船は荷を小さな船に積み換え、河岸まで運んでいた。丘陵の裏側には入江があり、大小の船の囲い場になっていて、そこで船を休めた。護岸に積まれた石は、矢作川を下ってきたものである。また、この川は亀崎に炭を運び入れるための舟運にも使われていた。

亀崎城があった高台からは、細い道が海に向って下っている(78)。その道は途中幾筋かに枝分かれして海岸に向ってさらに延びており、東西に延びるメインの通りにでる。この通りから海へはたくさん路地が通されている

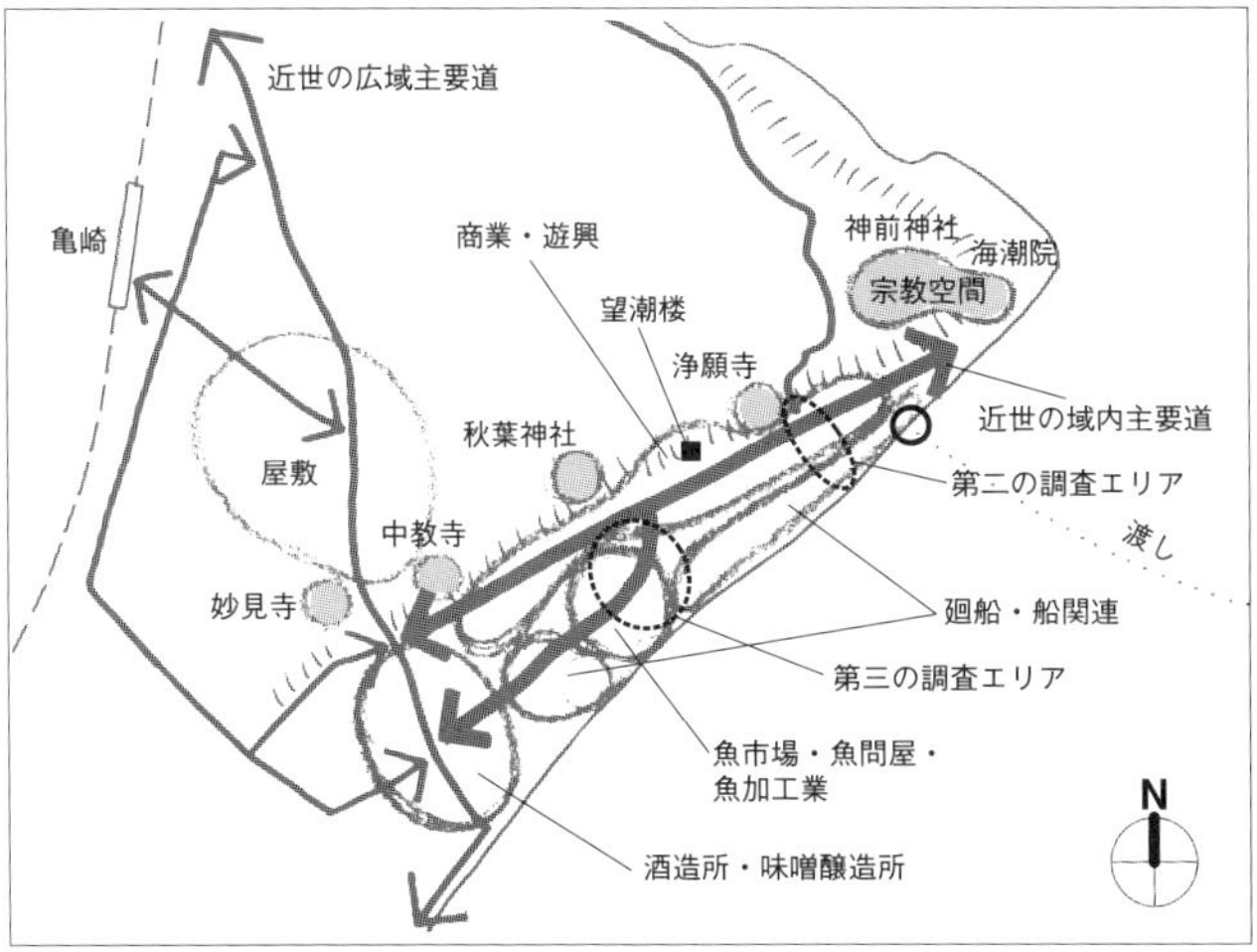

80　亀崎の都市構成図

が(79)、一番東端の他の道より少し広めの道は大店坂といわれ、その先に田戸《たど》の渡しがあって三河ともこの渡しで結ばれていた。

亀崎には井戸が多いが、東側の井戸はあまり良質の水は出なかったという。むしろ、西側へ行くほど良質の水がでたそうである。私たちが調査している第三のポイントの井戸は非常に良質であったようだ。なるほどと思うのは、先の昭和初期の地図を見ると、渡しのあった辺りは廻船問屋や鍛冶、船大工などの船に関係する業種が目につく。西側にある第三のポイントの井戸辺りに行くと、護岸に沿って魚市場があり、その周辺には蒲鉾や魚を商う業種の店が集まっている。さらに西には、醸造業が広い敷地を占めている。この背後にある台地は、高級住宅地となっており、屋敷がつくられていった初期の頃は醸造や廻船で成功した旦那衆の住まいとなっていた。ここ亀崎では、町のつくられ方が水という自然条件から業種の住み分けをある程度決定づける。「井戸の水質」によって、これほど明解に土地利用がなされた港町もめずらしい(80)。

町がどのようにつくられてきたかを知るには、寺社の立地と創建年代が助けとなる。ここ亀崎では神前神社と秋葉社が東西の端にそれぞれ立地している。秋葉社が文

化十二年（一八一五）であるから、神前神社とは少なくとも二百年の差がある。神前神社周辺にある二つの寺院、浄顕寺（応仁二年、一四六八）と海潮院（天文十四年、一五四五）はいずれも戦国時代以前の創建である。また秋葉社以西にある最も古い寺院の妙見寺（文化の頃、一八〇四〜一八一八）をはじめ江戸後期から明治期に創建されたものばかりである（注33）。

このような寺社の分布と創建年代から、中世以前は浄顕寺と海潮院に挟まれた丘陵部から海にかけての一帯に集落が形成されていた。江戸時代には海側の港の整備と海岸と平行する道の整備によって町並みが西に発展していったと考えられる。江戸後期から明治はじめにかけて、亀崎の醸造業は飛躍的に発展する。その時、海側の大規模醸造業者の立地と丘陵部の畑地が彼らの宅地として開発・整備されていった。このような三段階の都市発展を経て、亀崎の都市構造がかたちづくられたと見てよいだろう。

望潮楼の前の道路は昭和はじめに拡幅されている。ご主人の話では北側の丘陵側だけが拡幅され、海側はそのままだったという。先ほど、この道を歩いて気付いたことだが、南の海側だけに古い町並みが残っていることに納得した(81)。同時に、港や海とより深くかかわりのある南側の住人の発言力の強さは、港町であることをよくあらわしている。

中世が潜む道空間

第二の調査エリアとして選んだ南北の道は、亀崎村の隣村である有脇村に通じている。江戸時代から有脇村には港がなく、どうしても亀崎の港に頼らざるを得なかった。その主要道と考えられる道が天保十二年（一八四二）の亀崎村の村絵図にはっきり描かれている(82)。

有脇村からこの道を行くと、左手に船囲場を見て丘陵を上り、中世であれば左手に亀崎城が見えたであろう。それをさらに進むと下り坂になる。そこから幾つかの道に枝分かれして亀崎の港に出る。この道は中世の亀崎城と港を結ぶ重要な道でもあったのである。そして、浄願寺を境に西側には丘陵に向う道が東側に比べ非常に少なくなる。このように見てくると、大きく四本に枝分かれした細い道が中世以来いかに重要な道であったか理解していただけると思う。

この枝分かれした道のうちの一本、景観として一番古い時代の雰囲気が残る一番西側の道を調査対象とした(84)。この道幅は、一定ではなく二メートルから三メートルの幅で狭くなったり広くなったりしている。最も狭

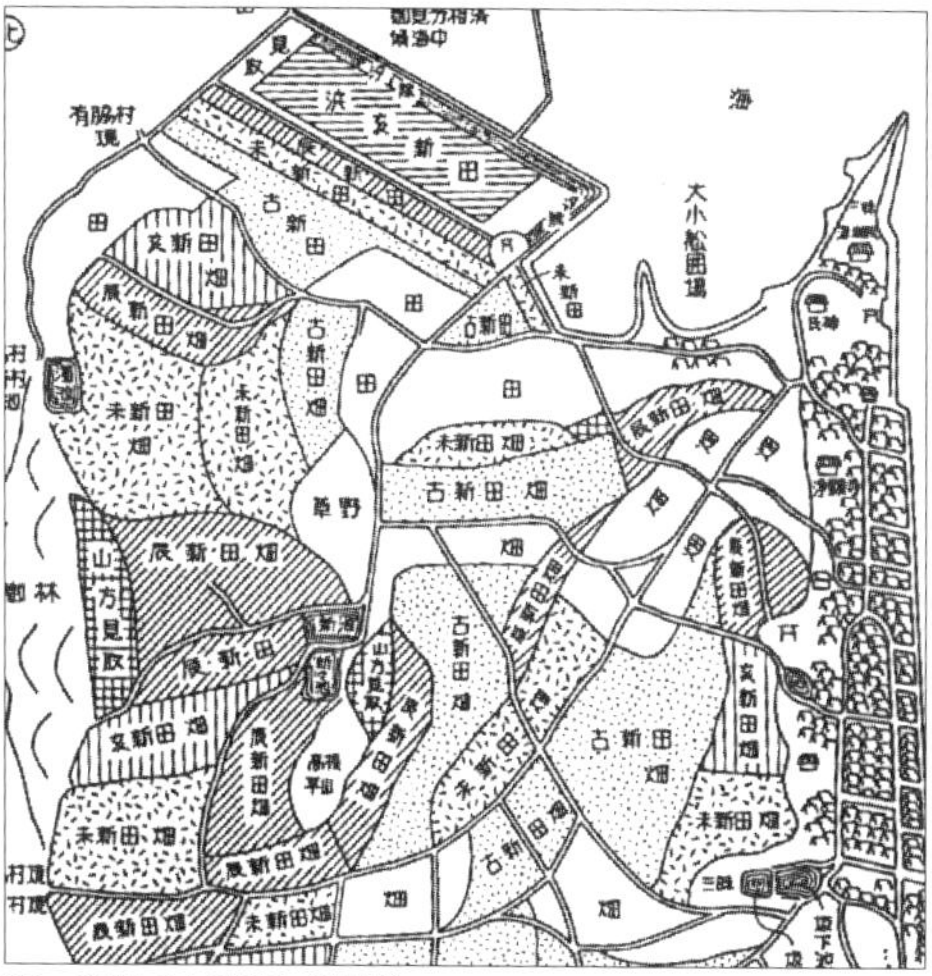

82　亀崎の村絵図（部分）

81　メインの通り沿いにある古い町家

い場所では二メートルに満たない所もある。舟運が盛んだった時代、この道を多くの物資が荷車や人の背に担がれて行き来していたのである。

海側からこの道を上っていくと、右に折れ曲がるあたりに共同井戸（寺山井戸）がある（83）。周辺の民家二〇軒あまりが共同で利用していたようである。路地を入った左奥にも井戸が確認できるが、こちらの方は敷地内にあり、浄願寺の井戸であったようだ。海に面する港や商いの場と井戸を核にした居住の場を海岸線と直角の軸で結ぶ、このトータルなゾーンが中世亀崎の一つの生活環境をつくりだしていたようだ（85、86）。

近世の亀崎の都市構造はどのように変化したのであろうか。中世との比較でいえば、丘陵に向っていた複数の軸の意味が失われ、東西に延びる一本の強い軸に集約されていく。ただ、海との関係では、この東西軸と海との間の路地は重要視され続ける。近世においても、細かい路地が何本も通されていく。そして井戸の位置も東西の軸の道から少し海側に近い場所につくられる。中世の居住の場をつくりだしていた井戸の位置とは明らかに違う。井戸の位置がより港機能に近づくのである。この構造変化は、規模の違いはあるものの尾道でも確認できた近世の港町をつくる基本的な構造パターンである。

そしてより町が西側に発展していくと、先にも述べた丘陵の生活空間、生産と生活の場としての町場、そして港からなる三層構造をつくりだしていく。延享元年（一七四四）に作成された「亀崎村山方起方・見取畑絵図」には、第三の調査エリア辺りが町の西端となっている。すなわち、この一八世紀中頃時期は近世前期の町の発展パターンを継承しつつも、町の空間構成が丘陵側と海側とで異なる新たな発展段階の方向性が見られる。第三段階の井戸は、第二段階よりもさらに海岸線に近づき、商いや庶民の生活空間が分離されたかたちで展開していく（注34）。

井戸を中心とする地区の構成

第三の調査エリアは、現在の住居表示でいう亀崎四丁目にあたる「新町井戸」周辺である。ここは、かつて水質も水量も申し分のない井戸であったことから、蒲鉾などの水を大量に使う魚関連の業種が集まり、海岸には魚市場も立地していた。現在では、魚市場はなく、魚や蒲鉾を扱う業者もすでに姿を消している。しかし、井戸周辺の道と路地の構成は昭和初期に新しい道路が抜けた以外は変化はあまり見られない(87)。

井戸のある場所は、南北に通る路地の中程にある。道幅は、井戸付近だけが幅約三メートルと少し広くなっているだけで、他は二メートル前後と狭い。この道には東側と西側に一本ずつ路地が通っていて、この路地の幅は一・五メートル前後とさらに狭くなっている。

新町井戸の周りには御影石が敷かれている。調査中に運良く金物屋の太田さんの奥さんが出てこられ、話を聞く機会を得た。「井戸に敷かれた御影石が大分すり減っているのお分かりですか」といわれ、改めて見るとかなりの減り方だ(88)。三国で米や雑貨を商っていたという坂井さんのお宅の土間の敷石がすり減り、中央が窪んでいたのを思い出す。この井戸は、主婦たちの井戸端会議の場所だけではなく、この町の活気の一翼をになっていた魚関係の人たちが毎日良質の水を求めて汲み上げに来ていたのである。この石の減り方からすると利用した人は、半端な数ではなかったことが想像できる。

奥さんの話では「かつて船を二艘持っていて、その船で東京まで商いに行っていた」そうだ。この話は明治はじめ頃と考えられる。金物を営む太田屋は、望潮楼のお得意だったことを聞いたが、この一画では一際目立つ大きな家である(89)。この太田さんのお宅の屋根伏を見ていると、内海の廻船問屋の屋敷のようにあまり直角にこだわって建てているようには思えない。むしろ道や街区

84　人々の行き来する路地

83　中世の道と寺山井戸

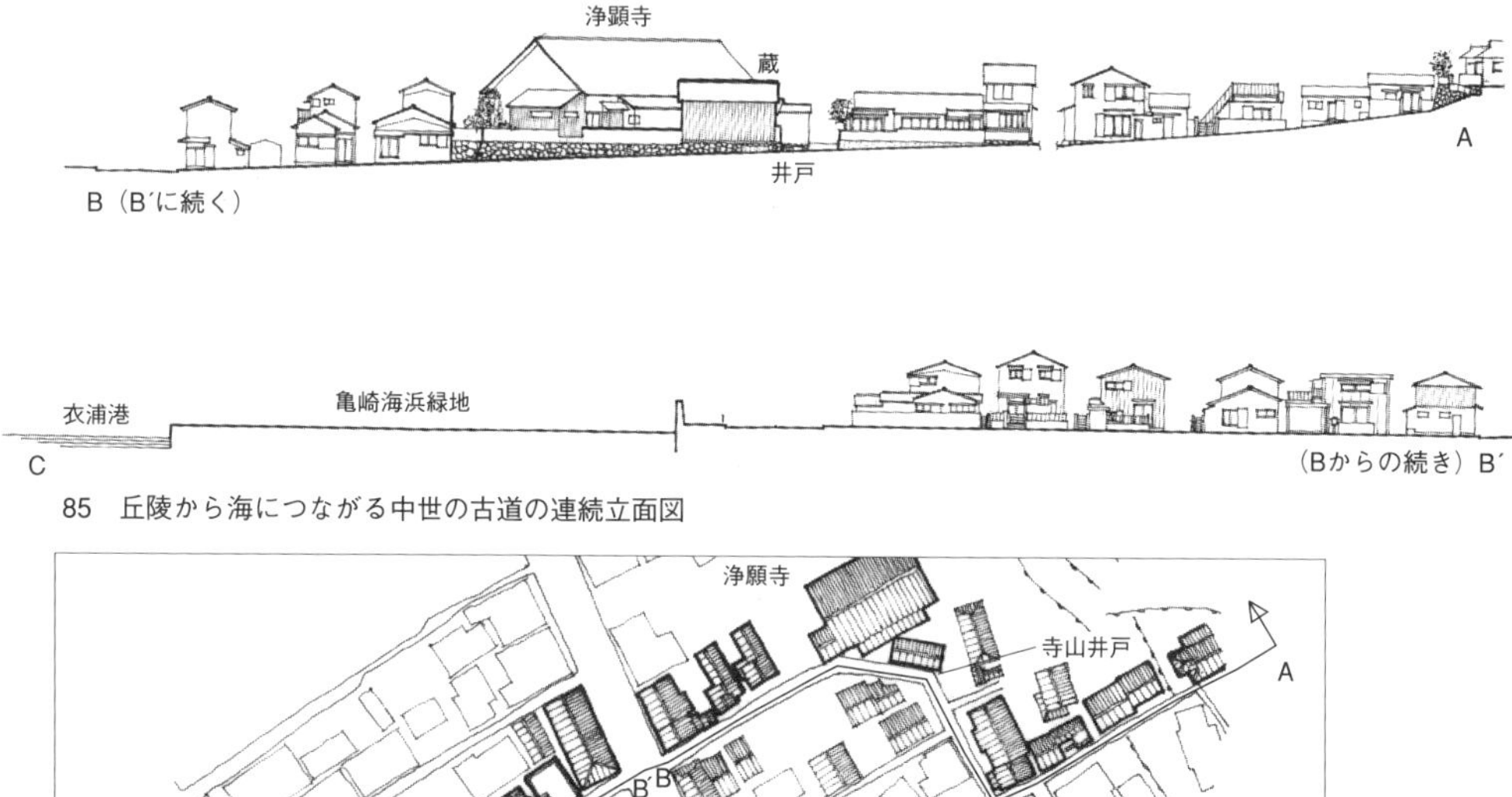

85　丘陵から海につながる中世の古道の連続立面図

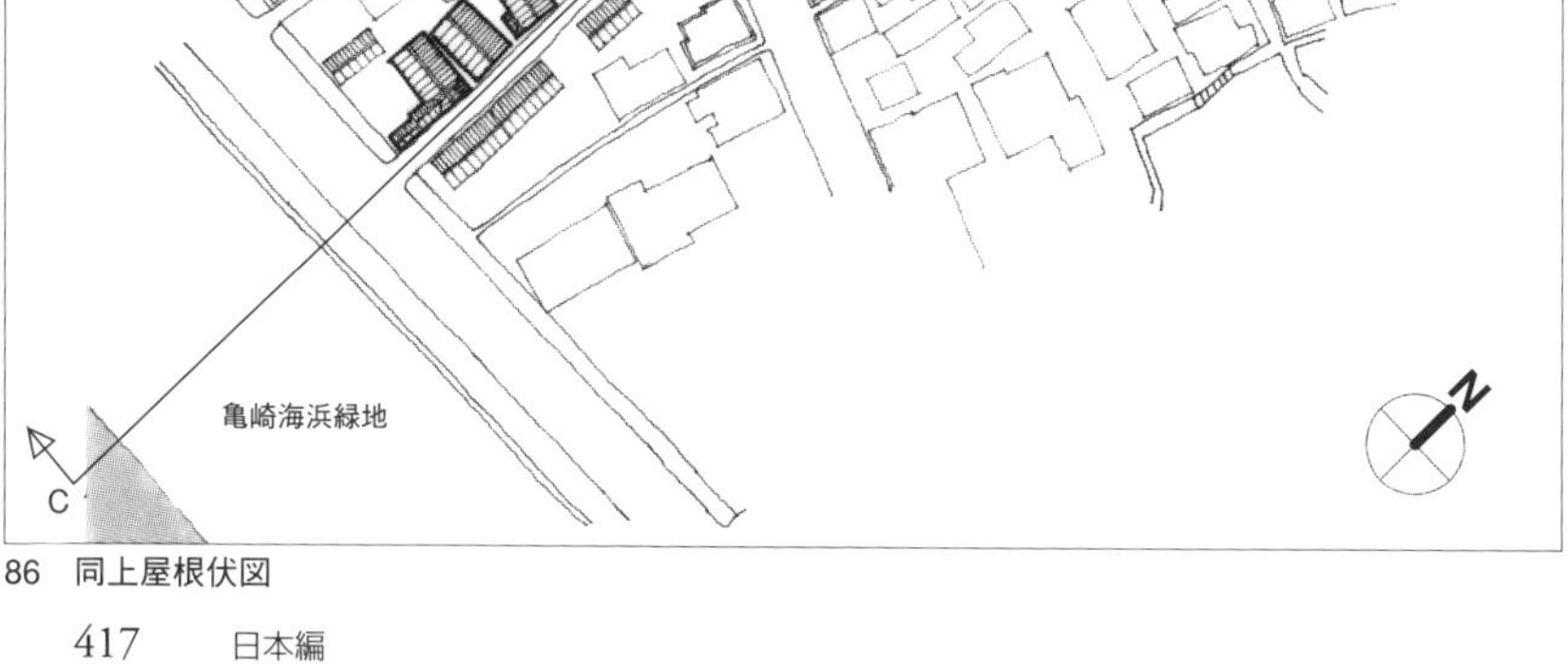

86　同上屋根伏図

88　新町井戸

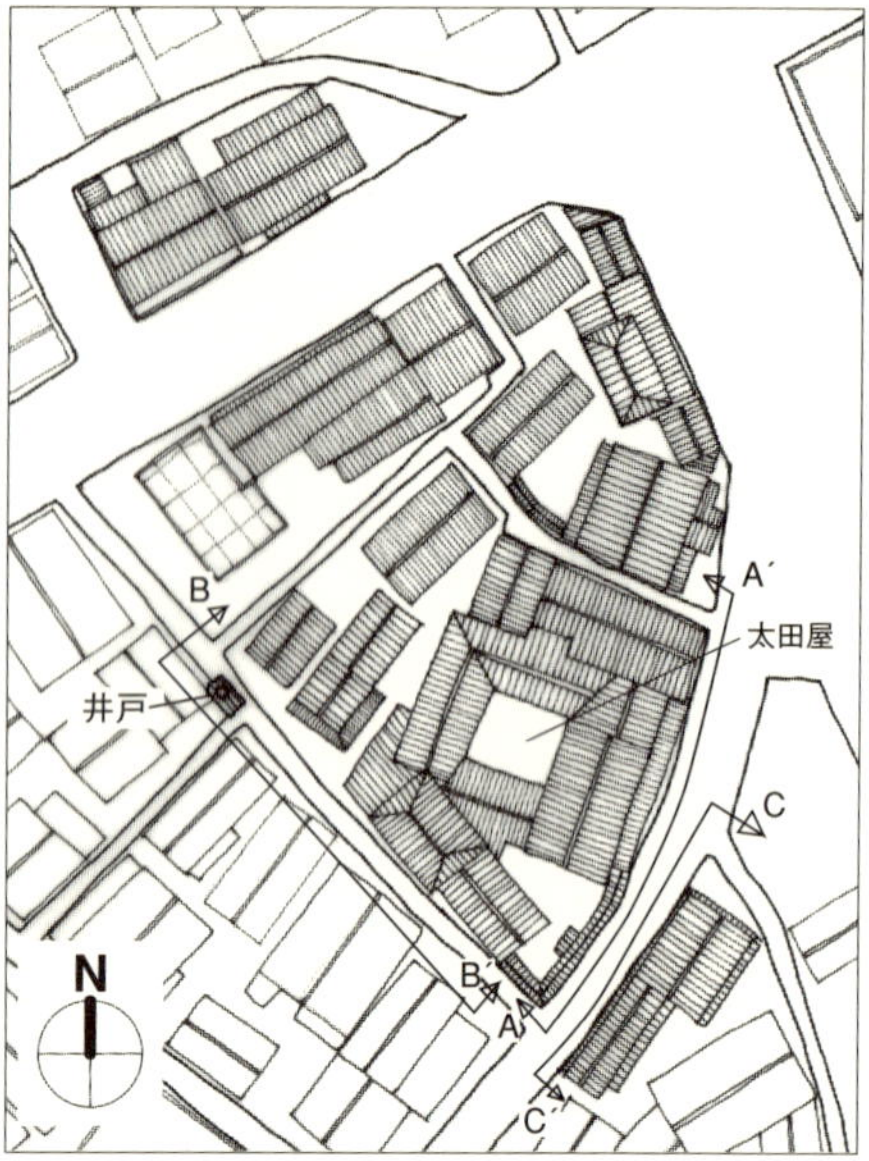

87　井戸を核とした町並みの屋根伏図

の形態に合わせるように建物が建てられているようにも見える。庭は門をくぐったすぐ脇と、四周を建物に囲われて部屋からも眺められる場所にある。家の中を見ることができなかったのが残念だが、寄り添うように建ち並ぶ外観の町並み景観とは極めて別の世界を中庭空間はつくりだしているに違いない。望潮楼で拝見したそれぞれにドラマチックで素敵な庭の数々を思い出すと、想像が膨らむ。

太田さんの家の前の道は約五メートル前後と一部広い所もあるが、約三メートル前後の幅で西側に延びている。この道幅から推測して、近世につくられた軸となる道路は、昭和初期に拡幅されて約七メートル強の幅になっているが、かつては三メートルから五メートルの幅の道が続いていたと考えられる。

調査に参加した全員が精力的に亀崎での作業をこなし、二、三日はかかりそうな作業をなんとか終わらせることができた。ここ亀崎の調査を踏まえ、次に半田の町とどのような違いがあるのか、比較検討することになった。

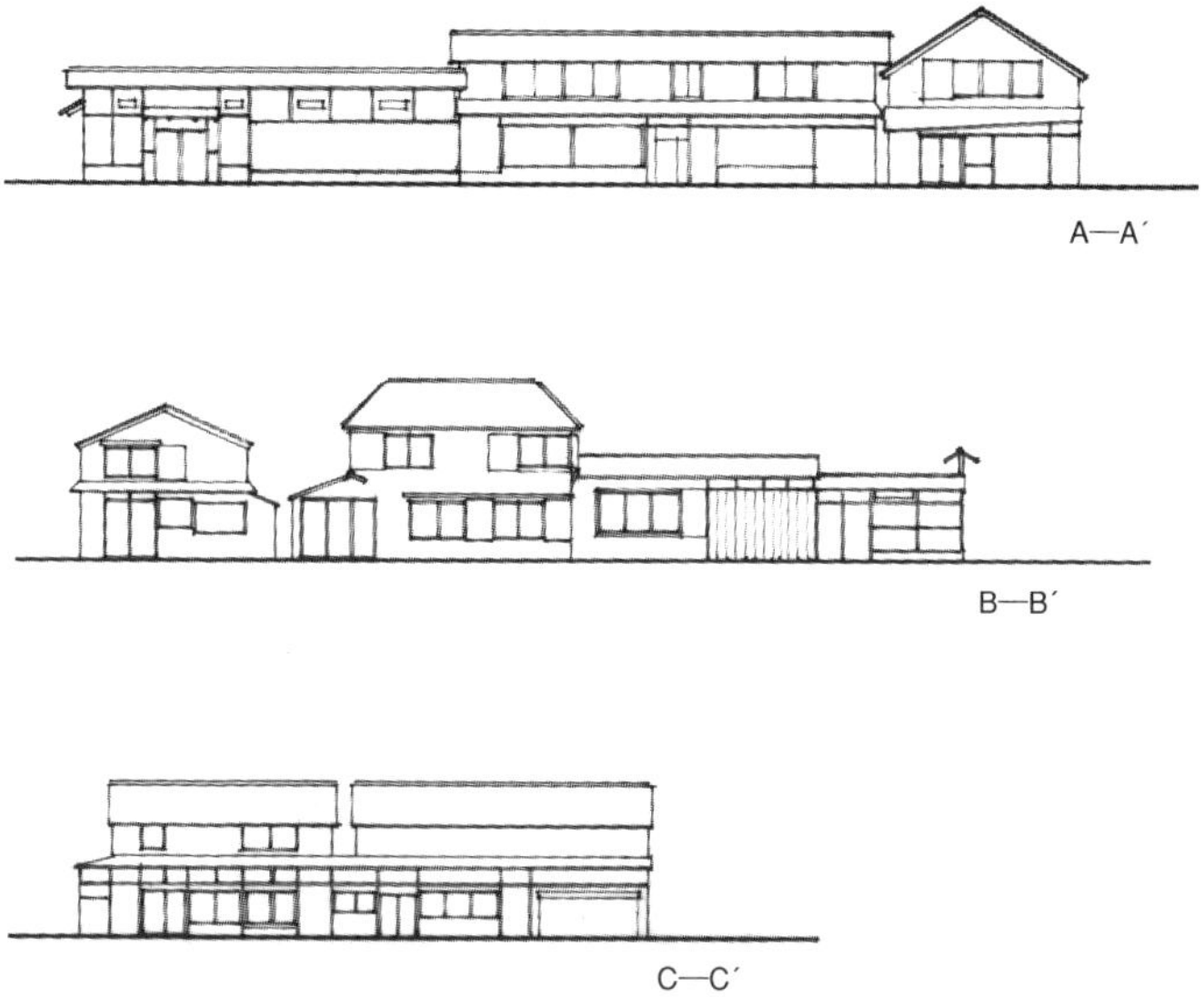

89　井戸を核とした町並みの連続立面図

伊勢湾の港町

半田

第四の調査地である半田に着いたのは夕方近くになった。そのため、二度に分けてこの町を調査することにした。それは、亀崎の調査があまりに面白く展開したためであることはいうまでもない。そこで、最初の調査は路地と街道沿いを中心に、後日行った第二回目の調査は十ヶ川沿いの港や倉庫群、それと醸造機能が集中している場所を中心に行うことになった(90)。

成立背景と都市構造を探る

半田を歩いて、知多半島にある他の港町に比べ、町が見えにくくなっているように思えた。これが私たちの第一印象である。半田では現在、駅を中心に町が再構成さ

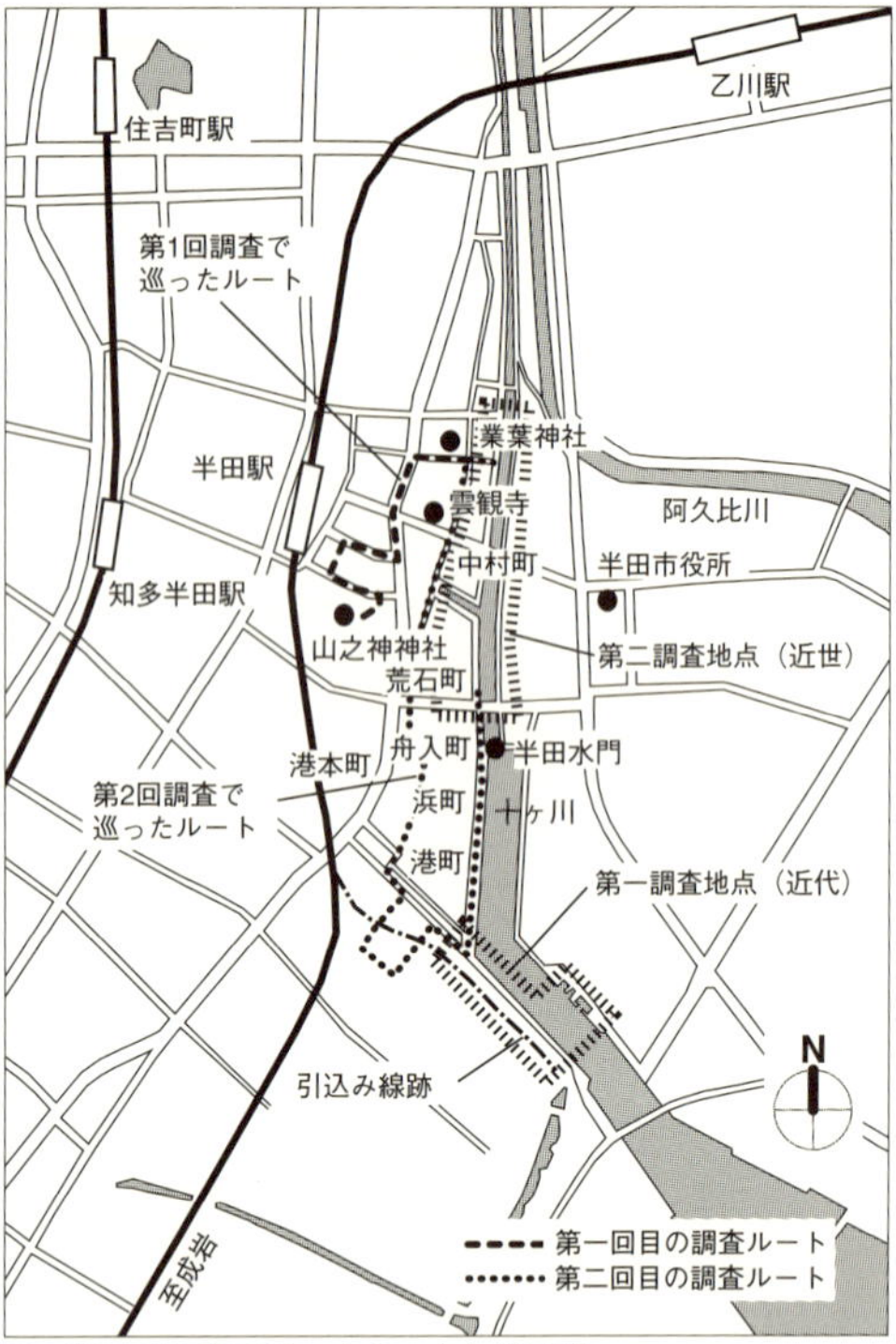

90　半田の調査で巡ったルートと実測地

れようとしているが、どこか町全体がギクシャクした感じがする。このような気持ちはどうして起こるのだろうか。私たちが東京の町を調査しはじめた時の最初の感覚に近い。東京よりも遥かに歴史的空間が残されている半田であるにもかかわらずである(91)。同時に、私たちの腕の見せ所でもあるような気がして手に力が入る。

第一回目の半田調査を酒の文化館と中埜《なかの》邦夫邸(注35)に挟まれた道からスタートすることにした。なぜこの道かといえば、これまでの港町調査で、中世以前の村と浜を結ぶ海岸線と直角な道が中世の港町を知るには重要であることがわかっていたからである(94)。十ヶ川から内陸に延びるこの道を進むと、右手に寛文三年（一六六三）の棟札が残る業葉神社と慶長十年（一六〇五）に創建された光照院が並んで立地している。天保十二年の半田を描いた「村絵図」では、この道をさらに進むと、上半田村に行き着く(93)。上半田村には永正十年（一五一三）に創建された順正寺がある。

ここまで読み進めてこられた方はこの道も古そうだと察しがつくだろう。確かにこの道は中世からの重要な道であることは確かなのだが、半田という町は中世・近世を通じてあまり単純な構造をなしていなかったようにも思える。このことが読み解けた時、現在の半田がどうして曖昧な都市空間となっているかも理解できるだろう。

十ヶ川を背にして内陸に向って進むと、すぐに南北の細い道と交差する(92)。この道沿いには永正六年（一五〇九）に創建された雲観寺がある。先の「村絵図」には源兵衛橋が架かる所から道が通されていない。明治二六年に作成された国土地理院の二万分の一の地図には運河に沿ったこの道から寺に入る参道がしっかり描かれている。二つの地図から判断すると、雲観寺はこの細い道側に顔を向けて建てられており、戦国時代以前からの重要な道筋であったと想像される。

　この南北の道には入らず、さらに道を進むと、運河と平行して通された二本目の道にでる。この東浦街道には商店が両側に並んで建っている。古い町家の建物も見られる(95)。現在商店街となっている銀座本町がいつ頃から町場となり、店が連続して並ぶようになったのかは定かではない。だが、半田が醸造業や廻船業で発展し始める江戸時代の中頃には短冊状の町並みをつくりだしていたと考えられる。そして現在の道沿いにある個々の建物配置地割の状況を総合すると、商家が続く町並みは銀座本町と呼ばれる範囲を越えることはなかったと思われる。この辺りが半田の商業の中心であったようだ。

　この商店街を成岩《ならわ》の方向に向って歩いていくと、橋が架けられている。正確には、橋の欄干があるだけである。この橋から武豊線の線路辺りまでが現在暗渠になり、その上が道路となっている。川は町や村の境界になることが多い。だが、江戸時代に建てられたミツカンの醸造工場の建物を通って十ヶ川に流れ込むこの川は、古くから村境にはなっていなかった。天保期の「村絵図」では半

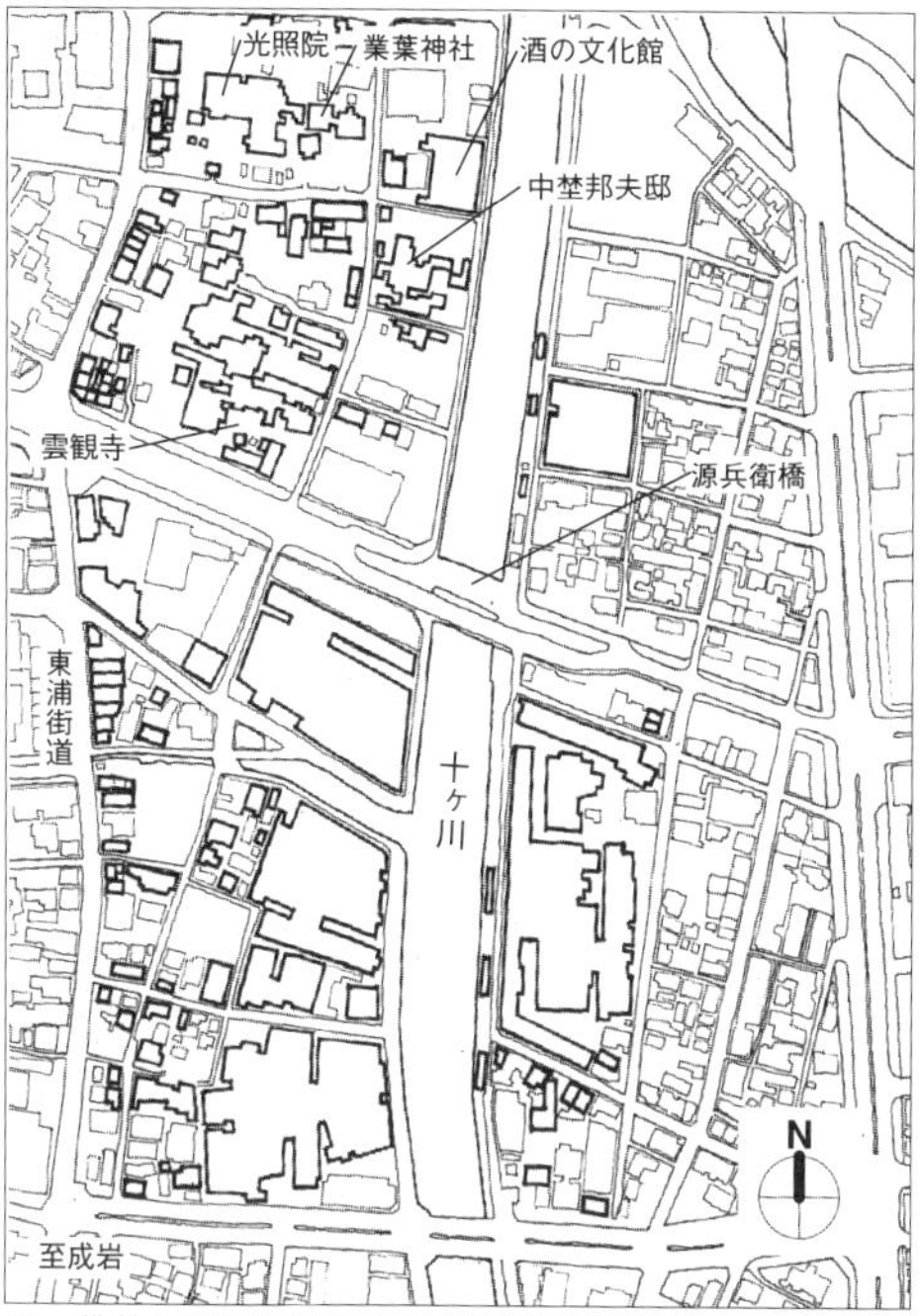

91　戦前の建物の分布（太線は戦前の建物）

92　南北の細い道

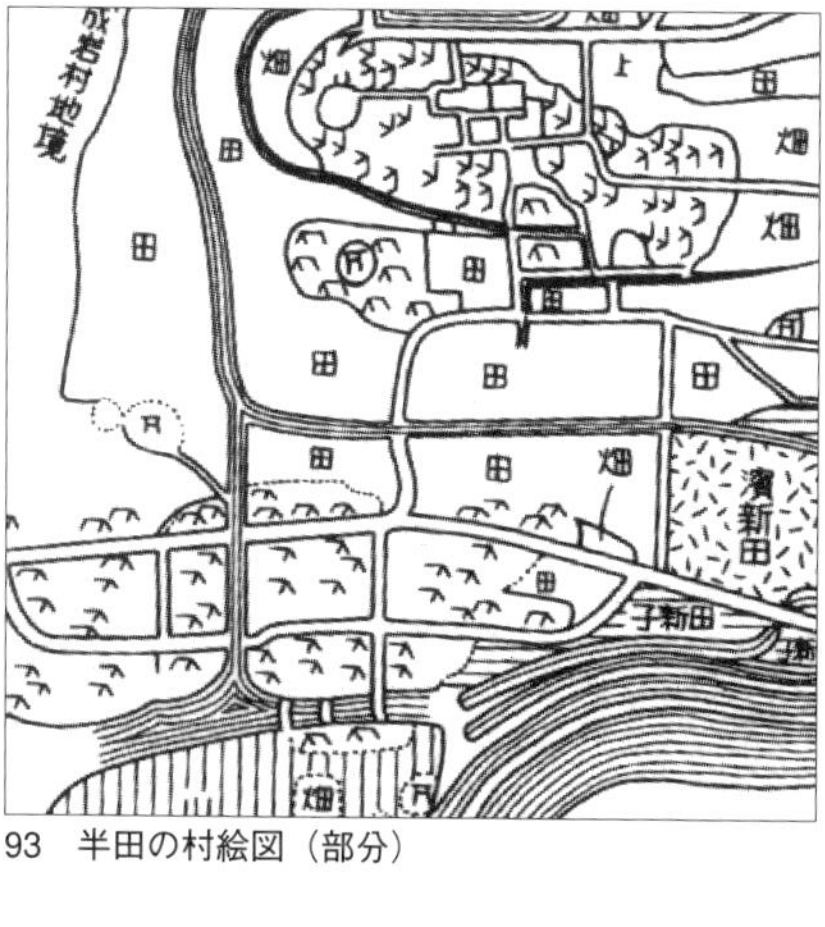

93　半田の村絵図（部分）

田村の土地が川を越えた所で成岩村との境界となっている。

この東浦街道を右手に折れて暗渠化した広い道路を進むと、斜めに抜ける細い路地がある。この狭い道幅は昔のままなのであろう。「村絵図」には山之神社の参道のようにも描かれている。この神社の創建ははっきりしないが、十八世紀中頃にはすでにあったようだ。地元の人の話では、以前は山之神社周辺の一帯には料亭や飲食店、旅館が多かったという(96)。『七人の又左衛門』に、「…隣村の成岩、乙川にはついぞみかけぬ料亭とか、脂粉の香りただよう岡場所まがいの店もあらわれ、昼間でさえ嬌声や三味線の音を聞くことも稀ではなかった」(注36)という一文がある。私たちは、この文からも花街らしきものが半田市のどこかにあったことを調査に来る前の予備知識として知っていた。しかし、その場所までは特定できないでいた。

花街や遊廓が立地する場所は、神社の周辺であることが多い。また、近世城下町の場合は町場からはずれ、川を渡った先にある。港町の場合は、むしろ町の中心にあることも多く、舟運や造船に係わる船乗や職人が集まる河岸地域の内陸側に花街が立地している確率が高い。最初の二つの条件に山之神社周辺はあてはまるように思えた。ただ、これらは城下町にあてはまる条件である。この時点では、半田が他の港町と異なる構造をもつ町であるかもしれないと考えていた。ただ半田は、近世に成立した城下町ではない。ますます半田がわかりにくい存在になってきた。私たちはフラストレーションを大いに抱えて半日で第一回の調査を終えることになった。

港と町の関係

半田のさまざまな文献史料を調べていくうちに、私たちはさまざまな問題に打ちあたった。

大野鍛冶と半田の船鍛冶の問題、大湊の造船と半田の造船技術の問題、近世における半田の港町の構造に関する問題など、この一、二年で解決できるほどのやさしい課題ではない。だが、それらは、学問的にも魅力的であり、港町としての半田を探る上でも重要なテーマであることも確かであった。次々に見え始めた魅力的なテーマをここではすべて網羅的に解き明かすことはできない。そこで、これらの問題意識を一度シャープに切って、今回の調査・研究の道筋を明確化しておく必要があった。私たちは、思い切って半田の第二回のフィールド調査を近世と近代の河岸構造とその空間のあり方の調査に絞ることにした。

第二回の調査に向う前に、もう少し半田の都市構造について、読者の皆さんと想像を膨らませておきたい。ここでは『半田町史』と「村絵図」などをもとに、私たちが今までに港町の調査を進めてきた研究成果も踏まえ、半田の港と町の関係を検討しておこう。

水の文化の出発点

中世以前の半田は現在の荒古町の辺りを除けばすべて海だったとされる。すなわち、岬のように張り出した土地の北側に小さな入江状の砂浜が幾つかあり、そこが中世以前の半田の港であったようだ（注37）。その後、漁村集落が点在的に形成される。この岬状の土地は自然の波除けともなっていた。半田の水の文化を花開かせていった出発点がどうもここにあるようだ。

戦前に編さんされた『半田町史』には、作成年代が不明な古図三点（甲図、乙図、丙図）が載せられている。乙図には現在の荒古町、船入町一帯が寛永一八（一六四八）年に開発されたことが記されている(97)。そのなかに、現在の船入町に当たる場所に船作場も記されている。また、甲図には寛永一八年に船作場であった場所が北荒居塩浜となっている。天保一二年の成岩の村絵図には乙図と同じ場所に船作場が記されていることから、甲図の方が古

94　運河に直角の道

95　古い商家が並ぶ道

96　3階建ての旅館

く、現在のミツカンの酢醸工場は当時船作事場で、その前の船入江は船作用に整備されたものと考えられる。しかもその年代は、寛永一八年以前になる。さらに、甲図の塩浜の前には冬季に船を休ませる船かこい場が設けられている（注38）。近世においては、現在の荒古町から港町にかけての十ヶ川沿いには船を休ませる入江が幾つもつくられていたのである。

中埜家の本家である半左衛門は、江戸時代の早い時期に酒造業を起こす（注39）。その三代目半左衛門の時、中埜半六が分家する。こちらの方は主に廻船業を中心に家を発展させたといわれる。成岩村の村絵図をよく見ると、船作事場（造船所）の隣に「半六曲輪」と書かれている。曲輪といえばすぐ遊廓を想像してしまうが、この場合は塩田のために一定の区域の周囲に築いた土や石のかこいがある場所を示していたと考えた方がよさそうだ。この半六曲輪（注40）は確かに寛永一八年以前は塩浜であったが、造船所ができた以降早い時期に造船や舟運にかかわる施設が立地する場所となった可能性が高い。そして、この半六曲輪の所有者が中埜半六ではなかったのか。このことを史料で確認することはできないが、第一回調査の出発点である中埜半六家の本宅、現在の中村町の場所だけで大規模に廻船業を営んでいたとは考えにくい。しかも、半六曲輪一帯以外に、物流基地であったと考えられる場所は見当たらないからだ。

港町としての半田を発展させた出来事

ここまで船作事場と半六曲輪を中心として十ヶ川沿いが港町として発展していたことを読み解いてきた。次に港町の繁栄をサポートするもう一つの出来事について見ていきたい。天正十年（一五八二）、徳川家康は本能寺の変直後、伊勢の白子から伊勢湾を渡り、成岩の船作事場から船で三河に逃げている（注41）。この功績から、十ヶ川沿いで港湾に係わる人々はその後優遇されていくが、半田村と成岩村の村境に成立した港町はすでに戦国期以前に舟運にとって重要な役割を担ってきていたことが、徳川家康の行動でわかる。そして、この曖昧な場所に境界線が引かれるのが、『半田町史』では古文書から天正一八年（一五九〇）から慶長五年（一六〇〇）としている。

港町として成長した下半田がもともとは成岩郷に属していたことは史料から明らかになっている（注42）。それでは、なぜ下半田全体が成岩郷に属さず、上半田を核とする坂田郷（後の半田村）と地域を分割するかたちで、その後の港町を展開していったのであろうか。現段階の史料では、この問題を明確に描きだすことはできない。ただ、多くの日本の港町を調査・研究してきた背景を踏まえると、農村集落を主体とした村の存在と違った港町特有の支配者との関係性があるように思う。

港町は、舟運によって莫大な利益を生みだすことができる。一概にはいえないが、港町の分割は領主が堺のような強大な町衆に成長することをこの半田で避けるための工夫であった可能性もある。幕府や藩は港町を手厚く保護するとともに、大きな縛りをつくりだしていく。縛りの一つとして、港町を二つの村に分割することであったのではないか。

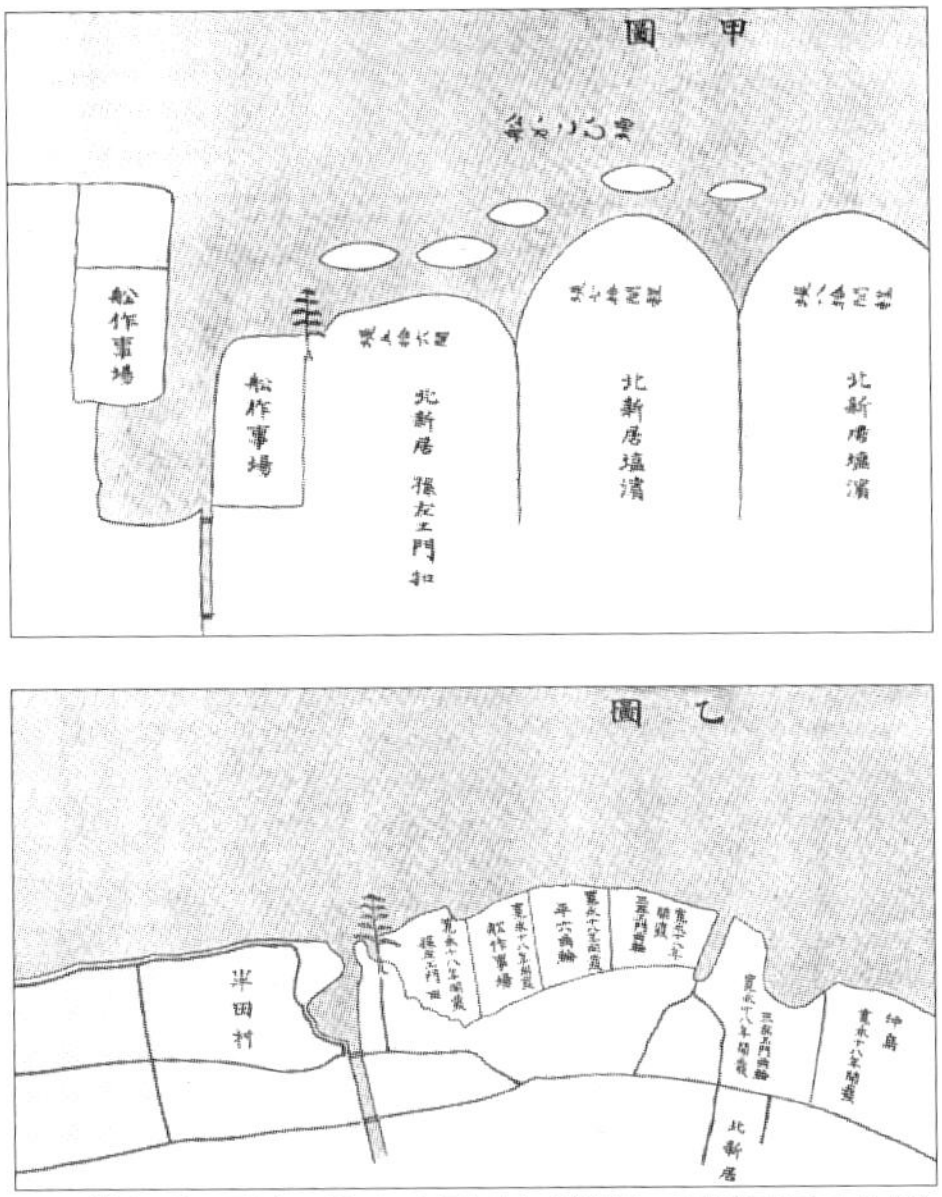

97　造船所の所在がわかる図（上が甲図、下が乙図である）

一方の手厚い保護としては、船作事場を援助したのに加え、慶長一三年（一六〇八）の検地以来、新田開発と同時に現在の十ヶ川下流域を良港にするために、阿久比川と十ヶ川の河川改修を長年に渡って行うことが許された（注43）。こうして、土地による制約の一方で舟運による自由な発展が約束された。港町という特殊な環境に置かれた場所が、明治の初期に半田村と成岩村の間で境界論争に展開していくが、「舟運」あるいは「港町」という視点に立てば、農業を主体に構成された村社会を越えた存在として、半田の港町がすでに発展していたことになる。

港機能と醸造業の一体化

このように見てくると、成岩村と半田村の境にできた港町は、寛文十一年（一六七一）に三五艘の廻船を持つに充分な場所であったと考えられる。このような舟運関連施設の存在を背景にした半田の醸造業のあり方についてさらに考えを進めていきたい（注44）。醸造業の基盤をどこに置くかということが重要である。原料としての米、良質の水は欠かせない。酒や醤油、酢の需要がどこにあるかによって、港町は必ずしも重要な場とはならない。むしろ、内陸の農村集落の近くにあるメリットの方が高

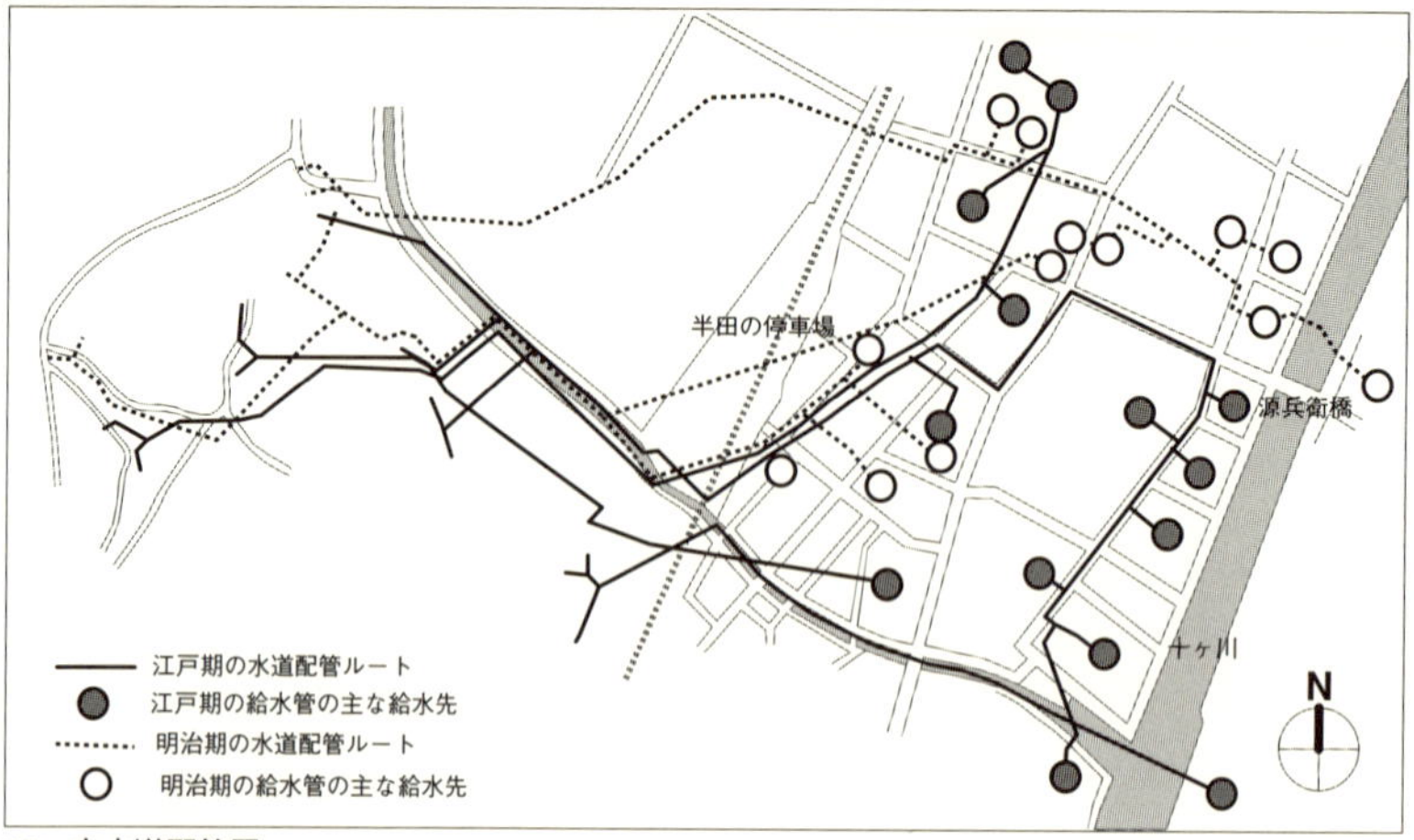

98　古水道配管図

い場合もある。しかし、醸造の流通が広域に、しかも大量に展開しはじめると、港町の存在は一挙にクローズアップされる。

廻船業、造船業と結び付いた醸造業は、良質の水の供給を克服すれば、圧倒的に優位な立場になるからだ。半田では、文政四年（一八二一）に中埜又左衛門、半六ら七軒の酒造家が共同で莫大な資金を投入して木樋の水道を敷設している（98）。それまでは、成岩村との境界近くの洪積台地の谷間から延々と荷桶で水を運んでおり、乾燥期の冬でも道がぬかるみになるほどだった（注45）。醸造の場所を十ヶ川沿いにこだわる理由は、充実した港機能にあったと考えても不思議ではない。半田の港町にある醸造業は、十九世紀初頭に醸造の水と舟運の水の二つの水の存在を同時に手に入れることに成功し、大いに発展する。

近世後期の十ヶ川沿いでは、すでに造船所（船作事場）があった場所を中心に上流部が醸造業の集中する生産エリアになる。一方、下流部には造船関連の業種が集まり、港としての倉庫機能を備えたエリアが明確に形成された（99）。この港町は舟運を成立させる港湾機能と生産機能を集約的にコンパクトに成立させ成功していたのである。このような半田の港町の構造は、近世中期に醸造業が河岸に進出する段階まで遡る。

ただ、第一回の調査で半田の都市像を充分に描けなかったのは、港町を支えてきた醸造業のエリアが近世の空間構造をよく残しているのに、港湾機能と結びついたエリアの構造が現在水辺からすっかり消え去ってしまっていたためである。物や空間が残らない日本のフィールド調査の難しさがここにあった。

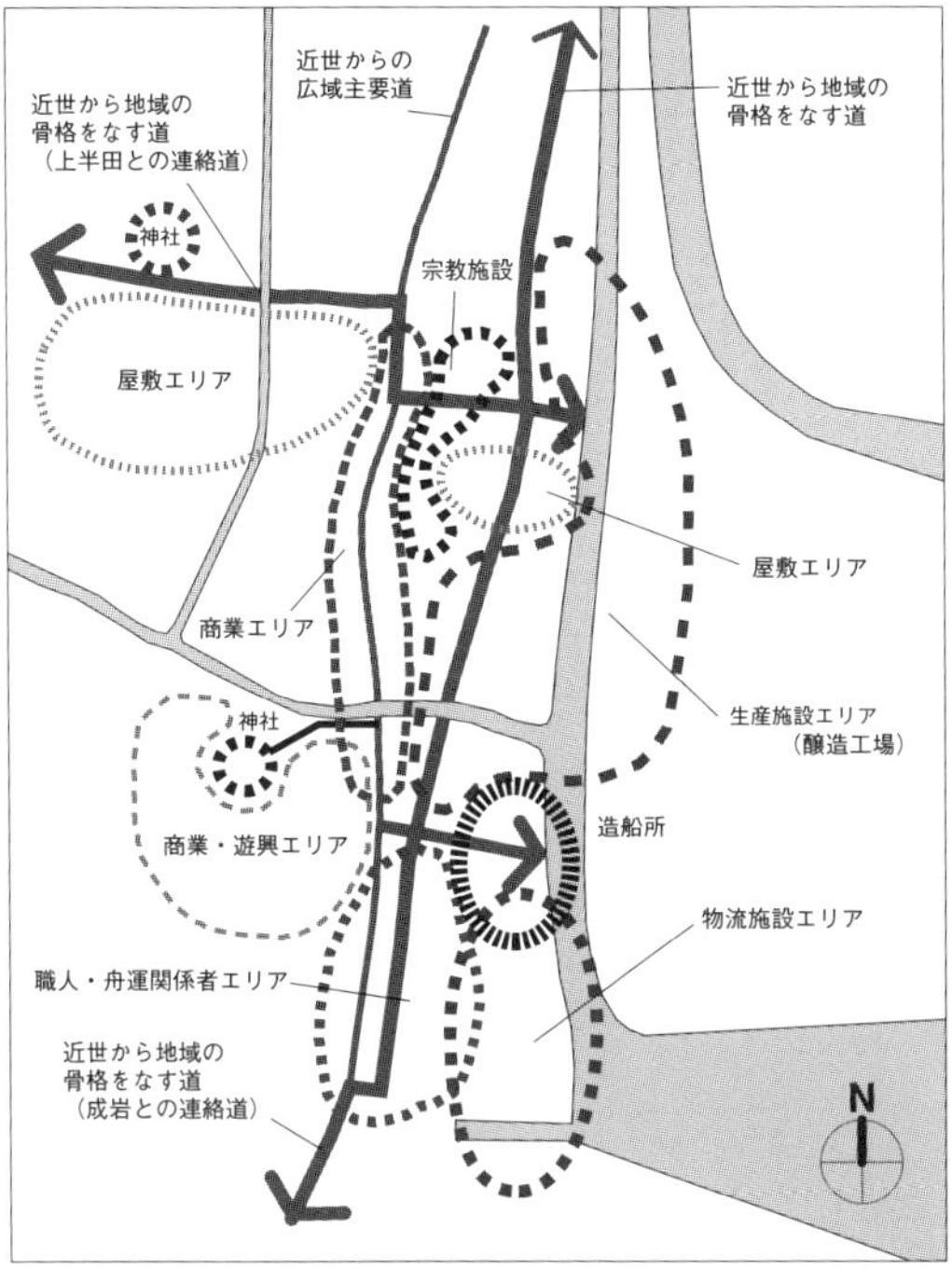

99　近世港町・半田の都市構造図

港町としての半田の空間構成

ここからは、歴史的に解き明かしたことを実際のフィールド調査から確認していきたい。まず、近世半田の港町の空間構成を描きだし、それがどのように近代以降の半田の原動力になり得たかを探ることにしよう。そして、近代の早い時期につくられた港機能が近世と現代を結び付ける上でいかなる意味を持つのか実際の空間を調査することで確かめることにしたい。

私たちはまず、船入町、浜町、港町を歩くことにした。そこには、鉄工所、鋳造所、倉庫や造船所が現在も点在しており、かつて近世港町の一翼を担っていた場所であったことを匂わせる(100)。今回の最初の調査地点である十ヶ川下流の近代倉庫群と向いの造船所を調査するため

100　港町の残像、鉄工所と飲み屋

に、さらに細い道を折れ曲がりながら進むと、伊勢湾を渡るために船を出してくれた造船所に出た。

造船所の前は空地が広がっており、殺伐としている。ただ、昭和二〇年代後半までは船入りの掘割として機能していた。この造船所もかつては水辺に面して建てられていたが、水辺を失った現在の造船所はどことなく場違いに見えてしまう。埋め立てられた掘割に沿って東に進むと十ヶ川沿いの近代につくられた護岸にでる。明治三〇年代に護岸整備され、近代につくられた倉庫群が建ち並ぶ一帯である。ここからフィールド調査をはじめることにしたい。

十ヶ川河岸の港（注46）が造船、舟運、産業が一体となった近代港湾として見劣りのしない複合的な港町をすでに近世という時代につくりあげていたことは先に述べた。この港が近代港湾としても高い潜在能力をもった証しとして、十ヶ川が知多湾に出る河口付近の、L字型に左に折れ曲がる場所に、海務所が置かれた。明治三三年（一九〇〇）のことである。さらに、十ヶ川下流の河岸には、鉄道の引き込み線を持つ近代埠頭もできる（注47）。

大正期に写されたこの港周辺の写真を見ると、海務所より上流側には当時でも和船が河岸にズラッと並び、護岸沿いには蔵が建ち並んでいる(101)。十ヶ川河岸でこの一帯が現在と全く違う風景となっている(103)。そして、十ヶ川河岸の下流側に近代倉庫が建ち並ぶ近代港湾が明治期につくられる。すなわち十ヶ川河岸の港は近代の早い時期にまとまった港空間を完成させ、近世から近代前半の遺物が集積する場所となっていた。その結果、現代に大きな財産を残してくれていることも忘れてはならない。

近代港湾を実測する

近代倉庫が連続する辺りの十ヶ川の幅は約三〇メートルである。私たちが調査したヴェネツィアのカナル・グランデが約七〇メートル、毛細管のように張り巡らされている内部の運河は十メートルに満たない。アムステルダムで十七世紀に整備されたケイセル運河が二七メートルで、十ヶ川の幅より少し狭い。北海道の小樽運河も三〇メートル台である。近代に整備された運河の空間スケールは、いずれもヒューマンな範囲を越えていない(102)。この幅に、ヒューマンな空間を感じられると同時に、機能的に使いこなすことができるスケールメリットが隠されているように思う。

三〇メートル前後の運河では大型船が着岸するには狭すぎるが、対岸からは建物の細部を肉眼で充分確認でき

101　大正期の半田港（第1調査地点付近からの眺め、左側にある建物が海務所である）

102　近代運河の断面図

104　近代倉庫の対岸にある造船所

103　運河の風景

106　引き込み線の跡と倉庫

105　近代倉庫群

る距離である。発想さえ柔軟であれば、多様な可能性を秘めている運河に見えてくるのである(108)。そこに漁船やクルーザー、ダルマ船に混じって、生活感のある渡しや定期船が行き来していると格別なのだが。

近代港湾の対岸には、造船所がある(104)。現在二代目となる息子さんが父親と一緒に造船の仕事をしている。今は年に一艘か二艘の新造船をつくるだけとなってしまったと語ってくれた。中世以来の造船の町としての半田が生き続けている。

ここで少し、明治につくられた近代埠頭の空間規模を調べてみよう。水際の護岸から建物までは六・五メートル、道路幅は四メートルである(105)。臨海港湾のだだっ広いアウトスケールな感覚とは違い、歩いていても空間に圧倒されることはない。古い切妻瓦屋根の倉庫は、大きなもので間口が十八〜二三メートル、小さなもので八〜十メートルとバラエティーに富むが、建物の奥行は九メートルと一定している(107)。

現在はすでに廃線となってしまっているが、この近代倉庫群の裏に引き込み線が通されていた(106)。海と陸の接点に近代倉庫がある。この考え方は、近世の空間システムと大きな違いはない。水辺と反対側の道が引き込み線に代わっただけである。しかし、近代港湾の大きな欠落点は、港との関係性で背後に町が成立していないということである。ここが近世と近代の港の決定的な違いである。今後近代護岸と倉庫群の再生を考えていくとき、独立した近代埠頭の空間利用にとどまることなく、町との関係で空間を再生していくことが大切になってこよう。

このことを頭に入れながら、第二の調査地点である近世の河岸に向うことにする。

港として賑わった半田の「へそ」を歩く

近代の調査地点から近世の調査地点へは、十ヶ川に沿って十分も歩けば着いてしまう。その移動の間は、予備知識が無ければ、何の発想も沸いてこない殺風景な景観が続く。大正期の写真が示す活発な港の風景とは全く違う。だが、ここはかつて半田で最も活気のある場所だったはずである。この殺伐とした景観が半田全体を覆ってしまっている。

かつては水際に造船所や倉庫があった。その背後には、醸造などの工場や港を支える船大工や船鍛冶といった職人たちの集住する場があった。そして、さらに奥には船乗たちの宿泊施設や職人、船乗が集まる華やいだ遊興の場が控えていた。第一回で見えてこなかった花街を生む条件もここにあった。舟運や造船に係わる船乗や職人が

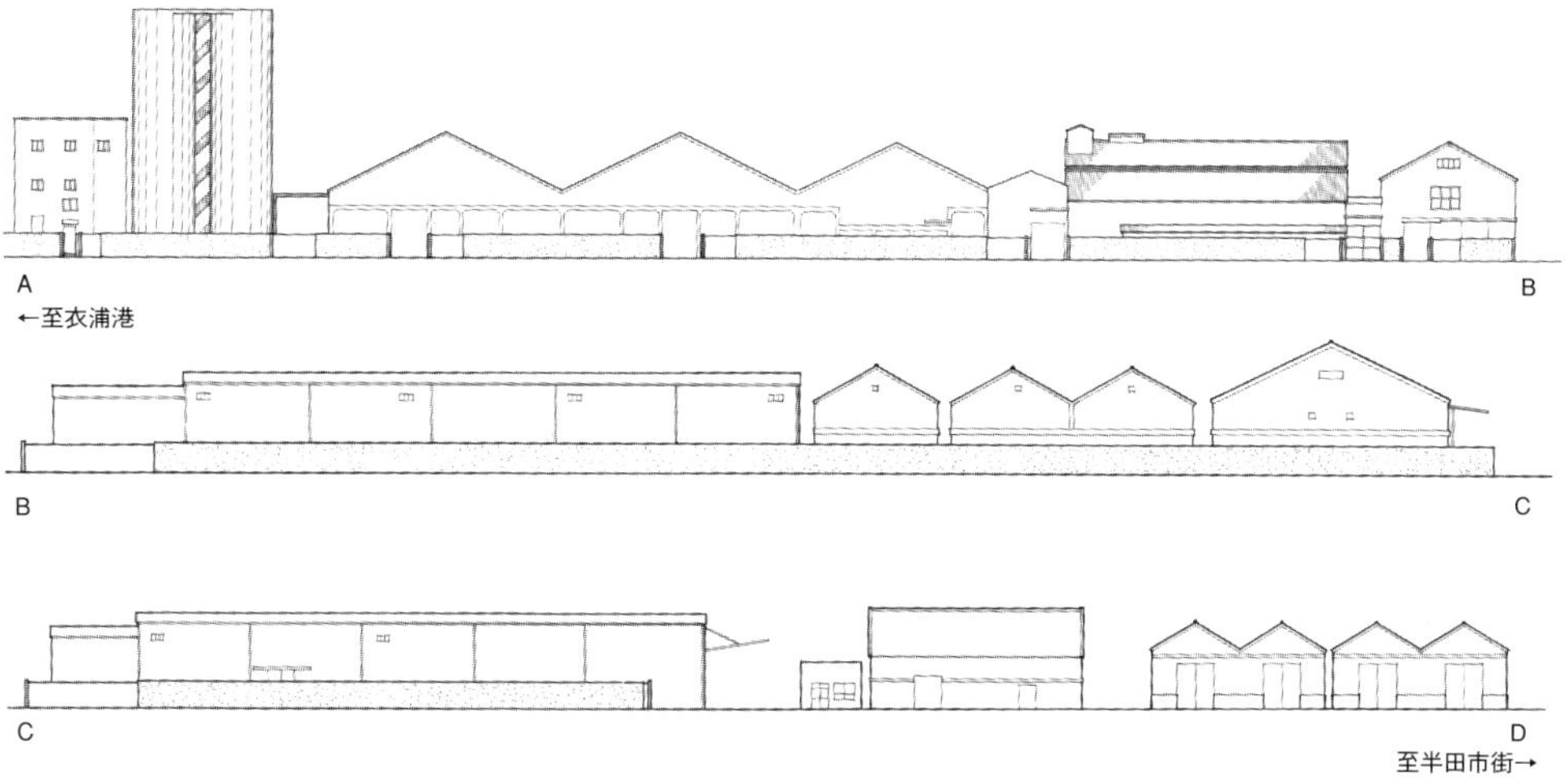

107　運河側から見た近代倉庫群の連続立面図

集まる河岸の内陸側に花街が立地するという空間のシナリオが、半田もしっかりとあてはまっていたのである。

ここで花街を復興すべきだというのではない。町を構成する空間の層が各々に強い関係を持ちながら成立していたことの重要性を示しておきたいのである。都市は個々の建物が単に集まって成立しているわけではない。各々の場所が異なった質の空間をもちながら、実は各々が関係づけられ、特色のある都市像を形づくってきたのである。このゾーンは、舟運を軸にした半田の「へそ」だったにもかかわらず、新たな展開を示せずにいる。

歴史的に見ても、水辺の環境が活性化すれば、背景の層がメリハリをもって活気づく。半田の町では、長い歴史を通じて十ヶ川こそが都市を構成する重要な軸だったのである。水辺を化粧するという発想にとどまらずに、十ヶ川を軸とする都市の再構成をもっと考えるべきではないか。そうしなければ、半田の都市像はいつまでも見えてこないように思われる。都市の形成を歴史的に理解し、その特性を引きだしながら柔軟な発想でビジョンを描くことが、これからのまちづくりに必要となってこよう。

108　運河の風景

109　十ヶ川沿いにある江戸時代からの醸造蔵

110　十ヶ川沿いの蔵

十ヶ川沿いの近世水辺空間を捉え直す

半田の町を歩く度に、ここが日本の港町の典型の一つであることがはっきりと見えてきた。そのことに力を得て再び第一回に調査した出発点に立つことにしたい。

十ヶ川を上流に向かって行くと、伊勢湾台風の後に出来た半田水門が前方に見えてくる。この半田水門から先の十ヶ川は十四、五メートルの幅に狭くなる(109)。旧い尺度でいうと約八間前後である。

舟運に使われた掘割の幅は、時代によっても様々であるが、近世に物揚場や河岸を目的として開削・整備された掘割は八間の掘割が多い。小さな船が行き来する近世日本の〈内港システム〉では広すぎても、狭すぎても機能的ではないのである。町人が整備した大坂の掘割は、初期段階での幅員がかなり広かった。それは舟運以上に、

111　十ヶ川沿いの蔵

112　船入りと蔵

113　大正期の十ヶ川

湿地帯を整備したために土地の水はけを良くする排水路の意味あいが強かったからである。それが、舟運による物流が活発になると、逆に掘割の幅が狭まり、八間や一〇間の幅となった。何気なく見てしまいがちな運河幅も、歴史的には大いに意味を持つ。

十ヶ川沿いには、江戸時代に建てられた醸造工場や蔵が多く、連続した江戸の景観を維持している（110～112）。この川沿いが大正期の風景と大きく違うのは、護岸の構造が石積みからコンクリート護岸に代わったことだけではない。かつて数えきれないほど集まっていた船が、今は一艘もないのだ（113）。運河に船がないと、これほどまで殺風景になってしまう。船そのものが絵になっていただけではない。船を媒介とした物流の活気が風景となっていたのだ。その活気が現在失せている。半田水門を越えて十ヶ川上流まで再び船が上がれるように構想することは、半田にとって重要な意味をもつだろう。

水からの視点で、岸辺を見ていくと、幾つもの興味深い風景がある。十ヶ川沿いの連続立面を描いた場所もその一つである。ここでは、生活の場である緑に包まれた屋敷や蔵のある景観と、生産の場としての酒の醸造蔵が続く風景が対比的な美しさをもつ（114～118）。絵になる場所である。ただ、実測調査に参加し、まる一日をこの作業に没頭したメンバーが口を揃えていうのは、水際の護岸が水面と背後の魅力的な風景を分断していることへの違和感である(11)。これは、水辺からの視点で都市風景を見た時の共通の思いではないか。

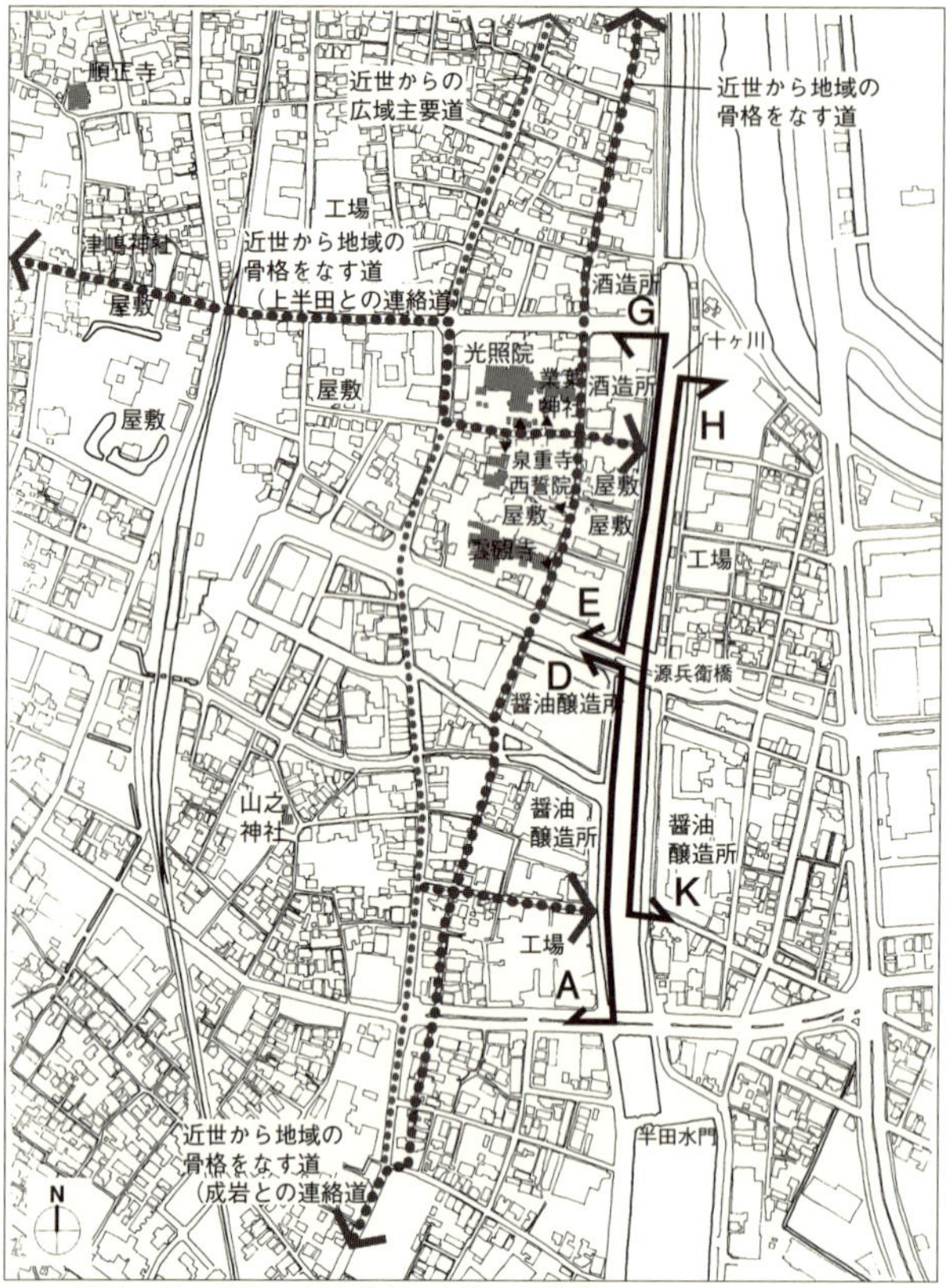

114　現在の十ヶ川沿いと連続立面を描いた位置

港町の魅力の発見とその活用

昭和三四年（一九五九）九月の伊勢湾台風は、半田の水辺環境を大きく変えた。近世から近代へと続いていた舟運の動きが半田水門によって止められてしまったのだ。しかも近世の水際は防潮堤によって、二重の意味で水とのかかわりを失うことになった。

伊勢湾台風では、半田市で二九二人の犠牲者をだし、被災世帯は七〇％にも及び、甚大な被害をもたらした。床下、床上浸水の分布状況を見ると、中世以前の海との関係を持ちはじめた頃の半田に戻ったように思える(119)。そしてこの被害にあった範囲こそ、実は、半田が幾世紀もかけて水と深く結び付いた生活文化を築きあげてきた場所にあたる。この場所をどう位置づけていくかが現在問われているように思われる。水と深く結び付いた町の記憶を物語る価値ある空間として受け継ぎ、再生していくのか、すでに過去のものと

115　明治20年代にミツカンの醸造蔵と船入江を描いた銅版画

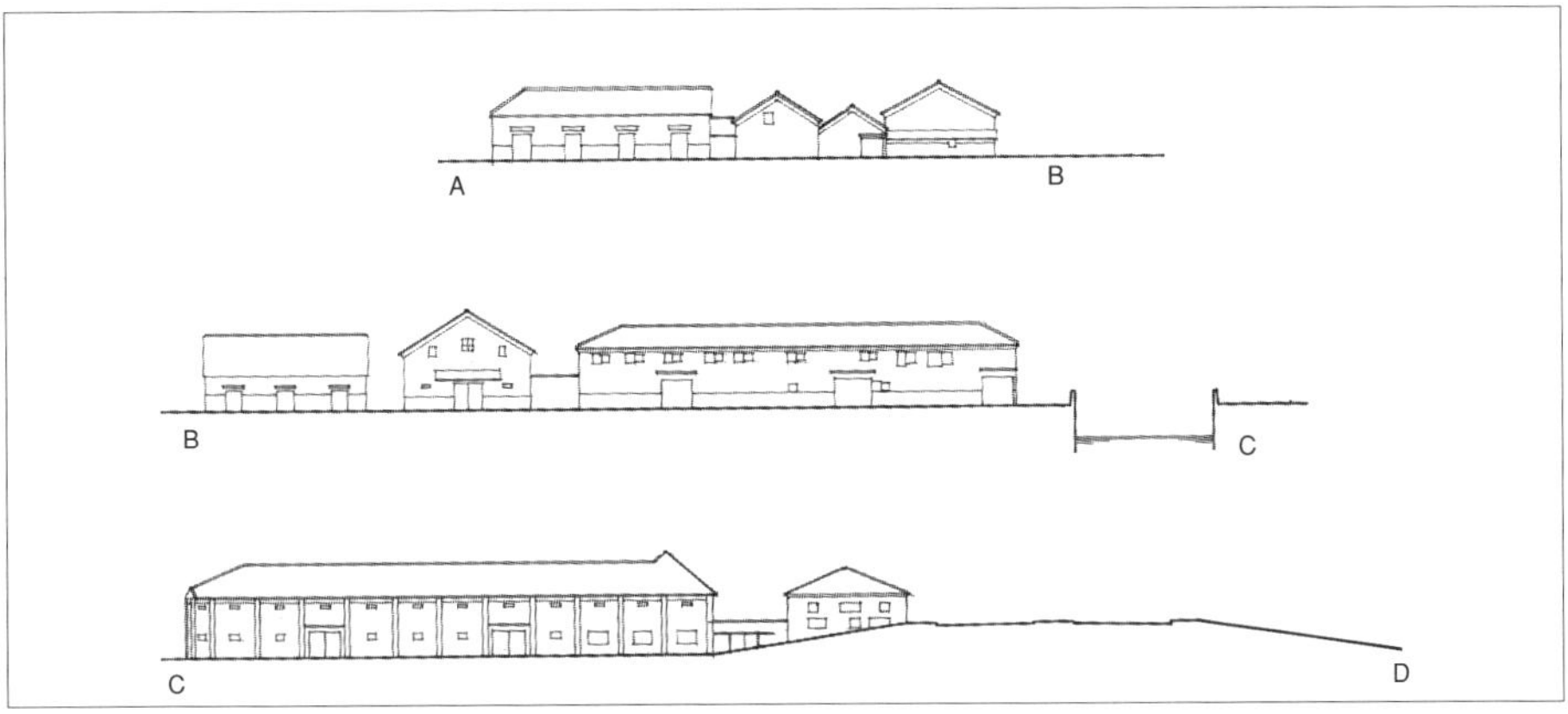

116　近世の醸造工場が並ぶ運河沿いの連続立面図

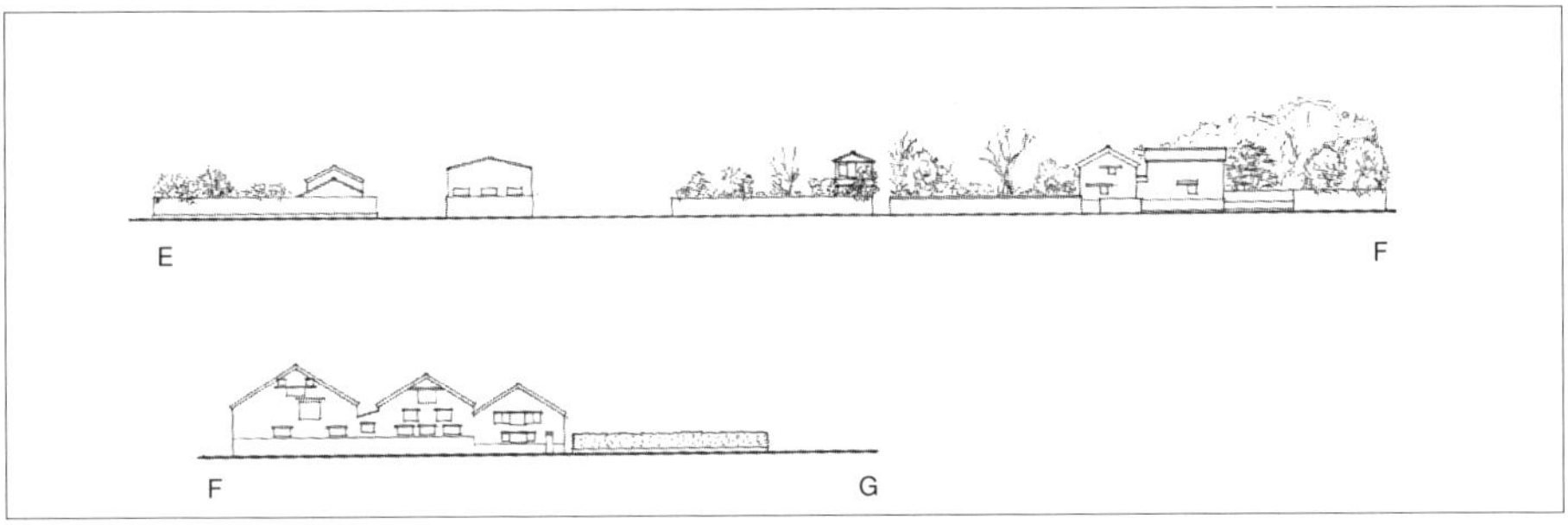

117　運河沿いの蔵群と館

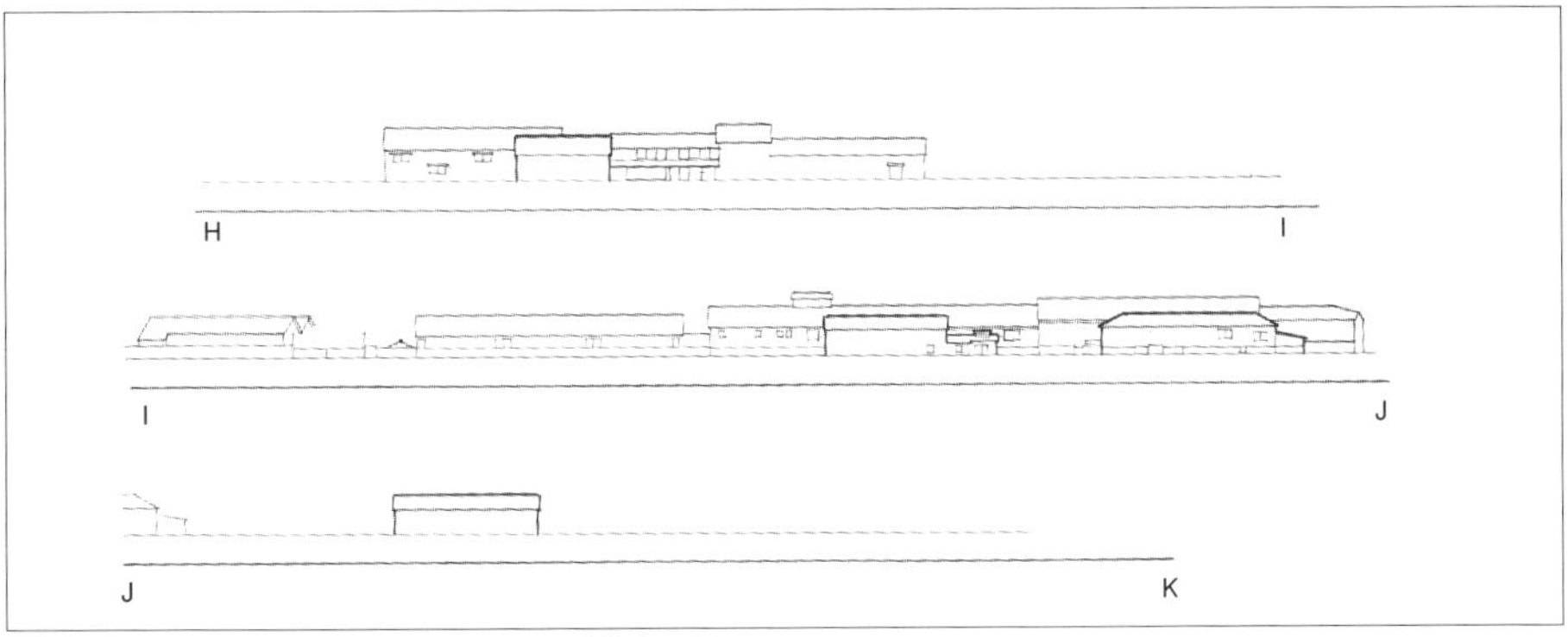

118　対岸につくられた近世の醸造工場の連続立面図

して断ち切って新たな都市環境をつくっていくのか。どうも、高度成長以降のこれまでの半田の歩みを見ていると、無意識のうちに後者を選択してきているように見える。水害から守る護岸も水門も大切である。しかし、水と人々の暮らしの関係を断ち切るような整備や機能であってはならない。

近世と現代を結ぶ近代港湾の価値

近世の価値を現代に生かすためには、近代の経験にも目を向けて、それを再評価する必要があると私たちは考えている。近代もある段階までは、伝統に革新を取り入れながら、都市にとって重要なストックをたくさんつくってきた。近代港湾の本格的な調査は私たちにとっても今後の課題であるが、近世港町の研究の終着点と近代港湾の出発点をこの半田で少し展開しておきたい。

私たちはどうして廃虚化した港湾施設の空間に魅せられるのだろうか。それは単に亡び行くものに対する美意識ではない。むしろ価値の再発見の場の宝庫として重要な意味を持っているからである。

都市の環境が歴史を捨て、非連続化すると、新しく生まれ変った都市はすぐ魅力をなくす。最先端の機能性を備えれば大きな経済効果は見込まれるだろうが、それは一時的なことに過ぎない。そのことで得た都市の蓄積は文化を生み出す場の力を持ち合わせていないからである。それは私たちが調査した港町にもいえる。近代初期までの多くの港町は、歴史の積み重ねのなかで新たな都市の環境を形成し、機能的であり魅力的な都市空間をつくりだしてきた。だが、、戦後になると港町の河岸風景は大きく変貌する。海と陸の都市が切り離され、港は港として巨大化していくのである。単に目先の経済効果を追求すれば、巨大港湾をつくりだしていくことも一つの解決策であるかもしれない。だが、それらの施設や空間が近世に見られたように果たして産業を文化に転化していけるのだろうか。現代の港湾がもつ施設や空間の貧困さがそこにあるからだ。

舟運に使う船が大きければ大きいほどよいという時代はもうとっくに過ぎてしまっているのではないか。そして、大型タンカーや輸出用の自動車を満載した大型船が出入りできる港だけが生き残れるという港町の現代神話もあまり意味をなさなくなってきているように思う。もはや時間や量が絶対的であるという時代ではない。

風向きは確実に変わりつつある。では、私たちは何をよりどころに都市や町を考えていけばよいのか。まずは、「場所」が培ってきた歴史的価値に現代の視点から光を当てることが求められる。そして、歴史の「連続性」が刻み込まれた近代空間を再評価することも重要になる。

知多がどのような自然的、地理的、歴史的環境にあったのかはすでに詳述した。それはまさに、半田を含め知多の歴史が「水」と共に歩んできた歴史であることを意味していた。だからこそ、今の半田にとっても、歴史的環境にどのように光を当て、見捨てられた水の空間的価値を再評価していくのかが問われている。現代の都市に「水の文化」を再生する可能性もそこから開けるはずである。

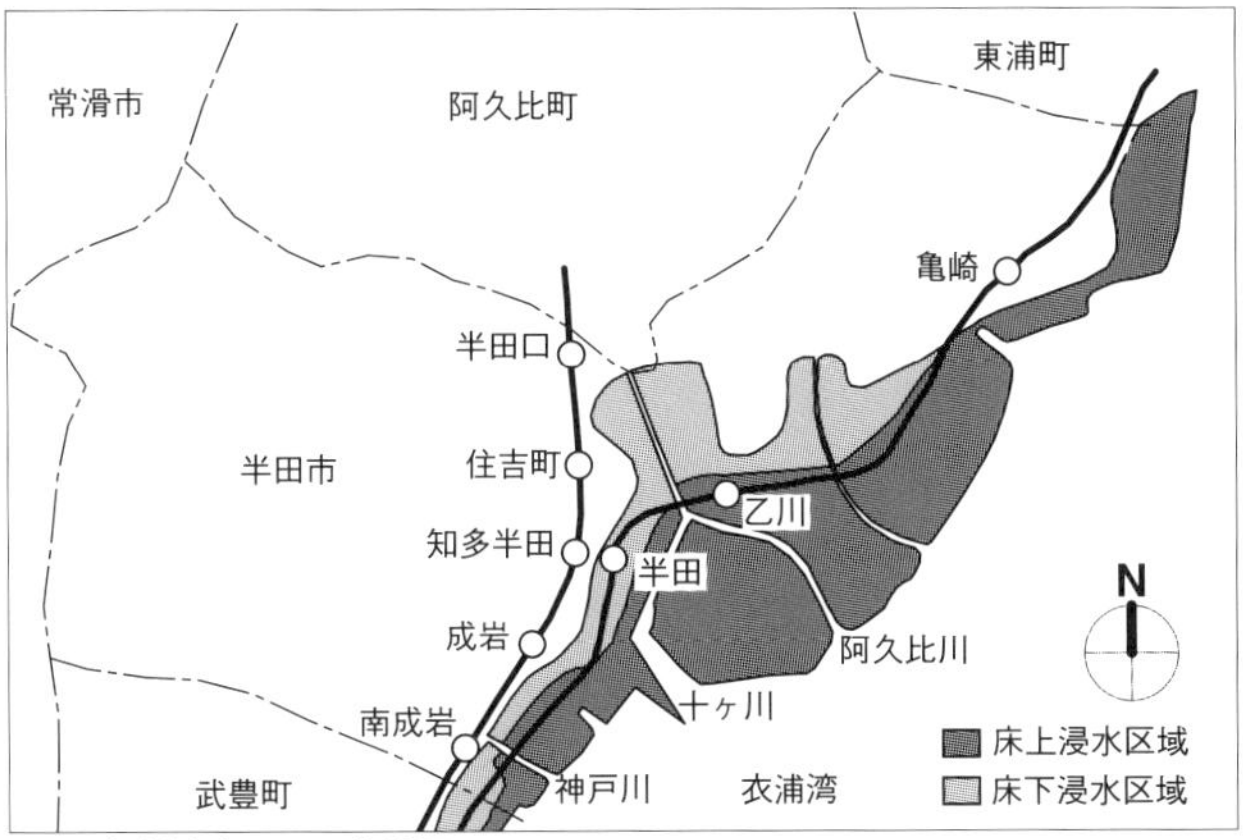

119　伊勢湾台風の浸水域図

歴史を評価する新たなまちづくり思想

これからのまちづくりでは、水との結びつきをもつ歴史的な環境の魅力を引き出し、それをうまく未来に結びつけていくことが望まれる。その意味でも近世の建物が残る水辺は、重要な意味を持ってくる。アムステルダムで、なぜあれほど人々が生活空間として伝統的な建物を維持しようとしているのか。それはただ古い建物が多く残されているからだけではないだろう。私たちが暮らす日本でも、高度成長期以前は古い建物や都市空間がいたるところにあったし、現在においても半田や知多の港町には古い建物や都市空間が多く見られる。それがものすごいスピードで壊されている。というのも、歴史のある文化性をもった都市空間の中に暮らす誇りをアムステルダムの人々のように持ち得ていないからに他ならない。

だが最近では、そのことに気付く人たちがふえ、固有の文化を物語る歴史的な建物や都市空間を保存する動きが各地で具体化している。私たちが訪れた御手洗や笠島などでは崩れかかっていた建物が見事に蘇っている。現在、こうした動きはまちづくりにまで拡大しようとしている。伝統的な都市空間を活かして生活や働く場を再生させる動きもでてきている。

しかし、評価がすでに定まってきた町並みのこうした動きに対して、港のまわりの水辺空間を保存・再生しようとする動きはまだまだ希薄である。私たちを港町の調査・研究に向わせた動機もそこにある。しかも、都市研究の分野でさえも、港町や港の研究は立ち遅れており、港と町を一体的に関連づけた研究はほとんどない。

このことが町と港、町と水辺との関係でまちづくりが行われない大きな原因でもあるように思う。学術的にも、文化価値の光が少しもあてられていないのである。私たちの半田での調査には、町と港の関係を空間的に明らかにする重要な目的があった。だが同時に、半田の町の文化的な価値がこの十ヶ川沿いにあることを明らかにしながら、この町の将来像を描くというねらいもあった。歴史が培ってきた「文化」の厚味があり、半田がよりどころにしてきた「水」の存在がある。半田ではかつて「水の文化」と「まちづくり」が深く関係してきたはずである。十ヶ川沿いの河岸のあり方が今後の半田の都市像を決定づけることになろう。しかも、水辺をどのように再構築できるかは、半田の町全体にとっても極めて重要な課題である。

そのためにも多くの方々に十ヶ川沿いの河岸を歩いてもらいたい。そして、ここがいかに歴史と文化が詰まった場所であり、優れた都市環境を生みだせる空間であるのかを感じ取ってもらいたい。水辺の「活気」と「潤い」は「空間」だけでつくりだせるものではない。その場に人がいて、様々な営みがあってはじめて、「空間」もまた魅力を取り戻し、豊かに変化していくのである（注48）。

（注）

（注1）両宮の起源は『古事記』や『日本書紀』などに記されているが、詳細は闇の中である。
（注2）『図説伊勢・志摩の歴史』P.118
（注3）『図説伊勢・志摩の歴史』P.258
（注4）『伊勢と熊野の海』P.271
（注5）『中世の風景（上）』P.38
（注6）松坂が幸い戦災を逃れ今も伊勢商人の屋敷がいくつか残っており、当時の町の隆盛ぶりをうかがい知ることができる。
（注7）『伊勢市史』P.857
（注8）『濱七郷第二号』P.7
（注9）海と列島文化第8巻『伊勢と熊野の海』P.219
（注10）『濱七郷　第二号』P.7
（注11）冊子『かみやしろ』
（注12）『濱七郷　第二号』P.5
（注13）冊子『伊勢大湊造船史』
（注14）大湊は明治以降、帆を動力とする木製の和船づくりから脱却

し、エンジンを備えた鉄製の船舶を製造するといった近代造船業の時代を迎えることとなる。それは近代に入ると、交易は近代的港湾施設を備えた四日市港や名古屋港に、参拝者の輸送は鉄道にそれぞれ完全にとって替わられ、近代造船業に活路を見出す他に道がなかったのである。『濱七郷第二号』で製造業の数を確認すると、近世から創業している造船所は一〇社、明治創立は三社、大正創立は四社、昭和に入ってからの創立は二社となっている。また『大正五年の度会《わたらい》郡勢一覧』をみると、製造工の数は一六七四人となっていて、その値は住民の過半数を超えている。明治四年創立の菊川鉄工所は、大正五年には職工一四〇人の会社へと成長しているのである。近代化の波に乗り遅れないよう、産業の後押しをするかたちで、埋め立てによる敷地拡張などの工事を行い、大湊は近代化の荒波にもうまく対処してきたのである。しかし、鉄道や自動車の交通が主流を占め舟運が衰退すると、大湊の産業は地盤沈下を起し歯止めが利かない状態が続いている。結果として現在、大湊は時代の先端からは取り残されている印象は否めない。南平造船所や菊川鉄工所をはじめ、大湊川対岸にあるいくつもの造船所の大きなクレーンを見ていると、近代以降もなお産業の第一線で活躍し続けた大湊の雄姿が目に浮かぶようである。

（注15）大湊の経済的な面においては日本海側の敦賀に類似しているとの指摘があるが（冊子『伊勢湾・港と船の歴史』）、立地条件の面では新潟と類似していて、新潟も大湊と同様ひとつの橋によって他の陸地とつながり四周は水辺となっている。

（注16）近世では、お祓い川もしくは二瀬川と呼ばれていた。

（注17）中世のある時期までは、神宮御造営用に宮川上流の材木が使用されていたが、近世では木曽からの材木が大半を占めていたそうで、阿場池には木曽の材木しか貯木されたことがないのかもしれない。

（注18）『濱七郷　第二号』P.10

（注19）ちなみに現在の防波堤は、昭和二四年の伊勢湾台風と昭和二八年の一三号台風の被害の甚大さから、災害特別法の適用により整備された。

（注20）『濱七郷　第二号』P.2

（注21）中世末期には、有力な廻船衆、問屋衆、くぎ問屋衆からなる大湊老若会合による自治が成立するとともに、地域の村と濱七郷を構成し一大勢力を形成する。また、近世においても山田三方に諸役を免除される特権を有することとなる。宇治・山田の集落はもともと、神官として奉仕してきた荒木田・度会両家や宮中に奉仕する人々が居住し、南北朝時代には両集落において自治的な郷民の結合が誕生し、室町時代には「山田三方」の母体となる共同体が形成された。その後秀吉によって宮川以東を神領とされ、両集落は確かな自治権を得ることとなり、この政策は家康によっても踏襲され、大湊は山田奉行の支配下の後に「山田三方」による自由都市化が進められたのだ。

（注22）『和船。』P.347

（注23）鳥羽では明治になり蒸気船の発達とともにハシリガネは寂れ、明治六年貸座敷のみの営業が許可されることとなる。

（注24）北見俊夫氏の『日本海島文化の研究』においても、海民が奉拝した二六の主な霊山のうち、海路の最難所である遠州灘から見える青峰山、朝熊山の二つが挙げられている。

（注25）『海の景観設計』P.14

（注26）『和船。』P.385

（注27）「中村権右衛門古文書」の記録

（注28）「村絵図」は、村の概況を平面図にしたもので、天保一一年（一八四一）に各村の庄屋から尾張藩勘定奉行に提出されたものである。村政上の必要事項を強調して描かれている。

（注29）延喜式は、弘仁式、貞観式の後をうけて、平安初期の禁中の年中儀式や制度などの律令の施行細則を編修したものである。

（注30）文政五年（一八二二）に樋口好古が編さんを完了した村勢調査記録である。天保一二年に作成された村絵図と比較的近い年代なので、村勢を絵図と比較することができる。

（注31）寛文一一年（一六七一）に、各村から提出された覚書を整理した官選の村勢一覧である。村の負担能力の査定に用いられた。
（注32）『半田市誌　地区誌篇亀崎地区』に記載されている
（注33）『亀崎町史』には、古老の話として、明和三年（一七六六）に火事があり、この時に鎮火のために勧進したと記されている。
（注34）天保一二年の亀崎を描いた「村絵図」にはさらに西に発展した市街が描かれている。
（注35）ここのご先祖は中埜半左衛門から分家した中埜半六にあたる。
（注36）『七人の又左衛門』P.10
（注37）『半田町史』には「下半田は荒古の一部を除くの外は往時は海面なりしことは事実で、今の勘内、大股等に良好の港湾ありしを以て成岩郷の人民は此海岸に移住して、或は漁業に或いは航海商業を開始したが、漸く発展して戦国の頃に至っては造船所、船圍場等も出来、盛に航海商業を営んでゐた」という一文がある。この文章には、はっきりした年代は記していないが勘内、大股等に良好の港湾があったとしている。勘内は現在の市立半田小学校の辺りであり、大股は現在の武豊線の半田駅の辺りである。
（注38）『半田町史』P.267
（注39）中埜家（本家）が成岩の在であったということは知られている。その中埜家が醸造業や廻船業を始めようとした時、成岩で創業するための適地を手に入れることができなかったと言われている。そこで、中埜家（本家）はしかたなく十ヶ川沿いにある半田の現在地に場所を定めたとされている。
『半田と中埜家の人々』では、初代半左衛門は宝永の大地震のあった年に亡くなっていることから、寛永・宝永に生きた人物であるとしている。また中埜家は成岩の無量寿寺（貞応元年、一二二二年創建）の檀家でもある。無量寿寺は寛永元年（一六二四）に尾張藩徳川義直（一六〇〇—五〇年、徳川家康の九男、尾張城主）の命によって三河の羽塚から成岩に引越すことになった。この時、多くの檀家衆も知多へ移り住んだとされている。この時、初代半左衛門も知多に渡った可能性を示唆している。ということは、中埜家（本家）が知多の地に足場を築き始めるのは、早くとも寛永元年になる。同時に、成岩の人たちのなかには、三河との深い結びつきがあったことがわかる。
（注40）半六曲輪は、寛永十八年の時は平六曲輪となっている。中埜半六が廻船業に力を入れはじめた時に手に入れた可能性が高い。
（注41）『半田町史』P.269
（注42）『半田町史』P.53～60
（注43）『半田町史』P.90～96
（注44）中埜家が成岩で創業するための適地を手に入れることができなかったという前述の文面は、現在の荒古町一丁目を境にして十ヶ川下流側に適地を捜せなかったので、半田村に属する現在の中村一丁目の地に落ち着いた、ということを意味している。
また、中埜家一族の一八世紀以降の醸造業と廻船業の繁栄は、多くの文献・史料、書籍等で取り扱われているので、これ以上深入りすることは避けることにする。
（注45）『半田市誌』P.302～303
（注46）半田の港を語る時、戦前は武豊から亀崎一帯の沿岸を武豊港といっていたようだ。現在ではよりその範囲が広がり、衣浦港としている。しかし、戦前に出版された半田町や成岩町の町誌には半田港、成岩港の名が登場する。
今回の調査では、現在の衣浦港のような広い範囲の港について語ろうとしているわけではない。実測調査し、その空間的価値を再評価したいと考えている場所は、十ヶ川河口の成岩港であり半田港である。この港周辺の成岩と半田の町村境界線はどちらに属すかで問題になった場所だ。ここでは、混乱を招かないために「十ヶ川河岸の港」としておきたい。
（注47）近世から近代移行し、大型化する船に対応できる近代港の建設は、舟運と醸造で繁栄してきた半田や亀崎を中心にした知

多湾の港町にとっては重要な課題であったはずである。武豊港は明治三二年に開港場に指定され、愛知県が知多半島東側一帯を海の玄関にしようとした。その成果として、明治三六年（一九〇三）には長さ三二五メートル、幅十三メートルの突堤を新設開港場つくることになったが、武豊港に築造しただけで、後は個々の町が護岸の整備をしたにとどまる。

一方鉄道の建設は、知多半島にとって予想外の展開を示す。東海道線の東京—京都間の敷設事業を着工するにあたって、中央起点の名古屋に資材を輸送する目的で明治十九年に武豊—大府を結ぶ鉄道が開通した。東海道線開通に先立つこと三年前である。

（注48）伊勢湾と知多半島にある港町の調査は、二泊三日の旅と後日一泊二日の旅であったが、実に多くの発見と驚きの連続であった。同時に、港町の調査の新たな展望も見えてきたように思う。文献史学の立場から研究を行っている知多総研の方々や、さらには、廻船と深い関わりを持つミツカンという企業の社員の方々、私たち都市の研究者とは異なる立場の方々と協力してフィールド調査を行うことが有効なことを今回の調査を通して実感できたことも大きな成果となった。このようなスタイルの調査が、今後とも継続的に行われていけば、新たなまちづくりの展開へと結びついていくのではないかという期待と希望が膨らむ旅でもあった。

おわりに

一九九七年九月の大阪調査を皮切りに、私たちはこれまで五年間で十五回の調査の旅に出て、五〇近くもの都市を巡ってきた。その中の主な都市が本書に収録されている。

そもそも陣内と岡本は、二〇年以上前から、東京を「水の都」としてとらえる研究を一緒に行ってきた。船で東京の川、掘割、海を巡る実践的な調査・研究を通して、江戸東京の成立ちを描く作業を続けてきたのである。陣内はまた、水の都であるヴェネツィアの研究に長年取り組むとともに、高村雅彦氏を中心とする中国江南の水郷都市の調査をも経験してきた。一方、岡本は日本各地の舟運と都市の関係に早くから関心を向け、精力的に資料を集め、調べていた。ミツカン水の文化センターの研究プロジェクト「舟運を通して都市の水の文化を探る」は、こういった二人の経験の延長上にごく自然な形で構想されたのである。

ミツカン水の文化センターは、愛知県半田市に本社のあるミツカングループによって設立された。文化元年（一八〇四年）の創業以来、水の恩恵を受け、水によって育てられた企業であるミツカングループが、社会貢献活動として水の文化センターを立ち上げたのは、考えてみれば、歴史の継承を重んじるという、現代にあっては当然の企業姿勢といえるものである。このセンターは「人と水との関わり」、すなわち「水の文化」に関わる研究活動を行い、新しい「人と水とのつきあい方」の提案を通して人々の豊かな暮らしの創造に貢献していくことを設立の目的としている。「舟運を通して都市の水の文化を探る」構想は、センターの研究活動の第一弾としてスタートしたのである。

一九九七年に始まったこの研究プロジェクトの一連の調査は、旅の回を重ねるごとに本格化し、実測を含むオリジナリティの高いものへと発展していった。調査のノウハウが毎回蓄積され、限られた日程の中で効果的な作業を行うことが可能になった。調査には、毎回ミツカン水の文化センターの事務局メンバーが参加し、協働作業を行ったのだが、はじめは慣れない実測作業にとまどった事務局メンバーも、徐々に研究の意味を理解し、その楽しさを共有していった。また、この調査が始まって一年が経過した頃には、陣内研究室から大学院生の強力なメンバーが参加する体制も整ってきた。特に、一九九八年十二月のタイ・バンコク調査と一九九九年七月の瀬戸内海調査は、建物や空間、場所の実測・図化の作業を精力的に進め、こうしたフィールドワークの面白さを充分に表現することができたと考える。

その後、陣内研究室OBの難波匡甫氏に加わってもらい、調査体制のさらなる補強をすることができた。アジアと瀬戸内海で培ったノウハウは、二〇〇〇年四月の伊勢・知多調査、二〇〇〇年七月のヨーロッパ調査に進化しながら活かされた。二〇〇〇年に入ってからのいま一つの収穫は、ミツカングループから、有志社員が調査にボランティア参加したことである。伊勢・知多やヨーロッパの図面には、彼らのフィールド調査における成果も含まれている。

本書はこれら一連の調査の成果を一冊にまとめ上げたものだが、そこに至るまでに、幸い幾つかの段階で発表の機会を得た。陣内・岡本「舟運を通して都市の水の文化を探る（1）」『水の文化』創刊号（ミツカン水の文化センター、一九九九年）、陣内・岡本「舟運から都市の水の文化を探る〈中間報告〉」『水の文化』第五号（二〇〇〇年）、報告書：法政大学陣内研究室・岡本哲志都市建築研究所『舟運を通して都市の水の文化を探る』（二〇〇〇年）、陣内・岡本「瀬戸内海の歴史的港湾都市を分析する—庵治・尾道・御手洗・鮴崎・鞆」『造景』No. 25（二〇〇〇年）、法政大学陣内研究室・岡本哲志都市建築研究所「舟運を通して都市の水の文化を探る〈ヨーロッパ編〉ヴェネツィアとアムステルダム：水が彩る交易都市」『水の文化』第八号（二〇〇一年）などである。特に、この報告書と『水の文化』第八号では、調査に参加した陣内研究室の現役メンバー及びOBの難波匡甫も執筆を担当した。

この本には、以上の成果がおおいに反映されている。従って本書は、陣内と岡本が中心となって企画・実現した国内外の一連の調査に参加した数多くのメンバーの力が結集して出来上がった共同作品といえる。

今回この本をつくるにあたっては、従来のいささか堅苦しい本のスタイルにとらわれず、自由な書き方、表現法を工夫してみた。先ず何よりも、お読みになる方々が自分たちでも実際に水の都市の調査をしてみたくなるように、できるだけ臨場感を伝え、調査のプロセス、ノウハウも説明するようなスタイルをとった。視覚的にも読みやすいものをと心掛けた。一方、ここでのテーマとなる港町の歴史的な形成や空間構造に関する研究は、既往の蓄積が乏しい分野であり、参照できる文献も限られている。そこで、各地で地元の郷土史家の方々、行政の文化財担当者などから未発表の研究成果をご教示いただくことが、きわめて重要だった。こうして話を聞く形で得られた知識、情報をできるだけ本の中に的確に反映すべく、そのスタイルを工夫する必要があった。

本書は、共同の調査で得られた成果をもとに、序論を陣内秀信、本論を岡本哲志が執筆した。ただし、「中世から近世への港町の変容過程」（伊勢の港町）、「大湊」、「神社」に関しては難波匡甫が執筆を担当している。全体の構成・編集と最終的な校正は、陣内と岡本が行った。この本にとっては、フィールド調査とその後の図版作成が成果として重要なウェートを占めている。そのため、調査参加者、調査協力者、図版作成者を最後に一覧として載せることにした。また、岡本が執筆した本論の随所に、前述の報告書及び『水の文化』で難波匡甫と陣内研究室の学生が執筆担当した内容が生かされている。その意味で、貢献したメンバーの名前を執筆協力者として一覧に記している。
この調査研究を進める上で大勢の方々にお世話になった。調査協力者として現地まで同行して下さった専門家・研究者の高村雅彦、柿崎一郎、温井亨、中嶋耕の諸氏、知多半島総合研究所の方々、現地でご案内、ご教示いただいたオランダ在住の後藤猛氏、尾道の杉田裕一、御手洗の片岡智、今崎仙也、長浜要悟、鞆の森田龍児、松居秀子、笠島の高島包、牛窓の若松挙史、庵治の阿野泰雄といった郷土史家、行政担当者、町並み保存会の諸氏、そして酒田市立文庫の方々に心より感謝の意を表したい。そして研究のスタート時よりサポートしていただいたミツカン水の文化センター事務局の山崎芳信、新美敏之、石原一秀、日比野容久の諸氏、すべての調査のコーディネートをしていただいたミツカン水の文化センター東京事務局の小林夕夏氏、その他事務局メンバーの方々に心よりお礼を申し上げたい。編集・出版にあたっては、各々の港町のみかたや調べ方が異なる成果を読みやすい本に仕上げて下さった南風舎の小川格氏、出版に馴染みにくいこうした調査研究を本として出版していただいた法政大学出版局代表の平川俊彦氏、担当の秋田公士氏には大変なご苦労をおかけした。深く感謝申し上げる。最後に、個々の名前をあげてお礼できないことが残念だが、私たちの訪問を温かく迎え入れ、調査にご協力下さった各地の住民の皆様にも感謝の気持ちをお伝えしたい。

二〇〇二年四月

陣内秀信
岡本哲志

【調査参加者・調査協力者・図版作成者・執筆協力者一覧】

■オランダの港町

調査参加者（編著者を除く）

難波匡甫、岩井桃子、田口英昭、遠山明裕、田口穂澄、日比野容久、小林夕夏

調査協力者

後藤猛

図版作成者（編著者を除く）

難波匡甫（4）

岩井桃子（6、17、18、19、22、27、41、42、48、49、50、54、55、56、57、60、61、62、63、64、67、70、71）

執筆協力者

岩井桃子（「船上から眺めるホールン」、「旧港から町を歩く」、「船で運河を巡る」）

■イタリアの水辺都市

調査参加者（編著者を除く）

難波匡甫、岩井桃子、小田知彦、降屋守、田口英昭、遠山明裕、日比野容久、小林夕夏

図版作成者（編著者を除く）

難波匡甫（31、32、70）

岩井桃子（38、39、75、81、82）

小田知彦（64、65、68、71、87）

降屋　守（14、18、19、24、43、44、49、57、60）

執筆協力者

難波匡甫（「カナル・グランデ沿いのカンピエッロ」、「生活感あふれる小運河の空間構成」）

小田知彦（「都市構造と建築タイプ」（キオッジア）、「内陸とラグーナを結ぶシーレ川」）

降屋　守（「運河と道が交差するサンティ・アポストリ広場」、「ブラーノ島」）

■中国・江南

調査参加者（編著者を除く）

金沢紀子、馬場雅子、丸山澄子、小林夕夏

調査協力者

高村雅彦

図版作成者（編著者を除く）

金沢紀子（21、23、55、70）

■タイ・バンコク

調査参加者（編著者を除く）

上條由紀（旧姓：東條）、渡辺康博、なかだえり、斎藤佐和子、小林夕夏

調査協力者

柿崎一郎

図版作成者（編著者を除く）

上條由紀（23、29、40、44、48、49、55、84、90、92、101）

渡辺康博（35、37、38、52、53、94）

上條由紀、渡辺康博（60、61、64、65、106、107）

（バンコクでは佐藤里美が上記の図版作成者に図版作成を協力している。）

執筆協力者

上條由紀（「ポルトガル人を先祖にもつ地区長の家」、「角の茶館と水上デッキ」、「布のマーケットの空間構成」、「ジプシーゲストハウスの空間構成」）

渡辺康博（「店の空間構成」（橋のたもとの店）、「伝統的な住宅の空間構成」（六代目の家）、「雨宿りの家」、「フィッシング・ハウス」）

上條由紀、渡辺康博（「寺のある町の実測調査」、「巧みな空間の使われ方」（青物市場））

■河川が育んだ港町（一乗谷・福井・三国、酒田・大石田）

〈一乗谷・福井・三国〉

調査参加者（編著者を除く）

小林英輔、新美敏之、馬場雅子、丸山澄子、小林夕夏

〈酒田・大石田〉

調査参加者（編著者を除く）

鈴木高行、新美敏之、熊澤一美、小林夕夏

調査協力者

温井亨

■瀬戸内海の港町

調査参加者（編著者を除く）

安食公治、道満紀子、新美敏之、石原一秀、溝淵知子、小林夕夏

調査協力者

中嶋耕

図版作成者（編著者を除く）

難波匡甫（1）

安食公治（5、9、12、13、17、41、42、43、44、45、48、49、52、53、61、69、72）

道満紀子（23、25、30、33、37、74、83、85、86、91、93、94、95、96、98、99）

執筆協力者

安食公治（「祭と海と神社の神話空間」（庵治）、「鮴崎にある三階建ての建築」、「新たな花街の建設」（御手洗）、「連続立断面図から読む港町の空間構成」（鞆））

道満紀子（「都市の空間構造」（下津井）、「海に開かれた遊廓建築」（牛窓）、「材木業と造船業」（牛窓））

■伊勢湾の港町

調査参加者（編著者を除く）

難波匡甫、岩井桃子、安達典孝、荒田治彦、大橋一弘、荻野健一、田口英昭、宮原一明、山崎芳信、新美敏之、石原一秀、日比野容久、中庭光彦、小林夕夏

調査協力者

伊勢の港町・・・大西民一、森幸朗

知多の港町・・・日本福祉大学知多半島総合研究所（山本勝子、高部淑子、曲田浩和、森元純一）

図版作成者（編著者を除く）

難波匡甫（2、4、10、12、19、20、21、25、33、43、46、53、61、62、68、69、80、85、86、87、89、91、102、107、114、116、117、118）

岩井桃子（31、37、42、73、74、75、88）

執筆協力者

難波匡甫（「伊勢湾横断クルージング」）

【図版作成のために参考にした書籍・地図等の一覧】

■ヨーロッパ編

〈オランダ〉

1　『アトラス現代世界』昭文社の地図をもとに図版作成

2　C.Dijkstra, M.Reitsma, A.Rommerts, *Atlas Amsterdam*, Uitgeverij THOTH Bussum, 1999 の図をもとに図版作成

4　ホールン歴史博物館展示図を参考に概念図作成

6　17世紀のホールン古地図をもとにベース図作成

18　縮尺2,000分の1のホールン白地図（2000年制作）をもとにベース図作成

49　縮尺1,000分の1のアムステルダム白地図（1999年制作）をもとにベース図作成
56　同上
62　同上
67　同上

〈イタリア〉

3　*Atlante stradale d'Italia (1:200,000),* Touring Club Italiano, 1999 の地図をもとに図版作成
10　CITY MAP, Venezia (1:5,500), Hallwag, 1990/1991 の地図をもとに図版作成
19　*Atlante di Venezia (1:1,000),* Comune di Venezia, Marsilio Editori, 1989 の地図·航空写真をもとにベース図作成
32　同上
39　同上
43　ブラーノの役所が所蔵する航空写真をもとにベース図作成
64　キオッジアの都市地図(1:6,000)をもとにベース図作成
65　1557年のキオッジア古地図をもとに図版作成
75　*Treviso (1:10,000),* Studio F.M.B.Bologna,の地図をもとに図版作成
87　Camillo Pavan, *Sile - Alla scoperta del fiume, Immagini,storia,itinerari,* Treviso,1989 の図をもとにベース図作成

■アジア編

〈中国·江南〉

2　『中国地図集』中国地図出版、1997年の地図をもとに図版作成
12　『蘇州交通旅行図』福建省地図出版社、1998年の地図をもとにベース地図作成
25　陣内秀信編『中国の水郷都市』鹿島出版会、1993年の図をもとに図版作成
37　『中国地図集』中国地図出版、1997年の地図をもとに図版作成
41　『周庄旅行図』西安地図出版社、1997年の地図をもとにベース地図作成
50　陣内秀信編『中国の水郷都市』鹿島出版会、1993年の図をもとに図版作成
58　『同里旅行図』西安地図出版社の地図をもとにベース地図作成
60　陣内秀信編『中国の水郷都市』鹿島出版会、1993年の図をもとに図版作成

〈タイ·バンコク〉

1　タイ国の250,000分の1地図(1987年制作）をもとに図版作成
6　Steve Van Beek, *The Chao Phya River in Transition,* Oxford University Press,1995 の図をもとに図版作成
8　同上
9　同上
10　*BANGKOK AND GREATER BANGKOK (1:75,000),* ASIA BOOKS の地図をもとに図版作成
24　大阪市立大学経済研究所編『世界の大都市6 バンコク·クアラルンプール·シンガポール·ジャカルタ』東京大学出版会、1989年の図をもとに図版作成
28　サンタクルス教会近くの保健所が所有する地割図をもとに図版作成（元図にしたこの図は、地区の地割を示すもので、地図の精度は悪い。従って、教会の建物と路地との位置関係も正確ではない。）
56　*BANGKOK AND GREATER BANGKOK (1:75,000),* ASIA BOOKS の地図をもとにベース地図作成

■日本編

〈三国·酒田·大石田〉

1　『日本分県地図』昭文社、1978年の地図をもとに図版作成
5　『一乗谷』福井県立一乗谷朝倉氏遺跡資料館、1981年の地図をもとに図版作成
7　高橋康夫、吉田伸之、宮本雅明、伊藤毅編集『図集 日本都市史』東京大学出版会、1993年の図をもとに図版作成
15　『三国町の民家と町並』三国町教育委員会、1983年の図をもとに図版作成
13　『日本分県地図』昭文社、1978年の地図をもとに図版作成

18　ベースの絵図と写真に三国町郷土資料館蔵の『越前三国湊風景之図（部分）』と国土地理院撮影の空中写真(1998年）を使用
21　『三国町の民家と町並』三国町教育委員会、1983年の図をもとに図版作成
22　同上
26　同上
29　ベースの写真に米極東空軍撮影の空中写真（1948年）と国土地理院撮影の空中写真（1962年、1975年、1995年）を使用
31　『日本分県地図』昭文社、1978年の地図をもとに図版作成
33　『東講商人鑑』（国立国会図書館蔵）の「羽州飽海郡酒田湊」の絵図を参考に概念図作成
36　高橋恒夫『最上川水運の大石田河岸の集落と職人』山形県大石田町、1995年の図をもとにベース図を作成
42　『大石田街並保存検討報告書』山形県大石田町、1998年の図をもとに図版作成
47　高橋恒夫『最上川水運の大石田河岸の集落と職人』山形県大石田町、1995年の図をもとに図版作成

〈瀬戸内海〉

1　縮尺50,000分の1地形図（国土地理院発行）をもとにベース地図作成
4　『日本分県地図』昭文社、1978年の地図をもとに図版作成
5　住宅地図帳をもとにベース地図作成
17　同上
21　『日本分県地図』昭文社、1978年の地図をもとに図版作成
23　住宅地図帳をもとにベース地図作成
25　同上
41　同上
52　同上
53　同上
66　「鞆町絵図」沼名前神社（「山陽道」『江戸時代図誌20』筑摩書房、1977年）をベースに作成
68　住宅地図帳をもとにベース地図作成
73　『日本分県地図』昭文社、1978年の地図をもとに図版作成
74　住宅地図帳をもとにベース地図作成
83　同上
85　同上
91　谷沢明『瀬戸内の町並み』未来社、1991年の図をもとにベース図作成
95　同上
103『柳井市史』柳井市、1984年の図をもとに図版作成

〈伊勢湾〉

1　縮尺50,000分の1地形図（国土地理院発行）をもとにベース地図作成
2　『エアリアマップ都市地図 三重県伊勢市』昭文社、1999年の地図をもとに図版作成
4　近世町絵図「享保13年戌申年11月御普請町絵図」（出典は藤本利治『近世都市の地域構造』古今書院、1976年）、大正9年2万5千分の1地形図「二見」、平成9年2万5千分の1地形図「二見」と勢田川惣印水門会の大西民一氏からのヒアリングをもとに図版作成
10　住宅地図帳をもとにベース図作成
21　『濱七郷 第二号』勢田川惣印水門会、1998年の図をもとに図版作成
25　住宅地図帳をもとにベース図作成
34　『中部道路地図』昭文社、2000年の地図をもとに図版作成
42　『海と人間 1986 13』鳥羽海の博物館の図をもとに図版作成
43　『中部道路地図』昭文社、2000年の地図をもとに図版作成
45　『日本分県地図』昭文社、1978年の地図をもとに図版作成

46　住宅地図帳をもとにベース図作成
53　『尾州内海廻船館保存整備基本計画策定業務報告書』南知多町、1999年の図を参考にし、周辺を実測により描き加えて図版作成
61　住宅地図帳をもとにベース図作成
62　同上
70　『半田市誌』半田市、1971年の図をもとに図版作成
75　住宅地図帳をもとにベース図作成
90　『エアリアマップ都市地図 愛知県半田市』昭文社、2001年をもとにベース図作成
91　住宅地図帳をもとにベース地図作成
98　『新修 半田市誌』半田市、1989年の図をもとに図版作成
114　縮尺2,500分の1白地図をもとにベース地図作成
119『新修 半田市誌』半田市、1989年の図をもとに図版作成

【図版出典】

■ヨーロッパ編

〈オランダ〉
3　カレンダー"HOORN 2000"
5　同上
44　高見玄一郎『港の世界史』、朝日新聞社、1989年
45　レオナルド・ベネーヴォロ、佐野敬彦・林寛治訳『図説 都市の世界史 3 近世』相模書房、1983年
〈イタリア〉
5　陣内秀信「水の都の空間構造―アムステルダム、ヴェネツィア、蘇州、東京の比較都市」『アジア都市の諸相―比較都市論に向けて』（友杉 孝編著）、同文館、1999年

■アジア編

〈中国・江南〉
3　蘇州『宋平江図』
7　陣内秀信編『中国の水郷都市』鹿島出版会、1993年
17　至誠堂発行の「最新蘇州地図」（『近代中国都市地図集成』柏書房、1986年より）
〈タイ・バンコク〉
7　Steve Van Beek, *The Chao Phya River in Transition,* Oxford University Press, 1995

■日本編

〈三国・酒田・大石田〉
8　「福井江戸往還屏風」（部分）（『川の生活誌』福井県立博物館、1991年より）
9　『創立90周年記念誌魚紋』福井魚商共同組合、1979年
10　同上
14　『三国町の民家と町並』三国町教育委員会、1983年
32　「酒田風景図十景」（『江戸時代図誌8 奥州道二』筑摩書房、1977年より）
44　大石田町東町地区所蔵（高橋恒夫『最上川水運の大石田河岸の集落と職人』山形県大石田町、1995年より）
〈瀬戸内海〉
2　庵治町役場の許可を得て撮影・記載
14　「讃岐名勝図絵」（『庵治町史』庵治町、昭和49年より）
24　浄土寺蔵「尾道絵屏風」
28　「尾道市街名勝案内新図」（『明治大正 日本都市地図集成』柏書房、1986年より）
40　『東野村と船』東野町、1990年
59　御手洗重伝建を考える会の許可を得て撮影・記載

67 守住貫魚「全国名勝絵巻」(「山陽道」『江戸時代図誌20』筑摩書房、1976年より)
80 丸亀市本島町笠島まち並み保存協会の許可を得て撮影·記載

〈伊勢湾〉

7 『日本名所圖會全集 伊勢参宮名所圖會 全』名著普及會、1975年復刻
8 「享保13年戊申年11月御普請町絵図」(藤本利治『近世都市の地域構造』古今書院、1976年)
13 『濱七郷 第二号』勢田川惣印水門会、1998年
24 冊子『かみやしろ』神社港自治会·かみやしろ郷土会、1999年
32 『日本名所圖會全集 伊勢参宮名所圖會 全』名著普及會、1975年復刻
41 正福寺案内パンフレット表紙(三木辰夫画)
50 『南知多町誌 資料編一』南知多町、1990年
82 『半田市誌 地区誌篇亀崎地区』半田市、1997年
93 『新修 半田市誌』半田市、1989年
97 『半田町史』半田町、1926年
115 「尾陽商工便覧」竜泉堂、明治21年(『半田市誌』半田市、1971年より)

【参考文献】

■ヨーロッパ編

〈オランダ〉

· 今井登志喜『都市の発達史—近世における繁栄中心の移動』誠文堂、1980年
· 石田壽一『低地オランダ—帯状発展する建築・都市・ランドスケープ』丸善、1998年
· ハンス・コウニング『ライフ 世界の大都市 アムステルダム』タイムライフブックス
· ドナルド・I・グリンバーグ『オランダの都市と集住』住まいの図書館出版局、1990年
· 山口 廣「アムステルダム建築史」、『SD』8002、鹿島出版会、1980年
· 「ダッチモデル 建築・都市・ランドスケープ」、『SD』9902、鹿島出版会、1999年
· 山口 廣「アムステルダム:橋と運河の街」、『Process Architecture』No.24、プロセスアーキテクチャー、1981年
· 昭和女子大学芦川研究室「マルクト 市の立つ広場 ベネルクス3国におけるマルクト」、『造景』No.30、建築資料研究室、2000年
· H.J.Zantkuijl, *Bouwen in Amsterdam*, Het Woonhuis in De stad, 1997
· *Hoorn huizen, straten, mensen*, Een jubileumuitgave van de Strichting Stadsherstel Hoorn en de Vereniging 'Oud-Hoorn' tot stand gekomen in samenwerking met de gemeente Hoorn, 1982
· drs J.P.H. van der Knaap en L.M.W. Veerkamp, *Uit de shermer van Hoorns Verleden De jaren 1300-1536*, Vitgegeven door de Vereniging Oud Hoorn in 1996

〈ヴェネツィア〉

· 陣内秀信『ヴェネツィア—水上の迷宮都市』講談社現代新書、1992年
· 陣内秀信編「特集:ヴェネト—イタリア人のライフスタイル」、『Process Architecture』No.109、プロセスアーキテクチャー、1993年
· 陣内秀信編『イタリアの水辺風景』、プロセスアーキテクチャー、1993年
· 友杉 孝『アジア都市の諸相—比較都市論にむけて—』同文館出版、1999年
· *Sile-Alla scoperta del fiume Immagini, storia, itinerari*, Treviso, 1989
CHIOGGIA:I centri storici del Veneto 2 (Silvana Editoriale) La laguna di Venezia

■アジア編

〈中国·江南〉

· 陣内秀信編『中国の水郷都市』鹿島出版会、1993年
· 高見玄一郎『港の世界史』朝日新聞社、1989年
· 伊原 弘『中国中世都市紀行』中公新書、1988年

・伊原 弘『蘇州』講談社現代新書、1993年
・費孝通、小島晋治ほか訳『中国農村の細密画』研文出版、1985年
・ロナルド・ゲーリー・ナップ、菅野博貢訳『中国の住い』学芸出版社、1996年
〈バンコク〉
・Steve Van Beek, *The Chao Phya River in Transition*, Oxford University Press, 1995
・マイケル・スミシーズ、渡辺誠介訳『バンコクの歩み』学芸出版社、1993年
・大阪市立大学経済研究所編『世界の大都市 6　バンコク・クアラルンプール・シンガポール・ジャカルタ』東京大学出版会、1989年
・スメート・ジュムサイ、西村幸夫訳『水の神ナーガ　アジアの水辺空間と文化』鹿島出版会、1992年
・友杉 孝『図説 バンコク歴史散歩』河出書房新社、1994年
・ボータン、冨田竹二郎訳『タイからの手紙』勁草書房、1979年
■日本編
〈三国・酒田・大石田〉
・小野正敏『戦国城下町の考古学　一乗谷からのメッセージ』講談社、1997年
・小出 博『利根川と淀川』中公新書、1975年
・高橋康夫、吉田伸之、宮本雅明、伊藤毅編『図集 日本都市史』東京大学出版会、1993年
・高橋康夫・吉田伸之偏『日本都市史入門・町』東京大学出版会、1990年
・太陽コレクション『城下町古地図散歩 1 金沢・北陸の城下町』平凡社、1995年
・中國新聞社編『広島城四百年』第一法規、1990年
・三国町史編纂委員会編『修訂　三国町史』国書刊行会、1983年
・三国町百年史編纂委員会『三国町百年史』三国町、1989年
・三国町教育委員会『三国町の民家と町並』三国町教育委員会・三国町郷土資料館、1983年
〈酒田・大石田〉
・高橋康夫・吉田伸之・宮本雅明・伊藤毅編『図集日本都市史』東京大学出版会、1993年
・横山昭男編『図説 山形県の歴史』河出書房新社、1996年
・『北陸道二　江戸時代図誌8』筑摩書房、1977年
・酒田市史編さん委員会編『酒田市史　改訂版・上巻』酒田市、1987年
・酒田市史編さん委員会編『酒田市史　改訂版・下巻』酒田市、1995年
・『大石田街並保存検討報告書』山形県大石田町、1998年
・高橋恒夫『最上川水運の大石田河岸の集落と職人』山形県大石田町、1995年
・長井政太郎『大石田町誌（復刻版）』中央書院、1973年
・『大石田町史（通史　上巻）』大石田町、1985年
・『大石田町史（通史　下巻）』大石田町、1993年
〈瀬戸〉
・上田 篤『日本の都市は海からつくられた』中公新書、1996年
・沖浦和光『瀬戸内の民俗史—海民史の深層をたずねて—』岩波新書、1998年
・西田正憲『瀬戸内海の発見—意味の風景から視覚の風景へ』中公新書、1999年
・岩田実太郎編『庵治町史』香川県木田郡庵治町、1974年
・松下正司編『よみがえる中世 8　埋もれた港町—草戸千軒・鞆・尾道』平凡社、1994年
・谷沢 明『瀬戸内の町並み—港町形成の研究』未来社、1991年
・馬場 宏『東野村と船』（東野町シリーズ 2）広島県豊田郡東野町、1990年
・東京大学稲垣研究室『近世の遺構を通して見る中世の居住に関する研究』新住宅普及会・住宅建築研究所、1985年
・丸亀市教育委員会編集『本島町笠島・伝統的建造物群調査報告書』1978年
・牛窓町史編纂委員会編集『牛窓町史　資料編　美術・工芸・建築』岡山県牛窓町、1996年
・『図説　日本の町並み 8　山陽編』第一法規、1982年

・後藤陽一著『広島県の歴史』山川出版、1970年（1982年再版）
・『山陽道　江戸時代図誌 20』筑摩書房、1976年
・『柳井市史（通史編）』柳井市、1984年
〈伊勢湾〉
・『伊勢参宮名所図会　全』名著普及会、1975年
・『伊勢市史』伊勢市、1968年
・『鳥羽市史　上巻、下巻、上巻付図』鳥羽市役所、1991年
・『磯部町史　上巻、下巻』磯部町、1997年
・『阿児町史』阿児町役場、1977年
・後藤裕文『伊勢・志摩路』有峰書店、1973年
・『三重県風土記』旺文社、1973年
・『日本地名大辞典 24 三重県』角川書店、1983年
・『図説･伊勢･志摩の歴史･上巻、下巻』郷土出版社、1992年
・まちづくりガイドブック伊勢制作委員会編『まちづくりガイドブック　伊勢』学芸出版社、2000年
・田村圓澄『伊勢神宮の成立』、1996年
・櫻井勝之進『伊勢神宮の祖型と展開』国書刊行会、1991年
・森浩一（代表）『海と列島文化　第8集　伊勢と熊野の海』小学館、1992年
・大林太良（代表）『海と列島文化　第10集　海から見た日本文化』小学館、1992年
・田畑美穂『斎王のみち　伊勢神宮の文化史』中日新聞社、1980年
・田畑美穂『松坂もめん覚え書』中日新聞本社、1985年
・児玉幸多『宿場と街道』東京美術、1986年
・矢野憲一他『お伊勢まいり』新潮社、1993年
・山蔭基央『よくわかる日本神道のすべて』日本文芸社、1999年
・東京理科大学工学部伊藤研究室『伊勢―まちのなりたち・まちづくり』伊勢文化会議所、1998年
・日本福祉大学知多半島総合研究所、冊子『伊勢湾・港と舟の歴史』運輸省第五港湾建設局、1994年
・冊子『宇治山田港の豊かな港湾史』宇治山田港湾整備促進協議会、2000年
・『濱七郷　第二号』勢田川惣印水門会、1998年
・冊子『かみやしろ』神社港自治会・かみやしろ郷土会、1999年
・冊子『伊勢大湊造船史』勢田川惣印水門会
・冊子『大湊の歴史散歩』勢田川惣印水門会・大湊町振興会
・『海と商人の物語　全国日和山紀行』宮城県慶長遣欧使節船協会、1999年
・『海にひらかれたまち　中世都市・品川』品川区教育委員会、1993年
・網野善彦『増補　無縁・公界・楽』平凡社、1996年
・南博（代表）『近代庶民生活誌　第14巻』三一書房、1993年
・石井謙治『和船。』法政大学出版局、1995年
・海の博物館・石原義剛『伊勢湾　海の祭りと港の歴史を歩く』風媒社、1996年
・土木学会編『港の景観設計』技報堂出版、1991年
・海野一隆『地図に見る日本―倭国・ジパング・大日本―』大修館書店、1999年
・網野善彦他『中世風景（上）』中公新書608、中央公論新社、1981年
〈知多半島〉
・『尾張名所図会』臨川書店、1998年
・『知多郡史　上・中・下巻』知多郡役所、1923年
・『半田町史』半田町、1926年
・『半田市誌　本文篇』半田市、1971年
・『半田市誌　文化財篇』半田市、1977年
・『新修　半田市誌』半田市、1989年

・『半田市誌　地区誌編亀崎地区』半田市、1997年
・『常滑市誌』常滑市役所、1976年
・『常滑市誌　絵図・地図編』常滑市、1979年
・『南知多町誌　本文編』南知多町、1991年
・『南知多町誌　資料編一』南知多町、1990年
・『美浜町史　上巻、下巻』美浜町、1988年
・『知多市誌　本文編』知多市役所、1981年
・『知多市誌　資料編一』知多市役所、1978年
・『知多市誌　資料編三』知多市役所、1983年
・『尾張国知多郡誌』ブックショップ「マイタウン」、1987年
・『尾州内海廻船館保存整備基本構想作成依託業務報告書』日本福祉大学知多半島総合研究所、1998年
・『尾州内海廻船館保存整備基本計画作成依託業務報告書』南知多町、1998年
・『常滑市廻船問屋復元整備基本構想策定業務報告書』日本福祉大学知多半島総合研究所、1997年
・『愛知百科辞典』中日新聞本社、1976年
・『日本地名大辞典 23 愛知県』角川書店、1989年
・『図説　知多半島の歴史』郷土出版社、1995年
・『七人の又左衛門』中埜酢店、1986年
・『半田と中埜家の人々』(未定稿)
・博物館「酢の里」日本福祉大学知多半島総合研究所『酢造りの歴史と文化』中央公論社、1998年
・『半田の蔵』半田市、1997年
・福岡猛志『知多の歴史』松籟社、1991年
・『南知多内海・えびす講文書目録』日本福祉大学知多半島総合研究所、1991年
・高松正雄『師崎屋諸事記』校倉書房、1994年
・『南知多の廻船文書』南知多町教育委員会、1982年
・林英夫編集『図説　愛知県の歴史』河出書房新社、1987年
・『海と商人の物語　全国日和山紀行』宮城県慶長遣欧使節船協会、1999年
・『海にひらかれたまち　中世都市・品川』品川教育委員会、1993年
・網野善彦『増補　無縁・公界・楽』平凡社、1996年
・南博(代表)『近代庶民生活誌　第14巻』三一書房、1993年
・石井謙治『和船。』法政大学出版局、1995年
・海の博物館・石原義剛『伊勢湾　海の祭りと港の歴史を歩く』風媒社、1996年
・日本福祉大学知多半島総合研究所編『知多半島の歴史と現在　2～10』校倉書房、1990～1999年
・日本福祉大学知多半島総合研究所編『常滑焼と中世社会』小学館、1995年

水辺から都市を読む
舟運で栄えた港町

発行　2002年7月10日　初版第1刷

編著者　陣内秀信　岡本哲志
発行所　財団法人 法政大学出版局
〒102-0073　東京都千代田区九段北3-2-7
電話03（5214）5540　振替00160-6-95814
編集制作　南風舎／印刷　平文社／製本　鈴木製本所

ISBN4-588-78606-7
Printed in Japan

■編著者略歴

陣内　秀信（じんない　ひでのぶ）
1947年福岡県生まれ
東京大学大学院工学系研究科修了・工学博士
イタリア政府給費留学生としてヴェネツィア建築大学に留学、ユネスコのローマ・センターで研修。
パレルモ大学契約教授（1986年）、トレント大学契約教授（1995年）
現在：法政大学工学部教授
専門はイタリア建築史・都市史。
サントリー学芸賞、建築史学会賞、地中海学会賞受賞
著書：『東京の空間人類学』（筑摩書房）、『都市を読む・イタリア』（法政大学出版局）、『都市と人間』（岩波書店）、『東京』（文藝春秋）、『ヴェネツィア―水上の迷宮都市』『南イタリアへ！』『イタリア―小さなまちの底力』『イタリア―都市と建築を読む』（講談社）ほか

岡本　哲志（おかもと　さとし）
1952年東京都生まれ
法政大学工学部建築学科卒業
(株)都市・建築設計室T.E.Oを経て、1984年に岡本哲志都市建築研究所を設立、現在に至る。都市と水辺空間に関する調査・研究に長年携わる。
専門は都市論、都市史。
著書：『水の東京』（岩波書店）、『江戸東京を読む』（筑摩書房）、『江戸東京のみかた調べかた』（鹿島出版会）、『水辺都市』（朝日選書）、『江戸東京学への招待(2)都市篇』(NHKブックス)、『都市の破壊と再生』（相模書房）、『川・人・街』（山海堂）（いずれも共著）ほか

■分担執筆者・執筆協力者略歴

難波　匡甫（なんば　きょうすけ）
1963年　岡山県生まれ
芝浦工業大学建築学科卒業
法政大学大学院工学研究科修士課程修了
青年海外協力隊派遣（象牙海岸共和国文化省文化財保存局）
現在　Lueur 場所と空間の研究所代表
(財)中部開発センター第３回懸賞論文·最優秀賞

渡辺　康博（わたなべ　やすひろ）
1974年　長野県生まれ
工学院大学建築学科卒業
法政大学大学院工学研究科修士課程修了
現在　エーシーエ設計勤務

上條　由紀（旧性：東條）（かみじょう　ゆき）
1975年　千葉県生まれ
法政大学工学部建築学科卒業
法政大学大学院工学研究科修士課程修了

安食　公治（あじき　きみはる）
1976年　宮崎県生まれ
法政大学建築学科卒業
法政大学大学院工学研究科修士課程修了
現在　株式会社交建設計勤務

道満　紀子（どうまん　としこ）
1976年　岡山県生まれ
武蔵工業大学建築学科卒業
法政大学大学院工学研究科修士課程在学
現在　ミラノ工科大学建築学部留学中

岩井　桃子（いわい　ももこ）
1977年　東京生まれ
法政大学工学部建築学科卒業
法政大学大学院工学研究科修士課程在学
現在　デルフト工科大学留学中

降屋　守（ふりや　まもる）
1977年　千葉県生まれ
法政大学建築学科卒業
法政大学大学院工学研究科修士課程在学

小田　知彦（おだ　ともひこ）
1977年　神奈川県生まれ
法政大学工学部建築学科卒業
法政大学大学院工学研究科修士課程在学